JN185440

技報堂出版

まえがき

本書は，ドイツ語授業を受け始めた高校のときから，今日に至るまでに，高校･大学･大学院での授業･講義，ドイツでの企業研修，大手製鉄会社勤務，ドイツ駐在，ISO事務局，翻訳業務で得た経験･知見・技術を基に，科学技術の分野でよく使われる科学技術ドイツ語について，有用な単語，表現（一部略語も含む）を，まとめてみた．

科学技術文献･特許の翻訳の際に，迷ったとき，「あ，そうか！」と納得していただけたら，幸いである．本書で挙げた単語，表現は，筆者が実際に遭遇した，または使用した生きた科学技術ドイツ語･文で，有用と思われるもののみを集めたものであるので，実際の業務･翻訳で役立つことを確信している．科学技術ドイツ語辞書については，国内で最近刊行されることがなく，科学技術の進展に適応出来ていないのが現状である．また，著者をはじめとする団塊の世代の幅広い経験・技術の伝承の面からもこの種の辞書が望まれていた．本書が現在では古くなっている専門辞書との懸け橋となって，科学技術ドイツ語の理解の一助となれば，著者の幸いとするところである．

なお，本書で取り上げた文章のうち，短い文で，よく一般的に使われていたり，著作権的に意味がないと思われるものについては，出典を示さなかったが，長文については，都度その出典を書き添えた．また，利便性を考え，出来るだけ英語も併記した．しかし，読者にとっても煩雑となると思われるあまりにも初歩的な，単語などは，独英語共にはぶいた．略語については，英語であってもそのままよく使われるもの，重要と思われるものについては採用した．さらに，文法については，本書が，実用に処することを，目的にしていることから，ある程度文法は習得されていることを念頭に置き，できる限り最小限に抑えた．御使用頂いた皆様方からの暖かい建設的な御教示を頂けましたら幸いであります．

2016年初秋　軽井沢の山荘にて

町村 直義

凡　例

1. 符号・記号・略語

男 男性名詞
女 女性名詞
中 中性名詞
複 複数形
類 類義語・同義語
関 関連語・反対語
etwas　　　事物の 4 格
etwas(3)　　事物の 3 格
etwas(2)　　事物の 2 格
+2,+3,+4 上付き数字は格支配を示す.
他 他動詞
自 自動詞
再 再帰動詞　4 格の再帰代名詞を必要とする再帰動詞には sich を，3 格のそれを必要とする再帰動詞には sich(3)を添えて示した.
-（ハイフン）和独などのローマ字表記の際のハイフンは，日本語の発音上の区切り，ローマ字をわかりやすく・読みやすく，また誤読を防ぐための区切り，もしくは，発音上の長音を念頭に記した.
(　) 内は，語の説明，または注記を示す. 例えば, **freie Säure** 女 遊離酸，(塩を作らないで，酸のままの形で存在する有機酸)，free acid 化学 バイオ
(：) 略語他で，関連した語・文例を示す.
(；) 略語他で，違った意味の語・文例を示す.
英 英語表示
独 ドイツ語表示
仏 フランス語表示
米 アメリカ

2. 見出し語の配列は，原則としてアルファベット順とした. ウムラウトについては，ä = ae，ö = oe，ü = ue として，並べた. 見出し語のローマ字表記は，原則としてヘボン式によったが，例外としては，以下の表記がある：ん nn；つ tsu；しゅ shu；ジュ jyu；ちゅ chu. 促音については，子音を重ねて表記した.

3. 数字で始まる見出し語，語中に数字を含む語は，数字を無視して配列した.

4. 冠詞を伴なう見出し語，語中に冠詞を含む語は，冠詞を無視して配列した.

5. ギリシャ文字の接頭記号を持つ見出し語については，その後にくる語により配列した.

6. 化合物の異性体や結合位置を表わすギリシャ文字以外の D-，L-，N-，O-，S- などで始まる見出し語については，D-，L- ほかの文字に従い配置した.

7. 各見出し語の内容表示は，原則として以下の順とした：ドイツ語単語(またはドイツ語略語，和文ローマ字アルファベット表示) ―和文訳名(必要により語の説明を含む) ―類義語・同義語，関連語・反対語―英訳語―専門分野別略語：

【独和例】

Gesamtstickstoff 男 全窒素(含有量)，トータル窒素(含有量)，類 der insgesamt vorhandene Stickstoff 男，the total amount of nitrogen 精錬 連鋳 材料 操業 設備 化学 バイオ

【略語例】

PEP = 英 peak envelope power = Maximale Hüllkurvenleistung，包絡線尖頭電力，ピーク包絡線電力 電気 機械 操業 設備；= Phosphoenolpyruvat = phosphoenol pyruvate ホスホエノールピルビン酸，ホスホエノールピルビン酸塩，(解糖系中間代謝物) 化学 バイオ

8. 漢字の読みについては，必要により［ ］にて示した．

9. 専門分野別略語(五十音順)

安全 労働安全，労働災害，労働衛生，安全教育，食の安全
医薬 医学，薬学，医薬品
印刷 印刷，印刷用紙，製紙
エネ エネルギー，省エネルギー，熱
音響 音響学，音響
海洋 海洋
化学 化学，化学工学，化学プラント，石油化学工学，石油化学プラント，石油，分析
環境 環境，環境保護，自然保護，エコロジー
機械 機械，自動車，自転車，機械設計，製図
規格 規格関連，基準
気象 気象
軍事 軍事全般，兵器，核兵器
経営 経済社会全般，経営，労働，労務
原子力 原子力，原子力発電
建設 建設，建設工学，建築，建築工学，土木，土木工学，橋梁，橋梁工学，コンクリート，コンクリート工学
光学 光学，レーザー，レーザー機器，
航空 航空機，航空工学，宇宙工学，宇宙，天体，人工衛星
交通 鉄道，鉄道工学，電車，交通工学，交通全般
材料 分塊，圧延，鍛造，材料，加工，熱処理，表面処理，性質，品質，品質管理，製品，材料全般
食品 食品，食品工業
数学 数学
製銑 製銑，製銑原料，焼結，コークス炉，高炉，製錬
製品 製品
精錬 溶銑処理，溶解，精錬，転炉，電気炉，炉外精錬，製鋼，非鉄精錬，造塊
設備 設備，装置
繊維 繊維工業，織物，布，裁縫，ミシン
船舶 船舶工学，船舶
全般 科学工学全般，研究，研究開発，教育
操業 操業
組織 協会，連盟，学会，団体，組織，公共機関，政府機関，国際組織，EU
単位 単位，単位系
地学 地学，土壌，採掘，採鉱，鉱物，鉱物資源，鉱床，石炭
鋳造 鋳造，鋳物，造塊，鋳鉄
鉄鋼 鉄鋼全般
電気 電気，電子，通信，コンピュータ，計測，分析，電気・電子材料，半導体，発電，発電設備
統計 統計
特許 特許関連
バイオ バイオ，動植物，農業
非金属 非金属材料全般，セラミックス，耐火煉瓦，スラグ
非鉄 非鉄金属全般，非鉄材料，非鉄金属製造法
品質 品質，品質管理
物理 物理，気象，地震，火山
物流 物流，物流システム，倉庫，倉庫システム
放射線 放射線，放射線治療
法制度 法律，制度，規則，条例，国際条約，制度
溶接 溶接，溶接施工，溶接冶金
リサイクル リサイクル，リサイクル技術・設備
連鋳 連続鋳造

A

A

A' = A mit Strich, eingestrichenes A, A ダッシュ

A'' = A mit zwei Strichen, zweigestrichenes A, A ツーダッシュ

AAC = 英 advanced audio coding MPEG 2 のオーディオ方式 電気；= 英 authorization and access control = Autorisierungs-und Zugriffssteuerung アクセス承認制御 電気；= 英 automatic attachment changer = automatischer Aufsatzwechsler 自動アタッチメント交換装置 電気 機械

AACR = 英 American Association for Cancer Research = Amerikanische Gesellschaft für Krebsforschung 米 癌研究協会 化学 バイオ 医薬 全般 組織

AAO = 英 amino-acid oxidase = Aminosäureoxidase アミノ酸酸化酵素 化学 バイオ

AAS = Atomabsorptionsspektroskopie = atomic absorption spectroscopy 原子吸光スペクトル分析法, 原子吸光分光分析 電気 化学 バイオ 材料；= 英 American Astronautical Society 米 宇宙飛行学会 航空 組織

AAVG = Abfallentsorgungs-und Altlastensanierungsverbundgesetz 廃棄物処理および汚染土壌修復複合法 環境 組織 経営 法制度

ABA = 英 abscisic acid = Abscisinsäure アブシシン酸 化学 バイオ

Abbau 男 削減, 減少, 分解, 採掘 化学 バイオ 地学 操業 設備

Abbauprodukt 中 分解生成物, degradation product 化学 バイオ

Abbesche Zahl 女 アッベ数, abbe's number 光学 音響

Abbildung 女 模写, 図表, 写像；replizieren 模写する 機械 光学 音響

Abblättern 中 剥離, スポーリング, 類 Absplittern 中, Abplatzen 中, spalling 材料

Abblendlicht 女 下向き・近目ライト 機械

Abbrand 男 燃焼ロス, 溶融ロス, スケールロス, loss by burning, melting loss, scaling loss 材料 エネ

abbrechen 中断する, キャンセルする 機械 操業 設備 バイオ 電気

abbremsen ブレーキをかける, スローダウンする 機械

Abbrennstumpfschweißung 女 フラッシュバット溶接, flush butt welding 溶接 材料 機械

Abbruchmaterialien 複 解体材 環境

ABC-Analyse ABC 分析(コスト削減などを目的にした在庫管理などに用いられる) 統計 物流 操業

abdecken 覆う, 覆いを取る 機械 操業 設備

Abdeckhaube 女 カバー 機械 操業 設備

Abdichtung 女 シーリング, シール, sealing；かしめ, コーキング, caulking, 類 Stemmung 女 材料 操業 設備

Abdichtung durch Sperrwasser 女 水封 機械 化学

abdestillieren 蒸留する, distill, strip 化学 バイオ

abdominaler Druck 男 腹圧, abdominal musle pressure 化学 バイオ 医薬

Abdruck 男 ロールガイドマーク, roll guide mark 鋳造 印刷 材料；Schwefelabdruck 男 サルファープリント

Abdrücken 中 油圧テストの実施 材料

Abdrückschraube 女 ジャッキボルト, jacking bolt 機械

Aberration 女 収差, aberration：色収差, chromatische Aberration, chromatic aberration 電気 光学

Abfallverbrennungsofen 男 ごみ焼却炉, waste combustion furnace 環境 操業 設備

Abfallzeit-Anstiegzeit 女 立ち下り・立ち上がり時間 機械 電気

abfangen(乗り物などを) 正常な方向・状態に戻す, (衝撃などを) 受け止める 機械

Abfasung 女 面取り, beveling 材料 機械 操業 設備

AbfG = Abfallgesetz 廃棄物法 環境 法制度

A

Abflachung 女 平滑化, flattening 材料
abflächen 表面仕上げする, surface finishing 材料
Abflug 男 (飛行機の) 出発, 離陸 航空
Abflugleistung 女 離陸最大出力 航空 機械
Abfluss 男 ドレン, drainge; 排出, discharge 環境 操業 設備
Abflussleitung 女 吐き出し管, discharge pipe, discharge line 機械 操業 設備
Abflussventil 中 吐き出し弁, 逃がし弁, 排出弁 機械 操業 設備
Abflusswinkel 男 (切屑の) 流出角 材料 操業 設備
Abfrage 女 質問, 応答, check back 電気
Abführen 中 (荷物, カートンなどの) 出庫, 引き出し, 関 Zuführen 中 入庫 物流
Abführkanal 男 排出ダクト, 回収ダクト 機械
Abführmittel 中 下剤, purgati 化学 バイオ 医薬
Abführung 女 排出, 排気, 排水, 回収, 回収部, 類 Auslass 男, Ablauf 男, Ablass 男, exhaust, sewage removal 操業 設備 機械
Abfüllmaschine 女 ボトリングマシーン 機械 食品
Abgas 中 排気ガス, 排ガス, 煙道ガス, exhaust gas 機械 操業 設備
Abgasentgiftungssystem 中 排ガス浄化装置, 排出物質浄化装置 機械 環境
abgasgetriebener Turbolader 男 排気タービン駆動過給機, exhaust turbocharger 操業 設備 機械
Abgas-Kanal 男 排気管, exhaust gas duct 機械
Abgaskessel 男 排気ボイラー, exhaust gas boiler 機械 エネ
Abgaskrümmer 男 排ガスエルボー, エキゾーストマニフォールド, exhaust elbow 機械
Abgaslamdawert 男 排ガスラムダ値(希薄混合気では 1.1 以上, 過剰混合気では 0.9 以下) 機械
Abgasöffnung 女 排気口 機械
Abgasprüfgerät 中 排気ガス分析装置, exhaust gas analyzer 機械 環境 化学
Abgasrückführung 女 排ガス再循環, exhaust gas recirculation, AGR, EGR 機械
Abgastemperatur 女 排気ガス温度, exhaust gas temperature 機械
Abgasverlust 男 排気損失, 排ガス損失, exhaust gas loss 機械
Abgasvorwärmer 男 エコノマイザー, 節約器, economizer 機械
Abgeberphase 女 抽出対象物層, 関 Aufnehmerphase 女 抽出剤層 化学 バイオ
abgedichtete Anschlusssteckverbindung 女 シールド端子コネクター, shield terminal connector 電気
abgeflachte Spitze 女 扁平先, flattened tip, leveled tip 機械
Abgeflachtheit 女 扁平, flatness 機械
abgelaufen 経過した
abgeschabt かきとられた
abgeschrägte Zähne 複 面取り歯, 類 entgratete Zähne 機械
abgesetzter Seitenstahl 男 片刃バイト 機械 操業 設備
abgesetzte Bohrung 女 多段・段つきボア, 多段・段つきドリリング 機械 操業 設備
abgesetzte Welle 女 芯ずれ軸 機械 操業 設備
abgesetztes Zahnrad 中 段つき歯車 機械 操業 設備
abgewickelte Linie 女 縮閉線, evolute 統計 機械
abgewickeltes Flächenverhältmis 中 展開面積比 機械 統計
abgewickelter Tambour 男 巻き戻しリール, 類 Leertambour 男 機械
Abgleichsprüfmaschine 女 つりあい試験 機械 材料
Abgriff 男 ピックアップ, pick up; タッピング, tapping 電気
Abguss 男 (操業時の) 鋳込み; (製品, プロダクトとして) 鋳造品, 鋳物, 類 関 Gussprodukt 中, cast, casting 鋳造 機械
Abhängigkeit 女 従属関係(特許), 依存
abhalten 寄せ付けない
abheben 持ち上げる, 移す, lift, remove 機械 操業 設備
Abheftausstanzung 女 紙ファイルに入

れるための打ち抜き
abheften ホックを外す，紙ファイルにいれる
Abhitzekessel 男 廃熱ボイラ，waste heat boiler 機械 エネ
abiotisch 生命のない 化学 バイオ
Abk = Abkürzung 略語
abkanten 曲げる，bend, fold 機械
Abkantprofil 中 フランジプロフィール，flanged profile 材料 鉄鋼 非鉄
Abkömmling 女 誘導体，類 Derivat，英 descendant, derivative 化学 バイオ
Abkratzer 男 スクレーパ，scraper 機械
Abkühlung 女 冷却，cooling 連鋳 操業 設備 材料 機械
Abkühlung in Ofen 女 炉冷，cooling down in the furnace 材料 機械 操業 設備
Abkühlungsform 女 チル鋳型，chill mold 鋳造 機械 材料 操業 設備
Abkühlungsgeschwindigkeit 女 冷却速度，cooling rate 連鋳 材料 鋳造 機械 操業 設備
Abladeanlage 女 ダンパー，dumper 機械 設備
ablängen （ある寸法に）切断する，cut to length 連鋳 操業 設備 機械 材料
Ablage 女 スタッキング受け台，積み重ね受け台，トレイ，スタッカー，ファイイングシステム，stacking, storage place, tray, stacker, filling system 機械 電気 印刷
Ablagekörper 男 スタッキング本体，スタッキングボデー 機械
ab Lager 倉庫渡し，ex store, ex warehouse 製品 経営
ablagern 沈殿させる，倉庫に入れる 化学 バイオ 機械
Ablagerung 女 堆積物，沈降物 化学 バイオ 地学
Ablass 男 排水，排気，排出，ドレン，送り出し，類 Auslass 男，Abführung 女，Ablauf 男，discharge, outlet, drainage, 機械 設備
Ablassrohr 中 排出管，ドレン管，吐き出し管，通気細管，drainage pipe 機械 操業 設備
Ablassventil 中 ドレン弁，排水弁，吐き出し弁，drainage valve 機械 操業 設備

Ablation 女，アブレーション，融除，消融，ablation エネ 機械 地学 医薬
Ablauf 男 経過，流出，満了，排出口，類 Auslass 男，Abführung 女，Ablass 男，process, outlet, outflow, 設備 機械 化学
Ablaufhaspel 男 ペイオフリール，巻き戻し機，pay off reel 機械 材料 印刷
Ablaufrohr 中 吐き出し管，drain pipe 機械 化学
Ablaufschräge 女 スタート勾配，angle of start 機械
Ablaufventil 中 リリーフ弁，relief valve 機械 化学
ablegbar 収納可能な 機械
ablegen 下に置く，行なう，（試験などを）受ける，（書類などを）ファイルする
Ablenker 男 デフレクタ，バッフル，そらせ板，導風板，類 Umlenkblech 中，Prallblech 中，deflecter, 機械
Ablenkscheibe 女 そらせ板 機械
Ablenkungsmesser 男 たわみ計 機械 材料
Ablesen 中 読み 電気
Ablösung 女 剥離，分離，交替，類 Abblätern 中，Abplatzen 中，spalling 操業 設備 材料 化学 バイオ
abmelden 再 sich ～，ログアウトする，logout 電気
Abmessungsbereich 男 寸法範囲，size range 連鋳 操業 設備 機械
Abnahmelehre 女 検査ゲージ，inspection gauge 機械
Abnahmeprüfung 女 受け入れ検査，acceptance inspection 操業 設備
Abnahmeversuche an Dampfturbine 複 蒸気タービンの受け渡し試験 材料 機械
abnehmbarer Zylinderkopf 男 取り外し式シリンダーヘッド，removable cylinder head 機械
Abnutzung 女 磨耗，類 Verschleiß 男，Abrieb 男，abrasion, wear 材料
Abplatzen 中 パチンとはじけてとれること，剥離，スポーリング，類 Abblättern 中，Absplittern 中 操業 設備 材料
Abprodukt 中 廃棄物，廃棄産物，waste, waste product 環境 化学 操業

abpumpen ポンプにより排出する 機械
Abquetschrolle 女 絞りロール, 押し潰しロール, wringer roll, squeeze roll 機械
abragen 下に突き出ている 機械
abrasiv 摩滅の 材料 機械
Abreibungshärte 女 磨耗硬さ, abrasion hardness 材料
Abreicherung 女 失活, 枯渇, 類 Inaktivierung 女, deactivation, devitalization, depletion 化学 バイオ
Abreißdeckel 男 剥ぎ取り蓋
Abreißen 中 剥ぎ取り, 引き裂き 機械
Abreißen am Außenflügel 中 翼端失速, tip stall 機械 エネ 航空
Abreißen der Brennerkammer 中 ブローオフ, blow-off 操業 設備 エネ
Abreißkante 女 切り取りエッジ, tear off edge, separation edge 機械
Abreißschraube 女 剪断ボルト, 離脱ボルト, shear bolt, breakaway bolt, tear-off bolt 機械
Abreißzündung 女 電路開閉点火, break ignition 電気
Abreißkante 女 切り取りエッジ 機械
Abrichten 中 目直し, ドレッシング, 矯正 材料 機械
Abrichtrad 中 目直し車 機械
Abrieb 男 磨耗 材料 機械
Abroll 男 巻き戻し, roll off 操業 設備 機械
abrufen リードバックする, retrieve 電気
abrupt 突然の, 類 plötzlich
ABS = Anti-Blockier-System, アンチロックブレーキシステム 機械 ; = Acrylnitril-Butadien-Styrol = acrylonitrile-butadiene-styrene terpolymer アクリロニトリル・ブタジエン・スチレン・三元共重合体 化学 バイオ
Absatz 男 オフセット, ショルダー, 段落, 沈殿物, 販売, (心の)片寄り, ずれ, (階段の) 踊り場 機械 化学 バイオ 建設
Absatzeinzüge 複 字下げ, パラグラフインデント 電気
Absatzteich 男 沈殿池 操業 設備 機械
Absauger 男 排気送風機 操業 設備 機械
Abschäumhahn 男 水面噴出しコック 機械
abschalten 切断する 電気 化学 バイオ
Abschaltsignal 中 スイッチオフ信号 機械 電気
Abscheider 男 選別機 機械
Abscheidung 女 分離, 遊離, 単離操作, 抽出, deposit, separation 連鋳 操業 設備 材料 化学 バイオ
Abscherfestigkeit 女 せん断強さ 材料 機械 建設
Abscherschraube 女 剪断ボルト, シャーボルト, shear bolt 機械
Abschlagmesser 中 打ち落とし刃 機械
Abschrägen des verlorenen Kopfes 中 セミトッピング 機械
Abschleppwagen 男 レッカー車 機械
Abschlussbleche 女 カバープレート, 接続プレート 機械
Abschlussventil 中 隔壁弁 機械
Abschlusswand 女 隔壁 機械
Abschlusswiderstand 男 終端インピーダンス, ターミネーター 電気
Abschmelzschweißung 女 融接 材料 機械 溶接
Abschnitt 男 セグメント, 線分, 切片, 小玉(レンズ), 分節, 章, (その時その時の) データ: Zeitabschnitt 男 時期 機械 光学 バイオ 操業 設備
Abschottung 女 隔壁を設けること, 類 Kompartment 中, Schottung 女 機械
Abschrecken 中 焼入れ 材料 機械
Abschreckmittel 中 焼入れ剤 材料 機械
abschwächen 切断する, スイッチオフする, 酵素活性・濃度を減少させる, 類 ausschalten バイオ 化学 電気
Abscisinsäure 女 アブシシン酸, abscisic acid, ABA 化学 バイオ
absenken 下げる
Absetzbehälter 男 シックナー, 類 Eindicker 男, thickener 操業 設備
absetzen 沈殿する, 析出する
Absetzer 男 スプレッダー, スタッカー
absichtlich 故意に
Absolutierung 女 無水化 化学 バイオ
absolute Temperatur 女 絶対温度 材料 物理

A

Absorber -Kolonne 女 吸収段塔 化学
Absorption 女 吸収, 関 Resorption 女, 英 absorption 精錬 化学 バイオ 環境
Abspaltung 女 遊離, 開裂, eleminate, split off 化学 バイオ
abspeichern 保存する, store 電気
Absperrschieber 男 仕切り弁 材料 機械
Absperrventil 中 逆止弁, 遮断弁 材料 機械
Absplittern 中 剥離, スポーリング, 類 Abblätttern 中, Abplatzen 中 材料
Abspritzöffnung 女 噴射口 機械
Abstand der Walzen 男 ロール間隔, roll distance 連鋳 操業 設備 機械 材料
Abstandhülse 女 スペーサー 機械
Abstandsteil 中 スペーサー 機械
Abstechdrehbank 女 突っ切り旋盤 機械
abstellen 中段する, ストップする 機械 操業 設備 バイオ 電気
Abstellung 女 締め切り弁 機械
Abstich 男 出銑, 出鋼, 出湯, tapping 製銑 精錬 材料 鋳造 操業 設備
Abstichgewicht 中 出鋼量, tapping weight 精錬 操業 設備
Abstichloch 中 出鋼口, 出銑口, タップホール, tapping hole 製銑 精錬 操業 設備 非鉄
Abstichverfahren 中 出鋼方式 精錬 操業 設備
Abstimmung 女 調整 機械 電気
Abstoßungsreaktion gegenüber transplantierten Organen 女 移植臓器に対する拒絶反応 化学 バイオ 医薬
Abstreifer 男 滓取り[かすとり], スキマー, skimmer 鋳造 製銑 精錬 操業 設備
Abstreifprozess 男 切断・ストリップ・スキムプロセス 材料 機械
abstützen 支持する, (支柱で) 支える, support 材料 機械
Abstützsicke 女 支持用くぼみ 操業 設備 機械
Abszisse 女 横座標, abscissa 統計
abszissenparallel (グラフなどで) 横座標に平行な 電気 統計
Abt = Abteilung 部門, 局部課 全般 化学 バイオ 組織

abtasten 走査する, スキャンする, 検知する, 類 aufspüren, scan 電気
Abtastfrequenz 女 走査度数 電気
Abtastrate 女 サンプリングレート, 走査割合 電気
Abteilung Psychosomatische Medizin 女 心療内科, 類 Abteilung Psychosomatik 女, department of psychosomatic medicine 化学 バイオ 医薬
Abtrennen 中 突っ切り 材料 機械
Abtreiben 中 伐採, 蒸留分離, 精錬 バイオ 化学 精錬
Abtriebsteil 中 分離蒸留部 化学 バイオ
Abtriebswelle 女 従動軸, アウトプット軸, カウンター軸, driven shaft 機械
Abundanz 女 生息個体数, abundance バイオ
Abwälzfräsmaschine 女 ホブ盤, 類 関 Wälzfräsmaschine 女, Wälzfräser 男, gear hobbing machine 機械
Abwärmepotential 中 熱ポテンシャル, waste heat potential 精錬 材料 機械 エネ
Abwässer 複 下水汚物, スラジ, sanitary sewage, sullage 環境 リサイクル 化学 バイオ
Abwasser 中 流水, 廃液, 下水, 汚水, 排水, effluent, sewage, waste water 環境 リサイクル 化学 バイオ
Abwehrzelle 女 防御細胞, 免疫細胞 化学 バイオ 医薬
abweichen (von^{+3}～から) 離れる, (von^{+3}～と) 相違する
Abweichung 女 ずれ, 相違, 偏差, 偏向, deflection, deviation 統計 光学 音響 物理 電気 機械
abweisen 拒否する, 棄却する
Abweiser 男 デフレクター, deflector 機械
Abwerfer 男 排出器, エゼクタ, エジェクタ, ejector 機械 化学 バイオ 設備
Abwickelbock 男 巻き戻し架台 操業 設備 機械
Abwicklung 女 処理, 解決, 展開, 真の長さ
Abwurfwagen 男 ダンプカー, トリッパー, tripper 機械
Abziehschablone 女 掻き板, 引き板, 類 関 Schablonierbrett 中, Ziehschablo-

A

ne 女, strickling board, sweeping board 鋳造 機械
Abzugsrichtung 女 引抜き方向, withdrawal direction 連鋳 操業 設備 機械
Abzweig 男 分岐, 引込み線 機械 交通
Abzweigung 女 分岐器, 二又 機械 電気
AC = 英 automatic combustion control = selbsttätige Feuerregelung 女 自動燃焼制御 エネ 機械 環境 ; = 英 air conditioning = Klimaanlage 女 空気調節, エアコンディショニング 環境 エネ ; = 英 access control = Zugriffsteuerung 女 アクセス制御, アクセス管理, アクセスコントロール 機械 電気 ; = 英 adaptive control = adaptive Regelung 適応制御 電気
ACC = 英 adaptive cruise control = Abstands-und Geschwindigkeitsregelung beim Autoverkehr アダプティブクルーズコントロール, 車間距離制御 機械 電気 ; = Aminocyclopropancarbonsäure = aminocyclopropanoic carboxylic acid アミノシクロプロパンカルボン酸 化学 バイオ
accession No. 英 取得 No., 受け入れ No. 化学 バイオ
ACEA = 仏 Association des Constructeurs Europeens d'Automobiles = Verband der Europäischen Automobilhersteller 欧州自動車工業会 機械 組織
Acetanilid 中 アセトアニリド(別名：アセチルアニリン), acetanilido 化学 バイオ
Acetator 男 アセテーター, 酢酸発酵処理槽 化学 バイオ
Aceton 中 アセトン, acetone 化学 バイオ
ACGIH-TLV = 英 American Conference of Governmental Industrial Hygienists-Threshold Limited Values 米国産業衛生専門家会議による許容濃度 化学 バイオ 医薬 環境 規格
achromatisches Objektiv 中 色消対物レンズ 光学
Achsabstand 男 軸距, 中心距離 機械
Achsansatz 男 軸接合部 機械
Achsanschaltung 女 直接駆動, ビルトインモータ駆動 機械
Achsleistung 女 馬力 機械
Achsmanschette 女 軸パッキンリング 機械
Achsschenkel 男 ナックルアーム 機械
Achsschenkelbolzen 男 ナックルジョイント, 関 Kardangelenk 中, Wellengelenk 中, knuckle joint 機械
Achsübersetzung 女 最終減速比, final reduction gear ratio 機械
Achssatz 男 輪軸 交通 機械
Achsübersetzung 女 最終減速比, final reduction gear ratio 機械
Achswelle 女 車軸 交通 機械
ACIA = 英 asynchronous communications interface adapter = asynchrone Kommunikationsschnittstellen-anpassungseinrichtung 非同期通信アダプタ, 非同期インターフェース式伝送インタフェースアダプタ 電気
Ackerbohne 女 ソラマメ, broad bean ; Vicia faba ; horse bean 化学 バイオ
Ackerfläche 女 耕地, cultivated field (area), plowland 化学 バイオ
Ackernutzung 女 : unter Ackernutzung 耕作中 化学 バイオ
ACM = 英 advanced compsite material = Hochleistungs verbundwerkstoff 先端複合材料 材料 化学 ; = 英 anisotropic conductive material = anisotrop-leitfähiges Material 異方性導電材料 材料 電気 機械 化学 バイオ
ACP = 英 acyl carrier protein アシル基運搬たんぱく質 バイオ 化学
Acremonium Chrysogenum セファロスポリン C 生産株の真菌 化学 バイオ 医薬
Acridin 中 アクリジン, 英 acridine 化学 バイオ
ACRS = 英 advisory committee on reactor safeguards = der Beratende Ausschuss für Reaktor-Schutzmaßnahmen 米 原子炉安全諮問委員会 原子力 放射線 安全 組織
Acrylat 中 アクリル酸塩, 英 acrylate 化学 バイオ
ACS = 英 application control support system = Anwendungsbetreuungs-regelungs-system アプリケーション制御サポートシステム 電気 ; = 英 adaptive con-

trol system = adaptives Regelsystem 適応制御システム 電気

ACSR = 英 aluminium cable,steel reinforced = Aluminiumkabel mit Stahlverstärkung 鋼芯アルミ撚り線 電気 鉄鋼 非鉄

ACTH = 英 adrenocorticotropic hormone = adrenokortikotropes Hormon der Hypophyse = Hormon des Vorderlappens der Hirnanhangdrüse 副腎皮質刺激ホルモン 化学 バイオ 医薬

actives Filter 中 濾波器, filter, wave filter 電気

ACTS =英 automatic clutch and transmission system = Automatische Kupplung und Übertragung 自動クラッチトランスミッションシステム, 自動クラッチ変速系 機械

ACV = 英 alternating current voltammetry = Wechselstromvoltammetrie 交流ボルタンメトリー 電気 化学；=英 δ-(L-α-Aminoadipyl)-L-cysteinyl-D-valine δ-(L-α-アミノアジピル)-L-システイニル-D-バリン 化学 バイオ 医薬

ACVS = 英 δ-(L-α-Aminoadipyl)-L-cysteinyl-D-valine-Synthetase δ-(L-α-アミノアジピル)-L-システイニル-D-バリンシンテターゼ 化学 バイオ 医薬

Acyltransferase 女 アシル基転移酵素, acyltransferase 化学 バイオ

ADC = 英 analog-digital-converter = Analog-Digital-Wandler = Analog-Digital-Umsetzer, ADU = Analog-Digital-Konverter AD変換器 電気 機械

Additionsverbindung 女 付加化合物, addition compound 化学 バイオ

Additiv 中 添加剤, 英 additive 化学 バイオ

Additivverfahren 中 無電解めっき直接形成法, アディティブ法 材料 化学

ADEM = 英 acute disseminated encephalomyelitis = Akute disseminierte Enzephalomyelitis 急性散在性脳脊髄炎 化学 バイオ 医薬

Adenylat 中 アデニル酸 adenylate 化学 バイオ

Ader 女 血管, 心線 バイオ 医薬 電気 機械

Aderknoten 男 静脈瘤, varicose vein, varicosis, varicosity 化学 バイオ 医薬

Adhäsion 女 付着, 粘着, adhesion 化学 機械

Adhäsionsmolekühl 中 接着分子, adhesive molecule, adhesion molecule 化学 バイオ

ADI = 英 acceptable daily intake = akzeptable tägliche Dosis 許容一日摂取量 化学 バイオ 環境；= 英 Austempered Ductile Iron (DIN EN 1564) オーステンパーダクタイル鋳鉄（オーステナイト・フェライト系球状黒鉛鋳鉄）(DIN EN 1564) 鋳造 材料 精錬 機械

adiabate Expansion 女 断熱膨張 機械

Adipinsäure 女 アジピン酸, adipic acid 化学 バイオ

adjustierend 調整する, adjust 製銑 精錬 材料 機械 エネ 化学 電気

ADNT = Aminodinitrotoluole 3-Amino-2,5-dinitrotoluene 3-アミノ-2,5-ジニトロトルエン 化学 バイオ 医薬

ADP = 英 adenosine diphosphate アデノシン・ジフォスフェート 化学 バイオ

ADPase = 英 adenosine diphophatase アデノシンジホスファターゼ 化学 バイオ 医薬

ADPCM = 英 adaptive differential pulse code modulation = Adaptive Differenz-Pulscodemodulation 適応差分パルス符号変調（音声をデジタル化する方式の一つ）音響 電気

3adrig + Abschirmung 女 3ピンコネクター付きシールドケーブル 電気

ADSL = 英 asymmetrical digital subscriber line/loop = Teilnehmer-Anschluss mittels Telefonkabel 非対称デジタル加入者回線（インターネット接続サービスシステムの一つ）電気

Adsorbens 中 吸着剤, adsorbent 化学 バイオ

Adsorption 女 吸着, adsorption 化学 バイオ

Adsorptionsisotherme 女 吸気等温式 機械

Adsorptiv 中 吸着物質, 吸着質, adsorbate, adsorptive 化学 バイオ 機械 物理

A

Adultus [男] 成虫 [化学] [バイオ]
Advektion [女] 水平対流 [物理] [エネ]
AEB = (英) auto exposure bracketing 自動段階露出機能(段階露光で自動的に明るさの異なる写真を撮影し，あとで一番好ましい明るさの写真を選ぶことができる露出補正の応用機能) [光学] [電気] ；= (英) autonomous emergency braking = Notbremsassistent 自動緊急ブレーキ [電気] [機械]
AED = Automatischer Externer Defibrillator = (英) automated external defibrillator 自動体外式除細動器 [化学] [バイオ] [医薬]
Ähnlichkeitsgesetz [中] 相似則 [数学] [統計]
äquidistant 等間隔の・で
äquivalent 等量の, 当量の, 等価の, equivalent [化学] [バイオ] [数学] [統計] [精錬]
Äquivalentlast [女] 等価荷重 [機械]
Äquivalenz [女] 等価, 等値 [化学] [バイオ] [数学] [統計] [精錬]
Aeration [女] 気化 [化学] [バイオ]
aerob 好気性の [化学] [バイオ]
Aerodynamik [女] 空気力学 [機械] [航空]
Aerosol [中] エアロゾル, 煙霧質 [化学] [バイオ]
Aerozin50 = (英) Aerozine50 ロケット混合燃料 (50 % UDMH + 50 % Hydrazin) [航空] [エネ] [化学]
AES = Atomemisionsspektrometrie 原子発光分光装置 [化学] [バイオ] [材料] [電気]；= Auger-Elektronenspektroskopie = auger electron microscopy オージェ電子分光法 [化学] [バイオ] [材料] [電気]；= (英) Advanced Encryption Standard DESの後継としての米国新暗号規格 (米国商務省標準局NISTが2001年に制定) [電気] [規格]；= (英) acrylonitrile ethylene-propylene-diene styrene アクリロニトリル・エチレン - プロピレン - ジエン・スチレン [化学] [材料]
ästhetisch 美的な
Ätzung [女] エッチング [材料] [化学] [光学] [電気]
AFAM = (英) atomic force acoustic microscopy = Akustische Rasterkraftmikroskopie 原子間力超音波顕微鏡 [電気] [光学] [音響] [材料] [物理]
AFB = (英) auto focus bracketing = Fokusreihenautomatik オートフォーカスブラケティング [光学] [電気]
Affinität [女] 親和力, affinity：chemische Affinität 化学親和力 [化学] [バイオ]
Affinitätschromatographie [女] アフィニティー・クロマトグラフィー, affinity chromatography [化学] [バイオ]
AFM = (英) atomic force microscope = Rasterkraftmikroskop 原子間力顕微鏡 (走査型プローブ顕微鏡 (SPM) の一種) [電気] [光学] [材料] [物理]
afokale Abbildung [女] 無焦点的結像, afocal imagery [光学] [音響]
AFP = Agarinvestitionsföderungsprogramm 農業投資促進プログラム [化学] [バイオ]
AFRP = (英) aramid fibre glass reinforced plastic = Aramid Glassfaserverstärkter Kunststoff アラミド・グラスファイバー強化プラスチック [化学] [バイオ] [材料] [機械]
AFSSA = (仏) Agence française de sécurité sanitaire = Französische Lebensmittelbehörde (仏) 食品衛生安全庁 (現ANSES(仏食品環境労働衛生安全庁)) [化学] [バイオ] [食品] [医薬] [組織]
aft (英) 船尾に, 船尾へ, 翼後縁部に, (独) achteraus [船舶] [航空]
after fire (英) アフターファイアー(排気系で燃焼する現象) [機械]
after loading (英) アフターローディング, 後装填 [機械] [化学] [精錬]
aft-loading (英) 翼後縁近傍の翼負荷(流れの剥離を抑制するための) [船舶] [航空]
Agar [男] 寒天, (英) agar-agar [化学] [バイオ]
AGC = (英) automatic gauge control = automatische Banddickenregelung 自動板厚制御 [材料] [電気]
Agens [中] 作因, 試薬 [化学] [バイオ]
Agilität [女] 敏捷性 [機械]
Agglomeration [女] 集塊化, 塊状集積, 集塊 [機械] [化学]
Aggregat [中] ユニット, セット(機械の), 凝集体, 集合体, 骨材 [機械] [化学] [バイオ] [建設]
Aggregation [女] 凝集, 集合 [機械] [化学] [バイオ]
Aggregatzustand [男] 凝集状態 [機械] [化学]

aggressiv 化学的腐食の, aggressive, corrosive [材料] [機械] [化学]
AGL = Allgebrauchslampe 汎用ランプ [電気]
AGLMB = Arbeitsgemeinschaft der Leitenden Medizinalbeamten und -beamtinnen der Länder 州上級管理医官研究会 [化学] [バイオ] [医薬] [組織]
AGMA = ㊥ American Gear Manufacture Association = Verband der amerikanischen Getriebehersteller 米国ギアー製造者協会 [機械] [規格] [組織]
AGÖL = Arbeitsgemeinschaft ökologischer Landbau 有機農業協会 [化学] [バイオ] [医薬] [組織]
AGR = Abgasrückführung = exhaust gas recirculation, EGR 排ガス再循環, 排気ガス再循環 [機械] [環境]
AGV = ㊥ automated guided vehicle = Automatisch gesteuertes Fahrzeug 自動操縦車, 無人搬送車 [機械] [電気]
AH = ㊥ aromatic hydocarbons = aromatische Kohlenwasserstoffe 芳香族炭化水素 [化学] [バイオ]
AHA = ㊥ American Heart and Hospital Association = Amerikanische Herzforschungs-und Krankenhausgesellschaft 米国心臓・病院協会 [化学] [バイオ] [医薬] [組織]
Ah-Horizont [男] 濃い色を呈し, 30 重量% 以下の腐植土堆積物を含む A 層位, Ah 層位 (Wörterbuch der Bodenkunde, Enke 1997 より) [地学] [物理] [化学] [バイオ]
AHL = ㊥ adaptive head light 適応ヘッドライト [機械]
A-Horizont [男] 有機堆積物を含む鉱物を含有する上部土壌層位, A 層位(Wörterbuch der Bodenkunde, Enke 1997 より) [地学] [物理] [化学] [バイオ]
AHP = Analytischer Hierarchieprozess = analytic hierarchy process 階層分析法 (問題解決型の意思決定手法) [経営] [全般] [統計]
AHV = Threonin-Analogon α − Amino- β -Hydroxyvaleriansäure トレニオン・アナログアルファ・アミノ・ベータ・ヒドリキシ吉草酸 [バイオ] [化学]
AI = ㊥ artificial intellegence = Künstliche Intelligenz 人工知能 [数学] [電気] [機械]
AIDS = ㊥ acquired immune deficiency syndrome = erworbene Immundefektsyndrom 後天性免疫不全症候群, エイズ [化学] [バイオ] [医薬]
AIHA = ㊥ American Industrial Hygiene Association = Amerikanischer Verein für Arbeits-und Umweltsicherheit 米国産業衛生協会 [化学] [バイオ] [医薬] [経営] [組織]
air kerma ㊥ 空気カーマ [原子力] [放射線] [化学] [バイオ] [医薬]
Akkomodation [女] 適合, 遠近調節(目の) [化学] [バイオ] [医薬] [機械]
Akkumulation [女] 集積, 蓄積, 累積 [機械] [統計]
Akkumulator [男] アキュムレータ [機械] [化学] [バイオ]
AKR = Alkali-Kieselsäure-Reaktion アルカリー珪酸−反応 [化学] [建設] [材料] [精錬]
Aktinometer [男] 感光計, 露光計, 日射計, [関] Belichtungssteuerung [女] [光学] [機械]
Aktionsturbine [女] 衝動タービン, [類] Impulsturbine [女], Gleichdruckturbine [女], impulse turbine [機械] [エネ]
aktiv 能動的な [光学] [機械] [化学] [バイオ] : active filter, ㊥ 濾波器, 能動フィルター [電気]
Aktivatorgen [中] アクチベーター遺伝子, activator gene [化学] [バイオ] [医薬]
aktive Schaltung [女] 能動回路 [電気]
aktivieren 開く, 作動させる, 活性化する, [類] aufrufen [電気] [化学] [バイオ]
Aktivierungsenergie [女] 活性化エネルギー, activation energy [化学] [バイオ]
Aktivität [女] 活量, activity [精錬] [物理] [化学]
Aktivkohle [女] 活性炭, active coal [化学] [バイオ] [製銑] [地学]
Aktor [男] アクチュエータ [機械]
Akutualisierung [女] アップデート, update [電気] [機械]
ALB = Automatisch lastabhängige Bremse 自動積空ブレーキ [機械]
ALC = ㊥ automatic level control = Automatische Pegelregelung 自動レベル制御 [電気] ; = ㊥ autoclaved lightweight

concrete = Autoklav-Leichtbeton 軽量気泡コンクリート [建設]

Aldolase [女] アルドラーゼ, aldolase [化学] [バイオ]

Aldolkondensation [女] アルドール縮合, aldol condensation [化学] [バイオ]

Alge [女] 海草 [化学] [バイオ]

algebraisch 代数学の, algebraic [数学]

Algentoximeter バイオセンサーの一種 [化学] [バイオ]

Alias (英) 折り返し歪み, [類] [関] verfälschtes Signal [中] [電気]

aliphatisch 脂肪族の, (英) aliphatic [化学] [バイオ] [医薬]

Aliquote [女] (英) アリコート(商品名 aliquot：液状陰イオン交換体), 分取, 部分標本, 一定容量, 整除数, [類] [関] Aliquot [中], konstante Teilmenge [女], aliquot [化学] [バイオ] [統計] [数学]

aliquot (独) (形容詞) 整除される, 分取された, 分取した [統計] [数学] [化学] [バイオ]

aliquotieren 分取する, 整除する, (英) aliquot [化学] [バイオ] [統計] [数学]

Alkalinität [女] アルカリ度, alkalinity [化学]

alkalisch アルカリの [化学] [バイオ]

Alkane [女] アルカン(脂肪族飽和炭化水素の一般名, C_nH_{2n+2}) [化学] [バイオ]

alkohlfrei アルコールを含まない [化学] [バイオ]

Alkoholat [中] アルコキシド, アルコラート, alcolate [化学] [バイオ]

Alkoxylgruppe [女] アルコキシル基, alkoxyl group [化学] [バイオ]

Alkylhalogenid [中] ハロゲン化アルキル, alkyl halide [化学] [バイオ]

Alkylierung [女] アルキル化, alkylation [化学] [バイオ]

Alkylrest [男] アルキル残渣, アルキル残基, alkyl residue [化学] [バイオ]

Allel [中] 対立遺伝子, (英) allele [化学] [バイオ]

Allergose [女] アレルギー性疾患, allergic disease, allergosis [化学] [バイオ] [医薬]

Allgebrauchslampe [女] 汎用ランプ, AGL [電気]

Allgemeinbetäubung [女] 全身麻酔, [類] Allgemeinnarkose [女], [関] örtliche Betäubung [女], 局所麻酔, general anesthesia, general anaesthesia [化学] [バイオ] [医薬]

allgemeine Notstromversorgung [女] 一般非常電源(停電後, 40秒以内に作動), general emergency power supply [化学] [バイオ] [医薬] [電気]

Allogamie [女] 他家受精, [類] Fremdbefruchtung [女], [関] Autogamie [女], Selbstbefruchtung [女] [化学] [バイオ]

Allophan [男] アロフェン(無定形含水アルミニウム珪酸), allophane [化学] [バイオ]

Allradantrieb [中] 4WD, 全輪駆動 [機械]

alluvial 沖積層の [地学] [化学] [バイオ]

alphanumerisch 文字数字併用式の [統計] [電気]

ALS = Amyotrophische Lateralsklerose = amyotrophic lateral sclerosis = Lou Gehrig's disease 筋萎縮性側索硬化症 [化学] [バイオ] [医薬]

Altersblödsinn [男] 老人性痴呆, [類] Greisenblödsinn [男], senile dementia, senile aphrenia [化学] [バイオ] [医薬]

Altersdatierung [女] 年代の日付けの記入 [地学] [化学] [バイオ]

Alterserscheinung [女] 老化現象, senile change, symptom of old age, senescence, aging phenomenon [化学] [バイオ] [医薬]

Alterssichtigkeit [女] 老眼, aged eyes, presbyopic eye, old-sighted eye [医薬] [光学]

Alterungsbeständigkeit [女] 耐時効安定性, aging resistance [材料] [機械] [化学]

ALTKOM = Altlasten-Komission = the commission to clear up the contaminated site 過去の環境負荷汚染地・状況を明らかにするための委員会 [環境] [化学] [バイオ] [医薬] [組織]

Altlastensanierung [女] 過去の環境負荷物質の修復 [環境] [医薬]

Altlastenverdachtsfläche [女] 過去の環境負荷の疑いのある土地 [環境]

Aluminium [中] アルミニウム, aluminium [材料] [化学] [非鉄]

Alminiumoxid [中] アルミナ, [類] Tonerde [女] [製銑] [精錬] [材料] [地学] [化学]

aluminothermische Schweißung [女] テルミット溶接, aluminothermic welding [溶接] [機械]

Alveolarfortsatz [男] 歯槽突起, alveolar process [化学] [バイオ] [医薬]

Amalgamierung [女] アマルガム化, amalgamation [化学] [バイオ]

Amboss [男] アンビル, anvil [溶接] [機械]

AMC = 7-Amino-4-Methylcumarin 7アミノ・4メチルクマリン(ペプチド結合の定量に用いる) [化学] [バイオ]

Ameisensäure [女] 蟻酸,formic acid [化学] [バイオ]

Ames-Test [英] エイムス試験, 復帰突然変異試験, 突然変異性誘発性試験(Amesは, 人名) [化学] [バイオ] [医薬]

AMHS = [英] automatic message handling system 自動メッセージ処理システム [電気]; =[英] automated material handling systems = automatische Materialhandlingsysteme = automatisierte Materialflusssysteme 自動材料ハンドリング システム, 搬送・保管・管理設備等を組合せた倉庫等無人化システム [電気] [設備] [物流]

ß–Aminopropionitril [中] アミノプロピオニトリル, ß–aminopropionitrile, BAPN [化学] [バイオ] [医薬]

Aminosäureaustausch [男] アミノ酸置換・交換 [化学] [バイオ]

Aminosäureoxidase [女] アミノ酸酸化酵素, amino-acid oxidase [化学] [バイオ]

Aminosäurerest [男] アミノ酸基, アミノ酸残基, アミノ酸残渣 [化学] [バイオ]

Aminosäuresequenz [女] アミノ酸配列, amino-acid sequence [化学] [バイオ]

Ammeter [男] 電流計 [電気]

Ammoniak [中] アンモニア,ammonia [化学] [バイオ]

ammonifizierendes und NH4-oxidierendes Mikroorganismus [中] アンモニア化成・酸化細菌 [化学] [バイオ]

Ammonium [中] アンモニウム [化学] [バイオ]

Ammoniumnitrat [中] 硝酸アンモニウム(硝安) [化学] [バイオ]

Ammoniumsulfat [中] 硫酸アンモニウム(硫安) [化学] [バイオ]

Ammoniumthiocyanat [中] チオシアン酸アンモニウム,ammonium thiocyanate [化学] [バイオ]

Ammoniumdiuranat [中] 重ウラン酸アンモン, (NH4) 2U2O7ADU, anmonium diuranate, ADU [地学] [製鉄] [精錬] [非鉄]

amorph アモルファスの, 無定形態の, amorphous [化学] [材料]

AMP = [英] adenosine monophosphate アデノシン・モノフォスフェート [化学] [バイオ]; = amino-methyl pyridine アミノ・メチル・ピリジン [化学] [バイオ]; = ammonium molybdatophosphate アンモニウム・モリブデンフォスフェート [化学] [バイオ]

Amp = Ampicillin アンピシリン(合成ペニシリン, 抗生物質) [化学] [バイオ] [医薬]; = [英] amplifier = Verstärker 増幅器 [電気]

Amphibienfahrzeug [中] 水陸両用自動車 [機械]

amphiphil 両親媒性の, [英] amphiphilic [化学] [バイオ]

amphoter 両性の, [英] amphoteric, amphiprotic [化学] [バイオ]

AMPL = [英] A mathematical programming language (数理計画問題に対する) 代数モデリング言語 [電気] [統計]

Amplifizieren [中] 多くすること, (細胞内酵素活性などを) 高めること, [類] Verstärkung [女] [化学] [バイオ]

Amplitude [女] 振幅 [電気]

Amplitudenbegrenzung [女] 増幅制限, amplitude peak limiting [電気] [光学]

Amplitudenoffset [中] 振幅オフセット [電気] [光学]

AMR = [英] adaptive mesh refinement = adaptive Gitterverfeinerung 解適合格子法(適合格子細分化法とも呼ばれる) [統計] [機械]; = [英] anisotropic magnetic resistance = anisotrop-magnetischer Widerstand 異方性磁気抵抗 [電気] [物理] [材料]

AMS = Managementsystem zum Arbeitsschutz 労働安全衛生マネジメントシステム [規格] [経営]

AMT = [英] automated mechanical trans-

A

mission = automatisches Schaltgetriebe オートマチックトランスミッション, 自動変速機 機械
Amtbescheid 男 オフィスアクション 特許
AMU = 英 amalgamation unit = Amalgamierungseinheit アマルガム化ユニット, 汞和[こうわ]ユニット 化学 設備
Amylase 女 アミラーゼ,amylase 化学 バイオ
Amylether 男 アミルエーテル 化学 バイオ
amyotrophische Lateralsklerose 女 筋萎縮性側索硬化症, ALS, amyotrophic lateral sclerosis,Lou Gehrig's disease 化学 バイオ 医薬
Anämie 女 貧血(症),類 Blutarmut 女, 英 anemia,anaemia 化学 バイオ 医薬
Analfistel 女 痔瘻, 類 Afterfistel 女, 英 anal fistula 化学 バイオ 医薬
Anabolismus 男 同化作用, 類 Assimilation 女, anabolism 化学 バイオ
anaerob 嫌気性の,関 aerob 好気性の,英 anaerobic 化学 バイオ
Analoge 中 構造類似体, analog 化学
Analysator 男 検光子,analyser 光学 音響
Analyse des Arbeitsvorganges 女 工程分析 操業 品質 設備
anaplerotischer Weg アナプレロティック経路,anaplerotic path 化学 バイオ 医薬
anatomisch 解剖学の, 解剖上の, anatomic 化学 バイオ 医薬
Anbauteil 中 保持部位 機械
anblasen 送風する 製鉄 製銑 機械
Anbohren 中 心立て 機械
ANDA = 英 abbreviated new drug application = abgekürzter neue Droge-Antrag 簡略新薬申請手続き 化学 バイオ 医薬 法制度
Andesit 男 安山岩,英 andesite 地学 物理
andeuten 再 sich 兆候が現れる;die sich andeutenden Gehalte,兆候が現れる含有量
Andeutung 女 徴候, indication, suggestion 化学 バイオ 医薬
Andrehkurbel 女 始動クランク 操業 設備 機械
Andruck 男 圧力, 校正紙 機械 印刷
Andruckrolle 女 バックアップロール 操業 設備 機械
andrückbar プレス可能な 材料 機械
Andrückvorrichtung 女 プレス固定装置 機械
Aneignungsvermögen 中 獲得能力, 摂取能力 化学 バイオ
Aneinanderreihung 女 配列, つなぎ合わせ, sequence, arranging 機械
Anellierung 女 縮環,anellation 化学 バイオ
Anemometer 中 風速計
Anerkennung 女 正当な評価
anfällig 敏感な, sensitive 材料
Anfärbung 女 染色 繊維
Anfahrabstützwinkel 男 発進サポート角 機械
Anfahrbedingung 女 運転・操業開始条件 操業 設備 機械
Anfall 男 発作, 数量(たとえば生産された) 操業 設備 医薬
Anfangsgeschwindigkeit 女 初速, inital velocity 操業 設備 機械
Anfangsequenz 女 一次構造 化学 バイオ
Anfangswert 男 初期値, initial value 機械 化学 バイオ
Anfangswertproblem 中 初期値問題, initial value problem, 関 Randwertaufgabe 女 境界値問題 統計 物理
anflanschen フランジで取り付ける 機械
Anflanschklappe 女 フランジ取り付け弁 機械
Anfrage 女 問い合わせ, 類 Referenz 女
Anfrageformular 中 サーチダイアログボックス 電気
anführen 挙げる, 引用する
Angabe 女 記載事項, データ, 報告, 申告
Angebot 中 供給(量),見積り,supply;bei hohem Sauerstoffangebot:高酸素供給量の場合, in the high amount of oxygen supply 操業 設備
angegeben 所定の,(製造者などが)指定した, specified 機械
angeglichen 適応している
angegliedert 付属の
angegossener Zylinder 男 一体鋳造シ

リンダー 機械
angelenkt ピヴォットで連結した 機械
angemessen ふさわしい, 適切な
angeregter Zustand 男 励起状態, 類 Erregungszustand 男, exited state 光学 音響 物理
angereichertes Uran 中 濃縮ウラン 原子力
Angina pectoris 女 狭心症, 類 Herzbräune, 英 angina pectoris 化学 バイオ 医薬
angreifen 腐食させる, 作用する, 着手する, corrode, attack, act on 材料 化学 機械
Angriffspunkt des Auftriebs 男 浮力の中心
Anguss 男 鋳込み開始, 金ダボ, 湯口, cast start projection, sprue 鋳造 連鋳 操業 設備
Anhänger 男 トレーラー, 付随車 機械
Anhängerbolzen 男 ひっかけボルト 機械
Anhäufung 女 集積, 蓄積 機械 化学 バイオ
anhalten ストップする 機械
Anhaltsangabe 女 拠りどころとなる報告・申告
Anhaltspunkt 男 手掛かり, 基準点, 支点, 要点, reference point, indicator 機械
Anhang 男 付録
anheben (少し) 持ち上げる
Anheftungsstelle 女 付着部位, attachment site, 類 Ansatzstelle 化学 バイオ
Animpfen 中 接種, 類 Impfung 女, seeding, inoculation 機械 精錬 化学 バイオ 医薬
Anion 中 陰イオン, 英 anion 化学 バイオ
Anionen-Austauscher 男 陰イオン交換体, anion exchanger 化学 バイオ
Anisotropie 女 異方性 anisotropy 材料 電気
Anker 男 電機子, 補強材, 錨, かすがい, armature, anchor 電気 機械 建設
Ankerschraube 女 アンカーボルト 機械
ankurbeln テコ入れする, (クランクを入れて) 始動させる 機械
Anlage 女 設備, 設計, 素質, 投下資本, 付録, 位置決め面 (装置), 取り付け面 (装置) 機械
Anlageapparat 男 フィーダー, 類 Aufgeber 男, Förderer 男 操業 設備 機械
Anlagedaten 複 設計データ 操業 設備 機械
Anlagefläche 女 首下, (研削車の) ハブ, 座面, 位置決め面, hub, bearing surface, locating face 機械
Anlagenbetreiber 男 設備運転管理者 操業 設備 機械
Anlagenkataster 男 設備台帳, plant register, plant cadastre 操業 設備 経営
anlegen 取り付ける, 設計する, 計画する, 投資する, 作成する (ファイルなどを) 機械 操業 設備 電気 全般
Anleger 男 フィーダー, 類 Aufgeber 男, Förderer 男, Anlageapparat 男 操業 設備 機械
anlehnen ～に拠る: Die Norm lehnt sich inhaltlich eng an DIN an. その規格は, DIN (ドイツ工業規格) に準拠した内容となっている 全般 規格
Anleitung 女 指導, 便覧
Anlenkbolzen 男 リストピン, ナックルピン 機械
anlenken ピボット連結させる 機械
Anlenkpunkt 男 ピヴォットポイント 機械
anliegen ～と突合せになっている, ～に接している 機械
anmelden: 再 sich～, ログインする, login 電気
Anmeldung 女 申告, 登録, 手続き補正書 特許
annehmlich 同意できる, 受け入れられる
Anode 女 陽極, アノード, 英 anode 化学 バイオ 電気
anodische Oxidation 女 陽極酸化 機械 化学 バイオ 電気
Anoiploidie 女 異数性 化学 バイオ
Anomer 中 アノマー, anomer 化学 バイオ
Anordnung 女 位置, 配置, システム, アジャストメント, 装置, layout 機械
Anordnung von Bodenrohren 女 底吹ノズルの位置関係, layout of bottom blowing nozzle 精錬 操業 設備
anorganisch 無機の, inorganic 化学 バイオ
ANOVA = 英 one way analysis of variance = einfache Varianzanalyse = Einweg-Streuungszerlegung = Einweg-Varianzanalyse 一元配置分散分析法 統計
Anoxidation 女 無酸化, non-oxidation 化学 バイオ 材料
anoxisch 無酸素の, 英 anaerobic 化学

バイオ

anpassen カスタマイズする, 類 konfigurieren 電気

Anpassschaltung 女 整合回路, maching circuit 電気

Anpassungsgüte-Test 男 適合度テスト, goodness of fit test 統計

Anpressdruck 男 押し上げ圧力, 押し圧力 機械

Anpressplatte 女 ジャッキプレート 機械

anregen 励ます, 興奮させる：j-n zu etwas[3] anregen ある事をするようにある人を励ます, 関 veranlassen

Anreicherung der Phase 女 その相の富化, enrichment of the phase 材料

Anreißplatte 女 定盤, 類 Tuschierplatte 精錬 機械

ansäuren 酸性化する, acidify 化学 バイオ

Ansammlung 女 堆積, 集合 地学 バイオ 環境

Ansatz 男 棚つり, 類 Hängen 中, scaffold（高炉）；あばた, すくわれ, scab 材料；伸長, 突起, 評価, 出発, 学問的アプローチ, 数式, フランジのネック部位, 接合部, ラグ, シャックル, バッチ, チャージ, 沈着, 沈殿, アタッチメント 製銑 操業 設備 材料 機械 環境 化学 バイオ 数学

Ansatzbehälter 男 沈殿槽, 沈着槽, シックナー, 類 Absatzbehälter 男, Eindrucker 男 操業 設備 機械 化学 環境

Ansatzflansch 男 ユニオンフランジ 機械

Ansatzpunkt 男 出発点, 評価点, 評価ポイント 全般 経営

Ansatzstelle 女 付着部位, attachment site, 類 Anheftungsstelle 女 化学 バイオ

Ansatzstück 中 アダプター, 類 Vorsatzgerät 中, adapter 電気

Ansaugdruck 男 吸気圧力 機械

Ansaugluft 女 吸気 機械

Anschaltelement 中 結合ノード, connecting node 電気

Anschlag 男 ストッパー, バッファー, 見積り, リフト, 広告 機械 経営

Anschlagleiste 女 ストップリミットバー 機械

Anschlagsäule 女 広告塔 経営

Anschlagstelle 女 （クレーンの）ひっかけポイント, hitching point 操業 設備

Anschleppen 中 トースタート, toe stert 材料

Anschluss 男 接続部位, 類 Fügeteil 中 機械 化学

Anschlussbelegung 女 接続配置図, ピン配置図 機械 電気

Anschlussbereich 男 継ぎ目, 接続部位, connecting zone 連鋳 材料 操業 設備 溶接

Anschlussklemme 女 成端プラグ, 接続端子, 接続端末, 端末接続, connection terminal, terminating plug 電気

Anschlussklemmleiste 女 端子板, terminal strip 電気

Anschlussmutter 女 ユニオンナット 機械

Anschnitt 男 堰, 湯口, 類 関 Einguss 男, down gate, ingate, down sprue 鋳造 連鋳 機械

anschrägen 面取りする, 類 fasen 機械

Anschüttung 女 盛り土 建設

anschweißen 取り付け溶接する 溶接 機械

Ansenken 中 もみ下げ 機械

ansetzen 投入する, 行なう, 見積る,（方程式を）立てる,（関数を）入れる,（錆を）つける 経営 数学 材料

ANSI = American National Standards Institution = Amerikanische Standardisierungs-Organisation 米国規格協会 規格 組織

Ansicht von innen 女 内面図, 関 Ansicht von vorn 女 正面図 統計 機械

Ansprechdruck 男（弁の）応答圧力, response pressure, actuation pressure 機械 電気

anstechen ロールに入れる, 突き刺す, 湯出しする 精錬 材料 機械

anstellbar スクリュウダウン・コントロールできる, 調節可能な, screw down controlled 操業 設備 材料 機械；Anstellwinkel 男 迎え角, 縦ゆれ角, 入射角

anstellen 並べる, 位置決めする 機械

Anstellwinkel 男 迎え角, 縦ゆれ角, 入射角, 関 Erhöhungswinkel 男, Erhebungs-

winkel 男, angle of attack (AOA), approach angle, angle of incidence, angle of inclination 機械 光学 音響 エネ 電気
Anstich 男 口開け, 最初の突き 製銑
Anstiegmethode 女 山登り法, methode of fassent 統計
Anstiegzeit 女 (パルスの) 立ち上がり時間, rise time 電気
Anstreiffläche 女 摩擦面 機械
Anströmboden 男 (段塔内に設けた気液接触用の水平な棚段) トレイ, tray, bed ditribution plate, vessel botom 化学 機械
Anströmkante 女 (タービン軸の) リーディングエッジ 機械 操業 設備
Anstoß 男 刺激, 接合部, パルス, initiation, impulse 機械 電気
Anstrich 男 塗装, 類 Auftrag 男 機械
Anstrichfläche 女 塗装表面
anströmen 流れてくる, flow, stream in
Antagonist 男 拮抗薬, 英 antagonist 化学 バイオ
Anteil der Stranggusserzeugung 男 CC比率 (連続鋳造比率), continuous casting ratio 連鋳 材料 操業 設備
Anthracis 中 炭疽菌, 類 Milzbrand bazillus, 英 anthrax bacillus, Bacillus anthracis 化学 バイオ 医薬
Anthrazit 男 無煙炭 地学 化学 製銑
anthropogen 人間または, 自然によって置き換えられた・または加工された 化学 バイオ 環境 地学
anthropometrisch 人体測定学の 医薬 バイオ
antibakterielles Spektrum 中 抗菌スペクトル, antibacterial spectrum 医薬 バイオ
Antiklopfmittel 中 アンチノック剤, antiknock additive 機械 化学
Antigen 中 抗原, antigen 化学 バイオ 医薬
antiklastisch 非散乱性の, (岩石の) 非砕屑性の 電気 光学 地学
antikomplementär 抗補体性の, anticomplementary 化学 バイオ
Antimetabolit 男 代謝拮抗物質, antimetabolite 化学 バイオ 医薬
antimikrobielle Empfindlichkeits-Prüfung 女 抗菌物質感受性 (薬剤の抗菌活性, 微生物の薬剤感受性) テスト, 類 Untersuchung auf Antibiotikaempfindlichkeit 化学 バイオ 医薬
antinucleär 抗核の, 英 antinuclear 化学 バイオ
Antiport 男 対向輸送, antiport 化学 バイオ
Antireflexbelag 男 反射防止膜, 類 関 Anti-Reflex-Beschichtung 女 反射防止コーティング, anti-reflective coating 光学 材料 電気
Antirollapparat 男 アンチローリング装置 機械
Antischaummittel 中 発砲抑制剤, antifoaming agent 機械 化学 バイオ
Anti-Seize-Mittel 中 耐過熱剤, 耐加圧剤, 抗焼付き剤, 焼付き防止剤 機械 化学
antithrombotisch 抗血栓性の, 類 gegen Blutgerinnsel, antithrombotic 化学 バイオ 医薬
Antragsteller 男 申請者 経営 全般
Antrieb 男 駆動装置, 駆動部位, アクチュエータ, drive unit, acutuator 機械
Antriebsscheibe 女 駆動体, 原動節 機械
Antriebsstrang 男 パワートレーン, power train 操業 設備 機械
antriebsverbunden 駆動連結の 機械
Antriebswelle 女 駆動軸, インプット軸, ドライブシャフト, driving shaft 機械 操業 設備
Antwort 中 応答, 返答, reply, responce 電気 機械
Anwärmen 中 暖気運転 操業 設備 機械
Anwärmung 女 加熱, to heat up 操業 設備 材料 製銑 精錬 エネ
anweisen 指示する, instruct
Anwendungssoftware 女 アプリケーションソフトウエアー, アプリ, application software 電気
Anwendungsspektrum 中 適用選択の幅, 適用の多様性 全般
Anwendungsprozessbeschreibung 女 アプリケーションプロセス記述・表現 電気
Anwendungs-und Gültigkeitbereiche der Methoden 複 方法の適用範囲と有効範囲 規格 特許

A

anwendungsübergreifend 用途を超えて広がっている
Anzapfventil 中 ブリーダー弁, バイパス弁, 類 関 Umgangsventil 中, Umgehungsventil 中 機械
Anzeige 女 ディスプレイ, display 電気 操業 設備
Anzeigefenster 男 結果表示ウインドウ 電気
Anziehen 中 (ホルダーなどの) 装着, 関 Ausziehen 中 引き抜き 機械
An-und Ausziehen 着脱 機械
Anzündhilfe 女 着火材, starter, firelighter 機械
AOB = anorganischer Binder 無機系粘結剤 鋳造 機械
AOI = 英 automatic optical inspection = selbsttätige optische Überprüfung 光学式自動欠陥検査, 自動光学検査 光学 電気 品質
AOP = 英 advanced oxidation process = Prozess bei der Trinkwasser-Aufbereitung 促進酸化法, 高度酸化プロセス, (汚水処理, 水中有機物処理などに用いる) 環境 化学 バイオ 医薬
AOPD = 英 active opto-electronic protective device = Schutzeinrichtung an Maschinen 能動的光電保護装置 光学 機械
AOPDDR = 英 active opto-electronic protective device to diffuse reflection = Berührungslos wirkende Schutzeinrichtung an Maschinen 拡散反射応答型能動的光電保護装置 光学 電気 機械
AOQ = 英 average outgoing quality = mittlerer Durchschlupf 平均出検品質 品質 統計 操業
AOX = absorbierbare organishe Halogenverbindung = adsorbable organic halogenated compounds = adsorbable organically bound halogens 吸収・吸着性有機ハロゲン化合物 化学 バイオ 医薬
APC = 英 automatic pallet changer = automatischer Palettenwechsler 自動パレット交換機, APW 機械 物流
Aperturblende 女 開口絞り, 類 Öffnungsblende 女, aperture stop 光学 音響
das aphake Auge 中 無水晶体眼 (白内障の手術を行ない, 水晶体を取り去ってしまった眼), aphakic eye 化学 バイオ 医薬 光学
API = 英 American Petroleum Institute = Interessenverband der Amerikanischen Gas-und Ölindustrie, auch Herausgeber von Standards 米国石油協会 地学 材料 規格 化学 機械 組織; = 英 application programming interface アプリケーション・プログラミング・インターフェース 電気
apoplastische Waschflüssigkeit 女 アポプラスト洗浄液 化学 バイオ
Apostroph 男 アポストロフィー
Apotose 女 細胞死 化学 バイオ
APP = 英 Asia-Pacific Partnership on Clean Development and Climate = Asiatisch-Pazifische Partnerschaft für saubere Entwicklung und Klima クリーン開発と気候に関するアジア太平洋パートナーシップ 環境 物理 組織
Apparat 男 装置, 器具, 受信機, 器官 電気 機械 化学 バイオ 医薬
apparativ 装置の, 器具の 全般
APPIE = 英 The Asociation of Powder Process Industry and Engineering 日本粉体工業技術協会 化学 バイオ 物理 組織 全般
appretieren 光沢仕上げする
APS = 英 air pressure sealing, 圧空シール 機械 化学; = atmosphärisches Plasmaspritzen 中 大気中プラズマ溶射法, 雰囲気プラズマ溶射法 操業 設備 機械 電気 材料; = 英 appearance potential spectroscopy = Auftrittspotenzial-Spektroskopie 出現電圧分光法 化学 バイオ 電気 材料; = 英 atomic power station = Atomkraftwerk 原子力発電所 原子力 電気; = 英 auto pilot system = Kfz-Zielführungssystem 自動車自動誘導システム 機械 電気
APTT = 英 activiated partial thromboplastin time 活性化部分トロンボプラスチン時間 (血液内因凝固系のスクリーニング検査に用いられる) 化学 バイオ 医薬

AQL = 英 acceptable quality level = Annehmbares Qualitätsniveau 合格品質基準, 合格品質水準, 合格品質標準 材料 製品 品質 規格
Arabidopsis 女 シロイヌナズナ バイオ
Arachidonsäure 女 アラキドン酸, arachidonic acid 化学 バイオ 医薬
araliphatisch 芳香環を持つ脂肪族の, 芳香脂肪族の, araliphatic 化学 バイオ
ArbEG = Arbeitnehmer-Erfindungsgesetz 被用者発明法 特許 法制度
Arbeitsausgangsposition 女 作動開始点, 関 Arbeitsendposition 女, work starting position 電気 操業 設備
Arbeitsbewegung 女 動程, トラベル 機械
Arbeitsblätter 複 ワークシート, worksheets 電気
Arbeitsdruck 男 作動圧力, working pressure 操業 設備 機械
Arbeitseingriffswinkel 男 噛み込み圧力角, 噛み合い圧力角, 類 Kraftangriffswinkel 男, Betriebseingriffswinkel 男, working pressure angle 機械
Arbeitsflüssigkeit 女 動作流体, 作動流体 操業 設備 機械 物理
Arbeitsgang 男 工程 操業 設備 機械
Arbeitsgemeinshaft 女 ワーキンググループ, 研究会, ジョイントベンチャー 経営 全般
Arbeitsgerätschaft 女 加工装置 操業 設備 機械
Arbeitshub 男 作動行程 機械
Arbeitskolben 男 ワークピストン 機械
Arbeitskreis 男 ワーキンググループ, 共同事業体
Arbeitsleitung 女 出力ライン 電気 操業 設備 機械
Arbeitsmedium 中 作動流体, 作動媒体, 関 Wirkmedium 中, working fluid, working medium 機械 化学 エネ
Arbeitsposition 女 溶接姿勢 溶接 機械
Arbeitsstellung 女 作動ポジション 操業 設備 機械
Arbeitsvorbereitung 女 スケジューリング 操業 設備
Arbeitsvorgang 男 運転, 操作, operation, 関 Betrieb, duty 操業 設備 機械
Arbeitswalze 女 ワークロール, working roll ; Arbeitswalzenbiegung 女 ワークロール変形, deflection of working roll 材料 操業 設備 機械
Arbeitswert 男 動作値, 作動値, 作業値, 類 der funktionierte Wert 男, Arbeitsleistung 女, working value 機械
Arbeitszahnhöhe 女 かみ合い歯たけ 機械
Arbetszylinder 男 従動シリンダー, ワークシリンダー, slave cylinder, work cylinder 機械
Archaebakterien 複 古細菌, archaeobacteria バイオ 化学
Archivierung 女 ファイリング
Arginin 中 アルギニン(尿素回路の中間体でアルギニノコハク酸から生合成され, 哺乳動物では必須アミノ酸である, 最も塩基性の高いアミノ酸である, R と略記される), 英 arginine 化学 バイオ 医薬
Argininobernsteinsäure 女 アルギニノコハク酸(尿素回路の中間物質), argininosuccinic acid 化学 バイオ 医薬
Argon-Spülstand 男 アルゴンバブリングステーション, argon-bubbling (flushing) station 操業 設備 精錬
arithmetisch 算術の, arithmetic 数学
ARL = 英 acceptable reliability level = akzeptables Zuverlässigkeitsniveau 合格信頼性水準, 許容信頼度水準 品質 操業 統計
ARM = 英 asynchronous response mode = asynchroner Antwortmodus 非同期応答モード 電気
Armaturenbrett 中 計器盤, インストルメントパネル, 類 Instrumentenbrett 中, instrument panel 機械 操業 設備
ARMD = 英 age-related macular degeneration = altersbedingte Makuladegeneration 加齢黄斑変性症 化学 バイオ 医薬
armes Gemisch 中 希薄混合気 機械
Armfortsatz 男 アーム付属品, アーム延長部位 機械
Armstütze 女 アームレスト 機械
Aromaten 複 芳香族化合物, aromatic compound 化学 バイオ
aromatisch 芳香のある, 芳香族の, aro-

A

matic 化学 バイオ
arretierbarer Sicherungssteg 男 ロック式安全サポート,lockable safety support, lockable safety bar 機械
Arretierung 女 ロック, 止め, 類 関 Verriegelung 女, Blockieren 中, Anschlag 男, Zusetzen 中 操業 設備 機械
Arrhythmie 女 不整脈, arrhythmia, pulsus heterochronicus, cardiac dysrhythmia, pulsus irregularis, allorhythmic pulse, irregular pulse 化学 バイオ 医薬
Art 女 種, 種類 バイオ
Arteninventar 中 種の在庫・目録, 種の残存高, species inventory, species live stock バイオ
Arterie 女 動脈, 類 Schlagader 女, 関 Vene 女, Blutader 女, Venöse 女 化学 バイオ 医薬
Arterienverkalkung 女 動脈硬化(症), 類 Arterioskerose 女, arteriosclerosis 化学 バイオ 医薬
Arterioskerose 女 動脈硬化症, 類 Arterienverkalkung 女, arteriosclerosis 化学 バイオ 医薬
Arthritis 女 関節炎, 類 Gelenkentzündung 女, 英 arthritis 化学 バイオ 医薬
Arthrospore 女 有節胞子 バイオ
artifact 英 アーチファクト, (生体電気計測で障害となる) 雑音成分, 障害陰影, 人工物, 人為構造 化学 バイオ 医薬 電気
Arylenbisdithiocarbamat 中 アリーレンビスジチオカルバメート, arylenedithiocarbamate 化学 バイオ 光学
AS = Acrylnitril-Styrol-Copolymer = acrylonitrile-styrene copolymer アクリロニトリルスチレン共重合体 化学 バイオ 材料; = application system = Anwendungssystem アプリケーションシステム, 応用システム, アプリ 電気
ASA = 英 acrylonitrile-styrene-acrylate plastic = Acrylnitril-Styrol-Acrylester アクリロニトリル - スチレン - アクリル酸エステルプラスチック 化学 材料
A-Säule 女 A ピラー, A-pillar 機械
Asbest 男 石綿, アスベスト 環境 化学 バイオ 操業 設備 機械
Aschenbecher 男 灰皿
aschenfreie Kohle 女 無灰炭 製銑 地学 化学
Aschengehalt 男 灰分 製銑 地学 化学
Ascorbinsäure 女 ビタミン C, ascorbic acid, vitamin C 化学 バイオ
ASEP = 英 accident sequence evaluation program = Störfall (Ereigniss) abläufe-Auswertungs-programm 事故シーケンス評価プログラム (HRA(人間信頼性解析) 手法の一つ : THERP 第 2 版の簡略版) 原子力 放射線 統計 電気 操業 設備
aseptisch 無菌の, aseptic 化学 バイオ 医薬
ASG = automatisches Schaltgetriebe 自動変速機, AT 機械
ASIC = 英 application specific integrated circuit = anwendungs-spezifischer elektronischer Schaltkreis 特定用途向け集積回路, エーシック, ゲートアレー(日本では) 電気
ASIPM = 英 application specified intelligent power module 高機能インテリジェント型電源モジュール 電気
ASN = 英 abstract syntax notation 1. 抽象構文記法 1 電気 規格
ASP = 英 application service provider = Anbieter für Software-Leistung übers Internet アプリケーションサービスプロバイダー (ネットを通じて, アプリケーションを提供する事業者) 電気; = 英 activated sludge process = Belebtschlammverfahren = Schlammbelebungsverfahren 活性汚泥プロセス 環境 化学 バイオ
Aspartatammoniatiklyase 女 アスパラギン酸アンモニアリアーゼ, aspartate ammonialyase (E.C.4.3.1.1) 化学 バイオ
Aspartatkinase 女 アスパラギン酸キナーゼ, aspartate kinase (E.C.2.7.2.4) 化学 バイオ
asphärisch 非球面の, aspheric 統計 物理
Aspirationspneumonie 女 誤嚥性肺炎, 類 Schluckpneumonie 女 バイオ 医薬
Assmann'sches Aspirationspsychrometer 中 アスマン通風乾湿計 バイオ 化学 環境

Aspartatammoniaklyase 女 アスパラギン酸アンモニアリアーゼ バイオ
aspect ratio 英 アスペクト比, 扁平比, 独 Höhe zu Breite Verhältnis bei Reifen 機械
Aspergillus awamori 男 アスペルギルス アワモリ, 泡盛麹 化学 バイオ
Aspergillus oryzae 男 アスペルギルス-オリーゼ, 米麹菌, コウジ 化学 バイオ
asphärische Linse 女 非球面レンズ, aspherical lens, aspheric lens 光学
asphaltieren アスファルト舗装する 建設
Asphaltdecke 女 アスファルト舗装 建設
ASQ = 英 American Society for Quality 米 品質協会 品質 組織
ASR = Ablaufsteuerrechner ジョブコントロールコンピュータ,ランオフコントロールコンピュータ,シーケンスコントロールコンピュータ 電気 ; = 英 automotive shredder residues 自動車シュレッダー屑 環境 リサイクル ; = Antriebs Schlupfregelung 駆動ユニットスリップ(ホイールスピン)制御 電気 機械
Assel 女 ワラジムシ, むかで 化学 バイオ
Assemblersprache 女 アセンブリ言語, 英 assembler language 電気
Assimilation 女 同化作用, 類 Anabolismus 男, assimilation 化学 バイオ
Assmann'sches astronomisches Fernrohr 中 天体望遠鏡 光学 航空
Assoziation 女 膜会合, 群集(植物の), 連想, association 化学 バイオ 医薬
asymmetrisch 非対称の,asymmetric 材料 化学
asymmetrische Synthese 女 不斉合成 化学 バイオ
asymptotisch 漸近の 機械
asynchron 非同期の 機械 電気
Asynchronmotor 男 インダクションモータ, 非同期モータ,asynchronous motor,ASM 電気
AT = 英 2-Acetyl-2-thiazelin 2アセチル2チアゼリン バイオ 化学 ; = 英 automatic transmission gear = automatisches Getriebe 自動変速機 機械 ; = 英 adaptive template 適応型テンプレート 電気
ATⅢ = Antithronbin Ⅲ = Blutgerinsel-lösendes Protein アンチトロンビンⅢ(抗血栓タンパク質),antithrombin Ⅲ 化学 バイオ 医薬
ATC = 英 automatic tool changer = automatischer Werkzeugwechsler 自動工具交換機 機械 電気 ; = 英 automatic toll collection = Automatischer Mauteinzug 自動料金収受システム 電気 交通 ; = Anatomisch-therapeutisch-chemisches Klassifikationssystem = anatomical therapeutic chemical classification system 解剖治療化学分類法,「医薬品の分類に用いられる,ATC分類またはATCコードと呼ばれ,WHOの医薬品統計法共同研究センター(Collaborating Centre for Drug Statistics Methodology)によって管理されており,1976年に発行が開始された(出典:ウイキペディア)」化学 バイオ 医薬 ; = 英 automatic threshold level control = automatische Schwellwertregelung 自動閾値制御,自動しきい値制御 電気
ATCC No. = 英 American Type Culture Collection No. アメリカ培養細胞系統保存機関菌株番号, アメリカ微生物株保存機関菌株番号 化学 バイオ 組織
Atemnot 女 呼吸困難, 類 Dyspnoe 女, 英 dyspnea, difficulty of breathing, respiratory distress, dyspnoea 化学 バイオ 医薬
Atemwege 複 男 気道, respiratory tract, air duct バイオ 医薬
ATEX = 仏 Atmospheres Explosion = europäische Richtlinie für elektrische Geräte in explosionsgefährdeter Umgebung 欧州電気機器防爆指令 電気 規格
ATL = 英 asphalt to liquides 重質残油(アスファルト)を低硫黄, 低芳香族の超クリーン燃料(灯軽油)に転換する技術 化学 地学
ATM = 英 asynchronous transfer mode = asynchroner Übertragungsmodus 非同期転送モード(大量転送,高速(1.544Mbps〜1.2Gbps)で, 動的帯域幅割付けをともなう固定サイズパケット(セル)交換を定義する規定.ATMは,"高速パケット"と

しても知られている) 電気
Atmosphäre 女 雰囲気,大気圧 精錬 化学
Atmosphärendruck 男 大気圧 物理
Atmungskette 女 呼吸鎖,(末端電子伝達系), respiratory chain, electron transport chain バイオ
Atomhülle 女 原子殻, 類 Schale 女 物理 原子力
Atomkernreaktor 男 原子炉 原子力 電気
Atomkraftwerk 中 原子力発電所 原子力 電気
Atommüll 男 放射性廃棄物, radioactive waste 原子力 放射線 環境
ATP = Adenosintriphosphat = adenosin 5-triphosphate = Energielieferant im menschlichen Stoffwechsel アデノシン三リン酸(筋肉の収縮など生命活動で利用されるエネルギーの貯蔵・利用にかかわる) 化学 バイオ 医薬
ATPase = Adenosintriphosphatase = adenosintriphosphatase アデノシントリフォスファターゼ(E.C.3.6.1.3) 化学 バイオ 医薬
ATR = 英 advanced thermal reactor = weiterentwickelter thermischer Reaktor 新型転換炉 原子力 放射線 電気
atrioventriklär 房室の, atrioventricular 化学 バイオ 医薬
ATSDR = 英 The Agency for Toxic Substances and Disease Registry = Amerikanische Agentur für Toxische Substanzen und Seuchenregister 米国環境有害物質・特定疾病対策庁 化学 バイオ 環境 法制度 組織
Attenuator 男 アテニュエータ(オペロン内部の転写終結部位), attenuator 化学 バイオ
Attestschreibung 女 証明書発行
Attribut 中 属性, attribute 電気
Ätzung 女 エッチング, etching 材料 化学
Aufarbeitung 女 再処理 機械 環境 リサイクル
Aufbau 男 構造物,組み立て,デザイン,合成 操業 設備 機械 化学 建設
Aufbauschneide 女 構成刃先, built-up edge 機械
Aufbereitungsbohrung 女 プロセスボア 機械
aufbewahren 保管する
Aufblasen 中 上吹き, top blowing : das senkrechte Aufblasen des Sauerstoffstrahles, 酸素ストリーム垂直上吹き, perpendicular top blowing of oxygen 精錬 操業 設備
aufbohren 穴あけする 機械
Aufbringen 中 塗布, 調達 機械 材料
Aufbringvorrichtung 女 アプリケータ, applicator 機械 電気
aufbrühen 煮沸する 化学 バイオ
Aufdeckung 女 覆いを取ること, 発見
aufdrucken 刷り込む, 印刷する : etwas auf etwas(3) aufdrucken ある物をある物の上に印刷する
aufdrücken 押し当てる : etwas auf etwas(3)aufdrücken ある物をある物の上に押し当てる
Auffahren und Abfahren 中 (急な) 立ち上げと立ち下げ 機械 電気
Auffangsystem 中 コレクティングシステム 機械
Auffangwanne 女 受けオイルパン 機械
Auffangwinkel 男 受光角, acceptance angle, light receiving angle 光学 音響
Auffrischung 女 修復, 更新, recondition, touching-up 化学 バイオ 材料 建設
Auffrischungseffekt 男 追加免疫効果, booster effect 化学 バイオ 医薬
Auffüllschweißung 女 補充溶接 溶接 機械
Aufgabebett 中 フィーダーベット 操業 設備 機械
Aufgabestellung 女 課題の付与 特許
aufgebaute Fahrzeuge 複 特装車 機械
Aufgeber 男 フィーダー, 類 Förderer 男, Anlageapparat 男, Zubringer 男, Zuführsystem 中 操業 設備 機械 印刷
aufgeschlagene Mustermappe 女 開かれた状態の商品・製品見本帳 機械 経営
Aufhängermaschine 女 ハンガーマシーン 機械
Aufhängungssystem 中 サスペンション 機械
Aufhärtung 女 加工硬化(処理) 材料 機械
Aufhaspel 女 コイラー 機械

A

aufheben リフトアップする,解除する,約分する 機械 数学
Aufheizgeschwindigkeit 女 加熱昇温速度 材料 機械 エネ
Aufheizzeit 女 加熱昇温時間 材料 溶接 機械 エネ
aufklappen ぱたんと開ける
aufknöpfen ボタンを外す
aufkohlen 炭化する,carburize 製銑 材料 化学 機械
Auflage 女 ベース,サポート,めっき,ベアリングプレート,支承板,base,support,overlay, plating,bearing plate 操業 設備 機械
Auflagedruck 男 軸受け圧力 操業 設備 機械
Auflagefläche 女 座面,サポート面,シート,接触面,バイトの底面,bearing surface,supporting surface,seat,類 Anlagefläche 女,Sitzauflage 女,Lagerschale 女 機械
Auflagehumus 男 リター層, L 層, litter layer 地学 化学 バイオ
Auflagekraft 女 荷重圧力 操業 設備 機械
Auflagenase 女 サポートブラケット 操業 設備 機械
Auflagepunkt 男 支点 操業 設備 機械
Auflagestärke 女 堆積物厚さ 地学
Auflageteller 男 フィードテーブル 操業 設備 機械
Auflagewinkel 男 サポート角 機械
Auflösung 女 溶解(溶液への), 分析, 固溶, 解像度, 分解度, フル表記, dissolution: 析出物の溶解, Auflösung der Ausscheidungen, solution of precipitated materials 材料 化学 電気 光学 鉄鋼 非鉄
Auflösungsgrenze 女 解像限界, resolution limit 材料 化学 バイオ 電気 光学
Auflösungsvermögen 中 分析能力(光などによる), 分解能, 解像力, 溶解能, resolution power 材料 化学 電気 光学
Auffüllschweißung 女 補充溶接 溶接 機械
Aufmaß 男 割り当て, 計量, 寸法 機械
aufmessen 測定する 全般
Aufnahme 女 固定, 取り付け, 差し込み部位, 略図, 吸収, 録音, 受け入れ, 採用, holding fixture, attachment, insertion, location, absorption, recording 機械 バイオ 化学 電気 経営
Aufnahmebohrung 女 差し込みボア, 位置決めボア, 取り付けボア 機械
Aufnahmebolzen 男 位置決めボルト, location bolt, location pin 機械
Aufnahmeflansch 男 ハブフランジ 操業 設備 機械
Aufnahmefähigkeit eines Datenträgers 女 データメディア記録容量 電気
Aufnahmefähigkeit für Feuchtigkeit 女 吸湿性 化学 バイオ
Aufnahmefähigkeit für Schmierölverunreinigung 女 軸受けの埋め込み性(潤滑油中の固形異物に対する侵入防止性) 操業 設備 機械
Aufnahmehülse 女 ロケーションチューブ, インサーションカバー 機械
Aufnahmeloch 中 差し込み穴, 位置決め穴, insertion hole, location hole 機械
Aufnahmemodul 中 アダプターモジュール 操業 設備 機械
die Aufnahme des Patienten 女 入院, hospitalization 化学 バイオ 医薬
Aufnahmepunkt 男 位置決めポイント, position point, attachment point 操業 設備 機械
Aufnahmeweg 男 摂取経路, 摂取ルート, route of entry, route of exposure, uptake route 化学 バイオ 環境
Aufnehmerphase 女 抽出剤層, 関 Abgeberphase 女 抽出対象物層 化学 バイオ 機械
Aufpinseln 中 刷毛塗り, burush application, brush coating 機械
aufrauhen 粗くする 材料 機械
Aufreihstift 男 ファイル用ピン・留めくぎ
Aufreinigung 女 精製, 浄化, 洗浄 化学 バイオ 設備
Aufrichtbauteil 中 ターンアップアセンブル部位 機械 操業 設備
aufrichten 水平に戻す, セットアップする, 装備する, 建設する 操業 設備 機械
Aufrichtmoment 中 復元モーメント, righting moment 船舶 機械
Aufrichtmotor 男 自動操縦装置 機械

A

Aufriss 男 正面図, 立面図 機械
Aufrolleinrichtung 女 巻き取り装置, 類 Wickelmaschine 女, Wickelvorrichtung 女, winding equipment, winding device, roll-up device, spooler 機械 材料 繊維 操業 設備
aufrufen 開く, 作動させる, 類 aktivieren 電気
Aufsalzung 女 塩分, 塩度, salinity 化学 バイオ
Aufsatz 男 (短い) 論文, 取付け具, キャップ, attachment, cap 機械
Aufschäumen 中 フォーミング処理, 発泡成形処理, forming up 化学 バイオ 機械
aufschichten 成層にする 製鉄 機械
Aufschlag 男 上乗せ, 追加金 : Aufschlag auf den Preis 値段への上乗せ 経営
Aufschluss 男 (溶けにくいものの) 溶解, 説明 材料 化学 機械
aufschrumpfen 収縮する, shrink 材料 連鋳
Aufschüttung 女 砂利敷き, 土盛り, 堆積 交通 建設 バイオ 機械
Aufschweißen 中 裏溶接, 補修肉盛り, back weld, build up 溶接 材料 操業 設備 機械
Aufschwimmen 中 浮遊, 類 Suspendieren 中, floating 材料 化学 精錬 機械
aufsetzen 装着する, 据え置く 材料 操業 設備 機械
Aufsetzkraft 女 据え置き圧力 機械 材料
Aufsichtsorgan 中 監督機関 組織
Aufspaltung 女 分裂, 分割, 切断, 劈開, 開裂, 分解, cleavage, cracking, splitting 化学 バイオ 電気 機械 材料
Aufspannplatte 女 固定プレート 機械
aufsprühen スプレーする, 類 aufspritzen, spritzen, sprühen 連鋳 材料 精錬 化学 機械
aufspüren 検知する, 感知する, trace, find out 操業 設備 機械
Aufstäuben 中 舞い上がり, 吹付, whirling up 機械
Aufsteckbuchse 女 クリップオンブッシュ 機械
aufstellen 整列させる, 作成する
Aufstellmoment 中 フレームモーメント, 取り付けモーメント, 組み立てモーメント 機械
Aufstickung 女 窒化, 類 Nitrieren 中, nitriding 材料 化学
Auftrag 男 表示, 指令, 塗装, 委託, 契約, 請負, 注文 全般 経営
auftragen 塗布する, 委任する, プロットする 機械 統計 経営
Auftragsschweißung 女 肉盛溶接, build-up welding 溶接 機械 建設
Auftraggeschwindigkeit 女 溶着速度 材料 操業 設備 機械
Auftragsfläche 女 塗装面 機械
Auftragsschweißen 中 補修肉盛り, deposit welding 溶接 材料 操業 設備 機械
auftreffen auf etwas～, ～に突き当たる 機械 光学 エネ
auftreffende Strahlung 女 入射放射, 入射ビーム, 類 einfallende Strahlung 女, incident radiation 光学 音響
Auftreffposition 女 入射点, beam index, probe index, point of incidence, point of entry 光学 音響
Auftrieb 男 浮力, 揚力 航空
Aufwärmen 中 暖気運転 機械
Aufwärtstendenz 女 上向きの傾向 統計 経営
aufwarten : jm. mit etwas(3) aufwarten ある人にある物を提供する
aufweisen 示す, ～がある, 備えている, 持っている
aufweiten 拡張・膨張させる, 拡張・膨張する, 類 schwellen, 英 expand, bulge, stretch 操業 設備 機械
Aufwickelhaspel 女 コイラー, coiler 機械
Aufwickelvorgang 男 巻き取りプロセス 操業 設備 機械
Aufzeichnung 女 記録, 略図, 図面のプロット, 録音 機械 電気
Aufzug 男 リフト, エレベータ 機械
Auge 中 目の形をしたもの, 小穴, 英 eye 機械
Augendruck 男 眼圧, 類 intraokulärer Druck 男, intraokular pressure, IOP 化学 バイオ 医薬 光学
Augenheilkunde 女 眼科, 類 Ophthal-

mologie 女, 英 ophthalmology, the department of ophthalmology 化学 バイオ 医薬 光学

Augenhintergrund-Photographie 女 眼底撮影法, fundus photography 光学 化学 バイオ 医薬

augenscheinlich 実見による

AUMA = Ausstellungs- und Messe-Ausschuss der deutschen Wirtschaft e.V. = the Confederation of German Trade Fairs and Exhibition Industries ドイツ展示会見本市業連合会(登録協会) 製品 全般 経営 組織

Ausbalanzierruder 中 つりあい補助翼 航空

Ausbesserung 女 修理, repairing 操業 設備 機械

Ausbeulung 女 ふくらみをつけること

Ausblasventil 中 吹き出し弁 機械

Ausbleichen 中 色があせること 印刷 繊維

Ausbohrmashine 女 中ぐり盤 材料 操業 設備 機械

ausbrechbar 折り取り可能な 機械

der ausbrechbare Abreißdeckel 剥ぎ取り蓋 機械

Ausbreitungskonstante 女 伝搬係数, 類 Fortpflanzungskonstante 女, propagation constant 光学 音響

Ausbreitungswiderstand 男 広がり抵抗, アース抵抗, spreading resistance, resistance of earth 電気

Ausbringen 中 生産能力, 歩留まり, 類 Kapazität 女, Leistung 女, output, yield 操業 設備 機械

Ausbruch 男 切羽, キャビティ, ブローアウト 地学 機械

Ausbuchtung 女 整流板, 湾曲, 類 Ausbeulung 女 電気 機械

A-USC-Power-Generation = 英 advanced-ultra-super-critical-power-generation 先進超々臨界発電 電気 エネ 機械 設備

Ausdehnung 女 膨張 材料 操業 設備 機械

Ausdehnungsrohrverbindung 女 伸縮管継ぎ手 材料 操業 設備 機械

Ausdifferenzierung 女 発展, 分化 経営

Ausdruck 男 コピー, トランスファー, プリントアウト；der Ausdruck in die Datei, ファイルへのデータのコピー 電気

auseinandersetzen 説明する：mit etwas[3] sich auseinandersetzen ある事に取り組む

ausfällen 沈殿させる, precipitate 機械 化学 バイオ

ausfahren 発車する,急な動きをする,(性能を) フルに発揮する,(アンテナ,車輪などを) 出す,(ピストンなどが) 押し出る 機械

Ausfall 男 故障, 中止, 操業中止, 沈殿, failure,deposit 操業 設備 機械 化学 バイオ

ausfallen 沈殿する, ～という結果になる, 中止になる, 故障する, precipitate, fail 機械 化学 バイオ

ausfallbedingte Instandhaltung 女 故障を前提とした保全 操業 設備 機械 化学

Ausfallwahrscheinlichkeit 女 デフォルト確率, probability of default, PD 電気

Ausfertigung 女 交付, 原本：zweite Ausfertigung 写し 印刷 経営

Ausform 女 成型,成形,shaping 鋳造 機械 材料

der ausführbare Anwendungsprozessquellcode 男 実行可能なアプリケーションプロセスソースコード,executable application process source code 電気

Ausführung 女 パフォーマンス, デザイン, 出来栄え, 詳細, 談話(複), 設計 機械 操業 設備

Ausführungsbeispiel 中 実施例 特許

Ausführungsform 女 実施の形態 特許

Ausgangsmaterial 中 スタート材, ストック材料,starting material 材料 機械 製銑 精錬 化学 バイオ

Ausgangsmetall 中 母材 溶接 材料 操業 設備 機械

Ausgangsrohr 中 吐き出し管 材料 操業 設備 機械

Ausgangssignal einer gestörten Eins 男 妨害 '1' 出力 電気

Ausgangssplitter 男 ポートスプリッター, 類 Kanalaufteilung 女 機械

Ausgangsgestein 男 母岩, parent rock

A

地学 物理 化学 バイオ
Ausgangstrahl 女 出射光束, 出射光, 出射線, outgoing beam 光学 音響
ausgeben 交付する, 出力する, output 法制度 組織 電気
ausgebogen バランスのとれた, 均衡した 機械 エネ
ausgefahrene Position 女 迫り出し点, 押し出し点, 関 zurückgezogene Position 女 機械
ausgeklügelt うまく考え出された
Ausgerissen 中 (雌ねじなどの) 山欠け, ランアウェイ 機械
ausgeschrieben フル表記した
Ausgestaltungsphase 女 企画・構成・具体化段階,design phase 印刷 操業 経営
ausgezogene Linie 女 実線, 類 durchgezogene Linie 女 統計
ausgleichen 均等にする, 調整する, 補償する, balance, equalize 操業 設備 機械
Ausgleichsgetriebe 中 ディフェレンシャルギヤー, デフ 機械
Ausgleichshebel 男 つりあいばり 材料 操業 設備 機械
Ausgleichsleitung 女 均圧母線,平衡回路網, balancing network, equalizing bus-bar 電気
Ausgleichsscheibe 女 つりあい円盤, compensating washer 機械
Ausgleichsstrecke 女 均熱保持ライン, holding line 操業 設備 材料
Ausgleichstrichter 男 サージホッパー, 関 Druckausgleichsbehälter 男 サージタンク 操業 設備 化学 機械
Ausgleichsventil 中 つりあい弁 機械
Ausgleichswelle 女 ディフェレンシャル軸 機械
aushändigen 交付する, 類 関 ausgeben
Aushärten 中 析出硬化,precipitation hardning 材料 鉄鋼 非鉄
Ausheizen 中 加熱・ベーキング, baking out, curing, hardning 材料 エネ 機械
Aushubmaterialien 複 掘り出した土などの総称 建設 環境 リサイクル
Auskämmrad 中 コームアウト車 機械
auskeimen 発芽する, germinate, sprout 化学 バイオ
auskleiden 内部を覆う,コーティングする 機械
Auskoppelfenster 中 放射窓, 放出窓, アウトカップリング窓, coupling-out window, out coupling window 光学 音響
Ausklinkenrad 中 ノッチダイ, notching die 機械
auskommen 足りる,うまくやっている:mit etwas(3)auskommen あるもので足りる
Auskopplung 女 カップルアウト, キャッチャー, かけ外し, 出力 電気
auskragend 外に向かってつばの付いている, 外に向かって突き出た
Ausladung 女 スロート, 炉口, (クレーンの) 作業半径, 張り出し, throut, working radius, overhang 製銑 精錬 材料 操業 設備 機械
Auslagerungsdatei 女 スワップファイル, swap file 電気
Auslass 男 排出口,排気口,排水口,outlet, outflow, discharge, exhaust, 類 Ablauf 男, Abführung 女, Ablass 男 操業 設備 機械
Auslasskanal 男 排気口 操業 設備 機械
Auslassventil 中 排気弁,エグゾーストバルブ, exhaust valve 機械
Auslastung 女 能力ギリギリの仕事をさせること
Auslaufberieb 男 惰行運転, 惰力運転 操業 設備 機械
Auslaugen 中 浸出, 溶脱,leaching 化学 地学
auslaugen 濾す, 抽出する,leach, extract 化学 バイオ 機械
Auslegekapazität 女 設計能力, 設計容量 操業 設備 機械
Auslegen der Anlage 中 設備の設計・レイアウト・敷設 操業 設備 機械
Ausleger 男 ジブ, jib, cantilever 機械 操業 設備
Auslegerarm 男 延長アーム, ブラケット 操業 設備 機械
Auslegerband 中 ブームコンベヤー 操業 設備 機械
Auslegerfeder 女 片持ちばり式ばね, cantilever spring 機械; Einständerhobel-

maschine 女 片持ち平削り盤；freitragend, 片持ちの 機械
Auslegerlänge 女 ジブ長さ 操業 設備 機械
Auslegungsfall 男 設計時 操業 設備 機械
auslenken 偏向させる, 反らせる, 避ける, (リンクが) 外れる・離れる 機械
Auslenkung 女 そらせ, 外れ, 偏向, たわみ, 偏差, 屈折, ゆがみ, deflection, deviation 機械 光学
Auslenkungsverhältnis 中 振幅比, amplitude ratio 電気
Auslieterung 女 リッター単位による計量 化学 バイオ 機械
Auslösegerät 中 リレー 電気
Auslösen 中 解放, 解除, トリガー, (遮断機などの) 釈放, (自動交換機などの) 復旧, 関 Freigabe 女 機械 電気
Auslöser 男 引き金, 揚り止め, トリガー, リリース, シャッターリリース, 引き外し装置 機械 交通 電気 光学
Auslöserohr 中 ゆるめ管 操業 設備 機械
Auslösezeit 女 作動時間, 開放時間, 復旧時間 操業 設備 機械 電気
ausmerzen 除去する, eliminate
ausmessen 面積を測る
Ausnahme 女 例外：mit Ausnahme von+3 ～を除いて
Ausnehmung 女 凹部, 溝, クリアランス, 開口部, 関 Aussparung 女, Vertiefung 女, clearance, opening 操業 設備 機械
Auspackverhalten 中 型ばらし特性, 砂落とし特性, characteristics of shaking out 鋳造 機械
Auspuffgas 中 排気 操業 設備 機械
Auspuffrohr 中 排気マニホールド 機械
Auspufftopf 男 サイレンサー, マフラー 機械
Auspuffventil 中 排気弁 機械
Ausregelzeit 女 整定時間 機械 電気
Ausreiben 中 リーマ通し 機械
Ausreißer 男 外れ値, 異常値, outlying observation/outlier 統計 操業
Ausrichten 中 整列・位置決め 機械
Ausrichtungsmaschine 女 矯正機 機械
Ausrolle 女 ロールの取り外し, 関 Einrolle 女, 装着 材料 機械
ausrollen 惰性で走る 機械
ausrückbar 掛け外し可能な 操業 設備 機械
Ausrückhebel 男 クラッチリリースレバー 機械
ausrüsten 装備・設備する, 類 versehen mit ~, zum Einsatz kommen, im Einsatz sein, bestücken, einsetzen, installieren, 英 install 操業 設備 電気
Ausrüstung 女 設備, 装置, 装備, 艤装品 equipment, installation, plant 連鋳 材料 操業 設備 機械
ausrufen アナウンスする
aussagekräftig 説得力のある
Aussalzungsprodukt 中 塩析生成物, salting-out product 化学 バイオ
Ausschalfrist 女 仮枠外し期限 建設
Ausschalten 中 切断・矯正, 消去, 遮断, switching-off, elimination 化学 バイオ 統計 電気
Ausscheidung 女 析出, 沈殿 precipitation 材料 化学 バイオ 鉄鋼 非鉄
Ausscheidungshärten 中 析出硬化 材料 化学 バイオ 鉄鋼 非鉄
Ausschlag 男 たわみ, 振幅, 発疹, 発芽, ステアリングロック 操業 設備 機械 電気 化学 バイオ 医薬
ausschlagend 決定的な, 類 ausschlaggebend, decisive
Ausschlagmethode 女 偏位法, deflection method 電気 機械
Ausschlagsbegrenzung 女 跳躍止め板, リバウンドストラップ 機械
Ausschlagventil 中 キックオフバルブ, フローバルブ, kick-off valve, flow valve 機械
Ausschlagwinkel 男 ステアリングロック角度, ふれの角度, angle of stearing lock, deflection angle 機械
ausschleusen 抽出する バイオ 化学 材料 操業 設備 機械
ausschließlich 排他的な, 専有の：ausschließliche Lizenz 専用実施権 特許
Ausschluss 男 除外, 排除：unter Ausschluss von Sauerstoff 酸素を除去した状態で 精錬 材料 操業 設備 機械 化学 バイオ
Ausschneiden 中 板抜き, ブランキング 機械
Ausschnitt 男 セクター, フレーミング, ノッ

A

チ, 鋸歯切り欠き,(新聞の) 切り抜き, 湯口 材料 機械 光学 溶接 鋳造 ：bogenförmiger Ausschnitt スカラップ
Ausschnittform 女 扇形, セクター 電気 光学
Ausschuss 男 委員会, 除外, 損傷品, 廃棄品, スクラップ, 射出口 製銑 精錬 材料 操業 機械
Ausschusslehre 女 止りゲージ, not-go-gauge 機械
Ausschussseite 女 (ゲージ) 止り側 機械
Ausschussqualität 女 損傷品質(品), リジェクト品質 品質
ausschwenkbar 外側へ回せる, 横に振れる 機械
außenberippt 外ヒレのついた 材料 機械
Außenbordmotor 男 船外機, outboard motor 機械 船舶
Außendurchmessser 男 外径 機械
Außendurchmessser des Schraubengewindes 男 雄ねじの外径, major diameter of screw 機械
Außendurchmessser des Muttergewindes 男 雌ねじの外径 機械
Außengehäuse 中 外筒 機械
Außengewinde 中 おねじ 機械
Außenpolgenerator 男 外側回転発電機 電気
Außenrad 中 外歯車 機械
Außenring 男 (ころがり軸受) 外輪 機械
Außenrückspiegel 男 アウトサイドミラー 機械
Außensphärenkomplex 男 外圏錯体 outer-sphere complex 化学 バイオ
Außenzarge 女 外側フレーム 機械
außeruniversitär 大学外の, extra-university 全般 組織
aussetzen さらす, 曝す：etwas[3]aussetzen あることに曝す
Aussetzenbegegung 女 間欠運動 機械
aussparen 溝をつける, 穴をあける, notch, recess 機械
Aussparung 女 溝, 突出部, 後退部, 余白, ブランク, 控え, ポケット, 関 Ausnehmung 女, Vertiefung 女, groove, recess, opening 機械
Aussparungswinkel 男 (歯車) 遠のき角 機械
Ausstattung 女 設備, 装置, 装備, 艤装品 equipment, installation, plant 連鋳 材料 操業 設備 機械
Aussteifung 女 ブレイシング, 筋交, bracing, stiffening 建設
Ausströmungsöffnung 女 排気口 機械
austarieren 釣り合わせる, balance 機械 物理 エネ
Austausch 男 置換, 類 関 Umsatz 男, Substitution 女, exchange, substitution 化学 バイオ
Austauschplatz 男 吸着サイト, 交換サイト, 置換サイト, exchange place 化学 バイオ
Austragsschnecke 女 排出スクリューコンベヤー, 排出押出機, dischage screw conveyor, discharge extruder 機械
Austreiber 男 エキスペラー 機械
Austrittarbeit 女 仕事関数(一個の電子を金属や半導体の表面から取り出すために必要な最少エネルギー), work function 化学 バイオ 物理
Austrittsende 中 出射端, light-radiating end, exting end 光学 音響
Austrittsgeschwindigkeit 女 噴射速度, 流出速度 連鋳 材料 機械
Austrittswinkel 男 出口角, 流出角 機械
Auswaschung 女 ウオッシュアウト, エリューション, 溶離, 侵食, wash out, washing attack, cavitation 材料 化学 機械 建設 地学
Ausweg 男 出口, 打開策
Auswerfer 男 イジェクター 機械
Auswertebereich 男 評価範囲 統計
Auswerteeinheit 女 補正ユニット, 評価ユニット, AE 機械 電気
Auswuchs 男 過度, 行き過ぎ, 肥大化, excess バイオ
Auswuchtgewicht 中 釣り合わせ重量, 平衡重量, balancing weight 機械
Auswurf 男 スロッピング, 噴出, slopping, discharge 操業 設備 精錬
Ausziehen 中 (ホルダーなどの) 引き抜き, 関 Anziehen 中 装着 機械
Ausziehverbindung 女 伸縮軸継ぎ手 機械

Auszubildende [男] 養成工
Auszugsmoment [中] 引き寄せモーメント [機械]
autarke Schnittstelle [女] 自律的インターフェース,自立型インターフェース,autonomous interface [電気]
autochthon 土地固有の,【関】ortsansässig [化学] [バイオ] [地学]
Autogamie [女] 自家受精,【類】Selbstbefruchtung [女],【関】Allogamie [女], Fremdbefruchtung [女], self-fertilization, autogamy [化学] [バイオ]
autogene Schweißung [女] ガス溶接, 自溶 [溶接] [材料] [機械]
autoimmun 自己免疫の,autoimmune [化学] [バイオ] [医薬]
Autokatalyse [女] 自己触媒,自触媒作用,自己触媒反応,autocatalysis,self-catalysis [化学] [バイオ]
Autoklav-Leichtbeton [男] 軽量気泡コンクリート, autoclaved lightweight concrete, ALC [建設]
Autoknips [男] セルフタイマー [機械] [電気]
Automatikgetriebe [中] 自動変速機, automatic transmission gear [機械]
automatische Fokussierung [女] 自動焦点 [光学] [機械]
automatische Gemischregelung [女] 混合比自動制御 [機械]
automatische Silbentrennung [女] 自動ハイフネーション,automatic hyphenation [電気] [印刷]
automatische Sortiereinrichtung [女] 自動ソーター装置 [機械]
automatische Zugsichereinrichtung [女] 自動列車停止装置 [交通] [機械]
automatisch selbsteinstellendes Kugellager [中] 自動調心玉軸受,【類】Pendelkugellager [中],self-aligning ball bearing [機械]
Autolyse [女] 自己消化, 自己分解, autolysis, autolytic decomposition [化学] [バイオ]
Automatisierungssystem [中] 自動化システム [電気] [操業] [設備]
autotroph 独立栄養の,【関】heterotroph [バイオ]
Auxin [中] オーキシン(植物成長ホルモン), auxin [化学] [バイオ]
auxotroph 栄養要求性の,auxotrophic [バイオ]
AVI = 【英】automatic vehicle identification = Read-only Tags für Mautsysteme 自動車ナンバー自動読取装置 [電気] [機械] [交通]
AVN = 【英】advanced vortex nozzle = fortgeschrittene Wirbelstrahldüse 三次元スタッキングノズル(ノズルを翼長方向に湾曲させ,腹側を凸状に形成したもので,二次流れによる流れの不均一性を緩和することで損失を低減でき,効率の向上が図られる) [エネ] [機械] [原子力] [電気]
AWB-Kern = 【英】alternative warmbox-process-core AWB(無機系結合剤)中子 [鋳造] [機械]
AWF = 【英】analytical wall function method 解析的壁関数モデル [物理] [機械] [化学]
axial 軸の, axial [材料] [機械]
die axiale Bulbuslänge [女] 眼軸長,【類】Achsenlänge [女], axial eye length [光学] [化学] [バイオ]
axialer Abstand von der Bezugsstirnfläche [男] 組立距離(傘歯車などの),傘歯車の基準直角平面と円錐頂点間の距離,【類】Einbaumaß [中], Abstand zwischen Teilkegelspitze und Bezugsstirnfläche des Kegelrades, mounting distance [機械]
axiale Gleichdruckturbine [女] 軸流衝動タービン [機械]
axiale Richtung [女] 軸方向の, axial direction [操業] [設備] [材料] [機械]
axiale Strömung [女] 軸流 [機械]
Axialkugelklager [中] スラスト玉軸受 [機械]
Axiallager [中] スラスト軸受 [機械]
Axialpumpe [女] 軸流ポンプ [機械]
Axialradialpumpe [女] 斜流ポンプ [機械]
Axialrollenlager [中] スラストころ軸受 [機械]
Axialspannung [女] 軸応力 [機械]
Axialströmungsverdichter [男] 軸流圧縮機 [機械]
Axialturbine [女] 軸流タービン [機械]
Azeotrop [中] 共沸混合物, azeotrope, azeotropic mixture [バイオ] [化学]

A

B

Azetylen-Sauerstoff-Schweißung 女 酸素アセチレン溶接 溶接 機械

Azimutwinkel 男 アジマス角, azimuth angle 電気 機械

AZT = Azidothymidin = azidothymidine アジドチミジン,(HIV に対する抗レトロウイルス薬) 化学 バイオ 医薬

B

b,bn = 英 barn バーン(原子核物理学において 散乱または反応の確率を表わす有効断面積の単位, および四極子共鳴の分野で使用される核四極子モーメントの単位, 1b = $10^{-24}cm^2$) 単位 物理

BA = 英 bioavailability = Bioverfügbarkeit 生物学的利用能,生体有効性 化学 バイオ ; = 英 benzoic acid = Benzoesäure 安息香酸 化学 バイオ 医薬 ; = Benzyladenin = benzyladenine ベンジルアデニン 化学 ; = Benzylamin = benzylamine ベンジルアミン 化学

Babittmetall 中 バビットメタル, 類 Weisslagermetall 中 機械

Bacillus anthracis 中 炭疽菌, 類 Milzbrandbazillus, 英 anthrax bacillus, Bacillus anthracis 化学 バイオ 医薬

Bacillus subtilis 中 枯草菌 化学 バイオ

Backbord 中 左舷, port, BB 船舶

Backe 女 (頬に似た機械などの) 側面, cheeks, jaw 機械

Backenfutter 中 ジョーチャック 機械

Backfähigkohle 女 粘結炭 製銑 地学

Backofen 男 オーブン

Backpropagation-Modus 男 バックプロパゲーション法, 誤差逆伝播法(ニューラルネットワークにおける教師あり学習アルゴリズムの一つ) 電気

Bad 中 浴, bath : Stahlbad 中 鋼浴, steel bath 精錬 化学 操業 設備

Badkohlenstoffgehalt 男 鋼浴炭素含有量, carbon content in bath 精錬

Badspiegelhöhe 女 鋼浴表面高さ 精錬

Badtemperatur 女 浴温度, bath temperature 精錬 製銑

Baggerschiff 中 浚渫船, dredger 船舶 建設 機械

Bahn 女 線路, レーン, シート, 軌道, フェイス, 車道 交通 機械 操業 設備

Bahnfracht 女 鉄道貨物 交通

Bahnsteig 男 プラットフォーム 交通

Bahnstellwerk 中 信号転轍[てんてつ]扱い所 交通 機械

Bahnsteuerung 女 連続軌跡制御, continuous path control, CPC 機械 電気

Bahnübergangs-Sicherungsanlage 女 踏切(切り替え部)安全装置 交通

Baisse 女 不況

Bajonett-Kabeldurchführung 女 差し込み式ケーブル貫通接続, bayonet cable feedthrough 電気 設備

Bajonettverbindung 女 差し込み継ぎ手 機械

Bajonetverschluss 男 差し込みキャッチ, 差し込みジョイント, bajonet catch, bajonet joint 機械

Bajonettvorsprung 男 差し込み用突起 機械

die bakterielle Besiedelung 女 バクテリアコロニー形成, bacterial colonization 化学 バイオ

bakteriophob 嫌バクテリアの 化学 バイオ

Bakteriostase 女 静菌作用, bacteriostasis 化学 バイオ

bakteriozide Aktion 女 殺菌作用, bactericidal action 化学 バイオ 医薬

Balg 男 蛇腹 機械 交通

Balken 男 ビーム, 梁,(グラフの) バー 数学 建設 操業 設備

Balkenanzeige 女 バー表示 電気

Balkenbrücke 女 桁橋, girder bridge, beam bridge 建設

Balkenmasse 女 はりの重量 建設

Ballast 男 バラスト, 船の底荷 船舶

Ballenbreite 女 ロールボデー幅, roll body width 材料 操業 設備
Ballenlänge 女 ロールボデー長さ, ロール膨らみ幅, roll barrel length, roll body length 材料 操業 設備
ballig 丸くふくれた
Balligdrehvorrichtung 女 クラウニング装置 機械 操業 設備
Balligkeit (**Band**) 女 ストリップクラウン, crown 材料 操業 設備
Balligkeit (**Walz**) 女 ロールキャンバー, roll camber 材料 操業 設備
Balligkeitkorrektur 女 ロールキャンバーの矯正,correction of roll camber 材料 操業 設備
Ballungsgebiet 中 過密地域, 類 Verdichtungsgebiet 建設 経営
BAM = Bundesanstalt für Materialforschung und –prüfung 連邦材料・物質研究試験所 物理 材料 化学 バイオ 組織
Bandbreite 女 スリット,帯域幅 材料 電気 機械 操業 設備
Bandenmuster 中 バンドパターン,バーコードパターン,band pattern,bar cord pattern,banding pattern 化学 バイオ 電気
bandergieren バンドする
Banderole 女 帯封 機械
Bandführung 女 ベルトガイド 機械 操業 設備
Bandkante 女 ストリップの角・エッジ, strip edge 材料 操業 設備
Bandkupplung 女 帯クラッチ 機械
Bandplanheit 女 ストリップ平坦度,strip flatness 材料 操業 設備
Bandqualität 女 ストリップ・コイル品質 材料 操業 設備
Bandriss 男 ストリップ破断,strip breakage 材料 操業 設備
Bandsägemaschine 女 帯のこ盤 機械
Bandstahl 男 帯鋼, 類 Stahlband 中, steel hoop,steel strip 材料 鉄鋼
Bandwelligkeit 女 ストリップの波打ち 材料 機械
Bandwölbung 女 ストリップクラウン 機械
Bandzugregelung 女 ストリップ張力制御, strip tention/draught controlling 材料 機械
BaP = Benzol(a)pyren ベンゾ(a)ピレン 化学 バイオ 環境
Barometer 中 気圧計
Bart 男 バリ, 類 Grat 男 材料 機械
Basalatmungsaktivität 女 基底呼吸活性, 土壌呼吸作用, basal respiration activity, basal respiratory property, soil respiration 化学 バイオ 医薬
Basalstoffwechsel 男 基礎代謝, 類 der basale Metabolismus 男, der matabolische Grundumsatz 男, Basalmetabolismus 男, Grundstoffwechsel 男, 英 basal metabolis 化学 バイオ 医薬
Basalt 男 玄武岩, basalt 地学 物理
Basaltemperatur 女 基礎体温,basal body temperature,BT,BBT 化学 バイオ 医薬
Basenfolge 女 塩基配列, 類 Basensequenz 女, base sequence 化学 バイオ
Basengrad 男 塩基度, 類 Basizität 女 製銑 精錬 化学
Basenpaar 中 塩基対,base pair 化学 バイオ
Basensättigung 女 塩基飽和(度), BS, base saturation 化学 バイオ 地学
BaSFL = Barium Schwere Flintlinse = 英 Dense Barium Flint Lens 重バリウムフリントレンズ 光学 音響
basisch 塩基性の 製銑 精錬 化学
Basisscheibe 女 ベースワッシャー 機械
Basizität 女 塩基度, 類 Basengrad 男 製銑 精錬 化学
BAT = 英 best available techniques = Beste (für die Umwelt) verfügbare Technik (EU-Definition) 環境への適用を考えた場合の最もふさわしい技術 環境 化学 バイオ 医薬 全般; = Biologische Arbeitsstofftoleranz = Grenzwert für biologische Verträglichkeit = limitation of biological agents 生物学的に悪影響を及ぼす作用物質の限界値 環境 化学 バイオ 医薬; = 英 broadband air-coupled transducer 空中伝播超音波探触子 電気 音響
BAuA = Bundesanstalt für Arbeitsschutz und Arbeitsmedizin 連邦労働災害防止産業医薬局 安全 医薬 組織

B

Bauartzulassung 女 型式許可, design approval 材料 操業 設備 規格 組織
Bauch 男 炉腹, belly 製銑 精錬 製銑
Bauchhöhlenflüssigkeit 女 腹腔液, 類 Bauchraumflüssigkeit 女, liquid in abdominal cavity 化学 バイオ 医薬
Bauchstelle 女 (振動の) 腹 機械
Baudämpfung 女 構造減衰 機械 操業 設備
Baugruppe 女 構成ユニット, パケージユニット, 付属品, 関 Baukastensystem 中 機械 電気
Baukastensystem 中 ユニット方式 機械 電気
Bauleitung 女 現場監督, site supervision 操業 設備 機械
B.A.U.M. = Der Bundesdeutsche Arbeitskreis für Umweltbewusstes Management e. V. = The German Environmental Management Association = German working group for environment friendly management ドイツ環境マネジメント協会, 環境にやさしいドイツマネジメントワーキンググループ 環境 組織
Baumassenzahl 女 容積率, 類 Quotient aus Bauvolumen und Baugrundfäche, cubic index 建設
Baumechanik 女 構造力学 機械 操業 設備
Baumusterbesheinigung 女 デザイン証明書, 設計証明書 機械 操業 設備
Baureifmachung 女 建築に移れるようにすること 建設
Bausatzelement 中 コンストラクションセット 機械 操業 設備
Bauschutt 男 建築廃材, construction waste 建設 環境 リサイクル
Baustein 男 モジュール, チップ, 構成要素, セグメント, DNA 因子, DNA 配列 機械 電気 操業 設備 バイオ 医薬
Baustellennaht 女 現場溶接, 現地溶接 溶接 機械 操業 設備
Bauteil 中 構成ユニット, コンポーネンント, 部材, メンバ 機械 操業 設備 建設
bauteilgeprüft 部品検査済みの 機械 操業 設備
Bauwerk 中 建造物 建設
Bauxit 男 ボーキサイト 地学 材料 精錬
BAW = 英 bulk acoustic wave = die akustische Volumenwelle バルク弾性波 電気 音響
B2B = 英 BBB = business to business 企業間取引 (to と two が同じ発音なので略語がわりに多用される) 経営
BBodSchG = Bundes-Bodenschutzgesetz = the GermanFederal Soil Protection Act ドイツ連邦土壌保護法 環境 化学 バイオ 経営 法制度
B2C = 英 BBC = business to consumer (customer), 企業対消費者(顧客)間取引, (to と two が同じ発音なので略語がわりに多用される) 経営
BCAA = 英 branched chain amino acid = verzweigtkettige Aminosäuren 分枝鎖アミノ酸, 分枝アミノ酸 化学 バイオ 医薬
BCC = 英 body-centered cubic lattice = kubisch-raumzentrietes Kristallgitter (KRZ) 体心立方格子 材料 機械 非鉄 物理 化学
BCCD = 英 burried channel charge coupled device = begrabter Kanal-ladungsgekoppeltes Bauelement 埋め込みチャンネル CCD(電荷結合素子) 電気
BCD = 英 binary coded digit / decimals = binär verschlüsselter Dezimalstrich 2 進化 10 進数 統計 電気 ; = 英 borderline between comfort and discomfort glare = Grenzwert für optische Blendung グレア境界値 光学 ; = 英 barrels per calender-day = Barrel pro Tag 石油精製における1日当たりの年間通油能力 化学 操業 設備 ; = 英 bulk charge device バルク電荷素子 電気
BCGF = 英 B-cell growth factor = B-Zell Wachstumsfaktor B 細胞増殖因子 化学 バイオ 医薬
BCR = 英 biological clean room 生物学的空気清浄室, バイオロジカルクリーンルーム 化学 バイオ 医薬
BCR® 標準物質および計量技術研究所 IRMM(EU, ベルギー) により供給されている標準試料の商標 化学 バイオ 規格

BDE = Bundesverband der deutschen Entsorgungswirtschaft = the Federal Association of the German Waste Management Industry ドイツ連邦廃棄物処理管理協会 [環境] [リサイクル] [化学] [バイオ] [医薬] [組織]

BDEW = Bundesverband der deutschen Energie-und Wasserwirtschaft ドイツエネルギー水道事業者連盟 [エネ] [電気] [組織]

BDF = Bodendauerbeobachtungsfläche = permanent soil observation area 土壌連続監視領域 [化学] [バイオ] [地学] [環境]

BDG = Bundesverband der Deutschen Gießerei-Industrie ドイツ鋳造工業連盟 [鋳造] [鉄鋼] [機械] [組織]

BDI = Bundesverband der Deutschen Industrie e.V ドイツ連邦工業連盟(登録協会) [経営] [組織]

BDV = (英) break down voltage = Durchschlagsspannung 固定子コイルの破壊電圧 [電気]

BE = Broteinheit = bread uni = CU = carbohydrate exchange = carbohydrate unit ブレッドユニット,「炭水化物換算値, 1BE = 1CU = 12g(炭水化物),12gの炭水化物を含む食物重量(g)」,[類] KE [化学] [バイオ] [規格]; = Befestigungselement = fixing element 固定部材 [機械] [建設]

beam on (英) ビームオン, X線照射状態 [原子力] [放射線] [電気] [バイオ] [材料] [連鋳]

beabstandet, in beabstandeter Weise 一定の間隔を置いて(保って) [機械]

Bearbeitungspfade [女] 加工経路 [機械]

Bearbeitungsrecht [中] 専用編集権 [電気]

Bearbeitungszentrum [中] マシーニングセンター [機械] [操業] [設備]

Bearbeitungszugabe [女] 加工代, [関] Schlichtzugabe [女], machining allowance [機械]

beaufschlagen mit Druck 圧力をかける, pressurize [材料] [機械]

beaufschlagen mit Öl オイル潤滑する, lubicate [材料] [機械]

Beaufschlagungsseite [女] 作動側, 吸気側 [機械]

Beauftragung [女] 委託

Bebauungsplan [男] 建設計画(都市計画による) [建設]

bebrüten かえす(卵を) [化学] [バイオ]

Becher [男] タンブラー [機械]

Bedarf [男] 需要 [経営]

bedarfsorientiertes Lagerprogramm [中] 需要に応じたストックプログラム, stock program to meet the requirement [材料] [操業] [設備]

BEDD = (英) basic engineering design data = Basiskonstruktions-Gestaltungsdaten 基本設計条項 [機械] [建設] [化学] [設備]

Bedienelement [中] 制御部位, 操作部位, controlled element, operating element [電気] [機械]

Bedienerführung [女] オペレータ案内, operator prompting [電気] [操業] [設備]

Bedienfeld [中] コントロールパネル [電気] [操業] [設備]

Bedienmenü [中] メニューバー [電気]

Bedienung [女] 操作, 運転, コントロール, サービス [操業] [設備] [機械]

Bedienungsanleitung [女] 使用・操作の手引き [機械] [電気] [全般]

Bedienungsfeld [中] コントロールパネル [電気] [機械] [操業] [設備]

Bedienungskomfort [男] 使用勝手

Bedienungspersonal [中] オペレータ [操業] [設備]

Bedienungsscheibe [女] 制御盤, [類] Betätigungsscheibe [女] [操業] [設備] [機械]

Bedruckstoff-Anlage [女] (走行)用紙のフィーダー, [関] Bedruckstoff-Auslage [女] (走行)用紙のデリバリー [印刷] [機械]

Bedruckstoff-Auslage [女] (走行)用紙のデリバリー, [関] Bedruckstoff-Anlage [女] (走行)用紙のフィーダー [印刷] [機械]

Bedüsungszone [女] 絞り部位, [類] Einschnürung [女] [機械]

BEE = Bundesverband Erneuerbare Energie e.V., Berlin ドイツ再生エネルギー連盟(再生エネルギーの普及を目指す団体) [エネ] [電気] [組織]

Beeinflussungsfall [男] ノイズ(影響)があ

B

る場合,干渉がある場合 材料 電気 溶接
Beeinträchtigung 女 損耗,損傷,劣化,impairment, deterioration, damage 材料 機械
beenden 終了する(プログラムなどを),quit 電気
befallen 病気などが起こる：von einer Krankheit befallen werden ある病気にかかる 化学 バイオ
Befehl 男 コマンド,英 command 電気
Befestigungslinse 女 補助レンズ 光学 電気
Befestigungssteg 男 固定ウエブ,attachment web,fastening bar 機械
Befeuchtungsapparat 男 吸湿器
Beflockung 女 フロッキング 機械
Befugnis 女 資格,権限,(-isで終わる名詞で数少ない女性名詞である)
Befund 男 研究調査結果,テスト結果,所見 機械 バイオ 医薬 全般
Begasung 女 ガスによる駆除・消毒,gas admission, gassing, gas supply 化学 バイオ
Begeisterungsgrad der Kunden 男 顧客満足度 経営 製品 品質
Begichtung 女 装入,装填,類 Beschickung 女,burdening 製銑 精錬 製銑 機械
Begleitelement 中 付随元素,accompanying element 製銑 精錬 材料 化学 バイオ
Begleitheizung 女 (ホースなどの)被覆加熱 機械 操業 設備
Begleitoxid 中 付随酸化物,accompanying oxide 地学 製銑 化学 バイオ
Begrenzungselement 中 リミット部位 機械 電気
begriffen 進行中である：im Steigen begriffen sein 増加中である
begüllt 水肥を施した 化学 バイオ
begünstigen 促進する
Behälter 男 ホッパー,コンテナー,容器 機械 操業 設備
Behälterdurchführung 女 容器接続部位,容器接続管路 機械 操業 設備
Behandlung 女 治療,処理,処置,treatment, handling, medical treatment, cure 化学 バイオ 医薬 環境
Beharrungszustand 男 平衡状態,慣性状態,equilibrium state, state of inertia 機械 操業 設備
Beibehaltungszeit von Produkten 女 製品の買い替え時期,製品の保持使用時間 経営 操業 設備
beiderseitig innen und außen 内外両側で,内外両面で
beiderseits gelagerter Rotor 男 両持ちロータ 機械
Beifahrer 男 助手席の乗客 機械
beihalten ～がある,留めて置く
Beilageleiste 女 シムプレート,(ブローチ盤の)シム,類 Beilagescheibe 女,shim plate 機械
Beilagering 男 エラスティック・パッキングリング 機械
Beilagescheibe 女 シムプレート,類 Beilageleiste 女,shim plate 機械
Beimengung 女 混入,混入物,不純物,addition, impurity 機械 操業 化学 バイオ
beimessen 置く,etwas[3] Wert beimessen ある事に価値を置く
Beipackartikel 男 包装商品
beißen 噛む,bite 機械
Beißzange 女 ニッパー,nipper pliers 機械
Bekämpfung 女 駆除,extermination 化学 バイオ
beladener Wagen 男 積車 交通 機械
Beladevorrichtung 女 ローダー,loader 機械
Beladungszähler 男 ロードセンサー,load sensor,類 Kraftaufnehmer 男 機械
Belag 男 (金属の)被膜,コーティング,舗装,橋板,film, coating, covering, pavement 機械 建設 化学 バイオ
Belastung 女 負荷,装荷,荷重,積荷,載荷：spezifische Belastung 比電気装荷 機械 電気
Belastungsamplitude 女 荷重振幅 材料 機械
Belastungstest 男 負荷テスト stress test, load test 化学 バイオ 医薬 材料
Belastungsverformungsschaubild 中 荷重ひずみ線図 材料 機械

Belebtschlamm 男 活性化スラジ, activated sludge 化学 バイオ 環境
Belebungsbecken 中 活性槽, aeration tank 化学 バイオ 設備 機械
Belegschein 男 領収書
Belegstück 中 基準サンプル,証明サンプル, reference sample,piece of evidence 電気 化学 バイオ
Belegung 女 負荷率,使用度合 操業 設備 機械
Belegungsplan 男 配置図 操業 設備 機械
Beleuchtungsstärke 女 照度, intensity of illumination 電気 光学
Belichter 男 タイプセッター 機械
Belichtertrommel 女 セッタータンブラー 機械
Belichtungsreihemachen 中 自動露出撮影 光学 電気
Belichtungssteuerung 女 露出計, 関 Aktinometer 男 電気 光学
beliebig 任意の, 類 willkürlich
belt transect method 英 帯状法,ベルトトランセクト法 化学 バイオ 地学
Bemaßung 女 大きさを示すこと, dimensioning 機械
Bemessungswert 男 定格値, 関 Nennwert 男, rated load value 機械 設備
Bemusterung 女 見本の送付
Benannte Vertragsstaaten 複 (特許の)指定締約国 特許
Bence-Jones-Protein 中 ベンス・ジョーンズ蛋白質(骨髄に関する病気のときに患者の尿中に検出される異常蛋白質), Bence-Jones-proteine 化学 バイオ 医薬
benennen 名前を付ける(ファイルなどに), name 電気
Benetzung 女 濡れ 材料 機械 化学
Benutzerendgerät 中 ユーザー端末, user terminal 電気
Benutzergerät 中 ユーザーデバイス, user device 電気
Benzensulfonsäure 女 ベンゼンスルホン酸, benzenesulphonic acid, BSA 化学
Benzimidazolyl- ベンゾイミダゾール系(農薬などに用いられる), benzimidazole 化学 バイオ 医薬
Benzinbehälter 男 燃料タンク 機械
Benzoat 中 安息香酸エステル, 安息香酸塩, benzoate 化学 バイオ 医薬
Benzoesäure 女 安息香酸,benzoic acid 化学 バイオ 医薬
Benzol,Benzoyl-, Benzyl- ベンゾール, ベンゾイル基, ベンジル基の総称, Bz, Bzl, benzole, benzoyl-, benzyl 化学
Benzolkern 男 ベンゼン核,ベンゼン環, 類 関 Benzolring 男,aromatischer Kern 男, benzene nucleus,aromatic nucleus, benzene ring 化学 バイオ
Benzolsulfohydrazid 中 ベンゼンスルホニルヒドラジド,benzenesulfonyl hydrazide, BSH 化学
Benzoylararginin-ethylester 男 ベンゾイルアルギニン・エチルエステル, benzoyl-arginine-ethylester, BAEE 化学 バイオ
Benzoyltyrosinethylester 男 N-ベンゾイル-L-チロシンエチルエステル, N-benzoyl-L-tyrosine ethyl ester, BTEE 化学
Benzpyrenhydroxylase 女 ベンゾピレンヒドロキシラーゼ,ベンゾピレン水酸化酵素, benzo(a)pyrene hydroxylase,BPH 化学 バイオ 医薬
Benzylchlorid 中 α-クロロトルエン, α-chlorotoluene バイオ 化学
Berechnungsansatz 男 計算によるアプローチ・数式・評価 数学 全般
Beregung 女 灌水, 関 Berieselung 女, Bewässerung 女 バイオ 環境
Bereichsfenster 中 インデックスフィールド, index field 電気
Bereichskennung 女 領域識別,領域識別子,area identification,sector-identifiers 電気
Bereifung im Test 女 タイヤテスト装着 機械
bergen 安全にする, 隠す, 関 gefährden 危うくする 機械
Bergsteigevermögen 中 登坂性能 機械
Bergwerkmaschine 女 鉱山機械 地学 機械
Berieselung 女 散水, 関 Beregung 女, Bewässerung 女 バイオ

B

B

Berieserungsverflüssiger 男 大気式ブリーダ形凝縮器 機械
Bernsteinsäure 女 コハク酸, succinic acid 化学 バイオ
Bernsteinsäureoxydase 女 コハク酸酸化酵素, succinic acid oxidase, BSO 化学 バイオ 医薬
BER of ASN1 = 英 basic encoding rule of abstract syntax notation one 抽象構文記法1の基本符号化規則 電気
Berstscheibe 女 破壊ディスク, 安全ダイアフラム, rupture disc, safety diaphragm 機械 電気
Berührungslinie 女 (歯車) 接触線 機械
Berührungswinkel 男 (軸受) 接触角 機械
Besamung 女 媒精, 受精, insemination : künstliche Besamung 女 人工授精 化学 バイオ 医薬
Besatz 男 トリミング, 込め物, 飼養, 柄, 装入, trimming, stemming, stocking 機械 化学 バイオ 製銑
Besatzdichte 女 飼養密度, stocking density 化学 バイオ
Besatzgewicht 中 装入重量, 荷重, 耐荷力, loading capacity 製銑 機械
besäumen トリミングする 機械 光学 電気
Beschäftigungsgrad 男 操業度 操業 設備 機械
Beschäftigungsstudie 女 操業分析 操業 設備 機械
Beschaffenheit 女 状態, 性質, 仕上げ, state, quality, composition 材料 機械 化学 バイオ
Beschattung 女 陰影をつけること, 日よけ, 網掛け, 選鉱くず, shading, tailing 光学 電気 地学
Beschickung 女 装填, 類 Begichtung 女 製銑 精錬
Beschlag 男 嵌め合い, 止め金, 錆, 曇り, 外殻, 打ち付け, 類 Passung 女, fitting, deposit, tarnish 操業 設備 機械
Beschlagentferner 男 デミスター, デフォッガー, demister, defogger 機械
Beschleunigung 女 加速度, 加速性能 機械
Beschleunigungsmesser 男 加速度計 操業 設備 機械
Beschwerdesenat 男 (連邦特許裁判所の) 抗告部 特許 法制度
besetzen 装入する, 占拠する, 類 Beschickung 女, Begichtung 女 製銑 精錬
Besetzungsinversion 女 反転分布, 類 Populationsinversion 女, inverted population, population inversion 物理 光学 統計
besondere Notstromversorgung 女 特別非常電源 (停電後, 10秒以内に作動), special emergency power supply 化学 バイオ 医薬 電気
besonders 特に, 類 関 im besonderen, insbesondere, vornehmlich 特許 全般
besorgnisaufzeigend 不安を示す
Beständigkeit 女 安定性 stability 機械 化学 バイオ 材料 全般
Bestandsaufnahme 女 在庫調べ, 総括 経営
Bestandsdeposition 女 森林の下の降雨量, 関 Freilanddeposition 女 化学 バイオ 環境 物理
Bestandsinnere 中 森の内部, inner forest 地学 環境
Bestandteil 男 構成成分, 構成要素 バイオ 化学 機械
Bestellkarte 女 注文カード
Bestimmungsgröße 女 決定要因, 行列式, 決定遺伝子, 定数, 定量, determinant, value to be determined 数学 材料 化学 バイオ 物理
bestmöglich 出来るだけ良い
Bestockung 女 分げつ, 林木蓄積, tillering, growing stock 化学 バイオ 環境
Bestrahlungsstärke 女 放射照度, irradiance 電気 光学
Bestückautomat 男 自動装着機械 操業 設備 機械
Bestückung der Leiterplatte 女 回路盤の実装, implementation of circuit board 電気
Bestuhlung 女 シーティング 機械
Beta-Set-Verfahren 中 ベータセット法 (中子造型法の一種) 鋳造 機械

Betätigung 女 制御,操作,作動 機械 電気
Betätigungsexzenter 男 偏心タペット, eccentric tappet 機械
Betätigungsglied 中 制御要素・部位 機械 電気
Betätigungskraft 女 操作力量, operating force, actuation force 機械
Betätigungsscheibe 女 制御盤, 類 Bedienungsscheibe 女 操業 設備 機械 電気
Betätigungsspalt 男 作動間隙, actuating gap 機械 電気
Betätigungszylinder 男 ブレーキシリンダー,制御シリンダー,運転シインダー 機械
Betäubungsmittel 中 複 麻酔薬, narcotics 化学 バイオ 医薬
Betanken 中 給油 機械
die beteiligten Materialien 関与・対象材料 全般
BET-formula = 英 Brunauer-Emmett – Teller-formula ブルナウア・エメット・テラーの吸着等温式,(単分子層吸着量の計算, 多孔質体表面積測定に用いる) 化学 バイオ 物理
Beton 男 コンクリート 建設
Betonabsprengung 女 コンクリートの切離 建設
Betonfundament 中 コンクリート基礎 建設
betoniert コンクリート造りの 建設
Betonkriechen 中 コンクリートクリープ 建設 材料
Beton-Kunststoff-Verbundwerkstoff 男 コンクリート・プラスチック複合材,concrete plastic composite,CPC 建設 材料 化学
Betonmischungsapparat 男 コンクリートミキサー 建設 機械
Betrag 男 総額, 金額 経営
betrauen 任せる:jn. mit etwas[3] betrauen ある人にある物を任せる
Betrieb 男 稼動, 操業, duty, 関 Arbeitsvorgang 男, operation 操業 設備
Betriebsanleitung 女 作業指導票 操業 設備 品質
Betriebsbedingung 女 操業条件, operational condition 操業 設備
Betriebsbereitschaft 女 用意, 準備, waiting:Der zweite Konverter steht in Betriebsbereitschaft;第二転炉が待機中である, the second converter is in waiting 精錬 操業 設備 機械 化学 バイオ
Betriebsdruck 男 作動圧力,運転圧力,operating pressure,working pressure,service pressure 操業 設備 機械 化学 バイオ
Betriebseingriffswinkel 男 噛み込み圧力角, 噛み合い圧力角, 類 Arbeitseingriffswinkel 男, Kraftangriffswinkel 男, working pressure angle 機械
Betriebsergiebniss 中 操業結果・成果, operational result 操業 設備
Betriebsfestigkeit 女 使用強さ 機械 材料
Betriebsführung in der Werkzeugausgabe 女 工具出庫管理 機械 操業 設備
Betriebsgeschehen 中 稼動中・上の出来事 操業 設備 機械
Betriebskostenrechnung 女 操業コスト分析・計算,operating cost analysis,operating cost calculation 操業 製品 経営
Betriebsmittel 中 稼動・運転資材, 関 Betriebsstoffe 複 男 操業 設備 機械
Betriebsspannung 女 作用張力, 使用応力, 動作電圧, working tension, working stress, operating voltage 操業 設備 機械 電気
Betriebsprameter 男 操業パラメーター, operational parameter 操業 設備
Betriebsstoffe 複 男 オイル,薬品,潤滑剤などの稼動に必要とされる消耗材・物品・資材,関 Betriebsmittel 中 操業 設備 機械
Betriebssystem 中 オペレーティングシステム,オーエス,operating system,OS 電気
Betriebsversuch 男 操業テスト, 運転試験, operational test 操業 設備
Betriebswälzkreis 男 かみ合いピッチ円, working pressure pitch circle 機械
Betriebswirtschaftsführung 女 生産管理 操業 設備
Bettschlitten 男 往復台, carriage 機械
Bettung 女 バラス敷き,据え付け 交通 建設
Beugung 女 回折, 類 Diffraktion 女, diffraction 光学 音響 化学 バイオ 物理

B

Beule 女 でこぼこ：an etwas[3] Beule ある物に生じたでこぼこ, dent 材料 機械
Beurteilungsfläche 女 評価表面, evaluation surface 材料
bevel lead 英 (タップの) 食付き部, 独 Abfasungs-Anschluss 男, Einführungs-Abschrägung 女 材料 機械
Bevorratung 女 貯蔵, 備蓄, ストック 機械 バイオ
Bewährungsprobe 女 確証テスト, 確証用テストピース 化学 バイオ
Bewässerung 女 灌漑, 関 Beregung 女, Berieselung 女 バイオ 環境
Bewässerungspumpe 女 灌漑用ポンプ 機械 バイオ
bewegen 再 sich 動く, 振舞う
beweglicher Stützpunkt 男 移動支点 機械
Bewegungsenergieverlustkoeffizient 男 運動エネルギー損失係数 機械
Bewegungs-und Zeitstudie 女 作業研究 操業 設備 品質
Bewegungswiderstand 男 走行抵抗 交通 機械
Bewehrungseinlage 女 (コンクリートの) 補強鉄筋 建設
Bewuchs 男 植物 (ある地域・面を覆う) バイオ
Bewusstseinsstörung 女 意識障害, disturbance of consciousness, consciousness disorder 化学 バイオ 医薬
Bezeichner 男 識別子, 類 関 Identifizierer 男, Kennzeichner 男, 英 identifier, designator 電気
Bezug 男 カバー, 購入, 関係
Bezugsebene 女 基準面, datum plane 機械 操業 設備
Bezugskante 女 基準エッジ, reference edge 機械
Bezugslinie 女 基準線, 基線, reference line 機械 溶接
Bezugspotential 中 基準電位 化学 バイオ 機械
Bezugsprofil 中 基準ラック, 基本山形, 類 Grundgestell 中, reference profile, basic rack 機械
Bezugsstirnfläche 女 基準軸直角平面 機械
Bezugszeichen 中 符号の説明, 基本記号 特許 操業 設備 機械
BFANL = Bundesforschungsanstalt für Naturschutz und Landschaftsökologie = the Federal Research Centre for Nature Conservation and Landscape Ecology 連邦自然保護景観生態学研究所 化学 バイオ 医薬 全般 組織
BFE = Bundesforschungsinstitut für Ernährung und Lebensmittel = Federal Research Institute for Nutrition and Foodstuffs 連邦食物・栄養研究所 化学 バイオ 食品 医薬 組織 全般 ; = bakterielle Filtereffizienz バクテリア濾過効率 = bacterial filtration efficiency 化学 バイオ 医薬
BfN = Bundesamt für Naturschutz = German Federal Agency for Nature Conservation 連邦自然環境保護局 環境 組織
BfR = Bundesinstirut für Risikobewertung ドイツ連邦リスク評価研究所 統計 組織 全般 経営
BG = Deutsche Bodenkundliche Gesellschaft ドイツ地学協会 地学 組織
BGA = 英 ball grid array = Gehäusebauform für hochintegrierte Schaltkreise ボールグリッドアレイ 電気 ; = Bundesgesundheitsamt 連邦厚生局 (BgVV (連邦厚生消費者保護獣医学局) の前身) 組織 化学 バイオ 医薬
BGB = Bundesgesetzblatt 連邦法公報 法制度 ; = Bürgerliches Gesetzbuch 民法典 法制度
BGIA = Berufsgenossenschaftliches Institut für Arbeitsschutz = Professional Association for Industrial Safety = the Trade Cooperative Institute for Work Safety 労働安全同業組合研究所, 労働安全責任保険組合研究所 経営 安全 医薬 全般
BHG = 英 blazed holographic grating = holografisch geblaztes Gitter ブレーズドホログラフィックグレーティング (通常の

ホログラフィックグレーティングと比較して高い回折効率を実現) 光学 電気

BHKW = Blockheizkraftwerk = block heat and power station 地域複合暖房発電所 電気

B-Horizont 男 B層位, A層位とC層位の間にある鉱石含有下部土壌層位で, 75体積%以下の固形岩石を含み, 岩石由来の炭酸物は含まない(Wörterbuch der Bodenkunde, Enke 1997より) 地学 物理 化学 バイオ

Bicofaser 女 バイコファイバー, bico-fiber 繊維 環境

bidirectionally predictive coded picture 英 B画像, 双方向予測符号化画像 電気

Biegebetrag 男 曲げ変形値, amount of deflection 材料 操業 設備

Biegedorndurchmesser 男 曲げテスト用押し金具直径 材料 操業 設備

Biegefähigkeit 女 曲げ性 材料 操業 設備

Biegefestigkeit 女 曲げ強さ, bebding strength 材料

Biegemoment 中 曲げモーメント 材料 操業 設備

Biegepunkt 男 矯正点, 類 Tangentpunkt 男, straightening point, bending point 連鋳 材料 操業 設備

biegeschlaff 曲がってたるんだ, だらりとたれた 機械

Biegesteifigkeit 女 曲げ剛性 bending rigidity 機械 材料

Biegeträger 男 フレキシブルビーム 機械 建設 操業 設備

Biegung 女 曲げ, たわみ, deflexion, flexure 材料 操業 設備

Bildverarbeitungssystem 中 画像情報処理システム, image processing system, IPS 電気

Bilddatei 女 画像ファイル, image file 電気

Bilddaten 複 中 画像データ, image data 光学 電気

Bilderdruck aus Moviesequenzen 男 動画の中からの画像プリント 電気

Bilderfassungsvorrichtung 女 撮像素子, image pick up device 電気 光学

Bildkantenverhältnis 中 縦横比, aspect ratio 機械

Bildlaufleiste 女 スクロールバー, 類 Rollbalken 男, scroll bar 電気

Bildpunkt 男 像点, ピクセル, image point, Pixel (= picture element) 光学 音響 電気

Bildschirm 男 スクリーン, 画面, display, display screen 電気

Bildschirmeinstellung 女 画面設定, display settings 光学 電気

Bildschirmschoner 男 スクリーンセーバ, screen saver 電気

Bildschirmtastatur 女 スクリーンキーボード, on-screen keyboard, BST 電気

Bildungswärme 女 生成熱, enthalpy 精錬 化学 バイオ 機械

Bildverstärker 男 イメージインテンシファイヤー, (夜間の暗視用として開発され, 極微弱な光を検知・増倍して像を得る), image intensifier 電気 光学

Bildverzerrung 女 ゆがみ 光学 電気

Bildwechselfrequenz 女 フレームレート 光学 電気

Bildwiedergabe 女 コマ送り, frame-by-frame playback, film drive 光学 音響 電気

Bildwölbung 女 像面のそり 光学 電気

Bilgewasserpumpe 女 ビルジポンプ, bilge pump 機械

Bimetall 中 バイメタル 機械 材料 電気

bimodal 並数[なみすう]を二つ持つ 数学

BimSchG = Bundesimmisionsschutzgesetz 連邦近隣公害防止法 環境 法制度

binär 二元系の : binäres Gleichgewichtsschaubild 二元系平衡状態図, 関 ternär, quaternär 製銑 精錬 鉄鋼 非鉄 化学 材料

Bindeglied 中 連結リンク, connecting link 機械

Bindemittelauslaugung 女 結合剤の浸出 化学 地学 建設

Binder 男 粘結剤 鋳造 機械

Bindestrich 男 ハイフォン 電気

Bindungsbruch 男 結合開裂, bond cleavage/breakge 化学 バイオ

Bindungsprotein 中 結合蛋白, binding protein 化学 バイオ

B

Bindungstelle 女 結合サイト, 会合サイト, binding site 化学 バイオ
Binnenland 中 内陸地 物流
binokulares Mikroskop 中 双眼顕微鏡 化学 バイオ 電気 光学
Bioäquivalenz 女 生物学的同等性, bioequivalence 化学 バイオ
Biofouling 男 微生物付着抵抗・詰り,バクテリア付着抵抗・詰り 化学 バイオ 機械 設備
Biokatalysator 男 生体触媒,biocatalyst 化学 バイオ
Biomasse 女 バイオマス, 量的生物資源, biomass 化学 バイオ 地学
Biopsie 女 生体組織検査, 生検, バイオプシー, 類 Gewebeprobeentnehme 女,biopsy 化学 バイオ 医薬
BIOS = 英 basic input output system = Grundlegendes Input/Output System バイオス 電気
Biosphärenreservat 中 生物圏保護区, 生物保護区域, biosphere reserve バイオ 環境 地学
Biosprit 男 バイオ燃料, バイオガス, bio fuel, bio gas エネ 環境 機械
Biostatt 女 バイオスタット, バイオリアクター, bioplace バイオ 環境
Biosynthese 女 生合成,biosynthesis 化学 バイオ
Biotin-Bindungsprotein 中 ビオチン結合蛋白, (ビオチンに非常に高い親和性を持った蛋白質) 化学 バイオ
Biotinylierung 女 ビオチン化, ビオチン標識, biotinylation 化学 バイオ
Biotop 男 ビオトープ(ある一定の生命体の小生活圏), 英 biotope 化学 バイオ
Bioverfügbarkeit 女 生物学的利用能,生体有効性,BA,bioavailability 化学 バイオ
Biozönose 女 生物社会,biocoenosis,life and/or biotic community 化学 バイオ
BIP = bakterielles intravenöses Protein = bacterial intravenous protein 静脈内微生物蛋白質 化学 バイオ 医薬
BIPM = 仏 Bureau International des Poids et Mesures = Internationales Amt für Gewichte und Masse,Paris 国際度量衡局(CIPMの管理下にある) 光学 電気 数学 規格 組織
Birke 女 シラカバ, birch-tree バイオ
Birne 女 セイヨウナシ, 電球, (俗に) 転炉 電気 バイオ 精錬
Bismaleimidtriazinharz 中 ビスマレイドトリアジン樹脂, (ビスマレイミドと トリアジンを架橋結合し共重合体とした, 熱硬化性樹脂に属する合成樹脂, 高耐熱性樹脂), bismaleimide triazine resin, BT 材料 電気 化学
Bissversatz 男 バイトセッティング 機械
BISYNC = 英 binary synchronous communication = Binärcode Synchrone Kommunikation 2進同期伝送プロトコル 電気
BITÖK = Bayreuther Institut für Terrestrische Ökosystemforschung = the Bayreuth Institute for Terrestrial Ecosystem Research バイロイト陸地生態系 (陸上生態系) 研究所 化学 バイオ 医薬 環境 組織
Bitumen 中 ビチューメン, 瀝青, 英 bitumen 化学 バイオ 建設
Bitumen-Asphaltdecke 女 瀝青アスファルト舗装 建設
bituminöse Kohle 女 瀝青炭 地学 製銑
die bivariate Analyse 女 二変量分析, 英 bivariate analysis 統計 品質
BJT = 英 bipolar junction tansistor = bipolarer Flächentransistor = bipolarer Sperrschichttransistor バイポーラ接合トランジスタ, 「2つの端子(コレクタとエミッタ)間の電流の流れが, 第3の端子 (ベース) に 流れる電流量によって制御される半導体デバイス」 電気
BK = Bereichskennung = area identification 領域識別 電気
BKE = Befestigungs-und Kontaktiereinrichtung 固定接触・接点装置 電気
Blättern 中 ページめくり, page turning 印刷 光学 電気
Bland-White-Garland-Syndrom 中 左冠状動脈肺動脈起始症, BWG 症候群, anomalous left coronary artery from the pulmonary artery, ALCAPA, ALCAPA syndrome 化学 バイオ 医薬

Blankstahl 男 冷間引き抜き鋼,cold drawn steel 材料 機械 鉄鋼

Blankwärmebehandlung 女 光輝熱処理, bright heat treatment 材料 機械

Blase 女 気泡, ブローホール bubble, blowhole 電気 化学 精錬 鋳造 連鋳

Blasebalg 男 ふいご 製銑 精錬 製銑

Blasen 中 吹錬,blowing : weiches Blasen ソフトブロー,soft blow 精錬 操業 設備

Blasende 女 終点, 吹錬終了点, end of blowing 精錬 操業 設備

Blasenkoaleszenz 女 吹き込み時の閉塞・詰まり, coalescence during blowing 精錬 操業 設備

Blasform 女 羽口,tuyere;ブロー成型,中空成型,吹き込み成型,吹き型,吹込成形用金型,blow mould 製銑 精錬 鋳造 化学

Blasigkeit 女 気泡の多いこと, blistering 化学 バイオ 精錬

Blasprameter 男 吹錬パラメーター,blowing parameter 精錬 操業 設備

Blasstahlkonverter 男 酸素上吹転炉, basic oxygen furnace (BOF), LD converter 精錬 操業 設備

Blasstrahl 男 吹錬のジェット・噴流, blowing jet/stream 精錬 操業 設備

Blastechnik 女 吹錬技術, blowing technology : Anpassen der Blastechnik, 吹錬技術の適合化, adjustment (fitting) of blowing technology 精錬 操業 設備

Blastozyste 女 胚盤胞,blastocyst 化学 バイオ

Blaszeit 女 吹錬時間,blowing time 精錬 操業 設備

Blatt 中 ページ,シート,プレート,薄膜 機械 材料 化学 バイオ

Blattfeder 女 重ね板ばね, 類 Flachfeder 女, Lamellenfeder 女, Überlappfeder 女, lamellar spring 機械

Blattrippe 女 リーフベイニング, ベイニング欠陥, leaf veining, leaf veining defects 鋳造 材料 機械

BLAU = Bund-Länder-Ausschuss für Umweltchemikalien 環境に及ぼす化学薬品に関する連邦・州政府間委員会 環境 化学 バイオ 医薬 組織

Blausprödigkeit 女 青熱脆性,blue brittleness 精錬 材料

Blechbearbeitung 女 板金加工 機械 材料

Blechhaut 女 スキンプレート 機械 材料

Blechkäfig 男 (ころがり軸受の) 打ち抜き保持器 機械

Blechkantenhobelmaschine 女 へり削り盤, plate-edge planing machine 機械

Blechkern 男 成層鉄心, laminated core 材料 電気

Blechlehre 女 板ゲージ,plate or sheet gauge 機械

Blechpaket 中 シートスタック 材料 電気

Blechronde 女 プレス粗材 材料 機械

Blechschraube 女 薄板タップねじ,sheet metal screw,tspping screw 機械

Blechträger 男 一枚ウエブけた 操業 設備 建設

bleibende Dehnung (**Verformung**) 女 永久ひずみ, permanent set 材料 機械

bleichen 漂白する,blanch,bleach 化学 バイオ

Bleisulfid 中 硫化鉛, lead sulphide, PbS 材料 非金属 精錬

Bleitetramethyl 中 四メチル鉛(アンチノック剤として使用される), 類 Tetramethylblei 中, tetramethyl lead, TML 化学 機械

Bleitetraethyl 中 四エチル鉛 (アンチノック剤などに用いられる), 類 BTÄ,Bleitetraäthyl,TEL,tetraethyl lead 化学 機械

Blende 女 絞り, F 値, 類 Diaphragma 中, stop, diaphram 機械 光学

blenden (ライトなどで) まぶしがらせる, 目をくらませる, 光を遮る, 絞る 機械 光学

Blendrahmen 男 フレーム, frame 機械 建設 光学

Blinddarmentzündung 女 虫垂炎,盲腸炎, 類 Appendizitis 女,英 appendicitis バイオ 医薬

Blindflansch 男 盲フランジ, ブラインドフランジ, blank/blind flange 機械

Blindniet 男 ブラインドリベット,blind rivet 機械

B

Blindwertkorrektur 女 ブランク値補正 機械 化学
Blindwiderstand 男 リアクタンス, reactance 電気
Blisterstreifen 男 ブリスター条片 材料 機械
Blitzeinschlag 男 落雷, cloud-to-ground discharge, flash-to-ground, thunderbolt 電気
Blitzreichweite 女 ストロボ撮影距離 光学 電気
17.BImSchV = die 17.Verordnung zur Durchfhürung des Bundesimmisionsschutzgesetzes = the 17th German Federal Pollution Control Ordinance 連邦近隣公害防止法 17 条 環境 法制度
Block 男 インゴット, 滑車, 塊, ブロック 材料 機械 電気
Blockabstreifkran 男 ストリッパークレーン 精錬 操業 設備 材料
Blockade 女 閉塞, 類 Blockung 女, blockage 材料 操業 設備 機械
Blockbockbremse 女 ブロックブレーキ 機械
Blockdrücker 男 インゴットプッシャー, ingot pusher 精錬 操業 設備 材料
Blocklager 中 パッド軸受け, pad thrust bearing 機械; ブルーム・スラブヤード, bloom and slab yard 精錬 操業 設備 材料
Blockpolyamid 中 ブロックポリアミド, block polyamide 化学 バイオ
blood preparations/products 英 血液製剤, 独 Blutpräparate 複 化学 バイオ 医薬
bloßliegend 露出している, 類 freiliegend 地学 化学 バイオ 機械
blotten 移す (DNA などを固定用の基材へ), 写し取る (DNA などを固定用の基材へ), blot 化学 バイオ
blow by gas 英 ブローバイガス, (ピストンの傍を通り抜ける燃焼ガス), 独 Verbrennungsgas, das am Kolben vorbei strömt 機械 エネ
Blütenstand 男 花序 (枝上における花の配列状態), inflorescence, anthotaxy 化学 バイオ
Blütenstandsstiel 男 花柄 [かへい], peduncle 化学 バイオ
Blutabnahme 女 採血, blood collection 化学 バイオ 医薬
Blutader 女 静脈, 類 Vene 女, 関 Arterie 女, Schlagader 女 化学 バイオ 医薬
Blutandrang 男 充血, 類 Hyperämie 女, Blutfülle 女, hyeremia, engorgement, injection, congestion 化学 バイオ 医薬
Blutarmut 女 貧血, 類 Anämie 女, anaemia 化学 バイオ 医薬
Blutdruckmessung 女 血圧測定, blood pressure measurement, sphygmomanometry 化学 バイオ 医薬
Blutgerinnsel 中 血栓, 類 Thrombus 男, thrombus : gegen Blutgerinnsel 抗血栓性の, antithrombotic 化学 バイオ 医薬
Blutgerinnsel-förderungs-Protein 中 血液凝固促進たん白 化学 バイオ 医薬
Blutgerinnsel-lösendes Protein 中 抗血栓たん白 化学 バイオ 医薬
Blutgerinnungsfaktor 男 血液凝固因子, blood coagulation factor, BGF 化学 バイオ 医薬
Blutgruppen-Unverträglichkeit 女 血液型不適合, blood group incompatibility 化学 バイオ 医薬
Blut-Harnzucker-Verhältnis 中 血液尿糖比, blood-urine sugar-ratio 化学 バイオ 医薬
Bluthochdruck 男 高血圧(症), 類 Hypertonie 女, 関 Hypotonie 女, Blutdruckerniedrigung 女, high blood pressure, hypertonia, HBP, hypertension, Hyp-T, HT 化学 バイオ 医薬
Blutkörperchen 複 血球, blood cell 化学 バイオ 医薬
Blutkörperchen-Senkungsgeschwindigkeit 女 (赤) 血球沈降速度, 類 ESR, Erythrozytensedimentationsreaktion 女, erythrocyte sedimentation rate 化学 バイオ 医薬
Blutkonservendepot 中 保存血液ユニットの保管所, unit of stored blood- deposit 化学 バイオ 医薬
Blut-Nerven-Schranke 女 血液神経関門, blood nerve barrier, BNB 化学 バイオ 医薬
Blutplättchen 中 血小板, platelet 化学 バイオ 医薬

Blutplasma 中 血漿, blood plasma 化学 バイオ 医薬

Blutserum 中 血清, 漿液, 類 Serum 中, 英 serum 化学 バイオ 医薬

Blutserum-Schnellagglutination 女 血清急速凝集 化学 バイオ 医薬

Blutspiegelkurve 女 血中薬物濃度曲線,（血中作用物質濃度と経過時間との関係を座標軸上に表わしたもの）, blood level curve, blood concentration time curve, BSK 化学 バイオ 医薬

blutstillend 血止めの, haemostatic, blood-stanching 化学 バイオ 医薬

Bluttransfusion 女 輸血, 類 Blutübertragung 女, blood transfusion 化学 バイオ 医薬

Blutübertragung 女 輸血(法), 類 Bluttransfusion 女, blood transfusion, transfusion 化学 バイオ 医薬

Blutuntersuchung 女 血液検査, blood examination, blood test 化学 バイオ 医薬

Blutverlust 男 失血, exsanguination, blood loss, loss of blood 化学 バイオ 医薬

Blutwäsche 女 血液透析, 類 Hämodialyse 女, hemodialysis, haemodialysis 化学 バイオ 医薬

Blutzuckergehalt 男 血糖値 blood sugar level, BZ, BSL 化学 バイオ 医薬

Blutzuckergrenzwert 男 血糖限界値, blood glucose limit value, BZGW 化学 バイオ 医薬

BLV = bovines Leukämievirus = bovine leukemia virus ウシ白血病ウイルス 化学 バイオ 医薬

BMAS = Bundesministerium für Arbeit und Soziales 連邦厚生労働省 医薬 安全 経営 組織

BMBF = Bundesministerium für Bildung und Forschung = the Federal Ministry of Education and Research 連邦教育研究省 全般 組織

BMC = 英 bulk moulding compound = glasfaserverstärktes Duroplast バルクモールディングコンパウンド（ガラス繊維強化熱硬化性プラスチック）,（不飽和ポリエステル系のモールド樹脂など）,（不飽和ポリエステル樹脂と炭酸 カルシウムなどの充填材とガラス繊維などをミキサーで混合し, バルク状にした成形材料） 化学 バイオ 機械 材料

BMD = 英 bone mineral density = Knochenmineraldichte 骨塩密度 バイオ 医薬

BMFT = Bundesministerium für Forschung und Technologie = the German Ministry of Research and Technology 連邦研究技術省(BMBF の前身) 全般 組織

BMU = Bundesministerium für Umwelt, Naturschutz und Reaktorsicherheit = the German Federal Ministry for the Environment, Nature Conservation and Nuclear Safety 環境自然保護原子力安全連邦省 環境 化学 バイオ 医薬 原子力 組織

BMWi = Bundesministerium für Wirtschaft und Technologie 連邦経済技術省 組織 全般

BNCT = 英 boron neutron capture therapy ホウ素中性子捕捉療法 医薬 放射線

Bocklager 中 ブラケット軸受け, bracket bearing 機械

Bockrolle 女 固定キャスター 機械

BOD = 英 biochemical oxygen demand = Biochemischer Sauerstoffbedarf (BSB) 生物化学的酸素要求量 化学 バイオ 環境; = 英 bistable optical device = optisch bistabiles Bauelement = Grundbaustein optischer Logiken 光双安定素子, 双安定光学素子 電気

Boden 男 土壌, 底部, 基礎, トレイ, soil, bottom, tray, base 地学 機械 建設 化学 バイオ

Bodenart 女 土壌分類(粒径による分類, 砂, ローム, 粘土など), 土性, 土壌, soil class, kind of soil 化学 バイオ 地学 環境

Bodenbearbeitung 女 耕作 バイオ

Bodenbeschaffenheit 女 地質, 地形 化学 バイオ 地学 環境

Bodeneinblasen 中 底吹き, 関 Bodenspülen 中, bottom blowing 精錬 操業 設備

Bodeneinrichtungsmachine 女 整地機械 建設 操業 設備

B

Bodenentsiegelung 女 土地・土壌の再自然化,アスファルトなどを剥すこと,land renaturalization バイオ 地学 環境 建設
Bodenfreiheit 女 (オートバイなどの) 最低地上高, ground clearance 機械
Bodenfruchtbarkeit 女 土地の産出力・肥沃さ, soil fertility 化学 バイオ 地学
Bodengasmenge 女 底吹きガス量,amount of bottom blowing gas 精錬 操業 設備
Bodenhorizont 男 土壌層位, soil horizon 化学 バイオ 地学 環境
Bodenkolonne 女 段塔, plate column, tray column 化学 バイオ 操業 設備
die Bodenkundliche Kartieranleitung 女 ドイツ土壌分類キー,German soil classification key 地学 化学 バイオ
Bodenluft 女 土壌空気(土壌内部の空気と土壌近傍の空気), soil air, soil vapour 化学 バイオ 地学
Bodenmasse 女 量的土壌資源, 土塊, soil mass 化学 バイオ 地学
Bodenplatte 女 床版[しょうばん], 類 Auflagerplatte 女, floor slab, floor system 建設 材料 鉄鋼
Bodenprofil 中 土壌断面, 土層断面, soil profile 化学 バイオ 地学 建設
Bodensäule 女 土壌採取用カラム,soil column 化学 バイオ 地学 環境
Bodenspülen 中 底吹き,bottom blowing, 類 Bodeneinblasen 中 精錬 操業 設備
Bodentyp 男 土壌型 (土壌層位による分類),土壌タイプ,soil type 化学 バイオ 地学
Bodenversauerung 女 土壌酸化, soil acidification 化学 バイオ 環境 地学 物理
Bördelnaht 女 へり継ぎ手,double-flanged seam 機械
Bördelverschraubung 女 フレアーフィティング, flared fitting 機械
Böschung 女 法面, slope 機械 建設
Böschungswinkel 男 傾斜角,たわみ角, 類 Neigungswinkel 男,angle of slope 機械
Bogendruck 男 紙シート印刷,sheet -fed printing 印刷
Bogendruckmaschine 女 シート印刷機, sheet-fed press machine 印刷 機械
bogenförmiger Ausschnitt 男 スカラップ,扇形 (にすること),フェストン,フェストゥーン,花采, 類 Feston 中,scalllop,festoon 機械 溶接
Bogenradius 男 カーブの半径(R),湾曲半径, radius of curvature 連鋳 操業 設備 交通
Bogenstanzmaschine 女 紙シート打ち抜き機 機械
Bohrer 男 ドリル 機械
Bohrkern 男 ボーリングコア, drill core, bohring core 機械
Bohrmaschine 女 ボール盤, 中ぐり盤 drilling machine, boring machine 機械
Bohrung 女 ボア,穴あけ,内径,bore 機械
Bohrung-Hub-Verhältnis 中 内径行程比 機械
Bolzennabe 女 ピンボス 機械
Bolometer 中 ボロメーター(電磁波検出素子) 光学 電気
Bolzenverbindung 女 ボルト継ぎ手 機械
Bolzmannsches Gesetz 中 ボルツマンの法則 化学
Bombierung (**Blech**) 女 クラウン, 関 Balligkeit 女, crown 材料 操業 設備
Bombierung (**Walzen**) 女 キャンバー, 関 Balligkeit 女, camber 材料 操業 設備
bondern ボンデ処理する 機械
booten ブートする(パソコンの電源を入れ,OS を作動させるプログラムを起動することをいう), 英 boot 電気
BOP = 英 blow out preventer = Überdruckschutz = Ausblasvorrichtung 噴出防止装置(坑井), ブローアウトプリベンター 地学 化学 材料 設備
Bordnetzumrichter 男 オンボードコンバータ, 類 Stromversorgungseinrichtung in (Schienen-) fahrzeugen,on-board converters 電気 交通
Borsilikatglas 中 ホウ珪酸系ガラス, boron silicate glass, BSG 電気 非金属
Boten-RNA 女 メッセンジャーRNA,messenger RNA 化学 バイオ 医薬
Botenstoff 男 メッセンジャー, 伝達物質, allomone, messenger 化学 バイオ 医薬
Botulinumtoxin 中 ボツリヌス毒素, bot-

ulinus toxin 化学 バイオ
Bouillonkultur 女 肉汁培養, ブイヨン培養, bouillon culture 化学 バイオ
Bowdenzug 男 ボーデンケーブル, bowden cable 機械 電気
Boxer-Motor 男 対向シリンダー型機 関 機械
BPG = Bundespatentgericht = Federal Patent Court 連邦特許裁判所 特許 法制度 ; = Brennstoff aus produktionsspezifischem Gewerbeabfall = fuels from product specific wastes 産業廃棄物起源燃料 環境 リサイクル エネ 経営
BPSG = 英 borophosphosilicate glass ほうりんけい酸ガラス 電気 非金属
BR = 英 butadiene rubber = Butadienkautschuk ブタジエンゴム 化学 材料 ; = 英 breeding ratio 増殖比 (核反応において消費される核分裂性核種の 消滅数に対する生成数の割合) 原子力 物理
Brachland 中 休農地, fallow, idle land 化学 バイオ 地学
Brackwasser 中 汽水(河口などの塩気のある水) 化学 バイオ 地学
Bradykardie-Tachkardie-Syndrom 中 徐脈頻脈症候群, bradycardia- tachycardia-syndrome, BTS 化学 バイオ 医薬
BRAM = Brennstoff aus Müll = refuse-derived fuel 廃棄物固形燃料, 廃棄物燃料, RDF 環境 エネ リサイクル 化学 バイオ 医薬
Bramme 女 スラブ, slab 連鋳 材料 操業 設備
Brammendicktoleranz 女 スラブ厚公差, tolerance of slab thickness 連鋳 材料 操業 設備
Brammenformate 女 スラブサイズ, slab size 連鋳 材料 操業 設備
Brammengießanlage 女 スラブ用連続鋳造設備, slab continuous casting machine 連鋳 材料 操業 設備
Brammenkern 男 スラブコア部, center part of slab 連鋳 材料 操業 設備
Brammenquerschnitt 男 スラブ横断面, slab-closs-section 連鋳 材料 操業 設備
Brammenstrangießanlage 女 スラブ用連続鋳造設備, slab continuous casting machine, slab caster installation 連鋳 材料 操業 設備
Brammenwalzwerk 中 分塊圧延工場, slabbing mill 連鋳 材料 操業 設備
Brandrodung 女 焼畑開墾, slash and burn 化学 バイオ 地学
Brandschutzgesetz 中 火災防止救助法, the Fire Protection Law 化学 設備 法制度
Brauchbarkeitsprüfung 女 使用性能試験 機械 電気 材料 製品
Braunkohle 女 亜炭, 褐炭, lignite, brown coal 地学 製銑 エネ
Braunkohlenhochtemperaturkoks 男 亜炭(褐炭)から, 酸素遮断下で熱処理により製造した強力な石炭燃料 地学 エネ 化学
Braunkohlenschwelkoks 男 亜炭(褐炭)由来疑似コークス, semi-coke derived from brown coal, semi-coke derived from lignite, BSK 地学 エネ
BRC = 英 British Retail Consortium Global Standard for Food Safety 英国小売企業連合食品安全規格 規格 化学 バイオ 医薬 食品 安全
BRCA1 = 英 breast cancer susceptibility gene I がん抑制遺伝子の一種 化学 バイオ 医薬
BrdUrd = BrUrd = BrdU = Bromdesoxyuridin = 5-bromodeoxyuridine 5-ブロモデオキシウリジン,「チミジン構造類似体5-ブロモデオキシウリジン (das thymidinanaloge Bromdesoxyuridin), 抗 BrdU 抗体は DNA 複製を行う増殖細胞の検出ツールとして利用される」化学 バイオ 医薬
Brecher 男 クラッシャー 機械
Brechkraft 女 屈折力, refractive power 光学 電気 機械
Brechungsverhältnis 中 屈折率, a refractive index 光学 電気 機械
Brechungswinkel 男 屈折角, angle of refraction 光学 電気 機械
breiig かゆ状の, パルプ状の, pulpy, mushy 印刷 機械 化学 バイオ
Breitband-Antibiotika 複 中 広域抗生物質,(テトラサイクチン系抗生物質など), broad spectrum antibiotics 化学 バイオ
Breitbandkabel 中 広帯域ケーブル,

broadband cable 電気
Breitband-Vermittlungssystem 中 広帯域交換システム, 広帯域交換方式, Broadband Switching System 電気
Breitbandwalzwerk 中 ストリップミル工場, 広幅帯鋼圧延工場, broad strip mill 材料 操業 設備
Breitenreihe 女 （ころがり軸受などの）幅系列 機械
breitgefächert 広範囲の, 類 ausdehnend, umfangreich, weit
Breitschlitzdüse 女 共押し出し台, flat film die, wide slit nozzle 機械
Breitseite 女 幅広側, broad side 機械
Bremsachse 女 ブレーキ軸 機械
Bremsbelag 男 ブレーキライニング, フリクションパッド 機械
Bremsen mit dem Motor 中 エンジンブレーキ 機械
Bremshebel 男 ブレーキレバー, brake lever 機械
Bremsklotz 男 ブレーキパッド 機械
Bremskrafterzeuger 男 ブレーキパワーユニット 機械
Bremskraftverstärker 男 ブレーキブースター 機械
Bremsmanöver 中 ブレーキの巧みな操作 機械
Bremssattel 男 ブレーキキャリパー, break caliper 機械
Bremsscheibe 女 ブレーキディスク, break disc 機械
Bremsschlusskenzeichenleuchte 女 ブレーキ制動灯, ブレーキランプ, stop-tail lump 機械
Bremsschuh 男 ブレーキシュー 機械
Bremsverhalten 中 ブレーキ特性 機械
Bremsweg 男 制動距離, 停止距離 機械
Bremswirkungsgrad 男 ブレーキ効率 機械
Brennbartentfernungsanlage 女 バリ溶断除去装置, バリ取り装置, 関 Entgratungsmaschine 女, burring equipment 材料 溶接 機械
Brenner 男 バーナー 溶接 材料 機械
Brennerkopf 男 トーチヘッド 溶接 材料 機械
Brennermundstück 中 火口 溶接 材料 機械
Brennessel 女 イラクサ, stinging nettle バイオ
Brennkammer 女 燃焼チャンバー, 燃焼器 機械 エネ
Brennkammerbrummen 中 燃焼チャンバーのうなり音 機械 エネ
Brennöl 中 燃料オイル 機械
Brennpunkt 男 焦点, focus 光学 音響
Brennrost 男 火格子［ひごうし］, grate 機械 エネ
Brennschneidmaschine 女 切断トーチマシーン, flame cutting machine 連鋳 材料 操業 設備
Brennsoftware 女 リコーディングソフトウエアー 電気
Brennstoffeinspritzer 男 燃料噴射器 機械
Brennstoffeinspritzventil 中 燃料噴射弁, fuel injection valve 機械
Brennstofffilter 中 燃料濾過器 機械
Brennstoffkanal 男 燃料ダクト 機械
Brennstoffverbrauch 男 燃料消費量 機械
Brennstoffzelle 女 燃料電池, fuel cell 電気 機械 化学
Brennstoff-Zusatzmittel 中 燃料添加材 機械 エネ
Brennweite 女 焦点距離, focal length 光学 電気
brikettieren ブリケットにする 製銑 精錬 環境
brillant 光り輝く, すばらしい, 類 glänzend 材料 機械
Brinell-Härte 女 ブリネル硬さ, brinell hardness, BH, HB 材料 機械
Brisanz 女 爆破力 機械
BRM = 英 biological response modifier = Modifikator des biologischen Antwortverhaltens 生体応答調節物質, 生体応答修飾物質 化学 バイオ 医薬
Brösel 男 かけら, （パン）屑 機械
Bromelintest 男 ブロメリン試験（交差適合試験）, bromelin method 化学 バイオ 医薬
Bromid 中 臭化物, bromide 化学 バイオ
Bromcyanspaltung 女 BrCN による化学的切断法 化学 バイオ
Bromsulfantest 男 ブロムサルファレイン試験

(肝臓の異物排泄機能検査の一つ), bromsulphalein test, BSP 化学 バイオ 医薬

Bronchialasthma 中 気管支喘息, bronchial asthma 化学 バイオ 医薬

Brotteig 男 パン用錬り粉 化学 バイオ 食品

BRT = 英 bus rapid transit バス高速輸送システム 交通 電気

Bruch 男 分数, 破損箇所, 骨折, ヘルニア 数学 機械 バイオ 医薬

Brucheinschnürung 女 破断絞り, 絞り率 材料

Brucherscheinung 女 破断・破壊発現 材料 機械

Bruchgefüge 中 破断組織, fructure structure 材料

bruchsicher フェールセーフな, falure safe 機械

Brückenkomplex 男 架橋錯体, cross-linked complex, bridged complex 化学 バイオ

Brückenkopf 男 橋頭, bridge head 建設

Brückenlager 中 橋梁支承, ブリッジサポート, ブリッジベアリング, bridge bearing, bridge support 建設

Brückensteg 男 歩道橋, footbridge 建設

Brückenteil 中 オーバーヘッド部品 機械

Brückenverbund 男 架橋結合, 橋かけ結合, cross linking, bridged bond 化学 バイオ

Brüden 男 水蒸気 機械 化学

Brüdenverdichter 男 蒸気圧縮機, steam compressor 機械 化学

Brustfreiwinkel der Hauptschneide 男 (刃物の) 横逃げ角, side clearance angle 機械

Brustkorb 男 胸郭, chest 化学 バイオ 医薬

Brustkrebs 男 乳癌, 類 Mammakrebs 男, Mammakarzinom 中, breast cancer, mammary cancer, mammary carcinoma 化学 バイオ 医薬

Brustwandelektrogramm 中 胸壁電気記録図, 胸壁電位図, chest wall electrogram, BWE 化学 バイオ 医薬 電気

Brustwirbelkörper 男 胸椎部 [きょうついぶ], thoracic vertebral body, BWK 化学 バイオ 医薬

Brustwirbelsäule 女 胸椎, thoracic spine バイオ 医薬

Brut 女 卵の孵化, breeding 化学 バイオ

Brutgewinn 男 増殖利得, breeding gain 原子力

Brutkammer 女 育房, brood chamber 化学 バイオ

Brutreaktor 男 増殖炉, breeder reactor 原子力

Bruttotonnenkilometer 中 走行距離 1km 当たりの総トン数 交通 機械

BS = Basensättigung = base saturation 塩基飽和 (度) 化学 バイオ 地学 ; = 英 British Standards = Britische Normen 英国規格 規格 ; = Beschwerdesenat = board of appeal 裁定委員会, 審判委員会 特許 法制度

BSA = bovines Serumalbumin = Rinderserumalbumin = bovine serum albumin 牛血清アルブミン 化学 バイオ 医薬 ; = 英 benzenesulphonic acid = Benzensulfonsäure ベンゼンスルホン酸 化学 ; = Blutserum - Schnellagglutination 血清急速凝集 バイオ 医薬

B-Säule 女 B ピラー, B-pillar 機械

BSB_5 = biochemischer Sauerstoffbedarf in 5 Tagen = BOD_5, biochemical oxygen demand in 5 days (20 ℃, 5 日間での) 生物化学的酸素要求量 化学 バイオ 環境

BSC = 英 binary synchronous communication = binäre Synchrone Kommunikation 2 進データ同期通信 電気

BSE = 英 bovine spongiform encephalopathy = bovine spongiforme Enzephalopathie = 英 CJD, Creuz-feld-Jacob disease 牛型海綿状脳症, 狂牛病 バイオ 医薬 ; = Bundesverband Solarenergie 連邦太陽光エネルギー協会 エネ 組織

BSI = 英 British Standard Institution = Britishe Normenbehörden 英国規格協会 規格 組織

BSL = 英 basic switching impulse insulation level = Steh-Schaltstossspannungspegel 基本的なスイッチング インパルス絶縁レベル 電気 ; = 英 biosafety level = Biologische Schutzstufe バイオ

B

セーフティーレベル（細菌・ウイルスなどの微生物・病原体等を取り扱う実験室・施設の格付け）化学 バイオ 医薬 全般 設備

BSP = 英 British Standard Pipethread パイプねじ英国規格 規格 機械；= Bruttosozialprodukt = Volkswirtschaftliche Kenngrösse: Bruttonationalprodukt = gross national product 国民総生産，GNP 経営；= Bromsulfophthalein = 英 bromsulphthalein スルホブロモフタレイン，「OATP（有機アニオントランスポーター）阻害薬物」化学 バイオ 医薬

BSS = 英 base station system (interface) = Aus GPRS-Standard (EN 301 3409) = Mobilfunkantennensystem 基地局システム 電気 航空 規格；= 英 British Standard Specification = Britische Standardspezifikation 英国標準規格 規格；= 英 broadband switching system = Breitband-Vermittlungssystem 広帯域交換システム，広帯域交換方式 電気

BST = BT = Basaltemperatur = basal body temperature 基礎体温，BBT 医薬；= Bromsulfantest = bromsulphalein test ブロムサルファレイン試験，（肝臓の異物排泄機能検査の一つ），BSP 医薬；= Bildschirmtastatur = on-sereen keyboard スクリーンキーボード 電気；= 英 blood serological test = serologischer Bluttest 血清学的血液試験 医薬

BS&W = 英 basic sediment and water 石油貯蔵タンクの底にたまる油，水その他の物質 化学 操業 設備

BTM = Biotrockenmasse = bio dry matter 生物乾物量 化学 バイオ

Btu = 英 Britisch thermal unit 英国熱量・熱エネルギー単位（1Btu = 1055.06J）規格 エネ 化学 単位

BTX = Benzol, Toloul, Xylol = benzene, toluene, xylene ベンゼン，トルエン，キシレン，（芳香族炭化水素化合物を，その代表格であるベンゼン，トルエン，キシレンの頭文字をとって，このように呼ぶことがある）化学 材料

BTXIS = bildschirmtextgestütztes Informationssystem = screentext-based information system スクリーンテキスト支持情報システム 電気

Buche 女 ブナ バイオ 化学

Buchse 女 ブッシュ，スリーブ，ソケット，ライナー，bush, sleeve, socket, liner 機械

Bucht 女 湾，入り江 地学 環境

Buchweizen 男 そば バイオ 化学

Bügel 男 クランプ，フープ，バー，弓，ブラケット，類 Schelle 女, Einspannung 女, Klemme 女, Schäkel 男, Zwinge 女, clamp 機械

Bügelsägemaschine 女 弓のこ盤，hack saw machine 機械

Bündel 中 束，光束，ビーム，bundle, pack, beam 光学 電気 機械

Bündelung 女 集束，ビーミング，beam, beaming 電気 物理

bündig 調心した，フラッシングした，aligned, flush 機械 建設

Bürde 女 負担，皮相オーム抵抗（計器用変成器の二次端子間に接続される計器の負荷），英 burden, apparent ohmic resistance 電気

Bürette 女 ビュレット，類 Messglas 中，burette 化学 バイオ

Bürge 男 保証人 特許 法制度

Bürgschaft 女 保証（金）法制度

Bürstmaschine 女 ブラッシングマシーン，brushing machine 機械

Büschel 中 光束（細い），pencil of light 光学 音響

BUN = 英 blood urea nitrogen = Harnstoff-Stickstoff im Blut 血液尿素窒素，血中尿素窒素 化学 バイオ 医薬

BUND = Bund für Umwelt und Naturschutz Deutschland = the German Association for the Environment and Nature Conservation ドイツ環境自然保護協会 環境 化学 バイオ 医薬 組織

Bundbuchse 女 カラーブッシュ，collar bush 機械

Bundesgerichthof 男 連邦通常裁判所，連邦最高法院 法制度

Bundeslärmschutzgesetz 中 連邦騒音防止法，BLmSchG 環境 法制度

Bundespatentgericht 中 連邦特許裁判

所 特許 法制度

Bundesumweltamt 中 連邦環境局, Federal Environmental Agency 環境 組織

Bundgewicht 中 コイル重量, coil weight 材料 機械

Bundmutter 女 つば付きナット, collar nut, flange nut 機械

Buntmetall 中 非鉄金属, non-ferrous metal 精錬 材料 非鉄

Buntton 男 色相 電気 光学

Bussteuermodul 中 バスコントロールモジュール, bus control module, BSM 電気

Butadienkautschuk 男 ブタジエンゴム, butadiene rubber, BR 化学 材料

Buttersäure 女 酪酸, butyric acid 化学 バイオ

Buttersäurezahl 女 酪酸価(脂肪を構成する脂肪酸のうち酪酸など低級脂肪酸の含量を示す指標), butyric acid number 化学 バイオ 医薬

Butylbenzylphthalat 中 フタル酸ベンジルブチル,(建築用のポリサルファイド系シーリング材などに使用される), benzylbutylphthalate, BBP 化学

Butylhydroxytoluol 中 ブチルヒドロキシトルエン,(安定剤あるいは酸化防止剤などとして用いられる), butylhydroxytoluene, BHT 化学 バイオ 医薬

Butyllaurylphthalat 中 フタル酸ブチルラウリル(可塑剤), butyl lauryl phthalate, BLP 化学

tert-Butyloxycarbonyl 中 tert-ブチルオキシカルボニル, tert-butyloxycarbonyl, BOC 化学

Butylvinylether 男 ブチルビニルエーテル, butyl vinyl ether, BVE 化学 材料

Butzen 男 ボス, boss 機械

BVE = Butylvinyl ether = butyl vinyl ether ブチルビニルエーテル 化学 材料 ; = Bundesvereinigung der Deutschen Ernährungsindutrie 連邦ドイツ食品食糧工業会 化学 バイオ 医薬 食品 組織

BVH = biventrikuläre Hypertrophie = biventricular hypertrophy 両室肥大 化学 バイオ 医薬

BW = 英 body weight = Körpergewicht 体重 化学 バイオ 医薬 ; = 英 bandwidth = Bandbreite 帯域幅 電気 ; = Batteriewiderstand = battery resistance 電池抵抗 電気 ; = biologische Wertigkeit = biological value 生物価, 生体値, BV 化学 バイオ 医薬

BWR = 英 boiling-water reactor = Siedewasserreaktor 沸騰水型原子炉 原子力 放射線 電気 操業 設備

BWS = Berührungslos wirkende Schutzeinrichtungen = opto-electronic protective devices 非接触型防止装置 電気 操業 設備

BZE = Bodenzustandserhebung 土壌状態調査 化学 バイオ 地学 ; = bundesweite Bodenzustandserfassung imWald 連邦規模森林土壌状態調査 化学 バイオ 地学

B-Zelle 女 ベータ(β)細胞(膵臓のインスリン分泌細胞), 類 Beta-Zelle 女, Bursa-abhängige Zelle 女, beta cell 化学 バイオ 医薬

C

C = Cystin 中 システィン 化学 バイオ

C_4 = C_4-Dicarbonsäureweg = C_4-dicalboxylic acid cycle C4ジカルボン酸回路 化学 バイオ 医薬 ; = 英 controlled collapse chip connection C4実装 電気 機械

CA = 英 certification authority = Berechtigte Stelle zur Bestätigung digitaler Schlüssel 証明機関(公開かぎ, その他の関係情報をその所有者に結び付ける証拠を立証する信頼できる第三者機関(JIS X 6300-8による)) 電気 組織 規格

CaBP = Calcium-bindendes Protein = calcium-binding protein カルシウム結合蛋白, カルシウム結合蛋白質 化学 バイオ 医薬

Cabriolet-Fahrzeug 中 コンバーチブル型自動車, convertible type car 機械

C

CAC = ㊮ connection admission control = Verbindungsannahmesteuerung 接続承認制御,接続許可制御(ATMのトラフィック制御機能の一つ) 電気

CACOS = ㊮ computer aided cylinder optimization system コンピュータ支援シリンダー最適化システム 機械 電気

CPAP = ㊮ continuous positive airway pressure = kontinuierlicher positiver Atemwegsdruck 持続性気道陽圧法,シーパップ法,持続性陽圧呼吸療法 化学 バイオ 医薬

CAE = ㊮ computer aided engineering = Computer-unterstütztes Entwerfen コンピュータを使った設計・エンジニアリング, コンピュータ支援設計・エンジニアリング 電気 機械 化学 建設

Caeruloplasmin 中 セルロプラスミン,(銅の運搬と代謝,および鉄の代謝に関与している),ceruloplasmin,Cp 化学 バイオ 医薬

CAFE = ㊮ corporate average fuel economy ㊟ 企業平均燃費 機械 環境 エネ ; = Celluloseacetatfolien-Elektrophorese = cellulose acetate membrane electrophoresis セルロースアセテート膜電気泳動法 (本法によるによる血清蛋白分画が,日常検査での蛋白分画法として広く用いられている) 化学 バイオ 医薬

CAH = chronisch aggressive Hepatitis = chronic aggressive hepatitis 慢性活動性肝炎 化学 バイオ 医薬 ; = Cyanacethydrazid = cyanacetic acid hydrazide シアノ酢酸ヒドラジド 化学 バイオ 医薬

Calcitonin 中 カルチトニン,カルシトニン (甲状腺ペプチドホルモン,血中Ca量を調整する),calcitonin,CT 化学 バイオ 医薬

Calcitonin-Zelle 女 カルチトニン分泌細胞, calcitonin-secreting cell, C-Zelle 化学 バイオ 医薬

Calciumpyrophosphatdihydrat 中 二水和ピロリン酸カルシウム, ピロリン酸カルシウム二水和物(ピロリン酸カルシウム二水和物結晶沈着症の原因となる), calcium pyrophosphate dihydrate, CPPD 化学 バイオ 医薬

caliper ㊮ キャリパー, カリパス, Messschieber 男, Sattel 男 機械

Callose 女 カロース, 類 Kallose 女, callose 化学 バイオ

CALM = ㊮ catenary anchor leg mooring = sternförmig verankerte Boje カルム・ブイ, 懸垂曲線をなす複数のアンカーラインにより海底に固定された一点係留ブイ, (ブイには送油ラインが接続されており, このブイにタンカーを係留することでタンカー係船と送油を行うことが可能), 多脚式一点係留 船舶 設備 化学

camber arch ㊮ むくりアーチ 建設

CAMD = ㊮ computer-aided molecular design = rechnergestützte Molekularkonstruktion 計算機援用分子設計 物理 化学 電気

cAMP = ㊮ cyclic-adenosine-3', 5'-monophosphate = zyklisches Adenosin-3', 5'-monophosphat サイクリックアデノシン3', 5' 一リン酸,サイクリックアデノシン3', 5'- 一リン酸 (環状ヌクレオチドの一種) 化学 バイオ 医薬 ; = CAMP-Test = Christie-Atkins-Münch-Petersen-Test CAMPテスト (S. agalactiaeと他の連鎖球菌との鑑別に用いる) 化学 バイオ 医薬 ; =㊮ control and monitoring processor = Steuerungs- und Überwachungsprozessor 制御監視処理装置 電気

CAN = ㊮ control area network 制御エリア・ネットワーク 電気

Candida bombicola 女 カンジダ ボンビコラ(不完全酵母の属の代表例, カンジダ族酵母, ソホロースリピッド(Sophorose lipids) を産生する) バイオ 食品

cantilever cassette ㊮ カンチレバーカセット,「走査型プローブ顕微鏡(SPM)などの探針を備え, ほとんどは薄板形状の構造をしている」 電気 光学 材料 物理

CAP = ㊮ computer aided process planning = rechnerunterstützte Produktions-prozessplanung 計算機支援工程計画, 計算機援用プロセス計画 電気 操業 設備 ; = Celluloseacetatpropionat = cellulose acetate propionate セルロー

スアセテートプロピオネート(市販セルロース誘導体) 化学 バイオ 環境 ;=英 cystin aminopeptidase シスチンアミノペプチダーゼ(胎児・胎盤系の機能や胎児の体内発育の 指標として用いられている) 化学 バイオ 医薬

CAPD = 英 continuous ambulatory peritoneal dialysis = Kontinuierliche ambulante Peritoneal-Dialyse = Bauchfelldialyse 持続性自己管理腹膜透析(潅流),持続式携帯型腹膜透析法 化学 バイオ 医薬

Capreomyzin 中 カプレオマイシン(抗結核薬),capreomycin,CM 化学 バイオ 医薬

Caprolactam 中 カプロラクタム, caprolactam 化学 バイオ

Caprylat 中 オクタノン酸,カプリル酸,カプリル酸塩,octanoate,caprylate 化学 バイオ

Caprylsäurezahl 女 カプリル酸比, caprylic acid number, CZ 化学 バイオ 医薬

Carageenan 英 カラギーナン(海草多糖,包括固定化に用いられる) 化学 バイオ

Carbamoylguppe 女 カルバモイル基,carbamoyl group 化学 バイオ 医薬

Carbamoyl-Phosphat 中 カルバモイルリン酸(ピリミジン,アルギニン,尿素合成の中間体), carbamoyl phosphate 化学 バイオ 医薬

Carbamylphosphatsynthetase 女 カルバミルリン酸シンテターゼ(尿素回路に関与), carbamylphosphate synthetase,CPS 化学 バイオ 医薬

Carbonathärte 女 炭酸塩硬度, 類 Karbonathärte 女, KH, carbonate hardness (alkalinity) 化学 バイオ

Carbonsäure-5-hydroxytryptamid 中 カルボン酸-5-ヒドロキシトリプトアミド carboxylic acid -5'-hydroxytryptamide, CHT 化学 バイオ

Carbonylcyanid-m-chlorphenyl-hydrazon 中 カルボニルシアニド-m-クロロフェニルヒドラゾン(酸化的リン酸化の抑制剤として用いられる), carbonyl cyanide-m-chlorophenylhydrazone, CCCP 化学 バイオ 医薬

Carbonylzahl 女 カルボニル数,carbonyl number,COZ 化学

Carboxy-benzoxy-α -glutamyltyrosin 中 カルボキシベンゾキシ-α-グルタミルチロシン,carboxy-benzoxy- α -glutamyltyrosine,CGT 化学 バイオ 医薬

Carboxy-benzoxyglyzyl-phenylalanin 中 カルボキシベンゾキシグリシルフェニルアラニン, carboxy-benzoxyglyzyl-phenylalanine, CGP 化学 バイオ 医薬

Carboxymethylcellulose 女 カルボキシメチルセルローズ, carboxy methyl cellulose, CMC 材料 化学

Carboxypeptidase A 女 中 カルボキシペプチダーゼA(酸性アミノ酸と中性アミノ酸をC末端から1つずつ切断する酵素),carboxypeptidase A,CPA 化学 バイオ 医薬

Carboxypyridindisulfid 中 カルボキシピリジンスルフィド carboxypyridine sulfide, CPDS 化学

Casein 中 乾酪素,カゼイン, 類 Kasein 中, casein,CS 化学 バイオ

Cast-Polypropyle 中 キャストポリプロピレン(無延伸ポリプロピレン・Tダイ成形), casted polypropylene, CPP 材料 化学

CAT = 英 computer aided testing コンピュータを使用して行う検査 電気 材料 建設

catalytically cracked gasoline 英 接触分解ガソリン 機械 化学

catalytically reformed gasoline 英 接触改質ガソリン 機械 化学

Catechol-o-methyltransferase 女 カテコール-O-メチルトランスフェラーゼ,カテコール-O-メチル基転移酵素,catechol-O-methyltransferase,COMT 化学 バイオ 医薬

CAV = chronische arterielle Verschlusskrankheit = chronic arterial occlusive disease 慢性動脈閉塞症 化学 バイオ 医薬 ;= 英 constant angular velocity = konstante Winkelgeschwindigkeit 等角速度,角速度一定(光ディスク型の記憶媒体を読み出す際の回転制御方式のうち,常にディスクの回転数を等しく保つ方式) 電気

CAVH = 英 continuous arterio-venous hemofiltration = Kontinuierliche arteriovenöse Hämofiltration 持続的動静脈血液濾

過法 [化学] [バイオ] [医薬]

CBB = ㊇ coomassie brilliant blue クーマシーブリリアントブルー（タンパク質の染色や定量分析に用いられる色素）[化学] [バイオ] [医薬]

CBF = Calcium-bindendes Fragment = calcium-binding fragment カルシウム結合断片 [化学] [バイオ] [医薬]

C

CBFP = ㊇ chronic biological false-positive (reaction) = chronische biologische falsch-positive (Reaktion) 慢性生物学的偽陽性(反応) [化学] [バイオ] [医薬]

CBG = Cortisol-bindendes Globulin = cortisol-binding Globulin コルチゾール結合グロブリン, コーチゾール結合グロブリン [化学] [バイオ] [医薬]

CBM = ㊇ coalbed methane = Kohleflöz-Methan 炭層メタン, コールベッドメタン [地学] [化学] [エネ]

CBN = ㊇ cubic boron nitride = das kubische Bornitrid 立方晶窒化ホウ素 [材料] [鉄鋼] [非金属]

CBR = ㊇ constant bit rate = konstante Bitrate 固定ビット率 [電気]

CC = ㊇ continuous casting = Stranggießen 連続鋳造 [連鋳] [材料] [鋳造]; = ㊇ cryptographic checksum = kryptologische Prüfsumme 暗号チェックサム [電気]

CCB = ㊇ continuous cover blade = kontinuierliche Schaufelabdeckung 連続カバーブレード(翼先端カバーを翼と一体削り出し構造としたもの, リーク蒸気の低減により効率向上が図られる) [エネ] [原子力] [機械] [電気]

CCD = ㊇ charge coupled device = ladungsgekoppeltes Bauelement 電荷結合素子 [電気] [機械] [光学]

CCI = ㊇ chronic coronary insufficiency = chronische Koronarinsuffizienz 慢性冠状動脈不全, 慢性冠不全 [化学] [バイオ] [医薬]

CCIM = ㊇ coronary care-intensive medicine = kardiologische Intensivmidizin 冠疾患集中治療医療 [化学] [バイオ] [医薬]

CCL = ㊇ copper clad laminate = kupferkaschierte Folie 片面銅張積層板 [電気]

CCM = ㊇ computer controlled manufacturing = Computer-gesteuerte Fertigung コンピュータ制御生産 [電気] [操業] [設備]; = ㊇ continuous casting machine = Stranggießmaschine 連続鋳造機 [連鋳] [操業] [設備]

CCMC = Vorgänger der ACEA 欧州自動車工業会 (ACEA) の前身 [機械] [組織]

CCMS = ㊇ computer-controlled manufacturing system = rechnergesteuertes Fertigungssystem コンピュータ制御生産システム [電気] [操業] [設備]

CCO = ㊇ continuous cardiac output = kontinuierliches Herzzeitvolumen 連続心拍出量 [化学] [バイオ] [医薬] [電気]; = ㊇ crystal-controlled oscillator = quarzgesteuerter Oszillator 水晶制御発振子, 水晶制御発振器, 水晶発振器, XCO [電気]

CCP = ㊇ cubic close packing = kubisch dichte Packung 立方最密充填 [材料] [機械] [非鉄] [物理] [化学]

CCR = ㊇ carbon capture and recycling = Kohlenstoffbindung und Recycling 二酸化炭素除去・回収システム [リサイクル] [環境] [機械]; = ㊇ constant current regulator = Konstantstromregler 定電流レギュレータ [電気]

CCS = ㊇ cold cranking simulator コールド・クランキング・シュミレータ粘度 [機械]; = ㊇ carbon dioxide capture and storage = Kohlendioxidabscheidung und-speicherung 炭素地中隔離技術, CO_2 の回収・貯留 [地学] [エネ] [環境]

CCTV = ㊇ closed circuit television = hauseigene Fernsehsysteme = Videoüberwachung 閉回路テレビ(組織内で使用する監視カメラなどの総称) [電気]

CCU = ㊇ cardic (colonary) care unit = kardiologische Intensivstation 冠症患集中治療室(～装置, ～病棟) [化学] [バイオ] [医薬]

CCV = ㊇ control configured vehicle 運動性優先形態航空機 [航空] [機械]

CD = ㊇ coefficient of drag = Luftwiderstandkoeffizient [男] 空気抵抗係数, [類] Luftwiderstandsbeiwert [男], coefficient of air resistance [機械] [航空] [交通]; = ㊇ cluster of differentiation 分化抗原を認識する単クローン抗体の分類 [化学] [バイオ]; = ㊇ center distance 中心遠用 (レンズ)

光学 物理 化学 バイオ 医薬；= 英 current density = Stromdichte 電流密度 電気；= 英 committee draft 委員会段階の草案（ISO の）規格；= 英 compact disc コンパクトディスク 電気；= 英 circular dichroism = Zirkulardichroismus 円偏光二色性 光学 電気；= 英 curative dose = Heildosis 治効量，治癒量，治療線量，有効量，治癒線量 化学 バイオ 医薬 放射線

CDA = 英 controlled diffusion airfoil 拡散制御翼 航空 機械 エネ

CDAF = 英 cartilage-derived antitumor factor = knorpelabgeleiteter antitumoraler Einflussfaktor 軟骨由来抗腫瘍因子 化学 バイオ 医薬

CD-Brenner = CD-RW drive CD-RW ドライブ（CD に複数回書き込み可能なドライブ）電気

CDC = 英 continuous damping control 連続ダンピングコントロール（アクティブサスペンションシステム）（独 ZG-Friedrichshafen AG の商標）機械 電気；=英 Centers for Disease Control and Prevention = Centers of Disease Control 米 疾病対策センター 化学 バイオ 医薬 組織

CDD = chlorierte Dibenzodioxine = chlorinated dibenzo-p-dioxin 塩化ジベンゾパラジオキシン 化学 バイオ 医薬 環境

CDE = 英 chemical dry etching = chemisches Trockenätzen ケミカルドライエッチング方法 化学 材料 電気

CDF = 英 core damage frequency = Kernschadenshäufigkeit 炉心損傷頻度 原子力 統計

CDI = 英 condenser discharge ignition = HKZ-Hochspannungskondensator-zündung コンデンサー（キャパシター）放電点火装置 機械 電気；= 英 common rail direct injection = Common-Rail-Direkteinspritzung コモンレール式直噴 機械 電気

CDM = 英 Clean Development Mechanism = Vom Kyoto-Vertrag vorgesehener Mechanismus zur umweltverträglichen Entwicklung クリーン開発メカニズム，（京都議定書によって策定された環境にやさしい開発メカニズム，排出権分配制度）環境 法制度

CDNA = 英 complimentary DNA = komplementäre DNA，相補的 DNA 化学 バイオ

CDR = 英 complementary-determing region = komplementaritätsbestimmende Region 相補性決定領域 化学 バイオ；= 英 clock and data recovery = Daten- und Taktrückgewinnungsfunktion 同期クロック・データ再生機能 電気

CDS = 英 correlated double sampling = korrelierte Doppelabtastung 相関二重サンプリング 電気；CdS = Cadmiumsulfid = cadmium sulfide 硫化カドミウム，（主に顔料として使われる黄色の硫化物）化学 バイオ

CDT = chemisch desinfizierende Trockenreinigung = chemical disinfecting dry-cleaning 化学的消毒ドライクリーニング 化学 バイオ 医薬

CEA = 仏 Commissariat à l'Energie Atomique = Französische Kernenergie-Behörde 仏 原子力エネルギー庁 原子力 エネ 組織

CEDIA = 英 cloned enzyme donor immunoassay ホモジニアス酵素免疫測定法 化学 バイオ 医薬

CEF = 英 cancer equivalency factor = Kanzerogenitätäquivalenzfaktor がん発生等価ファクター 化学 バイオ 医薬

Celluloseacetat 中 酢酸線維素，酢酸セルロース，酢酸繊維，セルロースアセテート，cellulose acetate，CA 化学 繊維

Celluloseacetatbutyrat 中 セルロースアセテートブチレート，酢酸酪酸セルロース，cellulose acetate butyrate，CAB 化学 材料

Celluloseacetatpropionat 中 セルロースアセテートプロピオネート（市販セルロース誘導体），cellulose acetate propionate, CAP 化学 バイオ 環境

Cellulose-Ionenaustauscher 男 セルロースイオン交換体，cellulose ion exchanger, CIA 化学 バイオ 医薬

Cellulosepolyethylen 中 セルロースポリエチレン，cellulose polyethylene，CPE 化学 材料

Cellulosepropionat 中 プロピオン酸セルロース，セルロースプロピオネート（繊維素系

樹脂),cellulose propionate,CP 化学 材料

CEN = ㊋ Comité Européen de Normalisation = Europäisches Komitee für Normung = European Committee for Standardization 欧州規格委員会 規格 組織

CENELEC ㊋ Comité Européen de Normalisation Electrotechnique = Europäisches Kommitee für elektro-technische Normung ヨーロッパ電子技術標準化委員会 電気 規格 組織

center buckle ㊎ 幅伸び 材料 機械

Ceramidtrihexosid 中 セラミドトリヘキソシド(α-ガラクトシダーゼ(α-GAL)活性の不足あるいは欠損により,ファブリー病を引き起こす糖脂質),ceramide trihexoside,CTH 化学 バイオ 医薬

CERN = Counseil European pour la Recherché Nucleaire = Europäisches Kernforschungszentrum in Genf 欧州合同原子核研究機関(在ジュネーブ) 原子力 電気 組織

CERRIE = ㊎ Commitee Examining Radiation Risks of Internal Emitters 英国内部放射線被曝リスク調査委員会 原子力 放射線 化学 バイオ 医薬 組織

CETOP = ㊋ Comite Européen des. Transmissions Oleohydraullіques et Pneumatiques = European Oil Hydraulic & Pneumatic Comitee ヨーロッパ油空圧委員会規格 規格 機械 組織

Cetylpyridinchlorid 中 塩化セチルピリジニウム,セチルピリジニウムクロリド(殺菌剤,防カビ剤),cetylpyridinium chloride, CPC 化学 バイオ 医薬

Cetyltrimethylammoniumbromid 中 セチルトリメチルアンモニウム臭化物, 臭化セチルトリメチルアンモニウム, セチルトリメチルアンモニウムブロミド(界面活性剤であり, DNA 抽出などの用いられる), cetyltrimethylammonium bromide, CTAB 化学 バイオ 医薬

CEZ = ㊎ carbon equivalent zinc (sensitivity equivalent for zinc induced cracking) = Kohlenstoff- Äquvalent-Zink 溶融亜鉛めっき割れ感受性当量(%) 材料 鉄鋼 非鉄 建設 規格

CE-Zeichen 中 CE(㊋ Conformité Européenne)マーク 規格 品質 法制度 組織

CFC = ㊎ colony forming cells = koloniebildende Zellen コロニー形成細胞 化学 バイオ 医薬

CFD-Code = ㊎ computational fluid dynamics -code = numerischer Code der Strömungsdynamik 計算流体力学コード,数値流体力学コード 電気 機械 化学

CFK = Carbonfaser verstärkter Kunststoff = carbon fibre reinforced plastic 炭素繊維強化プラスチック,CFRP 材料 化学 バイオ; = Chlorfluorkohlenstoffe フロン,クロロフルオロカーボン 化学 バイオ 環境

CFRTP = ㊎ carbon-fiber reinforced thermoplastics = kohlenstofffaserverstärkte Thermoplaste 炭素繊維強化熱可塑性樹脂 化学 材料

CFV = ㊎ critical flow venturi = Venturi-Rohr mit kritischer Strömung 臨界圧ノズル 機械

CGF = ㊎ The Consumer Goods Forum 消費財フォーラム 規格 化学 バイオ 製品 組織

CGL = chronische granulozytäre Leukämie = chronic granulocytic leukemia 慢性顆粒球白血病,慢性顆粒球性白血病 化学 バイオ 医薬

CGRP = ㊎ calcitonin gene related peptide = Calcitonin-Gen codierte Peptid カルシトニン遺伝子関連ペプチド 化学 バイオ 医薬

CGRT = ㊎ compensated gross registered tonnage = gewichtete Bruttoregistertonnen 標準貨物船換算総トン(船舶の建造工事量を表す指標) 船舶

CGT = ㊎ calibrated gross tons = kalibriertes Bruttogewicht 較正総トン数 船舶 単位

chafer = ㊎ チェーファー,ビードカバー, 類 Wulstumlage 女 機械

Charakterisierung 女 特性表示,特性評価,特性解析,characterization 材料 化学 バイオ

Charakteristikprüfung 女 特性試験 材料 化学 バイオ

Chargierpfanne 女 注銑鍋,溶銑鍋,charg-

ing ladle 製銑 精錬 操業 設備
Chassis 中 シャシー, 類 Fahrwerk 中, Fahrgestell 中,chassis,main frame 機械
Chat 中 チャット, 英 chat 電気
Chelatbildung 女 キレート環形成, キレート化, chelate formation, chelation 化学 バイオ
Chelat Titration 女 キレート滴定, chelatometric titration 化学 バイオ
CHEMCAD ケムキャド(米国 Chemstations 社が独自開発した化学工学プロセスシミュレータ(商品名)) 化学 バイオ 電気 操業 設備
Chemikaliengesetz 中 化学薬品法, German Chemicals Act, ChemG 化学 バイオ 医薬 法制度
chemische Bindung 女 化学結合, chemical bond 化学 バイオ
chemische Spezies 女 化学種, chemical species 化学 バイオ
Chemisorption 女 化学吸着, 化学収着, (分子あるいは原子が, 吸着媒表面と化学結合を形成していると見なされるほどの強い吸着で, 物理吸着とは区別される) chemisorption, chemical adsorption 化学
chemoenzymatisch 化学酵素の, chemoenzymatic 化学 バイオ
chemometrisches Model 中 化学計量モデル 化学 バイオ
Chemoprävention 女 化学防御, 化学予防, chemoprevention, CHP 化学 バイオ 医薬
Chemostat 男 恒成分培養槽, ケモスタット(培養器の成分を一定に保つ) chemostat 化学 バイオ
Chenodesoxycholsäure 女 chenodeoxycholic acid ケノデオキシコール酸(利胆薬, 胆汁酸製剤), chenodeoxycholic acid, CDC 化学 バイオ 医薬
CHF = 英 critical heat flux = kritischer Wärmestrom 臨界熱流束, 限界熱流束 エネ 機械
Chimäre 女 キメラ, chimaera 化学 バイオ
Chinolin 中 キノリン, chinoline, quinoline 化学 バイオ
chirale stationäre Phase 女 キラル固定相, chiral stationary phase 化学 バイオ
Chiralität 女 キラリティー, chirality 化学 バイオ
Chirurgie 女 外科, chirurgia, surgery, department of surgery 化学 バイオ 医薬
Chitinsynthetase 女 キチン合成酵素 化学 バイオ
Chloracetyl 中 クロロアセチル(医薬, 染料などに用いられる), chloroacetyl, ChAc 化学 バイオ 医薬
Chlorameisensäuremethylester 男 クロロ蟻酸メチル, クロロぎ酸メチルエステル, methyl chloroformate, methyl ester of chloroformic acid, CAME 化学
p-Chlorbenzolsulfonamid 中 クロルベンゼンスルホンアミド(利尿剤などに用いられる), chlorobenzene sulfonamide, CBS 化学 バイオ 医薬
Chlorbrommethan 中 ブロモクロロメタン, bromochloromethane 化学 バイオ 医薬 環境
Chlorchrolinchlorid 中 クロロコリンクロリド, クロルメコート(矮化剤[わいかざい]として用いられる), chlorocholine chloride 化学 バイオ
Chlordiallylacetamid 中 クロロジアリルアセタミド(除草剤などに利用されている), chlorodiallylacetamide, CDAA 化学 バイオ 医薬
1-Chlor-2,4-dinitrobenzen = 1-chloro-2,4-dinitrobenzene 1-クロロ-2,4-ジニトロベンゼン(試薬他に用いられる), CDNB 化学 バイオ 医薬
-N- 2-Chlorethyl -N'-cyclohexyl-N-Nitrosourea 女 -N-(2-クロロエチル)-N-シクロヘキシル -N- ニトロソウレア, -N-(2-chloroethyl)-N'-cyclohexyl-N-nitroso urea, CCNU 化学 バイオ 医薬
Chlorethylphosphonsäure 女 2-クロロエチルホスホン酸, (エテホン, 開花抑制などに用いられる), 2-chloroethylphosphonic acid, CEPA 化学 バイオ
Chlorfluormethan 中 クロロフルオロメタン, chlorofluoromethane, CFM 化学 バイオ 医薬 環境
Chlorkohlenwasserstoffe 複 男 塩素化炭化水素, chlorinated hydrocarbons,

CKW 化学 バイオ 医薬

Chlormadinonacetat 中 クロルマジノン酢酸エステル,酢酸クロルマジノン（黄体ホルモン剤で,男性ホルモンのアンドロゲンの作用を抑える）,chlormadinone acetate, CMA 化学 バイオ 医薬

Chlornitrobenzol 中 クロロニトロベンゼン, chloronitrobenzen, CNB 化学

C

Chloroform 中 クロロフォルム,chloroform 化学

Chlorophyll 中 葉緑素,chlorophyll,leaf-green 化学 バイオ

Chloroplast 男 葉緑体,chloroplast 化学 バイオ

Chloropren-Kautschuk 男 クロロプレンゴム,chloroprene-rubber,CR 化学 バイオ

Chlorparaffin 中 塩素化パラフィン,塩化パラフィン,chlorinated paraffin,CP 化学 材料 環境

α-(p-Chlorphenoxy-)isobutter-säure 女 クロロフェノキシイソ酪酸 chlorophenoxy-isobutyric acid,CPIB 化学 バイオ 医薬

Chlorpromazin 中 クロールプロマジン,クロルプロマジン（統合失調症治療薬,フェノチアジン系）,chlorpromazine,CPZ 化学 バイオ 医薬

Chlorquecksilberbenzoat 中 クロロ第二水銀安息香酸,chloromercury benzoate, CMB 化学 環境

Chlortetrazyklin 中 クロロテトラサイクリン,クロルテトラサイクリン（放線菌のストレプトミセスーオレオ ファシエンスなどから作り出された抗生物質）,chlorotetracycline,CTC 化学 バイオ 医薬

Chlorwasserstoff 男 塩化水素, hydrogen chloride 化学

CHO = 英 chinese hamster ovary = Chinese hamster ovarian cell = Ovarialzellen des chinesischen Hamsters チャイニーズハムスター卵巣細胞 化学 バイオ

Cholecalciferol 中 ビタミン D3,cholecalciferol 化学 バイオ 医薬

Cholecystektomie 女 胆嚢切除(術), 胆嚢摘出術, 類 Entfernung der Gallenblase, cholecystectomy, 仏 cholécystectomie, CCE 化学 バイオ 医薬

Cholesterinester 男 エステル型コレステロール,コレステロールエステル,cholesterol ester,CE 化学 バイオ 医薬

Cholinacetylase 女 コリンアセチラーゼ choline acetylase, ChA 化学 バイオ 医薬

Cholinesterase 女 コリンエステラーゼ,（アセチルコリンをコリンと酢酸に加水分解する酵素）, cholinesterase,ChE 化学 バイオ 医薬

Chondroitinsulfat-Protein 中 コンドロイチン硫酸—蛋白（プロテオグリカンとして存在）, chondroitin sulfate protein, CSP 化学 バイオ 医薬

chopper 英 チョッパー（フロントが, リフトアップしたバイクの車体） 機械

Chorismat 中 コリスミ酸,chorismate バイオ 化学

Chorismat-Mutase 女 コリスミ酸ムターゼ, E.C. 5.4.99.5（芳香族アミノ酸生合成経路に働く）,chorismate mutase 化学 バイオ

C-Horizont 男 C 層位, 母岩より成る最下層の鉱物含有土壌層位（Wörterbuch der Bodenkunde, Enke 1997 より） 地学 物理 化学 バイオ

chromatische Aberation 女 色収差,chromatic aberation 電気 光学

Chrominanz 女 色度,chrominance 電気 光学

Chromosom 中 染色体,chromosome 化学 バイオ

chronisch 慢性の, 関 akut, chronic 化学 バイオ 医薬

chronische Bronchitis 女 慢性気管支炎, chronic bronchitis 化学 バイオ 医薬

chronische Parodontitis marginalis 女 慢性辺縁性歯周炎, 類 chronische marginale Paradentose 女, 英 chronic marginal periodontitis 化学 バイオ 医薬

Chronische suppurative Kolitis 女 潰瘍性大腸炎, colitis ulserose バイオ 医薬

chronologisch 年代順の 地学 バイオ

chrysophyta 英 黄金色植物門 化学 バイオ

chrysophytes 英 黄金色藻（chrysophyceae 黄金色藻綱に属す） バイオ 化学

CHS = 英 ceramic heat shields = Keramikhitzeschild セラミック熱シールド 機械

材料 電気

CHU = 英 centigrade heat unit = Grad Celsius Wärmeeinheit 百分目盛熱単位 エネ 単位 物理

Chymotrypsin 中 キモトリプシン（セリンプロテアーゼの一つ,E.C.3.4.21.1）,chymotrypsin,Chtr 化学 バイオ 医薬

CI = 英 confidence interval = Vertrauensbereich 信頼区間 統計

CID = 英 charge injection device = Ladungsinjektions-Bauelement 電荷注入デバイス,電荷注入装置 電気 化学 ; =英 cubic inch displacement = Gesamthubraum in cu.in. 立方インチ排気量,立方インチ行程容積 機械

CIE = 仏 Commission Internationale de l'Eclairage = Internationale Beleuchtungs-Kommission 国際照明委員会, IBK 光学 建設 規格 組織

CIHK = chronisch ischämische Herzkrankheit = chronic ischemic heart disease 慢性心不全,慢性虚血性心疾患 化学 バイオ 医薬

CIM = 英 chassis integration module シャシー･インテグレーション･モジュール(BMW 社) 機械 ; = 英 computer integrated manufacturing = computerintegritierte Fertigung コンピュータ・統合・生産システム 電気 操業 設備 機械

CIN = cervikale intraepitheliale Neoplasie = cervical intraepithelial neoplasia 子宮頸部上皮内腫瘍 化学 バイオ 医薬

CIP = 英 cleaning in place = stationäre Reinigungsanlage 固定洗浄設備 機械 設備 ;=英 capillary isotachophoresis 毛細管式等速電気泳動法 化学 バイオ 医薬 ; =英 cold isostatic pressing = Kaltisostatisches Pressen コールドアイソスタティック成形,常温静水圧圧縮成形 機械 材料 物理 ;=英 continuation in part application 一部継続出願 特許 法制度 ; = 英 continuous improvement process 継続的改善プロセス 経営 機械 電気 全般 操業

CIPM = 仏 Comite International des Poids et Mesures = Internationaler Ausschuss für Maß und Gewicht 国際度量衡委員会 規格 電気 物理 組織 全般

CIP-MR = 英 current -in-plane magnetoresistence 膜面内に電流を流した時の磁気抵抗 電気

CIR = 英 cis-polyisoprene rubber = cis-Polyisopren Kautschuk シスポリイソプレンゴム 化学 材料

CIS = 英 carcinoma in situ = carcinome in situ = Lokales Karzinom ohne Metastasenbildung 上皮内癌（異常な細胞の集団が最初に発生した部位にとどまっている状態のこと, stage 0 disease（0 期の病変）とも呼ばれる） 化学 バイオ 医薬 ; = 英 conductor-insulator-semiconductor = Leiter-Isolator-Halbleiter 導体・絶縁体・半導体 電気

CISC = 英 complex instruction set computer 複雑命令セットコンピュータ 電気

CISPR = 仏 Comité international special sur les pertubations radioelectrique = Internationales Sonderkomitee für Funkstörungen = Internationaler Sonderausschuss für Rundfunkstörungen = the International Special Committee on Radio Interference 国際無線障害特別委員会 電気 規格 組織

Citrat 中 クエン酸塩, citrate 化学 バイオ

Citratlyase 女 クエン酸リアーゼ（脂肪酸合成系酵素）,citrate lyase,CL 化学 バイオ 医薬

Citratsynthetase 女 クエン酸合成酵素,クエン酸シンテターゼ,citrate synthetase, CS 化学 バイオ 医薬

Citricumphosphatdextrose 女 クエン酸-リン酸ブドウ糖,クエン酸-リン酸デキストロース,citrate-phosphate-dextrose,CPD 化学 バイオ 医薬

Citronensäurezyklus 男 クエン酸回路, citric acid cycle 化学 バイオ 医薬

Citrullin 中 シトルリン,（尿素回路におけるアルギニン生合成の中間体として重要である）, 英 citrullin 化学 バイオ 医薬

CKS = chemische Korrosionsschutzstoffe = chemical corrosion-protection agent

化学的腐食防止剤 化学 バイオ 材料
CL = Chemilumineszenz-Analysator 化学発光分析計 化学 バイオ；= 英 cathode luminescence カソードルミネッセンス法 化学 バイオ 材料 電気；= 英 cutter location 切削工具配置 機械 電気；= 英 clearance = Klärung, Reinigung, Klärwert クリアランス, 排出能, 浄化値, 清掃率, (体内異物の) 排除 化学 バイオ 医薬；= chronische Lymphadenose = chronic lymphoadenoma 慢性リンパ腺腫 化学 バイオ 医薬；= chronische Leukämie = chronic leukemia 慢性白血病 化学 バイオ 医薬；= Citratlyase = citrate lyase クエン酸リアーゼ (脂肪酸合成系酵素) 化学 バイオ 医薬；C^3L = 英 complementary constant-current logic = komplementäre Konstantstrom-Logik 相補性定電流論理 電気；= C^3L = CCCL = cleaved coupled cavity laser = Laser mit gespaltenen und gekoppelten Resonatoren CCC レーザ 電気 光学
CLA = 英 class byte クラスバイト 電気
Claviceps 中 麦角菌, ergot fugus, Claviceps purpurea バイオ
Clearingfaktor-Lipase 女 清澄因子リパーゼ(リポ蛋白リパーゼ), clearing factor-lipase, CFL 化学 バイオ 医薬
clinical research 英 治験, 臨床試験, 独 klinische Forschung 化学 バイオ 医薬
CLL = chronisch lymphatische Leukämie = chronic lymphatic leukemia 慢性リンパ白血病, 慢性リンパ性白血病 化学 バイオ 医薬；= chronische Lymphozytenleukämie = chronic lymphocytic leukemia 慢性リンパ性白血病 化学 バイオ 医薬
Clostridium acetobutylicum アセトン・ブタノール・発酵用バクテリア 化学 バイオ
CLS = 英 characteristic loss spectroscopy 特性損失分光法 化学 光学
CLSM = 英 confocal laser scanning microscope = die konfokale Lasermikroskop 共焦点レーザー走査顕微鏡 化学 バイオ 電気
CLU = 英 central logic unit = zentrale Logikeinheit 中 中央論理単位 電気
CLV = 英 cholera-like vibrios = Cholera-ähnliche Vibrionen コレラ疑似ビブリオ 化学 バイオ 医薬
CMA = Centrale Marketing-Gesellschaft der deutschen Agrarwirtschaft mbH = the Central Marketing Organization of German Agricultural Industries ドイツ農産業中央マーケティング (有) 化学 バイオ 医薬 経営 組織；= Chlormadinonacetat = chlormadinone acetate クロルマジノン酢酸エステル, 酢酸クロルマジノン (黄体ホルモン剤で, 男性ホルモンのアンドロゲンの作用を抑える) 化学 バイオ 医薬
CMAS = 英 complete mixing activated sludge = vollständig durchmischter Belebtschlamm 完全混合活性スラッジ法 化学 環境 設備
CMC = 英 critical micellar concentration 臨界ミセル濃度 化学 バイオ；= 英 ceramics mixture composite セラミック基複合材料 材料 非金属 航空 エネ
CMFA = 英 common-mode-failure analysis 共通モード故障分析 統計 数学 航空 機械
CM-IPN = 英 chloro-methyl-poly-2-isopropinyl naphthalene クロロメチル化ポリ-2-イソプロペニル・ナフタレン 化学
CML = chronische myeloische Leukämie = chronic myeloid (myelogenous) leukemia 慢性骨髄性白血病 化学 バイオ 医薬
CMMs = 英 coordinate measuring machines = Koordinatenmessmaschine 座標計測装置 電気 数学 機械；= 英 computerized maintenance management system = computergestützten Instandhaltungsplanungssystem コンピュータによる保全管理システム 電気 操業 設備
CMOS = 英 complementary metal-oxide semi-conductor = komplementäre Metall-Oxid-Halbleiter 相補性金属酸化膜半導体 電気 材料
CMR = 英 cerebral metabolic rate = zerebrare Stoffwechselrate 脳代謝率 化学 バイオ 医薬
CMRR = 英 common mode rejection ra-

tio = Gleichtaktunterdrückungsfaktor 同相除去比,同相弁別比 電気

CMU = 英 3-(4-chlorophenyl)-1, 1-dimethyl urea クロロフェニルジメチル尿素,(除草剤として用いられる) 化学 バイオ 医薬

CN = 英 center-near 中心近用(レンズ) 光学 物理 化学 バイオ 医薬

CNC = 英 computerized numerical control コンピュータ数値制御,コンピュータ支援数値制御 電気 機械

CNG = 英 compressed natural gas = Gas unter hohem Druck für motorische Zwecke 圧縮天然ガス(自動車用など) 化学 エネ 機械

CNOMO = 仏 Comit'e de normalisation des Outillages et Machines = Norm der franzsischen Automobilindustrie 仏ツールおよび機械規格委員会規格 規格 機械 組織

Cockran-Test 男 コクラン検定,(分散の外れ値の確認) 統計 数学

Codetaste 女 オルトキー,Alt (= alternate coding) key 電気

coding strand 英 鋳型鎖,独 codierender Strang 男,kodierender Strang 男,Sinnstrang 男 バイオ

codotiert 担持した:Ruthenium(II)- tris-bipyridin / TiO_2- codotierte Photokatalysator トリスビピリジンールテニウム(II)錯体 TiO_2 担持光触媒 化学 バイオ

Coenzym 中 補酵素,coenzyme 化学 バイオ

COF = 英 chip on flex = Befestigungsart von IC`s チップオンフレックス 電気

Coilverwechserung 女 コイルの取り違え,コイルの混入 材料 機械

Colitis Ulcerosa 女 潰瘍性大腸炎,類 chronische suppurative Kolitis, ulcerative colitis 化学 バイオ 医薬

collimator 英 コリメータ,視準器(放射線立体角の測定),独 Kollimator 男 バイオ 放射線 電気

COLD = 英 chronic obstructive lung disease = chronische obstruktive Lungenkrankheit,類 COPD,慢性閉塞性肺疾患 化学 バイオ 医薬

Cold-Box-Verfahren 中 コールドボックス法(有機粘結剤剤と硬化ガスを用いた硬化造型法) 鋳造 機械

collet 英 コレット,Klemmbuchse 女,Klemmhülse 女,Spannpatrone 女,Spannzange 女 機械

Comet Assay-Test 男 コメットアッセイテスト(変異原性(遺伝毒性)の調査に用いられる,単細胞ゲル電気泳動法とも呼ばれる) 化学 バイオ

Computer-Befehlswort 中 コンピュータ命令語, computer instruction word, CIW 電気

computerimplementiert コンピュータにより実現された,コンピュータにより具現化された,コンピュータプログラミングなどを行なった 電気

Concanavalin A 中 コン A,コンカナバリン A, concanavalin A, Con A 化学 バイオ 医薬

contact radiotherapy 英 近接 X 線照射治療(法),独 Kontakt-Strahlungstherapie 女 化学 バイオ 放射線

Containereinheit 女 コンテナーユニット, container unit, CU 物流

contouring 英 輪郭描写,独 Profilierung 女, 類 関 Konturierung 女 機械

Coombstest 男 抗グロブリンテスト,クームス試験(自己の赤血球または血小板に対する抗体を産生する特定の血液疾患の診断などに用いる), antiglobulin test, CT 化学 バイオ 医薬

COPD = 英 chronic obstructive pulmonary disease = Chronisch obstruktive Lungenerkrankung,類 COLD,慢性閉塞性肺疾患 化学 バイオ 医薬

Copolymer 中 共重合体,copolymer 化学 バイオ

COR = 英 conditioned orientation reflex = konditionierter Orientierungsreflex 条件詮索反射 化学 バイオ 医薬

Cordierit 男 コージェライト($2MgO \cdot Al_2O_3 \cdot 5\text{-}SiO_2$,自動車の排ガス触媒ハニカム担体に用いられる),英 cordierite 機械 環境 化学

Corium 中 真皮,炉心溶融物,類 Lederhaut

女,英 corium 化学 バイオ 医薬 原子力 放射線 物理

Corticosteroid 中 副腎皮質ステロイド,コルチコステロイド,類 Kortikosteroid 中, corticosteroid,CS 化学 バイオ 医薬

Cortisol-Bindungskapazität 女 コルチゾール結合能,cortisol-binding capacity, CBC 化学 バイオ 医薬

C

Cortisonacetat 中 コルチゾン酢酸エステル,酢酸コルチゾン,cortisone acetate,CA 化学

COSC = Nicht-kommerzieller Verband der Schweizer Uhrenindustrie = 仏 de Controle Officiel Swisse de Chronometers スイス公式クロノメータ検査協会 機械 物理 組織

Co-Substrat 中 補基質(酵素反応の),補助基質(酵素反応の),補培養基,cosubstrate 化学 バイオ

Cottrell-Staubsammler 男 コットレル集塵装置 製銑 精錬 環境

Coupe 中 クーペ 機械

Cowperabgas 中 熱風炉ガス 製銑 エネ

CP = cP = 英 centi poise センチポアーズ(cStを密度で割った粘度の単位) 機械 化学 物理 単位; = 英 cathodic protection = kathodischer Schutz カソード式防食,陰極防食方法,カソード防食,陰極保護 電気 化学 材料; = 英 chemical pure 化学純 化学

Cp = Chloramphenicol = chloramphenicol クロラムフェニコル(抗生物質) 化学 バイオ 医薬

CPA = 英 critical path analysis = Netzplantechnik = kritische Pfad-Analyse 危機経路分析 電気 経営; = 英 coherent potential approximation = Approximation des kohärenten Potentials コヒーレントポテンシャル近似 物理 材料

CPC = 英 Community Patent Convention = Gemeinschaftspatentübereinkommen(GPÜ)共同体特許条約 特許 法制度; = 英 cetylpyridinium chloride 塩化セチルピリジニウム, $C_{21}H_{38}NCl$, 陽イオン性界面活性剤の一つ 化学 バイオ

CPE = Cellulosepolyethylen = cellulose polyethylene セルロースポリエチレン 化学 材料; = 英 cytopathogenic effect = zytopathogener Effekt 細胞変性効果(細胞の形態的変化) 化学 バイオ 医薬

C_3-Pflanze 女 C_3 植物, C_3-plant 化学 バイオ

C_4-Pflanze 女 C_4 植物, C_4-plant 化学 バイオ

CPH = chronisch persistierende Hepatitis = chronic persistent hepatitis 持続性慢性肝炎,慢性遷延性肝炎 化学 バイオ 医薬

CPM = 英 colliding pulse mode 衝突パルスモード 電気; = 英 card per minute 一分当たりのカード読み取り速度 電気 機械; = 英 critical path method = Methode des kritischen Pfades 臨界進路方法,クリティカルパス法(PERT法と一緒に用いられることの多いプロジェクトマネジメント方法) 電気 経営 設備; = 英 counts per minute = Zählung pro Minute(放射能の)毎分のカウント数 放射線 物理

CPMAS = 英 cross polarization magic angle spinning 交差偏波マジック角スピン 電気 バイオ

CPMAS NMR-Spectroscopy = 英 cross polarization magic angle spinning nuclear magnetic resonance spectoscopy 交差偏波マジック角スピン核磁気共鳴分光法 電気 バイオ 光学

CPR = 英 cardiopulmonary resuscitation = kardiopulmonale Wiederbelebungsverfahren = Herz-Lungen Wiederbelebungsverfahren 心肺蘇生法 化学 バイオ 医薬

CPT = 英 critical pitting temperatur = kritische Lochfraßtemperatur 臨界孔食温度 材料

CPVC = Chloriertes Polyvinylchlorid = chlorinated polyvinyl chloride 塩素化塩化ビニル樹脂,塩素化ポリ塩化ビニル 材料 化学

CR = 英 chloroprene-rubber = Chloropren-Kautschuk クロロプレンゴム 化学 バイオ; = C.R. = 英 carbon residue = Kohlenrückstand 残留炭素,残留炭素分 材料 化学 物理; = 英 compression ratio = Verdichtungsverhältnis 圧縮比 材料 鋳造 機械

CRA = 英 cerebral radioisotopenangiography = zerebrale Radioisotopenangiographie 脳ラジオアイソトープアンギオグラフィー, 脳 RI アンギオグラフィー 化学 バイオ 医薬 放射線 電気

CRC = 英 clinical research coordinator = Koordinator von klinischer Forschung 治験コーディネータ 化学 バイオ 医薬 ; = 英 cyclic redundancy check = zyklische Redundanzprüfung 巡回冗長検査 電気

CRD = 英 current regulative diode = Strombegrenzungsdiode 定電流ダイオード 電気 ; = 英 common rail diesel コモンレール式ディーゼル(エンジン) 機械 環境 ; = 英 cerebroretinal degeneration = zerebroretinale Degeneration 脳網膜変性症 化学 バイオ 医薬

CRH = 英 critical relative humidity = die kritische relative Luftfeuchte 臨界相対湿度 物理 化学 バイオ 医薬 光学

CRI = chronisch respiratorische Insuffizienz = chronische Atemwegsinsuffizienz 慢性呼吸不全, chronic respiratory insufficiency, CRI 化学 バイオ 医薬

Cristobalit 男 クリストバル石, cristobalite 地学 非金属 鋳造 機械

CRM = 英 customer relationship management 顧客志向の経営 経営 ; = 英 certified reference material = Zertifiziertes Referenzmaterial 認証標準物質, ZRM 化学 バイオ 医薬 材料 電気 規格

CRO = 英 contract research organization 開発業務委託機関 化学 バイオ 医薬 組織

critical band rate 英 臨海帯域尺度 電気

Crohn-Krankheit 女 限局性回腸炎, Crohn's disease 化学 バイオ 医薬

c.r.P. = chronische rheumatische Polyarthritis = chronic rheumatic polyarthritis 慢性リウマチ性多発(性)関節炎 化学 バイオ 医薬 ; = CRP = C-reaktives Protein = C-reactive protein C 反応性蛋白 化学 バイオ 医薬

CRPA = C-reaktives Proteinantiserum = c-reactive protein antiserum C 反応性タンパク質抗血清, C 反応性蛋白抗血清, CRP 抗血清 化学 バイオ 医薬

CRT = 英 control reference template = Kontrolle-Referenz-Template 制御参照テンプレート 電気 ; = Cardiale Resynchronisationstherapie = cardiac resynchronization therapy 心臓再同期療法, 心臓再同期治療, 心臓再同調療法, 心再同期療法(ペースメーカーにより心臓各部の収縮を調和させる治療法) 化学 バイオ 医薬

CRU = 英 constitutional repeating unit = sich wiederholende Struktureinheit 構成繰返し単位, WSE 化学 材料

Cryostat 男 低温恒温槽, 類 Kryostat 男, 英 cryostat 化学 バイオ 物理

Cryptosporidium 中 クリプトスポリジウム バイオ 化学

C-Säule 女 C ピラー, C-pillar 機械

CSB = Chemischer Sauerstoffbedarf = chemical oxygen demand 化学的酸素要求量, COD 化学 バイオ 医薬 環境

CSDH = chronisches Subdural-Hämatom = chronic subdural hematoma 慢性硬膜下血腫 化学 バイオ 医薬

CSM = 英 cerbrospinal meningitis = zerbrospinale Meningitis = Hirnhautentzündung 脳脊髄膜炎 化学 バイオ 医薬

CSP = 英 chip scale (size) package 中身のシリコンチップと外側のパッケージが, ほぼ同じサイズでつくられている IC 電気 ; = 英 combined strip production 薄スラブ連続ストリップ生産 連鋳 材料

CSPS = 英 constrained sysytem parameter stream 制約同期多重パラメータビット流 電気

CSR = 英 coke strength after reduction 反応后コークス強度 製銑 地学 ; = 英 corporate social responsibility = Gemeinsame Soziale Verantwortung 企業の社会的責任 経営

CSRO = 英 compositional short range order = kompositorische Nahordnung 組成的短範囲規則性 材料 電気

cSt センチストークス(世界で最も一般的に使用されている粘度の単位) 機械 化学 物理 単位

CSTL = 英 complementary schottky transistor logic 相補形ショットキー・トランジスタ論理 [電気]

CT = (英) current transformer = Stromwandler [男] 変流器, [類] Stromtransformator [男] [電気] ; = (英) computed tomography = (独) Computertomographie コンピュータ断層撮影 [電気] [化学] [バイオ] [医薬] ; = (英) control reference template for confidentiality 機密性制御参照テンプレート [電気]

CTCL = (英) cutaneous T-cell lymphoma = kutanes T-Zell-Lymphom 皮膚T細胞リンパ腫 [化学] [バイオ] [医薬]

CTDI = (英) computed tomography dose index = Computertomographie-Dosisindex = Strahlungsbelastung CT 線量指数(単位はミリグレイ) [放射線] [化学] [バイオ]

CTM = (英) capacity tons-miles = Transportmenge in Tonnen mal Transportentfernung in Meilen 貨物運搬効率(トン／マイル) [物流]

CTR = (英) current transfer ratio = Übertragungsfaktor bei Optokopplern 電流伝達率；電流増幅度 [電気] [光学] ; = (英) critical temperature resistor 負の温度特性をもつところはNTCサーミスタと同じで, PTCと同様, ある温度範囲で感度が良くなっているサーミスタ [電気] ; = (英) controlled thermonuclear reaction = kontrollierte thermonukleare Reaktion 制御熱核反応 [原子力] [物理] [操業] [設備]

CU = (英) clinical unit = klinische Einheit 診療ユニット [化学] [バイオ] [医薬] ; = (英) container unit = Containereinheit コンテナーユニット [物流]

Cumen [中] クメン, cumene, isopropylbenzene [化学] [バイオ]

Curcumin [中] クルクミン(ホウ素の検出・比色定量に用いる), curcumin, turmeric yellow [化学] [バイオ]

CURS = chronisches unspezifisches respiratorisches Syndrom = chronic nonspecific respiratory syndrome 慢性非特異性呼吸器症候群 [化学] [バイオ] [医薬]

Cursor [男] カーソル, (英) cursor [電気]

Cushing-Schwellendosis [女] クッシング症状を考えた限界投与 cushing threshold dose, CSD [化学] [バイオ] [医薬]

CVA = (英) cardiovascular accident = kardiovaskulärer Zwischenfall 心血管障害 [化学] [バイオ] [医薬] ; = (英) cerebrovascular accident = Schlaganfall = zerebrovaskuläre Störung 脳血管障害 [化学] [バイオ] [医薬]

CVD = (英) chemical vapor deposition = Chemische Abscheidung von Schichten aus der Gasphase 化学蒸着法 [化学] [操業] [設備] [機械] [電気]

CVI = chronisch-venöse Insuffizienz = chronic venous insufficiency 慢性静脈不全 [化学] [バイオ] [医薬]

CVJ = (英) constant velocity universal joints = Homokinetische Gelenke = Gleichlaufgelenke 等速ジョイント [機械]

CVR = (英) cardiovascular resistance = kardiovaskulärer Widerstand 心血管抵抗 [化学] [バイオ] [医薬] ; = (英) cerebrovascular resistance = zerebrovaskulärer Widerstand 脳血管抵抗 [化学] [バイオ] [医薬]

CVS = (英) constant volume sampling method 定容量採取法 [化学] [バイオ] [機械] [環境] ; = (英) cardiovascular system = Herz-Kreislauf-System = kardiovaskuläres System 循環系, 心臓系, 心血管系, 心臓血管系 [化学] [バイオ] [医薬] ; = (英) challenge virus standard 攻撃ウイルス標準 [化学] [バイオ] [医薬]

CVVH = (英) continuous veno-venous hemofiltration = Kontinuierliche veno-venöse Hämofiltration 持続的静静脈血液濾過法 [化学] [バイオ] [医薬]

Cyanacethydrazid [中] シアノ酢酸ヒドラジド, cyanacetic acid hydrazide, CAH [化学] [バイオ] [医薬]

Cyanacrylat [中] シアノアクリレート系, シアノアクリル酸, シアノアクリル酸塩, シアノアクリレート, cyanoacrylate, CA [化学] [バイオ] [医薬]

Cyanethylphosphat [中] シアノエチル燐酸, cyanoethyl phosphate, CEP [化学] [バイオ] [医薬]

Cyanid [中] シアン化物, cyanide [化学] [バイオ]

Cyanobakterien [複] [女] シアノバクテリア,

藍藻, cyanobacteria, blue-green algae 化学 バイオ

Cyanogenbromid 中 臭化シアン,cyanogen bromide,CNBr,BrCN 化学 バイオ 医薬

Cyanokobalamin 中 ビタミンB12の誘導体,シアノコバラミン,cyanocobalamin,CN-Co 化学 バイオ 医薬

Cyantrimethylandrosteron 中 シアノトリメチルアンドロステロン,cyanotrimethyl androsterone,CTA 化学 バイオ 医薬

Cyanursäure 女 シアヌル酸, cyanuric acid 化学 バイオ

Cyclohexanamin 中 シクロヘキサナミン, cyclohexanamine,ChA 機械 化学

Cyclohexasulfonamid 中 シクロヘキサンスルホンアミド,cyclohexansulfonamide, CHS 化学 バイオ

Cyclohexen 中 シクロヘキセン, cyclohexene 化学 バイオ

1,2-Cyclohexanediamine N,N,N',N'-tetraaceton-säure 女 -1,2-ジアミノシクロヘキサン-N,N,N',N'-四酢酸,1,2-cyclohexanediamine,N,N,N',N'-tetraacetic acid, CDTA 化学 バイオ 医薬

1,3,5,7-Cyclooctatetraen 中 1,3,5,7-シクロオクタテトラエン,1,3,5,7-cyclooctatetraene,COT 化学

Cyclopentophenanthren 中 シクロペンタフェナントレン, cyclopenta[a]phenanthrene, CPP 化学 バイオ 医薬

Cyclophosphamid 中 シクロホスファミド(抗悪性腫瘍薬などとして用いられる),cyclophosphamide,CPA 化学 バイオ 医薬

Cynarin 中 シナリン(アーティチョーク(Cynara cardunculus)に含まれる生理活性物質),cynarin,Cyn 化学 バイオ 医薬

Cystein 中 システィン,シスチン(含硫アミノ酸の一種),cysteine,cysteine,Cys 化学 バイオ 医薬

Cytidin 中 シチジン(RNAを構成するリボヌクレオシド),cytidine,Cyd 化学 バイオ 医薬

Cytidin-5'-diphosphat 中 シチジン5'-二リン酸(シチジン5'-三リン酸の合成の中間体),cytidine-5'-diphosphate,CDP 化学 バイオ 医薬

Cytidine-5'-monophosphat 中 シチジン一リン酸,シチジル酸(食品添加物),cytidine-5'-monophosphate,CMP 化学 バイオ 医薬

Cytidin-5'-triphosphat 中 シチジン5'-三リン酸,シチジン5'-トリリン酸(RNA合成の基質の一つ),cytidine-5'-triphosphate, CTP 化学 バイオ 医薬

Cytochrom 中 チトクロム,チトクローム,シトクロム(電子伝達を行うヘム鉄含有タンパク質),類 Cytosin 中,cytochrome,Cyt 化学 バイオ 医薬

cytoplasmatisch 細胞質の,cytoplasmic バイオ

Cytosom 中 細胞質体,サイトソーム,cytosome バイオ

CZI = 英 crystalline zinc- insulin = kristallines Zink-Insulin 結晶性亜鉛インスリン,結晶性亜鉛インシュリン 化学 バイオ 医薬

D

D = Asparaginsäure 女 アスパラギン酸 バイオ

D4-Abgaslimits für Schadstoffemission 複 有毒物質排出排ガス限界基準 D4 機械 環境 規格

DA = Drehachse 回転軸,revolving shaft, rotating shaft,axis of rotation,rotation-axis 機械

DAAO = 英 D-amino-acid-oxidase = D-Aminosäure-oxydase Dアミノ酸酸化酵素 化学 バイオ

DABCO = 英 diaza-bicyclo-octane ジアザビシクロオクタン(塗料,除去剤やフォトリソグラフィー用材料などに用いられる) 化学 光学

DAC = 英 digital analog converter = Digital-Analog-Wandler デジタル/アナログ変換器 電気; = 英 distance amplitude correction 距離振幅補正 音響 物理 原子力 材料; = 英 distance amplitude curve 距

振幅特性曲線 音響 物理 原子力 材料
Dachhaube 女 ルーバー,換気フード,louvre,ventilation hood 機械 建設
Dachsparren 男 垂木, rafter, DS 建設
Dachpappe 女 ルーフィングロール原紙 建設
Dächerschachttrockner 男 シャフト乾燥機,屋根コラム乾燥機 機械
Dämpfer 男 ダンパー, 緩衝装置, damper 機械
Dämpfung 女 減衰 attenuation, absorption,damping,dampening 機械 電気 光学
DAI = 英 distributed artificial intelligence = verteilte künstliche Intelligenz 分散人工知能 電気
Dampfdruck 男 蒸気圧,vapour pressure 化学 精錬 機械
Dampfdruckmesser 男 蒸気圧力計 化学 精錬 機械
Dampferzeuger 男 蒸気発生器, steam generator 化学 精錬 機械
Dampfkesselrohr 中 ボイラーチューブ, boiler tube 機械 材料
Dampfpermeation 女 蒸気透過, 関 Pervation 女 化学 操業 設備
Dampfsammler 男 蒸気アキュムレーター, steam chamber,steam collector 機械
Dampftrommel 女 蒸気ドラム,steam drum 機械
Dampfturbine 女 蒸気タービン,steam turbine 機械 エネ
DANT = 英 2,4-Diamino-3,5-dinitrotoluene 2,4- ジアミノ -3,5- ジニトロトルエン 化学 バイオ 医薬
DAOCS = Deacetoxy-cephalosporin C-Synthetase デアセトキシセファロスポリン-C- 合成酵素 化学 バイオ
DAP = 英 dose area product = Dosisflächenprodukt 面積線量 放射線 化学 バイオ 医薬; = Diallylphthalat = diallyl-phthalate ジアリルフタレート(フタル酸ジアリル) 化学 材料
Darmbruch 男 腸ヘルニア, 脱腸, enterocele 化学 バイオ 医薬
Darmentzündung 女 腸炎, 腸カタル, 類 Darmkatarrh 男,enteritis,enteric catarrh, enterocatarrh, intestinal catarrh 化学 バイオ 医薬
Darmträgheit 女 便秘, 類 Konstipation 女, Verstopfung 女,constipation,obstipation 化学 バイオ 医薬
Darmtrakt 男 腸管, intestinal tract 化学 バイオ 医薬
Darmverschluss 男 腸閉塞,intestinal obstruction,ileus 化学 バイオ 医薬
darreichen 服用させる, 関 verabreichen 化学 バイオ
Darr-Wäge-Verfahren 中 ドライキルン法, dry-kiln-method 機械 化学
Darstellbarkeit 女 遊離性,isolation,liberation 化学 バイオ
Darstellung 女 表示,単離,遊離,調製,析出,抽出,preparation,isolation,representation 機械 電気 化学 バイオ
DASt = Deutscher Ausschuss für Stahlbau ドイツ鋼構造(鉄骨構造)委員会 機械 材料 建設 組織
Datei 女 ファイル, file 電気
Dateianfangs-Etikett 中 プリアンブル,preanble,PRE 電気
Dateiend-Etikett 中 ポストアンブル,postanble,PST 電気
Dateiverwaltung 女 ファイル管理, file management 電気
Datenaufnahme 女 データロギング 電気
Datenbankbrowser 男 データベースブラウザー,data base browser 電気
Datenbestand 男 データベース, 類 Datengrundlage 女 電気
Datenblatt 中 データシート, 類 Merkblatt 中 電気 機械
Datenblock 男 ラベル, 類 Etikett 中 電気
Datenelement 中 データ要素,data element 電気
Datenerhebung 女 データ収集・調査,data collection 電気 全般
Datenfernübertragungsnetz 中 遠隔通信ネットワーク,remote-access computing network,DFÜN 電気
Datenfluss 男 データフロー,data flow 電気
Datengrundlage 女 データベース, 類 Datenbestand 男 電気

Datenkommunikations - Kontrollverfahren 女 データ通信制御手順, data communication control procedure, DCCP 電気

Datenleitung 女 データ送信ライン, data transfer line 電気

Datenpaket 中 データパケット, data packet 電気

Datenpfad 男 データパス, データ母線, data bus 電気

Datensatz 男 データセット, データレコード, データ記録, data set, data record, DS 電気

Datenschutz 男 データ保護, data protection, DS 電気

Datenträger 男 データメディア, データ記憶媒体, data medium 電気

Datenumwandlungsempfänger 男 データ変換受信機, data conversion receiver, DCR 電気

Datenverarbeitungsanlage 女 データ処理装置, data processing equipment, DVA 電気

DAU = Deutsche Akkreditierungs- und Zulassungsgesellschaft für Umweltgutachter mbH = The German Association for Accreditation and Recognition of Environmental Auditors ドイツ環境鑑定者認定許可協会（有限会社） 環境 組織

Dauer des Regelvorganges 女 整定時間, 類 Ausregelzeit 女 機械 電気 光学

Dauerbruch 男 疲労破壊, fatigue failure 材料 建設

Dauerfestigkeit 女 疲労限度, 耐久限度, fatigue limit, endurance limit 材料 建設

Dauerhaftigkeit 女 耐久性, 安定性, 類 関 Beständigkeit 女, durability, constancy, stability 材料 建設 機械 化学 バイオ 全般

Dauerkurzschaltung 女 持続短絡 電気 機械

Dauerleistung 女 常用出力 電気 機械

Dauersignal 中 持続（連続）信号 電気 機械

Dauerstrichlaser 男 連続波レーザ, 連続発振レーザ, 連続レーザ, continuous-wave laser, CWL 電気 光学

Daumen 男 カム, タペット, 親指, cam, tappet, thumb 機械 化学 バイオ

DB = 英 back-to-back duplex（軸受などの）背面組み合わせ 電気 機械

DBG = Deutsche Bodenkundliche Gesellschaft = the German Soil Science Society ドイツ土壌学会 地学 組織 全般 ; = Die Deutsche Balint-Gesellschaft e.V. ドイツバリント登録協会（医者と患者の連携を深める活動を行なっている） 化学 バイオ 医薬 組織

DBU = die Deutschen Bundesstiftung Umwelt ドイツ連邦環境基金 環境 組織; = 1.8-diazabicyclo（5.4.0）undec-7-ene 1.8- ジアザビシクロ（5.4.0）ウンデセン -7,（有機合成触媒） 化学 バイオ

DCA = 英 deuterium critical assembly = kritische Anordnung von Deuterium 重水臨界実験装置 原子力 化学 物理 ; = 英 direct chip attach 直接チップ取り付け, ダイレクトチップアタッチ 電気 ; = 英 dynamic contact angle = dynamischer Kontaktwinkel 動的接触角 機械 物理 化学

DCF = 英 design rule for camera file system デジタルカメラ用画像フォーマット 電気

DCR = 英 data conversion receiver = Datenumwandlungsempfänger データ変換受信機 電気 ; = 英 digital conversion receiver = digitaler Umwandlungsempfänger デジタル変換受信機 電気

DCT = 英 discrete cosinus transformation = diskrete Cosinus transformation 離散コサイン変換（JPEG の画像圧縮に用いるアルゴリズム） 電気

DD = doppelte Dichte = double density 倍記録密度, 倍密度 電気 ; = 英 direct drive = Direktantrieb 直結駆動, ダイレクトドライブ, 直接駆動 機械 電気

DDBJ = DNA-Datenbank von Japan 日本 DNA データバンク 化学 バイオ 組織

DDK = Dynamische Differenzkalorimetrie = Differencial Scanning Calorimetry (DSC) = Differenzialthermoanalyse = differential thermal analysis DTA 示差〔しさ〕走査熱量測定法, 示差熱分析法 化学

[バイオ] [材料] [物理]
DDS = 英 direct digital synthesizer = Direkter Digitaler Synthesizer 直接デジタルシンセサイザ [電気]；= 英 drug delivery system 薬物輸送システム [化学] [バイオ] [医薬]
deacetyliert 脱アセチル化した,脱アセチル化の,deacetylated,deacetylized [化学] [バイオ]
DEAE-Sephrose = diethyl aminoethyl-sepharose = Diethylaminoethyl-Sephrose ジエチルアミノエチルセファアローズ,（陰イオン交換ゲル濾過用担体）[化学] [バイオ]
Deamination 女 脱アミノ反応,（アミノ基の脱離によりアンモニアを生成する過程）,英 deamination [化学] [バイオ]
debuggen デバッグする, 英 debug [電気]
Decandisäure 女 デカン二酸, decanedioic acid [化学] [バイオ]
DECHEMA = Deutsche Gesellschaft für Chemische Technik und Biotechnologie e.V. = Society for Chemical Engineering and Biotechnology ドイツ化学技術およびバイオ技術登録協会 [化学] [バイオ] [組織] [全般]
Deckblatt 中 上張り紙 [印刷]
Decke 女 舗装, 表土, 表層, 表紙, 被膜 [建設] [地学] [印刷] [バイオ]
Deckel 男 カバー, ヘッド [機械]
Deckelflansch 男 盲フランジ, 類 Blindflansch 男, blind/blank flange [機械]
Decklage 女 [溶接] ファイナルパス,表層,final pass,top seam,top layer [溶接] [機械] [地学]
Deckleiste 女 三方向繋ぎ板,サイドモールディング,cover bar,cover molding,butt strap [機械]
Deckplatte 女 カバープレート [建設] [材料] [鉄鋼]
Deckscheibe 女 カバーディスク,油潤滑ベアリング,cover disk [電気] [機械]
Deck-oder Tragschichtmaterial 中 表層または中層材料 [地学]
Deckung 女 被覆, 補償 [機械]
deckungsgleich 合同の, 類 kongruent [機械] [数学]
de-coded picture 英 D 画像,直線符号化画像 [電気]
defektes Gen 中 欠損遺伝子,defective gene [化学] [バイオ]
Deformationslasche 女 変形継ぎ目板 [機械]
Defragmentierung 女 デフラグ, 英 defragmentation [電気]
Degeneration 女 退化, 変性,degeneration [化学] [バイオ]
Dehnfuge 女 伸縮ジョイント, 類 Fahrbahnübergang 男,FÜK,expansion joint [機械] [建設]
Dehnschraube 女 伸縮ボルト,expansion bolt [機械]
Dehnung 女 延性, elongation [材料]
Dehydratisierung 女 脱水,Dehydration, 類 Entwässerung [化学] [バイオ]
Dehydrierung 女 脱水素, dehydrogenation [化学] [バイオ] [精錬] [材料]
Deindustrialisierung 女 産業の空洞化, deindustrialization [操業] [経営]
Deichsel 女 シャフト,トレーラーシャフト,pole, shaft [機械]
Deinococcus Radiodurans デイノコッカス・ラジオデュランス（放射能に抵抗し,分解するバクテリア名）[化学] [バイオ] [放射線]
deinstallieren アンインストールする,uninstall [電気]
Deionat 中 脱イオン剤,deionized water [化学] [バイオ]
Dekade 女 十の数, 十年
dekontaminiert 浄化した [化学] [バイオ] [リサイクル] [環境]
Dekrement 中 減衰比 [機械] [電気]
Delamination 女 層間剥離,薄片に裂けること [材料] [化学]
De Laval Turbine 女 デラバルタービン [機械] [電気]
Deletion des Gens 女 遺伝子の欠失,deletion [化学] [バイオ]
Dementia 女 痴呆（症）, 類 Demenz 女, 英 dementia [化学] [バイオ] [医薬]
Demontage 女 取り外し, 解体 [設備] [機械]
DEMP = 2.3-Diethyl-5-methylpyrazelin 2.3 ヂエチル 5 メチルピラゼリン [バイオ] [化学]
Denaturierung 女 変性,denaturation [化学] [バイオ]
Dendritenrichtung 女 デンドライト方向

連鋳 鋳造 材料
dendritisch デンドライト状の, dendritic 材料
Dendrochronologie 女 樹木年代学 バイオ
Denguefieber 男 デング熱, dengue feber 化学 バイオ 医薬
Deponie 女 埋め立てゴミ処理地, waste disposal site 環境
Deponiesickerwasser 中 廃棄物（埋め立てゴミ処理地）からの漏水, landfill seepage water 環境
Depression 女 鬱病, 類 Melancholie 女, melancholia, depression 化学 バイオ 医薬
Dequalifizierung 女 資格・権限の剥奪, dequalification 経営 操業 材料
Derivat 中 誘導体, Abkömmling 男 化学 バイオ
Dermatitis 女 皮膚炎, 類 Hautentzündung 女, 英 dermatitis 化学 バイオ 医薬
Dermatologie 女 皮膚科, 類 dermatische Abteilung 女, dermatology 化学 バイオ 医薬
Dermatose 女 皮膚病, 類 Hautkrankheit 女, skin disease, dermatosis, dermatologic disease 化学 バイオ 医薬
DES = 英 digital encoding system = digitale Kodierungssystem デジタル符号化方式 電気
Desiderat 中（痛切に）必要を感じるもの・事, 未解決の問題
Desinfektionsmittel 複 消毒剤, disinfectants 化学 バイオ
Deskrimillator 男 弁別器 機械
Desktop 男 デスクトップパソコン, desktop computer 電気
desmodromisch 強制の, 類 positiv 機械 電気
desorbieren 脱着する, desorb 化学 バイオ
Desorption 女 脱離:次の三つの意味がある, すなわち, 1) 置換されることなく離れる elimination, 2) 固体から離れる desorption, 3) イオン交換して中性化する detachment 化学 バイオ
Desoxydation 女 脱酸, 英 deoxidation : Desoxidationsmittel 中 脱酸剤, deoxidiser 精錬 材料 化学
Desoxyribo(se)nukleinsäure 女 デオキシリボ核酸, deoxyribonucleic acid, DNS, DNA 化学 バイオ 医薬
Destillat 中 留出物, distillate 化学 バイオ
Destillation 女 蒸留, distillation 化学 バイオ
Destillationskolonne 女 蒸留塔, distillation column 化学 バイオ
Destillationslinie 女 留出曲線, distillation curve 化学 バイオ
destillativ trennen 蒸留分離する 化学 バイオ
destillierbar 蒸留可能な, distillable 化学 バイオ
Destillierkessel 男 蒸留器 化学 バイオ
die destillative Trennung 女 蒸留分離, distilling and separating 化学 バイオ
Detailzeichnung 女 詳細図 機械
Detektion 女 検出, detection 化学 バイオ 機械 電気
Detergenz 女 洗浄剤, 洗剤, detergent 化学 バイオ
Detonation 女 デトネーション, 爆轟, 爆鳴 機械 化学 地学
Detonator 男 爆発信管 機械 地学
Detoxifikation 女 解毒, 類 Entgiftung 女, detoxication, detoxification, decontamination 化学 バイオ 原子力 放射線
Detrusor 男 排尿筋, detrusor muscle 化学 バイオ
Deutsche Auslegeschrift 女 ドイツ特許公告公報, DAS 特許 法制度
Deutsche Patentschrift 女 ドイツ特許明細書, patent specification 特許 法制度
DEV = Deutscher Erfinderverband e.V. = the German Inventors' Association ドイツ発明者協会（登録協会）特許 組織
Devon 中 デボン紀(古生代の), 英 Devonian 地学 物理 化学 バイオ
Dezernat 中 分科会, 調査報告 全般
Dezimalpunkt 男 十進小数点 数学 電気
DF = 英 dedicated file = dedizierte Datei 専用ファイル 電気 ; = 英 deterioration factor = Verschlechterungsfaktor 劣化指数 化学 バイオ 機械 ; = 英 face to face duplex（軸受などの）正面組み合わせ 機械 電気 ; = Dachfläche 屋根平面 建設
DFB-Laser = 英 distributed feedback la-

ser=Lasertechnologie für LWL 分布帰還型レーザ [光学] [物理] [電気]

DFBW = digital fly-by-wire = digitale Fly-by-Wire デジタル・フライ・バイ・ワイヤー（機械的リンケージの代わりにパイロットの操作をセンサで検出し,電気的な信号に変え,ワイヤ（電線）で結んだ電気制御式サーボ・アクチュエータに入力して電気的に操舵する方式） [電気] [航空]

DFG = Deutsche Forschungsgemeinschaft ドイツ学術振興会 [全般] [組織]

D

DFMS = ㊮ double-focusing mass spectrometer = doppelt fokussierendes Massenspektrometer 二重収束質量分析計 [光学] [電気] [化学] [バイオ] [医薬]

DGZfP = Deutsche Gesellschaft für Zerstörungsfreie Prüfung e.V. ドイツ非破壊検査協会（登録協会） [材料] [機械] [電気] [組織]

dH = deutscher Härtegrad ドイツ硬度, German hardness [化学] [バイオ]

DHA = ㊮ docosahexaenic acid = Dokosahexaensäure ドコサヘキサエン酸 [化学] [バイオ]

DHD = ㊮ double heatsink diode = doppelte Kühlkörper-Diode ダブル・ヒートシンク・ダイオード [電気]

DHY-Fuge = Doppel-HY-Fuge ダブル HY 形開先継手,double-bevel butt joint with broad root face,double U groove joint [溶接] [機械] [建設]

DI = Dosisindex = dose index 線量指数 [放射線] [原子力] [医薬] [物理]

Diabetes mellitus [中] 糖尿病, [類] Zuckerkrankheit [女],diabetes mellitus [化学] [バイオ] [医薬]

Diaceton-Acrylamid [中] ジアセトンアクリルアミド,ダイアセトンアクリルアミド,diacetone acrylamide,DAA [化学] [材料]

Diacetonalkohol [男] ジアセトンアルコール, [類] Acetonylaceton [中],diacetone alcohol, DAA [化学] [材料] [光学]

Diäthyläther [男] ジエチルエーテル diethyl ether [化学] [バイオ]

diagonal 対角線の [機械] [統計]

Diagonalreifen [男] クロスプライタイヤ [機械]

Diagonal-Turbine [女] 斜め流れタービン [機械]

Diagonalverdichter [男] 斜流圧縮機 [機械]

Diagramm [中] 線図 [機械] [化学] [バイオ]

Diallylphthalat [中] ジアリルフタレート,（フタル酸ジアリル）,diallyl-phthalate,DAP [化学] [材料]

Dialogfenster [中] ダイアログボックス,㊮ dialog box [電気]

Dialyse [女] 透析,dialysis [化学] [バイオ] [医薬]

3,3'-Diaminobenzidin [中] 3,3'-ジアミノベンジジン,（ペルオキシダーゼにより茶褐色に発色し,不溶化色素として沈着する性質があり,この酵素反応を組織免疫化学染色に利用して検出などの用いられる）,3,3'-diaminobenzidine,DAB [化学] [バイオ] [医薬]

Diaminobuttersäure [女] ジアミノ酪酸,diaminobutyric acid,DAB [化学] [バイオ] [医薬]

Diaphragma [中] 隔膜,薄膜,仕切り板,隔板,ダイヤフラム,横隔膜, [関] Membran [女], diaphragm [機械] [操業] [設備] [化学] [建設] [医薬]

Dibenzylzinndichlorid [中] ジベンジルスズジクロリド [化学] [バイオ]

DIC = ㊮ digital image correlation method = digitale Bildkorrelation デジタル画像相関法 [電気]; = ㊮ digital interface controller デジタルインターフェースコントローラ [電気]

Dicarbonsäure [女] ジカルボン酸, dicarboxylic acid,DCA [化学] [バイオ]

Dichlor-Diphenyl-Sulfon [中] ジクロロジフェニルスルホン, dichloro-diphenyl sulfone,DCDPS [電気] [化学]

Dichlorphenyl-Dimethylharnstoff [男] ジクロロフェニルジメチル尿素（農薬,エポキシ樹脂硬化促進剤などに用いられる）,dichlorophenyl-dimethyl urea,DCMU [化学] [バイオ] [医薬]

dichroitisch 二色性の, dichroic, dichromatic [光学] [電気]

Dichte [女] 密度,濃度 [機械] [化学] [バイオ] [エネ]

Dichtfläche [女] シール面, [類] Dichtleiste [女] [機械]

dicht gewickelte Schraubenfeder [女] 密巻きばね [機械]

Dichtkopf [男] シールヘッド [機械]

Dichtleiste [女] シール面, [類] Dichtfläche

女 機械
Dichtlippe 女 リップシール,sealing lip 機械
Dichtstrom 男 稠［ちゅう］密流,dense flow 機械 エネ
Dichtung 女 パッキング,シーリング,packing, gasket 機械
Dichtungselement 中 シーリング材,sealing element 操業 設備
Dickenabweichung 女 厚みの偏差・外れ, thickness deviation 操業 設備 材料 連鋳
Dickdarm 男 大腸,colon 化学 バイオ 医薬
Dickdarmentzüdung 女 大腸炎, colitis 化学 バイオ 医薬
Dickenmesser 男 すきまゲージ, 類 Fühlerlehre 女,thickness gauge,slip gauge, feeler gauge 機械
Dickentoleranz 女 厚み公差,thickness tolerance 操業 設備 材料 連鋳
Dickenwelle 女 厚み方向の振動によって生じるびびり模様,gage chattering mark 機械 材料
dickflüssig ネバネバした,どろりとした,turbid,viscous 化学 機械
dickwandig 厚壁の
dielektrisch 誘電の,絶縁の,dielectrically, dielectric 電気
Dielektrizitätskonstante 女 誘電定数, dielectric constant,permittivity 電気
Dien 中 ジエン, 英 dien 化学 バイオ
diensthabend 勤務中の, 当直の
Dienstleistung 女 サービス行為, 作業実施 操業 品質
Dienstleistungsnachweisverfahren 中 サービス行為・作業実施の確認方法 操業 品質
Dieselmotor 男 ディーゼルエンジン 機械
Dieselpartikelfilter 男 ディーゼル排気微粒子フィルタ,diesel paticulate filters, DPF 機械 化学 バイオ 医薬 環境
differenzial 示差の, 差動的な, differential 機械 電気
Differentialbremse 女 差動ブレーキ,differential brake 機械
differential distillation 英 微分蒸留(平衡蒸留に対比して使われる) 化学 バイオ
Differentialdruckklappe 女 差圧弁 機械
Differentialgetriebe 中 差動歯車, differenctial gear 機械
Differentialgleichung 女 微分方程式, differential equation 統計
Differential-Refraktometer 中 示差［しさ］屈折率検出計, differential refractometer 光学 医薬
Differentialtauchkolbenpumpe 女 差動プランジャーポンプ 機械
Differenzdruck 男 差圧,differencial pressure 機械 化学 精錬
Differenzspektrum 中 差スペクトル,difference spectrum 化学 バイオ 光学 物理
Differenz-Thermoanalyse 女 示差熱分析法,示差熱解析,示差熱分析, 類 thermische Differenzialanalyse,differential thermal analysis 材料 物理
Diffraktion 女 回折, 類 Beugung 女, diffraction 電気 化学 バイオ 光学 物理
diffundieren 散乱させる 機械 統計 物理 電気 光学
Diffuseur 男 ディフューザー, 類 Zerstäuber 男,diffuser 機械
Diffusionsdichtigkeit 女 拡散抵抗性,熱拡散抵抗性,シールの完全さ,不透過性, diffusion density,impermeability,seal integrity 機械 エネ 物理 化学 バイオ
Diffusionskoeffizient 男 拡散係数,diffusion coefficient 化学 材料 精錬
Digitaldruck 男 デジタル印刷, digital printing 印刷 機械
Digitalisierer 男 AD 変換器, analog to digital converter 電気
Digoxigenin 中 ジゴキシゲニン, 英 digoxigenin 化学 バイオ
DIHT = Deutscher Industrie- und Handelstag = the Association of German Chambers of Industry and Commerce ドイツ商工会議所連合会 経営 組織
Dihydropyrimidinase 女 ジヒドロピリミジナーゼ, (ヒダントイン誘導体を加水分解して, N-Carbamoyl-D- アミノ酸を生成するのでヒダントイナーゼと呼ばれる) 化学 バイオ
Diktatzeichen 中 照会番号

Dilatation 女 膨張, 肥大 バイオ 化学 医薬
Dilatationsfuge 女 拡張ジョイント,expansion joint,dilatation joint 機械
Dilatator 男 ダイレータ,散大筋,拡張筋,dilator 化学 バイオ 電気 医薬
diluvial 洪積の, 英 diluvial 地学
Dimer 中 二量体, 英 dimer 化学 バイオ
Dimerfettsäure 女 二量体脂肪酸,dimer fatty acid 化学 バイオ
Dimethylpiperidine-N-Zinkdithiocarbamat 中 ジメチルピペリジン -N- ジチオカルバミン酸亜鉛,Dimethylpiperidine-N-dithiocarbamic acid zinc salt 化学 バイオ
DIN = Deutsche Industrie Norm = Deutsches Institut für Normung ドイツ工業規格,ドイツ規格協会 規格 全般 組織
Dinkel 男 スペルトドイツ小麦,spelt バイオ 化学
DIN-VDE-Richtlinie 女 VDE(ドイツ電気電子情報技術登録協会) が発行したガイドラインでドイツ工業規格となった規格 規格 電気
Dioden-Aray-Detektor 男 ダイオードアレイ検出器 電気 機械
Dioptrie 女 ディオプトリ (屈折力測定単位, Maßeinheit der Brechkraft),Dptr. 光学 電気 単位
Diözie 女 雌雄異性, 類 Zweihäusigkeit 女 ,dioecy 化学 バイオ
Diphenylkresylphosphat 中 ジフェニルクレジルホスフェート (幅広い樹脂への難燃性付与などに用いられる),diphenyl cresyl phosphate,DCP 化学 材料
diploid 二倍体の, 複相体の, 英 diploid 化学 バイオ
DIP-switch = 英 dual in line package-switch ディップスイッチ(パソコンやプリンタなどの前面や背面に設置されている動作環境設定用の小さなスイッチ) 電気
Direkteinspritzung 女 直接噴射 機械
direktgekuppelte Turbine 女 直結タービン 機械
direktvermarktende Betriebe 複 男 産地直送業者 製品 物流 経営
Direktvermarktung 女 ダイレクトマーケティング,direct marketing 製品 物流 経営
DIS = 英 draft international standard ISO 規格の作成段階の一つである照会段階にある規格案 規格
Diskette 女 フロッピーディスク,floppy disk, FD 電気
Diskordanz 女 不整合 (地震の), 不一致, conformity 地学 物理
Diskrepanz 女 不一致,discrepancy,disagreement
diskret 非連続の,分離している 電気 統計
Diskretisierungszeitpunkt 男 離散点 統計 電気 機械
Dislokation 女 転位(結晶体の可塑性を説明するために提唱された欠陥の模型), 英 dislocation 材料 物理 鉄鋼 非鉄
Dismatic-Formanlage 女 砂型自動生産ライン 鋳造 設備 機械
Dispergieren 中 分散化 機械 統計 物理 電気
Dispersionsmodell 中 分散型モデル,dispersion model 統計 物理 電気
Dispersionsterm 男 分散項, dispersion term 機械 統計 物理 電気
Dispersphase 女 分散相,dispersed phase, disperse phase,dispersal phase,dispersion phase 化学 バイオ
disseminiert 散在した, 散在性の, 播種性の,disseminated,straggling バイオ 医薬
Dissertation 女 学位(請求) 論文 全般
Dissipation 女 消失(光合成における化学エネルギーの熱エネルギーへの遷移での), dissipation 化学 バイオ
dissoziiert 電離した, 乖離した,electlytic dissociated,ionized 電気 物理 化学
Distanzhalter 男 スペーサー, 類 Distanzscheibe 女,spacer 機械
Distanzierungsmittel 中 セパレータ,separator 機械
Distanzscheibe 女 スペーサー,ワッシャー, spacer,washer 機械
Distanzsteg 男 スペーサーウエブ 機械 設備
Distickstoffmonoxid 中 一酸化二窒素 (亜酸化窒素), 笑気, 類 Stickstoffoxydul 中, N_2O, dinitrogen monoxide, ni-

trous oxide 化学 バイオ 医薬

Distickstofftetroxid 中 四酸化二窒素, N_2O_4, dinitrogen tetraoxide 化学 航空

Distickstofftrioxid 中 三酸化二窒素, N_2O_3, dinitrogen trioxide 化学 バイオ

divalent 二価の（イオンの）, 英 divalent 化学 バイオ

divergierende Düse 女 末広ノズル, 類 Diffsordüse, divergent nozzle 機械

Diverse 中 雑貨

DKD = Deutscher Kalibrierdienst（amtliche Materialprüfungsanstalt）ドイツ計量検定所 機械 電気 組織

DKE = Deutsche Kommission für Elektrotechnik, Elektronik, Informationstechnik（VDE-Organisation）= the DKE German Commission for Electrical, Electronic & Information Technologies 電気電子情報技術に関する規格委員会 規格 電気 組織

DKG = Doppelkupplungsgetrieb = dual clutch transmission, DCT デュアルクラッチトランスミッション, 類 関 DSG（Direktschaltgetriebe）機械 ; = Drosselklappengeber バタフライバルブ位置信号器 機械 電気

DLC = 英 double lumen catheter = doppellumiger Katheter ダブルルーメンカテーテル, 「脱血用と送血用の２つ（double）の内腔（lumen）を持ったカテーテル」 化学 バイオ 医薬

DLG = Deutsche Landwirtschaftsgesellschaft e.V. = the German Agricultural Society ドイツ農業協会（登録協会）化学 バイオ 食品 組織

DLP = 英 digital light processing DMD素子を用いたプロジェクションシステム 電気 ; = Dosis-Längen-Produkt = Mass für die Strahlenbelastung bei Röntgenaufnahmen = dose-length-product 線量長さ積（単位はミリグレイセンチメートル）化学 バイオ 医薬 放射線 単位

DLR = Deutsches Zentrum für Luft-und Raumfahrt ドイツ航空宇宙ゼンター 航空 組織

DMA = 英 direct memory access = direkter Speicherzugriff 直接メモリアクセス 電気 ; = Dynamisch Mechanische Analyse = dynamic mechanical analysis 動的機械分析 電気 機械 化学

DmbA = 英 dimethyl benzylamine ジメチルベンチルアミン 化学 バイオ

DMF = N“,“N“-Dimethylformamid = N“,“N“-dimethylformamide ジメチルフォルムアミド,（気-液クロマトグラフィーの固定相, ポリアクリロニトリルの紡糸溶剤などに用いられる）化学 バイオ 繊維

DMFC = 英 direct methanol fuel cell = Methanol Brennstoffzelle 直接型メタノール燃料電池 機械 電気 化学

DMIX = 英 digital multimedia information multiplexer マルチメディア多重化装置 電気

DMOS = 英 double diffused metal oxided semiconductor 二重拡散金属酸化膜半導体 電気

DMP = druckluftbetriebe Membranpumpen 加圧ダイアフラムポンプ 機械 ; = Dimethylphthalat = dimethyl phthalate フタル酸ジメチル（樹脂の溶媒, 可塑剤, 香料などに用いられる）化学 バイオ

DMS = 英 dense medium separator = dichteres Medium-Separator 重選機 地学 機械 操業 設備

DMSO = Dimethylsulfoxid = dimethyl sulfoxide ジメチルスルホキシド,（非プロトン性極性溶媒）化学 バイオ 医薬

DMT = 英 dimethyl terephthalate テレフタル酸ジメチル 化学 バイオ

DNA-Diagnostik 女 DNA 診断法（学）, 類 DNS- Diagnostik 女, DNA diagnostics 化学 バイオ 医薬

DNA- gesteuerte Hybridisierungsreaktion 女 DNAドライブハイブリッド形成反応 化学 バイオ 医薬

DNA-Identifizierung 女 DNA 鑑定法, DNA identification, DNA test 化学 バイオ 医薬

DNA-Sonde 女 DNA プローブ（遺伝子中のDNA 配列を証明するための核酸；相補的な塩基配列を持つDNA またはRNA を検出するために作成された特異的な塩基配列を持つDNA のこと）, DNA probe 化学 バイオ

DNA-Strang 男 DNA 鎖, DNA ストランド,

㊥ DNA-strand, DNA-chain 化学 バイオ
DNFB = ㊥ 2,4-dinitrofluorobenzene ジニトロフルオロベンゼン(N-末端アミノ酸残基の決定法である Sanger 法などに用いられる) 化学 バイオ 医薬
DNP = ㊥ distance from neutral point チップ中心点からの距離 電気 ; = Desinfektionsnebenprodukte = disinfection by-products 消毒副生成物 化学 バイオ 医薬
DNPR-System = ㊥ diesel NOx particulate reduction system = Diesel-NOx-Partikel-Reduzierungssystem ディーゼル NOx 粒子削減システム 機械 環境
DNR = ㊥ dynamic noise reduction = Dynamische Rauschbegrenzung 動的ノイズ低減 環境 物理 音響 機械 ; = ㊥ Department of Natural Resources = Amerikanische Behörde in Washington ㊍ 天然資源環境省 環境 地学 組織
DNT = 2,4-Dinitrotoluol = 2,4-dinitrotoluene ジニトロトルエン(有機合成,トルイジン,染料,火薬の中間体) 化学 バイオ 医薬 環境
Döpper 男 ヘッダー, リベットダイ, header, revetting die 機械
DOC = ㊥ dissolved organic carbon = gelöster organischer Kohlenstoff 溶解有機炭素 化学 バイオ
DOFC = ㊥ direct oxidation fuel cell = Direkt-Oxidations-Brennstoffzellen 直接酸化型燃料電池 化学 機械 エネ 環境 電気
Dolde 女 散形花(序), umbel 化学 バイオ
Doldengewächse 複 散形科植物 化学 バイオ
Dolomit 女 ドロマイト, dolomite 製銑 精錬 化学 地学 非金属
DOM = ㊥ dissolved organic materials = gelöste organische Substanzen 溶解有機物質 化学 バイオ 地学
Domäne 女 ドメイン, ㊥ domain 化学 バイオ
Doppelachse 女 ツイン軸, twin axle 機械
Doppelbarriere-Doppelheterostruktur Laser 男 二重バルア・二重ヘテロ構造のレーザー(半導体レーザ), double barrier double heterostructure laser, DBDH-Laser 電気 光学
Doppelbrechung 女 複屈折, double refraction 光学 電気
Doppelfernrohr 中 双眼鏡 光学 電気
doppelflutiges Laufrad 中 両側吸込み羽根車 機械 エネ
Doppelfräsmaschine 女 両頭フライス盤, 類 Zweispindelfräsmaschine 女, double head milling maschine, duplex head milling maschine 機械
Doppelhelix 女 二重らせん, double helix 化学 バイオ
Doppelhieb 男 あや目, double-cut 機械
Doppelhub 男 ダブルストローク, ハイリフトストローク 機械
Doppelkeilriemen 男 ダブル V ベルト, double V-belt 機械
Doppelklick 男 ダブルクリック, double click 電気
Doppelkonus-Drallbrenner 男 ダブルコーン旋回バーナー 機械 エネ
Doppellaschennietung 女 二重当て金リベット結合, 両面目板 機械
Doppelmaßstab 男 二重目盛, double scale 機械 電気
Doppel-Proportionalmischventil 中 ダブルプロポーショニングバルブ, double proportioning valve, D.P.V. 機械
Doppelsalz 中 複塩, double salt 化学 バイオ
Doppelscheibenfräser 男 かみ合い側フライス, interlocking side cutter 機械
Doppelständerfräsmaschine 女 平削り形フライス盤, planer type milling machine 機械
Doppelständerhobelmaschine 女 門形平削り盤, double housing planer 機械
doppelter Zeilenabstand 男 ダブルスペース, double space 電気 印刷
doppelt gesteuerter Ausgleichungsmechanismus 男 二重復元機構 機械
doppeltrichterförmiges Rohr 中 中細[なかぼそ]ノズル, 類 Lavaldüse 女, converging and diverging nozzle, laval nozzle 機械 エネ
Dorn 男 アーバ, 心棒, 類 Spindel 男, arbor

[機械]
Dornstapler [男] マンドレル・パイラー, mandrel piler [機械]
Dose [女] コンセント, 缶, socket, can [電気] [機械]
Dosierbehälter mit Literskala リットル目盛付き計量(定量)容器, dosing tank with litre scale
dosieren 計量しながら供給する, 測定する, 調薬する, 適量に分ける gage, meter, dose [機械] [化学] [バイオ]
Dosierkolbenpumpe [女] 往復比例ポンプ, reciprocating proportioning pump [機械]
Dosierkopf [男] 定量接液部, 計量ヘッド [機械]
Dosierpumpe [女] 計量ポンプ, metering pump [機械]
Dosierventil [中] 調整針弁, 加減針弁 metering valve, proportioning valve [機械]
Dosis [女] 服用量, 放射線量 [原子力] [化学] [バイオ] [機械]
Dosisflächenprodukt [中] 面積線量, dose area product, DAP [原子力] [放射線] [化学] [バイオ]
DOW = (英) deep ocean water = Tiefer Ozean Wasser 深層海水 [海洋] [物理] [環境] [化学] [バイオ] [医薬]
DP = (英) dew point = Taupunkt [男] 露点 [機械] [化学] [物理]; = (英) degree of polymerization = Durchschnittpolymerisationsgrad = Durchschnittpolymerisationszahl 平均重合度 [化学] [バイオ]
dpa = Deutsche Presse Agentur ドイツ通信社 [電気] [経営]
DPA = Diphenylamin ジフェニールアミン; = Dipropylacetat ジプロピルアセテート [バイオ] [化学]; = Deutsches Patentamt ドイツ特許局 [特許] [組織]
DPC = (英) diagnostic procedure combinations 診断群分類, (DPCに基づいて包括医療費支払い制度がなされている) [医薬]
dpm = (英) degradation per minitues 放射線崩壊の数 [放射線] [化学] [バイオ] [医薬] [単位]
DPS = (英) digital picking system デジタルピッキングシステム [電気] [光学] [物流] [操業] [設備]
DPZ = Durchschnittpolymerisationsgrad = Durchschnittpolymerisationszahl 平均重合度, avarage degree of polymerization [化学] [バイオ]
Draht [男] 線材, wire [材料]
Drahtabschneider [男] ニッパー, ワイヤーカッター, nippers, wire cutter [材料] [機械]
Drahtbruch [男] ワイヤー破断, wire rupture, broken wire [機械] [建設]
Drahtelektrode [女] ワイヤー電極, wire electrode [溶接] [電気] [材料] [機械]
Drahterodiermaschine [女] ワイヤー酸洗機 [材料] [機械]
Drahtführung [女] ワイヤーガイド, wire guide [機械]
Drahtführungsarm [男] ワイヤー圧延ガイドアーム [材料] [機械]
Drahtgitter [中] ワイヤーガード, wire guard [機械]
Drahtkorb [男] ワイヤーバスケット [機械]
Drahtgittermodell [中] ワイヤーフレームモデル, wire frame model [電気] [機械]
Drahtseil [中] ワイヤーロープ, wire rope [機械]
Drahtziehbank [女] 線引機, wire-drawing bench [機械]
Drainage [女] 排水設備, ドレナージ, 体内留置排液用カテーテル, (英) dorainage [機械] [化学] [バイオ]
Drallblech [中] 旋回羽根, swirl vane [機械]
Draufsicht [女] (上から見た) 平面図, top view [機械]
Drehdurchmesser [男] 振り, turning diameter [機械]
Drehgestell [中] ボギー台車, ボギー, [類] Radgestell [中], bogie truck [交通] [機械]
Drehgestellrahmen [男] 台車枠, bogie frame [交通] [機械]
Drehimpuls [男] スピン [機械]
Drehknopf [男] コントロールノブ, スイッチノブ, control knob, switch knob [機械]
Drehkolbenmotor [男] ロータリーエンジン, rotary enjine [機械]
Drehkolbenpumpe [女] 回転ポンプ, rotary pump [機械]
Drehmoment [中] トルク, torque [機械]
Drehmomentschlüssel [男] トルクレンチ,

D

torque wrench 機械
Drehmomentübertragung 女 トルク伝達, torque transmission 機械
Drehmomentwandler 男 トルクコンバータ, torque converter 機械
Drehmomomentziffer 女 トルク比 機械
Drehofen 女 ロータリーキルン,回転炉,rotary kiln,rotary furnace 設備 機械 材料
Drehpaar 中 回り対偶,turning pair 機械
Drehrost 男 回転火格子,revolving grate 設備 機械
Drehschieberpumpe 女 ロータリーベーンポンプ,rotary vane pump 機械
Drehstabfeder 女 ねじり棒懸架,トーションバー・スプリング,torsion bar spring 機械
Drehstahl 男 バイト, cutting tool, lathe tool 機械
Drehstock 男 ウインチ, winch 設備 機械
Drehstrommotor 男 三相モーター,three phase motor 電気 操業 設備
Drehteil 中 旋回部位・旋回台, turned part 設備 機械 連鋳
Drehtellerofen 男 回転炉床炉, rotary feed table furnace 材料 操業 設備
Drehtischfräsmaschine 女 ロータリーテーブル形フライス盤,回転フライス盤,rotary table type milling machine 機械
Drehtrommelwärmespeicher 男 回転胴式熱交換器,−蓄熱器,rotary−drum type of heat accumulator 設備 機械 エネ
Drehwertgeber 男 ねじ回転量検出器,ロータリーエンコーダー,rotary encoder 機械
Drehwiderstandsröhre 女 トルクチューブ,ねじれ受け器,torque tube 機械
Drehzapfen 男 中心ピン,トラニオン, 関 Wellenzapfn 男,Lagerzapfen 男,Zapfen 男,pivot,trunnion 機械
dreiarmig 三腕の, three-armed 機械
dreidimensionale Strömung 女 三次元流れ 機械 エネ
Dreifachaufladung 女 トリプルチャージ 機械
Dreigelenkbogen 男 3ヒンジアーチ,three-hinged arch 建設 機械
Dreipunkt-Kugellager 中 三点接触玉軸受 機械
dreischiffig (工場などの) 三連棟の,三つの連絡通路のある 建設 機械
Dreistoffsystem 中 三相システム, ternary phase system 材料 物理 精錬 製銑
Dreivietelachse/dreiviertelfliegende Achse 女 四分の三浮動車軸,three-quarter floating axle 機械
Dreiwegehahn 男 三方コック,three- way cock or tap 機械
Dreiwegeventil 中 三方弁,three- way valve 機械
Dressiergerüst 中 スキンパスミルスタンド, 類 Nachwalzgerüst 中,Glätten 中,skin pass mill stand 材料 操業 設備
DRIFTS = 英 diffuse reflectance infra-red Fourier transform 拡散反射フーリエ変換赤外分光法 化学 バイオ 材料 物理 光学
drittletzt 最後から三番目の
Drittmittelprojekt 中 第三者資金によるプロジェクト, third party funded project 経営 操業 設備
Droge 女 薬種,薬(の原料),drug 医薬 バイオ
Drossel 女 絞り,閉塞,スロットル,choke, throttle 機械
Drosselbohrung 女 蒸気取り入れ口, throttling port 機械
Drosselelement 中 オリフィス,スロットル,チョーク,インデューサー,orifice,throttle, choke,inducer 機械
Drosselhülse 女 スロットルスリーブ,throttle sleeve 機械
Drosselklappe 女 スロットルバルブ,バタフライバルブ,throttle valve,butterfly valve 機械
Drosselklappenhebel 男 スロットルコントロールレバー,throttle control lever 機械
Drosselscheibe 女 オリフィスプレート,orifice plate 機械
Drosselspule 女 インピーダンスコイル,impedance coil 電気
Drosselventil 中 絞り弁,バタフライバルブ, throttle valve, butterfly valve 機械
Druckabbauventil 中 減圧弁,類 Druckminderungsventil 中,pressure reduc-

tion valve 機械 化学 バイオ

Druckanschluss 男 圧力接続（部位），吐出接続（部位），pressure connection, pressure port 機械 操業 設備 化学

Druckausgleichsbehälter 男 サージタンク，圧力調整槽，surge tank, pressure compensation vessel 操業 設備

Druckbegrenzungsventil 中 圧力制御弁，圧力制限弁，類 Druckregelventil 中，pressure control valve, excess pressure valve, PCV 機械 操業 設備 化学

Druckbehälter 男 圧力チャンバー，圧力タンク，圧力容器，pressure chamber, pressure tank, pressure vessel 機械 操業 設備 化学

Druckbogen 男 紙シート，印刷用紙，print sheet 印刷

Druck des Luftstrahles 男 逆風圧 機械 操業 設備 エネ

Druckertreiber 男 プリンタドライバ，printer driver 電気

Druckfehler 男 印刷ミス 印刷

Druckfestigkeit 女 圧縮強さ，compressive strength 材料 機械 化学

Druckförderung 女 圧力送り，加圧供給方式 機械 操業 設備 エネ

Druckgaserzeugungsanlage 女 押し込みガス発生装置，pressure gas production equipment 機械 操業 設備 化学

Druckgaskessel 男 加圧ボイラー，compressed gas boiler 機械 操業 設備 化学

Druckform 女 圧版，類 Druckplatte 女，pressure plate, printing plate 印刷 機械

Druckformänderung 女 圧縮ひずみ，圧縮変形，compressive deformation/strain 材料 機械 化学

Druckguss 男 高圧ダイカスト，類 Kokillenguss 男，comoression casting, high pressure die casting 鋳造 機械

Druckgusswerkzeug 中 ダイカスト金型，ダイキャスト金型 鋳造 機械

Druckhauptrohr 中 圧力主管 機械 操業 設備 化学

Druckhöhe 女 圧力ヘッド，discharge head, delivery charge head 機械 操業 設備 化学

Druckkolbenring 男 圧縮ピストンリング 機械

Drucklager 中 スラストベアリング，thrust bearing 機械

Drucklaufstrom 男 押し込み通気 機械

Druckleitung 女 送り出し管，圧力配管，delivery pipe, discharge piping, pressure line 機械 操業 設備 化学

Drucklufteinspritzbrenner 男 空気噴射式バーナー，air injection burner 機械

Druckluftmotor 男 圧縮空気エンジン，pneumatic enjine 機械

Druckluftverstemhammer 男 空気かしめハンマー 機械

Druckminderungsventil 中 減圧弁，pressure reduction valve 機械

Druckplatte 女 圧版，類 Druckform 女，pressure plate, printing plate 印刷 機械

Druckprüfmaschine 女 圧縮試験機，compression test, pressure test 材料 機械 エネ

Druckregelventil 中 圧力調整弁，圧力制御弁，燃料圧力制御弁，類 Drucksteuerventil 中，Druckbegrenzungsventil 中，performance valve, pressure control valve 操業 設備

Druckregulator 男 圧力調整装置，pressure controller 機械 化学

Druckschalter 男 プッシュボタンスイッチ，類 Drucktaster 男，press switch, push-button switch 電気

Druckschmerz 男 圧痛，pressure pain, DS 化学 バイオ 医薬

Druckschmierung 女 圧力潤滑，圧力注油，forced feed lubrication, pressure lubrication 機械 化学

Druckspiralfeder 女 圧力コイルばね 機械

Druckspritzverfahren 圧力スプレー法，pressure spray process 機械

Druckstab 男 圧縮鉄筋，圧縮ビーム，pressure bar, compression beam 材料 建設

Druckstange 男 連接棒，類 Pleuel 男，pit man 機械

Druckstutzen 男 排出ノズル，排出側，関 Saugstutzen 男，discharge nozzle, outlet side 機械

Drucktaster 男 プッシュボタンスイッチ，類

D

Druckschalter 男, press switch, push-button switch 電気

Druckthermitschweißung 女 加圧テルミット溶接, pressure thermit welding 溶接 機械

Drucktiegel 男 平台印刷機, flat-bed press, platen press, flat platten 印刷 機械

Druck-und Geschwindigkeitsturbine 女 速度圧力複式タービン 機械 エネ

Druckübertragungseinrichtung 女 圧力伝達装置 機械 エネ

Druckventil 中 送り出し弁, delivery valve, discharge valve 機械

Druckverlust in Luftkanal 男 ダクト圧力損失 機械 エネ

Druckverstärker 男 ブースター, booster 機械 エネ

Druckverteilung 女 圧力分布, pressure distribution 機械 材料 エネ

Druckwasser-Reaktor 男 加圧水型原子炉, pressurized water reactor, PWR 原子力 放射線 電気 操業 設備

Druckwirbelschichtfeuerung 女 加圧流動床燃焼技術による複合発電方式, pressurized fluidized bed combustion combined cycle, PFBC 電気 エネ

Druckzerstäubungsbrenner 男 圧力噴霧式バーナー, 類 Druckzerstäuber 男, mechanical atomizer burner 機械 材料 エネ

Druckzugventilator 男 押し込み送風機, forced ventilator 機械 エネ

Druckzylinder 男 加圧円筒, 印刷胴, pressure cylinder, printing cylinder 機械 印刷

Drückenluftmotor 男 圧縮空気エンジン 機械

DSA = digitale Subtraktionsangiografie = digital subtraction angiography デジタルサブトラクション血管造影法, ディジタル減算処理血管造影法 化学 バイオ 医薬 電気

DSC = 英 dynamic stability control = Dynamische Stabilitätskontrolle bei BMW usw. 横滑り防止装置 ESC の呼称 (BMV, フォード, マツダなどでの) 機械; = 英 differential scanning calorimetry = DDK-Dynamische Diffferenz Kalorimetrie = Differenzialthermoanalyse = differential thermal analysis 示差[しさ]走査熱量測定法, 示差熱分析法 電気 機械 化学 材料

dscm = 英 dry standard cubic meter = trockenes Normkubikmeter 乾燥標準立方メートル 単位 化学 バイオ 物理

DSD = Duales-System Deutschland AG ドイツにある廃棄物・リサイクル会社名 リサイクル 環境 経営

DSI = Verbund deutscher Sicherheitsingenieure ドイツ安全衛生工学技術者協会 操業 安全 組織 全般; = 英 digital signature input = digitale Signatur- Eingabe デジタル署名入力 電気

DSM = digitale Speichermedien = digital storage media デジタル記録媒体 電気

DSP = Digitaler Signal-Prozessor = digital signal processor ディジタル信号プロセッサ, ディジタル信号処理プロセッサ 電気

DSPC = 英 direct strip production complex アルゴマスチールなどのツインストランド薄スラブ連続鋳造などを用いた薄スラブによる複合生産方式 連鋳 材料 操業 設備

DSRC = 英 dedicated short range communication = dedizierte Nahbereichskommunikation 専用狭域帯通信方式・規格 電気 規格

DSS = Doppelsternschaltung mit Saugdrossel bei Transformatoren = double star connection with balance choke バランスチョーク付き二重星形結線 電気

DT = 英 tandem duplex (軸受などの) 並列組み合わせ 機械 電気

DTA = Differenz-Thermoanalyse = thermische Differenzialanalyse = differential thermal analysis 示差熱分析法, 示差熱解析, 示差熱分析 材料 物理

DTS = 英 distributed time server = verteilter Zeit-Server 配信 (分散) 時刻サーバー 電気; = 英 decoding time stamp 符号時刻管理情報, デコーディング・タイム・スタンプ情報 電気

Dübel 男 ダボ, 合くぎ, dowel, pin 機械

Düne 女 砂丘, sand dunes 地学

Düngemittel 中 施肥材料(スラグなどの),

肥料, fertilizer 精錬 化学 バイオ
Düngung 女 施肥,fertilization 化学 バイオ
dünner Kreiszylinder 薄肉円筒 機械
dünnflüssig 水っぽい,希薄液の 機械 化学
Dünnschichtlackierung 女 薄膜プリントコーティング,thin layer print coating 材料 化学 バイオ
Dürrluftpumpe 女 乾式空気ポンプ, dry air pump 機械
Düse 女 ノズル, 羽口, tuyere 製銑 精錬 操業 設備 エネ
Düsenabstreifverfahren 中 エアーナイフシステム, ジェットシステム 機械 材料
Düsenkörper 男 ノズルヘッド, ノズル体, nozzle head, nozzle body, die base, die body 機械
Düsenmolch 男 塊形成防止用（閉塞防止用）ジェットピグ（塊）,jet pig 機械 化学 設備
Düsenmund 男 ノズルマウス 製銑 精錬 操業 設備 エネ 機械
Düsenstock 男 羽口, tuyere connection 製銑 精錬 エネ
DUH = Deutsche Umwelthilfe e.V ドイツ環境保護（登録）協会 環境 組織
Duktorwalze 女 インキつぼローラー, duct roller 印刷 機械
Dunkelfeld 中 暗視野,dark field 機械 光学
Dunstabzugshaube 女 換気扉フード, ventilating hood 機械 電気
Duodenalgeschwür 中 十二指腸潰瘍, 英 duodenal ulcer 化学 バイオ 医薬
Duodenum 中 十二指腸, 類 Zwölffingerdarm 男, 英 duodenum 化学 バイオ 医薬
Duo-Gerüst 中 ツーハイスタンド, two-high stand 材料 操業 設備
Duostraße 女 ツーハイライン 材料 操業 設備
Duplexinjektor 男 複式インジェクター 機械 印刷
Duplexpumpe 女 複式ポンプ 機械
Duplex-Zerstäuber 男 二段噴射弁 機械
Duralumin 中 ジュラルミン, 英 duralumin 材料 航空
Durchbiegen 中 変形, deflection : Durchbiegen der Arbeitswalzen ワークロールの変形, whipping of the work roll 材料 操業 設備
Durchbiegung 女 変形, 偏差, deflection 材料 操業 設備 電気
Durchbiegungswinkel 男 たわみ角 機械 建設
Durchblasen 中 吹き抜け 建設
Durchblutungsstörung 女 血行障害, disturbance (blockage) of blood flow, hematogenous disorder 化学 バイオ 医薬
Durchbrand 男 溶け落ち, 妨害ファインダー 電気 精錬
Durchbrennen 中 断線（焼損）, burn-out 電気
Durchbruch 男 ブレークアウト（連続鋳造）, 裂け口, 裂け目, 破過（吸気特性関連語）, 漏出（クロマトグラフィー関連語）, ブレークダウン（ダイオード関連語）, break-out, break through, opning 連鋳 材料 操業 設備 電気 化学 バイオ
durcherstarrn 完全凝固する, solidify perfectly 連鋳 材料 鋳造 操業 設備
Durchfall 男 下痢, 類 Diarrhöe 女, diarrhea; scours, loose bowel 化学 バイオ 医薬
Durchfeuchtung 女 水分浸透, 完全に湿らせること, moisture penetration 機械 化学
Durchfluss 男 貫流, flowing through, percolation, break-through 機械 化学 バイオ
Durchflussmenge 女 流量, flow rate 機械 化学
Durchflussregler 男 流量調整装置, flow controller 機械 化学
Durchfluss-Rührkesselreaktor 男 連続式攪拌槽反応器, continually stirred tank reaktor, CSTR 地学 化学 機械 設備
Durchflusszahl 女 流量係数, discharge coefficient 機械 化学
Durchflusszytometer 中 フローサイトメータ（流動細胞計測）, flow cytometer 機械 化学 バイオ
Durchführung 女 ブッシュ, 施工, ダクト, 管路, 類 Gang 男, Kanal 男, bushing, lead through, duct 機械
Durchgangsbohrung 女 直道[じかみち]ボア, through bore -hole 機械
Durchgangsloch 中 通し穴, 通過孔, through

whole, clearance hole, through bore-fit 機械
Durchgangsschieber 男 直道弁, 類 Durchgangsventil 中, gate valve, straight through valve, through-way valve 機械
Durchgangsventil 中 直道弁, 玉形弁, 類 Durchgangsschieber 男, gate valve, straight through valve, through-way valve 機械
Durchgangsvorschub 男 通し送り(心なし研削), through feed 機械
Durchgasungssteuerung 女 通ガス制御 機械 化学
durchgehende Schraube 女 通しボルト, through bolt 機械
durchgezogene Linie 女 実線, 類 ausgezogene Linie, solid line, full line 統計
Durchhängen 中 たるみ, sagging
durchhängend たるんだ, ゆるんだ, 類 schlaff 機械
Durchkohlungsgrad 男 炭化度, degree of carbonization 化学 製銑 機械
durchlaufende Bremse 女 通しブレーキ 機械
Durchlaufgeber 男 単回処理サイクルジェネレータ, single processing of cycle generator 電気
Durchlaufglühlinie 女 連続焼鈍ライン, continuous annealing line 材料 操業 設備
Durchlaufträger 男 連続梁, 連続桁, continuous beam, continuous girder 建設 設備 機械
Durchlaufzeit 女 連続操業時間, トラックタイム, リード時間, continuous running time, passing through time 操業 設備
Durchmesserteilung 女 ダイヤメトラルピッチ, diametral pitch 機械
Durchmischung 女 攪拌, mixing 精錬 操業 設備
Durchrostung 女 芯まで錆びること, すっかり錆びること, rost through 材料 機械
Durchrutschen der Reifen 中 タイヤのスピン, wheel spinning 機械
Durchsatzleistung 女 一定時間内処理量・能力, throughput rate 機械 操業 設備 電気
Durchschlagfestigkeit 女 絶縁破壊強さ, dielectric breakdown strength 電気
Durchschnittpolymerisationsgrad 男 平均重合度, 類 Durchschnittpolymerisationszahl 女, avarage degree of polymerization 化学 バイオ
Durchschweißen 中 完全溶け込み溶接, welding through, welding with full penetration 溶接 材料 機械
durchsehen ブラウズする 電気
Durchstrahlungsverfahren 中 レントゲンテスト, 透過法, radiographic testing, transmission method 機械
durchströmen 通流する, flow through, pass through 機械
Durchströmungseinheit 女 単位流量, flow unit 機械
Durchströmungsturbine 女 クロスフロータービン, 直交流タービン, cross flow turbine 機械 エネ
durchsuchen サーフィンする 電気
Durchtrieb zur Antriebswelle 男 直結駆動軸 機械
Durchzeichnung 女 トレーシング, tracing 機械
Durchzug 男 牽引, 親梁, 通過, すきま風, draught, passage, master beam 機械 建設
duroplastisch 熱硬化性の, thrmosetting 化学 バイオ 材料 鋳造
Dusty-Gas-Modell 中 ダスティーガスモデル, (土壌ガス中固気二相流の解析などに用いる) 化学 バイオ 地学 物理
dUTP = 英 -2'-deoxyuridine-5'-triphosphate デオキシウリジン三リン酸 化学 バイオ
DVGW = Deutscher Verein des Gas-und Wasserfaches e.V. ドイツガス水道協会(登録協会) 機械 化学 設備 組織
DVM = Deutscher Verband für Materialforshung und-prüfung ドイツ材料研究試験協会 材料 全般 組織
DVS = Deutscher Verband für Schweißen und verwandte Verfahren e.V. ドイツ溶接および適用プロセス登録協会 溶接 材料 全般 組織
DWL = Dehnungs-Wöhlerlinie 伸びーヴェーラーカーブ 材料 機械
DXF = 英 data/drawing exchange/inter-

change format CAD ソフトウェアで作成した図面のファイル フォーマット 電気
dynamischer Druck 男 動圧 エネ 化学 設備 機械
die dynamisch streuenden Anzeigen 複 ダイナミック散乱形のディスプレイ 電気 光学
dynamische Tragfähigkeit 女 動定格荷重,負荷容量(ころがり軸受の) 機械
Dynamometer 中 動力計 機械
DynAPS = dynamisches Auto Pilot System = dynamisches Kfz-Zielführungssystem 自動車動的誘導システム 機械 電気
Dysfunktion 女 機能障害, dysfunction 化学 バイオ 医薬

E

E.AA = 英 ethylen acrylacid = Ethylen Acrylsäure エチレンアクリル酸 化学 バイオ ;= 英 essential amino-acid = essentielle Aminosäure 必須アミノ酸 化学 バイオ
EAGLE = 英 coal energy application for gas,liquid and electricity 多目的石炭ガス製造技術 地学 電気 エネ 機械 環境
EAK = der Europäische Abfallkatalog = European Waste Catalogue 欧州廃棄物リスト 環境 化学 バイオ 規格 組織
EAN-Code = 英 europian article number code = Strichcode-Nummer für alle Waren des Verbrauchs イアンコード,ヨーロッパ商品コード(UPC のヨーロッパ版,GTIN,GS1準拠) 電気 製品 規格 経営
EAU = Einankerumformer = rotary single amature converter 回転変流機 機械 電気
EBC = 英 embedded computer board 埋め込み型コンピュータボード 電気 ;= 英 electron-beam curing 電子ビームキュアリング,電子線硬化,電子ビーム硬化 電気 材料 化学;= 英 environmental barrier coating = Beschichtung zum Schutz vor Umgebungseinflüssen 環境バリヤーコーティング 化学 電気 材料
EBD = elektronische Bremsdifferential 電子式ブレーキ差動装置 機械 電気
ebene Spannung 女 平面応力 機械 建設
EBM = evidenzbasierte Medizin = evidenced based medicine エビデンスに基づいた医療 化学 バイオ 医薬 全般
EB-PVD = 英 elctron beam physical vapor deposition = Elektronenstrahlverdampfen 電子ビーム物理蒸着 電気 物理
EBV = elektronische Bremsverteilung 電子式ブレーキ力分配調整装置 機械 電気 ;= 英 Epstein-Barr virus エプスタイン・バール・ウイルス,(ヘルペスウイルス科のウイルス,ヒトヘルペスウイルス4型ともいう) 化学 バイオ 医薬
EC1 酸化還元酵素,Oxidoreduktase 女, 英 oxidoreductase 化学 バイオ
EC2 転移酵素,Transferase 女,英 transferase 化学 バイオ
EC3 加水分解酵素,Hydrolase 女,英 hydrolase 化学 バイオ
EC4 脱離酵素,Lyase 女,英 lyase 化学 バイオ
EC5 異性化酵素, Isomerase 女, 英 isomerase 化学 バイオ
EC6 合成酵素,Synthetase 女,英 ligase, synthetase 化学 バイオ
ECAP = 英 equal channel angular pressing 等チャンネル角度プレス法(断面形状を変えずに,機械的性質を向上させる強ひずみ加工法) 材料 機械
ECCI = 英 electron channeling contrast imaging 電子チャンネル反射強度画像化法(走査型電子顕微鏡を用いて結晶表面の近傍に存在する転位を観察する手法である. 転位によるわずかな格子面のゆがみによる反射電子強度の変化を捉えることで,転位密度の高い領域を画像化することができる) 電気 材料
ECCS = 英 emergency core cooling system = Notfallkühlsystem für den Reak-

torkern 緊急炉心冷却装置 [原子力] [操業] [設備] [電気]

ECD = (英) electron capture detector = Elektronenfangdetektor エレクトロンキャプチャー検出器, 電子捕獲型検出器, 電子捕獲検出器（有機ハロゲン化合物などの検出に用いる）[電気] [化学] [バイオ] [医薬] [環境]

ECDC = (英) European Center for Disease Prevention and Control = Europäiche Mitte für Krankheit -Verhinderung und Steuerung 欧州疾病予防センター [化学] [バイオ] [医薬] [組織]

ECEI = (英) European Cluster Excellence Initiartive ヨーロッパ・トップクラス・クラスター・イニシアチブ（クラスターマネジメントのトレーニング他を行なっていたが, 現在は業務を終了し, ESCA, ECG などが引き継いでいる）[全般] [組織] [経営]

ECHA = (英) European Chemicals Agency = Europäische Chemikalienagentur 欧州化学物質庁 [化学] [バイオ] [医薬] [環境] [組織]

ECL = (英) external cavity laser = Wellenlängenabstimmbarer Laser 外部共振器型レーザ, 外部キャビティレーザ [電気] [光学]; = (英) electrolytic cleaning line 電解洗浄ライン [電気] [材料] [化学]; = (英) emitter coupled logic = Emitter-gekoppelte Logik エミッター結合論理 [電気]

ECO = (英) electron coupled oscillator = Elektronischer Schwingkreis 電子結合発振器 [電気]

ECRR = (英) European Committee on Radiation Risk 放射線欧州委員会（ICRP に批判的な欧州議会内の調査グループ）[原子力] [組織]

ECTFE = (英) etylenchlorotrifluoroethylene = Äthylenchlorotrifluorcopolymer エチレンクロロトリフルオロコポリマー [化学] [バイオ]

EDA = (英) equipment data acquisition = Ausstattungs-Datenerfassung 機器データ取得 [電気]

EDAC = (英) error detection and correction = Fehlererkennung und –korrektur 誤り検出訂正 [電気]

EDCs = (英) endocrine disrupting chemicals = endokrin wirksame Substanzen 外因性内分泌撹乱物質 [化学] [バイオ] [医薬] [環境]

EDI = (英) electronic data interchange = elektronischer Datenaustausch 電子データ交換 [電気]

EDLC = (英) electric double-layer capacitor = elektrischen Doppelschichtkondensator 電気二重層コンデンサー, 電気二重層キャパシタ,（蓄電量を高めた蓄電デバイスの一種）[電気]

Edman-Sequenzierung [女] エドマン分解による配列決定, Edman degradation sequencing [化学] [バイオ]

EDTA = (英) ethylendiaminetetraacetic acid = Äthylendiamintetraessigsäure エチレンジアミン四酢酸, ethylendiaminetetraacetic acid [バイオ] [化学]

Edukt [中] 抽出物, 遊離体, 【類】 Extrakt [男] [バイオ] [化学]

EDV = elektronische Datenverarbeitung = elecronic data processing, EDP 電子データ処理 [電気] [機械]

EDXRF = (英) energy dispersive X-ray fluorescence spectrometer エネルギー分散型蛍光 X 線分析装置 [電気] [化学] [バイオ] [材料] [物理]

EEG = Elektroenzephalogramm = electroencephalogram 脳波図 [化学] [バイオ] [医薬] [電気]; = Erneuerbare Enerugien-Gesetz 再生可能エネルギー法 [環境] [エネ] [法制度] [経営]; = Energie-Einsparungs-Gesetz 省エネルギー法 [環境] [エネ] [電気] [経営] [法制度]

EELS = (英) electron energy loss spectroscopy = Elektronen-Energieverlust-spektroskopie 電子エネルギー損失分光法 [電気] [化学] [バイオ] [材料] [物理]

EEM = Exzitation-Emissions-Matrix = excitation-emissoin-matrix 励起・蛍光マトリックス（蛍光分光法における）[化学] [バイオ] [電気] [光学]

EEPROM = (英) electrically erasable and programmable ROM 電気的消去型 PROM [電気]

EERE = 英 The Office of Energy Efficiency and Renewable Energy = Büros für Energieeffizienz und erneuerbare Energien 米 エネルギー省エネルギー効率・再生可能エネルギー局 エネ 環境 組織

EF = 英 elementary file = elementare Datei 基礎ファイル 電気

Efeu 男 キヅタ バイオ 化学

effektive Nahtdicke 女 有効のど厚 溶接 機械

effektiver Vermehrungsfaktor 男 実効増倍率 機械 物理

Effluent 中 廃液, 排液, 類 Abwasser 中, effluent 環境 リサイクル 化学

EFI = 英 electronic fuel injection = elektronische Kraftstoffeinspritzung 電子式燃料噴射装置 電気 機械

EFSA = 英 European Food Safety Authority = Europäische Behörde für Lebensmittelsicherheit 欧州食品安全庁 化学 バイオ 医薬 食品 組織

Egalisiergerüst 中 平準化ロール 機械

EGF = 英 epidermal growth factor = der Epidermale Wachstumsfaktor 上皮増殖因子 化学 バイオ 医薬

EGO = 英 exhaust gas oxygen = Sauerstoffanteil im Abgas 排ガス中酸素含有量 機械 環境; = Ersatzkassen-Gebührenordnung = health insurance fees regulations 健康保険料金規則 化学 バイオ 医薬 法制度

EGO-Sensor = 英 exhaust gas oxygen sensor = unbeheizte Abgassonde 非加熱式排気ガス酸素センサー 機械 環境 電気

EHC = 英 electro-hydraulic controller = elektrisch-hydraulischer Regler 電気油圧式制御装置 電気 機械

EHEC = enterohämorrhagische Escherichia Coli = enterohemorrhagic Escherichia Coli 腸管出血性大腸菌 化学 バイオ 医薬

EHEDG = 英 Europian Hygienic Engineering & Design Group = eine Expertengemeinschat von Maschinen- und Komponenten-Herstellern, Fachleuten aus der Nahrungsmittelindustrie sowie von Forschungsinstituten und Gesundheitsbehörden 食品の加工と包装の衛生に関する装置メーカー・食品工業・研究所のコンソーシアム 化学 バイオ 医薬 操業 設備 機械 食品 組織

EHF = 英 extremly high frequency = Höchstfrequenzen ミリ波, 超高周波(電磁波の中でも, 周波数帯域が 30GHz から 300GHz ほどの電波) 電気

EHL = 英 elastohydrodynamic lubrication = elastohydrodynamische Schmierung 弾性流体潤滑 操業 設備 機械

EHS = 英 Environment,Health and Safety = zusammengefasste Fachbereiche Umwelt,Gesundheit und Sicherheit 環境・健康・安全衛生(分野を指す標語などで) 化学 バイオ 医薬 環境 全般

eHZ = exa Herz = Euskal Herria Zuzenean エクサヘルツ(周波数単位 (10^{18} 回/秒)) 単位 光学 音響 電気

EIA = 英 enzyme immuno assay 酵素免疫抗体法(抗原抗体反応において,酵素の発色を利用して,物質を定量する方法,免疫化学的定量法の総称) 化学 バイオ; = 英 Electronic Industries Association 米国電子機械工業会 電気 組織; = 英 environmental impact assessment = Bewertung von Umwelteinflüssen 環境影響アセスメント,環境影響評価 環境 法制度

Eiablage 女 産卵, egg-laying, egg-deposition 化学 バイオ

eichfähig 測定可能な, 検定可能な

Eichkurve 女 較正曲線, calibrating plot, calibration curve 化学 バイオ 電気 機械

Eichordnung 女 較正規則, calibration regulation, EO 機械 物理

E-IDE = 英 enhanced integrated drive electronics IDE の機能を補充拡張した規格 電気 規格

Eigelb 中 卵黄, 黄身, 関 Eiweiß 中, egg yolk, vitelline 化学 バイオ

Eigendissoziation 女 自己解離, intrinsic dissociation, self-ionization 化学 バイオ

Eigenentfall 男 自家発生スクラップ/屑 精錬 製銑 エネ 環境

Eigeninstandhaltung 女 自社による保全 操業 設備
Eigenleistung 女 内部・固有効率, in-house performance 操業 設備
Eigenschaftswertung 女 特性評価, characteristic evaluation 材料 全般
Eigenschwingung 女 固有振動, individual vibration 電気 機械
Eigenspannung 女 内部応力, 残留応力, internal tension, residual stress 材料 機械
eigenspannungssicher 本質電圧安全の, 残留応力の心配のない, intrinsically voltage safe, substantial voltage safe, residual stress-free 電気 材料 規格
Eignung 女 適性, 資格, aplitude, qualification, suitability 材料
Eignungsprüfung 女 適性検査, apittude test 機械 品質
Eilgang 男 早送り機構, quick return motion mechanism 機械
Eimer 男 バケット, bucket 機械
Eimerförderer 男 バッケトコンベアー, 類 Kettenförderersystem 中, bucket conveyor 機械
Eimerkettenbagger 男 バケットホイール掘削機, bucket wheel excavator, BWE 地学 機械
Einankerumformer 男 回転変流器, EAU, rotary single amature converter 電気
Einarbeitungszeit 女 研修期間 経営
einbauen 挿入する, 差し込む, 取り付ける, 類 関 einsetzen, einlegen, insertieren, einstecken, plug in 機械 バイオ 電気
Einbaulage 女 組み込み位置・状態, installation position 機械
Einbaumaß 中 組み立て寸法・間隔, assembly dimension, installation dimension 機械 設備
Einbauten 複 男 装着コンポーネント, installed components 機械 設備
Einbauverhältnis 中 組み込み寸法, installation dimension 機械
Einbettung 女 埋め込み・はめ込み, embedding 操業 設備 材料 電気 機械 化学 バイオ
Einblasen 中 吹込み, injection : Einblasen von Stickstoff 窒素の吹き込み, injection of nitrogen 精錬 製銑 操業 設備
Einblasrate 女 吹き込み量・割合, blowing injection ratio 精錬 製銑 操業 設備
einblenden 次第にはっきりさせる, フェードインする, (場面などを) はめ込む, insert, overlay 電気 光学 機械
Einblockgussstück 中 一体鋳造品, integrated cast part 鋳造 機械
Einbrandkerbe 女 開先, 類 Schweißfuge 女, groove 溶接 材料 機械
Einbrandtiefe 女 溶け込みの深さ, depth of penetration 溶接 材料 機械
Einbringstelle 女 集積点, collecting point 機械 化学 バイオ
Einbuchtung 凹部, へこみ, concavity, inward bulge 材料 機械
Einbuße 女 損失, 類 Verlust 男, loss, damage エネ 操業 設備
eindampfen 蒸留濃縮する, 類 eindünsten, evaporate, vaporize 化学 バイオ
Eindicker 男 シックナー, 濃縮機, thickner 操業 設備 機械 化学 環境 リサイクル
Eindringungskoeffizient 男 浸透・拡散係数 機械 化学 バイオ 物理 材料
Eindruck 男 圧痕, 押し込み, 噛み込み, impression, indentation, mark 材料
Eindrücken 中 押し込み, impressing 材料 機械
Eindüsung 女 吹込み, injection 化学 バイオ
einfache Spannung 女 単純応力, simple stress 機械
einfädeln 通す, 入れる, thread 材料 操業 設備 機械
einfachgelagerter Balken 男 単スパンばり 機械 設備 建設
einfachwirkende Maschine 女 単動機関 機械
einfahren (ピストンなどが) 引っ込む, 収縮する, 引き込ませる 機械
einfallende Welle 女 入射波 電気 光学
Einfallswinkel 男 入射角, angle of incidence 電気 光学 機械
Einfassung 女 フレーム, 縁, 枠, frame 設備

機械
Einfederbewegung 女 圧縮運動 機械
Einfeldträger 男 単スパン桁,single span beam,single span girder 建設
Einflussnahme 女 影響力を強めること
einformen かしめる, cauking 機械
Einfügen 中 貼り付け,挿抜,挿入,合わせること 電気 機械
einfügen 挿入する, 貼り付ける；in etwas sich einfügen ある事・物にぴったり合う 機械 電気
Einführungsabschrägung 女 食付き部, 食いつき部, 先端面取り部, 類 関 Abfasungs-Anschluss 男, bevel lead 機械
Einführungsstillett 中 挿入用スタイレット, insertion stylet 化学 バイオ 医薬 電気
Einfüllstutzen 男 充填コネクション, 入口パイプ,filler connection,inlet pipe 機械
Eingabemaske 女 入力マスク, 定型入力, input mask 電気
Eingabetaste 女 エンターキー,enter key 電気
Eingangleitung 女 (電話,テレビの)引き込み線,Eingangleitung 女,lead-in 電気 機械
Eingangsgröße 女 入力信号,input signal,input variable 機械 電気
Eingangskontrolle 女 検収, receiving inspection 電気 材料 機械 操業 設備
Eingangstelle 女 インコネクター 電気
Eingangstufe 女 インプットステージ 操業 設備 機械 化学
eingeben 入力する, input 電気
eingebrachte Wärme 女 入熱, 類 Wärmeeinbringen 中, heat input 溶接 材料 機械 電気 エネ
eingekerbt ノッチを入れた,notched 材料 機械
eingeklammert 括弧にいれられた 数学
eingekreist (問題が) 煮詰められた
eingeschliffen 研ぎ合わせられた, 再研削された 機械
eingeschlossen 取り囲まれた
eingeschrieben 内接している 機械 光学 電気 設備
eingesetzte Streckenenergie 女 単位長さ当たりの投入熱量 (KJ/cm) 溶接 材料 機械 エネ
eingespannter Meißel 男 クランプバイト 機械
eingespanntes Ende 中 固定端, fixed end 機械 操業 設備
eingestrichenes A 中 A', A ダッシュ 数学
eingetragenes Schweißgut 中 溶着金属 溶接 機械
eingravieren 刻み込む,engrave,intaglio 機械
Eingiff 男 干渉,噛み合い,手術,処置,接触, gearing,operation 機械 バイオ 医薬
Eingriffsebene 女 作用面,working place 機械
Eingriffsglied 中 噛み込みリンク,噛み込みジョイント 機械
Eingriffsteilung 女 法線ピッチ, normal line pitch 機械
Eingriffswinkel 男 噛み合い圧力角, angle of pressure 機械
Einguss 男 湯口, 類 関 Anschnitt 男, down gate, down sprue 鋳造 機械
Eingusskanal 男 湯道, 類 関 Gießlauf 男, Eingussrinne 女, runner, cast flow runner 鋳造 製銑 機械
einhäusig 雌雄同株[どうしゅ]の(植物), 雌雄同体の(動物), monoecious 化学 バイオ
Einheitsgeschwindigkeit 女 単位速度, unit speed 機械
Einkaufumsatz 男 仕入高 経営
Einkerbung 女 ノッチを入れること,溝をつけること,to notch,to groove 機械
Einkolbensattel 男 シングルピストンキャリパー 機械
Einkopplungseffizienz 女 結合効率 (光ファイバーへの), coupling efficiency 光学 音響
Einlage 女 中へ入れたもの,(歯) 詰め物,インレー,(コンクリートの) 鉄筋,嵌め込み,inlay 機械 建設 バイオ 医薬
Einlagern 中 貯蔵・保管すること
Einlagerung 女 貯蔵, 沈着(石灰などの) 機械 化学 バイオ
Einlass 男 入り口,流入部位,取り入れ部位,

E

inlet, intake, 類 Zulauf 男, Zuführung 女 操業 設備 機械
Einlasskrümmer 男 吸気マニホールド, インテイクマニホールド, intake manifold 機械
Einlassventil 中 吸気弁, 入口弁, インテークバルブ, intake valve 機械
Einlauf 男 取り入れ口, 吸い込み口, 注入口, 浣腸, 関 Einströmen 中, Klister 中, inlet, intake, enema, clyster 機械 化学 バイオ 医薬
Einlaufen 中 すり合わせ運転, 使い慣らし, 助走, 挿入, initial break in phase 機械 電気
Einlaufphase 女 最初の使い慣らし期間, initial break-in phase 操業 設備
Einlaufstrecke 女 速度助走区間 操業 設備
Einlegegurke 女 漬け込みきゅうり, pickling cucumber, pickled gherkin 化学 バイオ
einlegen インサートする 電気 機械
einlesen 読み込む 電気
Einlippenbohler 男 ガンドリル, gun drill, single lip drill 機械
einmünden 注ぎ込む, 流れ込む, 通じている 機械
einnehmen 服用する, 摂取する 化学 バイオ 機械
einknicken 折り畳み込む, 曲げ込む, fold, bend in 機械
Einnietmutter 女 リベティングナット 機械
einnuten 内側に溝を付ける, 一本溝をつける 機械
einparken 駐車スペースに車を入れる 機械
Einpasszugabe 女 (リベット継ぎ手などの) マージン, margin of manufacture 機械
einpinseln 刷毛で塗る 機械 鋳造
Einpresstiefe 女 押し込み深さ 機械 材料
einräumen 認容する, 与える
einrasten (締め金などが) きちんとかかる, (歯車が) かみ合う, catch, lock in position, snap in 機械
einreichen 提出する
einreihiges Wälzlager 中 単列ころがり軸受け, single low riged-ball journalbearing 機械
Einrichtarbeit 女 インストール作業 電気
einrichten インストールする 電気
Einrichtung 女 設備, 配置, 処理, 約分, equipment, installation 操業 設備 統計
Einrichtung zum Warmhalten 女 温度保持装置 機械 エネ
Einrolle 女 ロールの巻き上げ, rolling up, 関 Ausrolle ロールの取り外し 材料 機械
einrückbar 噛み込み可能な, 噛み合い可能な, engagable 機械
Einsatz 男 ユニット, コア, 差し込み, エレメント, インサート仕切り 機械
Einsatzbereich 男 投入・使用範囲, range for charge or use 精錬 製銑 操業 設備
Einsatzfahrzeug 中 緊急出動車輌 機械 交通
Einsatzhärtung 女 浸炭肌焼き(表面硬化), case hardening, carburization 材料 機械
Einsatzhalter 男 ユニットホルダー, 挿入ホルダー, ハンドル 機械
Einsatzstück 男 ユニット部品 機械
Einschaltsperre 女 ロックアウトデバイス 電気
einschieben ずらして入れる, 差し込む, slide in, insert 機械
einschlägig 当該の
einschleusen 持ち込む, feed, infiltrate 化学 バイオ
einschließen 取り囲む
Einschluss 男 介在物, 組み込み, 封入, inclusion : scharfkantiger Schlackeneinschluss 端のとがったスラグ介在物 : nichtmetallischer Einschluss 非金属介在物 材料 精錬 連鋳 鋳造 機械
Einschlussmedien 複 封入媒体 化学 バイオ
einschneidend 徹底した, incisive
Einschnitt 男 切り込み, cut, notch 材料 機械
Einschnürung 女 絞り性, 絞り部位, 類 Bedüsungszone 女, reduction of area, 材料 機械
einschrauben まわして入れる 機械
Einschraubgewinde 中 ねじ山, スクリューねじ, integral thread, screw thread 機械
Einschub 男 プラグインユニット, プラグインモジュール, plug-in unit, plug in module 電気 機械

einschweißen 内へ溶接する,バット溶接する, weld into, weld in(溶接する) 電気 機械
Einsetzelement 中 差し込み部位 機械
einsetzen 他 差し込む, 他 投入する, 自 始まる, 自 起こる, 再 (sich) 尽力する
Einsetzkran 男 装入クレーン 精錬 操業 設備 材料 機械
Einspannung 女 クランプ, clamp, 類 Schelle 女, Bügel 男, Klemme 女, Klemmung 女, Schäckel 男 機械
Einspannungsmoment 中 固定モーメント 機械 建設
Einspritzblock 男 インジェクションブロック,(ガスクロマトグラフィー用, エンジン用), injection block 化学 バイオ 電気 機械
Einspritzgeschwindigkeit 女 燃料噴射率 機械
Einspritzmenge 女 燃料供給量, 噴射量, 給気量, injection ratio 機械
Einspritzventil 中 噴射弁, fuel injection valve 機械
Einspruch 男 特許異議(申し立て) 特許
Einständerfräsmaschine 女 片持ちフライス盤, single column milling machine 機械
Einständerhobelmaschine 女 片持ち平削り盤, single column planing machine 機械
einstechen 刺し込む, pierce 機械
Einstechschleifen 中 プランジカット研削, 送り込み研削 機械
Einstechstahl 男 みぞバイト(旋盤用), recessing tool, cutting-off tool 機械
einstecken 差し込む, plug in 機械
Einsteckheber 男 つめ付きジャッキ, bumper jack 機械
Einsteckzapfen 男 ソケットピン 機械
Einstellanlage 女 調整位置決め装置, 調整サポート装置, 調整取り付け装置 機械
Einstelleinrichtung für den Querbalken 女 横桁昇降調整機構 機械
einstellen 中止する, 調整する: 再 sich einstellen 生じる,(考えが) 浮かぶ: 再 auf etwas sich einstellen 合わせる, 覚悟する
Einstelllehre 女 調整用ゲージ, feeler gauge 機械
Einstellscheibe 女 調整ダイアル・ディスク, dial 機械
Einstellschraube 女 調整ピッチプロペラ, 照準調整ねじ, adjust-pitch propeller, adjust bolt 機械
Einstellwinkel 男 切り込み角度, 調整角度, adjustable rake angle, angle of adjustment 機械
Einstichdurchmesser 男 切り込み直径 機械
Einstich 男 差し込みパス, 穴あけ, pass, insertion, puncture 材料 機械
Einstiegsspiegel 男 乗降口ミラー 機械
Einstranganlage 女 1ストランド設備, single-strand plant 連鋳 材料 操業 設備
Einströmen 中 流入, 注入 操業 設備 機械
einstürzen 落盤する 地学
Einstufenpumpe 女 一段ポンプ, single stage pomp 機械
einteiliges Lager 中 一体軸受, solid bearing 機械
Eintragspfad 男 流入経路, intrusion pathways, entry paths 化学 バイオ 環境
Eintreibrichtung 女 打ち込み方向 機械 建設
Eintrittsberechtigung 女 入場／入館資格
Eintrittsende 中 入射端, incident end, incident edge 光学
Eintrittsfläche 女 入射面, 類 Einfallsebene 女, incident face 光学
Eintrittswinkel 男 入口角, 流入角, entering angle, angle of contact 機械 エネ
Eintrommelkessel 男 単胴形ボイラー, single drum boiler 機械 エネ
eintropfen 滴下する, add dropwise, apply 化学 バイオ
Einweggerüst 中 非可逆式ミル, one-way mill 材料 操業 設備
Einweisung 女 習熟させること 経営 操業
einwertig 一価の, 類 monovalent, 英 monovalent, univalent 化学 バイオ
Einwickelpapier 中 ラッピング用紙 機械 印刷
Einwölbung 女 下方向へ歪んでアーチが形成されること, 下方向への歪んだアーチ

E

の形成,down warping,downward ovrtarching 航空 建設 地学

Einzelaufhängungssystem 中 独立懸架方式,single suspension,independent suspension 機械

Einzelgelenk 中 シングル・リンク 機械

Einzelhubsteuerung 女 ストローク個別制御 機械

Einzel-Photonen-Emissionscomputertomographie 女 単光子放射型コンピュータ断層撮影法, single photon emission computed tomography, SPECT 化学 バイオ 医薬 電気 光学

Einzelplatzanwendung 女 シングル・ワークステーション・適用 電気

Einzelsaugungsverdichter 男 片側吸込み圧縮機,single suction compressor 機械 エネ

Einzelstrang 男 一本鎖, single strand 化学 バイオ

Einzelteilungsfehler 男 単一ピッチ誤差, pitch error,simple pitch error,circular pitch individual error 機械

Einzeller 男 単細胞動物,unicellular animal,cytozoon 化学 バイオ

Einzug 男 インデント,字下げ,indentation 印刷

Einzugsnippel 男 引き込み可能ニップル,格納式ニップル,retractable nipple 機械

EIS = elektrochemische Impedanz-Spektroskopie = electrochemical impedance spectroscopy 電気化学インピーダンス分光法 電気 化学 バイオ 医薬

Eisen 中 鉄, iron : Eisengehalt 男 鉄含有量,iron content 製銑 精錬 材料 操業 設備

Eisenbahnfahrzeug 中 鉄道車両,railroad car 交通 機械

Eisenmangel 男 鉄欠乏 化学 バイオ 医薬

Eisen(Ⅲ)-oxid Ⅳ 中 酸化鉄, 磁鉄鉱, ferroso-ferric oxide,Fe_3O_4 精錬 材料

Eisenoxydul 中 酸化鉄,赤鉄鉱 iron oxide,Fe_2O_3 精錬 材料 操業 設備

Eisenschwamm 男 海綿鉄,sponge iron, metallised iron ore 製銑 精錬 材料 操業 設備

Eiweiß 中 卵白, 蛋白質,egg white,albumin,protein 化学 バイオ 医薬

Eiweißkörper 男 蛋白質, protein, albumin 化学 バイオ 医薬

EKG = Elektrokardiogramm = electrocardiogram,ECG 心電図 化学 バイオ 医薬 電気

Ektomykorrhizabesatz 男 外菌根コロニー形成,ectomycorrhiza colonisation バイオ

Ekzem 中 湿疹,㊥ eczema 化学 バイオ 医薬

elastische Hysteresis 女 弾性ヒステリシス,elastic hysteresis 材料 機械

elastischer Stoß 男 弾性衝突, elastic bump 材料 機械

elastische Verformung 女 弾性変形, elastic deformation 材料 機械

Elastizität 女 弾性, 類 Resilienz 女,elasticity,resilience,springness 材料 機械

Elastizitätsgrenzenwert 男 弾性限界値, elastic limit yield strength 材料 機械

Elastizitätsmodul 男 縦弾性係数,ヤング率, ヤング係数, 類 Elastizitätskoeffizient 男,modulus of longitudinal elasticity, Young's modulus 材料 機械 建設

Elastomer 中 エラストマー, (常温でゴム状弾性を有する高分子物質,ゴム,他), elastomer 化学 バイオ

electrode negative ratio ㊥ 棒マイナス比率, EN 比率 溶接 電気 材料

Elektrik 女 電気ユニット,電気工学,electrical equipment,electrics 電気

elektrische Lötung 女 電気ろう付 電気 機械 材料

elektrischer Kontakt 男 電気接点,electric contakt 電気 機械

elektrischer Schlag 男 感電,electric shock 電気 機械

Elektrisierung 女 電化,electrification 電気

Elektrizitäts-Versorgungs-Unternehmen 中 電力(供給)会社,electricity supply company,EVU 電気 組織

Elektroausrüster 男 電気設備業者,electrical eqipment finisher 電気 機械 設備

Elektroblech 中 電磁シート, electrical quality sheet 材料 電気 物理

elektrochemisch 電気化学的,electrochemical：electrochemische Sauerstoffmessung 電気化学的酸素測定,electrochemical oxygen measurement 材料 電気 化学 バイオ

Elektrode mit gasumhülltem Lichtbogen 女 シールドアーク溶接電極棒 溶接 機械

Elektrofahrzeug 中 電気自動車 electric vehicle 電気 機械

Elektrolichtbogenofen 男 電気アーク炉, electric arc furnace 精錬 製銑 電気

Elektrolyse 女 電気分解, electrolysis 化学 バイオ 材料 電気

Elektrolyseur 男 電気分解装置,electrolyzer 化学 バイオ 電気 材料

elektrolytisch verzinnkt 電気亜鉛メッキを施した,electrogalvanised 材料 機械 電気

elektrolytisch verzinntes Weißblech 中 電気錫メッキ鋼板,electrolytic tinplate 材料 機械 電気

Elektrolytischeisen 中 電解鉄, electrolytic iron 精錬 化学

elektromagnetische Kraft 女 電磁力, EMK,electromagnetic force,EMF 電気 機械

elektromagnetische Kupplung 女 電磁クラッチ,electromagnetic clutch,electromagnetic coupling 機械 電気

elektromagnetische Pumpe 女 電磁ポンプ,electromagnetic pump 機械 電気

elektromagnetischer Schieber 男 電磁ソレノイド切換弁,electromagnetic valve, electromagnetic slider 機械 電気

elektromotorische Kraft 女 起電力,electromotive force,EMK,EMF 機械 電気

Elektronegativität 女 電気陰性度, electronegativity 化学 バイオ 電気

Elektronenakzeptor 男 電子受容体, electron acceptor 化学 バイオ 物理

Elektronenbeugung 女 電子線回折, electron diffraction 化学 バイオ 電気

elektronenliefernd 電子供与性の, 類 elektronenspendend, electron-donating, electron-releasing, electron-providing 化学 バイオ 物理

Elektronenstrahl-Mikroanalysator 男 電子線マイクロアナライザー,EPMA,electron-probe microanalyser 化学 材料 光学

Elektronenstrahlschweißen 中 電子ビーム溶接,electron beam welding 溶接 材料 機械 電気

Elektronenzyklotron-Resonanz 女 電子サイクロトロン共鳴 electron cyclotron resonance 電気 材料

Elektrophorese 女 電気泳動, electrophoresis 化学 バイオ

Elektroschlacke-Schweißen 中 エレクトロスラグ溶接,electro slag welding 溶接 材料 機械 電気

Elektrostahl 男 電炉鋼,electric steel 精錬 材料 電気

Element 中 バッテリー, セル, 元素, 部位, 部品, 部材, プレハブユニット, 機素：Übertragungselement 中 伝達部品 操業 設備 機械 電気 化学

Elementaranalyse 女 元素分析, ultimate analysis, elementary analysis 化学 バイオ 電気

elementares Zinn 中 元素状すず, elementary tin, elemental tin 化学 電気

elementary stream 英 信号要素ビット流, 流線,エレメンタリーストリーム（MPEG でビデオとオーディオの二つに分かれている場合などの）,独 Elementarstrom 男 電気 機械

Elementenpaar 中 対偶,pair of element, contraposition 機械 統計 設備

ELISA = 英 enzyme-linked immuno sorbent assay = Testverfahren für Infektionskrankheiten 酵素結合免疫吸着法, エライサ法（抗原または抗体の濃度の検出・定量法） 化学 バイオ 医薬 電気

Ellipsenbahn 女 楕円軌道, elliptical orbit 数学 機械 光学

elliptisch 楕円（形）の,elliptical 数学 機械 光学

Eloxal 中 アルマイト,anodized aluminum 材料

Eloxierung 女 陽極酸化処理,アルマイト化, anodic treatment,anodic oxidation 材料 電気

ELPI = 英 electrical low pressure impactor = elektrischer Niederdruckimpak-

E

tor 電子式低圧インパクター，(フィールドにおいてナノ微粒子の粒度分布が計測できる装置) 電気 機械 環境

Elternstamm 男 親株，parent stock 化学 バイオ

Eluat 中 溶離抽出液状吸着物質，eluate, liquid obtained by washing out adsorbed substances 化学 バイオ

eluieren 溶離する，elute 化学 バイオ 地学

Eluvialhorizont 男 溶脱層(第四紀学)，残積層，eluvial horizon 地学 化学 バイオ

Email 中 エナメル，ほうろう，enamel 材料

EMAR = elektromagnetische akustische Resonanz = electromagnetic acoustic resonance 電磁超音波共鳴法 材料 音響 電気 化学

EMAS = 英 environmental management and audit scheme = Gemeinschaftssystem für das Umweltmanagement und die Umweltbetriebsprüfung EU 環境管理チェックスキーム 環境

EMAT = 英 electromagnetic acoustic transducer = elektromagnetisch-akustischen Wandler 電磁超音波探触子 音響 電気 材料 原子力

EMBL = Europäisches Molekular-Biologisches Laboratorium in Heidelberg = European Molecular Biology Laboratories 欧州分子生物学研究所，関 EMBO 化学 バイオ 組織

Embryo 男 胚，英 embryo 化学 バイオ

embryonal 胚性の，embryonic 化学 バイオ

embryonale Karzinomzelle 女 胚性ガン腫細胞，embryonic carcinoma cell 化学 バイオ 医薬

EMG = Elektromyographie = electromyography 筋電図検査法，筋電図描画法 化学 バイオ 医薬 電気

EMI = 英 electromagnetic interference = elektromagnetische (Stör) beeinflussung 電磁障害 電気 機械 環境 化学 バイオ 医薬

Emission 女 粉塵放出，放出 環境 エネ 機械 電気 光学

Emissionen aus Punktquelle 複 女 点排出源(大規模工場など)，point source emissions 環境 法制度 操業 設備

Emissionsgrad 男 放射率，emissivity 光学 電気 物理

Emissionsspektrum 中 発光スペクトル，emission spectrum 光学 電気 物理

Emittent 男 発生源，放出源，emission source, issuer 化学 バイオ 環境

Empfänger 男 レシーバー，受取人，receiver 電気

Empfängnisverhütung 女 避妊(法)，類 Kontrazeption 女，Befruchtungsverhütung 女，contraception, birth control 化学 バイオ 医薬

Empfangsport 男 受信ポート，receiving port 電気

Empfangsspule 女 受信コイル，receiving coil 機械 電気

Empfindlichkeit 女 感度，感受性，sensitivity 電気 材料

empfohlene Passung 女 常用嵌め合い，recommended fits, common fits 機械

empfohlenermaßen 勧めに従って

EMP Weg = Emden-Meyerhof-Parnas Weg 男 EMP 経路，(解糖系，グルコースからトリオースリン酸を経てピルビン酸を生成する回路) 化学 バイオ 医薬

EMR = endskopische Mukosaresektion = endoscopic mucosal resection 内視鏡的粘膜切除術 化学 バイオ 医薬 電気；= Elektron Magnetresonanz = electron magnetic resonance 電子磁気共鳴 化学 バイオ 電気

EMS = 英 Environmental Management System = Umweltmanagementsystem 環境マネジメントシステム，UMS(ISO14001) 規格 環境；= 英 electric magnetic stirring = das elektromagnetische Rühren 電磁攪拌 連鋳 材料 操業 設備；= elektromagnetische Suszeptibilität = the electric magnetic susceptibility 電磁化率 機械 電気；= 英 electronic manufacturing service 電子機器の受託製造サービス 電気 製品 操業 設備

Emulugator 男 乳化剤，emulsifier 化学 バイオ

EMV = elektromagnetische Verträglichkeit

= electric-magnetic compatibility = EMC, 電磁環境両立性 電気 機械 化学 バイオ 医薬

EN = 英 electrode negative 棒マイナス, 棒マイナス法(溶接棒または電極をマイナス接続する場合をいう) 電気 溶接 材料

Enantiomer 中 鏡像異性体, エナンチオマー, enantiomer 化学 バイオ

enantioselektiv 鏡像異性体選択性の, enantioselective 化学 バイオ

Enantiomerüberschuss 男 鏡像体過剰率, enantiomer excess, e.e 化学 バイオ

encode 英 コードする, 配列を決定する, 独 codieren, kodieren, encodieren, verschlüsseln 化学 バイオ 電気

ENCS = 英 Existing & New Chemical Substances (日) 化審法化学物質 (化審法の既存物質および告示された新規化学物質) 化学 バイオ 環境 規格

endabmessungsnahes Gießen 中 最終製品寸法に近い材料の鋳造(薄スラブCC), continuous casting of material close to final product dimensions 連鋳 操業 設備

Endbearbeitung 女 超仕上げ, finishing process 機械

Endfräsmaschine 女 回転平削り盤 機械

Endgehalt 男 終点含有量, end content 製銑 精錬

Endglieder der Nahrungskette 複 食物連鎖最終構成員, 食物連鎖の終端環, end of the food chain, terminal link of the food chain, end members of the food chain 化学 バイオ 環境

endgültige Formgebung 女 ファイナライズすること 電気

endloses Seil 中 エンドレスロープ 機械

Endkrater 男 エンドクレーター, end crater 材料 溶接

Endkunden 複 エンドユーザー, 消費者

Endlagenschalter 男 リミットスイッチ position indicator switch 電気

endliche Differenz 女 有限差分, finite difference 統計 機械

endogen 内在性の, 内因性の, endogenous バイオ 化学

endokrine Orbitopathie 女 グレーブス眼症, 英 Graves' ophthalmopathy 医薬

endoplasmatisches Retikulum 中 小胞体, endoplasmic reticulum, ER 化学 バイオ 医薬

endoskopische Papillotomie 女 内視鏡的乳頭切開術, endoscopic papillotomy 化学 バイオ 医薬

endoskopische Sklerotherapie 女 内視鏡的硬化療法, EST, endoscopic sclerotherapy 化学 バイオ 医薬

endotherm 吸熱の, 熱消費の, 関 wärmeverbrauchend, heat consuming, endothermal, endothermic 機械 材料 化学 エネ 物理

Endotoxin 中 内性毒素, endotoxin 化学 バイオ

Endotoxinschock 男 エンドトキシンショック,「リポ多糖(LPS)が分離し,毒性を発揮し,循環器系の組織に働いてショックを引き起こす」, endotoxin shock 化学 バイオ 医薬

Endrohrblende 女 パイプ端開口部 機械

Endschlacke 女 終点スラグ, end slag 精錬 非金属

Endspiel 中 バックラッシュ, 類 Flankenspiel 中, back lash 機械

Endstück 中 終端接続部位, end connection piece 機械 設備

Enduntersetzungsverhältnis 中 終減速比, final reduction ratio 機械

Energieabsorption 女 エネルギー吸収, energy absorption 機械 エネ 化学 バイオ

Energiebeschaffung 女 エネルギー調達・入手, energy procurement エネ 経営

Energiegröße 女 エネルギーパラメータ, energy parameter 機械 エネ 操業 設備

energieintensiv エネルギー集積型の, 英 energyintensive エネ 機械 化学 バイオ 環境

Energiereservoir 中 エネルギー源, energy resource エネ

Energierückgewinnungsmöglichkeit 女 エネルギー回収の可能性, possibility for energy recovery エネ 機械

Energierückspeisung 女 エネルギーのフィードバック, energy feeding back エネ 機械

Energieschwelle 女 エネルギー最小限界

E

値,energy threshold 機械 エネ 操業 設備
Energieträger 男 エネルギー担体,エネルギーキャリアー,エネルギー源となるもの,energy carrier エネ 機械
Energieverbrauch 中 エネルギー原単位・使用量,energy consumption エネ
Energieversorgungsunternehmen 中 エネルギー供給会社,energy supply company,EVU 電気 エネ 組織
Energie der Volumenveränderung 女 膨張ひずみエネルギー 機械 エネ
Energiewende 女 エネルギー転換,energy turnaround,energy change エネ 環境 化学 バイオ 医薬 経営
ENFET = 英 enzyme field effect transistor 酵素イオン感応型電界効果トランジスタ 化学 バイオ 電気
ENG = 英 electronystagmography = Elektronystagmographie 電気眼振法 化学 バイオ 光学 電気 医薬
Engagement 中 契約, 請負 経営
Engpassaggregat 中 ボトルパスユニット 機械
Engspaltfuge 女 隙間の狭い継ぎ手 溶接 機械
Engspaltschweißung 女 狭間隙での溶接, narrow-spaced welding 溶接 機械
en masse 仏 一まとめに,大量に,一緒に
enorm 法外な, 類 unerschwinglich
ENSRG = 英 European Nuclear Safety Regulator Grroup = Die Europäische Arbeitsgruppe für nukleare Sicherheit 欧州原子力安全規制部会・機関グループ 原子力 組織
entartet 変性した,英 degenerated 化学 バイオ
Entblendung 女 グレア制御, glare control 光学 電気 機械
Entdrosselng 女 デスロットリング, dethrottling 機械
Enteisergitter 中 デフロスター格子 機械
enteral 経腸の, enteral 化学 バイオ 医薬
entfallen 問題にならない,行なわれない,(そういう) 割合になる,考慮の対象外である
entfalten 展開する, 発展させる
entfernen 除去する,remove : den Zunder entfernen スケールを除去する,to remove the scale 材料
Entfernung 女 棄却, 除去, 距離, 心距, rejection, spacing 統計 機械 化学 バイオ
Entfeuchter 男 除湿器, dehumidifier
Entflammbarkeit 女 可燃性,flammability,ignitability 化学 バイオ
Entgasungsanlage 女 脱ガス設備,degassing-equipment 精錬 材料 操業 設備 化学
Entgraten 中 バリ取り,関 Brennbartentfernungsanlage 女,フレームバリ取り設備,burring 機械
entgratete Zähne 女 面取り歯,類 abgeschrägte Zähne,chamfered tooth 機械
entgegengesetzt 逆になっている,逆の,反対方向の,類 umgekehrt
entgegengesetzte Brenner 女 対向バーナー 機械 エネ
das entgegenkommende Fahrzeug 中 対向車 機械
Entgiftungssystem 男 浄化装置, decontamination system,detoxification system 機械
Enthalpie 女 エンタルピー,enthalpy 精錬 エネ
enthalten 含む
Entkarbonisierung 女 脱炭酸塩化,脱アルカリ,アルカリ退化作用,decarbonization,dealkalization 化学 バイオ
entkeimen 発芽する,殺菌する,germinate,sterilize 化学 バイオ
Entkernung von Gußstücken 女 鋳込み仕掛り品の中子除去 鋳造 機械
Entkohlung 女 脱炭,decarburization 精錬 材料
Entkopplungswiderstand 男 減結合抵抗,decoupling resistance 電気
die Entlassung aus dem Krankenhaus 女 退院,leaving hospital ; discharge from hospital 化学 バイオ 医薬
Entlastung 女 荷降ろし,荷重の免除,relief,unloading 機械
Entlastungsventil 中 逃がし弁,レリーフ弁,blow-off valve,relief valve 機械 製銑 エネ

Entlaubungsmittel 中 落葉剤, defoliant 化学 バイオ 環境
Entleerungshahn 男 ドレンコック, drain cock 機械 設備
Entleerungsstation 女 荷降ろしステーション, 放出ステーション, discharging station 機械 設備
Entlüftungsventil 中 逃がし弁, 通気弁, air bleeder valve 機械 製銑 精錬 エネ 化学
Entmaterialisierung 女 使用材料の削減, 非物質化, dematerialisation, material reduction 機械 材料 建設 環境
Entmischung 女 脱混合, デミキシング, demixing 化学 バイオ 機械
Entpacken 中 解凍, unpack 電気
Entphosphorung 女 脱燐, dephosphorization 精錬 化学
Entrainer 男 共沸剤, エントレーナー, 類 Schleppmittel 中 バイオ 化学
Entrindung 女 皮を剥ぐこと
Entropie 女 エントロピー, entropy 化学 物理 精錬
Entsalzung 女 脱塩, desalinization, desalting 化学 バイオ
entschärfen 和らげる
Entscheidungshilfe 女 決定の手助け 特許
entschlacken 排滓する, deslag 製銑 精錬 鋳造
Entschwefelung 女 脱硫, desulphurisation 精錬 化学
Entsiegelung 女 (アスファルト等を) 剥がすこと, 封をきること, unsealing 建設
Entsilizierung 女 脱珪, desiliconization 精錬 化学
Entsorgungspark 男 廃棄物集積場, disposal place 環境
Entspannungsdestillation 女 フラッシュ蒸留, フラッシュ蒸発, 平衡フラッシュ蒸留, 平衡フラッシュ蒸発, flash distillation, continuous equilibrium vaporization 化学 バイオ 操業 設備
Entsprechendes 中 対応するもの, 相応するもの,
Entwässerungspumpe 女 排水ポンプ 機械
Entwässerungstülle 女 排水細管 建設
entweichen 漏れる, escape, leak 機械 設備 化学 バイオ
Entwicklung 女 発達, (騒音などの) 発生, 開発, 現像, 展開(式), development, generation, evolution 地学 化学 バイオ 数学 全般
Entwicklungszyklus 男 開発サイクル, development cycle 経営 製品 操業 設備
Entwurf 男 設計, デザイン, design, draft 機械 設備
Entzündung 女 点火, ignition 機械
Entzunderung 女 デスケーリング, スカーフィング, descaling, scouring 材料 機械 設備
Enzymaktivität 女 酵素活性(酵素の触媒能), 類 関 die katalytische Eigenschaften der Enzymproteine 女, enzyme activity 化学 バイオ
enzymatisch 酵素の, 酵素的, enzymatic 化学 バイオ
Enzym-Membran-Reaktor 男 酵素浸透膜リアクター, 酵素薄膜型リアクター 化学 バイオ
EO = 英 etylene oxide エチレンオキシド 化学 バイオ; = Elementaroperation = elementary operation 基本操作, 基本演算 電気 数学, 統計; = Eosinophilie = eosinophilia 好酸球増加症 化学 バイオ 医薬; = endokrine Orbitopathie = endocrinal orbitopathy 内分泌眼窩疾患 化学 バイオ 医薬 光学
EOR = 英 enhanced oil recovery = Verfahren um weiteres Öl aus bereits erschöpften Ölfeldern zu gewinnen, 石油増進回収法, (ガスやケミカルを油層中に注入し, 原油と高圧下で混合させ, 油層内の原油の流動性を改善し, 残存原油回収を容易にする技術) 化学 地学 設備
Eosinophilie 女 好酸球増加症, eosinophilia 化学 バイオ
Eozän 中 始新世 (第三紀下層の), 英 Eocene 地学 物理 化学 バイオ
EPA = 英 eicosapentaenoic acid = Eikosapentaensäure エイコサペンタエン酸 化学 バイオ 医薬; = Environmental Protection Agency = Amerikanische Behörde für Umweltschutz 米国環境保護局 環境

E

物理 組織

EPC = 英 engineering, procurement and construction = Planung, Projektierung und Errichtung (Leistungsbündel im Industrie-Anlagenbau) 一括納入請負,(設計から建設までを一括して行なう方式) 経営 化学 設備 電気 機械 ; = 英 European Patent Convention = Europäischen Patentübereinkommen (EPÜ) 欧州特許条約 ; 欧州共同体特許条約 ; ヨーロッパ共同体特許条約 特許 法制度

EpCAM = 英 epitherial cell adhesion molecule 上皮細胞接着分子, (癌抗原として知られ, 診断マーカーとして有用とされる) 化学 バイオ 医薬

EPD = 英 environmental product declaration = Herstellererklärung zur Umweltverträglichkeit ihrer Produkte 製品に関する環境安全宣言 (製造者による) 環境 製品 品質 操業 規格 経営

EPDM = 英 ethylene-propylen dien-monomer = Ethylen-propylen-Dien-Kautschuk エチレンプロピレンジエンモノマー バイオ 化学 材料

EPIA = 英 European Photovoltaic Industry Association = Der Europäische Photovoltaik Industrieverband 欧州太陽光発電産業協会 エネ 環境 組織

Epidemie 女 流行病, 類 Seuche 女, epidemic disease 化学 バイオ 医薬

epidermal 上皮の, epidermal 化学 バイオ 医薬

epileptische Krämpfe 複 癲癇[てんかん]の発作, epileptic seizures, epileptic fits バイオ 医薬

Epimer 中 エピマー, epimer 化学 バイオ

Epithelzelle 女 上皮細胞, epithelial cell 化学 バイオ 医薬

EPL = 英 electric power line = Starkstromleitung 電力線 電気 ; = 英 extreme pressure lubricant = Hochdruck-Schmiermittel 極圧潤滑剤 機械 物理 化学 ; = 英 electron projection lithography = Elektronenstrahl-Projektions-Lithographie 電子ビーム投影露光 電気 光学

EPO = Europäische Patentorganisation = European Patent Organisation 欧州特許機構 特許 組織 ; = European Patent Office = Europäisches Patentamt 欧州特許庁, EPA 特許 組織

Epoxidation 女 エポキシ化, epoxidation 化学 バイオ

Epoxydharz 中 エポキシ樹脂, epoxy resin 化学 バイオ

Eppendorfgefäs 中 エッペンチューブ (遠心分離機中のプラスチック反応容器), マイクロピペット, nicrocentrifuge tube, microfuge tube 化学 バイオ

EPR = Elektronen-paramagnetische Resonanz = electron paramagnetic resonance 電子常磁共鳴 機械 物理 光学 音響 ; = Ethylene-Propylene Rubber エチレンプロピレンゴム 化学 バイオ ; 英 = european pressurized water reactor = Europäischer Druckwasser-Reaktor 欧州加圧水型原子炉 (独仏共同開発) 原子力 設備

EPRI = 英 Electric Power Research Institut 米 電力研究所 電気 全般 組織

EPS = 英 extracellular polymeric substances = die extrazellulären polymeren Substanzen 細胞外重合物質 化学 バイオ ; = 英 electric power steering = elektronische Lenkhilfe 電子式パワーステアリング 機械 電気 ; = 英 electronic publishing system 電子出版システム 印刷 電気

EPT = endoskopische Papillotomie = endoscopic papillotomy 内視鏡的乳頭切開術 化学 バイオ 医薬 電気 ; = 英 endocrine pancreatic tumor 膵内分泌腫瘍 化学 バイオ 医薬

EQCM = 英 electrochemical quartz crystal microbalance = elektrochemische Quarzkristall- Mikrowaage 電気化学-水晶振動子マイクロバランス法 (電極表面での析出と溶解, 吸着と脱離などの微小質量変化を計測する方法) 電気 化学 物理

Erbanlage 女 遺伝子, 遺伝素質 化学 バイオ

Erbgut-material 中 遺伝物質, genetic material 化学 バイオ

Erbse 女 えんどう豆, pea 化学 バイオ

ERCP = endoskopische retrograde Cholangiopankreatikographie 女 内視鏡的逆行性膵胆管造影法 化学 バイオ 医薬 電気 光学
ERD = 英 extended reach drilling 大偏距掘削 地学 エネ
Erdalkali-metall 中 アルカリ土類金属, alkaline earth metal 地学 物理 化学 バイオ
Erdbebenherd 男 震源地, seismic focus, seismic centre, epicenter 地学 建設
Erdbebenwelle 女 地震波, seismic wave, earthquake wave : die erste Erdbebenwelle 女 地震の第一波 地学 建設
Erdbohrer 男 土オーガー, earth auger, drill 機械 地学
Erddruck 男 土圧 建設
Erderwärmung 女 地球温暖化, global warming エネ 環境
Erdgas 中 天然ガス, natural gas 化学 エネ 機械
Erdklima 中 地球の気候 環境 地学
Erdkruste 女 地殻, earth crust 地学
Erdmittelalter 中 中生代, 類 Mesozoikum 中, 英 Mesozoic Era 地学 物理 化学 バイオ
Erdöl 中 石油, petroleum, crude oil 化学 エネ 機械
Erdölförderung 女 石油採掘, oil production 化学 地学
Erdung 女 アース 電気
Erdzeitalter 中 地質時代, geological ages 地学 物理 化学 バイオ
ERF = Elektrorheologische Flüssigkeit = electrorheological fluid 電気粘性流体, (機能性流体の一種で, 平均 5 μm 絶縁体の微粒子を絶縁液体 (シリコンオイル) に加えた流体) 機械 物理 電気
erfassen モニターする, 検出する, 統計的にとらえる 電気 化学 バイオ 統計
erfasster Bereich 男 区間変量, カバリッジ, 類 Erfassung 女, coverage 統計
Erfasungsprogramm 中 テキストエントリープログラム, text entry program 電気 機械
Erfinderbenennung 女 発明宣誓書 特許
erfinderische Betätigung 女 発明性 特許
Erfindungsgegenstand 男 特許出願に係わる発明の要旨・主題 特許
erfolgreich 効果的な, 効果のある, 成功した, 成果の多い,
erforderlicher NPSH = 英 required net positive suction head = $NPSH_R$ 必要有効吸込みヘッド 機械
ERG = 英 electroretinography = Elektroretinographie 網膜電図検査 (法) 化学 バイオ 医薬 電気
Ergänzungskegellänge 女 背円錐距離, 類 Rückenkegellänge 女 機械
Ergänzungswinkel 男 余角, 類 Komplementwinkel 男, complementary angle 数学 機械
Ergocalciferol 中 ビタミン D_2, エルゴカルシフェロール, ergocalciferol 化学 バイオ 医薬
Ergotalkaloid 中 麦角アルカロイド (麦角菌培養時の生成物), ergot alkaloid バイオ
erhalten キープする, 受け取る
Erhebung 女 揚がり (部位), 持ち上げ, 調査, 申し立て elevation, rise 機械 特許
Erhebungsanhalt 中 揚り止め 交通 機械
Erhebungsbogen 男 調査用紙, アンケート
Erhebungswinkel 男 仰角, 類 Anstellwinkel 男, Erhöhungswinkel 男, elevation angle 機械
erhitzte Luft 女 予熱空気 機械 エネ
Erhöhungswinkel 男 仰角, 類 Anstellwinkel 男, Erhebungswinkel 男, elevation angle 機械
erkennbare Symptome im frühen Stadium 複 中 初期の自覚症状, 類 auffällige Symptome im frühen Stadium 複, early noticeable symptoms 化学 バイオ
Erkennungseinrichtung 女 認識装置, detecting means, detection unit, detection device, detection equipment 電気 機械 設備
Erkundigung 女 問い合わせ
Erkundung 女 偵察
Erle 女 ハンノキ, alder, Alnus japonica バイオ 化学
Erlenmeyerkolben 男 三角フラスコ, Erlenmeyer flask 化学 バイオ
Erlernbarkeit 女 習得の可能性

E

Erlös 男 売り上げ, 収益, 関 Ertrag
ermitteln 算出する,確認する,確定する 全般
ermöglichen 可能にする, make possible, enable
Ermündung 女 疲労 fatigue,exhaustion 材料
Ermündungsbruch 男 疲労破壊,類 Dauerbruch 男,fatigue failure 材料 建設
Ermündungsformänderung 女 疲労変形, fatigue deformation 材料 建設
Ernährung 女 栄養, 食料 バイオ 化学
Ernährungsindutrie 女 食品工業 バイオ 化学 食品 安全
erneuerbar 再生可能の, renewable
erneuerbare Energie 女 新創出エネルギー,再生エネルギー renewable energy エネ 環境
Ernte 女 収穫 バイオ 化学
Eröffnungsansprache 女 開会の辞
Erörterung 女 意見書 特許
ERP = 英 enterprise resource planning 統合基幹業務システム, 企業資源計画 電気 経営 ; = 英 effective radiated power = Effektive Strahlungsleistung = die effektiv abgestrahlte Leistung 有効放射電力,実効輻射電力,実効放射電力(ある一定の方向に放射される電波の電力の強さのことをいう) 電気
erreichen 到達する, 類 gelangen
Errichtung 女 建設, erection 建設 設備
Ersatz 男 代替,交換,replace : Ersatz der alten Drahtstraße 古い線材ラインのリプレース : als Ersatz dafür その代替として 操業 設備 全般
Ersatzreifen 男 スペアータイヤ 機械
Ersatzwand 女 平衡壁,equivalent wall 建設
erschütternde Tafel 女 振動テーブル 機械
Erschütterung 女 衝撃, 振動,chatter, shock 機械
Erstarrung 女 凝固, solidification ; völlige Erstarrung : 完全凝固, perfect solidification ; Erstarrungsablauf : 凝固過程, solidification process 精錬 連鋳 鋳造
Erstarrungsfront 女 凝固前面 精錬 連鋳 鋳造
ersticken (雑草がはびこって) 枯らす : Das Gras erstickt mit seiner dichten Strohschicht alles andere Leben unter sich. その草類は,ストロー層が密で,はびこり,その下で生きている全ての植物を枯らしてしまう. バイオ
Ertrag 男 収益, 関 Erlös 男 売り上げ 経営
Ertragbildng 女 収量アップ, yield up 化学 バイオ
eruieren 探求する 全般
Eruption 女 発疹,噴火,類 Hautausschlag 男,Vulkanausbruch 男,eruption 化学 バイオ 地学 物理
Eruptivgestein 中 火成岩,igneous rock 地学 物理
Erwähnung 女 言及
Erwärmung 女 加熱, heat, 類 Anwärmung 女 同じ'加熱'だが, heat up のニュアンスがある 材料 機械 エネ
erwehren 再 sich etwas(2) あることを抑える,あることから身を守る,類 再 entziehen sich etwas(3) バイオ 医薬
Erweichung 女 軟化,焼結 softening,sintering 材料 化学
Erweiterung 女 ラッパ口,膨張,bell mouth, expansion 機械
Erweiterungssteckkarte 女 拡張カード,拡張ボード,類 Steckkarte 女,expansion card,expansion board 電気
Erwerb 男 後天性, acqisition 化学 バイオ
erworbene Disposition 女 後天性素因, acquired disposition 化学 バイオ 医薬
Erythrozyte 女 赤血球,類 rotes Blut 中, Körperchen 中, Erythrozyt 男, 英 erythrocyte 化学 バイオ 医薬
Erythrozyten-Umsatzrate 女 赤血球回転率, red blood cell turnover rate, erythrokinetics rate,RTR 化学 バイオ 医薬
Erzagglomeration 女 鉱石集塊 製銑 地学
erzeugen 製造する, 発生させる, 合成する, generate, produce 機械 化学 バイオ
Erzeugungskosten 複 製造コスト, production costs 操業
Erzeugungsprogramm 中 生産計画, production planning 操業 設備

Erzeugungsrad 中 創成歯車, generating gear (of a gear) 機械

Erzeugungswälzkreis 男 (創成工具による) 歯切りピッチ円, generating -rolling circle 材料 機械

Erzmöllerstoff 男 処理鉱石装入装荷材, homogenized ore burden, prepared ore burden 製銑 地学

erzwungen 強制の

erzwungene Schwingung 女 強制振動, forced oscillation, forced vibration 物理 機械

ES = 英 end sentinel 終わり符号 電気

ESA = 英 European Space Agency = Europäische Raumfahrtbehörde 欧州宇宙機関 航空 組織 ; = 英 earth station antenna = Antennen für Satellitenbodenstation 衛星地上局・地球局アンテナ 航空 設備 電気

ESATA-Schnittstelle = 英 external serial advanced technology attachment interface 大容量データ用外部ディスクインターフェース 電気

ESCA = 英 electron spectroscopy for chemical analysis = Elektronenspektroskopie zur Chemischen Analyse X 線光電子分光法, エスカ 電気 材料 光学 物理 化学 バイオ

Esche 女 トネリコ, とねりこ バイオ 化学

ESD = 英 electron stimulated desorption 電子刺激脱離法 電気 物理 化学 ; = 英 electro static discharge = Elektrostatische Entladung 静電気放電 電気 ; = endoskopische Submukosadissektion = endoscopic submucosal dissection 内視鏡的粘膜下層剥離術 化学 バイオ 医薬 電気

ESG = Elektronisches Schaltgetriebe 電子式制御トランスミッション 電気 機械

ESP = Elektronisches Stabilitätsprogramm 電子式車両安定化プログラム 電気 機械 ; = 英 electrostatic precipitator = Elektrofilter 電気集塵装置 環境 電気 設備

ESL = 英 equivalent series inductance = äquivalente Serieninduktivität 等価直列インダクダンス 電気

ESR = 電気 equivalent series resistor = Ersatzwiderstand für elektrische Berechnung 等価直列抵抗 電気 ; = Elektronenspinresonanz = electron spin resonance 電子スピン共鳴 電気 ; = endoskopische Submukosa-Resektion = endoscopic submucosal resection 内視鏡的粘膜下層剥離術 化学 バイオ 医薬 電気

Essenslaunen 複 女 フードファディズム, (食べものや栄養が健康と病気に与える影響を, 熱狂的, あるいは過大に信じること), food faddism 化学 バイオ 医薬

essentielle Aminosäure 女 必須アミノ酸, essential amino acid 化学 バイオ

Essigsäureanhydrid 中 無水酢酸, acetic anhydride, ethanoic anhydride 化学 バイオ

Essigsäureethylester 男 エチルアセテート, 酢酸エチル, 類 Ethylacetat 中, ethyl acetate 化学 バイオ

EST = endoskopische Sklerotherapie = endoscopic sclerotherapy 内視鏡的硬化療法 化学 バイオ 医薬 電気 ; = endoskopische Sphinkterotomie = endoscopic sphincterotomy 内視鏡的括約筋切開術 化学 バイオ 医薬 電気

Esterifizierung 女 エステル化, 類 Veresterung 女, esterification 化学 バイオ

Estersynthese 女 エステル合成, ester-synthesis 化学 バイオ

ESTs = 英 expressed sequence tag 発現遺伝子配列断片, ヒト遺伝子断片, DNA 断片 化学 バイオ 医薬

ETAE = 英 ethyl-tert.-amylether エチル第三級アミルエーテル 化学 バイオ

Etagenservis 男 ルームサービス 経営

ETBE = Ethyl-tertiär-Butylether = ethyl-tert-butyl ether エチル第三級ブチルエーテル 化学 バイオ

ETC = 英 electronic toll collection system = elektronisches Mauterhebungssystem 自動車料金収受システム 電気 交通 経営

Eteppe 女 段階

ETFE = 英 ethylen-tetrafluorethylene-copolymer テトラフルオロエチレンとエチレンの共重合体(熱可塑性フッ素樹脂) 化学 バイオ

E

Ethylacetat 中 エチルアセテート, 酢酸エチル, 類 Essigsäureethylester 男, ethyl acetate 化学 バイオ
Ethylbenzol 中 エチルベンゼン,ethylbenzene 化学 バイオ
Ethylvinylalkohol 男 エチレンビニルアルコール共重合体, ethylene vinyl alcohol, EVOH 化学 バイオ
Etikett 中 ラベル, データブロック 電気
Etikettdaten 複 ラベルデータ, labelling data 電気
Etikettendruck 男 ラベル印刷, printing of lavels 電気
Etikettiermaschine 女 ラベル貼り機 印刷 機械
ETS = 英 emission trading system = Emissionshandelssystem 排出権取引制度 環境 法制度 ; = 英 engineering test satellite 技術試験衛星 航空 電気
ETSI = 英 European Telecommunication Standard Institute = Europäisches Institut für Telekommunikationsnormen 欧州通信規格協会 電気 規格 組織
Eucaryote 英 真核生物 化学 バイオ
EUCAST = 英 European Commitee on Antimicrobial Susceptibility Testing = der Europäische Ausschuss für die Untersuchung auf Antibiotikaempfindlichkeit 抗菌物質感受性テストに関する欧州委員会 化学 バイオ 規格 組織
Eukalyptus 男 ユーカリ,eucalyptus 化学 バイオ
Eumycetes 英 真菌類 化学 バイオ
Eupergit 商品名(酵素固定化用キャリアー) 化学 バイオ
Euro4/D4-Abgaslimits für Schadstoffemisssion 複 中 ドイツの規格に合わせてモディファイした排ガス規制欧州規格 規格 環境 機械 化学 医薬
Eutektikum 中 共晶, eutectic 材料 精錬 鉄鋼 非鉄
Eutektoid 中 共析, eutectoid 材料 精錬 鉄鋼 非鉄
Eutrophierung 女 栄養富化作用,eutrophication effect 化学 バイオ 環境
EUV = Extremes Ultraviolett = extreme ultraviolett 極〔きょく〕紫外線 光学
EVAC = Ethylen-Vinylacetat-Polymer = ethylene-vinyl acetate plastic エチレン-酢酸ビニルプラスチック 化学 バイオ
Evakuierungsraum 男 排気空間,evacuation space 機械
Evaluierungssicherheitsebene 女 評価保証レベル, 「情報セキュリティの厳格さ(セキュリティレベル)を評価する際に用いられる指標」, 類 Sicherheitszertifizierung der Vertrauenswürdigkeitsstufe, evaluation assurance level, EAL 電気
Evertebraten 男 複 無脊椎動物, 類 wirbellose Tiere 中 複,invertebrate 化学 バイオ
Evolventenprofil 中 インボリュート歯形, involute profil 機械
Evolventenzahnradfräser 男 インボリュート歯切りフライス,involute gear hobing machine 機械
EWP = 英 early warning point = Frühwarnpunkt = frühzeitige Meldungspunkt 早期警告ポイント 電気
EXAFS = 英 extended X-ray absorption fine structure エキザフス,広域X線吸収微細構造解析法・分光法 物理 化学 バイオ 材料 光学 電気
EX-d 耐圧防爆構造,explosionsgeschützte und druckfeste Sicherheitsstruktur 女, pressure-resistance and explosion-proof structure 電気 規格
EX-e 安全増防爆構造,explosionsgeschützte und erhöhte Sicherheitsstruktur 女, increased safety type explosion-proof structure 電気 規格
Exemplar 中 部,冊,紙,見本,試料 印刷 材料
ex-gefährdet 爆発の危険性のある 機械 エネ 化学 地学
exhalieren 噴出する, 排出する 機械 化学
EX-ia,-ib 本質安全防爆構造,explosionsgeschützte Eigensicherheitsstruktur 女, explosion-proof apparatus (structure) 電気 規格
Exkavator 男 掘削機, 類 Baggermaschine 女,excavator 地学 建設

Exkrement 中（通常複）排泄物,excrement 化学 バイオ
EX-o 油入れ防爆構造,Immersionsöl und explosionsgeschützte Struktur 女,Oil-immersion and explosion-proof structure 電気 規格
exotherme Reaktion 女 発熱反応,exothermic reaction エネ 化学 機械 物理
EX-p 内圧防爆構造,überdruckgekapselte und explosionsgeschützte Struktur 女,pressurized explosionproof structure 電気 規格
Expansion 女 膨張,dilatation,expansion エネ 化学 機械 物理
Expansionsventil 中 膨張弁, eapansion valve 機械 化学
experimentell 実験による 全般
Exploration 女 探査,診察,探求,exploration 地学 バイオ 医薬
Explosion 女 爆発,破裂,explosion,burst 操業 設備 化学 地学
Explosionsdarstellung 女 分解組み立て部品配列図,exploded view 操業 設備 機械
Explosionszeichnung 女 分解組み立て図 操業 設備 機械
Exponentialfunktion 女 指数関数 統計
Exposition 女 露出,解説,exposure 光学 電気
Expositionsdauer 女 暴露期間,露出時間,exposure duration 化学 バイオ 医薬 光学 材料 建設
Expositionshäufigkeit 女 露出頻度, 曝射回数, exposure frequency 電気 光学 化学 バイオ 医薬 経営
Expositionspfad 男 被爆経路,radiation exposure pathway 原子力 放射線 化学 バイオ 医薬
Expression 女 発現,expression 化学 バイオ
Expressionskassette 女 発現カセット,expression cassette 化学 バイオ
exprimieren 機能発現する,表現する 化学 バイオ
Ex-Schutz 男 防爆 エネ 機械 化学 地学 電気
Exsikator 男 デシケータ,desiccator 化学 バイオ
Exsudat 中 滲出物,浸出物,exsudate バイオ 化学 地学
exsudieren 浸出する, 関 auslaugen,exude,leach バイオ 化学 地学
Extinktion 女 吸光,extinction 化学 バイオ 光学
extrahieren 抽出する バイオ 化学
extrachromosomal 染色体外の 化学 バイオ
extrakorporaler Blutkreislauf 男 体外透析用血液回路,extracorporeal blood circuit 化学 バイオ 医薬
extrakorporale Stoßwellenlithotripsie 女 体外衝撃波結石破砕法,ESWL,extracorporeal shock wave lithotripsy 化学 バイオ 医薬 音響 物理
Extrakt 男 抽出物, 類 Edukt 中 バイオ 化学
Extrapolation 女 外挿法 統計 数学
extrapolierbar 外挿可能な 統計 数学
extrazellulär 細胞外の,extracellular 化学 バイオ
Exzenter 男 偏心輪,eccentric,cam 操業 設備 機械
exzentrisch 偏心の,eccentric 操業 設備 機械
Exzentrizität 女 偏心性,偏心率,eccentricity 機械
Exizitation 女 励起,excitation 化学 バイオ 物理
Eyetrackingtest 男 視標追跡検査,eye tracking test,ETT 化学 バイオ 医薬 光学 電気

F

F_1-Hybride 女 雑種第一代, first filial generation-hybrid バイオ
F2F = Wechseltaktaufzeichnung = Zweifrequenz カードの記録方式 電気

FA = 英 factory automation = Produktionsautomatisierung 生産工程のコンピュータ化による自動化 電気 機械 操業 設備
FAA = 英 Federal Aviation Administration = Amerikanische Luftfahrtbehörde 米国連邦航空局 航空 組織
FABP = 英 fatty aicd-binding protein = Fettsäurebindingprotein 脂肪酸結合蛋白 化学 バイオ 医薬
Fachwerk 中 骨組み,フレームワーク,基質, frame,frame work,skelton framing,substrate,matrix,stroma 設備 建設 化学 バイオ
Fachwerkbrücke 女 トラス橋,truss bridge 建設
Fachwort 中 専門用語,類 Nomenklatur 女, Benennung 女,technical term 全般
FACS = 英 fluorescence activated cell sorter = Fluoreszenzaktivierter Zellsorter 蛍光指示式細胞分取器 化学 バイオ 医薬 電気
Faden 男 糸, フィラメント, 神経線維, 素線 機械 電気 バイオ 光学 音響
Fadenwurm 男 線虫, 蟯虫,rematode, roundworm,pinworm 化学 バイオ
fächerförmig 扇状の,扇状に,fan-shaped 機械
Fällungsmittel 中 沈殿剤, precipitating agent 化学 バイオ
Fälschungssicherheit 女 不正操作防止性,偽造防止性 光学 電気 機械
Fänger 男 捕捉剤,スカベンジャー,類 Fängersubstanz 女,catcher,scavenger 化学 バイオ 放射線
färben 染色する,着色する,染まる 繊維 光学 印刷 機械 医薬 バイオ
Fäule 女 腐敗,類 Fauling 男,foulness, putrefaction 化学 バイオ 環境
fahren 運転する, 操縦する, 動かす
Fahren mit konstanter Geschwindigkeit 中 定速走行 機械
Fahrbahnplatte 女 デッキ,車道用スラブ, deck,carrageway slab 建設
Fahrbahnübergang 男 伸縮継手,expansion joint 建設
fahrerlos 無人の,類 unbemannt,unmanned, pilotless 機械 操業 設備
Fahrgastraum 男 車室,passenger compartment 機械
Fahrgemeinschaft 女 一台の車に同乗して通勤する形態,カーシェアリング 交通 機械
Fahrgestell 中 シャシー,類 Fahrwerk 中, Chassis 中 機械
Fahrleistung 女 走行性能, mileage, performance 機械
Fahrleitung 女 架空電車線,contact line, overhead conductor line 交通 電気 機械
Fahrradträger 男 カーラック,バイクラック 機械
Fahrschiene 女 走行レール,rail 交通 機械
Fahrsteig 男 動く歩道,moving walkway 機械
Fahrstreifen 男 車線,traffic lane,lane 機械
Fahrstuhl 男 エレベータ, elevator 機械
Fahrtreppe 女 エスカレータ,escalator 機械
Fahrtüchtigkeit 女 運転能力, driving ability 機械 電気
Fahrverhalten 中 走行特性, travelling behaviour 機械
Fahrwerk 中 シャシー, 脚部, 類 Fahrgestell 中, Chassis 中 機械
Fahrwerkabstimmung 女 シャシー調整 機械
Fahrwiderstand 男 転がり抵抗,走行抵抗, resistance to forward motion,road resistance 機械
Fahrzeugausstattungsteil 中 自動車艤装部品 機械
Fahrzeug- Deskriptor-Abschnitt 男 車輌使用区分,vehicle descriptor section 交通 法制度
Fahrzeuglängsrichtung 女 自動車の長手方向 機械
Faktorenzerlegung 女 因数分解,類 Faktorisierung 女 数学
Faktorisierung 女 因数分解,類 Faktorenzerlegung 女 数学
fallende und ansteigende Flanke 女 下がっているおよび上がっている側面 機械
Fallspeisung 女 重力送り,類 Zuführung durch Gefälle 女,gravity feed 機械 エネ 化学 設備

Falschluftmenge 女 侵入空気量, infiltrated air 機械 エネ
Faltenbalg 男 ほろ,蛇腹式連結具 交通 機械
faltenfrei 折り目のない 印刷 機械 材料
Faltenrohr 中 波形管, 波付き管, 類 Wellrohr 中, corrugated pipe 機械 材料
Faltung 女 畳み込み, 折り目をつけること, fold, lap, convolution 印刷 機械 材料 電気 数学 物理 化学 バイオ
Faltungsintegral-Voltammetrie mit linearem Spannungsanstieg 女 重畳積分線形掃引ボルタンメトリー(電解分析法), convolution-integral linear-sweep voltammetry 化学 バイオ
Faltversuch 男 曲げテスト, bending test 材料
Falz 男 折り畳み目 印刷 機械 材料
Falzklappenzylinder 男 折り畳み胴 印刷 機械
Falzmesserzylinder 男 折り紙裁ち胴 印刷 機械
Falzspalt 男 折りロールギャップ 印刷 機械
Falzsteg 男 フォールドウエブ, グルーブウエブ 機械
Falzwalze 女 折りロール, folding roller 機械 印刷
Familie 女 科, 家族 バイオ
Familie Enterobacteriaceae 女 腸内細菌科, 英 Enterobacteriacae, Enterobacteriaceae 化学 バイオ 医薬
Fangband 中 リバンドストラップ, セーフティーストラップ, 類 Ausschlagbegrenzung 女, rebund strap (for stearing lock), safety strap 機械
FAO = 英 Food and Agriculture Organization = UN-Organisation für Ernährung und Landwirtschaft 国連食糧農業機関 化学 バイオ 医薬 組織
Farbband 中 インクリボン(熱転写プリンタの), ink ribbon 電気 印刷
Farbdifferenzsignal 中 色差信号 電気 光学
Farbenmesser 男 比色計, colourimeter 化学 電気
Farbraum 男 色空間, colour space 電気 光学
Farbstoff 男 色素, 染料, 類 Pigment 中 印刷 光学 繊維
Fase 女 面取りした角, 繊維 機械 溶接 繊維
fasen 面取りする, 類 anschrägen, bevel, chamfer 機械 溶接
Fasenring des Kolbens 男 ベベルピストンリング 機械
Fasenwinkel 男 開先角度, 類 Öffnungswinkel 男, Schweißkantwinkel 男, groove angle, angle of bevel 溶接 機械
Faser 女 バンド状の不均一性状, もしくは, いわゆるファイバー(fiber)の意味, 軸 材料 化学
Faserarmierung 女 ファイバー強化, 類 Faserverstärkung 材料 化学
Fasermantel 男 ファイバーシース, fibre sheath 化学 バイオ 医薬
fasern 糸にほぐす, ほつれる
Faserplatte 女 ファイバーボード, fibre board 材料 機械
Faserverlauf 男 鍛流線, fibre course, fiber flow, grain flow 材料
Faserverstärkung 女 ファイバー強化, 類 Faserarmierung 女 材料
Fass 中 バレル, ドラム, barrel, drum 機械
Fassklammer 女 ドラムクランプ 機械
Fasspumpe 女 ドラムポンプ, drum pump 機械
Fassung 女 フィッティング, ホルダー, ソケット 機械
Fassungsvermögen 中 保持能力, 容積, holding capacity, volumetric capacity 機械 化学 バイオ
FAT = Fettsäure-Acyl-ACP-Thioesterase 脂肪酸-アシルーアシル基運搬たんぱく質-チオエステラーゼ 化学 バイオ 医薬 ; = Forschungseinigung Automobiltechnik e.V 自動車技術共同研究登録協会(VDA(ドイツ自動車工業会)の一部門) 機械 組織 全般
FAU = 英 formazin attenuation unit = Formazin-Dämpfungseinheit フォーマジン減衰測定単位 化学 バイオ 単位
Faulgas 中 下水ガス(メタンなど), 汚泥消火ガス, digester gas 化学 バイオ 環境

F

Fauling 男 腐敗, 類 Fäule 女, putrefaction 化学 バイオ 環境
Faulschlamm 男 腐敗スラジ,消化汚泥,浄化汚泥,digested sludge,septic sludge,sapropel 化学 バイオ 機械 環境
Fauna 女 動物相,fauna 化学 バイオ
Fazies 女 層相,facies 地学 化学 バイオ 物理
FB = 英 fine blanking = Feinstanzen 精密打ち抜き 材料
FBG = 英 fiber-bragg-grating = Faser-Bragg-Gitter ファイバーブラッググレーティング,ファイバーブラッグ格子 光学 電気
FC = 英 flip chip フリップチップ 電気
FC1 = 英 front circuit 1 ビルトアップ層の第一層 電気
FCC = 英 face-centered cubic lattice = kubisch-flächenzentriertes Kristallgitter (KFZ) 面心立方格子 材料 機械 非鉄 物理 化学; = 英 Federal Communications Comission = Amerikanische Behörde für Telekommunikation 米国連邦通信委員会 電気 組織
FCD = 英 floating car data = Bewegungsdaten vieler Fahrzeuge フローティングカーデータ (日本中のインターナビ装着車の走行データ) 電気 機械
FCR = 英 fusing chip resistance チップヒューズ抵抗器 電気
FCS = 英 flammability control system = Entflammbarkeit-Kontrollsystem 可燃性ガス濃度制御系 化学 バイオ 医薬 設備 電気
FCW = 英 flux cored wire = Fülldraht フラックス入りワイヤー 溶接 材料
F/D = 英 floppy disk, Diskette 女 フロッピーディスク 電気
FDA = 英 Food and Drug Administration = Amerikanische Behörde für Nahrungsmittel und Medikamente 米国食品医薬品局 化学 バイオ 医薬 食品 組織
FDA-konform FDA(米国食品医薬品局)基準に合致している 化学 バイオ 規格 法制度
FDCT = 英 forward discrete cosine transform 正離散余弦変換 電気
FDE = 英 fault disconnection equipment 断層の切断装置 地学; = 英 failure detection electronics = Fehlererkennungs-Elektronik 障害(欠陥)検出エレクトロニクス 電気; = 英 fetch-decode-execute = Abrufen-dekodieren-ausführen フェッチデコード実行 (コードの読み込み,コードの解析,命令の実行) 電気
FDIS = 英 final DIS, ISO 規格作成に際し, 認証段階にあるドラフト 規格
FE = Funktionseinheit = functional unit, function unit 機能ユニット 機械; F&E = Forschung und Entwicklung = research and development 研究開発 全般
FE-AES = Feldemission-Auger-Elektronenspektroskopie = field emission Auger electron spectroscopy 電界放出型オージェ電子分光法 電気 化学 バイオ 材料 光学 物理
Fedbatch-Verfahren 中 流加培養, 半回分培養(培養基中に基質を添加していく培養法), 関 Zufutter-Satzbetrieb 男, fed-batch culture process 化学 バイオ
Feder 女 バネ,羽,spring,feather 機械
Federachsantrieb 男 クイルギヤードライブ, 類 Federtopfantrieb 男,quill-gear drive 機械
Federausgleichsvorrichtung 女 ばね釣り合い装置,spring balance equipment 機械
Federbein 中 伸縮アーム,サスペンションストラット,スプリングストラット 機械
Federbüchse 女 スプリングシート,ばね座,スプリングブッシュ,スプリングバーボックス spring seat,spring bar box 機械
Federkraftklemme 女 エキスパンダーターミナル, ばね型ターミナル,spring loaded terminal 電気 機械
Federlasche 女 ばねつり手,spring shackle 機械
Federnadel 女 スプリングピン 機械
federnde Unterlegscheibe 女 スプリングワッシャー,spring washer 機械
Federscheibe 女 ウエーブスプリングワッシャー,波形ばね座金,wave spring washer 機械
Federsicherheitsventil 中 ばね安全弁 機械
Federspeicher-Bremsanlage 女 スプリン

グブレーキシステム,spring breaking system 機械
Federspeicherzylinder 男 ばね型シリンダー,スプリングロードシリンダー 機械
Federtopfantrieb 男 クイルギヤードライブ,quill-gear drive 機械
Federweg 男 スプリング移動量,スプリング動程,spring travel,pitch of spring 機械
Fehlerfortpflanzung 女 伝搬損失,propagation of errors 光学 音響
fehlerfreie Produkte 複 中 健全な製品,sound products 製品 品質
Fehlerkorrektur-Kode 男 誤り訂正コード,誤り訂正符号,error correction code,ECC 電気
Fehlermeldung 女 エラーメッセージ,error massage 電気
Fehlerquote 女 欠陥割合 材料 機械
Fehlerstromschutzschalter 男 漏電遮断機,fault-currrent circuit breaker 電気
Fehlsinnmutation 女 ミスセンス突然変異,missense mutation 化学 バイオ
Fehlzündung 女 不点火,ミスファイアー 機械
Feilen 中 やすり仕上げ,filing 材料 機械
Feinblech 中 薄板,sheet 材料 鉄鋼 非鉄 機械
Feinblech-Walzwerk 中 薄板圧延機,sheet rolling mill 材料 操業 設備
Feineinstellung der chemischen Zusammensetzung 女 化学成分の微調整・最終調整,final adjustment of chemical composition 精錬 鉄鋼 非鉄 操業 設備 化学
Feingewinde 中 細目ねじ,fine thread 機械
Feinkohle 女 粉炭,fine coal 製銑 精錬 地学
Feinkostgeschäft 中 高級食料品店 バイオ 化学 食品
Feinschlichtfeile 女 精密仕上げやすり,superfine file 材料 機械
Feinstaub 男 細粒粉塵,fine dust 機械 環境
Feinstraße 女 小形形鋼ミルライン,small section mill 材料 機械
feinverteilt 細かく分けられた,細かく分散した 材料 化学 バイオ
Feinzeiger 男 マイクロインジケータ,micro indicator 機械
Feld 中 フィールド,ボックス,使用環境,類 Kästchen 電気 物理
Feldbefehl 男 フィールドコマンド 電気
Feldfrequenz 女 フィールド周波数 電気
Feldgemüse 中 畑野菜,農作野菜,field vegetable 化学 バイオ
Feldlinie 女 力線,line of force 機械 電気
Feldspannung 女 界磁電圧,field voltage 機械 電気
Feldspat 男 長石,(カリウム,ナトリウム,カルシウムまたはバリウムの珪酸アルミニウムから成る固い結晶性鉱物のグループの総称),英 feldspar 地学 非金属 鋳造 機械 建設
Feldstrom 男 界磁電流,field current 機械 電気
Felgenhorn 中 リムフランジ,rim flange 機械
Felgenmittelebene 女 リム中心面,rim center face 機械
Felgenschlüssel 男 リムディッシュ 機械
Felgentiefbett 中 リムドロップセンター,リムウオール,rim drop center,rim wall 機械
Felsenshicht 女 岩盤,layer of rock 地学
FEM = 英 field electron microscopy 電界電子顕微鏡法 物理 化学 バイオ 材料 光学 電気 ; = 英 field emission microscopy 電界放射顕微鏡法 物理 化学 バイオ 材料 光学 電気; = 英 finite element method = Methode der endlichen Elemente 有限要素法 数学 統計 物理 材料 機械
Fenster 中 ウインドウ,英 window 電気
Fensterschacht 男 ウインドウチャンネル,ウインドウガラスラン,ウインドウダクト,window channel 機械
Fensterschacht-Abdichtung 女 ドアベルトシーリング/目詰め,door-belt weather-strip 機械
Fensterschachtleiste 女 ウインドウチャンネルバー 機械
FEP = Fluorethylenpropylen = fluorinated ethylene propylene フッ化エチレンプロピレン(赤外光ファイバー用スリーブ材に用いられる) 化学 バイオ 光学 ; = Forschungsinstitut für Elektronenstrahl-und Plasmatechnik der Fraun-

hofer-Gesellschaft フラウンホーファー電子線およびプラズマ技術研究所 電気 光学 組織；＝ 英 front-end processor エフ・イー・ピー，前置通信制御処理装置 電気 機械

Fermentation 女 発酵，類 Vergärung 女，英 fermentation 化学 バイオ

Fernheizung 女 地域暖房 エネ

Fernwirkungstechnik 女 リモートコントロール技術 電気 機械

Ferrit 男 フェライト，ferrite 材料 電気

Ferrochrom 中 フェロクロム，ferro-chrome 精錬 材料 化学 地学

Ferrolegierung 女 合金鉄，ferro alloy：Ferrolegierungbedarf 合金鉄必要量，requirement of ferro alloy 精錬 材料 化学 地学

Ferromangan 中 フェロマンガン，ferromanganese 精錬 材料 化学 地学

Ferrosilicium 中 フェロシリコン，ferro-silicon 精錬 材料 化学 地学

Ferse 女 踵［かかと］，外端部（傘歯車の），heel 機械 バイオ

Fertigabmessung 女 仕上げ寸法，final size 機械

Fertigbearbeitung 女 仕上げ，finish working 材料 機械

Fertigdicke 女 仕上げ厚み，final thickness 機械

Fertigdicke der Bänder 女 ストリップの仕上げ厚み，final thickness of strips 材料 機械

Fertigkaliber 中 仕上げパス，finishing pass 材料 機械

Fertigschneiden 中 仕上げ削り 材料 機械

Fertigschneider des Gewindebohrers 男 仕上げタップ，finishing tap 材料 機械

Fertigstraße 女 仕上げミルライン，finishing mill line，finishing mill train 材料 機械

Fertigungsüberwachung 女 工程管理，工程検査，manufacturing inspection 操業 材料 機械 化学

fertil 受胎力のある，肥沃な バイオ

Festanschlag 男 ストロークエンド，end of stroke 機械

Festauslegerkran 男 固定ジブクレーン 操業 設備 機械

Festbettreaktor 男 固定床反応器 化学 バイオ

Festelektrolyt 男 固形型電解質，solid electrolyte 電気 化学 バイオ

fester Achsstand 男 固定軸距，類 starrer Achsstand 男，fixed wheel base 機械

fester Brennstoff 男 固体燃料 機械 エネ 航空

fester Körper 男 固体，solid 材料 精錬 化学 物理

festes Verdeck 中 ハードトップ 機械

fest-flüssig 固液，solid-liquid 材料 連鋳 精錬

festhaftet 離れにくい，固着した

Festigkeit der Automobilkonstruktion 女 自動車の剛性 材料 機械

Festigkeitslehre 女 材料力学，theoretical mechanics，science of the strength of materials 材料 機械 設備

Festlager 中 位置決め・取り付けベアリング，固定軸受，locating bearing，fixed bearing 機械

festlegen 規定する，設定する，行なう，

Festmist 男 固形糞尿，solid dung 化学 バイオ 電気 環境 リサイクル

Feston 中 扇形（にすること），スカラップ，curved festoon，scallop 材料 機械 溶接

Festplattenspeicher 男 ハードディスクメモリー，hard disc memory 電気

Festscheibe 女 取り付けベルト，fixed disc，fixed washer 機械

Festsitz 男 締りばめ，interference fit，tight fit，close fit 機械

feststehende Welle 女 固定シャフト，fixed shaft 機械

feststehender Rost 男 固定火格子 機械 エネ

Feststelltaste 女 キャプスロックキー，caps-lock key 電気

Feststoff 男 固体，solid 化学 精錬

Feststoffpartikel 中 固形粒子 化学 環境 機械

festverdrahtet 結線した，結線回路の，hard wired，fixed wired 電気

Festwertregelung 女 定値制御，constant

value control, fixed set point control 電気 機械

FET = Feld-Effekt Transistor = field-effect transistor 電界効果トランジスター 電気

Fettaustritt 男 油脂の排出 化学 機械

Fettsäure 女 脂肪酸, fatty acid 化学 バイオ

Fettschmierung 女 グリース潤滑, grease lubrication 機械

Feuchtigkeit 女 湿度, humidity 化学 エネ 環境

Feuchtigkeitsgehalt 男 絶対湿度, percentage of moisture, absolute humidity 化学 エネ 環境

Feuchtwerk 中 湿し装置, dampening unit 印刷 機械

Feuerdrückregelung 女 炉内圧制御 製銑 精錬 エネ

feuerfeste Materialien 複 中 耐火材料, 耐火物, 耐火材 製銑 精錬 材料 エネ 非金属

feuerfester Ziegel 男 耐火煉瓦, refractories, firebrick 製銑 精錬 連鋳 材料 エネ 鉄鋼 非鉄 非金属

Feuerfestigkeit 女 耐火性, 耐火度, fire resistant quality, refractoriness 製銑 精錬 材料 エネ 非金属

Feuerfestverschleiß 男 耐火物損耗, wear refractory material 製銑 精錬 連鋳 非金属

Feuerlöscher 男 消火器, fire extinguisher 機械 化学 操業 設備

Feuerraum 男 燃焼室, 炉, combustion chamber, furnace 機械 エネ 材料

Feuerstein 男 火打ち石, 類 Flint 男, flint, fire stone 機械

Feuerverzinken 中 溶融亜鉛めっき, 類 Feuerverzinkung 女, hot dip galvanizing 材料 機械 化学

Feuerwand 女 ファイヤーウオール(ネットワーク上のセキュリティーシュステム), fire wall 電気

F2F = 英 two frequency coherent phase encoding = Wechseltaktaufzeichnung = Zweifrequenzaufzeichnung カードの記録方式, (同一トラックにデータとクロックを合成し記録する方式) 電気

FFA = 英 free fatty acid = non esterified fatty acid = freie Fettsäure 遊離脂肪酸 (コレステロールのようにエステル化していない脂肪酸をいう) 化学 バイオ 医薬

FFAP = 英 free fatty acid phase = freie Fettsäurephase 遊離脂肪酸相 化学 バイオ 医薬

F ; Fr Ch = French, Charrière フレンチ, またはシェリエール(仏の人名), (1F ≒ 1/3mm, カテーテル内外径, シースの内径の表示などに用いられる) 化学 バイオ 医薬 単位

FFKM = Perfluorkautschuk = perfluorinated ruber パーフルオロエラストマー 化学 バイオ

FFNN = 英 feedforward neural network フィードフォワードニューラルネット 化学 バイオ 電気 数学

FFSC = 英 Foundation for Food Safety Certification 食品安全認証財団 (在オランダ) 規格 バイオ 化学 食品 組織

FFT = Furfurylthiol = furfuryl thiol フルフリルチオール バイオ 化学 ; = 英 fast-Fourier-transformation = Verfahren bei Analog-Digital-Umsetzern 高速フーリエー変換 統計 物理

FGM = 英 functionally graded materials = funktionell abgestufte Materialien = funktional gradierte Werkstoffe 傾斜機能材料, (材料の中で, 機能が連続的に変化(傾斜)している材料をいう) 材料

FIA = Fluoreszenz-Indikator-Absorptionsmethode 蛍光指示薬吸収分析計 化学 バイオ 電気 ; = Fließinjektionsanalyse = flow-injection analysis フローインジェクション分析法 化学 バイオ 電気

FIBC = 英 reusable and flexible intermediate bulk containers = flexible wiederverwendbare Schüttgutcontainer 再使用型フレキシブル散荷コンテナー 機械 物流

Fichte 女 ドイツトウヒ, spruce バイオ

FID = Flammenionisationsdetektor = flame ionization detector 水素炎イオン化型分析計 化学 バイオ 電気

filamentös 繊維状の, 糸状の, filamentous 化学 バイオ

film base plus fog density 英 ベース込みかぶり濃度, die optische Dichte einschließlich Unterlage und Schleier 光学

Filmbelichter 男 イメージセッター, image setter 光学 電気 機械

Filmscharnier 中 フィルムヒンジ 機械

Filterpresse 女 フィルタープレス, 加圧濾過機 機械 化学 バイオ

Filtertrichter 男 濾過用漏斗, filtering (fritted-disk) funnel 化学 バイオ

Filtrat 中 濾過液, ろ過液, 濾過水, 英 filtrate, filter effluent 化学 バイオ

Filtration 女 濾過, 英 filtration : 濾過の種類としては, その濾過孔サイズの粗い順に並べると, 次のようになる. Präzisionsfiltration (< 10 μm) 精密濾過, Mikrofiltration (0.1～1.4 μm) ミクロ濾過, Ultrafiltration (15～300kD) 限外濾過, Nanofiltration (1～10 kD) ナノ濾過 化学 バイオ 医薬 機械 環境

Filzring 男 フェルトリング 機械

FIM = Feldionenmikrosltopie = field ion microscopy 電界イオン顕微鏡法 物理 化学 バイオ 材料 光学 電気

Fingerabdruckverfahren 中 フィンガープリント法, fingerprinting method 材料 品質 連鋳

Fingergelenk 中 指関節, フィンガージョイント, finger joint, FJ 建設 化学 バイオ 医薬

Finierwerkzeug 中 仕上げ工具, finishing tool 機械

FIPFG = 英 formed in-place foam gaskets 2液ポリウレタン発泡ガスケット (2液ウレタン樹脂を専用の精密混合吐出装置で混合吐出し, 化学反応による発泡および硬化過程の後, 発泡ガスケットを作製する工法, Sonderhoff 社製) 化学 材料 機械 電気

FIR = 英 finite impulse response 有限インパルス応答 電気

First-In-First-Out-Methode 女 = FIFO-Methode 先入れ先出し法, 関 LIFO-Methode 女 機械 物流

FIS = 英 fermentation integration system 発酵統合システム 化学 バイオ

Fischauge 女 銀点 (溶着金属), フィッシュアイ (溶着金属), silber point, fish eye 溶接 材料 機械

FIT = Fahrzeugintensivtest = intensive vehicle test 集中車輌テスト 機械

FITC = Fluoreszenz-isothiocyanat = fluorescein isothiocyanate フルオロセインチオイソシアネート, イソチオシアン酸フルオレセイン (蛍光抗体法で抗体の標識などに用いられる) 化学 バイオ

FK = Feld-Kapazität = Wasserhaltungsvermögen von Bödn = plant available water capacity 植物が利用可能な土壌水量 化学 バイオ 地学 物理

FKM = Forshungskuratorium Maschinenbau 研究監督官庁ー機械工学, 管理委員会ー機械工学 機械 全般 組織

FKM-Richtlinie = eine vom Forschungskuratorium Maschinenbau e.V. (FKM) herausgegebene Richtlinie für rechnerische Festigkeitsnachweise für Maschinenbauteile FKM (研究監督官庁ー機械工学, 管理委員会ー機械工学) によってつくられた, 工作機械部品, 機械部品のコンピュータによる強度計算指針 規格 機械 組織

Flachbandkabel 中 フラットケーブル, flat cable 電気

Flachbiegung 女 平面曲げ, flat-bending 機械

Flachdichtung 女 フラットガスケット 機械

Flachfeder 女 重ね板ばね, 類 Lamellenfeder 女, Blattfeder 女, Überlappfeder 女, lamellar spring 機械

Flachkopfniet 男 平頭リベット, flat head rivet 機械

Flachkopfschraube 女 皿頭ねじ, 類 Senkscraube 女, countersunk screw, flat head screw 機械

Flachrundniet 男 丸皿リベット, 類 Linsenrundniet 男, flat-round rivet, truss head rivet 機械

Flachs 男 亜麻, 類 Lein 男, 関 Hanf 男, Kenaf 男 化学 バイオ

Flachschieber 男 フラットスライドバルブ, flat slide valve 機械

Flachstich 男 フラットパス, flat pass

flackern 明滅する，ゆらゆらと燃える
flächenbündig 面合わせしてある 機械
flächenbezogen 面関連の，面の 機械 エネ 数学
flächendeckend 表面を覆うように 機械 エネ 数学
Flächenobjekt 中 領域対象,area object 電気 光学
Flächenpressung 女 面圧,face pressure, pressure per unit of area 機械
Flächenraster 中 グリッド,grid 電気 光学 機械
Flächenschleifmaschine 女 平面研削盤, surface grinding machine 機械
Flächenträgheitsmoment 中 断面二次（慣性）モーメント（cm^4）,Iy,planer moment of inertia,second moment of area, 関 geometrisches Moment der Fläche 中 断面一次モーメント,geometrical moment of area 機械 建設
flächig 平面の
Flämmen 中 フレームデスケーリング,フレームスカーフィング, 類 Flammstrahlen,flame scarfing 材料 機械
Flagellat 男 鞭毛虫 バイオ
Flammenfortpflanzung 女 火炎伝播, flame propagation 機械 エネ
Flammenrückschlag 男 逆火,backfiring 機械
Flammenschwingung 女 フレームの振動・変動 機械 エネ
Flammrohr-Rauchrohr-Kessel 男 炉筒煙管ボイラー,flame pipe-flue tube- boiler 機械 エネ 設備
Flammstrahlen 中 フレームスカーフィング,フレームクリーニング,flame cleaning 機械 材料
Flanke 女 フランク,側面,flank,tooth side 機械
Flankendurchmesser des Gewindes 男 ねじの有効径,thread-pitch diameter 機械
Flankenformfehler 男 歯形誤差 機械
Flankenformkorrektur 女 歯形修正, 類 Profilkorrektur 女 機械
Flankenkehlnahtschweißung 女 側面すみ肉溶接,fillet weld in parallel shear, side fillet weld 溶接 機械
Flankenlinie 女 歯すじ,tooth trace 機械
Flankenlinienfehler 男 歯すじ方向誤差 機械
Flankenprofil 中 フランクラック,flank profile 機械
Flankenschenkel 男 フランクレッグ,flank leg 統計 光学 機械
Flankenspiel 中 バックラッシュ, 類 Endspiel 中,back lash 機械
Flankenüberdeckung 女（ねじ）ひっかかりの高さ,flank coverage 機械
Flankenwinkel 男 ベベル角度，ねじ山の角度，bevel angle, angle of thread 機械
flankieren 側面からはさむ
Flanschendichtleiste 女 フランジシール面, flange sealing face 機械
Flanschendichtung 女 ガスケット,gasket 機械
Flanschenkupplung 女 フランジ（軸）継ぎ手,solid flanged coupling 機械
Flattern 中 ジッタ,再生むら,光度むら,ぐらつき,jitterung,flutterung,wobbling 電気 機械 光学
Flaumschmiereung 女 パッド注油, pad lubrication 機械
Flecken 男 しみ
fleischfressende Pflanze 女 食虫植物, insectivorous plant 化学 バイオ
Flexibilität 女 可撓性［かぎょうせい］,elastic behavior,flexibility 材料 機械 化学 バイオ
Flexodruck 男 フレクソ印刷 印刷 機械
fliegende Mücken 女 飛蚊症, 類 Mückensehen 中 化学 バイオ 医薬 光学
Fliehkraft 女 遠心力, 類 Zentrifugalkraft 女 ,centrifugal force 機械
Fliehkraftdurchflussmesser 男 軸流羽根車式流量計,centrifugal vane wheel type flowmeter 機械
Fliehkraft-Gleitschleifmaschine 女 遠心力振動式研削・研磨機,centrifugal force vibratory surface finishing machine 機械
Fließgrenze 女 降伏点, 類 Streckgrenze 女,yield point,yielding point 材料 機械
Fließpapier 中 吸い取り紙,absorbent pa-

per, blotting paper 化学 バイオ
Fließpapier-Filterpresse 女 ブロッタープレス, blotter press 化学 バイオ
flink すばやい, 機敏な：der flinke Richtungswechsel すばやい方向転換 機械
Flintglaslinse 女 フリントレンズ（アッベ数が55以下のレンズ）, フリント, flint lens 光学 音響
Flocke 女 白点, 薄片, フレーク, whitespot, flake 材料 精錬 機械
Flocken 中 フレーキング, 薄片にすること, 片々と散らすこと, flaking 材料 機械 化学
Flockfaser 女 フロック線維（接着剤を塗った表面に一定の長さに短く切った線維を静電気で垂直の状態に接着加工したもの）, 英 flock fiber 繊維 機械 電気
flockig フレーク状の, flaky 化学 バイオ 材料
Flockung 女 凝集, 類 Aggregation 女, Kohäsion 女 化学 バイオ 機械
Flöz 中 鉱物層, 石炭層, stratum, layer 地学 化学
Flora 女 植物相, flora 化学 バイオ
Flotationsverfahren 中 浮遊選鉱法, flotation 地学 製銑
Flotte 女 染液 繊維 機械
flottierend 浮遊の, floating 化学 バイオ 機械
Fluchtlinie 女 心合わせ, alignment line, vanishing line 機械
Fluchtpunkt 男 （透視画法）消点 光学 電気
Fluchtung 女 逃げ, 逃がし, 整列, アラインメント, 調心, alignment 機械
flüchtiger Bestandteil 男 揮発成分, volatile matter 化学 バイオ 機械
Flügeleintrittskante 女 （翼, プロペラの）先端, 前縁, 導入端部, 入口端部, 最前線, 類 Vorderkante 女, Eintrittskante 女, leading edge, entering edge, first transition 航空 エネ 機械 設備
Flügelmutter 女 ちょうナット, butterfly nut, thumb nut 機械
Flügelradpumpe 女 揺動ポンプ, vane pump 機械
Flügelrahmen 男 窓枠, ウイング枠, 通気枠, window sash, wing-frame, vent frame 機械 建設
Flügelschraube 女 ちょうねじ, butterfly bolt, thumb screw 機械
Flügelsehne 女 翼弦, wing chord 航空 エネ 機械 設備
Flügelvorderkante 女 翼前縁部, wing leading edge 航空 エネ 機械
Flügelvorspinnmaschine 女 粗紡機 繊維 設備 機械
Flügelzellenpumpe 女 フライポンプ, スライディングベーンポンプ, fly pump, sliding-vane pomp 機械
Flügelzwirnmaschine 女 フライヤー撚糸機 設備 機械
flüssige Schlacke 女 液相スラグ, liquid slag 製銑 精錬
Flüssig/Flüssig-Extraktion 女 液液抽出 化学 バイオ
Flüssiggas 中 液化天然ガス, liquefied natural gas, LNG 機械 化学
Flüssigkeit-Dampf-Gleichgewicht 中 気液平衡, liquid-vapour-eqilibrium 化学 バイオ 物理
Flüssigkeitsgrad 男 流動度, degree of fluidity, viscosity 機械 化学 バイオ
Flüssigkeitssammler für Kältemaschine 男 冷凍装置用受液器 機械 化学
Flüssigkolbenwandler 男 液体ピストンコンバータ, liquid piston converter 機械
Flüssigkristall 男 液晶, liquid crystal 電気
Flüssigkristallanzeige 女 液晶ディスプレイ, LCD, liquid crystal display 電気
Flüssigwerden 中 液化, lquifying 化学 エネ
fluiddynamisch 流体力学の, fluid dynamic 機械 化学
Fluidisierungseigenschaft 女 流動特性 製銑 精錬 化学 バイオ
Fluor 中 フッ素, fluorine 製銑 精錬 化学 地学
Fluorchinolonsäure 女 フッ化キノリン酸, fluoroquinolinic acid 化学 バイオ
Fluorchlorkohlenwasserstoff 男 クロロフルオロカーボン, chlorofluorocarbons, CFCs, FCKW 化学 バイオ 医薬 環境
Fluoreszenzdetektor 男 蛍光検出器, fluorescence detector 化学 バイオ 電気

F

Fluoreszenz-isothiocyanat 中 フルオレセインイソチオシアネート,フルオレッセインイソチオシアネート(タンパク質蛍光標識試薬) fluorescein isothiocyanate 化学 バイオ 医薬
fluoreszieren 蛍光発光する,fluoresce 化学 バイオ 電気
Fluorid 中 弗化物,fluoride 製銑 精錬 地学 化学
Fluorit 中 ホタル石,類 Flussspat 男,fluorspar 製銑 精錬 地学
Fluorkohlenwasserstoff 男 ハイドロフルオロカーボン,過フッ化炭化水素,hydrofluorocarbon 環境 化学 バイオ
Fluorophor 男 発蛍光団,蛍光体,fluorophore,fluorogen 化学 バイオ 電気
Fluorwasserstoff 男 フッ化水素,hydrogen fluoride 化学 バイオ
Flurförderzeug 中 フォークリフトトラック,フロアーコンベアー 機械
Flussführung 女 磁束ガイド,magnetic flux guide 機械 電気
Flussleitwert 男 順方向コンダクタンス,forward conductance 電気 機械
Flussmittel 中 溶剤,フラックス,flux 製銑 精錬 鋳造 連鋳
Flusssäure 女 フッ化水素酸,hydrofluoric acid 化学 バイオ
Flussspat 男 ホタル石,類 Fluorit 中,fluorspar 製銑 精錬 地学
FMEA = 英 failure mode and effect analysis = Fehler-Möglichkeits- und -Einfluss-Analyse für komplexe Anlagen und Systheme = Fehlerart- und Effektanalyse für komplexe Anlagen und Systheme 潜在的故障モード影響度解析 機械 化学 バイオ 操業 設備 電気 統計
FMN = Flavinmononukleotid = flavin mononucleotide フラビンモノヌクレオチド(酸化剤,補酵素) 化学 バイオ 医薬
FMS = 英 flexible manufacturing system = flexibles Fertigungssystem フレキシブル生産システム 電気 操業 設備 製品
FNU = Formazin-Nephelometrieeinheit = formazine-nephelometric unit フォマジン比濁測定単位(ISO7027 準拠) 化学 バイオ 単位
Förderband 中 ベルトコンベヤー,コンベヤーベルト,類 Gurtbandförderer 男,belt conveyor,conveyor belt 機械
Förderer 男 フィーダー,類 Aufgeber 男,Anlageapparat 男,Zubringer 男,Zuführsystem 中 操業 設備 機械 印刷
Fördergeld 中 補助金,助成金 経営 全般
Förderleistung 女 吐出量,送り出し効率,output, feed performance 機械
Förderturm 男 搬送カラム 機械
Förderung 女 推進,搬出,供給,採掘,promotion,dischage,deliverry,transfer,mining 機械 操業 設備 地学
fötal 胎児の, fetal 化学 バイオ
Fokus 男 フォーカス,focus 光学 電気
Fokussierung 女 焦点を合わせること,焦点調整装置,focussing 光学 電気
folgenschwer 重大な結果になる
Folgeregelung 女 追従制御,追値制御,類 Folgesteuerung 女,follow-up control, variable value control 機械 電気
Folgeschaltung 女 シーケンス回路,sequence follow up circuit 電気
Follikel 男 小胞,濾胞[ろほう],英 follicle 化学 バイオ 医薬
follikuläre Lymphome 複 中 濾胞性リンパ腫,follicular lymphoma 化学 バイオ 医薬
Folsäure 女 葉酸,ビタミン M,プテロイルグルタミン酸,folic acid,vitamine M 化学 バイオ
Fond 男 車の後部(座席),rear,rear seat, rear compartment 機械
Formänderungsfestigkeit 女 降伏強さ,変形強さ,yield stress,deformation strength 材料 化学
Formalprüfung 女 方式審査 特許
formatieren フォーマットする,format 電気
Formeinsatz 男 モールドの挿入,モールド入れ用箱,mould insert 材料 鋳造
formelle Kontrolle 女 型式試験, type approval test 機械 操業 設備 化学 法制度
Formerei 女 型込め,鋳型工場,類 Formen 中,moulding shop,molding 鋳造 機械
Formfehler 男 形状誤差,formal error, form defect 機械 溶接

F

Formfräser 男 総形フライス,荒削りフライス,ラフカッター,総形バイト,類 Schruppfräser 男,関 Schlichtfräser 男,formed cutter, roughing cutter 機械

Formgebung 女 成形,成型,形削り,design, forming,moulding,shaping 鋳造 材料

Formiergas 中 イナートガス, フォーミングガス, パージングガス, inert gas, purging gas 製銑 精錬 化学 バイオ 溶接

Formkammer 女 造型チャンバー,shaping chamber,forming chamber 鋳造 機械

Formkasten 男 枠鋳型,鋳型枠,鋳枠,型枠,鋳型箱,molding box,molding flask,tuyere block 鋳造 材料

Formkörper 男 鋳型,鋳造品,成型(体,物,品),成形(体,物,品),ダミー鋳型,mould article,dummy mould 鋳造 材料

formkongruent 形状の一致した 機械

Formlierung 女 配合処方,formulation 鋳造 化学 機械

Formling 男 鋳型,鋳造品,成型(体,物,品),成形(体,物,品) 鋳造 材料

Formmaschine 女 造型機,molding machine 鋳造 材料 機械

Formmasse 女 成型材,類 Formstoff 男, molding batch,dry sand 鋳造 機械 材料

Formsand 男 型砂,鋳物砂,moulding sand, loamy sand 鋳造 材料

Formschaum 男 発砲成形された海綿状プラスチック 化学 機械

formschlüssig フォームフィッティングの(型枠固定締めの),ポジティブロッキングの,インターロッキングの,ガイドコネクッションの, form-fitting,positive locking,interlocking,guide-connected 機械 設備

Formstoff 男 成型材,造型材,鋳型材料, moulding material 鋳造 機械 非金属

Formstoffkern 中 (鋳型)成型材中子,造型材中子 鋳造 機械 非金属

Formteil 中 鋳型,鋳造品,成型(体,物,品),成形(体,物,品) 鋳造 材料

Formtreue 女 形状の再現・維持性,formsensitiveness,keeping its shape 機械

Formungslage 女 成形層 機械 化学

Formwelle 女 (ロール方向の振動で起こる)びびり模様,roll chattering mark 材料 機械

Formwendemaschine 女 鋳型反転機,類 Formüberschlagmaschine 女,mold rollover machine 鋳造 機械 操業 設備

Formwerkzeug 中 総形バイト,荒削りバイト,(プラスチック用)モールド,類 Formstahl 男,Schruppwerkzeug 中,Schruppstahl 男,forming tool,roughing tool 化学 機械

Formwiderstandskoeffizient 男 形状抵抗係数, body resistance coefficient, streamline resistance coefficient of a ship 化学 機械 材料 船舶

Formyloxysilan 中 ホルミルオキシシラン 化学 バイオ

Formzahl/Formziffer 女 応力集中係数,直径係数,類 Spannungskonzentrationskoeffizient 男,form factor,shape factor, theoretical stress-concentration factor 化学 機械 材料

Formzylinder 男 組版胴,版胴,forme cylinder,plate cylinder 印刷 機械

Fortbewegungswirkungsgrad 男 推進効率 機械 エネ 航空 交通

Fortfall 男 中止 操業 設備 機械

Fortlaufmode 女 スクロールモード 電気

Fortpflanzungsbiologe 男 生殖生物学者 化学 バイオ

Fortsatz 男 伸長部,延長部,突出部,付属物, extension,prolongation 操業 設備 機械; 突起,突起物,虫垂,process,projection, appendix 化学 バイオ 医薬

Fortschrittswinkel 男 前進角,sweepforward angle,angle of advance 機械

fortwährend 間断なく

FOSTA = Forschungsvereinigung Stahlanwendung e.V 鉄鋼適用技術共同研究登録協会 全般 鉄鋼 機械 組織

Fotoempfindlichkeit 女 光感度, photosensitivity 電気 光学

Fotografieren-Modus 男 撮影モード, photographing mode 光学 電気

Fotokamera 中 スチルカメラ,still camera 光学

Fourier-sche Reihe 女 フーリエ級数, Fourier's series 機械 物理

FPC = ㊍ flexible precast concrete = Flexible Betonfertigteile フレキシブルプレキャストコンクリート 建設 材料 ; = ㊍ flexible printed circuit = flexible Leiterplatte フレキシブルプリント配線板 電気
FPM = ㊍ feet per minute 速度の単位 機械 単位 ; = ㊍ fast page mode = schneller Druckmodus ファーストページモード 電気 ; = Fluorplastomer, fluorocarbon polymer フッ化ポリマーゴム 化学 バイオ
3Fr (ch) = 1mm フレンチ(シェリエール) (カテーテルなどの外径寸法表示単位) 化学 バイオ 医薬 単位
FR = ㊍ flame retardant = schwer entflammbar 難燃剤, 難燃材 化学 材料 電気 ; = FR4 (ANSI 規格) 耐燃性ガラス布基材×エポキシ樹脂の銅張積層板(一般的なプリント配線板) (JIS 規格 : GE4F) 化学 材料 電気 規格 ; = FR5 (ANSI 規格) 耐燃性 / 耐熱性ガラス布基材×エポキシ樹脂の銅張積層板 (JIS 規格 : GE2F) 化学 材料 電気 規格
Frachtbehälter 男 カーゴ容器, freight container, shipping container 航空 船舶 機械
Frachtbrief 男 運送状, shipment waybill 航空 船舶 物流
Frachtraum 男 積貨重量トン数, freight capacity 機械
Fräsautomat 男 自動フライス盤, automatic milling machine 機械
Fräsdorn 男 フライスアーバ, マンドレル, cutter arbor, mandrel for shaping machine 機械
Fräsen 中 フライス削り, ミリング加工, milling 機械
Fräser mit eingesetzten Zähnen 男 植刃フライス, 類 Messerkopf 男, Fräskopf 男, inserted tooth cutter 機械
Fräserlader 男 カッターローダー 機械
Fräskopf 男 カッターヘッド, 主軸頭, cutterhead 機械
Fräsmaschine 女 フライス盤, milling machine, shaper 機械
Frästiefe 女 切り込み (フライス盤などの), 類 Spantiefe 女, cutting depth, depth of cut, cut rate 機械
Fragmentierung 女 無糸分裂, 断片化, fragmentation, amitosis 化学 バイオ
fraktale Eigenschaften 女 フラクタル模様, 幾何学模様, 幾何学構造, fractal structure 統計 印刷 材料 光学
Fraktion 女 分留, 分画, 分別, fraction, size fration 化学 バイオ 医薬 機械
fraktionierte Destillation 女 分留, 類 absatzweise Destillation 女, Fraktionieren 中, Fraktionierdestillation 女, ㊍ fractional destillation 化学 エネ
Fraktur 女 骨折, bone fracture 化学 バイオ 医薬
Frauenheilkunde 女 婦人科, 類 Gynäkologie 女, ㊍ gynecology 化学 バイオ 医薬
freibewegliche Lagerbuchse 女 浮動軸受ブッシュ, freely movable bearing bush 機械
freie Enthalpie 女 自由エンタルピー 機械 エネ 物理
freier Kohlenstoff 男 遊離炭素, graphite carbon, free-carbon 精錬 材料 鋳造
freie Säure 女 遊離酸, (塩を作らないで, 酸のままの形で存在する有機酸), free acid 化学 バイオ
freies Wasser 中 遊離水, free water 化学 バイオ 非金属 物理
Feifallentwässerung 女 自由落下排水, free fällt drainage 建設
Freifläche 女 逃げ面, フランク, flank, freespace, open space 機械
Freiformschmieden 中 自由ハンマー鍛造, 自由鍛造, smith hammer forging, open die-forging 材料 機械
Freigabe 女 開放, 開錠, 復旧, 可能化, 進行, 破算, 放出, 吐出, 放電, 関 Auslösen 中, opening, release 電気 機械
Freigabeimpuls 中 可能化インパルス 電気
Freigabeorgan 中 破算装置 電気
Freigabesignal 中 進行信号, 使用可能化信号, enable signal, release signal 電気 交通 機械
Freiheitsgrad 男 自由度, degree of flexibility, degree of freedom エネ 機械 建設
Freilanddeposition 女 露地大気降下物

F

質負荷量,バルクデポジット,bulk deposition from nearby open fields [化学] [バイオ] [環境] [地学] [物理]

Freilaufkupplung [女] フリーホイールクラッチ,free wheel cluch [機械]

Freilegung [女] 発掘 [地学]

freiliegend 露出している [地学]

Freisetzen [中] 遊離,放出,release,emission [バイオ] [化学] [環境]

Freiträger [男] 片持ち梁,cantilever beam,semibeam [設備] [建設]

freitragend 片持ちの,cantilrvered,overhanging,self-supporting [機械] [設備] [建設]

Freivorbaubrücke [女] ゲルバー橋, [類] Gerbersche Brrücke [女], Ausleger-brücke [女],cantilever bridge,Gerber bridge [建設]

Freiware [女] フリーウエアー, [類] Freeware [女],(英) free ware [電気]

Freiwinkel [男] 逃げ角,clearance angle [機械]

Freiwinkel der Hauptschneide [男] 刃口の前逃げ角,front clearance angle [機械]

Fremdbefruchtung [女] [他]家〔たか〕受精,他家生殖, [類] Kreuzbefruchtung [女],Allogamie [女],allogamy,cross-fertilization [女] [化学] [バイオ]

fremdbetätigt 強制の, [類] zwangsläufigbewegend,positiv desmodromisch [機械] [電気]

fremdgezündet 強制点火した・の,positive ignited [機械] [電気]

Fremdkörper [男] 外来固形物,異物 [機械] [化学] [バイオ]

Fremdleistung [女] アウトソーシング, [類] Fremdvergeben [中] [経営]

Fremdzündung [女] 電気点火,external autoignition,applied ignition [機械] [電気]

Frequenzempfang [男] 周波数受信,frequency reception [電気] [機械]

frequenzgeregelt 周波数を調整した,frequency controlled [電気]

Fressen [中] 引き裂き,スコーリング,scoring [材料]

Freundschaftsfahrt [女] 国際親善ツーリング [機械]

Friedel-Crafts-Alkylierung [女] フリーデルクラフツアルキル化反応,Friedel-Crafts-alkylation [化学] [バイオ]

Frischbeton [男] フレッシュコンクリート,fresh concrete [建設]

Frischladung [女] 給気 [機械]

Frischverfahren [中] 精練法,refining process [精錬]

frontgetriebenes Fahrzeug [中] 前輪駆動車,FWD (front-wheel drive),front wheel drive car [機械]

Frontklappe [女] フロントゲート,front gate [機械]

Frontleiste [女] フロント枠縁 [機械]

FRP = (英) fibre glass reinforced plastic = Glassfaserverstärkter Kunststoff グラスファイバー強化プラスチック [化学] [バイオ] [機械] [材料]

Früherkennung [女] 早期診断,早期発見,early diagnosis [化学] [バイオ] [操業] [設備]

FS = Fettsäure = fatty acid,FA 脂肪酸 [化学] [バイオ] [医薬]

FSF = (英) fatigue safety factor 疲労安全率 [材料] [電気] [物理] [鋳造]; = Fachnormenausschuss für Schienenfahrzeuge (DIN) ドイツ工業規格 (DIN) の 列車規格専門委員会 [規格] [交通] [組織]

FSI = (英) fuel stratified injection = Direkteinspritzung,anfänglich mit Schichtladung bei VW und Audi = fuel straight injection ガソリン直噴エンジン,直接噴射成層給気 [機械]; = Fluid-Struktur-Interraktion = (英) fluid structure-interaction 流体構造・相互作用,流体構造連成解析(流体の流動と,構造物の変形の相互作用を解析する) [鋳造] [機械]

FSK = (英) frequency shift keying = Frequenzmodulation zur Signalisierung von Daten 周波数偏移変調 [電気]

FSR = (英) file start request = Antrag auf Starten von Datei ファイル送信要求 [電気]

FSSC22000 = (英) Food Safty SystemCertification 食品製造業向けの新しい食品安全の認証規格 [規格] [化学] [バイオ] [食品]

FSV = Freiwilligen Selbstverpflichtung zur umweltgerechten PKW-Altautoverwertung = Voluntary Self-regulation on Environmentally Compatible Management of End-of-Life Passenger Cars 環境にやさしい中古車管理を行なうための自由自己責任（任意責任義務） 環境 機械 法制度

FTA = 英 fault tree analysis = Fehlerbaumanalyse (bei der Ermittlung von Zuverlässigkeiten von Geräten oder Anlagen) フォールトの木解析 操業 設備 機械 化学

FTIR = Fourier Transformierte Infrarot Spektroskopie = fourier-transform infrared spectroscopy フーリエー変換赤外分光法 化学 バイオ 電気

FTTH = 英 fiber to the home = Glasfaserkabel bis in das Haus 家庭用光ファイバー 電気 光学

FT-Verfahren = Fischer-Tropsch-Verfahren = Fischer-Tropsch-process フィッシャー・トロプシュ法（一酸化炭素と水素から触媒反応を用いて液体炭化水素を合成する一連の過程） 化学 バイオ

FuE = Forschung und Entwicklung = research and development 研究開発, R&D 全般

Fügekraft 女 静加圧 機械

Fügeteil 中 接続部位, 接着部位 機械

Fühlerlehre 女 すきまゲージ, 類 Dickenmesser 男, thickness gauge, slip gauge, feeler gauge 機械

Führerstand 男 運転台, 運転室 機械 交通

Führung 女 案内, 運転, 操縦, 制御, コントロールアーム, 管理 機械

Führungsachse 女 導軸, guiding axle, leading shaft 機械

Führungsanordnung 女 案内デバイス 機械

Führungsarm 男 案内アーム, ガイドアーム, 張り出しアーム 機械

Führungsbahn 女 案内面, guideway 機械

Führungskulisse 女 リードメンバ 機械

Führungslager 中 補助軸受, ガイドベアリング, パイロットベアリング, guide bearing, pilot bearing 機械

Führungslehre 女 治具, 類 Schablohne 女, jig 機械

Führungssteg 男 ガイドフットブリッジ 機械

Führungszapfen 男 中心ピン, 案内ピン, キングピン, guide pin 機械

FÜK = Fahrbahnübergänge-Konstruktion 伸縮継ぎ手, expansion joint 機械 建設

Fülldraht 男 皮膜アーク溶接ワイヤー, fluxed-cored welding wire 溶接 機械 材料

Füllgrad 男 充填度, filing grade 機械 化学

Füllkörpersäule 女 充填塔, 類 Füllkörperkolonne 女, packed column, packed tower 化学 機械

Füllstand 男 充填レベル, 入り具合, filling level, level in a bin 機械 化学

Füllstoff 男 充填物, 積載物, 類 Füllstück 中, Füllköroer 男, filler, filling material, bulking agent 機械 化学 交通

Fünfganggetriebe 中 五段・五速トランスミッション 機械

Fünfzigfache 中 50 倍

Fütterung 女 飼養, 養育, 飼料を与えること, feeding 化学 バイオ

Fuge 女 溝, グルーブ, シーム, ジョイント, groove, gap, seam, joint 溶接 機械

Fugenflanke 女 開先面, groove face 溶接 機械

Fugenvorbereitung 女 開先加工, 類 Schweißfugenbearbeitung 女, edge preparation 溶接 機械

Fumarat 中 フマル酸塩, fumarate 化学 バイオ

Fundament 中 基礎, 類 Basis 女, Gründung 女, basis, basement, foundations 機械 設備 建設

Fundamentkranz 男 底枠 建設

Fundamentschraube 女 基礎ボルト, foundation bolt 機械 設備 建設

Funduskopie 女 眼底検査, 類 Hintergrund untersuchung 女 fundus examination, ophthalmoscopy 化学 バイオ 医薬 光学 電気

Fungi Imperfecti 不完全菌類, 類 unvollkommene Pilze 複 男, 英 fungi imperfecti, Deuteromycetes 化学 バイオ

Fungizid 中 殺菌剤, fungicide 化学 バイオ

Funierschicht 女 化粧板層 機械 建設

F

Funkbake 女 ビーコン,radio beacon 電気
Funke 女 火花, spark 機械 電気
Funkenerosion 女 放電加工, 類 elektrische Entladung-Fertigung 女, Elektroerosion 女, electrical discharge machining, EDM 電気 機械
Funkenerosionsmaschine 女 放電加工機,spark erosion machine 機械 電気
Funkenstrecke 女 火花ギャップ,spark gap 機械 電気
Funkenzündung 女 火花点火,spark ignition 機械 電気
Funktionalität 女 機能性, 類 Funktionsfähigkeit 女,functionality 機械 化学 バイオ 医薬
funktionelle Krankheit 女 機能性疾患, functional disease 化学 バイオ 医薬
funktionelle Verdauungsstörung 女 機能性ディスペプシア, 機能性消化不良, 類 funktionelle Dyspepsie 女,functional dyspepsia 化学 バイオ 医薬
Funktionseinheit 女 機能ユニット 機械
Funktionsfähigkeit 女 機能性, 官能性, 類 Funktionalität 女,functionality 機械 化学 バイオ 医薬
funktionsneutral 機能中立の 化学 バイオ
Funktionstaste 女 ファンクションキー,function key 電気
Funktionsuntüchtigkeit 女 機能不全, 類 Unterfunktion 女,hypofunction, underfunction 機械 化学 バイオ 医薬
Funktionswählrad 中 操作ダイアル 光学 電気 機械
Furnier 中 ベニヤ, veneer 建設
fused gene EML4-ALK 英 融合遺伝子 EML4-ALK, (EML4 = Echinoderm microtubule-associated protein like protein 4 ; ALK = anaplastic lymphoma kinase 未分化リンパ腫リン酸化酵素) 化学 バイオ 医薬
Fusionsprotein 中 融合たん白質, fusion protein 化学 バイオ
Fußbodenheizung 女 床暖房,floor heating, underfloor heating 建設
Fußbremshebel 男 フットブレーキペダル, foot-brake pedal 機械
Fußflanke 女 歯元の面, flank of a tooth, tooth flank 機械
Fußhöhe 女 歯元のたけ,root of a tooth, deddendum of a tooth 機械
Fußkreis 男 歯元円, 歯底円,root circle, deddendum circle 機械
Fußlinie 女 歯底線, rooot line 機械
Fußraste 女 (オートバイなどの) 足置き台, フットレスト,foot rest 機械
Fußrundung 女 歯底隅肉部曲率半径, root radius 機械
Fußteil 男 フット部位, ベース部位,foot part 機械 化学 バイオ 設備
Fußventil 中 フート弁, 底弁,foot valve, retaining valve 機械
Fußwinkel 男 歯底角, 歯元角,deddendum angle 機械
Futtermittel 中 飼料, 餌, feedingstuff バイオ 化学
Futterschlüssel 男 チャックまわし,chuck key 機械
FV1 = 英 front via plane 1 ビルトアップ層の絶縁層 電気
FWHM = 英 full width at half maximum = Halbwertsbreite 半値全幅 統計
FWTM = 英 full width at tenth maximum 1/10 値全幅 統計
FZK = Forschungszentrum Karlsruhe カールスルーエ研究センター 全般

G

GA = 英 gibberellic acid = Gibberellinsäure ジベレリン酸 化学 バイオ; = genetischer Algorithmus = genetic algorithm 遺伝的アルゴリズム 電気 統計
GaAs = 英 Gallium Arsenide = Basismaterial für Halbleiter ガリウム砒化物, (半

導体用ベース材料）化学 バイオ 電気
GABA = 英 γ-aminobutylic acid = GABS = γ -Aminobutter-säure 女 ガンマアミノ酪酸, γ—アミノ酪酸, ギャバ バイオ 化学
Gabel 女（図面記号の）尾, フォーク 機械
Gabelkopf 男 フォークヘッド, U リンク, fork-head (of connecting rod) 機械
Gallenblase 女 胆囊, gallbladder 化学 バイオ 医薬
Gallenblasenentzündung 女 胆囊炎, cholecystitis 化学 バイオ 医薬
Gallengang 男 胆道, bile duct, biliary tract 化学 バイオ 医薬
Gallensteinkrankheit 女 胆石症, cholelithiasis, gallstone disease 化学 バイオ 医薬
Gallertgewebe 中 膠様〔こうよう〕組織, jelly-like tissue 医薬 バイオ 材料
galvanische Verzinkung 女 電気亜鉛メッキ, electro-galvanizing 材料 機械 化学 電気
galvanisch getrennt 直流的に結合されていない 電気
Gamet 中 配偶子, 類 Keimzelle 女, Geschlechtszelle 女, gamete バイオ
Gang 男（ねじ）ピッチ, ギアー, 段・速, 管路・導管, 脈石 機械 化学 地学 製銑 地学
Gangabstufung 女 ギヤ段階, ギヤ比, ギヤセレクト, ギヤ増進, gear spacing, gear ratio, gear select, gear increment 機械
Gangart 女 ギヤーシフトパターン 機械
Ganghöhe 女 ピッチ, 類 Teilung 女, Steigung 女, pitch 機械
Gangreserve 女 プロセス予備容量, プロセス容量 機械 電気
Gangschaltung 女 ギヤーシステム, ギヤーシフト, gear system 機械 電気
Gangspillrolle 女 キャプスタンロー（再生装置に使用）, capstan roller 電気
Gangstellventil 中 ギヤー制御調整弁, gear control valve 機械
Gangwahlhebel 男 ギヤーセレクターレバー, 類 Wählhebel 男, gear selector lever 機械
Gangzahl 女 ねじ山の数, 条数, ギヤー数, number of threads, number of gears 機械
ganzjahres Reifen 中 通年使用タイヤ 機械
GAP = 英 Good Agricultural Practice ギャップ, 農場管理の基準, 農業生産工程管理手法の１つ, 適正農業規範, 農産物の安全認証基準（欧州：グロバール GAP, 日本：JGAP, 米国：SQF などがある）化学 バイオ 食品 規格 環境 組織
garen 煮る, 焼く, cook, boil
Garn 中 紡績糸, spun yarn 繊維
Gasabführung 女 ガス抜き穴 精錬 鋳造 化学
Gasausströmung 女 ガス漏れ, ガス排出ライン, gas escape 機械 化学
Gasblase 女 気泡, ピンホール, blow hole, gas bubble, pin hole 精錬 連鋳 鋳造 材料 化学
Gasbrenner 男 ガスバーナー 機械 材料 エネ
Gasdurchsatz 男 ガスの通過, gas to carry through 精錬 操業 設備
Gasfeuerung 女 ガス炉, gas furnace 材料 エネ 化学
Gasflasche 女 ガスボンベ, gas bottle, gas cylinder 材料 化学
Gasinjektionstechnik 女 樹脂射出成形法, gas injection technology, GIT 機械 化学 材料
Gaskonstante 女 ガス定数 化学
Gas- Leistungsschalter 男 ガス遮断器, gas circuit breaker, GCB 電気
Gaspedal 男 アクセルペダル, accelerator pedal, gas pedal 機械
Gasschmelzschweißung 女 ガス溶接, gas welding 溶接 材料 機械
gastral 胃の, 英 gastral 化学 バイオ
Gastroenterologie 女 胃腸病学, 消化器病学 バイオ 化学
Gasstrom 男 ガス流, gas stream 精錬 操業 設備
Gas-und Dampf-Turbienenanlage 女 ガス蒸気複合タービン装置 エネ 電気 機械 設備
Gasturbine zum Strahlantrieb 女 ジェット推進ガスタービン 機械 エネ 航空
Gaswäscher 男 ガス洗浄器, gas scrubber 設備 化学
Gaszelle 女 ガス光電管, gas filled photocell 電気 機械
Gaszug 男 スロットルコントロールケーブル,

クセルケーブル,throttle control cable,accelerator cable 機械 電気
Gattung 女 属,関 Familie 女,Art 女,genus バイオ
Gaußsche Bildhöhe 女 ガウス型分布画像高さ, Gau ssian image height 光学
GC = Gaschromatographie = gas chromatography ガスクロマトグラフィー 化学 バイオ
GCCU = 英 geothermal combined cycle units 地熱複合発電プラント 電気 地学 操業 設備
GCP = 英 good clinical practice 国際的統一基準による臨床試験の実施基準 化学 バイオ 医薬 規格
GCU = 英 growing care unit 継続保育室,回復治療室 化学 バイオ 医薬
Gebilde 中 構造物 設備 建設
Gebinde 中 トラス,パッキングドラム,シッピングコンテナー,関 Tragwerk 中,Unterzug 男 機械 建設
Gebläse 中 ブロワー, blower 機械
Gebrauchsmustergesetz 中 実用新案法,the Utility Model Act,GbmG 特許 法制度
Gebrauchsrohr 中 引き込み管, service pipe 電気 建設 設備
Geburtshilfe 女 産科,類 Tokologie 女,obstetrics,the obstetrical department 化学 バイオ 医薬
gedämpfte Eigenfrequenz 女 減衰固有振動数,damped natural frequency 機械 物理
Gedankenstrich 男 ダッシュ,－ 数学
gedeckter Güterwagen 男 有蓋貨車,box car,covered wagon 交通
Gefach 中 仕切り空間, compartments 設備 機械
gefährden 危うくする
Gefährt 中 車両 交通 機械
Gefälle 中 勾配,落差,下降,gradient,slope,decrease 建設 設備
gefärbt 着色した
Gefäß 中 容器,コンテナー,ケース,導管,脈管,vessel,container,case 機械 バイオ 医薬
gefahrbegründend 危険を根拠づける
gefahren 走行した：pro gefahrenem Kilometer 走行キロメータ当り 機械
Gefahrenfaktor 男 リスク因子,risk factors,GF 化学 バイオ 医薬 統計 環境 規格
gefahrverdächtig 危険の疑いのある
der gefahrverdächtige Altstandort 男 危険の疑いのある跡地 化学 バイオ 環境
Geflecht 中 網目組織,メッシュ,織物,叢[そう],fabric,net 化学 バイオ 医薬 繊維
gefleckt 斑点のある,spotted
Gefrierschutzmittel 中 不凍液,antifreezing agent 機械
GefStoffV = Gefahrstoffverordnung = the German Hazardous Substances Ordinance 有害物質規制規則 化学 バイオ 医薬 環境 法制度
Gefüge 中 組織, structure
geführte Stromversorgung 女 追従・従動電力供給,スレーブ電力供給,slave power supply 電気
das gegebene Gen 中 使用遺伝子 化学 バイオ
Gegendruck 男 背圧,吐出圧,back pressure,counter pressure 機械 エネ
Gegendruck an der Gicht 男 炉頂圧 製銑 エネ 電気
Gegendruckkolben 男 つりあいピストン,balancing piston 機械
Gegendruckturbine 女 炉頂圧タービン,背圧タービン,類 Gichtgasentspannungsturbine 女,back -pressure turbine 製銑 機械 エネ
Gegendruckzylinder 男 圧胴,inking or impression roll 印刷 機械
Gegenflansch 男 カウンターフランジ,counter flange 機械
gegenformschlüssig 相手側フォームフィッティング結合の,mating gorm-fitting conection 機械
Gegengewicht 中 釣り合い錘,カウンターバランス,バランサー,balance weight,counter balance 機械 設備
Gegenhalter 男（フライス盤の）オーバーアーム, overarm, retainer 機械
gegenläufig 対向の,二重反転の,reverse travel,counter-rotating,oppositely di-

rected 機械
gegen Licht stabilisierte Formmasse 女 光安定化成型材料, light stabilized moulding compound 化学 バイオ 鋳造 光学
Gegenmaßnahme 女 対策, 防止策, countermeasure 操業 設備 機械
Gegenmutter 女 止めナット, check nut 機械
Gegennaht 女 裏溶接, back weld 溶接 機械
Gegenprobe 女 交差点検, 二重反復試験, クロスチェック, (別な方法による) 再検査, duplicate test, cross check 機械 化学 バイオ 統計 品質
Gegenrad 中 被動歯車, 類 Getrieberäder 複, Nachfolger 男, counter wheel, mating gear 機械
Gegenspannung 女 カウンター電圧, バック電圧, オフセット電圧 電気
Gegenstecker 男 相手側プラグ, 差し込みプラグ, mating plug 電気
gegensteuern 反対方向へ舵を切る
Gegenstrom 男 逆流, 向流, 対向流, counter-current, reversed current 機械 精錬
Gegenstromkolonne 女 向流段塔, countercurrent column 化学 バイオ
Gegentakt-Ausgangstreiber 男 プッシュプル・アウトプット・ドライバー 機械
gegenüberliegender Winkel 男 対角, opposite angle 機械 統計
Gegenuhrzeigersinn 男: im Gegenuhrzeigersinn 左回りに バイオ
Gegenwirkungsbühne 女 反動段, reaction stage 機械 化学
Gehäuse 中 ケーシング, ハウジング, casing, housing 機械
Gehäusescheibe 女 固定輪 機械
Gehirngeschwulst 女 脳腫瘍, 類 Hirntumor 男, Hirngeschwulst 女, cerebral tumor, brain tumor 化学 バイオ 医薬
Gehirnschlag 男 脳卒中, 類 Hirnschlag 男, cerebral stroke, cerebral apoplexy 化学 バイオ 医薬
Gehirntod 男 脳死, 類 Hirntod 男, cerebral death, brain death 化学 バイオ 医薬
Gehrung 女 止め継ぎ, 二等分割で継ぐこと, mitre 建設
Geigerzähler 男 ガイガーカウンター, Geiger counter 機械 原子力 放射線
Geißelalge 女 鞭毛藻類, flagellum alga, flagellate cell 化学 バイオ
gekämmte Wolle 女 梳毛〔そもう〕, combed wool 繊維
Geländer 中 高欄, 手すり, ガードレール, 類 Treppengeländer 中, Balustrade 女, handrail, railing, guard rail 建設 機械
Gelelektrophorese 女 ゲル電気泳動法, gel electrophoresis 化学 バイオ 電気
Gelenk 中 ヒンジ, ジョイント, リンク, 類 Scharnier 中, hinge, joint, link 機械
Gelenkanbindung für Gliederzüge 女 連結車両用連接装置 交通
Gelenkbus 男 連接バス, 連節バス, (BRT・バス高速輸送システムを構成する要素として用いられる), articulated bus 交通
Gelenkgehäuse 中 ユニバーサル・ジョイント・ハウジング 機械
gelenkig リンク結合の, ジョイント結合の, ヒンジ結合の, articulated 機械
Gelenkkette 女 スプロケットチェーン, sprocket chain 機械
Gelenklager 中 ジョイントベアリング, ピヴォットベアリング, 類 関 Kipplager 中, Schwenklager 中, Zapfenlager 中, joint bearing, pivoting bearing 機械
Gelenkrheumatismus 男 関節リューマチ, articular (joint) rheumatism, rheumatoid arthritis 化学 バイオ 医薬
Gelenkträger 男 内側ヒンジ付き片持ちビーム, articulated beam 機械
Gelenkviereck 中 四リンク回転連鎖機構, link quardrialteral bellcrank throttle control 機械
Gelenkwelle 女 カルダン軸, cardan shaft 機械
Gelieren 中 ゲル化, gelatinizing 化学 バイオ
Gelöstsauerstoff 男 溶解酸素, dissolved oxygen 精錬 材料 化学 バイオ
Geltungsbereich 男 適用・有効範囲, area or range of validity, scope 規格 特許 操業 材料
GEM = ein ganzheitliches Energiema-

G

nagement トータルエネルギーマネジメント [エネ] [操業] [設備] [経営]；＝ ㊄ generic model for communications and control of manufacturing equipment 製造装置の通信およびコントロールのための包括的モデル [電気] [規格]
gemeinsam 共通の
gemeinsame Zahnhöhe [女] 有効歯たけ, working depth [機械]
Gemeinschaftspatentübereinkommen [中] 共同体特許条約, Community Patent Convention, GPÜ, CPC [特許] [法制度]
Gemeinschaftsprojekt [中] ジョイントプロジェクト [経営]
Gemeinschaftsveranstaltung [女] 共同開催 [経営]
Gemenge [女] 混合物, [類] Gemisch [中], blend, heterogeneous mixture [化学] [バイオ] [機械]
gemischtbeaufschlagte Turbine [女] 混圧タービン, mixed-pressure turbine [機械] [エネ]
Gemischtströmungsturbine [女] 混流タービン, [類] vereinigte Axial- und Radialturbine, mixed flow turbine [機械] [エネ]
gemischverdichtend 混合気を圧縮した, injection boost, mixture compressed [機械] [エネ]
gemolcht 塊形成を防止した, 閉塞防止を施した, pig, scraped [化学] [バイオ] [機械] [設備]
Gen [中] 遺伝子, gene [バイオ]
die genannte Lösung [女] 当該溶液, the solution [化学] [バイオ]
Genauigkeit [女] 精度, [類] Präzisition [女], precision [機械] [電気]
Genentschlüsselung [女] 遺伝子解読, gene decoding [化学] [バイオ]
Generaldienstpumpe [女] 雑用ポンプ, general service pump [機械]
generalisierte Koordinate [女] 一般座標, generalized coordinate [数学] [機械]
Generation [女] 世代 [バイオ]
generic ㊄ 特許の切れた後発品, ジェネリック；㊕ generisches Produkt [中], Generikum [中] [化学] [バイオ] [医薬]
gene targeting ㊄ 標的遺伝子組み換え, ㊕ gezielte Genveränderung [化学] [バイオ] [医薬]
Genexpression [女] 遺伝子発現, gene expression [化学] [バイオ]
genial 独創的な, ingeniously
Genlocus [男] 遺伝子座, gene locus [化学] [バイオ]
genoppte Außenoberfläche [女] 節玉のある外側表面 [材料]
Genprodukt [中] 遺伝子産物, gene product [化学] [バイオ]
Genkopplung [女] 遺伝子結合, gene linkage [化学] [バイオ]
Genschalter [男] スイッチ遺伝子, genetic switches [化学] [バイオ]
Gentherapie [女] 遺伝子治療, gene therapy, genetic treatment [化学] [バイオ] [医薬]
gentoxisch 遺伝毒性の, ㊄ genotoxic [化学] [バイオ] [医薬]
Genumlagerung [女] 遺伝子の置き換え, gene rearrangement [化学] [バイオ]
Geofence [中] ジオフェンス, ㊄ geofence [電気]
geogen 土壌・岩石由来の, 台地または湖沼などから出てきた, geogenous [化学] [バイオ] [環境] [地学]
geometrische Reihe [女] 等比級数, geometric series [統計]
geometrisches Moment der Fläche [中] 断面一次モーメント, geometrical moment of area, [関] Flächenträgheitsmoment [中] 断面二次モーメント [機械] [建設]
Geomorphologie [女] 地形学, geomorphology [地学]
Gepäckservis [男] ベルキャプテン
Geradeauslauf [男] 直進走行 [機械]
geradegenutete Reibahle [女] 直刃リーマ, straight fluted reamer [機械]
gerade Linie [女] 直線, straight line [数学] [機械]
Geradengleichung [女] 一次方程式, 線形方程式, linear equation [数学]
Geradeverzahnung [女] 平歯切り, spur gear cutting [機械]
gerade Zahl [女] 偶数, even number [数学]
Geradheit [女] 直線性, straightness [数学] [機械] [全般]
Geradheitsabweichung [女] 真直度, [類]

Geradlinigkeit 女,straightness 数学 機械
gerändelte Mutter 女 ローレット付きナット, 類 Kordelmutter 女,knurled nut 機械
Gerät 中 器具,appratus,appliance,device 機械
Geräumigkeit 女 居住性,roominess,spaciousness,comfortability 建設
geräuschreduzierend 騒音を減らす,noise decreasing 機械
Gerbergelenk 中 ゲルバーヒンジ 建設 機械
GERD = 英 gastroesophageal reflux disease = gastroösophageale Reflux-Krankheit 胃食道逆流症 化学 バイオ 医薬
gerinnen (血液・液体・牛乳などが)凝固する,coagulate 化学 バイオ 医薬
Gerölle 複 中 岩屑, rock-debris 地学 バイオ
Gerste 女 大麦,オオムギ,barley 化学 バイオ
Gerstereinigungsmaschine 女 精麦機 機械 バイオ
Geruchswahrnehmung 女 嗅覚認識,嗅覚知覚 化学 バイオ 医薬
Gerüst 中 骨組み,架台,足場, 類 Fachwerk 中,framework,scaffold 機械 建設
Gerüstanstellung 女 スタンドポジション 材料 設備
8-gerüstig 8ストランドの 材料 連鋳 設備
Gerüsttyp 男 スタンドタイプ,type of the stand 機械 操業 設備
gesättiger Dampf 男 飽和蒸気, saturated steam 機械 化学 操業 設備
Gesamtachsstand 男 全軸距,total wheel base 機械
Gesamtaldehyd 男 全アルデヒド,total aldehyde 化学 バイオ 環境
Gasamtbetraghöhe 女 全水頭,total head 機械
gesamte Qualitäskontrolle 女 総合的品質管理,TQC,Total Quality Control 操業 機械 品質
Gesamthubvolumen 中 総行程容積,total piston displacement,total stroke volume 機械
Gesamtkohlenwasserstoff 男 全炭化水素,total hydrocarbon,THC 化学 バイオ 環境
Gesamtlänge über alles 女 全長,entire length,overall length 機械 設備
Gesamtmenge 女 全量, total quantity 化学 バイオ 機械
Gesamtsauerstoff 男 全酸素,トータル酸素 精錬 連鋳 材料 操業 設備
Gesamtstickstoff 男 全窒素(含有量),トータル窒素(含有量), 類 der insgesamt vorhandene Stickstoff 男, the total amount of nitrogen 精錬 連鋳 材料 操業 設備 化学 バイオ
Gesamtschuldner 男 連帯債務者 法制度
Gesamttraglast 男 限界負荷, 座屈荷重 材料 建設
Gesamtwärme- Übergangszahl 女 エンタルピー基準全熱伝達率,enthalpy based total heat transmissibility エネ 機械
Geschiebemergel 男 漂積物泥灰岩(砂状・粉状粘土で炭酸塩を25~75%含む岩屑状泥灰岩),till,moraine clay,boulder clay 地学
Geschirrspüler 男 自動食器洗い機 機械
geschlossene Schraubenfeder 女 密巻きコイルバネ 機械
geschlossener Kreis 男 閉回路,closed circuit,CC 電気
geschlossener Kreisprozess-Gasturbine 女 密閉サイクルガスタービン,closed cycle gas turbine 機械 エネ
geschlossenzelliges Material 中 独立気泡材料,closed-cell material 化学 バイオ 材料
Geschmackmuster 中 デザイン, 意匠 法制度 製品
der geschützte Modus 男保護モード,protected mode 電気
geschwindigkeitsbestimmender Schritt 男 律速段階 化学 バイオ 物理 製銑 精錬 物理
Geschwindigkeitsdiagramm 中 速度線図,velocity diagram 機械
Geschwindigkeitsgesetz pseudo-erster Ordnung 中 準一階の速度則 化学 バイオ 機械 物理 数学
Geschwindigkeitskonstante der Reaktion 女 反応速度定数,reaction veloc-

ity constant；reaction rate constant 化学 バイオ

Geschwindigkeitswechselrad 中 変速歯車装置,類 Wechselgetriebe 中,change speed gearbox 機械

Geschwür am Zwölffingerdarm 中 十二指腸潰瘍,類 Duodenalgeschwür 中,duodenal ulcer 化学 バイオ 医薬

Geschwulst 女 腫瘍,腫瘤 化学 バイオ 医薬

Gesellschaftsnorm 女 社内標準,社内規格 規格 材料 品質

Gesenk 中 ダイス,die,類 Stahleisen 機械

Gesenkdrücken 中 据え込み,アップセッティング,類 Stauchung 女,upsetting 機械 操業 設備

Gesenkfräsen 中 型削り,関 Wälzstoßmaschine 女,歯車型削り盤 機械

Gesenkfräser 男 型削り盤,diesinking machine 機械

Gesenkkopiermaschine 女 型削り盤,diesinking machine 機械

gesenkschmiedet 型鍛造された,ドロップ鍛造された,die forged,drop-forged 材料

Gesetz nach DARCY 中 ダルシーの法則,Darcy's law 化学 機械 建設

Gesichtfeld 中 視界,類 Sehfeld 中,angular field,field of view,visibility 光学 電気

Gesichtsfeldblende 女 視野絞り,field- of-view stop 光学 電気

Gesimsprofil 中 コルニスプロフィール,cornice prifile 建設

Gestänge 女 リンケージ,linkage 機械

Gestängemechanismus 男 レバーシステム 機械

Gestelldurchmesser 男 炉床径,hearth diameter 精錬 機械 設備

gesteuertes Gebiet 中 管理区域 操業 設備 原子力

Gestöber 中 吹雪,砂塵,flurry,storm バイオ 物理

gestrafft ピンと張った,関 geschlafft,durchhängend 機械

gestrichelte Linie 女 破線,類 unterbrochene Linie 統計 機械

Gestrüpp 中 やぶ, 藪, bushes バイオ

Gesundheitszeugnis 中 健康診断書,health certificate 化学 バイオ 医薬

getakteter Transport 男 往復搬送,reciprocating and conveying 機械 物流

geteiles Lager 中 割り軸受け,split bearing 機械

Getränkeindustrie 女 飲料品工業,beverage industry 機械 バイオ 化学 食品

Getreidemühle 女 製粉機,flour mill 機械 バイオ

Getreidepartie 女 穀物ロット, cereal lot 機械 バイオ

Getriebegehäuse 中 トランスミッションケース, ギヤーボックス, transmission case, gear box 機械

Getriebehauptwelle 女 メインシャフト(トランスミッションの) transmission main shaft 機械

Getriebekerndurchmesser 男 雌ねじの谷径,雄ねじの内径,core diameter 機械

Getriebe mit stufenlos verstellbarer Übersetzung 中 無段変速ギヤー,類 das stufenlose Automatikgetriebe, continuously variable transmission,CVT 機械

Getrieberäder 複 中 被動歯車, 類 Gegenrad 中,Nachfolger 男, gearwheel, pinion, counter wheel 機械

Getrieberitzel 中 ギヤーボックススプロケット,transmission gear-box sprocket 機械

Getriebesteuergerät 中 トランスミッション制御装置 機械 電気

Getriebeübersetzung 女 変速比,トランスミッションギアー比,transmission gear ratio 機械

Gewächshaus 中 温室,類 関 Treibhaus 中,greenhouse 化学 バイオ

Gewährleistung 女 保証, 保障

Gewässer 中 海洋(水)・河川(水)・湖沼(水)の総称,waters 海洋 化学 バイオ

gewalzte Schraube 女 ロールねじ,転造ねじ,類 gerolltes Gewinde,rolled screw, rolled threaded screw 機械

Gewebe 中 コード,織物,code,cloth,fabric 機械 繊維

gewebeäquivalentes Material 中 組織等価物質,tissue equivalent material 化学

バイオ
gewerbliches Eigentum 中 工業所有権, industrial property (right) 特許
gewichtsmittler 平均的な重さの 物理 電気
Gewichtsprozent 中 重量%, percent by weight 化学 バイオ 材料
Gewindeauslauf 男 不完全ねじ部, thread run-out 機械
Gewindebohrer 男 ねじタップ, ねじ下切り, tap drill 機械
Gewindebohrer mit eingesetzten Messern 男 植刃タップ, inserted chaser tap 機械
Gewindebohrmaschine 女 ねじ立て盤, tapping machine 機械
Gewindeeinsatz 男 差し込みねじ, thread insert 機械
Gewindeende 中 ねじ先, screw end 機械
Gewindeflansch 男 ねじ込みフランジ, threaded flange 機械
Gewindefreistiche 女 逃げ溝の幅, width of thread undercut 機械
Gewindegang 男 ねじ山, thread 機械
Gewindegrundlöcher 複 中 対角距離, width-across corners 機械
Gewindekerndurchmesser 男 雄ねじの谷径, 関 Außendurchmesser des Muttergewinde 男 (雌ねじの) 谷径 機械
Gewindelänge 女 ねじ部長さ, length of thread 機械
Gewindelehre 女 ねじゲージ, thread gauge 機械
Gewindeschablone 女 ねじ山ゲージ, screw-pitch gauge 機械
Gewindeschneiddrehbank 女 ねじ切り旋盤, thread cutting lathe 機械
Gewindestange 女 ねじ切りロッド, all threaded rod 機械
Gewindestege 女 ねじステム, thread stem 機械
Gewindestift 男 ねじピン, 類 Gewindezapfen 男, threaded pin, threaded stud 機械
Gewindetiefe 女 ねじの高さ, depth of thread 機械
Gewindeüberlappung 女 (ねじの) ひっかかりの高さ, 類 Gewindeüberdeckung 女, thread overlap 機械
Gewindewalzmaschine 女 ねじ転造盤, thread rolling machine 機械
Gewindezapfen 男 ピヴォト, ねじピン, 類 Gewindestift 男, threaded pin 機械
Gewölbebrücke 女 アーチ橋, arched bridge 建設
Gewölbekämpfer 男 アーチ背面迫持台, springing of extrados 建設
Gewölbering 男 アーチ部材, アーチ部位 建設
gewünschte L-Aminosäure 女 目的の・意図した・望ましい L-アミノ酸, desired L-aminoacid, requested L-aminoacid 化学 バイオ
Gewürz 中 香料, spice 化学 バイオ
Gezeiten 複 潮の満干, 干満, 関 Tidenhub 男 干満の差, tides 電気 エネ 物理
Gezeitenkraftwerk 中 潮力発電所, tidal - powered electric plant, tidal power station, tidal power plant 電気 操業 設備
GFAP = 英 glial fibrillary acidic protein = gliales fibrilläres azidisches Protein グリア (神経膠 [こう]) 原せんい酸性蛋白, グリア細胞線維性酸性タンパク質 化学 バイオ 医薬
GFK = Glassfaserverstärkter Kunststoff グラスファイバー強化プラスチック, fibre glass reinforced plastic 化学 バイオ 材料 機械
GFSI = 英 Global Food Safety Initiative = Stiftung für Lebensmittelsicherheit 国際食品安全イニシアチブ 規格 バイオ 化学 食品 安全 組織
GGA = Gefährliche Güter und Arbeitsstoffe = hazardous (chemical) agents and hazardous working materials 危険物質と危険作用物質 環境 化学 バイオ 医薬 法制度 ; g.g.A = geschützte geographische Angabe (Markenrecht für Agrarprodukte) = protected geographical indication (PGI) 農作物保護商標および品質保証 化学 バイオ 医薬 法制度
GGDH = 英 generalized gradient diffusion hypothesis 一般化勾配拡散仮定 (乱流熱流束のモデル化などに用いる)

G

［機械］［エネ］［物理］

GHB = Gamma-Hydroxybuttersäure = gamma-hydroxybutyric acid ガンマヒドロキシ酪酸 ［化学］［バイオ］

GHS = Global Harmonisiertes System der Klassifikation und des Beschriftens der Chemikalien = Globally Harmonized System of Classification and Labelling of Chemicals 化学品の分類および表示に関する世界的調和システム ［化学］［バイオ］［規格］

Gibberellinsäure ［女］ ジベレリン酸, gibberellic acid, GA ［化学］［バイオ］

Gicht ［女］ 炉頂, 装入物, 痛風, furnace throat, furnace top, burden charge, gout ［製銑］［化学］［医薬］

Gichtgasentspannungsturbine ［女］ 炉頂圧タービン, 背圧タービン, ［類］ Gegendruckturbine ［女］, back -pressure turbine ［製銑］［機械］［エネ］［電気］［設備］

Gießaufsatz ［男］ 押し湯, ［類］［関］ Speisevorrichtung ［女］, Trichter ［男］, Steigkanal ［男］, Steiger ［男］, feeding head, feeder, riser ［鋳造］

Gießbühne ［女］ 鋳床, casting floor ［製銑］［精錬］［鋳造］［操業］［設備］［環境］［エネ］

Gießen mit verlorenen Kernen ［中］ ロストコア (鋳造) 法, 溶融中子法, casting with lost core ［鋳造］［化学］［材料］［非鉄］

Gießerei ［女］ 鋳造(業), 鋳造工場, 鋳物, foundry industry, foundry plant, casting ［鋳造］［機械］［設備］［経営］

Gießgeschwindigkeit ［女］ 鋳造速度, casting speed ［精錬］［連鋳］［鋳造］［操業］［設備］

Gießhalle ［女］ 鋳込棟, casting bay ［連鋳］［材料］［鋳造］［操業］［設備］

Gießlauf ［男］ 湯道, ［類］［関］ Eingusskanal ［男］, Eingussrinne ［女］, Hochofenrinne ［女］, runner, cast fllow runner ［鋳造］［機械］［製銑］

Gießleistung ［女］ 鋳造能力, casting capacity ［連鋳］［材料］［鋳造］［操業］［設備］

Gießparameter ［男］ 鋳造パラメーター, casting prameter ［連鋳］［材料］［鋳造］［操業］［設備］

Gießpfanne ［女］ 鋳造用取鍋, pouring ladle ［連鋳］［材料］［鋳造］［操業］［設備］

Gießprozess ［男］ 鋳造プロセス, 鋳造工程, casting process ［鋳造］［機械］

Gießpulverzugabe ［女］ モールドパウダー供給機, mould powder addition ［連鋳］［材料］［操業］［設備］

Gießspiegelregelung ［女］ 湯面制御, control of meniscus, mould level control ［連鋳］［材料］［操業］［設備］

Gießtemperatur ［女］ 鋳造温度, casting temperature ［連鋳］［材料］［鋳造］［操業］［設備］

Gießverfahren ［中］ 鋳造法, casting process ［連鋳］［材料］［鋳造］［操業］［設備］

GIG = ［英］ nano-granular in gap ナノグラニュラーインギャップ ［電気］［物理］［材料］

GIGO = ［英］ garbage in garbage out = Unsinn rein (in den Computer), Unsinn raus ギゴ (ナンセンスなデータからはナンセンスな結果しか出てこない, というコンピュータ用語) ［電気］

GIMPS = ［英］ great internet mersenne prime search = ein gemeinschaftes Projekt zur computergestützten Suche nach Mersenne-Primzahlen グレート・インターネット・メルセンヌ素数探索, (cpu ネットワークで巨大素数を探索する) ［数学］［統計］

GIS = Gasisolierte Schaltanlage = gas-insulated switchgear ガス絶縁スイッチギヤ, ガス絶縁開閉装置 ［電気］［機械］［操業］［設備］

Gitterbox ［女］ ボックスパレット, pallet cage ［鋳造］［機械］

Gitterdraht ［男］ グリッドワイヤー, フェンスワイヤー, grid wire, fence wire ［機械］［建設］

Gitterskala ［女］ 格子目盛, grid scale ［電気］

Gitterträger ［男］ 格子げた, lattice girder, lattice gland ［建設］［設備］

Gitterwiderstand ［男］ グリッド抵抗, grid resistance ［電気］

GKS = ［英］ graphical kernel system グラフィクス中核系 (ISO が定めたコンピュータグラフィックスについての国際規格の一つ) (ISO/IEC 7942) ［電気］［規格］

GKV = Gesamtverband Kunststoffverarbeitende Industrie e.V. = the General Association of the Plastics Processing Industry プラスチック製造業連盟 ［化学］［組織］［経営］

Glätten ［中］ スキンパス, skin pass ［材料］

操業 設備
Glättungswerkzeug 中 上仕上げバイト 機械
Glanzkohlenstoffbildner 男 光輝カーボン生成体,lustrous carbon producer 物理 化学 鋳造
Glasfritte 女 ガラスフリット,ガラス原料,glass frit 化学 バイオ 材料
Glaskörper 男 硝子体,ガラス体,vitreous body 医薬 光学
Glaskörpertrübung 女 ガラス体混濁,硝子体混濁, vitreous opacities 医薬 光学
glatte Muskulatur 女 平滑筋組織,smooth muscle tissure 化学 バイオ
Glattwalzen 中 リール工程,仕上げロール,reeling,finish rolling 材料
GLc = Glucose グルコース,glucose 化学 バイオ
gleichbleibend いつもと変わらない,同じ: auf etwa gleichbleibendem Niveau いつもとほぼ同じ水準に 機械
Gleichdruckänderung 女 等圧変化,constant pressure change 機械 エネ 物理
Gleichdruckdampfturbine 女 衝動蒸気タービン,impulse steam turbine 機械 エネ
Gleichdruckvergaser 男 真空キャブレター 機械
gleichförmige Bewegung 女 等速運動,uniform motion 機械 物理
gleichgerichtete Glättungsschaltung 女 整流平滑回路 電気
Gleichgewicht 中 平衡,equiblium 精錬 化学: etwas(4) aus dem Gleichgewicht bringen ～の釣り合いを失なわせる
Gleichgewichtsschaubild 中 平衡状態図,類 関 Zustandsschaubild 中,equilibrium diagram エネ 化学 物理 精錬 材料
Gleichlauffräsen 中 下向き削り,down cut milling 機械
gleichmäßige Dosierung der Einspritzmenge 女 均質(均等)給気 機械
Gleichmäßigkeit der Eigenschaft 女 性質の均一性,uniformity of property
gleichmäßigverteilte Last 女 等分布荷重,uniform load 機械 建設
Gleichraumkreisprozess 男 定容サイクル,constant volume cycle 機械 エネ
Gleichrichter 男 整流器,関 Stromrichter 男,rectifier 電気 機械
Gleichstrom 男 直流, 連続電流, direct current, continuous current, DC, CC 電気 機械
Gleichtaktunterdrückungsfaktor 男 同相除去比,同相弁別比(差動増幅器),common mode rejection ratio(CMRR) 電気
gleichwertige Verdampfungsleistung 女 相当蒸発量,equivalent evaporation 機械 物理
Gleis 中 軌道,レール,プラットフォーム,rails, line,platform 交通
Gleiskettenschlepper 男 キャタピラートラック,caterpillar toractor 機械
Gleisklemme 女 アンチクリーパ,clip for fixing light rails,rail anchor 交通
Gleisschotter 男 レール下の砕石,レール下のバラスト 交通
Gleitbügel 男 パンタグラフ,類 Pantograph 男, 英 pantograph 交通 電気
Gleitebene 女 すべり面,類 Gleitfläche 女, slip surface 機械
Gleitfeder 女 すべりキー,sliding feather key 機械
Gleitfläche 女 すべり面,劈〔へき〕開面,類 Gleitebene 女,gliding plane,sliding surface,cleavage plane 機械 材料 物理
Gleitflugwinkel 男 滑空角,gliding angle 航空
Gleitführung 女 ガイドレール,すべりレール 機械
Gleitlager 中 滑り軸受,sliding bearing 機械
Gleitlinie 女 すべり線,シャーリングライン, line of slide,shering line 連鋳 材料 機械 操業 設備
Gleitmittel 中 潤滑剤, lubricant 機械
Gleitringdichtung 女 すべりリングシール 機械
Gleit-Rutsch-System 中 ジャッキング・滑り機構,jacking and skidding system 機械 設備

Gleitscheibe 女 スライディングディスク,sliding disc 機械
Gleitschuh 男 スラストパッド,ベアリングパッド,thrust pad,bearing pad 機械
Gleitschutzreifen 男 すべり止めタイヤ,steel-studded tire, nonskid tire 機械
Gleitsichtkontaktglas 中 累進多焦点のコンタクトレンズ, progressive power contact lens 光学 化学 バイオ 医薬
Gleitsitz 男 すべりばめ,類 関 Schiebesitz 男,sliding seat 機械
Gleitstein 男 滑り子,slider, slidingblock, guide block 機械
Gleitstück 中 スライダー, slider 機械
Gleitung 女 せん断ひずみ,すべり,shearing strain,sliding 機械 材料
Glied 中 リンク,メンバ,部位,員,環 化学 機械
Gliederfahrzeug 中 オープンリンク車両 交通
Gliedermaßstab 男 折り尺,類 Zollstock 男,folding rule 機械
Glimmer 男 雲母, mica 地学 非金属
Glimmlichtentladung 女 グロー放電,glow discharge 電気 物理
Global GAP = 英 Global Good Agricultural Practices,CGF(コンシューマー・グッズ・フォーラム,世界の流通・食品大手が加入)が推奨している農産物の安全性に関する規格 規格 バイオ 化学 食品 安全
Globoidschneckengetriebe 中 鼓形ウオームギヤー,globoidal worm gear 材料 機械
globulitisch 球状の, globular 鋳造 数学
GLpD = Glycerin-3-Phosphat-Dehydrogenese = glycerol-3-phosphate dehydrogenase グリセリン・3・リン酸・デヒドロゲナーゼ 化学 バイオ
GLRD = Gleitringdichtung = mechanical seal = axial face seals メカニカルシール 機械
Glühbirne 女 白熱灯,白熱電球,incandescent bulb or lamp 電気
Glühen 中 焼鈍,焼きなまし,annealing 材料
Glühlampe 女 白熱灯,白熱電球,incandescent bulb,incandescent lamp 電気
Glührückstand 男 燃焼残渣,強熱残分,灰分,residure on ignition,ash residure, ash 化学 バイオ
Glukose 女 グルコース,ブドウ糖,GLc,glucose 化学 バイオ
Glucoseoxidase 女 グルコースオキシダーゼ,グルコース酸化酵素,glucose oxidase, GOD 化学 バイオ 医薬
Glycerophosphatdiester 男 グリセロリン酸ジエステル 化学 バイオ
Glycosylierung 女 グリコシル化,糖鎖形成,糖鎖付加,glycosylation 化学 バイオ
Glykogenspeicherkrankheit 女 糖原病,糖原貯蔵障害,glycogen storage diseases,GSD 化学 バイオ 医薬
Gykolipid 中 糖脂質,glycolipid 化学 バイオ
Glykolyse 女 解糖作用, glycolysis 化学 バイオ
Glykoprotein 中 糖たん白質,glycoprotein 化学 バイオ
Glykosid 中 配糖体,glycocide 化学 バイオ
GMA = Gesellschaft für Mess- und Automatisierungstechnik = German Organization for Measurement and Automation Technology 計測自動化技術協会 電気 機械 組織
GMP = 英 Good Manufacturing Practice 医薬品等の製造品質管理基準(アメリカ食品医薬品局 FDA が,1938 年に連邦食品・医薬品・化粧品法に基づいて定めた) 化学 バイオ 医薬 法制度
GMP-gerecht アメリカ食品医薬品局 FDA の医薬品等の製造品質管理基準 GMP に沿った,GMP compliant,according to GMP, satisfying GMP requirement 化学 バイオ 医薬 規格
GMR = 英 giant magneto resistive effect = Riesen-Magnetowiderstandseffekt = Kopftechnologie bei Festplattenlaufwerken 巨大磁気抵抗効果(巨大磁気抵抗効果を応用した磁気ヘッドの登場によって,HDD の容量が飛躍的に増大した) 電気
GNF = 英 Global Nature Fund = Weltweit agierende Umweltorganisation 世界自然基金 環境 化学 バイオ 組織
Golgi-Apparat 男 ゴルジ装置,ゴルジ体,

G

golgi apparatus [化学] [バイオ]
GOP = ㊥ group of pictures = Bildergruppe 画像グループ, ジーオーピー（MPEG-1 MPEG-2 の映像部分の構造, 何枚かの画面データをひとまとまりにしたもの）[電気]
3GPP = ㊥ 3rd Generation Partnership Project 第三世代移動体通信システムの標準化プロジェクトおよび, 同プロジェクトによる第三世代移動体通信システムの標準規格（現在は, さらに広範囲の規格化を行なっている）[電気] [規格]
GPS = ㊥ global positioning system = Satellitensystem zur Ortung 全地球測位システム（24 の人工衛星で地球全体をカバーしている）[電気] [航空]
GPSG = Geräte- und Produktsicherheitsgesetz = the German Device and Product Safety Act 機器および製品の安全性に関する規則 [規格] [法制度] [操業] [機械] [化学] [製品] [安全]
GPV = Gesamtporenvolumen 全気孔容積, total pore volume [化学] [バイオ] [材料]
Gradation [女] 階調（写真の）, 濃淡法（色彩の）, gradation, contrast grade [光学] [印刷] [電気]
Gradient [男] 勾配, [類] Gefälle [中], Konizität [女], Schräglage [女] [機械] [地学]
Gradiente [女] 勾配曲線 [統計] [電気]
Grafikunterstützung [女] 図形ベース [電気]
Grahamsches Gesetz [中] グレアムの法則（気体の分離等に用いる）[化学] [バイオ] [物理]
gramm-positiv グラム陽性の [化学] [バイオ]
Granit [男] 花崗岩, granite [地学] [物理]
Granulat [中] 粒, 顆粒（状のもの）, granular material, granylated material [化学] [バイオ] [機械] [非金属]
Graphit [男] 黒鉛, graphite [材料] [精錬] [化学]
Grat [男] バリ, [類] Bart [男] [機械] [材料]
Gratbildung [女] バリ生成 [機械] [材料]
grauer Star [男] 白内障, [類] Katarakt [男], [関] grüner Star [男], Glaukom [中], cataract [化学] [バイオ] [医薬]
Grauerstarrung [女] 黒鉛化凝固 [鋳造] [材料]
Grauwert [男] 単色階調画像 gray scale image [電気] [光学]
gravitationale Einheit [女] 重力単位 [機械] [物理]
Greifbacke [女] クランピングジョー, clamping jaw [機械]
Greifer [男] グリップ, grip, gripping device [機械]
Grenzfläche [女] 界面, interface : Grenzfläche Metall/Gas 金属とガスの界面, interface metal/gas [物理] [製銑] [精錬] [鋳造] [連鋳] [操業] [設備] [化学] [バイオ] [材料]
Grenzflächenspannung [女] 界面張力, interfacial tension [物理] [化学] [バイオ] [製銑] [精錬] [鋳造] [連鋳] [材料] [操業] [設備]
Grenzlehre [女] 限界ゲージ, fixed gauge, limit gauge [機械]
Grenzschichtbeeinflussung [女] 境界層制御, [類] Grenzschichtkontrolle [女], boundary layer control [航空] [エネ]
Grenzschicht-Kondensator [男] 境界層コンデンサー, boundary layer condenser, BLC [電気]
Grenzschmierung [女] 境界潤滑, boundary lubrication [機械]
Grenzwinkel [男] 臨界角, critical angle [光学] [音響]
Griff [男] グリップ, ハンドル, grip, handle [機械]
GRIM = ㊥ gas - assisted reaction injection molding = gasunterstützte Spritzgieß- und Reaktionstechnik ガス支援反応射出成形, ガスアシスト反応射出成形 [化学] [材料] [製品]
GRNN = ㊥ general regression neural network 一般回帰ニューラルネットワーク [化学] [バイオ] [電気] [数学]
grob 粗い, coarse [機械] [材料]
Grobblech [中] 厚板, plate [連鋳] [材料] [操業] [設備]
Grobblechgüte [女] 厚板品質, quality of plate [連鋳] [材料] [操業] [設備]
Grobblech-Walzwerk [中] 厚板圧延機, plate rolling mill [材料] [操業] [設備]
grobe Feile [女] 大粗目やすり [機械] [材料]
Grobgewinde [中] 並目ねじ, [類] Regelgewinde [中], coarse thread, coarse screw thread [機械]
Grobstraße [女] 重量材圧延ライン, 大形形

G

鋼ライン,rolling train for heavy products 材料 操業 設備

Größe der Profilverschiebung 女 (歯車の) 転位置 機械

Größenordnung 女 寸法,寸法範囲,寸法程度,ディメンジョン,オーダー,dimension, dimension extent, magmitude 機械

Größte Normalspannung 女 最大主応力,最大垂直応力 機械 建設

größtenteils 大部分

größter Drehdurchmesser 男 (旋盤の) 振り,最大加工可能径 機械

größte Tangentialspannung 女 最大せん断応力 機械 建設

größtmöglich 最大の

großflächig 大きな面積の

Großhandel 男 卸売り 経営

Großhirn 中 大脳, 関 Kleinhirn 中, cerebrum 化学 バイオ

großräumig 広範囲にわたる

Großrohr 中 大径管,large diameter pipe 連鋳 材料 操業 設備

Großserienfertigung 女 大量生産, 類 Massenproduktion 女, mass production 操業 設備 機械

großtechnischer Maßstab 男 大規模,コマーシャル規模, 関 Labormaßstab 男, halbtechnischer Maßstab 男, Technikumsmaßstab 男, Nullserienproduktion 女, großtechnischer Maßstab 男, industrieller Maßstab 男 操業 設備 化学 鉄鋼 非鉄 全般

GRS = Gesellschaft für Anlagen-und Reaktorsicherheit 設備および原子炉安全機関, ㊋ IRSNと同様の国立の機関 原子力 組織

Gründruckfestigkeit 女 グリーン圧縮強さ,湿態圧縮強さ,green tensile steength 鋳造 機械 材料 化学 非金属

grüner Gusskern 男 生中子,green-sand core 鋳造 機械

grüner Star 男 緑内障, 類 Glaukom 中, 関 grauer Star 男, Katarakt 男, glaucoma 化学 バイオ 医薬

Grünordnung 女 緑地計画 (条例),open space planning, urban green space planning, green ordinance 環境 化学 バイオ 法制度 経営

Grünsand 男 生砂,green sand 鋳造 機械 非金属

Grünsandform 女 生型,green-sand mould 鋳造 機械

Grundfläche 女 基準面,basal plane or surface 機械 設備 建設

Grundgefüge 中 基本組織,base structure, base matrix 材料 溶接 機械

Grundgestein 中 基岩, bedrock 地学

Grundierung 女 下塗り,プライマー,粗面塗料, undercoating 機械 設備 建設 化学 鋳造

Grundkörper 男 ベースボデー,ベースフレーム,ベース体,基体,本体,ボデー部位,土台,foundation, basic body 機械 設備 建設 化学

Grundkreis 男 (歯車の) 基礎円,base circle, pitch circle 機械

Grundlochgewindebohler 男 三番タップ, third hand tap, bottoming tap 機械

Grundöl 中 基油,base oil 機械 化学

Grundriss 男 平面図,ground floor 機械

Grundschwingung 女 基本振動,fundamental oscillation 物理 電気 光学 音響

Grundsteifigkeit 女 基礎剛性 機械 建設

Grundstück 中 ロット,lot 操業 材料

Grundtoleranz 女 基本公差,標準公差, basic or standard tolerance 規格 材料

Grundwerkstoff 男 基材,母材,base material or metal, parent material or metal, substrate 溶接 材料 印刷

Grundzustand 男 基底状態, 関 Anfangszustand 男, ground state 光学 音響 物理

Gruppe 女 基, 類 Radikal 中, group, radical 化学 バイオ

Gruppenübertragung 女 グループ内データ転送・送信 電気

GRUR = Deutsche Vereinigung für gewerblichen Rechtsschutz und Urheberrecht e.V. (Sitz in Köln) 工業所有権および著作権保護協会 特許 組織

GS1 = ㊮ Global Standards One = Organisation für globale Standards zur Verbesserung von Wertschöpfungsketten 国際的な流通標準化機関（本部ベルギー，複数の地域にまたがるサプライチェーンの効率と 透明性を高めるため，国際規格を設計・策定する国際組織） 規格 経営 組織

GSM = 英 global spectral model = globales spektrales Modell 全球数値予報モデル 物理 電気 航空

GST = die Glutathion-S-Transferase グルタチオン S 転移酵素 化学 バイオ

GTIN = 英 Global Trade Item Number = Globale Artikelnummer gem. GS1-Standard 商品識別コード，現在国際的に広く使 われている各種の商品に関する国際標準の識別コードを包括した総称（GS 標準に準拠，JAN，EAN，UPC，ITF などが GTIN である） 規格 経営 電気

GTL = 英 gas to liquid 天然ガスから石油製品を取り出す方法・プロセス 化学 操業 設備

GuD-Turbine = Gas-und Dampf-Turbine 女 蒸気ガス複合タービン，combined steam and gas turbine 機械 エネ

Güllerührwerk 中 水肥（スラリー）攪拌装置 バイオ 機械 設備

Gürtel 男 （タイヤの）ブレーカー 機械

Gürtellage 女 ブレースプライ，bracing ply 機械

Gürtelreifen 男 ラジアルタイヤ，radialply tire 機械

Gürtelstreifen 男 ブレーカーストリップ，breaker strip 機械

Güterwagen 男 貨車，wagon，freight car 交通

Gütesiegel 中 品質シール，seal of Quality，seal of approval 製品 品質 化学 バイオ

GUI = 英 graphical user interface = graphische Benutzeroberfläche グラフィックスを利用したユーザーインターフェース 電気

GUM = Guide to the Expression of Uncertainty in Measurement = Leitfaden für Eich-Ungenauigkeiten der ISO = ISO-Leitfaden des Zuverlässigkeitsmanagements (1993) oder der Methodik nach ISO 5725:1994 測定の不確実性表現に関する手引き（ISO） 規格 機械 単位 電気

Gummi-beton-Schleppplatte 女 ゴム製コンクリート・トランジットスラブ，elasticband concrete transition slab 建設 化学 材料

Gummiunterlage 女 ゴム座金，insulating rubber mat，rubber washer 機械

Gurtband 中 コンベアーベルト 機械

Gurtbandförderer 男 ベルトコンベアー，類 Förderband 中 機械

Gurtdicke 女 フランジ厚 機械

Gurtplatte 女 フランジプレート，flange plate 機械

Gurtschloss 中 バックル，類 Schnalle 女，Spange 女，Vorreiber 女，buckle 機械

Gurtstraffer 男 ベルト締め，seat belt tightener 機械

Gussasphalt 男 グースアスファルト，マスチックアスファルト，mastic asphalt，poured asphalt 建設 化学

Gusshaut 女 鋳肌，casting skin 鋳造 材料

Gusskern 男 中子，core 鋳造 機械

Gusskonstruktion 女 鋳造方案，類 Gussgestaltung 女，Konstruktion des Gussstückes 女，casting design 鋳造 機械

Gussprodukt 中 鋳物製品，類関 Abguss 男，cast product 鋳造 機械

Gussstück 中 鋳込み仕掛品，cast piece，casting 鋳造 機械 操業

Gussteil 中 鋳物部品，casting，casting part 鋳造 機械

Gutachten 中 鑑定，専門家の意見：mit einem TÜV- Gutachten，TÜV（技術試験協会，試験認証機関）の意見により 材料 機械 電気 環境

Gutlehre 女 通りゲージ，go gauge 機械

GV = Großvieheinheit 大型家畜単位（1GV ≒ 500kg／牛・生体重量，例：子牛 = 0.4GV） 単位 化学 バイオ

GVK = Glasfaserverstärkter Kunststoff = glass fibre reinforced plastic ガラス繊維強化プラスチック，ガラス繊維補強プラスチック 材料 化学

GVO = genetisch veränderte Organismen = genetically modified organismus，GMO 遺伝子組換え体，遺伝子組換

え生物 [化学] [バイオ] [医薬]
Gynoeceum [中] 雌蕊［しずい］群, [関] Pistill [中], (英) gynoecium, pestle, pistil [化学] [バイオ]
Gyration [女] 旋回, gyration, [類] Schwenken [中] [機械]
Gyroskop [中] ジャイロスコープ, gyroscope [機械] [物理]

H

H = Histidin [中] ヒスティジン [化学] [バイオ] [医薬]
HA = Heckleuchtenanordnung = tail light equipment 尾灯装置, テールライト装置 [機械] [電気]
Habilitand [男] 教授資格取得志願者
Habitat [中] 生息地, [類] Lebensraum [男], habitat [化学] [バイオ]
Habitus [男] 様子
HACCP = (英) Hazard Analysis Critical Control Point = Risiko Analyse für Lebensmittel 食品の危害分析重点管理方式, 危険度分析による食品衛生管理 [規格] [化学] [バイオ] [食品] [医薬] [安全] [操業] [設備] [物流]
Häckchen [中] チェックマーク, check mark [電気]
Hämatemesis [女] 吐血, [類] Blutbrechen [中], (英) hematemesis [化学] [バイオ] [医薬]
Hämatit [男] 赤鉄鉱, ヘマタイト, [類] Roteisenstein [男], (英) hematite [製銑] [地学]
Hämatokritwert [男] ヘマトクリット値, 赤血球沈殿容積, 赤血球沈層容積, パック細胞容積, 充填赤血球量, [類] Volumen der gepackten Zellen [中], packed cell volume, PCV [化学] [バイオ] [医薬]
Hämaturie [女] 血尿, [類] Blutharnen [中], (英) hematuria [化学] [バイオ] [医薬]
hämmern ハンマーを打つ [機械]
Hämmern [中] ピーニング処理, [類] Kugelstrahlen [中], Peening [中], peening [材料] [機械]
Hämophilie [女] 血友病, [類] Bluterkrankheit [女], haemophilia [化学] [バイオ] [医薬]
Hämoprotein [中] ヘムタンパク質, hemoprotein, haemoprotein [化学] [バイオ] [医薬]
Hämorrhagie [女] 出血, [類] Blutung [女], bleeding [化学] [バイオ] [医薬]
das hämorrhagische Ebola-Fieber [中] エボラ出血熱, (英) Ebola hemorrhagic fever [化学] [バイオ] [医薬]
Hängebahn [女] トロリーコンベアー, trolley conveyor, cable-mounted buckets [機械]
Hängebrücke [女] 吊り橋, suspention bridge, hanging bridge [建設]
Hängehaken [男] S フック [機械]
Hängestange [女] ハンガーロッド, サスペンションロッド, hunger rod, suspention rod [機械]
Härte [女] 硬度, hardness：Härte nach Vickers, ビィカース硬さ [材料]
Härteprüfgerät [中] かたさ試験機, hardness tester [材料]
Härteablagerungsentfernung [女] 硬質コーティング除去 [機械] [化学]
Häuchtchenflüssigschmierung [女] 流体潤滑, thick film lubrication, film lubrication, fluid lubrication [機械] [材料] [設備]
Hafenkran [男] 埠頭クレーン, dockside crane, port crane [機械] [設備] [製銑] [船舶]
Hafenschlick [男] 港湾のヘドロ [環境] [化学] [バイオ] [地学]
Haftfähigkeit [女] 粘着力, 粘着性, [類] Adhäsion [女], adhesion [材料] [化学] [機械]
Haftfestigkeit [女] 付着強さ, adhesive strength, bonding strength [材料]
Haftrelais [中] ラッチリレー, ratch relay [電気]
Haftspannung [女] 付着応力, adhesive stress, bond stress [材料]
Hahn [男] カラン, 切換コック, cock, tap, faucet [機械] [設備]
Hahnschraube [女] タンブラーピン, タンブラースクリュー, tumbler pin, tumbler screw [機械]
Haigh Diagramm [中] ヘイグダイアグラム, (疲労強度決定法, 鋳鉄などに適用される) [材料] [電気] [設備]
halber Öffnungswinkel [男] 半開口角

[機械] [化学]

Halbe V-Naht [女] V形グルーブ [溶接] [機械] [材料]

halbgeschlossener Kreisprozess [男] 半密閉サイクル, semiclosed cycle [機械] [化学] [バイオ] [エネ]

halbgeschränkter Riemenbetrieb [男] 直角掛けベルト駆動, quarter turn belt drive, half crossed belt drive [機械]

Halbhohlniet [男] セミチューブラーリベット [機械]

halbiertes Gusseisen [中] 斑鋳鉄, mottled cast iron [鋳造] [製銑] [精錬] [材料]

Halbierungszeit [女] 半減期, [類] Halbwertzeit [女], Halbwertsperiode [女], half-life period, half-value period [原子力] [物理]

Halbjahresdurchschnitt [男] 半年平均, 六か月平均, half-year average [統計]

Halbkugel [女] 半球, [類] Hemisphäre [女], hemisphere [数学] [物理]

Halbleiter [男] 半導体, semi-conducter [電気]

Halbleiterchip mit der Montageseite nach unten [男] フェースダウンチップ, facedownchip [電気]

Halbmutter [女] 半割りナット, ハーフナット, half nut [機械]

Halbrundniet [男] 丸(頭)リベット [機械]

Halbrundschraube [女] 半丸小ねじ, 丸頭ねじ, french fillister head screw, round-head screw [機械]

Halbschale [女] 半殻, ハーフトレイ, ハーフディッシュ, half shell, half mould, half tray, half dish [機械]

Halbselbstschweißung [女] 半自動溶接 [溶接] [機械] [設備]

halbstarres Medium [中] 半固形培地, semisolid medium [化学] [バイオ]

Halbstufenpotential [中] 半波[はんぱ]電位, half-wave potential [電気] [化学] [バイオ] [材料]

halbtechnischer Maßstab [男] 小型パイロットプラント規模, [関] Labormaßstab [男], Technikumsmaßstab [男], Nullserienproduktion [女], großtechnischer Maßstab [男], industrieller Maßstab [男] [操業] [設備] [化学] [鉄鋼] [非鉄] [全般]

Halbwertsbreite [女] 半値幅, full-width at half maximum, FWHM [物理] [材料] [光学]

Halbwertsperiode [女] 半減期, [類] Halbwertzeit [女], Halbierungszeit [女], half-value time [原子力] [物理]

Halde [女] 堆積, ぼた山, heap [環境] [リサイクル] [地学]

Halluzinose [女] 幻覚症, hallucinosis [化学] [バイオ] [医薬]

Halobakterien [複] [女] 好塩菌, [類] Salz-liebende Bakterien, halophile, halobacteria [化学] [バイオ]

Halogenid [中] ハロゲン化合物, halide [化学] [バイオ]

Halsring [男] ネックリング [機械]

Haltbarkeit [女] 有効寿命, 耐摩耗性 (Verschleißfestigkeit) [材料]

Haltekammer [女] 保持クランプ, holding clamp [機械]

halten: für〜halten, 〜と評価する

Halteschraube [女] クランプボルト, 保持ねじ, clamping bolt, holding screw [機械]

Halsband [中] カラー, つば [機械]

Halslager [中] つば軸受, collar bearing, neckjournal [機械]

Halswirbelsäule-Verletzung [女] むち打ち症, [類] HWS-Verletzung [女], Injuries to the cervical spine [化学] [バイオ] [医薬]

HALT = [英] highly accelerated life testing = Verfahren zur Erzielung der Produktreife 電気製品などの工業製品の設計時の試験方法の一つであるHALT法では, 製品に強いストレスをかけ続けて壊れるまで試験し, 従来型の製品試験方法より過酷な条件で行ない, 3-5日程度の短期間に製品の弱点を明らかにすることが出来る [製品] [品質]

Halts-Nasen-Ohren-Heilkunde [女] 耳鼻咽喉科, [類] HNO-Heilkunde [女], ear nose and throat, otolaryngology, ENT [化学] [バイオ] [医薬]

Hammett-Beziehung [女] ハメット則, Hammett rule [物理] [化学]

Handbremse [女] ハンドブレーキ [機械]

handhabbar 取り扱い可能な, 処理可能な

Handhabungseinheit 女 ハンドリングユニット 機械
Handkarre カート，手押し車
Handschelle 女 クランプ 機械
Handschuhfach 中 グローブボックス，glove box, glove compartment 機械
Handtransportkarren 男 手押し車 機械
Handvorschub 男 手送り 機械
Hanf 男 大麻，関 Flachs 男，Kenaf 男，Lein 男 化学 バイオ 繊維
Hanganfahrwinkel 男 スロープスタートアップ角，傾斜発進角 機械
Hangendes 中 上盤［うわばん］(断層面の上位の岩盤，また，鉱脈や炭層などの上側の岩盤をいう)，類 関 Überlagerung 女，hanging wall 地学
Hangwasser 中 傾斜水，斜面水，slope water, water cominning off slopes 地学 環境 化学 バイオ
haploid 一倍体の，単相体の，英 haploid 化学 バイオ
HAP = Hydroxyapatit = hyadroxyapatite ハイドロキシアパタイト（たんぱく質の分離・精製のためのクロマトグラフィー，人工骨などに用いられる，水酸化リン酸カルシウム）化学 バイオ 医薬 電気 地学；= homöostatische Akupunkturpunkte = homeostatic acupuncture points 恒常性の（ホメオスタシスの）経穴 化学 バイオ 医薬
HAPs = 英 hazardous air pollutants = gefährliche Luftschadstoffe 有害大気汚染物質 環境 化学 バイオ 医薬
haptisch 触覚の バイオ 機械 電気
harm 英 危害，Schaden 男，Beschädigung 女 規格
Harnblasenentzündung 女 膀胱炎，類 Zystitis 女，英 cystitis 化学 バイオ 医薬
Harndrang 男 尿意切迫感，urinary urgency 化学 バイオ 医薬
Harninkontinenz 女 尿失禁，incontinence of urine 化学 バイオ 医薬
Harnproblem 中 排尿症状，urinary problems 化学 バイオ 医薬
Harnröhrenentzündung 女 尿道炎，類 Urethritis 女，英 urethritis 化学 バイオ 医薬
Harnröhrenschließmuskel 男 尿道括約筋，類 Harnröhrensphinkter 男，sphincter muscle of urethra 化学 バイオ 医薬
Harnsäure 女 尿酸，uric acid 化学 バイオ 医薬
Harnsteinleiden 中 尿石症，urolithiasis 化学 バイオ 医薬
Harnstoffzyklus 男 尿素経路（肝臓に存在し，主にタンパク質として摂取した窒素の大部分を尿素として排出する，五つの酵素反応より成っている），urea cycle 化学 バイオ 医薬
Harnvergiftung 女 尿毒症，類 Urämie 女，uremia, uraemia 化学 バイオ 医薬
Harnwege 複 男 尿路，urinary tract 化学 バイオ 医薬
hartes Wasser 中 硬水，hard water 化学 バイオ 環境 地学
Hartgusswalze 女 チルロール，chilled roll 材料 鋳造 設備
Hasel 女 はしばみ バイオ 化学
haubengeglüht バッチ焼鈍した 材料
Haubeofen 男 バッチ炉 精錬 機械
Hauch 男 薄いもの，薄膜
Hauptdehnung 女 主ひずみ，principal strain 機械 材料
Hauptdraht 男 メインワイヤー 溶接 機械
Hauptluftleitung 女 直通管 材料 機械
Hauptplatine 女 メインボード，マザーボード，main board, mother board 電気
Hauptprodukt 中 主要製品，主力製品，main product 操業 設備 製品
Hauptpunkte 複 男 主点，principal points 光学 音響
hauptsächlich 主に，類 vorwiegend
Hauptschubspannungstrajektorie 女 主せん断応力線，trajectory of principal stress 材料 機械 設備 建設
Hauptspannungsachse 女 主応力軸，principal axis of stress 機械 設備 建設 材料
Hauptspannungsebene 女 主応力面，principal plane of stress 材料 機械 設備 建設
Hauptspannungstrajektorie 女 主応力

直交切線, 主応力定角軌道, trajectory of principal stress 材料 機械 設備 建設
Hauptspindel 女 主軸, main spindle 機械
Hauptsproß 男 主芽[しゅが], 主新芽, main bud 化学 バイオ
Hauptteil des Dampfkessels 男 ボイラー本体 機械 エネ 設備
Hauptträgheitsachse der Fläche 女 断面慣性主軸, pricipal axes of inertia of area 材料 機械 設備 建設
Hausstaub 男 ハウスダスト, house dust 化学 バイオ 環境
Hautjucken 中 皮膚掻痒［そうよう］症, skin itches, pruritus cutaneous 化学 バイオ 医薬
Hautkrankheit 女 皮膚病, 類 Dermatose 女, skin disease, dermatosis, dermatologic disease, cutaneous disease, dermopathy 化学 バイオ 医薬
HAZ = 英 heat affected zone = Wärmeeinflusszone = hitzebeeinflusste Zone 熱影響部, WEZ 溶接 材料
hazard 英 危険源, Gefahr 女, Risiko 中 規格
hazardous event 英 危険事象, ein gefährlicher Vorfall, ein unerwünschtes Ereigniss 規格
HBV = Hepatiris B-Virus B型肝炎ウイルス バイオ 化学 医薬
HCB = Hexachlorbenzol = hexachrorobenzen ヘキサクロロベンゼン 化学 バイオ
HCCI = 英 homogeneous charge compression ignition ガソリン圧縮予混合自己着火技術(マツダによる低燃費と, 窒素酸化物を排出しにくくすることを目標としたエンジン技術) 機械 エネ
HCH = Hexachlorcyclohexan = hexachlorocyclohexane ヘキサクロロシクロヘキサン 化学 バイオ
hcp = 英 hexagonal close packed, close-packed hexagonal 六方最密充填, ちゅう(稠)密六方 材料 機械 非鉄 物理 化学
HCU = 英 host computer crypto-unit = Kryptoeinheit des Hostrechners ホストコンピュータ暗号作成ユニット 電気
HCV = Hepatitis C-Virus C型肝炎ウイルス バイオ 化学 医薬
HDE = der Handelsverband Deutschland ドイツ小売業協会 経営 組織
HDF-Platte = hochdichte Faser-Platte 高密度ファイバープレート 材料 化学
HDMI = 英 high definition multimedia interface 次世代デジタルテレビ向けのデジタルインターフェース規格 電気
Hebebühne 女 オートリフト, リフティングプラットフォーム, elevating platform, lifting plattform 機械
Hebelgestänge 女 レバーリンケージ, lever linkage 機械
Heberpumpe 女 吸い上げポンプ, siphon pump 機械
Hebespindel 女 上下送りねじ 機械
Hebewerk 中 ホイスト, エレベータ, hoist, elevator 機械
Heckbürzel 男 後尾部, tail part 機械
Heckklappe 女 テールボード, テールゲート, tail board, tail gate 機械
Heckleuchte 女 テールランプ, 後尾灯, 類 Rückleuchte 女, tail lamp, rear-light 機械
Heckmaschine 女 除草機 機械 バイオ
Heckmotor 男 後部機関, rear engine 機械
Hefe 女 酵母, イースト, yeast 化学 バイオ
Heftel 男 ホック, 止め金 機械
Hegetechnik 女 山林保護育成技術 化学 バイオ 環境
HEI = 英 The Heat Exchange Institute 米国熱交換協会(規格, テクニカルシートなどを発行) 規格 エネ 機械 設備 組織
Heildosis 女 治効量, 治癒量, 治療線量, 有効量, 治癒線量, curative dose, CD 化学 バイオ 医薬 放射線
Heißkorrosion 女 高温腐食, high temperature corrosion 材料 機械 化学
Heißlufteinebnung 女 ホットエアレベリング, hot air levelling, HAL 電気
heißsiegelfähig 熱封印可能な 機械
Heißwasserbehälter 男 温水タンク, hot-water tank, condenser hot well 機械 エネ
Heißwasserheizung 女 温水暖房, hot-water heating 機械 エネ 電気
Heißwasserkessel 男 温水ボイラー

H

機械 エネ 電気
Heißwindofen 男 熱風炉, 類 Cowper 男, hot blast stove 製銑 エネ
Heizflächenbelastung 女 伝熱面熱負荷 機械 エネ 電気
Heizkanal 中 火管, 煙管, fire tube 機械 材料
Heizkörper in Wandnischen 男 壁取り付け放熱器 機械 エネ 電気
Heizsohle 女 煙道底部 機械 エネ
Heizvorrichtung 女 暖房装置, heating apparatus 機械 エネ 電気
Heizwert 男 発熱量, calorific power, calorific value, CP, CV 機械 エネ 化学 製銑 精錬
Helligkeit 女 明度, luminous intensity 電気 光学
Helligkeitssignal 中 明度信号, luminance signal 電気 光学
Herpes Zoster 男 帯状疱疹, 類 Gürtelrose 女, cingulum, herpes zoster, shingles 化学 バイオ 医薬
Hemisphäre 女 半球, 類 Halbkugel 女, Kalotte 女, hemisphere 統計 物理
HEMS = 英 home energy management system ホーム・エネルギー・マネージメント・システム 電気 エネ
Henkel 男 柄, 取っ手, 類 Besatz 男, Ansatz 男, Lasche 女 機械
HEP = 英 human error probability = menschliche Fehlerwahrscheinlichkeit ヒュウマンエラー確率, 人的過誤率, 人因誤差発生確率 統計 全般
HEPA-filter = 英 high-efficiency particulate air filter 高効率エアフィルタ(高い清浄度を保つクリーンルーム用の超高性能フィルター) 機械 電気
Heparin 中 ヘパリン, 英 heparin バイオ
Hepatitis 女 肝炎, 類 Lebensentzündung 女, 英 hepatitis 化学 バイオ 医薬
herabsetzen 下げる, 減少させる
heranreichen: an etw heranreichen ～に届く(値, 強さなどが)
herauslösen 溶解する, 抽出する, leach, dissolve out, elute 化学 バイオ 精錬
herausrutschen ずれてはみ出す
herausschneiden 摘出する, 類 herausnehmen 医薬
Herbivore 男 草食獣, 類 Pflanzenfresser 男, 関 Karnivore 男, Fleischfresser 男, 英 herbivore, grazer 化学 バイオ
Herbizid 中 除草剤, herbicide 化学 バイオ
Herdwagenofen 男 ボギー炉, bogie hearth furnace 材料 機械
Hermetikgehäuse 中 シールドケース 機械
hermetisch 気密の, 密閉した, 類 dicht, hermetical 機械
Herstellbarkeit 女 生産可能性, 製造効率 manufacturability, producibility 操業 設備
Herstelllänge 女 製造・製品長さ, manufacturing length 機械 操業 設備 製品
Herstellung 女 製造, 合成 機械 化学
Herstellungskosten 複 製造コスト, production cost 操業 設備 製品
Herunterbrechen 中 ブレークダウン, break down 電気 機械 材料
Herunterladen 中 ダウンロード, down load 電気
herunterwalzen インゴット圧延する, break down, roll down 材料 操業 設備
hervorgehen 推定される, 類 ableiten, entnehmen, folgern
hervorragend 際立った, 類 hervorstehend, herausragend, sich abzeichnend
Herzbräune 女 狭心症, 類 Herzkrampf 男 angina pectoris, 化学 バイオ 医薬
Herzhypertrophie 女 心(臓)肥大, 類 Kardiomegalie 女, Herzvergrößerung 女, cardiomegaly 化学 バイオ 医薬
Herzinfarkt 男 心筋梗塞, 類 Myokardinfarkt 男, cardiac infarction, myocardial infarction 化学 バイオ 医薬
Herzklappenfehler 男 心臓弁膜症, valvular disease, heart valve disease 化学 バイオ 医薬
Herzkrampf 男 狭心症, 類 Herzbräune 女, angina pectoris 化学 バイオ 医薬
Herzkreislaufinsuffizienz 女 心不全, 類 Herzinsuffizienz 女, cardiac failure, cardiac insufficiency, heart insufficiency

[化学] [バイオ] [医薬]

Herz-Kreislauf-System 中 循環系，心臓系，心血管系，心臓血管系，類 kardiovaskuläres System 中，cardiovascular system，CVS [化学] [バイオ] [医薬]

Herz-Lungen -Wiederbelebung 女 心肺蘇生，cardiopulmonary resuscitation，HLW，CPR [化学] [バイオ] [医薬]

Herztransplantation 女 心臓移植，類 Herzpflanzung 女，cardiac transplantation，heart transplantation [化学] [バイオ] [医薬]

heterocyclisch 複素環式の，ヘテロ環式の，異節環式の，異頂環式の，heterocyclic [化学] [バイオ]

Heterogenität 女 不等質，異種，不均質，heterogeneity [化学] [バイオ]

heterolog 異種構造の，非相同の，英 heterologous [化学] [バイオ]

Heterosis 女 雑種強勢，heterosis [バイオ]

heterotroph 従属栄養の，関 autotroph，英 heterotrophic，英 heterotroph [化学] [バイオ]

heterozygot 異型接合体の，heterozygous [化学] [バイオ]

Heuschnupfen 中 花粉症，類 Pollinose 女，Pollenkrankheit 女，英 pollinosis [化学] [バイオ] [医薬]

Heuschreckenplagen 複 イナゴ禍 [バイオ]

HEW = Hamburger Elektrizitätswerke AG = the Hamburg Electricity Supply Company ハンブルグ電力株式会社 [電気] [経営]

hexadezimal 16 進法の [統計]

HF = Hohe Frequenzen = high frequency 高周波，短波 [電気]

HFKW = Halogenierter Fluorkohlenwasserstoff = halogenated hydrocarbon ハロゲン化炭化水素 [環境] [化学] [バイオ] [医薬]

HFS = 英 hydrogen forward scattering spectrometry 水素前方散乱分析法 [物理] [化学] [バイオ] [材料] [光学] [電気]

HGA = 英 hybrid grid adaptation 混合格子型解適合格子法（数値解析法）[機械] [電気] [統計]

HGC = 英 hydraulic gap control = hydraulische Walzspaltregelung 油圧式ロールギャップ制御 [材料] [機械] [電気] [操業] [設備]

HIC = 英 hydogen induced cracking = Wasserstoffinduzierte Rissbildung 水素誘起割れ [材料] [連鋳] [化学] [原子力]；= 英 head injury critereon = Kopfverletzungskriterium 自動車，航空機，遊戯施設などでの頭部損傷基準 [機械] [化学] [バイオ] [医薬]

HIL = 英 hardware-in-the-loop ハードウエアーインザループ [電気]

Hilfskraftlenkanlage 女 パワーステアリングシステム，類 Lenkhilfesteuerung 女，power steering system [機械]

Hilfspumpe 女 補助ポンプ，booster pump，standby pump [機械]

Hilfsspeisewasser 中 補助供給水 auxiliary feed water，AFW [化学] [バイオ] [機械] [操業] [設備]

Hilfsträger 男 副搬送波，類 Zwischenträger 男 [電気]

Himmel des Fahrzeuges 男（自動車の）車室天井部ライニング，head lining [機械]

hinausragen 外に突き出ている

hinausschießend（グラフで）行き過ぎ量の，overshooting [機械] [統計] [操業]

hinauszögern 延期する

hineinragen 入り込んでいる

Hinged-Lid-Schachteln ヒンジリッドドラム

hinterer Abschnitt 男 後部部位，rear portion [機械]

Hinterachse 女 後車軸，back axle，rear axle [機械]

hinterdrehen 二番取りする，relieve [操業] [設備] [機械]

Hinterdrehmaschine 女 二番取り旋盤，relieving lathe [機械]

hintereinander 相前後して，タンデムに

Hinterfeder 女 後ばね，rear spring [機械]

Hinterfüllung 女 裏込め，backfilling [機械] [建設]

Hintergreifvorsprung 男 凹部噛み込み突起 [機械]

Hintergrundbild 中 壁紙，ウオールペーパー，wallpaper [電気]

Hinterholm 男 後桁，rear spar，rear cross beam [機械]

H

Hinterkante 女 後縁, rear edge 機械 エネ
hinterleuchtet 後ろから照らし出した
Hinterrad 中 後輪,back wheel,rear wheel 機械
hinterragen 後ろから突出している,
Hinterschneidung 女 アンダーカット, 刳り貫き, 切り込み 機械
hinterschnitten 刳[く]り貫いた, 切り抜いた, 切り込んだ, 逃げ溝をつくった, 受け台とした 機械
Hinterüberhangwinkel 男 後オーバーハング角, デパーチャー角, departure angle, rear overhang angle 機械
hin-und herbewegen 往復運動する 操業 設備 機械
Hinweislinie 女 説明線, indicating line 機械 化学 バイオ
Hinzufügen-Menü 中 追加メニュー 電気
HIP = Heiß Isostatisches Pressen = hot isostatic pressing 熱間等静圧圧縮成形, 熱間静水圧圧縮成形 機械 材料
Hirnanhang 男 脳下垂体, 類 Hypophyse 女, pituitary body,hypophysis pituitary gland 化学 バイオ 医薬
Hirninfarkt 男 脳梗塞, brain infarction 化学 バイオ 医薬
Hirnkontusion 女 脳挫傷, 類 Hirnquetschung 女, cerebral contusion 化学 バイオ 医薬
Hirse 女 きび, millet 化学 バイオ
his- ヒスチジン要求性の 化学 バイオ 医薬
Histidin 中 ヒスチジン,(塩基性アミノ酸の一種), histidine 化学 バイオ 医薬
Histokompatibilität 女 組織適合, 類 Gewebeverträglichkeit 女, histocompatibility 化学 バイオ 医薬
Hitzdrahtanemometer 男 熱線風速計, hot-wire instrument, thermal anemometer 機械 物理 環境 エネ
hitzebeständiger Stahl 男 耐熱鋼,heat resistant steel 材料 鉄鋼
Hitzebestandfähigkeit 女 耐熱性, heat resistance 材料
hitzelabil 熱に不安定の, 関 hitzestabil 化学 バイオ 精錬 材料
HKZ = Hochspannungskondensatorzündung = capaciter dischage ignition コンデンサー(キャパシター)放電点火装置, CDI 機械 電気
HLA = humane Lymphozytenantigene = human lymphocyte antigens ヒトリンパ球抗原 化学 バイオ 医薬
HLSI = 英 homogeneous lean charge spark ignition 均質希薄混合気(予混合)スパーク点火燃焼方式(ホンダによる点火プラグを用いた燃焼制御方式) 機械 エネ
HLW = Herz-Lungen Wiederbelebung = cardiopulmonary resuscitation 心肺蘇生, CPR 化学 バイオ 医薬 ; = 英 high-level radioactive waste = hochradioaktive Abfälle, 高レベル放射性廃棄物 原子力 放射線 電気 環境 医薬
Hobelmaschine 女 平削り盤, planing machine, surface machine 機械
Hobler mit ziehendem Schnitt 男 引張型削り盤 機械
Hochachse 女 高さ方向軸 機械
Hochbahn 女 高架鉄道, elevated railroad, overhead railway 交通
hochbeansprucht 高度に要求される, 適用条件の厳しい 機械 材料
Hochdruck 男 レリーフ印刷 印刷 機械
Hochdruckdampfheizungsvorrichtung 女 高圧式蒸気暖房装置, high pressure steam heating 機械 エネ 環境
Hochdruckdampfkessel 男 高圧ボイラー, high pressure boiler 機械 エネ
Hochdruckstufe 女 高圧段, high-pressure stage 機械 化学 バイオ
Hochdruck-Torsion 女 巨大ひずみ(加工法), high-pressure torsion 材料 物理
hochfest 高強度の, high strength 材料 機械
hochflüchtig 高揮発性の,ハイボラタイルの, 関 leichtflüchtig,high volatile 化学 バイオ 地学 製鉄
Hochfrequenz-(HF-) Schweißen 中 高周波誘導溶接, high frequency welding 溶接 材料 化学 電気
Hochfrequenzstörung 女 無線周波数

妨害= 英 RFI = radio frequency interference 電気
Hochlauf 男 スタートアップ, start-up 機械
Hochleistungs-Entladungslampe 女 高輝度光源, 高輝度放電ランプ, HID ランプ) high intensity discharge (lamp), HID 電気
Hochleistungsschleifen 中 重研削, heavy duty grinding, heavy grinding 材料 機械
Hochofengas 中 高炉ガス, blast furnace gas 製銑 エネ
Hochofengestell 中 (高炉の) 炉床, hearth 製銑 設備
Hochofenrinne 女 高炉の湯道, runner of hot metal 製銑 設備
Hochofenschacht 男 (高炉の) シャフト, 炉胸 製銑 設備
Hochofenschachtwinkel 男 炉胸角, angle of stack shaft, stack angle 製銑 設備
Hochrechnung 女 展開, 外挿法, (コンピュータによる) 予測, 類 Simulation 女, expansion, extrapolation 統計 電気
Hochschleppen 中 スピードアップ 機械
Hochspannungsstahl 男 高張力鋼, high tensile strength steel 材料 機械
hochwasserstoffhaltig 高水素含有量の 精錬 材料 化学
höchste Dauerdrehzahl 女 連続最高回転速度 機械
höchste Dauerleistung 女 最大連続出力, maximum continuous rating 機械 電気 エネ
Höchstgeschwindigkeitsversuch 男 最高速度試験 機械 交通
Höchstlast 女 最大荷重, 定格荷重, maximum load, rated load 機械
Höchstleistung 女 最大出力, 限度出力, maximum power, peak load, high performance 電気 機械
höchstzulässige Dauerleistung 女 maximum allowable continuous rating 連続最大許容出力 機械 電気 エネ
Höhenausgleichsvorrichtung 女 高度補償装置, 高度調整装置, height compensation, altitude compensation 機械 航空
Höhengemischregler 男 高度混合比制御装置, altitude mixture control 航空 機械 電気
Höhenreihe 女 (ころがり軸受の) 高さ系列 機械
Höhentoleranz 女 高さ許容誤差 機械
Höhe des Träger 女 はりの高さ 建設 機械
Höhe über Alles 女 全高 建設 機械
Höhe zu Breite Verhältnis 中 (タイヤの) アスペクト比 機械
Hölung 女 くぼみ, hollow, cavity 機械 地学
Hof 男 乳輪, 光輪, areola, aureole 化学 バイオ 光学
Hohlfaser 女 中空糸, hollow fiber 化学 バイオ 繊維
Hohlfaser-Filter 男 中空子膜ろ過装置, hollow fiber filter, HFF 機械 化学
Hohlkastenbrücke 女 箱桁橋, box girder bridge 建設
Hohlkathodenentladung 女 ホローカソード放電 (法) (薄膜材料のイオン化方法), hollow cathode discharge, HCD 電気 材料
Hohlkehle 女 へこみ隅肉, concave fillet, halloe groove 機械
Hohlkehlnaht 女 へこみ隅肉溶接, 類 konkave Kehlnaht 女, concave fillet weld joint 溶接 機械
Hohlkörper 男 中空体, hollow body 機械
Hohlnadel 女 カニューレ, cannula, hollow needle 化学 バイオ 医薬
Hohlprofil 中 ハローセクション, hollow section 材料 建設
Hohlrad 中 内歯歯車, internal geared wheel 機械
Hohlraum eines Embryos 男 胞胚腔, blastocoele 化学 バイオ
Hohlwelle 女 中空軸, トルクチューブ hollow shaft, tubular guiding sleeve 機械
Hohlwellengetriebe 中 クイル式動力伝達装置 機械
Hohlwellenlager 中 クイルベアリング quill bearing 機械
Hohlzylinder 男 中空円筒, hollow cylinder 機械 印刷

Hohnmaschine 女 ホーニング盤, honing machine 機械
hold-up 英 ホールドアップ, 分散相容積, 滞留量 化学 バイオ
holmlos 横桁のない 建設 設備
Holoenzym 中 ホロ酵素, holoenzyme 化学 バイオ
Holozän 中 完新世(新生代第四紀), 英 Holocene 地学 物理 化学 バイオ
Holzbearbeitungswerkzeug 中 木工具 機械
Holzkohle 女 木炭, wood charcoal バイオ 地学
Homöopathie 女 ホメオパシー, 代替療法, 同毒療法, homeopathy 化学 バイオ 医薬
Homolog 中 同族体, 相同器官, 英 homologue 化学 バイオ
Honwerkzeug 中 ホーニング工具, honing tool 機械
Homogenität 女 均質性, homogeneity, 関 Heterogenitaet 女, heterogeneity, 不均質性 精錬 連鋳 材料 化学 バイオ
Homogenkatalyse 女 均一触媒, homogeneous catalysis 化学 バイオ
homologe Rekombination 女 相同的組み換え, HR, homologous recombination 化学 バイオ
Homoserin-Dehydrogenase 女 ホモセリン・デヒドロゲナーゼ, homoserine dehydrogenase 化学 バイオ
Horizont 男 層位, 水平線, horizon, stratigraph 地学 物理
Horizontalbohrmaschine 女 横中ぐり盤, 横ボール盤, 類 Waagerechtbohrmaschine 女, horizontal boring machine(横中ぐり盤), horizontal drilling machine (横ボール盤) 機械
horizontaler Gentransfer 男 水平伝播遺伝子移入, 類 horizontale Genübertragung 女, gene horizontal transfer 化学 バイオ
horizontale Transmission 女 水平伝播, 英 horizontal transmission 化学 バイオ 電気 音響
Horizontalkehlnaht 女 水平隅肉溶接, horizontal fillet weld 溶接 機械
Hornhaut 女 角膜, 角質層, 類 Cornia 中, cornea, corneum, horny layer バイオ 医薬
Hostrechner 男 ホストコンピュータ, host computer 電気
Hot-Box-Serienkern 男 ホットボックスシリーズ中子 鋳造 機械
Hot- Spot 男 ホットスポット(DNA 塩基配列上特に突然変異をおこしやすい部位, および, 染色体上で特に組換えを起こしやすい部位を組換えのホットスポットと呼ぶ), 英 hot spot 化学 バイオ
HPLC = 英 high performance liquid chromatography = Hochleistungs-Flüssigkeitschromato-graphie 高速液体クロマトグラフィー 物理 化学 バイオ 材料 光学 電気
HPV = humanes Papillomavirus ヒトパピローマウイルス(子宮頸がんの原因) 化学 バイオ 医薬
HPW = 英 high purity water = hochreines Wasser 高純度水 化学 バイオ 医薬
HRBL = 英 heat recovery boiler = Kessel zur Wärmerückgewinnung = Abhitzekessel 排熱回収ボイラ エネ 電気 機械
HREM = 英 high-resolution electron microscopy = hochauflösende Transmissions-Elektronenmikroskopie 高分解能電子顕微鏡法, ヘレム 化学 バイオ 電気 光学
HS = 英 harmonized commodity description & coding system 商品の名称および分類についての統一システム 規格 経営
HSM = Hierarisches Speichermanagement = hierarchical storage management 階層型ストレージ管理, 階層的記憶管理 電気
HSP = 英 hydrostripping process ハイドロストリッピングプロセス (原油に直接水素添加する石油精製法) 化学 バイオ 操業 設備
HSS = Hochleistungs-Schnellarbeitsstahl = heavy-duty high-speed steel 超高速度鋼 材料 機械 鉄鋼
H-Stoßnaht 女 H 形グルーブ, H-butt weld 溶接 機械
H-Stumpfnaht 女 H 形突合せ溶接・継

ぎ手 [溶接] [機械]
HT = 英 control reference template for hash-code ハッシュテンプレート [電気]
HTDC = 英 high tec diecasting ハイテクダイキャスト法 [鋳造] [機械]
HTGR = 英 high-temperature gas-cooled reactor = gasgekühlter Hochtemperaturreaktor 高温ガス冷却炉, GHTR [原子力] [放射線] [電気]
HTHS = 英 high temperature high sheer = Hochtemperaturviskosität 高温高粘性 [材料] [機械] [化学]
HTLV-1 = 英 human t-cell leukemia virus type 1, 成人T細胞性白血病ウイルス1型 [化学] [バイオ] [医薬]
HTML = 英 hypertext mark-up language ハイパーテキストマークアップ言語 [電気]
Hub 男 ストローク,行程,stroke,lifting [機械]
Hubbalkenofen 男 ウオーキング・ビーム式加熱炉, walking beam type furnace [機械] [材料] [操業] [設備]
Hubbegrenzung 女 ストローク押え, stroke limitation [機械] [材料] [操業] [設備]
Hub-Bohrungsverhältnis 中 行程内径比 [機械]
Hubhöhe 女 ストローク長さ,stroke length, height of lift [機械]
Hubladebühne 女 リフティングプラットフォーム, ホイストエレベータープラットフォーム [機械]
Hublänge 女 ストローク長さ, length of stroke [機械]
Hublager 中 (クランク軸の)ピンベアリング,(クランク軸の) クランクピン, crank pin, pin bearing [機械]
Hubraum 男 行程体積,排気量,エンジン容量, piston displacement,stroke volume [機械]
der hubraumverstärkere Verbrennungsmotor 男 ビッグボアエンジン, big bore engine [機械]
Hubschrauber 男 ヘリコプター, helicopter [航空] [機械]
Hubtrommel 女 ウインチドラム, winch drum [機械]
Hubvolumen 中 行程容積,stroke volume [機械]
Hubwerk 中 ホイストユニット, ホイストギヤー, hoisting unit, hoisting gear [機械] [操業] [設備]
Hubzahl 女 ストローク数,number of strokes [機械]
Hubzapfen 男 クランク, 類 Kurbel 女, crank [機械]
Hubzylinder 男 ホイストシリンダー, リフティングシリンダー, hoist cylinder, lifting cylinder [機械]
Hüftgegendstütze 女 ランバーサポート [機械]
Hüftschmerzen 複 男 腰痛, 類 Lendenschmerzen 複,Lumbago 女,backache,low back pain,lumbago,LBP [化学] [バイオ] [医薬]
Hüllrohr 中 ケーシングチューブ, casing tube, jacket tube [建設] [材料] [鉄鋼]
Hülse 女 スリーブ, カバー, チューブ, ブッシュ [機械]
Hüttenkokerei und Inselkokerei 女 一貫製鉄所内のコークス炉と,製鉄所からは離れた立地の孤立したコークス炉 [製銑] [設備] [物流]
Hüttenzement 男 高炉スラグセメント,blast-furnace slag cement [製銑] [リサイクル] [環境]
Huf 男 蹄[ひづめ], hoof [バイオ]
Humaninsulin 中 ヒトインシュリン, human insulin [化学] [バイオ] [医薬]
humanisiert ヒト化した,humanized [化学] [バイオ] [医薬]
Hume-Betonrohr 中 ヒューム(コンクリート)管,hume concrete pipe [材料] [建設]
Humifizierung 女 フミン化, humification, formation of humus [化学] [バイオ] [地学]
Huminstoffe 男 複 フミン質, 腐植物質, フミン化合物, 類 Humusverbindung 女, humic substances, humic compounds, HC [化学] [バイオ] [地学]
Humus 男 腐植土, humus [バイオ] [地学]
Humusverbindung 女 フミン化合物, humic compounds, HC [化学] [バイオ] [地学]
HUS = hämolytisch-urämisches Syndrom = haemolytic-uremic syndrome 溶血性尿毒症候群, (EHEC・腸管出血

H

性大腸菌による合併症として生じる）［化学］［バイオ］［医薬］

Hutablage ［女］ 帽子掛け

Hutschiene ［女］ ハットレール, top hat (cap) rail ［機械］

HVBG = Hauptverband der gewerblichen Berufsgenossenschaften = the German Federation of the Statutory Accident Insurance Institutions for the Industrial Sector ドイツ法定工業関連損害保険協会連合会 ［経営］［組織］

HVL = ㊥ half-value-layer = Halbwertsschicht 半値層 ［材料］［機械］［化学］

HVOF =㊥ high velocity oxy fuel (spraying)= hochläufiges Flammspritzverfahren 高速フレーム溶射法 ［材料］

HWS = Halswirbelsäule = cervical vertebral column = cervical spine 脊柱管, 頚椎 ［化学］［バイオ］［医薬］

1,2,3,4,7,8HxCDD = 1,2,3,4,7,8-Hexachlorodibenzo[b,e][1,4]dioxin 1,2,3,4,7,8-ヘキサクロロジベンゾ-p-ジオキシン, 1,2,3,4,7,8-ヘキサクロロジベンゾ[b,e][1,4]ジオキシン ［化学］［バイオ］［医薬］［環境］

Hyaluronsäurerezeptor ［男］ ヒアルロン酸受容体, hyaluronan receptor ［化学］［バイオ］

Hybridisierung ［女］ ハイブリダイゼーション, 雑種形成, hybridization ［化学］［バイオ］

Hybridom ［中］ ハイブリドーマ, ㊥ hybridoma ［化学］［バイオ］

Hydantoin ［中］ ヒダントイン, ㊥ hydantoin ［化学］［バイオ］

Hydantoinase ［女］ ヒダントイナーゼ,（ジヒドロピリミディナーゼは, ヒダントインの誘導体を加水分解して, n－カルボマイルDアミノ酸を生成するので, ヒダントイナーゼと呼ばれる), hydantoinase ［化学］［バイオ］

Hydrazin ［中］ ヒドラジン, N_2H_4 ［化学］

Hydraulikaggregat ［中］ ハイドロユニット, hydraulic unit ［機械］

hydraulische Anstellung ［女］ ハイドロスクリュウダウンコントロール, hydraulic screw down control ［機械］［材料］

hydraulischer Durchmesser ［男］ 流体直径, hydrodynamic/hydraulic diameter ［機械］

hydraulischer Zement ［男］ 水硬セメント, ［類］ Wassetkitt ［男］, hydraulic cement ［建設］［機械］

hydraulisches Federbein ［中］ 油圧式サスペンションストラット, 油圧式伸縮アーム, oleo suspention strut, oleo telescopic arm ［機械］

Hydrazinhydrat ［中］ ヒドラジンハイドレート, hydrazine hydrate ［化学］［バイオ］

Hydrid ［中］ 水素化物, ハイドライド, hydride ［化学］［バイオ］

Hydrogenase ［女］ ヒドロゲナーゼ, ㊥ hydrogenase ［化学］［バイオ］

hydrogen siliside ㊥ シラン, 珪化水素 ［バイオ］［化学］

Hydrolysat ［中］ 水解物, hydrolyzate ［バイオ］［化学］

hydrolysieren 加水分解する, hydrolyze ［化学］［バイオ］

Hydrolyse ［女］ 加水分解, hydrolysis ［化学］［バイオ］

Hydroperoxid ［中］ ハイドロパーオキサイド, ヒドロ過酸化物, hydroperoxide ［化学］［バイオ］

hydrophil 親水性の, ㊥ hydrophilic ［バイオ］［化学］

hydrophob 疎水性の, ㊥ hydrophobic ［バイオ］［化学］

Hydrosilylierung ［女］ ヒドロシリル化, hydrosilylation ［化学］［バイオ］

Hydrospalten ［中］ ハイドロクラッキング, 水素化分解, 分解水素添加, ［類］ Hydrospaltung ［女］, hydrocracking ［化学］

hydrostatischer Druck ［男］ 静水圧 ［機械］

Hydrotalcit ［男］ ハイドロタルサイト（炭酸塩鉱物の一種, 層状複水酸化物：制酸剤, 陰イオン除去剤, 塩化ビニール安定剤などに用いられる）, hydrotalcite ［化学］［バイオ］

Hydroxamsäure ［女］ ヒドロキサム酸, hydroxamic acid ［化学］［バイオ］

Hydroxid ［中］ 水酸化物, hydroxide ［バイオ］［化学］

Hydroxyapatit ［中］ ハイドロキシアパタイト（たんぱく質の分離・精製のためのクロマトグラフィー, 人工骨などに用いられる, 水酸化リン酸カルシウム）, hyadroxyapatite ［化学］［バイオ］［医薬］［電気］［地学］

H

Hydroxyaminodinitrotoluol 中 4-(ヒドロキシアミノ)-2,6-ジニトロトルエン, 4-hydroxyamino-2,6-dinitrotoluene, HADNT 化学 バイオ 医薬 環境
Hydroxybuttersäure 女 ヒドロキシ酪酸, hydroxybutyric acid 化学 バイオ
β -Hydroxyethylhydrazin 中 ヒドロキシエチルヒドラジン, β –hydroxyethylhydrazine 化学
Hydroxyfettsäure 女 ヒドロキシ脂肪酸, hydroxy fatty acid 化学 バイオ
Hydroxylgruppe 女 ヒドロキシ基, hydroxyl group, OH-group 化学 バイオ
Hydroxynitril 中 ヒドロキシニトリル, 英 hydroxynitrile 化学 バイオ
Hydroxysäure 女 ヒドロキシ酸, hydroxy acid 化学 バイオ
Hydroxyvaleriansäure 女 ヒドロキシ吉草酸, hydroxy valeric acid 化学
Hygrometer 男 湿度計, hygrometer 機械
hygroskopisch 吸湿性の, hygroscopic 化学 バイオ
HY-Naht 女 レ形突合せ溶接継ぎ手, single bevel butt welding joint 溶接 機械
Hyoscyamin 中 ヒヨスチアミン, hyoscyamine 化学 バイオ
Hyperacidität 女 胃酸過多(症), gastric hyperacidity, hyperchlorhydria 化学 バイオ 医薬
Hyperämie 女 充血, 類 Blutfülle 女, Blutandrang 男, hyperemia, engorgement, injection, congestion 化学 バイオ 医薬
Hyperbelkosinus 男 ハイパボリックコサイン, hyperbola cosine, cosh 統計
Hyperglykämie 女 高血糖(症), 関 Hypoglykämie 女, hyperglycemia 化学 バイオ 医薬
Hypersensibilität 女 過敏症, 過敏性, 類 Allergie 女, hypersensitivity, allergy 化学 バイオ 医薬
Hyperthermie 女 熱射病, heatstroke 化学 バイオ 医薬
Hypertonie 女 高血圧(症), 類 Bluthochdruck 男, 関 Hypotonie 女, hypertension, high blood pressure, hypertonia, HBP 化学 バイオ 医薬
Hypertrophie 女 異常発達, 肥大, hypertrophy : Hypertrophie Prostata 女 前立腺肥大 化学 バイオ 医薬
hypervariable Region 女 超可変部, hypervariable region バイオ 化学
Hyphe 女 菌糸, hypha 化学 バイオ
Hypochlorit 中 次亜塩素酸塩, 類 unterchlorige Säure 女, 英 hypochlorite 化学
Hypoglykämie 女 低血糖(症), 関 Hyperglykämie 女, hypoglycemia 化学 バイオ 医薬
Hypoidzahnrad 中 ハイポイド歯車, hypoid gear 機械
Hypophyse 女 脳下垂体, 類 Hirnanhang 男, pituitary gland, pituitary body 化学 バイオ
Hypothese 女 仮説 物理 全般
Hypotonie 女 低血圧(症), 類 Blutdruckerniedrigung 女, 関 Hypertonie 女, hypotension 化学 バイオ 医薬
hypoxischischämische Enzephalopathie 女 低酸素性虚血性脳症, hypoxic-ischemic encephalopathy 化学 バイオ 医薬
Hysteresis 女 ヒステリシス, 履歴現象, hysteresis 電気 物理

I

IARC = International Association for Research on Cancer = die Internationale Agentur für die Krebsforschung 国際がん研究機関 化学 バイオ 医薬 組織
IASCC = 英 irradiation assisted stress corrosion cracking = Spannungsrisskorrosion unter Bestrahlungsbedingungen 照射誘起応力腐食割れ 材料 原子力 放射線
IBK = Internationale Beleuchtungskom-

mission = International Commission on Illumination 国際照明委員会, CIE 電気 組織

IBP = das Internationale Biologische Programm = the international biological programme 国際生物学事業計画 (1965-1974) 化学 バイオ 医薬 組織 ; = initial boiling point = Siedebeginn = Anfangssiedepunkt 初留点 (蒸留で最初の一滴が留出する温度) 化学 バイオ 物理 ; = iron-binding protein = das eisenbindende Eiweiß 鉄結合蛋白 化学 バイオ 医薬

IBS = 英 irritable bowel syndrome = Reizdarmsyndrom, RDS, 過敏性腸症候群 化学 バイオ 医薬

IC = 英 innternal circuit plane = Innenschaltungsebene ベースの信号層 電気 ; = 英 integrated circuit = Integrierter Schaltkreis 集積回路 電気 ; = 英 immune complex = Immunkomplex 免疫コンプレックス, 抗原抗体複合物 化学 バイオ 医薬 ; = Ionenchromatographie = ion chromatography イオンクロマトグラフィー 化学 バイオ 医薬 電気

ICB = interrupt control block = Unterbrechungssteuerblock 割込み制御ブロック 電気

ICH = 英 International Conference on Harmonisation of Technical Requirements for Registration of Pharmaceuticals for Human Use, 日米 EU 医薬品規制調和国際会議 化学 バイオ 医薬 組織 規格

ICOMOS = International Council on Monuments and Site イコモス, 国際記念物遺跡会議 組織 環境

ICP-MS = inductively coupled plasma mass spectrometry = Massenspektrometrie mit induktiv gekoppeltem Plasma ICP 質量分析法, 誘導結合高周波プラズマ質量分析法 化学 バイオ 光学 電気

ICP-OES = induktiv gekoppelte Plasmaanregung optische Emissionsspektroskopie = 英 inductively coppled excitation plasma optical emission spectromety 高周波誘導結合プラズマ発光分光分析法 化学 バイオ 光学 電気

ICRP = 英 International Commission on Radiological Protection = Internationale Strahlenschutzkommission 国際放射線防護委員会 原子力 放射線 組織

ICS = 英 international classification for standards = internationales Klassifikationssystem = Internationale Standard Klassifikation 国際規格分類, (国際的に共通の分類を行うことを目的に ISO によって作成されたコード体系) 規格

ICSC = 英 International Chemical Safety Cards 国際化学物質安全性カード 化学 バイオ 環境 規格

ICTA = 英 lnternational Confederation for Thermal Analysis 国際熱分析連合 材料 エネ 化学 物理 組織

ICU = 英 intensive care unit = Intensivpflegestation 集中治療室 化学 バイオ 医薬

IDCT = Inverse Diskrete Cosinus-Transformation = inverse discrete cosine transformation 逆離散コサイン変換 電気 統計

Ideephase 女 構想段階, idea stage, concept phase 操業 設備 経営 全般

Identifizierer 男 識別子, 類 関 Bezeichner 男, Kennzeichner 男, 英 identifier 電気

Identifizierung 女 同定, 同一であることの確認, 個体識別, 認証, identification 化学 バイオ 電気 機械

identisch mit etwas [3] **sein** ～と相同性がある 化学 バイオ

IDT = 英 interdigital transducer = Elektrode von Interdigitalwandern 櫛形電極 電気 光学 音響

ID-Token = 英 identifier-token ID トークン, 識別子トークン 電気

IEC = International Electrotechnical Commission = Internationale Elektrotechnische Kommission 国際電気標準会議 電気 規格 組織

IEC60825-1 レーザー製品の安全性を規定した IEC(国際電気標準会議)の規格, (safty of laser products) 電気 規格 組織

IECQ = 英 International Electrotechnical Commission Quality Standards =

I

IEC-Quality Assessment System for Electronic Components = IEC Qualitätsbewertungssystem für Bauelemente der Elektronik, IEC 電子部品品質認証制度 規格 電気 組織

IEEE = 英 Institute of Electrical and Electronic Engineers = Institut der Elektro- und Elektronikingenieure 米国電気電子技術者協会 電気 規格 組織

IEF = Isoelektrofokusierung = isoelectric focusing 分画電気泳動, 等電点電気泳動 化学 バイオ 医薬

IEP = isoelektrischer Punkt = isoelectric point 等電点 化学 バイオ

IEV = 英 international electrotechnical vocabulary = Wörterbuch der IEC 国際電気標準用語 電気 規格

IF = Immunfluoreszenz = immunofluorescence method = immunofluorescence 免疫蛍光法 化学 バイオ 光学 医薬

IFCC = 英 International Federation of Clinical Chemistry and Laboratory Medicine 国際臨床化学連合 化学 バイオ 医薬 組織

IFCS = 英 intergovernmental forum on chemical safety 政府間化学物質安全性フォーラム 化学 バイオ 医薬 組織

IFEU = Institut für Energie-und Umweltforschung Heidelberg GmbH ハイデルベルク・エネルギー環境研究所(有限会社) エネ 環境 組織

IF-Filter = 英 intermediate Frequency-Filter = Zwischenfrequenz-Filter 中間周波数フィルター 電気 光学 音響

IFS = 英 International Food Standard 国際食品安全規格(ドイツ小売業協会HDF が発案し, TÜF が行っている) 規格 化学 バイオ 食品 安全 組織

IGA = 英 intergranular attack = interkristalline Angriffsform = Kornzerfall 粒界腐食 材料

IGBT = 英 insulated gate bipolar transistor = bipolarer Transistor mit isoliertem Gate 絶縁ゲート型電界効果トランジスター 電気

IGCC = 英 integrated gasification combined cycle 石炭ガス化複合発電サイクル 電気 機械 エネ

Igelfräser 男 (やまあらしのような) 螺旋形フライス刃 porcupline helix milling cutters 機械

IGES = 英 initial graphics exchange specification, ANSI(米国国家規格協会)が制定したCADデータ交換標準 電気 規格

IGF = industrielle Gemeinschaftsforschung und-entwicklung 工業化共同研究開発 全般

IGFC = 英 integrated coal gasification fuel cell combined cycle 石炭ガス化燃料電池複合発電サイクル 電気 機械 エネ 地学

IgG = Immungloblin G = 英 immunoglobulin G,免疫グロブリンG 化学 バイオ 医薬

IGKB = internationale Gewässerschutzkomission für den Bodensee ボーデン湖水質保全国際委員会 環境 化学 バイオ 医薬 組織

IGSCC = 英 intergranular stress corrosion cracking = interkristalline Spannungsrisskorrosion(IkSpRK) 粒界応力腐食割れ 材料

IGSS = 英 immunogold silber staining = Immungold-Silberfärbung 免疫金コロイド一銀染色 化学 バイオ

IGZO = 英 Indium-Gallium-Zinc-Oxide イグゾー,(インジウム, ガリウム, 亜鉛, 酸素から構成されるアモルファス半導体の略称, これを利用する液晶ディスプレイの呼称にもなっている, 消費電力低減が可能となる) 電気 化学 エネ

IHD = 英 ischemic heart disease = ischämische Herzkrankheit = ischämischer Herzfehler 虚血性心疾患 化学 バイオ 医薬

IHK = Industrie-und Handelskammer = Chamber of Commerce and Industry 商工会議所 経営 組織

IHKA = Integrierte Heiz-und Klima-Automatik 自動暖冷房装置 機械 エネ

IIPA = 英 International Intellectual Property Alliance 国際知的財産権連盟 特許 組織

IIR = 英 isobutene-isoprene rubber = Butylkautschuk ブチルゴム,（イソブチレン・イソプレンゴム） 化学 バイオ ; =英 infinite impulse response 無限インパルス応答 電気

IIW = International Institute of Welding = ein internationaler technisch-wissenschaftlicher Verband für Schweißen, Löten und verwandte Technologien 国際溶接協会 溶接 材料 組織

IK-Test 男 外部衝撃保護等級試験,（筐体が内部装置を衝撃から如何に保護できるかを, 衝撃のエネルギーを 0.14J(IK01)～20J(IK10)の 10 段階に分けて行う試験）（関連規格：IEC 62262, ISO 23125, EN 12417 など） 電気 規格

ILC = 英 international linear collider = Linearbeschleuniger für Elementarteilchen 国際リニアコライダー（次世代直線状加速器） 物理 設備 全般

illuvial 集積の, 英 illuvial 地学

ILSAC = 英 International Lubricant Standardization and Approval Committee = Internationaler Arbeitskreis für die Standardisierung und Zertifizierung von Schmierstoffen 国際潤滑油標準化認証委員会 機械 規格 組織

IMAC = Immobilisierte Metallionen-Affinitätstschromatographie = immobilized metal ion affinity chromatography 固定化金属イオン親和性クロマトグラフィー（His-tag タンパク質をはじめ, 金属イオン親和性タンパク質の精製に最適, 界面活性剤や高塩濃度バッファーを必要とする膜タンパク質, タンパク質凝集物の精製にも使用可能） 化学 バイオ 医薬 電気

im Bau 建設中, under construction 建設 設備

im besonderen 特に, 類 関 besonders, insbesondere, vornehmlich 特許 全般

IMC = in-mould coating = in-mold decorating インモールド装飾（成形後に行う他の装飾方法に比べ, IMC にはデザインの柔軟性と生産性の面で多数の利点がある） 化学 材料 製品

IMDCT =英 inversed modified discrete cosine transform 逆変形離散コサイン変換 電気 統計 音響

Imkerei 女 養蜂場, apiary 化学 バイオ

Immission 女 （隣人などからの水,煙,音響などの）侵入,放散,immission 化学 バイオ 環境

Immitierung 女 模造, 偽造, 複製, 類 Nachbildung 女

immobilisiert 固定化した,英 immobilized 化学 バイオ

Immobilisierungsmatrizes 複 女 固定化マトリックス, immobilizing matrices 化学 バイオ

Immunfluoreszenz 女 免疫蛍光法, immunofluorescence method, immunofluorescence, IF 化学 バイオ

Immungloblin 中 免疫グロブリン, immuneogloblin, IG 化学 バイオ

Immunität 女 免疫,immunity 化学 バイオ

Immuno-PCR ELISA 法（酵素結合免疫吸着法, エライサ法）と PCR（ポリメラーゼ連鎖反応(DNA を選択的に増殖させる方法)）を結合させた方法 化学 バイオ

IMO = 英 International Maritime Organization = UN – Seeschifffahrtsorganisation 国際海事機関 材料 機械 溶接 船舶 組織

IMO-NSGP-1 国際海事機関規格 - 高耐食性厚板 規格 船舶 材料

Impedanz 中 インピーダンス, 類 komplexer Scheinwiderstand 電気

impermeabl 不浸透性の, 浸透不能の, 英 impermeable 化学 バイオ

Impfung 女 予防接種, 類 Inokulation 女, prophylactic vaccination, prophylactic inoculation, protective innoculation, preventive vaccination 化学 バイオ 医薬

Importe 女 輸入品

Imprägnierung 女 含浸, 浸漬, 類 関 Infiltrierung 女, Perkolation 女, Permeabilität 女, Tränkung 女, Transmission 女, Tauchen 中 化学 バイオ 機械

Impression 女 印刻,

Impulshöhenanalyse 女 波高分析,pulse height analysis, PHA 電気

Impulsturbine 女 衝動タービン,類 Gleichdruckturbine 女, Aktionsturbine 女, impulse turbine 機械

IMRT = 英 intensity modulated radiotherapy = Strahlentherapie mit wechselnder Intensität 線量強度変調放射線治療 化学 バイオ 医薬 電気 放射線

IMSI = 英 international mobile subscriber identity = Technische Adresse von Mobilfunkgeräten GSM/IMT-2000 など, 現存するほぼ全ての携帯電話機ユーザー全てに割り当てられ, ユーザーを一意に識別できる番号, イムジー 電気 機械

IMU = 英 International Mathematical Union = Internationaler Verband der Mathematiker 国際数学連合(世界最大の数学者団体) 数学 統計 組織

im Weltmaßstab 世界的規模で 経営 全般

Inaktivierung 女 失活(ビールスなどの), 類 Abreicherung 女 deactivation, devitalization, depletion 化学 バイオ

in Betriebsbereitschaft stehen 待機中, in waiting 操業 設備

Inbetriebsetzung 女 稼動, 運転開始 操業 設備

Indexplatte 女 割り出しプレート, 類 関 Teilscheibe 女, index plate 機械

indifferente Elektrode 女 不関電極(零電位を導出する電極, 生体作用を生じさせない電極), 英 indifferent electrode 化学 バイオ 医薬 電気

Indikator 男 指示薬, 指針, インディケータ, 指標物質, indicator, tracer 化学 バイオ 放射線 機械 電気

Indizien 複 中 状況証拠, 間接証拠

indizierter thermischer Wirkungsgrad 男 図示熱効率, indicated thermal efficiency 機械 エネ

Induktion 女 誘導物質, induction バイオ 化学

Induktionsschleife 女 被誘電回路, induction loop 電気

Induktionstiegelofen 男 誘導るつぼ炉, induction crucible furnace 精錬 化学

Induktivität 女 インダクタンス, inductance 機械 電気

Induktor 男 誘導源, inductor 化学 バイオ

Industrie4.0 女 インダストリー4.0, 「IoT(物のインターネット化), 第 4 次産業革命ともいわれ, ネットワーク経由で産業機器や公共インフラなどに設置したセンサーのデータを, 収集・解析して, 運用や保守に活かす仕組み. 製造業とネットワークの融合→コスト削減, 品質向上, 新規サービスの創出を目指す」 全般 規格 機械 電気

Industrieabwäser 中 工業廃水, 工場廃水 操業 設備 環境 化学 バイオ

Industriebetriebssicherheit 女 工場操業安全管理 操業 設備 安全

industrieller Maßstab 男 工業規模, 関 Labormaßstab 男, halbtechnischer Maßstab 男, Technikumsmaßstab 男, Nullserienproduktion 女, großtechnischer Maßstab 男, 操業 設備 化学 鉄鋼 非鉄 全般

Inertgaszusatz 男 不活性ガス添加・供給, inert gas adittion 精錬 材料 操業 設備

INES = 英 International Nuclear Event Scale = Internationale Klassifizierung nuklearer Vorfälle 国際原子力放射線事象評価尺度 原子力 放射線 規格

Infektionskrankheit 女 感染症, epidemic (disease), infection, infectious disease 化学 バイオ 医薬

Infektanfälligkeit 女 罹患しやすいこと, susceptibility 化学 バイオ 医薬

Infiltrierung 女 浸透, 浸潤, 類 Imprägnierung 女, Tauchen 中, Perkolation 女, Permeabilität 女, Transmision 女, infiltration, impregnation, permeation 化学 バイオ 機械

Influx 男 イオンの受動吸収, passive absorption of ions 化学 バイオ

Informationsentropie 女 一つの情報メッセージに含まれる平均的な情報量 電気

Ingestion 女 栄養摂取, 類 関 Nutrition 女, Aufnahme 女 化学 バイオ 医薬

Inhalation 女 吸入, 英 inhalation 化学 バイオ 医薬

inhalative Aufnahme 女 吸入採取・摂取 化学 バイオ 医薬

Inhaltsstoff 男 含有物質, substance of

I

content 化学 バイオ 製銑 精錬
initiasieren 初期化する, initialize 電気
Injektion 女 注射, injection 化学 バイオ 医薬
Inkompatibilität 女 不和合性, 不適合性, 不一致, 類 関 Unverträglichkeit 女, inkompatibility 化学 バイオ 医薬
inkompressibel 非圧縮性の, 類 nicht-zusammendrückbar, incompressible 機械 化学 材料 物理
inkrementell 増加の
Inkrustierung 女 被殻形成 機械 電気 化学 バイオ
Inkubation 女 定温培養, incubation 化学 バイオ
Inlandsaufkommen 中 (スクラップなどの) 国内での発生 製銑 精錬 材料
Innengewinde-Ausgerissen 中 雌ねじ山欠け 機械
Innenkegel 男 前円錐, inside cone, internal cone 機械
Innenleistung 女 図示出力, 図示馬力, 類 indizierte Leistung, indicated horse power 機械 エネ
Innenrad 中 内歯車, 類 Hohlrad 中, internal gear, internal geared wheel 機械
Innenraum 男 内部空間
innenrissfrei 内部割れのない 連鋳 材料 溶接
Innenrückspiegel 男 ルームミラー, interior rear-view mirrors 機械
Innenschleifmaschine 女 内面研削盤, internal griding machine 機械
Innenverkleidung für eine Kraftfahrzeugtür 女 ドアトリム 機械
Innenverzahnung 女 (歯車) 内噛み合い, 内歯車, internal gearing, internal gear 機械
innenzentriert 内面芯出しした, internal centered 機械
das Innere 中 内部(名詞的用法) 機械
innere Energie 女 内部エネルギー, internal energy 機械 エネ 物理
innere latente Wärme 女 内部潜熱, internal latent heat 精錬 材料 機械 エネ 物理
die innere Medizin 女 内科, internal medicine, the internal department 化学 バイオ 医薬
innere Reibung 女 内部摩擦, 類 Eigenreibung 女, internal friction 材料 電気 物理
innerer Ergänzungswinkel 男 (前円錐の) 前面角 機械
innerer Todpunkt 男 下死点, 類 unterer Todpunkt 男, bottom dead point 機械
INNO-WATT = Das Förderprogramm INNOvativer WAchsTums Träger 革新的な開発・発展を支持し, ドイツ各州の競争力を高めることを目的とした研究助成プログラム(2008.12.31 終了) 組織 全般 経営
In-Plane-Schwingung 女 面内振動, in-plane vibration 光学 電気 物理 化学
INS = 英 ion neutrization spectroscopy イオン中和分光法 化学 バイオ 電気 材料; =英 inertial navigation system = Hilfssystem zur Ortungsunterstützung = Trägheits-Navigationssystem 慣性航法システム, 慣性誘導システム 電気 航空; = 英 integrated network system 高度通信システム 電気; = internationales Nummernsystem = International Numbering System 国際番号付与体系 (コーデックス委員会が食品添加物に付与する番号) 化学 バイオ 医薬 食品 規格 組織
Insasse 男 同乗者 機械
insbesondere 特に, 特に好ましくは, 類 関 besonders, im besonderen, vornehmlich 特許 規格 (別著にて関連語の関係についてはまとめる予定)
Inspektions-Führungslehre 女 検査用治具, 類 Inspektions-Schablohne 女, jig for inspection 鋳造 機械
Insert 中 挿入体, 英 insert バイオ 化学
der insgesamt vorhandene Stickstoff 男 全窒素(含有量), トータル窒素(含有量), 類 Gesamtstickstoff 男, the total amount of nitrogen 精錬 連鋳 材料 操業 設備 化学 バイオ
in-situ インシトゥ, 生体内原位置, 原位置

(生体の一反応が, 生体内の原位置にあるまま発現する状態にあることを示す句, 原位置にあるまま引き続き反応を進める化学反応についても用いる：出典, P-151, 生化学辞典, 第三版, 東京化学同人), ㊇ in place, in situ [化学] [バイオ]

installieren 設備・装備・設置する, インストールする, install [操業] [設備] [電気]

Instandhaltung [女] メンテナンス, 保守, [類] Wartung [女], maintenance [操業] [設備]

Instandsetzung[女] 修理, 修復(遺伝子などの), [類] Reparatur [女], repairing [機械] [操業] [設備] [化学] [バイオ]

Instandsetzungsschweißung [女] 補修溶接, 保守溶接 [溶接] [材料] [操業] [設備] [機械]

instationär 非定常の, transient, unsteady [機械] [化学]

Institutionalisierung [女] 制度化, institutionalisation [経営] [法制度] [規格]

Instrumentarium [中] 器具類, instruments [機械] [電気]

Instrumentausrüstung [女] 計装, 計測化, instrumentation [電気] [機械]

Instrumentenbrett [中] 計器盤, [類] Armaturenbrett [中], instrument panel [機械]

Instrumentengruppe [女] メータクラスター [機械]

Insulinresistanz [女] インシュリン抵抗性, insulin resistance [化学] [バイオ]

Integrallogarithmus [男] 積分対数, integral-logarithm, logarithmic integral [統計]

Integralzähler [男] 積算計器, [類] integrierendes Messgerät [中], integrating meter [電気] [機械]

Intensivpflegestation [女] 集中治療室, intensive care unit, ICU [化学] [バイオ] [医薬]

interaktiv 対話型の, 相互に作用する, interactive [電気]

interdisziplinär 学際的な, 二部門以上にわたる [全般]

Interferenzmethode [女] 光干渉法 [光学] [電気]

Interferenzstreifen [複] [男] 干渉縞, interference fringes [光学] [音響]

Interferometer [男] 干渉計, ㊇ interferometer [光学] [電気]

Interkalationsverbindung [女] 層間化合物, [類] Einlagerungsverbindung [女], intercalation compound [化学] [バイオ]

Interleukin [中] インタロイキン, インターロイキン, interleukin, IL [化学] [バイオ] [医薬]

Intermediärverbindung [女] 中間化合物, 中間反応物, intermediate compound [化学] [バイオ]

Intermediat [中] 中間体, [類] Zwischenprodukt [中], intermediate product, intermediate substance [化学] [バイオ]

intermittierend 断続的な, intermittent, intermittently [化学] [バイオ] [物理]

intermolekular 分子間の, intermolecule, intermolecular [化学] [バイオ] [物理]

internationales Einheitensystem [中] 国際単位系, international system of units [単位] [規格]

Internetdienstanbieter [男] プロバイダ Internet Service Provider, IPS [電気]

Interneuron [中] 介在ニューロン, [類] Zwischenneuron [中], Schaltneuron [中], ㊇ inteneuron [化学] [バイオ]

Internodium [中] 節間(植物の), 節間板(動物の), internode [化学] [バイオ]

Interquartilbereich [男] 四分位［しぶんい］数範囲, inter-quartile range [統計] [数学]

interstitiell 格子間の, 格子内の, interstitial [材料] [物理] [電気]

Intoxikation [女] 中毒, intoxication [化学] [バイオ]

intra-coded picture ㊇ I画像, 画像内符号化画像 [電気]

intraokulärer Druck [男] 眼圧, [類] Augendruck [男], intraokular pressure, IOP [化学] [バイオ] [医薬] [光学]

intravenös 静脈内の, 静脈注射(用)の, intravenous, intravenously [化学] [バイオ] [医薬]

intrazellulär 細胞内の, セル内の, intracellular, endocellular [化学] [バイオ]

intrinsisch 内因性の, intrinsic [バイオ] [化学] [医薬]

I

Intubation 女 挿管, 類 Einführung eines Schlauches 女, 英 intubation 化学 バイオ 医薬

Intumeszenz 女 膨張性, intumescence 機械 材料 化学 バイオ

inversiv 逆の, 類 invers, 英 inversive, inverse 機械 化学 バイオ 物理

Investitionskosten 複 投資コスト, investment cost 操業 設備 経営

in vitro 英 インビトロ,(試験管内の意味であるが, 多くの場合生物体機能の一部を試験管内で行なわせることを指す, 微生物に対しては無細胞系を意味し, 多細胞生物については, 組織培養系, 細胞培養系あるいは無細胞系を意味する, 組織培養系あるいは細胞培養系を意味する場合には, 培養内(in culture) という表現を用いる場合も多い)「出典：生化学辞典, 3 版, 東京化学同人」化学 バイオ 医薬

in vivo 英 インビボ,(対象とする生体の機能や反応が生体内で発現される状態を指す句)「出典：生化学辞典, 3 版, 東京化学同人」化学 バイオ 医薬

Inzuchtlinie 女 同系統交配, inbreed line バイオ

inzwischen そうこうしている間に, 類 in der Zwischenzeit, zwischenzeitlich, indes, unterdessen, mittlerweile, derweil

IOMC = 英 Inter-Organization Program for the Sound Management of Chemicals 化学物質の健全な管理のための政府間プログラム 化学 バイオ 医薬 組織

ionenaustauschendes Kunstharz 中 イオン交換樹脂, ion exchange resin 化学 バイオ

ionenselektiv イオン選択性の, ion-selective 化学 バイオ

ionogen イオノゲンの, 英 ionogenic 化学 バイオ

Ionenpaar-Reagenz 女 イオン対試薬,(目的とするイオン性化合物と反対符号の電荷を持つ試薬, イオン対クロマトグラフィーなどで用いられる), ion - pairing reagent 化学 バイオ

IÖW = Institut für ökologische Wirtschaftsforschung = Institute for Ecological Economic Research 生態環境経済研究所 化学 バイオ 医薬 環境 組織

IP = 英 internal power plane ベースの電源層 電気; = 英 ingress protection = Schutzart nach IEC 529, DIN40050, 保護構造形式・等級 電気 機械 規格

IPA = Isopropylalkohol イソプロピルアルコール バイオ 化学; = 英 isophthalic acid = Isophtalsäure イソフタル酸 化学 バイオ; = Isopropylamin = isopropylamine イソプロピルアミン 化学 バイオ

IP-Adresse = 英 internal protocol adress IP アドレス 電気

IPC = 英 International Patent Classification = internationale Patentklassifikation 国際特許分類 特許 規格 法制度

IPCS = 英 international programme on chemical safety = Internationales Programm für Chemikaliensicherheit 国際化学物質安全性計画 化学 バイオ 医薬 組織 全般

IPER = 英 international preliminary examination report 国際予備審査報告 特許 法制度

IPM = 英 intelligent power module インテリジェント型電源モジュール 電気; = 英 interior permanent magnet = eingebetteter Magnet 埋め込み型永久磁石 電気

IPNS = Isopenicillin N-Synthetase = isopenicillin-N synthase イソペニシリン N シンターゼ 化学 バイオ 医薬

IPP = 英 independent power producer = Unabhängiger Stromproduzent 独立系発電事業者 エネ 電気 経営; = 英 integrated product policy = Integrierte Produktpolitik, Minimierung der Umweltbelastung über alle Lebenszyklen eines Produkts (EU-Richtlinie) 包括的製品政策 (EU),(製品のサイクル全般にわたって環境への負荷を最小化するための製品政策) 環境 製品 化学 バイオ 医薬 組織

I-Profil 中 I 形断面, I 形鋼 材料 建設

IPS = 英 internet service provider = Internetdienstanbieter プロバイダ [電気]；= ㊮ in plane switching 横電界方式(液晶表示パネルの製造方法の一つ) [電気]；= Instandhaltungsplanung und - steuerung = maintenance planning and control DIN 31051 などによる保全計画と管理 [操業] [設備] [規格]；= ㊮ intrusion prevention system 侵入防止システム（コンピュータネットワークにおいて，特定のネットワークおよびコンピュータへ不正に侵入されるのを防御するシステムの総称）[電気]；= ㊮ image processing system = Bildverarbeitungssystem 画像情報処理システム [電気]；= ㊮ iPS cell = ㊮ induced pluripotent stem cell = Induzierte pluripotente Stammzelle, iPS 細胞，人工多能性幹細胞 [化学] [バイオ] [医薬]

IPTG = Isopropyl- β -D-1-thiogalactopyranosid = isopropyl- β -D-1-thiogalactopyranoside イソプロピルチオガラクトピラノシド [バイオ] [化学]

IRB = ㊮ institutional review board 治験審査委員会 [化学] [バイオ] [医薬]

IRID = ㊮ International Research Institute for Nuclear Decommissioning 技術研究組合・国際廃炉研究開発機構，アイリッド [原子力] [放射線] [組織]

IRMM = ㊮ The Institute for Reference Materials and Measurements 標準物質および計量研究所(EU, ベルギー) [規格] [化学] [バイオ] [機械] [組織]

Irrenanstalt [女] 精神科病院, psychiatric hospital,mental hospital [化学] [バイオ] [医薬]

irreparabel 回復・修理不能の

irreversibl 不可逆の,irreversible,nonreversible [化学] [バイオ]

IRSN = ㊫ Institut de radioprotection et de sûreté nucléaire = Institut für Strahlenschutz und nukleare Sicherheit = Institute for Radiological Protection and Nuclear Safety 仏放射線防護原子力安全研究所 [原子力] [放射線] [組織]

ISB = ㊮ integral - shrouded blades インテグラルシュラウド翼(振動応力の大幅な低減が図られる) [エネ] [機械] [電気] [設備]

ischemische Herzkrankheit [女] 虚血性心疾患, ischemic heart disease [バイオ] [医薬]

ISE = Institut für Solare Energiesysteme der Fraunhofer-Gesellschaft フラウンホーファー太陽光エネルギーシステム研究所 [エネ] [環境] [全般] [組織]

ISFET = ㊮ ions-selective-field-effect-transistor イオン選択性 FET（電界効果トランジスタ）[電気] [光学]

ISING-Modell [中] イジング模型・モデル,（磁性体, 気体, 合金の相転移模型, 統計力学的格子模型）[物理] [材料] [電気] [化学]

ISL = ㊮ inter satellite link = Datenverbindung von Satelliten untereinander = Inter-Satelliten-Verbindung 衛星間回線, 衛星間リンク [電気] [航空]

ISO = Internationale Organisation für Normung = International Organization for Standardization, 国際標準化機構(仏, 英, 独語の略語は, 共に異なる略語になるため, ギリシャ語の isos の ISO を採用したという) [規格] [特許] [組織]

ISO9000 = Qualitätsmanagementreihe = Quality Management series 品質マネジメントシステムに関する規格の総称 [規格] [品質]

ISO14000 = Umweltmanagementsysteme = Environmental Management Systems 環境マネジメントシステムに関する国際規格 (IS) 群の総称 [規格] [環境]

ISO27000 = Managementsystem für Informationssicherheit = information security management systems 情報セキュリティーマネジメントに関する国際規格の総称 [電気] [規格]

ISO50000 = Energiemanagementsystem = Energy management systems エネルギーマネージメントシステムに関する国際規格の総称 [エネ] [規格]

Isochore [女] 等容・等積変化, isochor [エネ] [機械]

isoelektrischer Punkt [男] 等電点, isoelectric point, IEP [化学] [バイオ]

Isoenzym [中] イソ酵素, [類] Isozym [中],

I

isoenzyme, isozyme 化学 バイオ
ISO-Filmempfindlichkeit 女 ISO 感度, iso film speed 光学 電気
Isolationsklasse A 女 A 種絶縁 機械 電気 規格
Isolierhaube 女 断熱カバー 機械 エネ
Isoliermaterial 中 断熱材料, isolated material エネ 化学 バイオ
Isomer 中 異性体, 類 Isomere 中, isomer, isometric compound 化学 バイオ
Isometrie 女 等大(図), 等長(図) 機械 統計
isometrische Darstellung 女 等大表示 機械 統計
Isomorphie 女 同形, 類質同形, isomorphism 化学 バイオ 材料
Isopropylchlorid 中 塩化イソプロピル isopropyl chloride, IPC 化学 バイオ
Isotherme 女 等温線, isotherm
isothermische Zustandsänderung 女 等温状態変化, isothermal change 材料 物理
Isotop 中 同位元素 原子力 物理
Isotropie 女 等方性, isotropy 材料 電気 物理
Isozentrum 中 アイソセンター, isocenter 化学 バイオ 放射線
ISR = 英 International Search Report 国際調査報告, 国際サーチレポート 特許
ISS = 英 international satellite station 国際宇宙船基地 航空 ; = 英 ion scattering spectroscopy 低速イオン散乱分光法 化学 バイオ 電気 光学 材料
Ist-Maß 中 実寸法, actual dimension/size 機械 設備
Ist-Ofentemperatur 女 実測した炉温度, actual furnace temperature 材料 機械 エネ 設備
ITER = 英 international thermonuclear experimental reactor = der Internationale Thermonukleare Versuchsreaktor 国際熱核融合実験炉 原子力 放射線 設備
iterativ 反復の, 英 iterative 機械 物理 材料 化学 バイオ 電気
ITF = 英 interleaved two of five バーコードのシンボル方式 電気
ITO = Indium Tin Oxide インジウム - すず - 酸化物 ; 酸化インジウムすず, (液晶パネルなどの材料) 電気
ITU = 英 International Telecommunication Union = Internationale Fernmeldeunion 国際電気通信連合 電気 規格 組織
IuK-Technik = Informations-und Kommunikationstechnik, IKT = 英 information and communications technology, IT 情報通信技術 機械 電気
IU/l 酵素活性の単位(1964 年国際生化学連合の「国際単位」の定義に基づいたもので, 「至適条件下で, 試料 1L 中に, 温度 30 ℃ で 1 分間に 1 μ mol の基質を変化させることができる酵素量を 1 単位とする」と記載されている, 出典 : www.jslm.org/committees/standard/standard_Q&A.pdf) 単位 化学 バイオ 医薬
IUBMB = 英 International Union of Biochemistry and Molecular Biology = Internationale Vereinigung für Biochemie und Molekularbiologie 国際生化学・分子生物学連合(国際純正・応用化学連合と連携し, 活動している) 化学 バイオ 医薬 組織
IUPAC = 英 International Union of Pure and Applied Chemistry = Internationaler Verband zur Festlegung der chemischen Nomenklatur = Imternationale Union f ür Reine und Angewandte Chemie 国際純正・応用化学連合, アイユーパック 化学 バイオ 規格 組織
IUPAP = 英 International Union of Pure and Applied Physics = Internationaler Verband zur Festlegung der physikalischen Nomenklatur = Imternationale Union f ür Reine und Angewandte Physik 国際純正・応用物理学連合, アイユーパップ 物理 規格 組織
IVR = interventionare Radiologie =

interventional radiology インターベンショナルラジオロギー，透視下侵襲的治療，画像診断的介入治療 化学 バイオ 医薬 放射線 電気

IVU-Richtlinie = Richtlinie über Integrierte Vermeidung und Verminderung der Umweltverschmutzung 環境汚染の回避および削減に関する指針(EU-指針 96/61/EG) 環境 法制度

J

Jahr-2000-kompatibel 2000年対応の 電気

Jahresdurchschnitt 男 年平均(値) annual average 統計

Jarosit 中 ジャロサイト，鉄明礬［みょうばん］石，$KFe_3(SO_4)_2(OH)_6$，jarosite 地学

JASO＝英 Japan Automotive Standards Organisation 日本自動車工業規格協会 材料 機械 規格 組織

JCTLM = 英 Joint Committee on Traceability in Laboratory Medicine 臨床検査医学におけるトレーサビリティ国際合同委員会 化学 バイオ 医薬 組織

JECFA = 英 Joint FAO/WHO Expert Committee on Food Additives = der Gemeinsame FAO/WHO-Sachverständigen-Ausschuss für Lebensmittelzusatzstoffe FAO/WHO 合同食品添加物専門家会議 化学 バイオ 医薬 安全 食品 組織

JEDEC = 英 Joint Electronic Devices Engineering Council NEMA（米国電気製造者協会）とEIA（米国電子機械工業会）の合同電子デバイス委員会（JESD, TEPなどの規格を発行している） 電気 規格 組織

JEITA = 英 Japan Electronics and Information Technology Industries Association 電子情報技術産業協会 電気 機械 組織

JESD21 JEDECのメモリー関係規格 電気 規格

JESD22-A104C JEDECの電子・半導体部品の温度サイクル試験規格 電気 規格

JISHA =英 Japan Industrial Safty & Health Association 中央労働災害防止協会 操業 安全 経営 組織

Joch 中 ヨーク，横梁，yoke, hitch, trunnion 機械 建設

Jod 中 ヨウ素，類 Iod 中 英 iodine 化学 バイオ

Jura 男 ジュラ紀(中生代の)，英 Jurassic 地学 物理 化学 バイオ

Justage 女 セットアップ，調整，setting up 電気 機械 操業 設備

JVM = java virtual machine Java仮想マシン 電気

K

K = L-Lysin 中 リジン 化学 バイオ 医薬

Kabelbaum 男 ワイヤーハーネス，類 Kabelsatz 男，Kabelstrang 男，Leitungssatz 男，英 wire harness 電気 機械

Kabeleingänge 女 ケーブルの引き込み 電気

Kabelschelle 女 ケーブルクランプ 電気 機械

Kabelstrang 男 ワイヤーハーネス，類 Kabelbaum 男，Kabelsatz 男，Leitungssatz 男，英 wire harness 電気 機械

Kabriollett-Fahrzeug 中 コンバーチブルタイプの自動車，convertible type of car 機械

Käfig 男 (転がり軸受の)保持器，ケージ，cage 機械

Käfigläufer 男 かご型回転子，squirrel cage motor 電気 機械

Käfigläuferinduktionsmotor 男 ケージインダクションモータ, cage induction motor 機械 電気
Kälberserum 中 胎児の子牛の血清, calf serum 化学 バイオ 医薬
Kältemaschine 女 冷凍機, refrigerating machine, refrigerator 機械
Känozoikum 中 新生代, 英 Cenozoic 地学 物理 化学 バイオ
Kästchen 中 ボックス, 類 Feld 中 電気
KAK = Kationenaustauschkapazität = 英 cation-exchange capacity, CEC 陽イオン交換能 化学 バイオ 設備 電気
Kaliber 中 限界ゲージ, 口径, caliber, diameter of bore 機械
Kalibriergas 中 スパンガス(最大目盛値付近の較正に用いる), 関 Nullgas 中, span gas 化学 バイオ 電気 機械
Kalibriergerade 女 較正直線, calibration straight line 化学 バイオ 電気 機械 統計
Kalibrierintervall 中 調整間隔 機械
Kalibrierung 女 目盛定め, 目盛合わせ (検定) 電気
Kaliumhydroxyd 中 水酸化カリウム, 英 potassium hydroxide, KOH 化学 バイオ
Kaliumpersulfat 中 過硫酸カリウム, 英 potassium persulphate 化学 バイオ
Kalk 男 石灰石, lime 化学 製銑 精錬 地学
Kalkmilch 女 ライムミルク, 石灰乳, 英 milk of lime, aqueous slurry of calcium hydroxide 化学 バイオ
Kalksilicat 中 ライムシリケート, lime silicate 化学 製銑 精錬
Kalkulationstabelle 女 スプレッドシート 電気
Kalkung 女 石灰の投与, 石灰散布, ライミング, liming バイオ 地学
Kalotte 女 球欠, 頭蓋, 圧痕 calotte, cup 数学 バイオ 機械
Kalottenlager 中 押し込みベアリング, 球面軸受, cap and ball bearing, spherical bearing 機械
Kaltende 中 冷却端部 機械 エネ
Kaltleiter 男 正特性サーミスタ, PTC サーミスタ, 英 PTC resistor, PTC thermistor 電気
Kaltlötstelle 冷接点, cold junction 機械 エネ
Kaltnachwalzgerüst 中 ピンチパスミルスタンド, pinch pass mill stand 材料 操業 設備
Kaltstartfestigkeit 女 コールドスタート効率 機械 エネ
Kaltsterilisation 女 低温殺菌, 類 Pasteurisierung 女, cold sterilization, pasteurization 化学 バイオ
Kaltstrangeinführung 女 ダミーバー挿入, dummy bar insertion 連鋳 操業 機械 設備
Kaltstrangkopf 男 ダミーバーヘッド, dummy bar head 連鋳 材料 操業 設備
Kaltziehstahlrohr 中 冷間引き抜き鋼管 材料 機械
Kalziferol 中 ビタミン D, カルシフェロール, calciferol 化学 バイオ 医薬
kalzinieren 煅焼[かしょう]する, calcine 製銑 精錬 化学 バイオ
Kalziumkanal 男 カルシウムチャンネル, calcium channel 化学 バイオ 医薬
Kambrium 中 カンブリア紀(古生代の), 英 Cambrian 地学 物理 化学 バイオ
Kammer 女 心室, チャンバー, 関 Vorhof 男, ventricle of the heart, chamber 化学 バイオ 医薬 機械
Kammerschieber 男 チャンバーバルブ, chamber valve 機械
Kammlager 中 カラースラストベアリング 機械
Kammmesser 複 中 コンバインナイフ, combing knives 機械
Kammrad 中 はめば歯車, cog wheel 機械
Kammstahl 男 ラックカッター 機械
Kanal 男 ポート, ダクト, 回廊, バッフル, チャンネル 機械 電気 医薬
Kanalaufteilung 女 ポートスプリッター, 類 Ausgangssplitter 男 機械 電気
Kanalbefehlswort 中 チャネル指令語 (入出力を実行するためのチャネル用命令(コマンド)が入った記憶域上のワード), channel command (control) word, CCW 電気

K

Kandidatmaterial 中 参加(志願／共同)研究室の物質 統計 化学 バイオ 材料
kanonische Gleichung 女 正準方程式, canonical equation 統計
Kante 女 角［かど］,縁［ふち］,corner,edge 機械
Kantenbearbeitung 女 端部加工 機械
Kantenbrechen 中 面取り, 類 Abschrägen 中, Abfasen 中 機械
Kantenbrechung nach Rundung 女 角の丸みづけ面取り 機械
Kantenbrechung nach Schrägung 女 角の面取り 機械
Kantendüse 女 エッジノズル 機械
Kantenerfassung 女 エッジガイドデバイス, エッジモニタリングデバイス 機械 電気 光学
Kantenspaltfilter 男 エッジフィルター,流線濾過器, edge filter, steam-line filter 機械 化学 バイオ
Kantenverzug 男 角のずれ 機械
kantig とがった
Kantvorrichtung 女 マニピュレータ,ティルティング装置,manipulator,tilting device 機械
Kanzerogenitätsäquivalenzfaktor 男 ガン発生等価ファクター,英 cancer equivalency factor,CEF 化学 バイオ
Kapazität 女 キャパシティー, 静電容量, 容量, 能力, capacitance, capacity 電気 機械 設備
kapazitive Koppelung 女 容量性カップリング, capacitive coupling 電気
kapazitiver Sensor 男 静電容量センサー, capacitive sensor 電気
kapazitiver Stromkreis 男 容量性回路, capacitive circuit 電気
Kapillarrohrchromatographie 女 毛細管カラムクロマトグラフィー, capillary column chromatography 化学 バイオ
Kapillarsäule 女 毛細管カラム, capillary column 化学 バイオ
Kapillarwirkung 女 毛管作用 化学 バイオ
Kapselgebläse 中 押し込み送風機, 類 Druckzugventilator 男, positive displacement blower 機械
Karbidsaum 男 炭化物境界・縁部 材料
Karbon 中 石炭紀(古生代の), 英 Carboniferous 地学 物理 化学 バイオ
Karbonat 中 炭酸塩,carbonate 化学 バイオ 地学
Kardangelenk 中 カルダンジョイント,ナックルジョイント, 関 Achsschenkelbolzen 男, Wellengelenk 中,cardan joint,knucle joint 機械
Kardanstein 男 トラニオンブロック, trunnion block 機械
kardiopulmonaler Arrest 男 心肺停止, cardio-pulmonary arrest 化学 バイオ 医薬
kardiopulmonale Wiederbelebung 女 心肺蘇生法, cardio-pulmonary resuscitation 化学 バイオ 医薬
Kardiotoxin 中 心臓毒素,カルジオトキシン, 心臓毒, cardiotoxin, CTX 化学 バイオ 医薬
kardiovaskulär 心血管系の, cardiovascular, CV 化学 バイオ 医薬
Karl-Fischer-Titration 女 カールフィッシャー滴定(水分定量法の一つ), 英 Karl-Fischer-titration 化学 バイオ
Karnivore 男 肉食獣, 類 Fleischfresser 男, 関 Herbivore 男,Pflanzenfresser 男, carnivore 化学 バイオ
Karosserieaufbau 男 ボデー構造,ボデー構成部品 機械
Karosserieaußenhautteile 複 車体外装部, 外装ボデーパネル 機械
Karosserieinnenteile 複 中 車体内側部位, non-exposed automotive parts 機械
Karosseriestruktur 女 構体(車の), car body structure 機械
Karosserieverzierung 女 車室内の内張り装飾, トリム 機械
Karotis 女 頸動脈, carotid artery 化学 バイオ 医薬
karriertes Blech 中 縞鋼板, 類 Riffelblech 中 材料
Karteikarte 女 タブ, 類 Tabulator 男,tab 電気
Karteninformation 女 地図情報, map information, cartographic information

機械 電気

Karteninhalt 男 地図コンテンツ, map content 電気

Kartieranleitung 女 分類キー, classification key, KA 統計 全般

Kartierung 女 マッピング, (遺伝子などの) 位置決め, (タンパク質分子のペプチド断片の分離パターンの) 記録, mapping 化学 バイオ

Kartographie der Böden 女 土壌地図学 地学 化学 バイオ

Karusseldrehmaschine mit verschiebbarem Portal 女 大形立て旋盤, vertical boring and turning mill, vertical lathe 機械

kaschieren 内張りと外張りする, コーティングする, coating, laminate

Kaschierlage 女 装飾コーティング層 機械

Kasein-Phosphopeptid 中 カゼイン・ホスホ・ペプチド(カルシウムを吸収する働きがある), casein phosphopeptide, CPP 化学 バイオ 医薬

Kaskade 女 カスケード, 翼列, 類 Flügelreihe 女, cascade, blade lattice 機械 エネ 電気

Kaskadenwindkanal 男 翼列風洞, cascade tunnel 航空 エネ 機械

Kasten 男 鋳型枠, ケース 鋳造 機械

Kastenformerei 女 枠込め, flask molding 鋳造 機械

Kastenträger 男 箱形げた, ボックスガーダ, box girder 建設

Katabolismus 男 異化作用, 分解代謝, catabolism 化学 バイオ

Katalysator 男 触媒, 触媒コンバータ, catalyst, catalytic converter 化学 バイオ

Katalysatorbehälter 男 触媒容器 化学 バイオ

Katalysatorrvergiftung 女 触媒被毒, poisoning of the catalyst 化学 バイオ

Die katalytischen Eigenschaften der Enzymproteine 複 女 酵素の触媒能, 酵素活性, 類 関 Enzymaktivität 女, enzyme activity 化学 バイオ

das katalytische Zentrum 中 (酵素の) 触媒中心, catalytic center 化学 バイオ

Kathode 女 陰極, cathode 化学 バイオ

Kation 中 陽イオン, cation 化学 バイオ

Kationen-Austauscher 男 陽イオン交換体, cation exchanger 化学 バイオ 設備

Kationenaustauscherharz 中 陽イオン交換樹脂, cation exchange resin, CER 化学

KATVOL = NOx-Speicherkatalysatorvolumen NOx 貯蔵吸収触媒体積 機械 化学 環境

Kauen 中 咀嚼, 類 Mastikation 女, chewing, mastication 化学 バイオ 医薬

Kausalität 女 因果関係 全般

KB = Kaltband = cold strip コールドストリップ, 冷延板 材料 鉄鋼 非鉄 ; = Kilobyte = 英 kilobyte キロバイト (1024byte) 電気

KBA = Kraftfahrt-Bundesamt = Federal Motor Vehicle Transport Authority 独 連邦自動車局 機械 組織

KD = 英 knock-down ノックダウン遺伝子 化学 バイオ ; = kD = 英 kilodalton キロダルトン(分子サイズ単位) 化学 バイオ 物理 環境 単位 ; = kd = binding dissociation constant = Bindungs-Dissoziationskonstante = Bindungs-Parameter 結合解離定数 化学 バイオ 物理

Kegeldruckfeder 女 テーパー圧縮ばね 機械

Kegelgewindelehre 女 テーパねじゲージ, taper thread gage 機械

Kegelkeil 男 円錐キー, cone key 機械

Kegelkuppe 女 くぼみ先 機械

Kegelklauenkupplung 女 円錐クラッチ, テーパークラッチ, conical friction clutch 機械

Kegelmantel 男 錐面, envelope of cone 化学 バイオ 機械 数学

Kegelrad 中 カサ歯車, beval gear. 機械

Kegelreibahle 女 テーパーリーマ, taper reamer 機械

Kegelrollenlager 中 円錐ころ軸受, テーパーころ軸受, 類 Konusrollenlager 中, taper roller bearing 機械

Kegelschaft 男 テーパシャンク, tapershank 機械

K

Kegelsitzventil 中 円錐座弁, conically seated valve 機械
Kegelspitze 女 とがり先,cone point 機械
Kegelstift 男 テーパーピン, taper pin 機械
Kegelstirnrad 中 直歯かさ歯車, bevel spur gear 機械
Kegelstumpffeder 女 円錐形つる巻ばね, conical herical spring,volute spring 機械
Kegelsynchronisierung 女 シンクロナイジングコーン 機械
Kegelventil 中 円錐弁,conical valve 機械
Kegelwinkel 男 円錐角, angle of opening, angle of cone of dispersion 機械
Kehle 女 のど部, throut, fillet, channel 機械
Kehlkopf 男 喉頭,larynx 化学 バイオ 医薬
Kehlkreis 男 のど円, gorge circle 機械
Kehlmaschine 女 面取り盤, 類 Formmaschine 女, Zahnkantenfräsmaschine 女, chamfering machine 機械
Kehlnaht-Schenkelhöhe 女 すみ肉継ぎ手脚長 溶接 機械
Kehrwert 男 逆数, 類 Reziprokwert 男, reciprocal number 統計 数学
Keilnut 女 キー溝, key way 機械
Keilnutenfräsmaschine 女 キー溝フライス盤, key seat miling machine 機械
Keilriemen 男 Vベルト 機械
Keilwellenverbindung 女 スプライン軸継ぎ手, spline connection, toothed shaft connection 機械
Keilwirkung 女 くさび作用,wedge effect 材料 設備 建設
Keimbahn 女 生殖細胞系, 生殖細胞, 生殖系列, 生殖細胞系列, germ line 化学 バイオ
Keimbildung 女 核生成,nucleation 化学 バイオ 医薬
Keimblatt 中 胚葉,子葉,地上子葉,胚盤分葉, 類 関 Keimschicht 女, Kotyledon 女,germ layer,embryonic layer,cotyledon 化学 バイオ
Keimfleck 男 胚斑,germ spot,germinal spot 化学 バイオ
Keimscheibe 女 胚盤, 類 Embryonalschild 男, Blastdiskus, germinal disk, blastodiscus 化学 バイオ
Keimschlauch 男 胚の胞皮,発芽管,germination tubes,germ tubes 化学 バイオ
Keimzelle 女 生殖細胞,胚細胞,胚芽細胞,発芽細胞, germinal cell, gamate 化学 バイオ 医薬
Kenaf 男 黄麻, 関 Flachs 男, Hanf 男, Lein 男 化学 バイオ
Kennlinie 女 特性曲線,性能曲線,類 Charakteristik 女,characteristic curve 材料 機械 化学 バイオ 物理 統計 数学
Kennung 女 識別文字, 応答コード, 目印, identification character, answerback code 電気
Kennwörter 複 中 パスワード, 類 passwords 電気
Kennzeichner 男 修飾子, 関 Identifizierer 男, Bezeichner 男, qualified name, qualifier 電気
Kennziffer 女 指標, 係数, 索引番号, code number, index, coefficient 統計 全般 経営
Kennziffer für Durchmesserreihe 女 (転がり軸受の) 直径記号 機械
Keramikmembran 女 セラミック薄膜, セラミックダイアフラム 化学 バイオ 機械
Kerbnagel 男 グルーブピン,groove pin, notched nail 機械
Kerbschlagarbeitswert 男 切欠衝撃テスト値(仕事当量, 吸収エネルギー) 材料
Kerbschlagfestigkeit 女 切欠衝撃強さ 材料
Kerbschlagprüfung 女 切欠衝撃試験, noched bar impact test 材料
Kerbstift 男 コッターピン, cotter pin, groove pin 機械
Kerbverzahnung 女 のこ歯切り欠き, 類 Ausschnitt 男 機械
Kermet = Keramik+Metall Verbundstoff セラミックと金属の複合材料, Cermets 材料 非金属
Kern 男 中心, 原子核, 中子, centre, nucleus, core 機械 原子力 鋳造
Kernbohrkrone 女 コアドリル刃 機械
Kernbrennstoff 男 核燃料, atomic fuel, nuclear fuel 原子力

Kerndurchmesser der Mutter 男 雌ねじの内径・谷の径, 類 Hauptdurchmesser der Mutter 男, major diameter of nut 機械

Kerndurchmesser des Schraubengewindes 男 雄ねじの谷径, minor diameter of screw thread 機械

Kerneinleger 男 中子セッター, 中子納め機, core mask, core setter 鋳造 設備 機械

Kernenzym 中 コア酵素, 類 Core-Enzym 中, 英 core-enzyme 化学 バイオ

Kernformmaschine 女 中子造型機, core -moulding machine 鋳造 機械

Kernkasten 男 中子取り, core box 鋳造 機械

Kernkraftwerk 中 原子力発電所, nuclear power station 原子力 電気 エネ 環境 設備

Kernlagergestell 中 中子入れフレーム・ラック, core rack 鋳造 設備

Kernlagerung 女 中子保管・配置, core storage, core placement 鋳造 操業 機械

Kernloch 中 幅木［はばき］, core print, core hole 機械

Kernmarke 女 幅木［はばき］, core print, core mark 鋳造 機械

Kernmasseneinheit 女 原子質量単位, 類 ME, Masseneinheit 女, atomic mass unit 原子力 物理 化学

Kern-Quadrupol-Kopplung 女 核四重極結合, nuclear quadrupole coupling 放射線 物理 化学

Kernreaktion 女 核反応, nuclear reaction 原子力 物理

Kernsand 男 中子砂, core moulding sand 鋳造 機械

Kernschadenshäufigkeit 女 炉心損傷頻度, core damage frequency, CDF 原子力 統計

Kernschießmaschine 女 中子供給機, core feed maschine 鋳造 機械

Kernspaltung 女 核分裂, nuclear fission 原子力 物理

Kern-Spin-Relaxions-Zeit 女 核スピン緩和時間, nuclear spin relaxation time 物理 化学 材料

Kernspinresonanztomographie 女 磁気共鳴断層撮影(法), magnetic resonance imaging, MRI 化学 バイオ 医薬 電気 物理

Kernstütze 女 中子押え, chaplet, box stud 鋳造 機械

Kerntemperatur 女 中心部の温度, core temperatur 材料 連鋳 鋳造 エネ

Kerntrockenofen 男 中子乾燥炉, core-baking oven 鋳造 機械 設備

Kernverschmelzung 女 核融合, nuclear fusion 原子力 物理

Kernzug-Vefahren 中 コアプラ法（ガスインジェクション鋳造法の一種）鋳造 機械

Kerosin 中 灯油, kerosene, paraffin 化学

Kessel 男 ボイラー, 炉殻, boiler, basin, shell エネ 精錬 機械 設備

Kesselfeuerung mit umgekehrter Flamme 女 下向き通風ボイラー, down-draft boiler エネ 機械 設備

Kesselrohr 中 ボイラーチューブ, boiler tube 材料 エネ

Kesselsteinentfernungsmittel 中 ボイラースケール除去剤, boiler scale removal agent/solvent エネ 機械 設備 化学

Kesselverkleidungsscheibe 女 ボイラーラギング（外被保温）ジャケットシート, boiler lagging jacket sheet エネ 機械 設備

Ketosäure 女 ケト酸, keto acid 化学 バイオ

Kette 女 縦糸, チェーン, 関 Schuss 男, warp, chain 機械 繊維

Kettenaufhängung 女 カテナリー吊り, catenary support 交通 電気 機械

Kettenblock 男 チェーンブロック 機械

Kettenfördersystem 中 バケットコンベアー 機械 操業 設備

kettengeschaltet 連鎖回路の 電気

kettengetrieben チェーンギヤー方式の, track chained 機械

Kettenglied 中 チェーンリンク, chain-link 機械

Kettenkratzerförderer 男 スクレーパチェーンコンベヤー, scraper chain conveyor 機械

Kettenlasche 女 チェーンサイドバー, chain side bar 機械

Kettennaht 女 断続溶接, chain seam 機械

Kettenräder 複 中 スプロケット, 歯車列 類

Räderkette 女, Rädersatz 男, sprocket 機械
Kettenreaktion 女 連鎖反応, chain reaction 化学 バイオ 原子力
Kettenverzweigung 女 鎖状架橋化, chain branching 化学 バイオ
Kettgarne 女 紡ぎ糸, 縦糸, 類 Kettfaden 男 繊維
KGD = 英 known good die, 良品であることがわかつているLSIチップ, 品質保証されたチップを指す 電気
KH = Kohlenhydrat 中, 炭水化物, carbonhydrate 化学 バイオ ; = Karbonathärte = carbonate hardness 炭酸塩硬度 化学 バイオ
KHNOX = Feuchtigkeit-Korrekturfaktor für NOx = humidity correction factor for NOx = KH factor for NOx NOx湿度補正係数 機械 環境 物理
Kiefer 男 顎 ; 女 西洋赤松 バイオ 医薬
Kieselalge 女 珪藻類, 類 Diatomee 女, diatom 化学 バイオ
Kieselerde 中 シリカ, SiO_2, silica バイオ 化学 精錬 材料 製銑 非金属
Kieselgel 中 シリカゲル, silica gel バイオ 化学
Kieselgur 女 珪藻土, kieselguhr バイオ 化学 精錬 製銑 非金属 地学
Kieselsäure 女 珪酸, silicic acid バイオ 化学 精錬 材料 製銑 非金属
Kiesgrus 男 砂礫, 砕石 製銑 建設
Kieswerk 中 砂利工場 建設
Kilometerbegrenzung 女 走行距離制限 機械
Kinase 女 キナーゼ(リン酸エステル化を触媒する酵素), 英 kinase 化学 バイオ
Kinderheilkunde 女 小児科学, 類 Pädiatrie 女, 英 pediatrics 化学 バイオ 医薬
Kinderlehmung 女 小児麻痺, infantile paralysis 化学 バイオ 医薬
kinematische Zähigkeit 女 動粘性係数, kinematic coefficient of viscosity 機械 精錬 エネ 化学
Kinetik erster Ordnung 女 一階の動力学, kinetics of first order 物理 統計 数学
Kippachse 女 水平軸, スライド旋回軸, horizontal axis, slide tilting axis 機械
Kipp-Blocklager 中 ティルティングパッド軸受 機械
Kipper 男 ダンプカー, 転倒車, dump truck, tipping wagon 機械 交通
Kipphebel 男 ロッカーアーム, tilt control lever, rocker arm, 類 Schlepphebel 男 機械
Kippkübel 男 傾転バケット, スキップカー, skip car 製銑 操業 設備
Kipplager 中 ピヴォット軸受, 類 Gelenklager 中, Schwenklager 中, Zapfenlager 中, pivoting bearing 機械
Kipplehm 男 ダンプローム 地学 交通
Kippmoment 中 縦ゆれモーメント, tilting moment, pitching moment 機械 物理 建設
Kippstuhl 男 反転装置, アップエンダー, tilting device, up-ender 機械 設備
Kittfuge 女 キットジョイント, 張り合わせ継ぎ手, kit-joint, cemented joint 機械 建設
KK = Kraftstoffkühler = fuel cooler 燃料クーラー, 燃料冷却器 機械 化学 エネ
Kläger 男 原告, 関 Beklagte 男 被告 特許 法制度
Klärschlamm 男 浄化スラジ, settling sludge 機械 設備 化学 バイオ 環境
Klärtank 男 沈殿タンク, precipitation tank 機械 設備 化学 バイオ 環境
klaffend 裂けている 機械
Klage 女 訴訟 特許 法制度
Klammer 女 括弧, クリップ, クランプ : der in Klammer stehende Wert 括弧内の値 機械 数学
Klammeraffe 男 アットマーク, @, at sign 電気 印刷
Klammerring 男 止め輪, retaining ring 機械
Klappdeckel 男 ヒンジ蓋, hinged cover 機械
Klappe 女 フラップ, チェックバルブ, 煽り戸 機械
Klappendeckelverschluss 男 ピンチカバー止め 機械
Klappenscheibe 女 弁座金, 円盤状弁, butterfly disc, valve disc 機械
Klappenschloss 男 ゲートロック, gate

lock 機械
Klappenventil 中 チェックバルブ, フラップバルブ, check valve, clapper valve, flap valve 機械
Klappern 中 チャタリング, chattering 機械
Klappflügel 男 折りたたみ翼, folding wing 航空 機械
Klappriegel 男 カバートラップロック 機械
Klappvorrichtung 女 跳ね上げ装置 機械
Klartext 男 (暗号記号文に対する) 平の原文, プレインテキスト(文字飾りやレイアウト情報を含まな文字コードだけから成るファイル形式), normal writing, plain text 電気
Klasse 女 船級, ship's classification, class 船舶
Klassierung 女 区分け, スクリーニング, classification, screening 機械 統計
Klauenmechanismus 男 噛み合い機構, claw mechanism 機械
Klebezunder 男 固着スケール, sticking scale 材料 エネ
Klee 男 シロツメグサ, clover 化学 バイオ
Kleiderbügel 男 ハンガー, 衣文掛け
Kleie 女 ふすま, ぬか(糠), bran 化学 バイオ
Kleinhirn 中 小脳, 関 Großhirn 中, cerebellum, cerebellar バイオ 医薬
Kleinhirnbrückenwinkel 男 小脳橋角(部), cerebellopontine angle 化学 バイオ 医薬
Kleinserienprodukt 中 小ロット製品 機械 操業 製品 経営
kleinste Leerlaufdrehzahl 女 無負荷最低回転速度 機械
Kleinwagen 男 軽自動車, small car 機械
Klemmbüchse 女 コレット, ターミナルソケット, collet, terminal socket 電気 機械
Klemmbügel 男 ターミナルクランプ, terminal clamp 電気 機械
Klemme 女 クランプ, ターミナル, 関 Schelle 女, Einspannung 女, Bügel 男, Schäkel 男, Zwinge 女, clamp, terminal 機械 電気
Klemmflansch 男 固定フランジ 機械
Klemmhülse 女 コレット, 類 Spannpatrone 女, Spannzapfen 男, Klemmbuchse 女 機械
Klemmkasten 男 ターミナルボックス 機械
Klemmkopf 男 クランプヘッド 機械
Klemmleiste 女 接続片, ターミナルストリップ, クランプバー, terminal strip, clamping bar 機械 電気
Klemmring 男 クランプリング 機械
Klemmschraube 女 固定ねじ, 接線ねじ, clamping screw 機械
Klemmstück 中 詰め金, シム clamping collar, shim 機械
Klemmzange 女 クランプトング, バイスグリップレンチ, clamping tongs, vice-grip wrench, clamping claw 機械
Klick-Gefühl 中 クリック感, click feeling 電気
Klientanwendung 女 クライアントアプリケーション, client application 電気
klientspezifisch クライアント特定の, client specific 電気 光学 音響 機械
Klimaanlage 女 空気調節, エアコンディショニング, air conditioning, AC 環境 エネ
Klimakammer 女 人工気候室, climatic chamber 化学 バイオ
die klimakterischen Beschwerden 複 中 更年期障害, 類 die klimakterischen Störungen 複 女, menopausal troubles, climacterium syndrome 化学 バイオ 医薬
Klimatisierung 女 冷暖房, 空気調整, air-conditioning 機械 エネ 環境 建設
Klinkenmutter 女 かど付きナット, ratched nut 機械
Klinkenrad 中 ラッチホイール, ratched wheel 機械
Klinkenverschluss 男 ジャッキシャッター, jack shutter 機械
Klonierung 女 クローン化, cloning 化学 バイオ
Klumpenbildung 女 塊形成, 関 Molch 男 化学 バイオ 機械 設備
Kluppe 女 ダイストック, die stock, thread-cutting stock 機械
KM = Kühlmittel = coolant, cooling agent, cooling medium, refrigerant 冷却剤, 冷却材, 冷媒 機械 製銑 精錬 化学 バイオ
KMU = Kleine und Mittlere Unterneh-

K

men = small and medium-sized enterprises = SMEs 中小企業 [経営]
K-Naht [女] K 形開先継ぎ手 [溶接] [機械]
Knallgas [中] 爆鳴気 [化学] [地学]
Knarre [女] ラチェット, [類] Zahngesperre [中], rachet [機械]
Knebelgelenk [中] トグルジョイント, toggle joint [機械]
Knebelkippschalter [男] タンブラースイッチ, トグルスイッチ, [類] Kipphebelschalter [男], toggle switch, tumbler switch [電気]
Kneifzange [女] ニッパー, nippers [機械]
Knetlegierung [女] 可鍛合金, malleable or forgeable alloy [材料] [鋳造] [機械]
Knetmaschine [女] 捏ね混ぜ機, 混和機, kneading machine [機械]
Knick [男] 挫屈, 崩壊 [材料] [鉄鋼] [非鉄] [機械] [建設]
Knickbeanspruchung [女] 挫屈応力, bucking stress [材料] [鉄鋼] [非鉄] [機械] [建設]
Knickgelenk [中] コンバーティングキット, ナックルリンク, converting kit [機械]
knickstabil 耐挫屈性のある, buckling resistant [材料] [鉄鋼] [非鉄] [機械] [建設]
Knickwinkel [男] 連接角, 牽引角, articulation angle, traction angle [機械]
Kniehebelmechanik [女] トグルレバー機構 [機械]
KNN = künstliche neuronale Netzen = artificial neural networks (ANN) 人工ニューラルネットワーク, 人工神経回路網 [化学] [バイオ] [電気] [数学]
Knoblauch [男] ニンニク, garlic [バイオ]
Knochenmark [中] 骨髄, bone marrow [化学] [バイオ] [医薬]
Knochenmarktransplantation [女] 骨髄移植, marrow transplant [化学] [バイオ] [医薬]
Knolle [女] 球根, 塊茎, tuber, bulb [化学] [バイオ]
Knopfdruck [男] ボタンなどを押すこと
Knorpelgewebe [中] 軟骨組織, chondroid tissue [化学] [バイオ] [医薬]
Knoten [男] 結合点, 結節, 波節, ノード (ネットワークシステムでデータ伝送路に接続される中継点), knot, tuberculation, node, wave node [機械] [バイオ] [物理] [電気]
Knotenpunkte [複] [男] 節点, nodal points [光学] [電気]
KNR = die katalytische Nitratreduktion zu Stickstoff 触媒脱硝(法), 選択触媒還元脱硝(法) (硝酸塩の窒素への触媒による還元), [関] [英] SCR, selective catalytic reduction [化学] [バイオ] [環境]
Knudsen-Koeffizient [男] クヌーセン拡散係数 [物理] [材料] [化学]
Knüppel [男] ビレット, billet [連鋳] [材料]
Koagulation [女] 凝固, 凝集, coagulation, curdling [化学] [バイオ] [操業] [設備]
Koaleszenz [女] 癒着, 合体, 閉塞, 詰まり [化学] [バイオ] [医薬] [精錬] [物理]
Koaxialitätsabweichung [女] 同軸度, concentricity deviation [機械]
Koaxialkabel [中] 同軸ケーブル, coaxial cable, COAX [電気]
Kodemultiplexzugriff [男] 符号分割多重接続, code division mutiple access, CDMA [電気]
kodieren コードする, code; kodierende Gene コード遺伝子 [化学] [バイオ] [医薬]
Körnerspitze [女] (旋盤の) センター, lathe centre [機械]
Körnerspitzenschleifmaschine [女] センター研削盤, center grinder [機械]
Körnung [女] 粒度範囲, グラニュレーション, 造粒, grading range, granulation [機械] [化学] [バイオ] [建設] [製鉄]
körperfremde Substanzen [複] [女] 体外物質, exogenous substances, foreign substances [化学] [バイオ]
Körpergeräusch [中] 特性ノイズ, characteristic noise [機械] [電気]
Körperschall [男] 衝撃音, impact sound [機械] [電気] [音響]
Körperschalldämmung [女] 衝撃音吸収 [機械] [電気] [音響]
Kofermentation [女] 共発酵, [類] Mitgärung [女], cofermentation [化学] [バイオ]
Kohärenz [女] 可干渉性, coherence [光学] [音響]
Kohäsion [女] 凝集, 粘着 [機械] [化学] [バイオ]

kohäsiv 凝集力のある, 粘着する, 類 haftfähig 機械 化学 地学

kohäsives Ende 中 付着末端, 類 überhängendes Ende 中, cohesive end 化学 バイオ

Kohlekuchen 男 石炭ケーキ 製銑 化学

Kohlenaufgabevorrichtung 女 コールフィーダ 製銑 機械

Kohlenbecken 中 炭田, 類 Kohlenfeld 中, Kohlerevier 中 女, coal basin, coal field 製銑 地学

Kohlendioxid 中 二酸化炭素, carbon dioxide, CO_2 化学 精錬 製銑

Kohlenentlader 男 揚炭機, 類 Kohlenhebewerk, coal dischager, coal hoist, coal unloader 製銑 設備 地学

Kohlenflöz 中 炭層, coal measures, coal bed, coal seam 製銑 地学

Kohlenfüllwagen 男 石炭装入車, coal charging car 製銑

Kohlenhydrateinheit 女 炭水化物ユニット, KE, 類 BE, CU, carbohydrate unit 化学 バイオ 単位

Kohlenlager 中 貯炭場, コールヤード, coal storage, coal yard 製銑 地学

Kohlenmonoxid 中 一酸化炭素, carbon monoxide, CO 化学 精錬 製銑

Kohlenmonoxidvergiftung 女 一酸化炭素中毒, carbon monoxide poisoning, carbon monoxide intoxication 化学 バイオ 医薬

Kohlenrückstand 男 残留炭素, 残留炭素分, carbon residue, C.R. 材料 化学 物理

Kohlensäure 女 炭酸, carbonic acid 化学 バイオ

Kohlenstaub 男 炭塵, 微粉炭, coal dust, pulverized coal 製銑 地学

Kohlenstaubfeuerungsanlage 女 微粉炭燃焼装置 製銑 エネ 地学

Kohlenstaub- Ölgemisch 中 石炭・石油混合燃料, coal-oil mixture, COM 製銑 エネ

Kohlenstoff 男 炭素, carbon 化学 精錬 製銑

kohlenstoffarmer weicher Stahl 男 低炭素軟鋼, 軟鋼, low carbon steel, mild steel 鉄鋼 精錬 材料

Kohlenstoff-Chloroformextrakte 複 男 活性炭吸着クロロホルム抽出物, carbon chloroform extract, CCE 化学 物理

Kohlenstoffgerüst 中 炭素骨格, carbon skeleton 化学 バイオ

Kohlenstoffmolekularsieb 中 炭素分子篩[たんそぶんしふるい], (ガス精製において, 濃縮窒素が望まれるガスの時に用いられる), carbon molecular sieves, CMS 化学 物理 操業 設備

Kohlenstoffnanoröhrchen 中 カーボンナノチューブ, carbon nanotubes, CNT 電気 材料 エネ

Kohlenstoffoxidation 女 炭素の酸化, carbon oxidation 化学 精錬 製銑

Kohlenstoff-Stickstoff-Verhältnis 中 C/N 比, 類 C/N-Quotient 男, carbohydrate and nitrogen ratio, carbon-nitrogen ratio, C-N raito 化学 バイオ 地学

Kohlenstoffumsatz 男 炭素転換率, 炭素置換, 炭素ターンオーバー, carbon conversion, carbon exchange, carbon turnover 化学 バイオ

Kohlenwasserstoff 男 炭化水素, hydrocarbon 化学

Kohlenwasserstoffe 複 男 炭化水素, 炭化水素鉱床, hydrocarbons, CH 化学 地学

Kohlrabi 男 カブキャベツ, 英 kohlrabi 化学 バイオ

Kohlungsgrad 男 炭化度, coal rank, degree of coalification, degree of carbonization 地学 製銑

Kokerei 女 コークス炉, 類 Koksofen, coke oven plant, coking plant 製銑 設備

Kokereigas 中 コークス炉ガス, 類 Koksofengas 中, coke oven gas 製銑 電気

Kokille 女 鋳型, モールド, mould : die Verstellkokille 可変モールド, adjustable mould: stationaere Kokille 静止モールド, stationary mould : gebogene Kokille カーブドモールド, curved mould 精錬 連鋳 鋳造

Kokillenguss 男 ダイキャスティング, die casting 鋳造 機械

Koksgrus 男 粉コークス, coke breeze 製銑

Kokskohle/bitminöse Kohle 女 コークス用炭, 瀝青炭, coking coal, bituminous coal 製銑 地学
Kokslöschturm 男 コークス冷却塔, coke quench tower 製銑 設備
Kokssatz 男 コークス比, coke rate 製銑 操業
Kokstrockenkühlung 女 コークス乾式冷却(法), coke dry cooling 製銑 化学
Koksüberleitmaschine 女 コークス移送機 製銑 設備
Kolbenboden 男 ピストンヘッド, ピストンクラウン 機械
Kolbenbolzen 男 ピストンピン, トラニオン 機械
Kolbendosierpumpe 女 ピストン定量ポンプ, piston-type dosing pump 機械
Kolbenpumpe 女 ピストンポンプ 機械
Kolbensattel 男 ピストンキャリパー, piston caliper 機械
Kolbenstange 男 ピストンロッド 機械
Kollaps 男 衰弱(急激な) 化学 バイオ
Kollektiv 中 集合, 集合名詞 統計
Kollerrolle 女 粉砕ロール, エッジロール, パンロール, edge roll, pan roll 機械
Kollimator 男 コリメータ, 視準器, (放射線立体角の測定), collimator 光学 電気 放射線 機械
kollimiert レンズ光線を平行にして・た 光学 電気 機械
kolloidal コロイド(性)の, 英 colloidal 化学 バイオ
Kolluvium 中 崩積物, colluvium 地学
Kolmogorov-Test 男 コルモゴロフ法(正規分布関連) 統計 電気
Kolon 中 コロン, 関 Strichpunkt セミコロン
Kolonie 女 コロニー, 細胞集落, colony 化学 バイオ
Kolonne 女 反応塔, 段塔, culumn 化学 設備
Kombiinstrument 中 インストルメントクラスターパネル 機械
Kombinatorik 女 組み合わせ, combinatorics 統計 数学
kombinierte Blas-und Spülverfahren 中 複合吹錬法, combined blowing & bubling process 精錬 操業 設備
kombinierte Präzision 女 総合精度 機械
kombinierte Unsicherheit 女 合成不確かさ, combined uncertainty 統計
Kommutatormotor 男 整流子モーター, commutator motor 電気 機械
Kompanienorm 女 社内標準, 社内規格 規格 品質
Kompartiment 中 車室, 隔室, 区画, 隔壁, 小胞体, コンパートメント(二重薄膜で仕切られた細胞部, 細胞グループ), compartment 機械 化学 バイオ 航空 交通
Kompensation 女 補正 電気 機械
Kompensationsokular 中 補正接眼レンズ 光学
Kompensationswaage 女 補正秤り 機械
Kompensator 男 電位差計, 補償装置, 伸縮継ぎ手, 補償器, potentiometer, compensator, expansion joint 電気 機械
kompilieren コンパイルする, compile 電気
komplanar 同一平面の, 共面の, 英 complanar, coplanar 電気 機械 数学 物理
Komplement 中 補体(血清内の防御系成分), complement 化学 バイオ 医薬
komplementär 相補的な 化学 バイオ
Komplementärfarbe 女 補色 光学 物理
komplementärsymmetrisch 相補対称の, complementary symmetrical, COS 機械 電気
Komplementbindungstest 男 補体結合試験, 補体結合反応(抗体検出法), complement fixation test, CFT 化学 バイオ 医薬
Komplementhämolyse 女 補体溶血, complement hemolysis, CH 化学 バイオ 医薬
Komplementwinkel 男 余角, 類 Ergänzungswinkel 男, complementary angle 数学 機械
Komplementwinkel des inneren Ergänzungswinkels 男 前面角の余角(傘歯車の) 機械
Komplementwinkel des Rückenkegelwinkels 男 背面角の余角(傘歯車の) 機械
Komplex 中 複合体, 錯体, キレート, complex, chelate 化学 バイオ 建設

K

Komplexbildung 女 錯(体)生成, complex forming 化学 バイオ
komplexe Amplitude 女 複素振幅 電気 数学
komplexer Scheinwiderstand 男 インピーダンス, 類 Impedanz 電気
Komplikation 女 合併症, 併発症, 複雑化, complication, disease complication 化学 バイオ 医薬
Kompostierung 女 堆肥化, コンポスティング, composting 化学 バイオ 地学
Kompressibilitäts-koeffizient 男 圧縮係数, 圧縮率, 類 Druckkoeffizient 男, Pressbarkeitsfaktor 男, compression coefficient 材料 機械
Kompressionsvolumen 中 すきま容積, clearance volume,compression space 機械
komprimieren 圧縮する, compress 機械 化学 電気 鋳造
Kondensation 女 凝結, 凝縮, 濃縮, 縮合, 復水 機械 エネ 化学 バイオ
Kondensator 男 凝縮器, 復水器, コンデンサー, 類 Verflüssiger 男, condenser 機械 化学 バイオ エネ
Kondensatpumpe 女 復水ポンプ, condensate pump 機械
Kondensorlinse 女 集光レンズ, 類 Beleuchtungslinse 女,condensing lens 光学
Konfiguration 女 構成,(異性体置換基などの)配意配置, 配列, arrangement, configuration, structure, molecular configuration 機械 化学 バイオ 電気
konfigurieren カスタマイズする, 類 anpassen, customize 電気
konfokal 共焦点の, confocal 光学 機械
Konformation 女 高次構造, 立体構造, コンフォメーション, コンホメーション, 配座, 立体配座, 構造, conformation, conformatial structure 化学 バイオ 建設
kongenetisch 同属の(同じ属・種に属する)congeneric 化学 バイオ
Konglomeratbeton 男 複合コンクリート 材料 建設
kongruent 合同の, 類 deckungsgleich
Konizitätseinstellung 女 テーパーの設定, to set the taper 連鋳 建設
Konjugation 女 接合, 複合, 共役, conjugation 化学 バイオ
konjugierte Doppelbindung 女 共役二重結合,conjugated double band 化学 バイオ
konjugierte Punkte 複 男 共役点 光学 電気 数学 統計
Konjunktivitis 女 結膜炎, 類 Bindehautentzündung 女 ㊖ conjunctivitis 化学 バイオ 医薬
konkave Linse 女 凹レンズ 光学 機械
konkave Kehlnaht 女 へこみ隅肉溶接, 類 Hohlkehlnaht 女, concave fillet weld joint 溶接 機械
konkrenzfähig 競争力のある
konkurrierend 競合する,compete
Konservierungs-mittel 中 防腐剤, preservative 化学 バイオ
Konsistenz 女 靭性, 粘性, 類 Viskosität 女, Zähigkeit 女 連鋳 材料 化学
Konsole 女 コンソール,支え,L 字型アーム,ブラケット,console,bracket 機械 電気 建設
konstante Teilmenge 女 定容量,一定容積, lenstoffarm, 類 Aliquote 女, aliquot 化学 バイオ
Konstantstromregler 男 定電流レギュレータ,constant current regulator,CCR 電気
Konstanzprüfung 女 不変性試験, constancy test バイオ 電気 設備
konstatieren(事実として)確認する, 診断する 化学 バイオ 操業 材料
Konstellation 女 状況, 星座
Konstipation 女 便秘症, 類 Verstopfung 女, Darmträgheit 女, ㊖ constipation, obstipation 化学 バイオ 医薬
konstruieren 設計する, 組み立てる, design, construct 全般
konstruktionsbedingt 構造・形状により変化する, 構造・形状の制約を受ける 機械 化学 バイオ 建設
Konstruktionsisometrie 女 構造等大 全般
Konstruktionszeichnung 女 施工図 建設 機械 設備

konstruktive Einzelheiten 複 女 構造上の詳細, constructive details 機械 建設
Kontaktinfektion 女 接触感染, contagion, contact infection, infection, contagious infection, infection through contact 化学 バイオ 医薬
Kontaktor 男 接触子, 接触反応器, コンタクタ, 接触片, 接触槽, 溶媒抽出器 contactor, solvent extractor 化学 バイオ 電気
Kontaktstelle 女 接点, 端子, contact point 電気
Kontakttherapie 女 近接治療, 類 Brachytherapie 女, contact therapy 医薬 放射線
Kontaktwinkel 男 接触角, 類 Randwinkel 男, Gveifwinkel 男 contact angle 機械 化学 バイオ 統計 数学
kontaminiert 汚染された, 汚染した 化学 バイオ 環境 操業
Kontermutter 女 止めナット, 類 Gegenmutter 女, check nut 機械
kontinuierlich 連続的に
kontinuierliche Bremse 女 貫通ブレーキ, 通しブレーキ 機械
Kontinuitätsgleichung 女 連続の式, equation of continuity 統計 機械 化学 物理
Kontraindikation 女 禁忌［きんき］, contraindication 化学 バイオ 医薬
Kontraktion 女 収縮, (筋肉の) 収縮, 類 Schrumpfung 女, contraction, shrinkage 材料 機械 バイオ
Kontrastmittel 中 造影剤, contrast agent, radiocontrast agent, contrast medium 化学 バイオ 電気 光学 医薬 放射線
Kontrastübertragungsfunktion 女 コントラスト伝達関数, contrast transfer function, MTF, KÜF, 類 Modulationsübertragungsfunktion 女, modulation transfer function 電気 光学
Kontrollprobe 女 管理サンプル, control sample 化学 バイオ 全般
Konturierung 女 輪郭削り, 輪郭加工, 輪郭線表示, contouring 機械 電気
Konturschärfe 女 画像端部の鮮明度, acutance, sharpness of edges in an image 電気 機械
Konturschleifen 中 輪郭研削, contour griding 機械
Konuswalze 女 円錐ロール, cone roll 材料
Konuswinkel 男 円錐角, 類 Kegelwinkel 男, cone angle 機械 統計
Konvektion 女 対流 エネ 機械
konvergente Düse 女 先細ノズル, 類 verengte Düse, convergent nozzle 機械
Konvergenz 女 収束, convergence 統計 物理
Konvertergas 中 転炉ガス, converter gas 精錬 エネ
Konvertergasgewinnung 女 転炉ガス回収 精錬 エネ
Konvertergeometrie 女 転炉形状, コンバーター形状, converter geometry 精錬
Konvertertakt 男 転炉サイクル, converter cycle 精錬 操業 設備
konvertieren コンバートする, 英 convert 電気
konvexe Linse 女 凸レンズ, convex lens 光学 機械
Konzentrat 中 濃縮物, 精鉱, コンセントレート, concentrate 製銑 地学 化学 バイオ 鉄鋼 非鉄
Konzentrizität 女 同心性, concentricity 機械
Konzeptphase 女 計画段階, design phase, concept phase 印刷 操業 設備 経営 全般
Koordinate 女 座標, coordinate 機械 数学 電気
Koordinatenbohrmaschine 女 ジグ中ぐり盤, ジグボール盤, 類 Lehrenbohrmaschine 女, Vorrichtungsbohrmaschine 女, jig boring maschne, jig drilling machine 機械
Koordinatenweg 男 各座標軸移動量 機械 電気
Kopfdrehbank 女 正面旋盤, 類 Plandrehnaschine 女, face lathe 機械
Kopfflanke eines Zahns 女 歯末の面, tooth face 機械
Kopfflansch 男 嵌め込みフランジ, mount-

ing flange, head flange 機械
Kopfhöhe von der Sehne des Rollkreisabschnitts 女 キャリパ歯たけ, 類 korrigierte Kopfhöhe 女, chordal addendum 機械
Kopfkegelwinkel 男 歯先円錐角, face cone angle 機械
Kopfkreis 男 歯先円, addendum circle 機械
Kopfprodukt 中 塔頂留出物, 関 Sumpfprodukt 中, overhead product 化学 バイオ
Kopfrücknahme 女 刃先の逃げ・逃がし, tip relief, addendum reduction 操業 設備 機械
Kopfsatz 男 ヘッダー, header 電気
Kopfschraube 女 押さえボルト, cap screw 機械
Kopfspiel 中 (歯車の) 頂隙, tip clearance 機械
Kopfstütze 女 ヘッドレスト, head rest 機械
Kopfwinkel 男 歯末角, head angle 機械
Kopierdrehbank 女 ならい旋盤, 形削り盤, 類 Formdrehmaschine 女, cotouring lathe 機械
Koppelgetriebe 中 カップラーギヤー 機械
Koppelstange 女 ステアリングバー, カップリングロッド, coupling rod 機械
Kopplung 女 接続部, カップリング, connection, coupling 機械
Kordelmutter 女 ローレットつきナット, 類 gerändelte Mutter 女, knurled nut 機械
Kordlage 女 プライ, ply 機械
Kornaufbau 男 粒度構成 機械 化学 建設
Kornband 中 サイズ分布, 粒度範囲, size distribution, grain size range 材料 機械 化学
korngestuft サイズ区分された 材料 機械 化学
Kornwachstum 中 結晶粒の成長, grain growth 材料
Korpus 中 共鳴胴, 共鳴体, 胴体部位 機械 音響
Korpuskrebs 男 子宮体がん cancer of the uterine body 化学 バイオ 医薬
Korpuskularströmung 女 微粒子流, corpuscular flow 物理 機械 化学 電気
Korrekturfaktor 男 補正係数, correction factor, KF 電気 物理 統計 数学
Korrelation 女 相関性 統計 数学
Korrosionsbeständigkeit 女 耐腐食性, corrosion resistance 材料 鉄鋼 非鉄 化学
Korrosionsfestigkeit 女 耐腐食性, corrosion resistance, 類 Korrosionswiderstand 男 材料 連鋳 化学 建設 設備
Korrosionswiderstand 男 耐腐食性, corrosion resistance, 類 Korrosionsfestigkeit 材料 連鋳 化学
Kosekans 男 コセカント, 余割, cosecant, cosec 統計 数学
die kosmetische Orthopädie 女 美容整形外科, cosmetics surgery 化学 バイオ 医薬
Kosteneinsparung 女 コスト削減, cost saving 操業 設備 製品 経営
kostengünstig コストに有利な, コスト面で好都合な, 低コストの cost advantageous 経営 操業 設備
Kostenkontrolle 女 原価管理 経営
kostennünftig コストパフォーマンスのある 操業 経営
kostenträchtig 高価な 操業 設備 製品 経営
Kostenverfolgung 女 原価計算, 類 Selbstkostenrechnung 女, costing, cost recording, cost accounting 経営
Ko-Substrat 中 補基質(酵素反応の), 補助基質(酵素反応の), 補媒溶基, cosubstrate, nutritive cosubstrate 化学 バイオ
Kotangens 男 コタンジェント, 余接, cotangent, cot 統計 数学
Kotflügel 男 泥よけ, フェンダー 機械
Kotuntersuchung 女 検便, examination of feces, stool examination 化学 バイオ 医薬
kovalente Bindung 女 共有結合, covalent binding, covalent bonding, covalent bond 化学 バイオ
Kovarianz 女 共分散, covariance 統計
Kp = Feuchtigkeit-Korrekturfaktor für Partikel = humidity correction factor for

particulates 粒子湿度補正係数 機械 環境
Krackdestillation 女 分解蒸留, destructive distillation, cracking distillation 化学 バイオ
Krählwerk 中 攪拌機, シックナー, rabble rake, thickner 環境 化学 機械
Kraftangriffswinkel 男 噛み込み圧力角, 噛み合い圧力角, 類 Arbeitseingriffswinkel 男, working pressure angle 機械
Kraftaufnehmer 男 ロードセンサー, 類 Beladungszähler 男, load sensor 材料 機械 設備
Kraftkomponente 女 分力 機械 建設
Kraftmaschine 女 原動機, 発動機, engine 機械
Kraftmessdose 女 ロードセル, 類 Lastzelle 女, load cell 材料
Kraftmoment 中 力のモーメント, moment of force 機械
kraftschlüssig テンションロッキングの, tensionally locked 機械
Kraftspannfutter 中 パワーチャック 機械
Kraftstoff-Luft-Gemisch 中 混合気, fuel-air mixture, mixture, air-fuel mixture 機械
Kraftstoffpumpe 女 燃料ポンプ, fuel pump 機械
Krftstoffregler 男 フューエルプレッシャーレギュレータ, fuel ratio control 機械
Kraftstoffspeicher 男 フューエルアキュムレータ 機械 化学
Kraftstofftank 男 燃料タンク 機械 化学
Kraftstoffventil 中 燃料弁, fuel valve 機械
Kraftübertragungsvorrichtung 女 動力伝達装置 機械
Kraft-Wärme-Kopplung 女 熱電併給コジェネレーション エネ 電気 機械 環境
Kraftwagenprüfstand 男 シャシ動力計, chassis dynamometer 機械
Kraft Weg-Diagramm 中 応力―ストローク線図, 荷重―ストローク線図 材料 鉄鋼 非鉄
Kraftwerk für überkritischen Betriebedruck 中 超臨界圧発電所 エネ 電気

Kragen 男 カラー, つば, collar 機械
Kragplatte 女 片持ちプレート, cantilever slab 建設
Kragträger 男 片持ちビーム, cantilever beam 建設
Krampf 男 痙攣, 引きつけ, convulsion (体全体の痙攣), twitch, tic (緊張などで起こる一部の筋肉の痙攣) 化学 バイオ 医薬
Kranhaken 男 クレーンフック, 類 Lasthaken 男, crane hook 機械 設備
Krankabine 女 クレーンの運転室 操業 設備
Krankenhausaufnahmeformalitäten 複 女 入院手続き, formalities needed for inpatient treatment, hospitalization procedures 化学 バイオ 医薬 経営
Krankenschein 男 健康保険証, health insurance certificate, health insurance voucher 化学 バイオ 医薬 法制度
Krankenstation 女 病棟, hospital ward 化学 バイオ 医薬
Krankentrage 女 ストレッチャー, 患者運搬者, stretcher. 化学 バイオ 医薬
Kranöse 女 クレーンラグ, crane lug 機械 操業
Kranspiel 中 クレーンの動き・運転 操業 設備
Kranz 男 (ねじの) ショルダー, (タイヤの) リム, shoulder, rim 機械
Kranzarterie 女 冠状動脈, 類 Koronararterie 女, coronary artery 化学 バイオ 医薬
Kranzbreite 女 (ベルト車のベルト受け部の) リム幅 機械
Krater 男 クレータ, (溶接ビード終点に生じるくぼみ), crater 溶接 機械
Kratzblech 中 スクレーパシート, scraper sheet 機械 材料
Kratzer 男 引っ掻き疵, scratch 材料 機械
Krautschicht 女 草本層, herbaceous layer 化学 バイオ 地学
Kreatinphosphorsäure 女 クレアチンりん酸, クレアチンリン酸, (骨格筋にとって重要なエネルギー貯蔵物質), creatine phosphoric acid, creatine phosphate, KPS 化学 バイオ 医薬

Kreation 女 ファッションデザイン
Krebs 男 癌, cancer 化学 バイオ 医薬
Krebsrisiko 中 癌危険率, cancer risk 化学 バイオ 医薬
Kreide 女 白亜紀（中生代の）, 英 Cretaceous 地学 物理 化学 バイオ
Kreisbogenanlage 女 湾曲型 CCM（連続鋳造機）, bow type caster 連鋳 操業 設備
kreisbogenverzahnte Feile 女 並目やすり, 類 gefräste Feile 女, vixen file 機械
Kreiselpumpe 女 遠心ポンプ, 類 Zentrifugalpumpe 女, centrifugal pump 機械
Kreisprozess 男 サイクル, 循環プロセス, cycle, cycle process エネ 環境 機械 化学 バイオ
Kreissägemaschine 女 丸のこ盤, circular saw machine, disc saw machine 機械
Kreisschwingung der Welle 女 軸の振れ回り, 類 Schwungswirbelung des Schaftes 女, centrifugal whirling of shaft 機械
Kreuzgelenkkupplung 女 万能（軸）継ぎ手, 自在（軸）継ぎ手, クロスリンク自在継ぎ手, cross link universal coupling, universal joint 機械
Kreuzhybridisierung 女 交配合成, cross-hybridization 化学 バイオ
Kreuzkopfmotor 男 クロスヘッドエンジン 機械
Kreuzkopfschuh 男 クロスヘッドシュー, cross head shoe 機械
Kreuzmeißel 男 えぼしたがね, cross-cut chisel, parallel cross-bit chisel 機械
Kreuzscheibenkupplung 女 オルダム（軸）継ぎ手, Oldham's coupling 機械
Kreuzschlitz 男 十字穴, 十字スリット 機械
Kreuzschlitzschraube 女 フィリップねじ, Phillips head screw, recessed-head screw 機械
Kreuzspule 女 交差コイル, cross coil 電気 材料
Kreuzstrebe 女 筋交, cross brace, cross stud 建設 設備
Kreuzstrom-Kühlturm 男 直交流形冷却塔, crossflow cooling tower エネ 製銑 原子力 設備
Kreuzstrom-Wärmeaustauscher 男 直交流型熱交換器, cross-flow heat exchanger 機械 エネ 電気
Kreuzstück 中 十字（管）継手, cross piece, four-way connector 機械
Kreuzverband-Stahlrohrrahmen 男 横控えスチールパイプフレーム, cross-bond steel pipe frame 設備 建設 機械
Kreuzverbundschaltung-Gasturbine 女 並列型タービン, クロスコンパウンド型タービン, cross-compound turbine エネ 機械
Kreuzvernetzung 女 架橋（1. 高分子鎖が末端以外の任意の位置で結合する橋かけ結合, cross-linkage ; 2. 環状有機物の環中の離れた 2 か所をつなぐ反応, または, 金属錯体の中心金属をつなぎ, 多核錯体をつくる反応, bridge formation）, 類 関 Quervernetzung 女, cross linking, bridge formation（出典：標準化学用語辞典, 縮刷版, 第四刷, 日本化学会, 丸善, 2008） 化学 バイオ
Kriechbruchfestigkeit 女 クリープ破断強度, 類 Dauerstandfestigkeit 女, Zeitstandfestigkeit 女, creep rupture strength 材料 機械 化学
Kriechdehnung 女 クリープ歪, creep strain 材料 機械 化学
kriechen 這う, crawl, creep 機械
Kriechgrenze 女 クリープ強さ, limiting creep stress 材料 機械 化学
Kriechkurve 女 クリープ曲線, 類 Zeit-Dehnungs-Kurve 女, creep curve 材料 機械 化学
Kristallisation 女 晶出, 英 crystallization 材料 化学 バイオ 鉄鋼 非鉄 物理
Kristallstruktur 女 結晶構造, cristall structure 材料 物理 化学 鉄鋼 非鉄
Kriterium 中 基準 操業 規格
kritische Belastung 女 限界荷重, critical load 機械 材料 建設
kritische Machzahl 女 臨界マッハ数, critical Mach number 航空 機械
kritischer Punkt 男 臨界点, critical point 原子力 物理 化学

K

kritischer Zustand 男 臨界状態, 類 Kritisch-Sein 中 原子力 物理 化学
Kronenmutter 女 みぞ付きナット, castellated nut, castle nut 機械
Kronglaslinse 女 クラウンレンズ(アッベ数が55以上のレンズ), クラウン, 関 Flintglaslinse 女, crown lens 光学
Krümmer 男 ベンド, エルボー, マニフォールド, bend, elbow, manifold 機械
Krümmungsaußenseite 女 アーチ背面, アーチ上流面, アーチ外側の曲線, アーチの外輪, extrados, exterior curve of an arch 建設
Krümmungswiderstand 男 曲線抵抗, 類 Kurvenwiderstand 男, curve resistance 交通 機械
Krümmungsmittelpunkt 男 曲率中心, center of curvature 交通 機械 統計
KrW-/AbfG = Kreislaufwirtschafts- und Abfallgesetz = German Closed Substance Cycle and Waste Management Act ドイツ廃棄物質閉循環廃棄管理法 環境 化学 バイオ 医薬 法制度
kryogen 深冷の, 極低温の, 類 tiefkalt, 英 cryogenic 化学 バイオ 物理 材料
Kryogenik 女 低温学, cryogenics 化学 バイオ 物理 材料
Kryolith 男 氷晶石(単斜晶系, アルミニウム製錬に使用, Na3A1F6, ヘキサフルオロアルミン酸ナトリウム), cryolite 精錬 化学 バイオ 非鉄 地学
Kryoskopie 女 氷点法, cryoscopy 化学 バイオ 物理
Kryostat 男 低温恒温装置, . 低温恒温槽, 低温保持装置, 類 Cryostat 男, cryostat 化学 バイオ 機械 エネ
Kryptoeinheit 女 暗号作成ユニット, crypto-unit 電気
Kryptonfluorid 中 ふっ化クリプトン, フッ化クリプトン, krypton-fluoride, KrF 光学 電気
KS = Korrektursignal 訂正信号, 修正信号, correction signal 電気 機械 ; = Kunststoff プラスチック, 合成樹脂, plastic 化学 材料
KTL = Kathodische Tauchlackierung = the cathodic dip painting 陰極浸漬塗装 機械 化学 材料
Kubikzahl 女 三乗 数学 統計
Kübel 男 バケット, bucket, pail 機械 設備
Kühlergitter 中 ラジエターグリル, 類 Kühlergrill 男, radiator grille 機械
Kühlintensität 女 冷却強度, cooling intensity 連鋳 材料 操業 設備
Kühlkammer 女 クーリングチャンバー, cooling chamber 連鋳 材料 操業 設備
Kühlmantel 男 冷却ジャケット, coolant jacket 機械
Kühlmittel 中 冷却剤, 冷却材, 冷媒, KM, coolant, cooling agent, cooling medium, refrigerant 機械 化学 エネ
Kühlmittelverluststörfall 男 冷却材喪失事故, loss-of-coolant accident, LOCA 原子力 放射線
Kühlplatte 女 冷却板, cooling plate 製銑 精錬 機械
Kühlrippe 女 冷却ひれ, cooling fin, cooling rib 機械 化学 エネ 設備
Kühlschlange 女 冷却コイル, condenser coil, cooling coil 機械 エネ
Kühltrommelverfahren 中 クーリングドラム法, cooling drum process 機械
Kühlungsstrecke 女 冷却ライン 連鋳 材料 操業 設備
Kühlwasserpumpe 女 冷却水ポンプ, circulating water pumpe, cooling water pump 機械 製銑 精錬 連鋳 材料 操業 設備 化学
Kühlwirkung 女 冷却効果, cooling effect 機械 製銑 精錬 連鋳 材料 操業 設備 化学
Künstlicher Satellit 男 人工衛星, artificial satellite 航空 電気
küstenozeanographisch 湾岸海洋学の, coast-oceanographic 海洋 地学 化学 バイオ
Küvette 女 排水濠 設備
Kugelgelenk 中 玉継手, 球形自在継手, ボールジョイント, ボールピボット, ball joint, ball pivot 機械
Kugelgelenkkopf 男 タイロッドソケット, tie rod socket 機械
Kugelgewinde 中 ボールねじ, recircu-

lating ball screw 機械
Kugelhahn 男 ボールコック, ボールバルブ, ball stop-cock, ball valve 機械
Kugellager 中 玉軸受, 球面軸受, ボールベアリング, spherical bearing, ball bearing 機械
Kugellager mit Deckscheibe 中 シールド玉軸受 機械
Kugelmühle 女 ボールミル, ball mill 機械
Kugelpfanne 女 ボールマグ, ボールソケット 機械
Kugelschleuse 女 (洗浄ボールなどの) ボールコレクタ, ball collector 機械
Kugelstange 女 (軸流ピストンポンプの) ボールロッド, ball rod 機械
Kugelventil 中 玉形弁, 類 Durchgangsventil 中, globe valve 機械
Kugelwulstschmierkopf 男 玉形補強ニップル 機械
KUL = Kriterien umweltverträglicher Landbewirtschftung = the criteria for environmentally friendly agriculture 環境にやさしい農業に関する基準 化学 バイオ 規格 法制度
Kulisse 女 ガード, スライディング, リンク, メンバ, ロッカー, 縁飾り板 機械
Kulissse des Wählhebels 女 セレクトレバー, 縁飾り板, selecter lever escutcheon 機械
Kulissenantrieb 男 リンクレバー, link lever 機械
Kulissendämpfer 男 バッフル型消音器, baffle type silencer 機械
Kulissenführung 女 ロッカーガイド, リンク案内 機械
Kulissenhebel 男 ロッカーアーム, ロッカーレバー, スロットレバー, rocker arm, rocker lever, slotted lever 機械
Kulissenplatte 女 ロッカープレート 機械
Kulissenschalldämpfer 男 スライディングブロックアブソーバー, sliding block absorber 機械 電気
Kulissenschaltung 女 選択式変速装置, gate shift 機械
Kulissenstein 男 スライディングブロック, sliding block 機械 電気
Kulissensteurung 女 リンク制御 設備 機械
Kultivierung 女 培養, cultivation バイオ
Kulturbrühe 女 培養液(濁った), 類 Kulturmedium 中, culture medium 化学 バイオ
kumuliert 累積の, 累積された, 集積の,
Kundenstammdaten 複 顧客マスターデータ, customer master data 電気 経営
Kundentermin 男 顧客への引渡し日 経営
Kunstfaser 女 合成繊維, artificial fibre, synthetic fibre 繊維 化学
Kunstseidenspinnmaschine 女 レーヨン紡糸機, rayon spinning machine 繊維 機械 設備
Kunststoffabfälle 複 男 廃プラ, 廃棄プラスチック, plastic waste 環境 化学 バイオ
Kunststoffformenstahl 男 プラスチック成形工具鋼 材料 鉄鋼 機械 化学
Kupfer 中 銅, copper 材料 非鉄
kupferkaschierte Folie 女 銅張り積層板, copper clad laminate (CCL), 類 kupferkashiertes Laminat 中 電気
Kupferseide 女 銅シルク, 銅レーヨン copper silk, copper rayon, CUS 電気 繊維
Kuppe 女 頭, メニスカス, 類 関 Kuppe 女, meniscus 機械 精錬 連鋳 材料 化学 医薬 光学
Kuppelteil 中 カップリング, coupling 機械
Kupplung 女 カップリング, クラッチ coupling, clutch 機械
Kupplungsbelag 男 クラッチライニング 機械
Kupplungsnuss 女 連結捻心 機械
Kupplungsscheibe 女 クラッチディスク 機械
Kuranstalt 女 療養所, サナトリウム, sanatorium, convalescent home 化学 バイオ 医薬
Kurbelarm 男 クランクアーム 機械
Kurbelgehäuse 中 クランクケース, crank- case, KG 機械
Kurbelwange 女 クランクウエブ, web of crank 機械
Kurbelzapfen 男 クランクジャーナル, クランクピン, crank pin, crank journal 機械

K

Kurtosis 女 尖度, 類 Wörbung 女, kurtosis 統計
Kurven-Steuerscheibe 女 板カム, plate cam 機械
Kurvenzahnkegelrad 中 まがり歯傘歯車 機械
die kurzreichweitige drahtlose Sendung 女 狭域帯無線通信, short range communication 電気 機械
Kurzschlussventil 中 バイパス弁 機械
KVP = Kontinuierlicher Verbesserungs-Prozess = continuous improvement process 継続的改善プロセス, 連続向上・改善プロセス, 継続改善行動, CIP 経営 機械 電気 全般 操業
KW = Kühlwasser = cooling water 冷却水 機械 エネ 化学 バイオ 原子力 製銑 精錬 製鋼 連鋳 材料 ; = Kohlenwasserstoffe = hydrocarbons 炭化水素,HC 化学 バイオ; = Kurbelwinkel = crank angle クランク角度,クランク角 機械
KWG = Kurbelwellengeber 男 クランク軸モニター 機械 電気

L

L = Leucin 中 ロイシン 化学 バイオ 医薬
LAbfG NRW = Landesabfallgesetz NRW NRW州廃棄物法 環境 化学 バイオ 医薬 法制度
Labormaßstab 男 研究室規模, 関 halbtechnischer Maßstab 男, Technikumsmaßstab 男, Nullserienproduktion 女, großtechnischer Maßstab 男, industrieller Maßstab 男 操業 設備 化学 鉄鋼 非鉄 全般
Labyrinthdichtung 女 ラビリンスシール, labyrinth seal 機械 化学 バイオ 医薬
Labyrinthulaceae ラビリンツラ属 化学 バイオ
Lackeigenschaft f コーティング.性, lacqering property 材料
Lackhaftung 女 コーティング付着(性), adhesion of lacqering 材料 化学
Ladeluft 女 過給空気, supercharged air, charge air 機械
laden 積む, 充電する, 装入する 機械 電気 製銑 精錬 化学
Ladeöffnung 女 積み下ろし口, 積み下ろし開口部 機械 航空 船舶
Ladungsinjektions-Bauelement 中 電荷注入デバイス,電荷注入装置,charge injection device,CID 電気 化学
Ladungsträgerbeweglichkeit 女 荷電担体易動度 電気
Ladungsübertragungmittel 中 電荷転送デバイス, 類 Ladungsverschiebungselement 中, charge transfer device, CTD 電気
Ladungswechselhub 男 チャージサイクル, charge cycle 機械
Länge 女 全長,長さ,length,duration 機械
Längenausdehnungszahl 女 線膨張係数, 類 linearer Ausdehnungskoeffizient 男, coefficient of linear expansion 材料 機械 エネ 物理 化学
längenbezogen 単位長さ当たりの: längenbezogene Gewichte 単位長さ当たりの重量 全般
Längenelastizitätsmodul 男 縦弾性係数, ヤング率, 類 Zugelastizitätsmodul 男,modulus of longitudinal elasticity, Youngs modulus 材料 機械 エネ 物理 化学 建設
längsbeweglich 長手方向へ動く 機械
Längslenker 男 トレーリングリンク,trailing link,longitudinal control arm 機械
längsnahtgeschweißt ストレートビード溶接を施した 溶接 材料 機械
Längsschnitt 男 縦断面, longitudinal section 連鋳 材料 操業 設備
Längsseitenkante 女 長手方向側面端部 機械
Längsspannung 女 縦応力,axial stress, longitudinal stress 機械 設備 建設

Längsteilung 女 長手軸方向スリット, スリット, スリッティング, スリットライン, 類 Spaltlinie 女, Zerteilen 中, axial-slitting 連鋳 材料 操業 設備

Längsteilen 中 スリット, slitting 連鋳 材料 操業 設備

Längsträger 男 サイドメンバ, 側ばり, 縦けた, frame side member, longitudinal beam, LT 機械 建設 設備

Längsvorschub 男 縦送り, longitudinal feed 機械

Längszweig 男 長手ブランチ 機械 電気 化学 バイオ

Läppen 中 ラップ仕上げ,lapping 材料 機械

Läppmaschine 女 ラップ盤, lapping machine 機械

Lärche 女 カラマツ, larch 化学 バイオ

Lärm 男 騒音, noise 音響

Lärmbelastung 女 騒音負荷 環境 光学 音響

Läsion 女 障害, lesion 化学 バイオ 医薬

Läufer 男 回転子, 羽根車, rotor, runner, impeller 電気 機械

LAfAO = Landesamt für Agrarordnung des Landes Nordrhein-Westfahren = Office of Agrarian Policy of the state of Nordrhein-Westfahren ノルトラインヴェストファーレン州農業政策局 化学 バイオ 組織

LAGA = Länderarbeitsgemeinschaft Abfall = German Interstate Working Party on Waste Processing 廃棄物処理促進州間ワーキンググループ 環境 化学 バイオ 医薬 組織

Lage 女 状態, 類 Zustand 男, Verhältnisse 中 全般

Lagenschalter 男 ストップスイッチ, 位置表示スイッチ 電気

Lager 中 軸受, 倉庫, 在庫品, 地層, 炭層, 鉱床, bearing, support, warehouse, deposit 機械 設備 地学 製銑 製品

Lagerachse 女 サポート軸,support shaft 機械

Lagerauge 中 ベアリング・アイ, bearing eye, bearing lug 機械

Lagerbehälter 男 ストレージタンク 機械

Lagerbock 男 軸受台, bearing support, bearing bracket 機械

Lagerbuchse 女 ベアリングブッシュ,bearing bush 機械

Lageregelung 女 位置決め・調整制御, positioning action 機械

Lagerfläche 女 座面, ストックヤード, 類 Sitzauflage 女, Anlagefläche 女, Auflagefläche 女, bearing surface, storage yard 機械 設備 製銑 製品

Lagerluft 女 軸受隙間, ベアリング間隙, bearing clearance 機械

lagern 支える, ストックする, 貯蔵する, 軸受に取り付ける, bear, stock, store, support 機械 化学 バイオ

Lagerprogramm 中 ストックプログラム, stock program 操業 設備

Lagerschale 女 座面,軸受ブッシュ,軸受面, 類 Sitzauflage 女,Anlagefläche 女,Auflagefläche 女,bearing shell,bearing sheet,bearing box 機械

Lagerscheibe 女 ベアリングディスク, 軌道輪(ころがり軸受), 類 Lagerring 男, Laufring 男, bearing disc, race 機械

Lagersitz 男 リクライニングシート 機械

Lagersockel 男 軸受台, 類 Lagerbock 男, bearing pedestal, bearing support, bearing bracket 機械 建設

Lagerspiegel 男 容器内貯蔵状態表示報告,貯蔵レベル, ストックレベル,ベアリングボトムプレート,bin status report,storage level,bearing bottom plate 機械

Lagerstelle 女 ベアリング部位 機械

Lagerung 女 軸受, ベアリングサポート, 積荷, 保管・貯蔵, 成層, bearing, support, storage, bedding 機械 地学

Lagerungsdichte 女 土壌かさ密度, 土壌容積重, 土壌容積密度, soil bulk density 化学 バイオ 地学

Lagerverhalten 中 貯蔵性,storage properties 化学 バイオ 非金属 製品 材料

lagervorrätig 在庫してある 操業 設備 経営

Lagerzapfen 男 ベアリングネック, ベアリン

グピン, bearing neck, bearing pin 機械
Lagrangesche Bewegungsgleichung 女 ラグランジェの運動方程式 機械 物理
Laktat 中 乳酸, 乳酸塩, lactate 化学 バイオ
Lamb-Welle 女 ラム波 光学 物理 材料 化学
Lamdasonde 女 ラムダプローブ(燃焼排ガス中の残留酸素を測定し, 空気比を制御するための), lamda probe, heat exhaust gas oxygen (HEGO) sensor 機械 環境 エネ
Lamellargefüge 中 層状組織, laminated structure 材料 鉄鋼 非鉄
Lamellenabscheider 男 フィン付きセパレータ 機械
Lamellenfeder 女 重ね板ばね, 類 Blattfeder 女, Flachfeder 女, Überlappfeder 女, lamellar spring 機械
Lamellenkupplung 女 マルチディスクカップリング, ラミネーションカップリング, マルチディスククラッチ, マルチプレートクラッチ, lamination coupling, multi-disc clutch, multi-plate clutch 機械
Lamellennaht 女 重ね継ぎ手 機械
Lamellepaket 中 ディスククラッチ, ディスクセット 機械
Laminarströmung 女 層流, laminar flow 機械 物理 エネ
Laminat 中 ラミネート, 積層板, 類 verpresste Schichtstoffplatte 女 電気
LAN = 英 local area network = lokales Netzwerk 企業内(構内)ネットワーク, ラン(LAN) 電気
Landesgesundheitsamt 男 州保健局, state health authority, LGA 化学 バイオ 医薬 組織
Land-Luft-Raketengeschoss 中 地対空ミサイル 航空
Landmaschine 女 農業機械 機械 バイオ
Landolt-Ring 男 ランドルト環, Landolt ring 化学 バイオ 医薬 光学
Landwirt 男 営農家 化学 バイオ
langkettig 長鎖の, long-chain 化学 バイオ
langlich 長めの, 縦長の
Langsamläufer 男 低速羽根車 機械 エネ
langwellig 長波の 電気 エネ
Langzeitexposition 女 長期間被爆, long-term exposure 原子力 放射線 バイオ 医薬
Langzeitstabilität 女 長時間安定性 材料
Lanzenabstand 男 ランス高さ, ランス間隔, lance height 精錬
Laparoskop 中 腹腔鏡, laparoscope 化学 バイオ 医薬
Laparotomie 女 開腹法, 開腹手術, laparotomy 化学 バイオ 医薬
Lappen 男 平金具, パッチ, 葉[よう], rag, lobe 機械 バイオ 医薬
Larve 女 幼虫, larva 化学 バイオ
Lasche 女 当て金継ぎ手, 帯, 継ぎ目板, コネクター, シャックル, ラグ, サイドバー, connector, plate, eye, shackle 機械
Laschenkette 女 板リンクチェーン, drag link conveyor chain, connector chain 機械
Laschennietung 女 当て金リベット結合, 当て金リベット締め 機械
Laserdrucker 男 レーザプリンタ, laser printer 電気 光学 印刷
Lasergravur 女 レーザー印刻 電気 印刷 機械
Laserkern 男 光ファイバーコア部 光学
Laserresonator 男 レーザー共振器, laser resonator 光学
Laser-Schweißung 女 レーザー溶接 溶接 機械 光学
LASI = Länderausschuss für Arbeitsschutz und Sicherheitstechnik = the Federal State Committee for Safety and Health at Work 労働安全およびその技術に関する州委員会 化学 バイオ 医薬 安全 組織 経営
lastabhängige Bremse 女 積空ブレーキ装置, load depending brake 交通 機械
Lastaufnahme 女 負荷受入想定, 負荷容量, load-bearing capacity, loading capacity 機械 建設
Lastenheft 中 仕様書, 仕様, 明細書, 発明説明書, スペック, performance specification 機械 設備 特許 規格
Lasthaken 男 クレーンフック, 類 Kran-

haken 男, crane hook 機械
Last-In-First-Out-Methode 女 = LIFO-Methode 後入れ先出し法 機械 物流
Lastkraftwagen 男 トラック= LKW 機械
Lastspitzenbegrenzer 男 荷重(負荷)ピーク(ピーク負荷)振幅制限器, maximum demand(load peak/peak load) limiter/peak chopper 電気 機械 材料
Laststrom 男 負荷電流, 周辺電流, load current, peripherical power 電気 機械
Laststufenschalter 男 負荷時タップ切り換え装置, on load tap changer, LTC 電気 機械
Lasttraverse 女 ロードビーム 建設 機械
Lastwechselzahl 女 負荷変動数, number of load cycle 機械
Lastzelle 女 ロードセル, load cell, 類 Kraftmessdose 女 機械
latente Wärme 女 潜熱 精錬 化学
Lateralmodulations-Rasterkraftmikroskop 中 横振動モード原子間力顕微鏡(凹凸や走査方向の影響を受けず, 摩擦力の分布を精密に映像化できる), lateral modulation atomic force microscope, LM-AFM 電気 物理 光学 材料 化学 機械
Laterne 女 ボンネット, ランプ, バルブブラケット, バルブヨーク, 弁帽, ランタン, bonnet, lamp, valve bracken, valve yoke, valve bonnet, lantern 機械 電気
Lauf-Anweisung 女 (繰り返し文)実行指示 電気
Lauffläche 女 踏み面, トレッド, tread, running surface 機械
Laufflächenprofil 中 トレッドパターン, tyre tread pattern 機械
Laufgenauigkeit 女 (転がり軸受の)回転精度, accuracy of movement, concentricity requirement 機械
Laufkran 男 天井クレーン, overhead travelling cranes 機械 操業 設備
Laufrad 中 ボギーホイール, インペラー, bogie wheel, impeller 機械 エネ
Laufrichtung 女 回転・運動方向 機械
Laufring 男 (転がり軸受)軌道輪, レース, ball race 機械
Laufrolle 女 カムローラー, ボギーランナー, cam roller, bogie runner 機械
Laufruhe 女 平滑な運転・作動, running smoothness 機械
Laufschaufel 女 動翼, 回転羽根, moving blade, turning blade, impeller blade, rotor blade, 関 Leitschaufel 女 機械
Laufsteg 男 タラップ, catwalk 機械 操業 設備
Laufsitz 男 動きばめ, すきまばめ, 類 Spielpassung 女, loose fit, running fit 機械
Laufweg 男 伝播[でんぱ]ルート, passageway 光学 音響 機械
Laufwerk 中 ディスクドライブ, disc drive 電気
Laufwiderstand 男 走行抵抗, 類 Fahrwiderstand 男, Rollwiderstand 男, resistance to forward motion, resistance to rolling 機械 交通
Laufzeit 女 伝播時間, ラグタイム, ランタイム, transit time, travel time, lag time, running time 電気
Laurat 中 ラウリン酸エステル, ラウリン酸塩, laurate 化学 バイオ
Laurinaldehyd 男 ラウリンアルデヒド, ドデカナール, 類 Lauraldehyd 男, lauraldehyde, dodecanal 化学 バイオ
Lautsprechergitter 中 スピーカーメッシュ, スピーカーカバー, スピーカーフレーム, loudspeaker grille, loudspeaker cover, loudspeaker frame 音響 機械
Lava 女 溶岩, 英 lava 地学
Lavaldüse 女 中細[なかぼそ]ノズル, 類 doppeltrichterförmiges Rohr 中, converging and diverging nozzle, laval nozzle 機械 エネ
LBB = Lenkwinkel Backbord = steering angle-port side 左舷ステアリング角 船舶
LBP = 英 low back pain = 英 lumbago = 英 backache = Hüftschmerzen 腰痛 化学 バイオ 医薬
LC = litter compounds = Streustoffe リターコンパウンド, 敷き藁コンパウンド 化学 バイオ
LCF = 鋳物砂用粘結剤剤の一種, 鋳造用

フラックスの一種,(銅合金鋳造などに用いられる) 鋳造 鉄鋼 非鉄 機械

LCIE = 仏 Laboratoire Central des Industries Electriques = 英 Central laboratory for electrical industries 仏電子工業中央研究所 電気 全般 組織

LCM = 英 life cycle management = Lebenszyklus-Management ライフサイクル管理 経営 化学 バイオ 医薬

LD = letale Dosis = tödliche Dosis = lethal intake 致死摂取量 化学 バイオ 医薬 環境 ; = Linz-Donawitz-Konverter, LD転炉 精錬 ; = 英 leak detection = Aufspüren von Leckagen 漏洩検知, 漏水検査, 漏れ検出 機械 電気 化学 建設 全般

LDA = 英 laser doppler anemometry レーザードップラー風速計 物理 機械 電気 光学 音響

LDI-TOF-MS = 英 laser desorption / ionization time-of-flight mass spectrometry ソフトレーザ脱離／イオン化—飛行時間型(TOF型)質量分析法; = 英 laser doppler image -time of flight mass spectrometry レーザドップラー画像—飛行時間型 (TOF型) 質量分析法 化学 バイオ 電気

LDL = 英 low-density lipoprotein = Lipoprotein niedriger Dichte 低密度リポタンパク質, 低比重リポ蛋白 化学 バイオ 医薬

LDMS = 英 laser desorption mass spectrometry = Laser-Desorptions-Massenspektrometrie レーザー脱離質量分析, レーザー脱着質量分析 化学 バイオ 電気

LDO-Regulator = 英 low drop out regulator = Spannungsregler mit geringem Spannungsfall 低飽和レギュレータ 電気

LDPE = 英 low density polyethylene = Polyethylen niedriger Dichte (PE-ND) 低密度ポリエチレン(高圧法による) 化学 バイオ

LDS = Landesamt für Datenverarbeitung und Statistik 州データ統計局 統計 組織

LD-Stahlwerk 中 純酸素上吹転炉工場, LD-steel making shop 精錬 操業 設備

LDV = 英 laser doppler velocimeter レーザードップラー速度計 機械 電気 光学 音響 物理

lean radial 英 リーンラジアル(周方向へ傾けた) 機械 エネ

LEA-Projekt 中 ドイツ研究開発教育省(BMBF)のプロジェクト, オーステナイトダクタイル鋳鉄(ADI) 部材の疲労強度を, 鋳造シミュレーションにより解析した. プロジェクト No.03X3013 鋳造 材料 建設 電気 統計 組織

Lebensdauer 女 寿命, 関 Standzeit 女, durability, fatigue life, operating life, lifetime 機械 化学 バイオ

Lebensweg 男 (製品などの) ライフサイクル, life cycle 経営 リサイクル

Leberanschwellung 女 肝臓腫大, liver swelling 化学 バイオ 医薬

Leberentzündung 女 肝炎, 類 Hepatitis 女, 英 hepatitis 化学 バイオ 医薬

Leberinsuffizienz 女 肝(機能)不全(症), hepatic insufficiency, liver failure 化学 バイオ 医薬

Leberkrebs 男 肝臓がん, 類 Leberkarzinom 中, liver cancer, carcinoma of the liver 化学 バイオ 医薬

Leberzirrhose 女 肝硬変, cirrhosis 化学 バイオ 医薬

Leckage 女 漏水, 漏えい, リーク, 漏れ, leakage 化学 バイオ 機械 操業 設備

Leckmode 女 漏洩モード, リーキーモード, 類 Leckwelle 女, leaky mode, tunneling mode 電気

Leckverlust 男 漏れ損失, leak loss 機械 エネ 化学 バイオ

LEC method = 英 liquid encapsulated Czochralski method 液体封止チョクラルスキー法 (ガリウムひ素 (GaAs) 単結晶などの開発に用いられる) 物理 電気 材料

LED = 英 light emitter diode = Leuchtemitterdiode 発光ダイオード 光学 電気

Ledeburit 男 レデブライト, ledeburite 材料 鉄鋼 物理

LEED = 英 low energy electron diffraction = Beugung niederenergetischer Elektronen an Oberflächen 低速電子線回折 化学 バイオ 電気 材料

Leere 女 空隙, ボイド, 空所, emptiness, void 船舶 連鋳 鋳造 材料 化学 バイオ 機械
Leerlauf 男 アイドリング, 無負荷運転, idling, running without load 機械
leerlaufendes Rad 中 遊び歯車, 類 Sicherheitsrad 中, idle gear 機械
Leerlaufposition 女 中立位置, ニュートラルポジション, 類 Leerlaufstellung 女, neutral position 機械
Leerlaufspannung 女 無負荷開放電圧, no-load voltage, open-circuit voltage 電気 機械
Leerlaufverluste 複 男 アイドリングロス, losses in idle 機械
Leertaste 女 スペースキー,space key 電気
Legehenne 女 産卵鶏, layer, laying hen 化学 バイオ
Legende 女 (図表などの) 説明文, 記号説明, 凡例 全般
legierter Stahl 男 合金鋼, alloy steel 材料 精錬 機械
Legierungszusatz 男 合金元素添加(量), alloying addition 材料 精錬 鉄鋼 非鉄
Leguminose 女 マメ科植物, 類 Schmetterlingsblütler 男 化学 バイオ
Lehm 男 粘土, ローム, まね, clay, loam, pug 地学 機械 鋳造 化学 バイオ
lehmig ローム質の,loamy 地学 化学 バイオ
Lehmmühle 女 パグミル(煉瓦などを造るこね機, アスファルト混合物の混練機械装置などをいう), pug mill 機械 建設
lehnen 乗り出す,über etw. lehnen：立て掛ける,an etw. etw. lehnen：Rückenlehne 女 背もたれ：an etw. anlehnen ～に拠る
Lehrdorn 男 プラグゲージ 機械
Lehrenbohrmaschine 女 ジグ中ぐり盤, ジグボール盤, 類 Koordinatenbohrmaschine 女, Vorrichtungsbohrmaschine 女, jig boring maschne, jig drilling machine 機械
leichtflüchtig 高揮発性の, 類 hochflüchtig, 英 highly volatile 化学 バイオ
Leichtlauföl 中 高性能エンジンオイル 機械
Leichtmetall 中 軽金属,light metal 非鉄
Leichtsieder 男 低沸成分, low-boiling component, 関 Schwersieder 男 高沸成分 化学 バイオ
leichtverständlich 視認性の 光学
Leidenfrosttemperatur 女 ライデンフロスト温度 連鋳 鋳造 物理
Leitschleife 女 ループ導体部, conductor loop 電気
leimen 膠でつける, glue 機械 化学
Leistung 女 能力,能率,電力需要,サービスの提供,生産,製品,類 Produkt 中,Produktion 女,Kapazität 女, Ausbringen 中, Produktivität 女, Wikungsgrad 男, Dienstleistung 女,capacity,efficiency, power,output 操業 設備 機械 電気 製品
Leistungsaufnahme 女 電力原単位,電力消費量,power consumption 電気 機械 エネ
Leistungsausbeute 女 出力,output yield 機械 エネ
Leistungsdichte 女 電力密度, 出力密度, power density 電気 機械 エネ
Leistungseinheit 女 単位出力 電気 機械 エネ
Leistungselektromik 女 電力用電子部品, パワーエレクトロニクス power electronics 電気
Leistungsgewicht 中 重量比出力, パワーツーウエイトレシオ, 重量当たり出力(自動車などの動力性能のうち, 主に加速能力を表す指標として用いられる比率である), power to weight ratio 機械 電気 エネ
Leistungsgrenze 女 極限電力, パワーリミット, パワーピーク, power limit 電気
Leistungsfähigkeit 女 効率, efficiency 操業 設備
Leistungsfaktor 男 力率, power factor 機械 電気
Leistungskoeffizient 男 動作係数(冷凍), 成積係数(冷凍),類 Kältefaktor 男,coefficient of performance,COP 機械 電気
Leistungskurve 女 性能曲線, 類 Kennlinie 女, performance curve 材料 機械 化学 バイオ 物理 統計
Leistungspfad 男 電力計路, power preh 電気

L

Leistungsprofil 中 サービス輪郭・形態, 作業輪郭・形態, profile on performance, service profile 操業 品質 製品 経営

Leistungsprogramm 中 生産・製品プログラム, production/product program 操業 設備

Leistungsreaktor 男 動力用原子炉, power reactor エネ 原子力 電気

Leistungsreserve 女 予備電源, 予備容量, 予備性能, power reserve, capacity reserve, performance reserve 電気 機械 化学

Leistungsschalter 男 電力回路遮断器, power circuit breaker, PCB 電気

Leistungsschild 男 銘板, name plate, face plate 機械

Leistungsspektrum 中 サービスの幅広い選択の幅 全般 経営

Leistungsteil 中 パワー素子,電力素子(電力用半導体スイッチング素子の略称), power element, power section 電気 機械

Leistung des Turbienen-düsentriebswerkes 女 ターボジェットエンジンの性能 機械 エネ 航空

leistungsverzweigt 電力分配の 電気 機械

Leitachse 女 先車軸, leading axle 機械

Leitebene 女 制御レベル, control level 機械 電気

Leiteranschluss-Klemmblock 男 アース接続ターミナルブロック 電気

Leiterbahn 女 導電路, 伝導経路, conducting path, conductive track 電気

Leiter-Isolator-Halbleiter 男 導体・絶縁体・半導体, conductor-insulator-semiconductor, CIS 電気

Leiterkanal 男 コード用トンネル

Leiterplattenbohrung 女 めっきスルーホール, 鍍金貫通孔, 類 Leiterplattendurchkontaktierung 女, plated through hole, PTH 電気

Leitfäigkeit 女 伝導率, conductivity 電気 エネ 機械

Leitschaufel 女 静翼, 案内羽根, 関 Laufschaufel 女 stationary blade, 機械 エネ

Leitschirm 男 案内遮蔽,案内シールド 機械

Leitspindel 女 親ねじ, leading screw, guide spindle 機械

Leitstandpersonal 中 コントロールスタンド(制御台)の作業員 操業 設備

Leitungsrohr 中 導管, conduit, piping 材料 操業 設備

Leitungssatz 男 ワイヤーハーネス, 類 Kabelbaum 男, Kabelsatz 男, Kabelstrang 男, wire harness 電気 機械

Leitwert 男 コンダクタンス, conductance 電気

LEMP = 英 lightning electromagnetic pulse = Blitzschlag-Elektro-magnetischer Impuls 雷放電に伴う電磁パルス 電気 物理

Lenkerkanal 男 コード用ダクト 機械 電気

Lenkerschlagen 中 ハンドルバーへの衝撃 機械

Lenkerzucken 中 ハンドルバーを急に傾けること・ぐいっと引くこと : in Form von leichtem Lenkerzucken 軽く傾けることの出来る形式の 機械

Lenkhebel 男 ステアリングアーム, ピットマンアーム, 類 Lenkstockhebel 男, steering arm, pitman arm 機械

Lenkhilfesteuerung 女 パワーステアリングシステム, 類 Hilfskraftlenkanlage 女, power steering system 機械

Lenkkopfwinkel 男 ステアリングヘッド角 機械

Lenkrad 中 ハンドル, ステアリングホイール, steering wheel 機械

Lenkrolle 女 キャスター, ステアリングキャスター, ガイドロール, castor, steering castor, guide roll 機械

Lenkrollradius 男 キングピンオフセット, kingpin offset 機械

Lenksäule 女 ハンドルポスト, ステアリングカラム, steering-column 機械

Lenkschenkel 男 ステアリングナックル, steering knuckle 機械

Lenkschubstange 女 ステアリングリンク, ドラッグリンク, steering link, drag link 機械

Lenkspurhebel 男 ドラッグリンク, ド

ロップアーム, drag link, drop arm 機械
Lenkspurstange 女 トラックロッド, タイロッド, track rod, tie rod 機械
Lenkstockhebel 男 ドロップアーム, ステアリングギヤーアーム（舵取り腕）, ピットマンアーム, 類 Lenkhebel 男, drop arm, steering-gear arm, pitman arm 機械
Lenkstange 女 ハンドルバー, 舵柄[だへい], ステアリングロッド, handle bar, tiller, steering rod 機械
Lenksträger 男 サイドメンバ 機械 設備 建設
LEO = 英 low earth orbit = niedrige Erdumlaufbahn = der erdnahe Orbit 低地球周回軌道, 低高度地球軌道, 低地球軌道 航空 物理 電気
LEP = 英 large electron positron collider = Großer Elektron-Positron-Speicherring bei CERN 大型電子・陽電子衝突型加速器(欧州合同原子核研究機関(CERN)に設置されている) 物理 設備 全般
Lernplattform 女 ラーニングプラットフォーム, learning platform 電気 機械
LES = 英 large - eddy simulation 大渦シミュレーション, ラージエディシミュレーション（乱流の比較的大きな構造を直接計算の対象とし, それより細かい乱れに対してモデル化を行う計算） 機械 エネ 物理 統計
Lesezeichen 中 ブックマーク, book mark 電気
Lesezugriff 男 読み出しアクセス, reading access 電気
Lessivierung 女 粘土溶脱作用, 類 Tondurchschlämmung 女, 英 lessivation 地学 化学 バイオ
letal 致死の 化学 バイオ 医薬
Leuchtbalken-Anzeige 女 ライトバー表示（光のバーによる表示） 機械 電気 光学
Leuchtdichte 女 輝度, luminance 電気 光学
Leuchtdichtesignal 中 輝度信号, 類 Luminanzsignal, luminance signal 電気 光学
Leuchtdiode 女 光ダイオード, light-emitting diode 電気 機械
Leuchten 中 発光, light emission 光学 音響
Leuchteneinsatz 男 挿入光源, 光源ユニット, light insert, light unit 機械 電気
Leuchtmittel 中 照明デバイス, 照明手段 電気 機械 建設
Leuchtmittelmodul 中 ランプモジュール, lamp module 機械 電気
Leuchtschaubild 中 光ボード 電気 機械
Leuchtstärke 女 光度, luminous intensity, brightness 電気 光学
Leuchtstoffröhre 女 蛍光管, fluorescent tube, luminescent tube 電気 機械
Leuchtturmprojekt 中 最重点プロジェクト, flagship project 全般 経営
Leukämie 女 白血病, leukaemia 化学 バイオ 医薬
Leukopenie 女 白血球減少症, leucopenia, leukopenia, hypoleukocytemia 化学 バイオ 医薬
Leukozyte 女 白血球, 類 weißes Blutkörperchen 中, Leukozyt 男, 英 leukocyte 化学 バイオ 医薬
Leukozytose 女 白血球増加症, leukocytosis 化学 バイオ 医薬
LfU = Landesanstalt für Umweltschutz = State Office for Environmental Protection 州環境保護局(または州研究所) 環境 組織
LGA = Landesgewerbeanstalt Bayern = Technische Prüf- und Überwachungsstelle, Nürnberg = institute for national trade Bavaria 製品の安全性, 品質などを検査し, 認証するバイエルン州の通商監督機関 製品 品質 法制度 組織
LHC = 英 large hadron collider 大型ハドロン衝突型加速器(CERN に設置されている) 物理 航空 設備 全般
Liane 女 熱帯ツル植物 バイオ
licht 白っぽい, 間伐した, 内側の : die lichte Weite 内法の幅 バイオ 機械 交通
Lichtaustrittsfläche 女 出射面, light -emitting surface 光学 電気
Lichtbeständigkeit 女 光安定性, light stability 光学 化学 バイオ 材料

L

Lichtbogenentladung 女 アーク放電, arc discharge 電気 機械 精錬
Lichtbogen-Metall-Schneiden 中 金属アーク切断, metal arc cutting 溶接 材料 電気 機械
Lichtbogenofen 男 アーク炉, arc furnace 精錬 電気 材料
Lichtbogenschneiden 中 アーク溶断, arc cutting 溶接 電気 機械
Lichtbogenschweißung 女 アーク溶接, arc welding 溶接 電気 機械
Lichtbogenstabilisator 男 アーク安定装置, arc stabilizer 溶接 精錬 電気 機械
lichte Höche 女 あき高,内法の高さ,clear height,upper clearance 交通 機械 建設
Lichtempfangsfleck 男 ライトスポット, light spot 光学 電気
Lichtempfindlichkeit 女 光感度, sensitiveness to light, light sensitivity 電気 光学 機械
lichten 間伐する バイオ
lichter Abstand der Gleisbremsenbacken 男 制輪子の幅,the width of brake-shoe 交通 機械
lichte Weite 女 内法の幅 機械 交通 建設
Lichtkuppel 女 ドームライト, dome light 機械 電気 光学 建設
Lichtleiter 男 光ファイバー 電気 光学
Lichtmaschine 点灯装置, ダイナモ, dynamo 電気 機械
Lichtmenge 女 光量, quantity of light 光学 音響
Lichtraumbreite 女 建築限界(幅)(建物の側から見た時), 走行使用可能範囲・幅(車の側から見たとき), 類 nutzbarer Durchfahrtsraum 男 交通 機械 建設
Lichtraumprofilprüfwagen 男 限界測定車, 類 Sicherheitsabstandwagen 男, clearance car 交通 機械
Lichtschranke 女 ライトバリヤー, light barrier 電気 機械
Lichtsender 男 発光素子, light emitter, fibre optics 光学 音響
Lichtstärke 女 光度, 類 Leuchtstärke 女, luminous intensity, brightness, light intensity 電気 光学
Lichtverstärkung 女 光の増幅, light amplification 光学 音響
Lichtverteilungskurve 女 配光曲線, light distribution curve 光学 電気
Lieferant 男 サプライヤー, supplier 経営
Liefergegenstand 男 納入物品 経営
Lieferungsbereich 男 供給範囲, 供給能力 操業 設備 機械
Lieferungsdruck 男 送り出し圧力(吐出圧力), 類 Förderdruck 男, deliverly pressure, discharge pressure 機械
Liegenbleiben 中 横になったままであること, エンコしていること(車), そのままになっていること, 類 Liegenbleiben eies Fahrzeuges 中, remain, immobilization, accumulation, conk out 機械 化学 バイオ
liegende Kehlschweißung 女 水平すみ肉溶接, 類 waagerechtes Kehlnahtschweißen 中, horizontales Kehlnahtschweißen 中, Horizontalkehlnaht 女, horizontal fillet welding 溶接 機械
Liegendes 中 下盤(断層, 鉱層または岩脈, 鉱脈の下側の境界面あるいは 岩盤をいう), loor, foot wall 地学 原子力
Liegeplatz 男 停泊地, 類 Ankerplatz 男, anchorge 船舶 設備
Liegeplatzbedingungen 複 女 船内人夫賃船主負担条件, バース・タームス, 船主負担, berth terms, BT 船舶 経営
Liegesitz 男 リクライニングシート 機械
LIF = Laser-induzierte Fluoreszenz = laser induced fluorescence レーザー誘起蛍光, レーザ励起蛍光, レーザ励起蛍光法 電気 光学 化学
LIFO = 英 last-in-first-out 後入れ先出し 物流 操業 設備 機械 電気
Ligand 男 リガンド, 配位子, 英 ligand 化学 バイオ
Ligandenaustauschchromatographie 女 リガンド交換クロマトグラフィー,ligand exchange chromatography 化学 バイオ 電気
Ligasen 複 女 リガーゼ, 合成酵素, 類 Synthetase 女, 英 ligasis, synthetase 化学 バイオ

L

light on temperature 英 活性開始温度 化学 バイオ 物理 材料

LII = 英 laser-induced incandescence, レーザー誘起白熱(状態), 類 laserinduzierte Glühtechnik 女 電気 光学

Limnologie 女 陸水学, limnology 地学 化学 バイオ

Lineal 中 定規, ルーラー, 直定規, ruler, straight edge 統計 機械

Linearbeschleunigung 女 ライナック(直線加速器), 線形加速器, リニアアクセレータ 機械 電気 交通

linearer Ausdehnungskoeffizient 男 線膨張係数, 類 Längenausdehnungskoeffizient 男, coefficient of linear expansion 機械 物理 材料

Linearisierung 女 線形化法, リニアライズ, 線形近似, linearization 電気 機械 統計

linear-polarisiertes Licht 中 平面偏光, plane polarized light 光学 電気

Linearpolymer 中 直鎖状重合体, linear polymer 化学 バイオ

line pair resolution 英 ラインペアー解像度 光学 電気 機械

Linie gleichen Rauminhaltes 女 定容線, 類 konstante Volumenslinie 女, constant-volume line 機械 統計

Linientransekt 男 線状法(ライントランセクト法), line transect method 化学 バイオ 地学

linksbündig 左揃えの, left justified 電気 印刷

linksgängig 左ねじの, left-handed: linksgängige Schraube 女 左ねじ 機械

linkssteigend 左ねじれの 機械

Linolensäure 女 リノレン酸, linolenic acid 化学 バイオ

Linolsäure 女 リノール酸, linoleic acid 化学 バイオ

Linse 女 水晶体, レンズ, lens 化学 バイオ 光学

Linsendichtung 女 楕円シールリング, elliptical seal ring 機械

Linsenkuppe 女 丸先, oval point, round point 機械

Linsenschraube 女 丸平小ねじ, oval flat-head screw 機械

Linsensenkniet 男 丸皿リベット, 類 Flachrundniet 男, oval head countersunk rivet, truss head rivet 機械

lipolytisch 脂肪分解性の, 脂肪分解の lipolytic, fat-splitting 化学 バイオ

lipophil 親脂性の, 脂質溶解(吸収)促進の, lipophilic 化学 バイオ 材料

Lippe 女 唇, 唇状のもの, 関 Mitnehmer 男, Zunge 女, lip 機械

Liquidustemperatur 女 液相温度, liquidus temperature 材料 鉄鋼 非鉄 化学

Literaturzitate 女 引用文献 全般

lithogen 岩石由来の, lithogenous 地学

Lithogenese 女 岩石生成学(特に堆積岩生成の) 地学

Lithologie 女 岩石学, lithology 地学

Lithosphäre 女 岩石圏, lithosphere 地学 化学 バイオ

Lithotripsie 女 結石破砕療法, lithotripsy 化学 バイオ 医薬 音響

Lizenzbereitschaft 女 実施許諾の用意があること 特許

LLC = 英 long life coolant = Kühlmittel des langen Lebens 長寿命冷却剤 機械

LLDPE = 英 linear low density polyethylene 低圧法直鎖状低密度ポリエチレン, PE-LLD 化学 バイオ

LLK = Ladeluft/Luft-Kühler = charge air/air cooler インタークーラ, 給気冷却器 機械 エネ

LMDPE = 英 linear medium density polyethylene 直鎖状中密度ポリエチレン 化学 バイオ

LMEC = 英 liquid metal embrittlement cracking = flüssigmetallinduzierte Spannungsrisskorrosion 溶融金属脆化割れ 材料 鉄鋼 非鉄 建設

LMIF = 英 leukocyte migration inhibitory factor = Leukozytomigration und ihre Inhibitoren 白血球遊走阻害因子 化学 バイオ 医薬

LML = 英 least material limit = Minimum-Material-Maß 最小実体寸法 機械

LMRP =㊥ lower marine riser package ロアーマリーンライザーパケージ, 海底暴噴防止装置(サブシーBOPの上部にコネクターにより接続されている) 地学 化学 材料 設備 船舶

LMS = ㊥ least material size = Minimum-Material-Maß 最小実体寸法(製図用語) 機械

LNG =㊥ liquefied natural gas = tiefgekühltes und verflüssigtes Erdgas 液化天然ガス 化学 機械

Lochblech 中 穴あけシート, perforated sheet, punched sheet 機械

Lochdorn 男 ピアサープラグ,ピアサーミル, piercer plug,piercer mill 材料 機械 設備

Lochfraß 男 孔食,ピッチング,pitting 材料

Lochkraft 女 パンチング力,かしめ力 機械

Lochstempel 男 ポンチ, 打ち抜き具, punch 機械

locker 目の粗い, 緩んだ

lockern 再 sich 弛む[ゆるむ] 機械

Lockerungspunkt 男 最小流動化点, minimal fluidizing point, loosening point 化学 バイオ 物理 材料

LÖBF = Landesanstalt für Ökologie, Bodenordnung und Forsten = ecological and forestry authority 州生態環境農林局(または州研究所) 化学 バイオ 医薬 環境 組織

Löffelbagger 男 パワーショベル, power shovel 機械

LÖLF = Landesanstalt für Ökologie, Landschaftwicklung und Forstplanung 州生態環境農林計画局(または州研究所) 化学 バイオ 医薬 環境 組織

lösbar 掛け外しできる, detachable, disconnectable, removable 機械

löschen デリートする, delete 電気

Löschfahrzeug 中 消防自動車 機械

Löschtaste 女 デリートキー, delete key 電気

Lösungsansatz 男 ソルーションとなる学問的アプローチ

Lösungsglühen 中 溶体化熱処理, solution heat treatment 材料

Lösungsmittel 中 溶媒,溶剤, 類 関 Solvens 中, solvent, dissolver 化学 バイオ

Lösungsvermögen 男 分解能, 溶解能, resolution, discrimination, dissolution properties, solvating power 電気 光学 機械 化学

Lötauge 中 パッド, ランド 電気

Löten 中 ろう付け,硬ろう付け,㊥ brazing：はんだ付け,軟ろう付け,㊥ soldering (ドイツ語としては,ともにLöten 中を用いる) 材料 機械 電気

Lötverbindung 女 はんだ継ぎ手 機械 電気

logarithmische bezogene Dehnung 女 対数歪,logarithmic strain 数学 統計 機械

logarithmisches Dekrement 中 対数減衰率,logarithmic decrement 数学 統計 物理 電気 光学

logarithmische Skala 女 対数目盛, 類 logarithmischer Maßstab 男, logarithmic scale 数学 統計 物理 電気 光学

LOHAS = ㊥ lifestyle of health and sustainability = Konsumverhalten zur Förderung von Gesundheit und Nachhaltigkeit = Ausrichtung der Lebensweise auf Gesundheit und Nachhaltigkeit 人と地球にとって持続可能なライフスタイル, 健康と持続性とを重視するライフスタイル 化学 バイオ 医薬 環境 全般

Lokalanästhesie 女 局所(局部)麻酔(法), local anesthesia, local anaesthesia 化学 バイオ 医薬

Lokalhärtung 女 局部焼き入れ, local hardening 材料 機械

Lokalisierung 女 局所限定, 地方分散, ローカライズ(システムなどを特定言語に対応させること), 位置特定, localization 機械 電気 化学 バイオ

Lokalzusammenziehung 女 局部縮み(局部収縮), local contraction 材料 物理

Lokomotive 女 機関車 交通 機械

Lorbeer 男 月桂樹 バイオ

losdrehen まわして離す unscrewing, loosening 機械

Losflansch 男 ルーズフランジ, loose flange 機械

Losgröße 女 ロットサイズ, lot size 連鋳 材料 製品 操業 設備 経営

Loslager 中 可動支承, 浮動支承, 浮動ベアリング, movable bearing, floating bearing 機械 建設

loslassen 離す, 開放する, release 機械

LOSP=LOP=英 loss of offsite power = Notstromfall = Störung der Eigenbedarfsversorgung 外部電源喪失, オフサイト出力の低下 電気 原子力 機械 操業 設備；=英 line of position = Standlinie 位置の線, 位置線, 高低線 機械

Losrad 中 遊び車, 類 lose Rolle, idler wheel 機械

Losrollen 中 不意の進行, 動き出すこと, 類 Wegrollen 中 機械

losweise Fertigung 女 ロット生産方式 操業 経営

Lotabweichung 女 垂線からのズレ, deviation from plumb line 物理 統計 数学

LPG = 英 liquified petrolium gas = Gase, die bei Raumtemperatur und geringem Druck flüssig bleiben 液化石油ガス 化学 機械

LPPS = 英 low pressure plasma spray 低圧プラズマ溶射法, 減圧雰囲気プラズマ溶射法 電気 操業 設備 機械

LPS =英 less probable symbol 2値データのうち, 出現頻度の低い測定値, 関 MPS 電気 統計 数学；= Lipopolysacchrid = lipopolysaccharide リポ多糖 化学 バイオ

LPT = liquid permeability test = Flüssigkeits-Durchlässigkeitsversuche 通液試験, 透液試験, 液体透過試験 機械 化学 材料

LRC =英 longitudinal redundancy check =Längsparität 水平（長手方向）冗長検査 電気

LRM = linearer Reluktanzmotor = linear reluctance motor リニア磁気抵抗電動機, リニアリラクタンスモータ 電気；=英 low resistance modified (system)= Spannungsprüfsystem für Schaltanlagen スイッチの低抵抗電圧検査法 電気

LRV = 英 light rail vehicle = Straßenbahnwagen 路面電車車両, ライトレール車両 交通 機械

LSAW = 英 leaky surface acoustic wave = Undichte akustische Oberflächenwelle 漏洩弾性表面波 電気 光学 音響 機械

LSB = Lenkwinkel Steuerbord = steering angle-starboard side 右舷ステアリング角 船舶

LSD = Lungenstandarddiagnostik = lung standard diagnostics 肺標準検診 化学 バイオ 医薬；= Lysergsäurediäthylamid = lysergic acid diethylamide リゼルギン酸ジエチルアミド（セロトニン受容体に作用する幻覚剤） 化学 バイオ 医薬；=英 least significant difference = kleinste gesicherte Differenz 最小有意差 化学 バイオ 医薬 統計 数学

LSF = 英 line spread function = Linien- oder Kantenbildverwaschungsfunktion 線広がり関数（画像技術用語） 光学 電気 放射線

LT = Leitungsträger = lead holder = cable trolley = pipe bracket = conductor support 芯ホルダー, ケーブルトロリー, パイプブラケット, 導電体サポート 交通 電気 機械 設備

LTE = 英 long term evolution = Weiterentwicklung der Mobilfunknetze, ロング・ターム・エボルーション（新たな携帯電話の通信規格, 3.9世代(3.9G)携帯電話または, 4世代(4G)携帯電話と呼ばれる） 電気 規格

L-Threonin produzierende Stämme 女 L-スレオイン生産株, L-threonine producing strain 化学 バイオ

LUA = Landesumweltamt = State Environmental Agency 州環境局 環境 化学 バイオ 医薬 組織

Lücke 女 空隙, ギャップ, ボイド, 不足, vacancy, gap, void 材料 機械

Lüfter 男 通風機, ファン, ventilator 機械

Lüftungskappe 女 換気キャップ, 換気フラップ, ventilator cap, vent flap 機械 建設

Lünette 女 固定振れ止め, 揺れ止め, （時計の）斜面溝, steady rest (clamping device inside lathe, Spannmittel in

L

Drehmaschine), bezel 機械
Luer-Lock-Ansatz 男 リュアーロックコネクター, リュアーロックフィッティング, リュアーロックアダプター, Luer-Lock-connector, Luer-Lock -fitting, Luer-Lock-adapter 機械 化学 バイオ 医薬
LUFA = Landwirtschaftliche Untersuchungs- und Forschungsanstalt 州農業試験研究所 化学 バイオ 医薬 組織
Luftabkülung 女 空冷, air cooling 材料
Luftablassöffnung 女 通気孔 機械 建設
Luftabscheider 男 空気分離機, air separator 機械 エネ
Luftaufwand 男 給気比, scavenging ratio, delivery ratio air efficiency 機械
Luftausströmer 男 排気調整器, air outlet adjuster 機械 建設 エネ
Luftbläschen 中 小気泡 物理 化学 バイオ 精錬 材料 連鋳 鋳造
Luftdurchlässigkeit 女 通気性, air permeability 機械 物理 化学
Luftdruckwasserbehälter 男 気圧給水タンク, 類 Speisewasserbehälter mit Druckluft 男, pneumatic pressure tank 機械
Lufteinschlüsse 複 男 エアーロック, トラップエアー, air lock, entrapped air, air pockets 機械 化学 バイオ 鋳造
Luftfederventil 中 空気ばね弁, air spring valve, leveling valve, suspension valve 機械 交通
luftgekühlter Zylinder 男 空冷シリンダー, air-cooled cylinder 機械
Luftgranulationsanlage 女 エアーグラニュレーション設備, air granulation plant 機械 環境 製銑 操業 設備
Luftheizung 女 温風暖房, hot air heating 機械
Luftkissen 中 空気クッション, air cushion, air buffer 機械
Luftleiteinrichtung 女 集風器, cowl system, fan ducting installation 機械 エネ 建設 設備
Luftloch 中 換気孔, 通気孔, 類 Luftkanal 男, air hole, air vent 機械 建設 設備
Luftmengenmessser 男 エアーフローメータ, air meter 機械 エネ
Luftporenbildner 男 AE材, 空気連行剤, AE剤, air entraining agent, AE 建設
Luftschlauch 男 チューブ(タイヤ), inner tube 機械
Luftspalt 男 空隙, エアーギャップ, air gap 機械 エネ
Lufttrichter 男 ディフューザー, 絞り管[くだ], 類 Diffuseur 男, Zerstäuber 男, diffuser, venturi, atomizer 機械
Luftüberschusszahl 女 過剰空気率, exess air ratio 機械
Luftumleitventil 中 空気遮断弁, air shut-off valve 機械
Luftumschaltventil 中 切り換え弁, air select valve, air switching valve 機械
Luftwiderstandkoeffizient 男 空気抵抗係数, 類 Luftwiderstandsbeiwert 男, coefficient of drag (= CD), coefficient of air resistance 機械 航空 交通
lug 英 突起, 突出, 柄, 取っ手, 独 Ansatz 男, Besatz 男, Henkel 男, Lasche 女, Vorsprung zum Halten 男, Haltevorrichtung 女 機械
lukrativ 有利な, 利益のある 経営
Lumbalpunktion 女 腰椎穿刺(法), lumbar puncture 化学 バイオ 医薬
Lumen 中 内腔, ルーメン(全光束を表示), 英 lumen 化学 バイオ 医薬 電気 光学
Luminanzsignal 中 輝度信号, 類 Leuchtdichtesignal 中, luminance signal 電気 光学
Lungenemphysem 中 肺気腫, pulmonary emphysema 化学 バイオ 医薬
Lungeninfiltration 女 肺浸潤, pulmonary infiltration, infiltration of the lungs 化学 バイオ 医薬
Lungentuberkulose 女 肺結核, pulmonary phthisis, pulmonary tuberculosis, lung tuberculosis, PP 化学 バイオ 医薬
Lunker 男 ブローホール, 気泡, 収縮巣, blow hole, shirinkage cavity 精錬 連鋳 鋳造 操業 設備 材料 電気 化学
Lutte 女 空気ダクト, air duct 地学
Luzerne 女 ムラサキウマゴヤシ, 紫馬肥,

L

㊎ lucerne, alfalfa [バイオ]
Luziferin [中] ルシフェリン(酸素と反応して，発光する基質)，発光酵素，㊎ luciferin [化学] [バイオ]
LVD = ㊎ Low Voltage Directive = Europäische Verordnung über Niederspannungseinrichtungen 低電圧指令 [電気] [機械] [規格]
LVQ = ㊎ learning vector quantization 学習ベクトル量子化 [化学] [バイオ] [電気] [数学]
LWF = Landesanstalt für Wald und Forstwirtschaft = State Institute for Forestry and Silviculture 州森林管理計画局（または州研究所）[化学] [バイオ] [経営] [組織]
LWL = Lichtwellenleiter = light wave conductor = waveguide = fibre 光ファイバー，光導波路 [電気] [光学]
Lyasen [複] [女] リアーゼ，脱離酵素，lyases [化学] [バイオ]
Lymphadenitis [女] リンパ腺炎，[類] Lymphknotenentzündung [女]，㊎ lymphadenitis [化学] [バイオ] [医薬]
Lymphknoten [男] [複] リンパ節，lymph nodes [化学] [バイオ] [医薬]
Lymphokin [中] リンホカイン，リンホキン，㊎ lymphokine [化学] [バイオ]
Lymphozyt [男] リンパ球，㊎ lymphocyte [化学] [バイオ] [医薬]
lyophilisieren 凍結乾燥する，lyophilize, freeze-dry [化学] [バイオ]
lyotrope Flüssigkristalle [女] リオトロピック液晶，lyotropic liquid crystals [電気] [化学]
Lysehof [男] 溶菌核部，lytic hof [化学] [バイオ] [医薬]
Lysimeter [中] 浸漏計，㊎ lysimeter [機械] [バイオ] [化学]
Lysis [女] 破壊，溶解，リーシス(特定の溶解素の作用による細胞の破壊（溶解）作用)，㊎ lysis [化学] [バイオ]

M

M = Methionin [中] メチオニン [バイオ]
MA = ㊎ mechanical alloying = mechanisches Legieren メカニカルアロイング，機械的合金化 [材料]
MaBIFF = Maßgeschneiderte Bauteileigenschaften durch Integration von Fertigungs- und Funktionssimulation 加工プロセスシミュレーションおよび機能シミュレーションの統合による部品の性質の最適化 [電気] [材料]
MAC = ㊎ message authentification code 暗号通信の改竄[かいざん]防止用コード，メッセージ認証コード [電気]；= ㊎ multiple access computing 多接続電算機システム [電気]
macrolide antibiotics ㊎ マクロライド系構成物質，マイコプラズマ肺炎の第一選択薬 [化学] [バイオ] [医薬]
Mäandermuster [中] 雷文 [らいもん] 模様，さや形模様 [繊維] [印刷]
Machbarkeitsstudie [女] フィージビリティースタディー，feasibility study [経営] [操業] [設備]
MACS = ㊎ magnetic cell sorting = magnetische Zellsortierung 磁気細胞選別，磁気細胞分離(高速で高純度の細胞分取法) [化学] [バイオ] [医薬]
MAD = ㊎ mean absolute deviation = mittlere absolute Abweichung 平均絶対偏差 [統計] [全般]
Madenschraube [女] 押しねじ，止めねじ，[類] Kontermutter [女]，Setzschraube [女]，headless screw, set screw [機械]
mächtig 厚い，強大な [地学]
Magendarmentzündung [女] 胃腸炎，[類] Gastroenteritis [女]，㊎ gastroenteritis [化学] [バイオ] [医薬]
Magenentzündung [女] 胃炎，gastric catarrh, gastritis [化学] [バイオ] [医薬]
Magengeschwür [中] 胃潰瘍，gastric ulcer, stomach ulcer [化学] [バイオ] [医薬]
Magenschmerzen [複] [男] 胃痛，gastric

pain,stomach ache,gastralgia 化学 バイオ 医薬
Magerbetrieb 男 希薄燃焼運転, lean-burn operation, lean fuel operation 機械 エネ
mageres Gemisch 中 希薄混合気, lean mixture 機械
Magermilch 女 脱脂乳, skimmed milk 化学 バイオ
MAGMA-Software 女 MAGMA 社の鋳造プロセスシミュレーションソフト 鋳造 機械 電気 材料
Magnetband 中 磁気テープ, magnetic tape 電気 機械
Magnetfeld 中 磁場,magnetic field 機械 電気
Magnetfeldlinie 女 磁力線, magnetic field line 電気 機械 物理
Magnetfluss 男 磁束, magnetic flux 電気 機械 物理
Magnetohydrodynamik 女 磁気流体力学,magnetic hydrodynamics 機械 電気 物理
magnetische Flussdichte 女 磁束密度, magnet flux density 電気 機械
magnetischer Fluss 男 磁束, 類 Magnetfluss 男, magnetic flux 機械 電気
magnetische Scheidung 女 磁力選鉱, magnetic concentration, magnetic separation 地学 製銑
magnetisch leitende Kette 女 磁気導電性鎖,magnetic conductive chain 電気 機械
Magnetit 男 マグネタイト, magnetite 製銑 地学
Magnetkarte 女 磁気カード, magnetic card 電気 機械
Magnetkern 男 磁気コア, magnetic core 電気 機械
magnetohydrodynamischer Antrieb 男 マグネットハイドロダイナミック駆動 機械 電気
magnetomotorische Kraft 女 起磁力, magnetomotive force 電気
magneto-optische Diskette 女 光磁気ディスク, MO ディスク, magneto-optical disk 電気
Magnetplatte 女 磁気ディスク, magnetic disc 電気 機械
Magnetpulverprüfung 女 磁粉探傷法, magnetic powder testing 材料 電気
Magnetscheider 男 磁選機, magnetic separator 地学 機械
Magnetspule 女 ソレノイドコイル solenoid coil 電気 機械
Magnettrommel 女 磁気ドラム,magnetic drum 電気
Magnetventil 中 電磁弁,ソレノイド弁,magnetic valve,solenoid valve 機械 電気
MAGS = Ministerium für Arbeit, Gesundheit und Soziales = the Ministry for Labour, Health and Social Affairs 厚生労働省 化学 バイオ 医薬 組織
Mailingliste 女 メーリングリスト, mailing list 電気
Maisspeicherprotein 中 とうもろこし蓄積タンパク質, cone storage protein 化学 バイオ
MAK = Maximale Arbeitsplatz-Konzentration = the maximum permissible concentration of a substance at the place of work 作業空間における化学物質などの最大許容濃度 化学 バイオ 医薬 環境 法制度
Makierfeld 中 チェックボタン, 関 Häckchen 中, チェックマーク 電気
Makroätzung 女 マクロエッチング, macro etching 精錬 連鋳 材料
Makrolidantibiotikum 中 マクロライド系抗生物質（マイコプラズマ肺炎の第一選択薬, 英 macrolide antibiotics 化学 バイオ
Makro-Seigerung 女 マクロ偏析, macro-segregation 精錬 連鋳 材料
Makulatur 女 刷り損じ紙 印刷 機械
Malat 中 リンゴ酸塩, malate バイオ 化学
MALDI/TOFMS = 英 matrix assisted laser desorption/Ionization time-of-flight mass spectrometry マトリックス支援レーザー脱離イオン化一飛行時間型（TOF 型）質量分析法 化学 バイオ 電気

M

MALDI-TOF-TOF イオン源としてマトリックス支援レーザー脱離イオン源(matrix-assisted laser desorption/ionization = MALDIイオン源)を用い,2台の飛行時間型質量分析計(time of flight massspectrometer = TOFMS)を直列に接続してタンデム質量分析計(tandem mass spectrometer = tandem ms)としたもの(田村淳氏「日本電子・MS事業ユニット」講演資料より) 光学 電気 化学 バイオ 医薬

Maleinsäureanhydrid 中 無水マレイン酸, maleic anhydride 化学

Malz 中 麦芽, 類 Meizenkeim 男, malt 化学 バイオ

Mammakrebs 男 乳癌, 類 Mammakarzinom 中, Brustkrebs 男, breast cancer, mammary carcinoma 化学 バイオ 医薬

Mandel 女 アーモンド,扁桃(扁桃腺) 化学 バイオ

Mandelentzündung 女 扁桃腺炎, 類 Tonsillitis, 英 tonsillitis 化学 バイオ 医薬

Mandelsäure 女 マンデル酸, mandelic acid 化学 バイオ

manometrische Druckhöhe 女 マノメータ水頭,manometric pressure altitude, manometric deliverry head 機械 物理 化学

Manschette 女 パッキンリング, カラー,(血圧計の)圧迫帯, カフス, packing ring, collar, cuff 機械 バイオ

Manschettenring 男 カラーリング, collar ring 機械

Mantel 男 (ロールの) スリーブ, シース, sleeve —, 類 Hülse 女, Hülle 女 機械 化学 バイオ 医薬

Mantellinie 女 面線, 外部線, 母線, surface line, directrix, generatrix 機械 化学 設備 統計

Mantelzelle 女 衛星細胞, 類 Satellietenzelle 女, satellite cell 化学 バイオ

Marangoni-Effekt 男 マランゴニ効果(界面に誘起される流動をいう), 英 Marangoni effect 物理 エネ 化学 バイオ

marginal 欄外の, 傍注の

Marke 女 マーク, マーカー, フロントレイ, mark, marker, front lay, sort 機械 印刷

Markierfeld 中 チェックボタン 電気

marktfähig マーケットに合った

Marktübersicht 女 市場調査 経営

Martensit 男 マルテンサイト, martensite 材料 物理

Maschengewebe 中 メッシュクロス, mesh cloth 機械 繊維

Maschennetz 中 メッシュネットワーク, meshed network 機械 化学 バイオ

Maschinenschrift 女 タイプ打ち書類, タイプ印書 経営

Maschinenbalken 男 架構,frame work, structure,engine frame 機械

Maschinenbau 男 機械設計, 機械構造, 機械工学,machine construction,mechanical engineering 機械

Maschinenbaufirma 女 マシーンメーカー, machine-manufacturer 機械 連鋳 操業 設備

Maschinengestaltung 女 機械設計, machine design 機械

Maschinen-Gewindebohler 男 機械タップ 機械

Maschinengrundkörper 男 マシーンベースフレーム,マシーンボデー,machine base, machine body 機械

Maschinenlieferant 男 マシーンサプライヤー, machine-supplier 機械 連鋳 操業 設備

Maschinenreibahle 女 チャックリーマ, machine reamer,chucking reamer 機械

Maschinenseite 女 機械側端(吸引源に接続する側のカテーテル端), machine end 化学 バイオ 機械 電気

Maschinenzeichnung 女 機械製図, engineering drawing, mechanical drawing 機械

Maserung 女 木目, moire, grain woody texture 機械 建設

masking threshould 英 マスキングしきい値, Maskierungsschwelle 女 電気

Massel 女 なまこ銑[なまこずく], pig of iron, bloom, ingot 製銑 精錬

Masselgießmaschine 女 鋳銑機, 類

Masselformmaschine 女, pig casting machine, pig moulding machine 製銑 精錬
Massenhersteller 男 大量生産者, mass producer, mass manufacture 操業 設備 機械
Massenlinie 女 寸法線, mass line 機械
Massenproduktion 女 大量生産, 類 Großserienfertigung 女 mass production 操業 設備 機械
Massenspeicher 男 バルクストーリッジ, マスストーリッジ, ファイルメモリー 電気
Maße und Gewichte 複 度量衡, weights and measures 機械 電気 物理
Masseverlust 男 重量ロス, 質量ロス, weight loss 化学 バイオ 物理
maßgebend 基準となる
maßgeschneidert 適正な, ぴったり合った 設備 操業 機械 製品
Maßhaltigkeit 女 寸法安定性, 寸法精度, 寸法再現性, dimensional stability, dimensional accuracy, dimensional reproducibility 材料 電気 化学
Massivbau 男 コンクリート施工, 一体構造, concrrete construction, solid construction 建設
Massivkäfig 男 もみ抜き保持器（ころがり軸受）, machined cage, drilled cage 機械
Maßlinie 女 寸法線 機械
Maßreihe 女 寸法系列, dimension series 機械
Maßstabsvergrößerung 女 寸法拡大, スケールアップ, 関 Maßstabsverkleinerung 女, 寸法縮小 機械 設備 操業
Maßstabsverkleinerung 女 寸法縮小, スケールダウン, 関 Maßstabsvergrößerung 女 寸法拡大 機械 設備 操業
Maßverkörperung 女 実量器, 測定寸法, material measure, dimensional scale 電気 機械
Mastzelle 女 マスト細胞, mast cell; mastocyte 化学 バイオ
Material für den Straßenbau 中 道路建設用材料, road making material 建設
Materialbeschaffung 女 材料の調達・入手, material procurement 操業 経営
Materialprüfmaschine 女 材料試験機, material testing machine 材料 機械
Materialverfolgung 女 材料の追跡, 材料のトラッキング 操業 環境 経営
Matrixprotein 中 基質タンパク質（ウイルスのエンベロープとウイルスコアを繋ぐ構造タンパク質）, 英 matrix protein 化学 バイオ
Matrize 女 母型〔ぼけい〕, カウンターダイ, ダイプレート, 鋳型床, matrix, counter die, die plate, lower die 機械 鋳造
Mauerwerk 中 煉瓦積み, brickwork 製銑 精錬 材料 非鉄 操業 設備
Maul-und Klauenseuche 女 口蹄疫, foot-and-mouth disease 化学 バイオ 医薬
Maustaste 女 マウスボタン, mouse button 電気
Mauszeiger 男 ポインタ, pointer 電気
mautpflichitiger Weg 男 有料道路 交通 建設
Maximum-Material-Bedingung 女 最大実体公差方式 maximum material requirement, MMR 機械
MBS = 英 molecular beam scatttering 分子線散乱法 物理 化学 バイオ 材料 光学 電気 ; = Motorbaustein エンジンモジュール 機械 電気 ; = Methylmethacrylat-Butadien-Styrol-Mischpolymerisat = methylmethacrylate-butadiene-styrene resin メチルメタクリレート・ブタジエン・スチレン共重合樹脂 化学 バイオ
MCA = 英 multi-circular-arc airfoil (for turbine engine) 多重円弧翼 エネ 機械
MCF = 英 monolithic crystal filter = Monolithischer Quarz-Filter モノリシック水晶フィルター（狭帯域 IF フィルター） 光学 音響 電気 機械
MCFC = 英 molten carbonate fuel cell = Schmelzkarbonat-Brennstoffzelle 溶融炭酸塩型燃料電池 電気 機械 エネ 環境
MCM = 英 multi-chip modul = Mehrchipmodul マルチチップモジュール（複数のチップをワンパッケージ化する方式） 電気
MCU = 英 minimum coded unit 最小符号化単位 電気
MD = Molekulardynamik = molecular

M

dynamic 分子動力学 物理 機械 化学 バイオ
MDE = Mobiles Datenerfassungsgerät = mobile data recording device = mobile data collection device モバイルデータモニター収集装置 電気 機械
MDF = Mitteldichte Faserplatte = medium density fiberboard 中質繊維板 材料 化学
MDI = Methylen-Diphenyl-Diisocyanat = methylene diphenyl diisocyanate メチレンジフェニルジイソシアネート(硬質ポリウレタンファームの原料として用いられる) 化学 バイオ 材料 建設
MDK = Medizinischer Dienst der Krankenversicherung = Medical Service of the Health Insurance Funds 介護保険などの審査・認定機関 化学 バイオ 医薬 法制度 組織
MDPE = Polyethylen mittler Dichte 中密度ポリエチレン 化学 バイオ
MD-TFD = 英 mobile digital thin film diode モバイル・デジタル・薄膜ダイオード(アクティブマトリクスタイプ方式の携帯電話のカラー液晶パネルなどで使用されている) 電気
Mechanik der Flüsssigkeit 女 流体力学, hydrodynamics, fluid dynamics 機械
mechanische Dichtung 女 メカニカルシール, mechanical seal 機械
mechanische Kraftübertragungsvorrichtung 女 機械式動力伝達装置, mechanical transmission system 機械
Mechanismus der Geradführung 男 直線運動機構, 類 Mechanismus der Geradelinienbewegung 男, linear motion mechanism 機械
Medienbruch 中 メディアクラッシュ, media Crash, Media discontinuity 電気
Medikamenten-Zulassung 女 臨床試験開始届, investigational new drug application, IND 化学 バイオ 医薬 法制度
Medium 中 媒質, 媒体, 溶媒, 培地, メディア(情報伝達の), 英 medium 化学 バイオ 機械 電気
MEED = 英 medium energy electron diffraction 中速電子線回折 化学 バイオ 電気
der 64 Megabitt-Chips 男 64メガビット・チップス 電気
Mehltau 男 うどん粉病, mildew 化学 バイオ
Mehrbereichsnut 女 多段接触溝, 多領域接触溝, multi-zone groove, multi-range notch 機械
mehrere Magnetisierungsmethode 女 多極着磁法, multiple megnetizing method 電気 機械
mehrfach gelagerter Balken 男 多スパンばり, multiple-span beam (girder) 機械 建設 設備
mehrgängige Schraube 女 多条ねじ, multiple thread screw 機械
mehrgerüstig スタンドのたくさんある, with a lot of stands 連鋳 材料 操業 設備
Mehrkeilwelle 女 多コッター軸 機械
mehrrillig 複数溝の, multi-groove 機械
Mehrscheibenkupplung 女 多板クラッチ, multi-disc clutch, multi-plate clutch 機械
Mehrspur 女 マルチトラック 機械
Mehrstärkenglas 中 多焦点眼鏡レンズ, 類 Multifokalglas 中, multifocal lense 化学 バイオ 医薬 光学
mehrstöckige Einstellanlage 女 多段駐車用調整固定装置
Mehrstufenraketen 複 女 多段ロケット, multi-stage rocken 航空 機械
mehrstufige Ausdehnungsmaschine 女 多段膨張機関, multi-stage expansion engine 機械 エネ
mehrstufige Überdruckturbine 女 多段反動タービン, multistage reaction turbine 機械 エネ
Mehrwalzenkalender 男 多段ロールカレンダー(艶出しロール機械などの), multi-stage rolling calender 機械 印刷 繊維
Mehrwegverpackung 女 再使用型容器, 再使用可能容器 リサイクル 環境
mehrwertig 多価の, polybasic, polyhydric 化学 バイオ
Meißel 男 オーガードリル, のみ, たがね, ドリルの刃先, auger drill, chisel, drill bit 機械 地学

Meißel mit abgerundeter Schneidkante 男 丸先バイト, 類 gerader Radiusdrehmeißel, round nose tool 機械
Melasse 女 糖蜜, molasses 化学 バイオ
Meldeeinheit 女 報知ユニット, 通知ユニット, reporting unit 電気 機械
MELF = Ministerium für Ernährung, Landwirtschaft und Forsten = Ministry of Food, Agriculture and Forestry 食料農林省 化学 バイオ 医薬 組織
Melierte 女 まだら銑, 類 halbiertes Roheisen, mottled pig iron 製銑 鋳造
Melioration 女 土地改良(特に排水灌漑による), soil modification, land improvement 化学 バイオ 地学 環境
MEMA =英 Motor and Equipment Manufacturer Association 米 自動車部品工業会 機械 組織
Membran 女 ダイアフラム, 薄膜, 隔膜, 振動板, 関 Diaphragma 中, diaphragm 機械 電気 化学 バイオ
Membranassoziation 女 膜会合, membrane association 化学 バイオ 医薬
Membran-Elektroden-Einheit 女 膜/電極接合体 membrane electrode assembly 膜/電極接合体, MEA 電気
Membranpumpe 女 ダイアフラムポンプ 機械
Membranverankerung 女 膜会合(結合)アンカリング, membrane association and anchoring バイオ
MEMS = 英 micro electrical mechnical system 微小電気機械システム 電気 機械
Meningitis 女 髄膜炎, 英 meningitis バイオ 医薬
Meniskus 男 メニスカス, 半月板, meniscus 精錬 材料 機械 化学 バイオ
Menschenführung f, 労務管理 経営
Mensch-Maschine-Kommunikation 女 (表題などで)人—機械—コミュニケーション 操業 設備 経営
Menstruationsschmerzen 複 男 月経痛, menstrual pain 化学 バイオ 医薬
Menüfeld 中 メニューアイテム, 類 Menüpunkt 男 電気
Menüleiste 女 メニューバー 電気
Menüpunkt 男 メニューアイテム 電気
MEO =英 medium earth orbit = mittlere Erdumlaufbahn 中軌道,「低軌道(平均高度約 1,400km 以下)と対地同期軌道(平均高度約 36,000km)の中間に位置する人工衛星の軌道の総称」航空 物理 電気
Mergel 男 泥灰岩, marlstone 地学
Merkblatt 中 データシート, 製品仕様シート, data sheet, product specification sheet 機械 経営
MES = 2-(N-morpholinyl)ethanesulfonic acid 2-(N- モルホリノ)エタンスルホン酸, メス, グッドの緩衝液試薬の一つ, 関 PIPES 化学 バイオ
Mesityloxyd 中 酸化メシチル, mesityl oxide, 4-methyl-3-penten-2-one 化学 バイオ
mesomer メソメリーの, mesomeric 化学 バイオ
Mesophile 男 常温菌, 英 mesophilic bacteria, mesophile バイオ 化学
Messaufnehmer 男 ディテクター, トランスデューサー, transducer, detector 電気 機械
Messbereichauslegung 女 測定範囲の設定, setting of measuring range 電気 機械
Messblende 女 オリフィス, オリフィスプレート, measuring orifice, orifice disc 機械 電気
Messgenauigkeit 女 測定精度 機械
Messingdrehstahl 男 黄銅バイト, brass turning tool 機械 非鉄 材料
Messlehre 女 ゲージ, キャリパー, カリパス, caliper, gauge 機械 電気
Messschieber 男 キャリパーゲージ, caliper gauge 機械
Messstrahlung 女 測定放射, mesuring radiaion 電気 光学
Messuhr 女 ダイヤルゲージ, dial gauge 機械 電気
Messumformer 男 トランスデューサー, 類 Messwandler 男, transducer 電気
Messventil 中 メータリングーバルブ, 絞り弁, 加減針弁, metering valve 機械 電気
Messwandler 男 変成器, トランスデュー

サー 電気
Messwarte 女 測定ステーション，制御室，measuring station, control room 機械 電気 操業 設備
Messwerk 中 検出・測定部位，measuring element 機械 電気
Messwert 男 測定値，measured value 機械 操業 設備
Metabolit 男 代謝物質，metabolite 化学 バイオ
metallfixierende Gruppe 女 金属固定基 化学 バイオ
Metallhydrid 中 金属水素化物，metal hydride 化学
Metallhydroxid 中 金属水酸化物，metal hydroxide 化学
metallische Elektrode 女 金属アーク溶接棒，metal electrode 溶接 電気 機械
Metall-Matrix-Verbundwerkstoff 男 金属基材，金属基複合材料 metal matrix composite, MMC 材料 非金属 化学
metallurgisch 冶金的な，metallurgical：metallurgische Ergebnisse 冶金的成果，metallurgical results 製銑 精錬 材料
metallurgische Länge 女 メタラジカル長さ，metallurgical length 連鋳 操業 設備
metamorphes Gestein 中 変成岩，metamorphic rock 地学 化学 バイオ 物理
meta-Position 女 メタ位，類 meta-Stellung 女，meta position 化学 バイオ
metastabiler Zustand 男 準安定状態，metastable state 精錬 材料 化学 バイオ 鉄鋼 非鉄
Metastase 女 転移（癌などの），類 関 Absiedelung 女，英 metastasis 化学 バイオ 医薬
Metazentrum 中 傾心，メタセンター，metacenter 船舶 機械
meterhoch 何メートルもの高さの，かなり高い 機械 設備 建設
meteorologisch 気象学の，英 meteorological 物理
Meter-Prototyp 男 メートル原器 機械 電気
Methacrylsäure 女 メタクリル酸，methacrylic acid 化学 バイオ
Methanol 中 メタノール，メチルアルコール，methanmol, methyl alcohol, CH_3OH 化学 バイオ
Methylacrylat 中 メチルアクリレート，アクリル酸メチル，英 methyl acrylate 化学 バイオ
Methylglyoxal-Nebenweg 男 メチルグリオキサルバイパス バイオ
Methylierung 女 メチル化，methylation 化学 バイオ
methylotroph メチロトローフ性の，メタノール資化性の，C1化合物資化性の，英 methylotrophic 化学 バイオ
metrisches Gewinde 中 メートルねじ，Mねじ，metric thread 機械
MF = Mikrofiltration = microfiltration ミクロ濾過（0.1～1.4 μm） 化学 バイオ 医薬 機械
MFL = 英 magnetic flux leakage = magnetischer Streufluss 漏洩磁束 機械 電気 材料
MFR = 英 melt mass flow rate = Fließverhalten von Thermoplasten 一定時間内に押し出される熱可塑性材料の量 化学 機械
MG = Molekulargewicht = molecular weight 分子量 化学 バイオ 物理
MGCs = 英 melt-growth composites = Schmelz-Wachstum-Verbundstoffe 融液成長複合材料（一方向凝固共晶複合セラミックス材料ともよばれ，ガスタービン部材などの耐熱材料や熱起電力発電への応用が期待されている（岡田益男，知恵蔵，2015）） 材料 非金属 エネ 電気
MHC = 英 mager histocompatibility complex = Haupthistokompatibilitätskomplex 主要組織適合遺伝子複合体 化学 バイオ
MHEG = 英 multimedia hypermedia coding expert group エムヘグ（マルチメディアコンテンツを記述するためのマークアップ言語の仕様，または同言語の標準を策定したISO専門委員会の名称）（出典：デジタル大辞泉） 電気 規格 組織
MHK = minimale Hemmstoffkonzentration = minimum inhibitory concentra-

tion 最小阻止濃度（抗菌物質感受性テストにおける），MIC 化学 バイオ 医薬

MIBK = Methylisobutylketon = methylisobutylketone メチルイソブチルケトン，（ケトンに分類される有機溶媒の一種，キレート滴定などに用いる）化学 バイオ

Michaelis-Menten- Gleichung 女 メカエリス・メンテンの式（酵素反応速度と基質濃度の関係を示す），英 Michaelis-Menten-Equation 化学 バイオ

micro RNA マイクロ RNA（バイオマーカとしてのマイクロ RNA をレーザーで検出し，ガンの早期発見につなげるべく，研究されている）化学 バイオ 医薬 光学 電気

MID = der magnetisch-induktive Durchflussmesser = electromagnetic flowmeter 電磁流量計，EMF 電気 機械；=英 micro interconnection device マイクロ相互接続装置 電気

MIG = Metall-Inertgas (Schutzgas) -Schweißverfahren 溶接ワイヤーを電極とする不活性ガスアーク溶接法，ミグ溶接法 溶接 機械

Migräne 女 片頭痛［へんずつう，へんとうつう］，migraine, hemicrania 化学 バイオ 医薬

Mikrobe 女 微生物，類 Kleinlebewesen 中，Mikroorganismus 男，英 microbe 化学 バイオ

Mikrofiltration 女 ミクロ濾過，精密濾過（0.1~1.4 μ m の濾過能力）化学 バイオ

Mikrofotographie 女 顕微鏡写真，microphotograph, photomicrograph, photomicrography 材料 鉄鋼 非鉄 光学

Mikrokanalplatte 女 マイクロチャンネルプレート，「荷電粒子（電子やイオンなど）を増幅する装置」，micro channel plate, MCP 電気

mikrolegierter Stahl 男 低合金鋼，類 Niederlegierungsstahl 男，micro-alloy-steel, low-alloy steel 材料 鉄鋼 非鉄

Mikrolinsenanordnung 女 マイクロレンズアレイ（微小光学素子を基板上に多数，集積させる技術），micro lens array, MLA 光学 電気 物理

Mikroverkapselung 女 マイクロカプセル封入；マイクロカプセル，包括マイクロカプセル化，（マイクロカプセルとは極小のカプセル内に薬剤等を内包した物である），microencapsulation 化学 バイオ 医薬

milchwirtschaftliche Maschine 女 酪農用機械 機械 バイオ

Milieu 中 生活環境 環境 化学 バイオ

MIL = mittlerer Infrarot-Laser = mid-infrared laser 中赤外レーザ 電気 光学

MIL-PRF-26539 = Missile Fuel Standard, Performance Specification Propellants, Dinitogen Tetrode (N_2O_4) 人工衛星などの推進薬である四酸化二窒素 (N_2O_4) に関する米国国防省仕様書（パフォーマンススペック）規格 航空 機械 化学

Milzbrandbazillus 男 炭疽菌，類 Bacillus anthracis 中，英 anthrax bacillus, Bacillus anthracis 化学 バイオ 医薬

Mine 女 坑道，鉱脈，替え芯，mining gallery, vene of ore, space lead 地学 環境

Mineralisierung 女 無機化，mineralization 化学 バイオ 地学

Mineralöl 中 鉱油，mineral oil 地学 化学 機械

Mineralogie 女 鉱物学，類 Mineralkunde 女，mineralogy 地学 製銑 鋳造

miniaturisiert 微小化した，miniaturized 電気 機械

Minimalmedium 中 最少培地，minimal medium 化学 バイオ

Minutenreserve 女 ミニッtリザーブ，（バランシング電力のうち，15 分以内に手動で稼働し，セカンダリーリザーブによる周波数調整後に残る周波数の偏差を解消する電力を言う）（出典：一橋法学第 8 巻第 2 号 2009/7.p-649-650）電気 法制度

Miozän 中 中新世（新生代第三紀の），英 Miocene 地学 物理 化学 バイオ

Mischfutter 中 混合飼料 バイオ 化学

Mischkammer 女 混合室，mixing chamber 機械

Mischling 男 交配種，雑種，hybrid 化学 バイオ

Mischpolymerisation 女 共重合，類 Copolymerisation 女，英 copolymerization

化学 バイオ

Mischzeit 女 攪拌時間, mixing time 化学 バイオ

Mist 男 糞尿, 堆肥 化学 バイオ 地学

Mistel 女 宿り木 バイオ 化学

miter gear 英 マイタ歯車, 等径カサ歯車, 独 Kegelrad 中, Kegekgetriebe 中, Winkelgetriebe 中 機械

Mitführung von Gas ガスの連行(吸い込み) 機械 エネ 化学 バイオ

mitgeltend 他に適用できる,other applicable

mitgeltende Norm 女 その他適用可能な規格, 関係規格 規格 特許

Mitnahme 女 同期化, 回路のロック, synchronization, locking of circuit 電気

Mitnahmebereich 男 (テレビの) ロックレンジ, 引き込み周波数レンジ, lock in range, pulling-in range 電気

Mitnahmefläche 女 ピックアップ面, 引っ張り面 機械

Mitnahmesynchronisierung 女 音響信号直接同期化, sound signal direct synchronization 電気

Mitnehmer 男 カム,タペット,タン,つまみ,まわし(リング),プッシャーコンベアー,ドライバー(ホイール),キャリアーボルト 機械

Mitnehmerhülse 女 キャリアーボルトブッシュ, カップリングスリーブ, carrier bolt bushing, coupling sleeve 機械

Mitnehmernocken 男 フリクションカム, ドライブカム, friction cam 機械

Mitnehmerrad 中 ドライバーホイール, driver wheel 機械

Mitnehmerring 男 まわしリング 機械

Mitnehmerscheibe 女 回し板, 駆動板, フランジカップリング, クラッチディスク, entrainer disc, driving plate, flange coupling, clutch disc 機械

mittelbare Heizung 女 間接暖房,indirect heating エネ 機械

mittel-bis langfristig 中長期的に

Mittellage 女 中立点, 中心点, central position 機械 電気 化学 バイオ 物理

Mittelloch 中 センター穴 機械

Mittelohr-Entzündung 女 中耳炎, inflammation of the middle ear 化学 バイオ 医薬

Mittelpunktlehre 女 センターゲージ 電気 機械

Mittelschnitt 男 中央断面, 横断面, center cut, cross section 機械

Mittelsieder 男 中間留分, medium boiler 化学

Mittelspannung 女 平均応力, mean stress 機械 材料 建設

mittelständisch 中規模の, 中進国の, 中間の 経営

Mittelung 女 平均値を求めること, averaging 統計 操業 設備

Mittelwert der Grundgesamtheit 男 真の平均値, 類 wares Mittel 中,true mean 統計 数学

Mittenrad 中 太陽歯車, sun gear 機械

Mittenseigerung 女 中心偏析, centre segregation 精錬 連鋳 材料

mittiges Begichten 中 中心部への装入 製銑 精錬 機械

mittlerer Fehler 男 平均誤差, mean error 統計 機械

mittlere Temperatur 女 中心部の温度, center temperature 製銑 連鋳 材料

mixotroph 混合栄養の, 英 mixotrophic 化学 バイオ

MKV = <u>M</u>etall-<u>K</u>unststoff-<u>V</u>erbund 金属・プラスチック・複合材 化学 バイオ 機械 材料

MLA = <u>m</u>ulti<u>l</u>ateral <u>a</u>greement = multilaterales Übereinkommen = multilaterales Abkommen 多国間協約, 多国間協定, 多角協定, 多角契約, 多辺的協定 規格 組織 法制度

MLCC = 英 <u>m</u>ulti-<u>l</u>ayer <u>c</u>eramic <u>c</u>apacitor = Vielschicht-Keramikkondensatoren 積層セラミックコンデンサー 電気

MLC-Speicherzelle 女 マルチレベルセル, <u>m</u>ulti-<u>l</u>evel <u>c</u>ell, MLC 電気

MLFT = 英 <u>m</u>agnetic <u>l</u>eakage <u>f</u>lux <u>t</u>esting = magnetisches Streuflussverfahren 漏洩磁束探傷試験 材料 電気 物理

MLM = <u>M</u>ultidimensionale <u>L</u>umineszenz-<u>M</u>essung = <u>m</u>ultidimensional lu-

minescence measurements 多次元発光測定 光学 化学 バイオ 物理 電気
MMF = 英 multi-mode-fiber = Multimode-Faser マルチモードファイバー 光学 音響
MMPs = Matrix-Metallo-Proteasen = matrix-metalloproteases マトリックスメタロプロテアーゼ 化学 バイオ 医薬
MMS = 英 maximum material size 最大実体寸法 機械 電気
Mobilisierungseffekt 男 モチベーション向上効果, mobilisation effect 操業 設備 経営
MOCVD = 英 metal organic chemical vapor deposition = 英 metal-organic vapor phase epitaxy = MOVPE = metall-organische chemische Gasphasenabscheidung 有機金属気相成長法 化学 電気 設備
modellgestützt モデル支援の, モデルサポートの 電気 機械
Modellsand 男 はだ砂,facing sand 鋳造 機械
Modellversuch 男 モデルテスト, model test 機械 化学 バイオ 全般
Modellziehung 女 型上げ操作, 類 関 Modellabsenken 中, Modellabheben 中, stripping of pattern 鋳造 機械 操業 設備
Modenkopplung 女 モード結合, mode coupling 電気
Modenreinigung 女 モードの純化 電気 光学 音響
Moderator 男 減速材, 減速体, 英 moderator 原子力 放射線
Modifikation 女 修飾, 一時変異,英 modifikation バイオ 化学
Modifikator 男 修飾剤, 調整剤, 改良剤, modifier 化学 バイオ
modifizierte Fahrzeuge 複 中 改造車 機械
Modul 中 ユニット, コンポーネント, モジュール(操作単位としての部品集合), module 機械 ; 男 (歯車の) モジュール, 係数, modulus 材料 機械 数学
Modulation 女 変調, modulation 電気 機械
Modulträger 男 モジュールサポート, module support 機械 電気
MOE = 英 modulus of elasticity = Elastizitätsmodul ヤング係数 ; 弾性係数, 弾性率 材料 機械 建設
Möhre 女 ニンジン(小形の), carrot 化学 バイオ
Möllersonde 女 鉱石原材料装入物レベルセンサー, charge level indicator 製銑 電気 地学
Möllerverteilung 女 鉱石原材料装入物分布, ore burden distribution 製銑 地学
Möllervorbereitung 女 鉱石原材料装入物予備処理, ore burden preparation 製銑 地学
Möllerzusammensetzung 女 鉱石原材料装入物(鉱石, ペレットなどの) の割合 製銑 地学
Mörtel 男 モルタル, mortar 機械 建設
MOF = 英 metal-organic framework = poröses Material, z. B. zur Gasspeicherung 金属有機構造体 (ガス貯蔵用などの多孔性物質) 材料 化学 バイオ 物理
Moire-Interferenzstreifen 男 モアレ, 干渉縞 光学 電気 機械
Molch 男 スクレイパー, 配管試験検知器, detector pig, scraper 機械 化学 バイオ
Molchreinigung 女 スクレイパーを使った洗浄, pig cleaning 機械 化学 バイオ
Molchschleuse 女 給油管清掃器フィーダー, go-devil feeder 機械 化学
molekular 分子の 化学 バイオ 物理
Molenbruch 男 モル分率, mole fraction 化学 バイオ
Molkereimilch 女 酪農牛乳, dairy milk 化学 バイオ
Moment 男 瞬間 ; 中 モーメント 機械
momentane Achse 女 瞬間軸線, instantaneous axis 機械
momentane besondere Notstromversorgung 女 瞬時特別非常電源(停電後, 0.5 秒以内に作動), 関 sofortige besondere Notstromversorgung 女, instantaneous special emergency power supply 化学 バイオ 医薬 電気
MON-1,-3 = Distickstofftetroxid und

Mischungen davon 四酸化二窒素(N_2O_4)とその混合物,(人工衛星などの推進薬・酸化剤) 規格 航空 機械 化学

Monatsdurchschnitt 男 月間平均(値), monthly average 統計 全般

mondsichelförmig 三日月形の

monochromatisches Licht 中 単色光, monochromatic light 光学 電気 機械

Monochromator 男 モノクロメーター, モノクロメータ, 単色計, 単色光器, monochromator 光学 電気 機械

Monod-Wyman-Changeux-Modell 中 モノー・ワイマン・シャンジュー・モデル(アロステリック効果(allosteric effect, allosterischer Effekt)を説明する理論の一つ), MWCモデル 化学 バイオ

Monoethylenglykol 中 モノエチレングリコール, $C_2H_6O_2$, 英 monoethylene glycol 機械 化学 バイオ

monogene Krankheit 女 1対の遺伝子によって制御される遺伝性疾患, monogenic diseases, an inherited disease controlled by a single pair of genes 化学 バイオ 医薬

Monolith 男 一本石, 単一体, 英 monolith 地学 バイオ 建設

Monomerumsatzrate 女 モノマー転化率, 類 Monomer-Umwandlungsrate 女, monomer conversion rate 化学 バイオ

Monomethylhydrazin 中 モノメチルヒドラジン(ロケット推進剤他で使用), monomethyl hydrazine, MMH 化学 航空

monophyletisch 単系統の, monophyletic 化学 バイオ

Monosaccharid 中 単糖, 英 monosaccharide, $C_n(H_2O)_n$ バイオ 化学

monovalent 一価の, 類 einwertig, 英 monovalent, univalent 化学 バイオ

Montagebügel 男 組立ブラケット, assembly bracket, erection yoke 機械 建設

Montageschraube 女 仮締めボルト, 類 Montagebolzen 男, erection bolt mounting screw 機械

Montagevorgang 男 取り付け工程 機械

Monte-Carlo-Simulation 女 モンテカルロ法 統計 物理 化学

Montmorillonit 男 モンモリロナイト(ベントナイトは, モンモリロナイトを主成分とするモンモリロナイト粘土化合物である), 英 montmorillonite 地学 鋳造 機械 化学

MOR = magneto-optische rotationsspektroskopie = magneto-optical rotation spectroscopy 光磁気回転分光法 光学 電気 材料; = 英 modulus of rupture = Bruchmodul 破壊係数, 破断係数 材料 物理

Moränenplatte 女 堆積台地, moraine plate 地学

Morphingstruktur 女 モーフィング構造, (飛行プロファイルに応じた機体形状変化により環境性能, 飛行効率などを向上させる構造), 英 morphing structure 航空

Morsekegel 男 モールステーパ, morse taper 機械

MOSAR = 英 method organisation for a systemic analysis of risks 系統的リスク分析のための組織化法 統計 操業

MOSFET = 英 metal oxide semiconductor field effect transistor = Metall-Oxid-Halbleiter-Feldeffekttransistor 金属酸化物半導体電界効果トランジスタ, 金属酸化膜半導体電界効果トランジスタ 電気

Motorbaustein 男 エンジンモジュール, MBS 機械 電気

Motordämming 女 エンジンのカプセル化・カプセル封入, engine encapsulation 機械 エネ

Motorgehäuse 中 モーターハウジング, エンジンハウジング, motor housing, engine housing 機械 電気

Motorhaube 女 ボンネット, カウリング, bonnet, cowling, engine hood 機械

Motorhaubeentriegelung 女 ボンネットロック解除 機械

Motor mit Hohlwelle 男 クイル駆動モータ 機械 電気

Motor mit der obenliegenden Nockenwelle 男 OHC(頭上カム軸方式)エンジン 機械

Motor mit Untersetzungsgetriebe 男 減速発動機 機械

Motorrad 中 オートバイ, motorbike, motorcycle 機械

Motorregelventil 中 モーター調整弁, motor control valve, motorized valve, motor regulated valve 機械

Motorwicklung 女 モータ巻線, motor winding 電気 機械

Motor zum Aufheben 男 巻き上げ電動機, hoisting motor 機械 電気

MPI = 英 multi point injection = Saugrohreinspritzung 多点式燃料噴射装置 機械

MPR = 英 multi-port repeater マルチポートリピータ 電気

MPS = 英 more probable symbol 2値データのうち出現頻度の高い判定値, 関 LPS 電気 統計 数学 ; = 英 mechanical power switch = Mechanischer Leistungsschalter 機械的電源スイッチ 電気 ; = 英 multiple path switching = multiple Wegschaltung 複数パス切り換え 光学 電気

MQL = 英 minimum quantity of lubrication 最少量潤滑 (加工), 類 NDM = 英 near dry machining セミドライ加工 機械

MRA = 英 mutual recognition agreement = Abkommen über die gegenseitige Anerkennung 相互承認協定 法制度 規格

MRAM = 英 magnetoresistive random access memory 磁気抵抗メモリ,(磁性体を使った不揮発メモリ の一種) 電気

MRD = 英 minimum reflectance difference = Minimum-Reflexionsdifferenz 最小反射率差,(スペースの最小反射率 RL min からバーの最大反射率 RD max を差し引いたシンボルの最小反射率差, バーコードのコントラスト) 電気 光学

MRSA = Methicillin-resistenter Staphylococcus aureus = methicillin resistant staphylococcus aureus メチシリン耐性黄色ブドウ球菌 化学 バイオ 医薬

MS = Massenspektroskopie = mass spectroscopy 質量分光学, 質量分光, 質量分光測定法, 質量スペクトロスコピー 化学 バイオ 電気 ; = Multiple Sklerose = multiple sclerosis (神経の) 多発性硬化症 化学 バイオ 医薬

MSC 英 IMO(国際海事機関) の海上安全委員会 船舶 材料 機械 組織

MSDS = 英 material safety data sheet = Materialsicherheitsdatenblatt 化学物質安全性データシート 化学 規格 環境

MSF = mittlere Schätzfehler 平均推定の誤差 統計 数学

MSM = 英 meso scale model メソ数値予報モデル(気象モデル) 物理 電気

MS-Medium 中 MS(Murashige-Skoog) 培地(植物の組織培養に用いられる基本培地) 化学 バイオ

MSR = Messen-Steuern-Regeln = measuring, controlling, regulating (標語などで) 測定・運転制御・調整 機械 電気 操業 設備

MSTG = Motorsteuerngsgerät モーター制御装置 電気 機械

MSW = municipal solid waste = feste Siedlungsabfälle 都市ごみ, 公共固形廃棄物 環境 リサイクル 化学 バイオ 医薬

MSWWF NRW = Ministerium für Schule und Weiterbildung, Wissenschaft und Forschung des Landes NRW, NRW 州教育再教育科学技術研究省 全般 組織

MTAE = Metyl-tertiär-anyl-ether メチル t アニルエーテル 化学 機械 バイオ

MTBE = Metyl-tertiär-butyl-ether = methyl tertiary butyl ether メチル t ブチルエーテル(オクタン価向上剤), $C_5H_{12}O$ 化学 機械 バイオ

MTF = 英 modulation transfer function = Modulationsübertragungsfunktion 変調伝達関数(レンズ特性評価指標, 空間周波数特性) 光学 電気 機械 物理 ; = median time to failure = mittlere Zeit bis zum Versagen 故障時間中央値, 故障間隔中央値 光学 物理 統計 機械

MTG = 英 methanol to gasoline メタノールからガソリンをつくるプロセス 化学 機械 環境

MTOE = 英 million tons of oil equivalent = Millionen Tonnen Erdöläquivalent =

M

Millionen Tonnen Rohöläquivalent 百万石油換算トン, 原油換算百万トン (1MTOE = 10^6TOE, 1TOE = 41.87GJ) 単位 化学 地学 エネ

MTTR =英 mean time to repair = Mittlere Reparaturdauer 平均修復時間, 平均保全補修時間 操業 設備 化学 バイオ 医薬 機械

Mückensehen 中 飛蚊症, 類 fliegende Mücken 複 女 医薬 光学

Mühle 女 ミル(機 バイオ

Müllverbrennungsofen 男 ゴミ燃焼炉, garbage furnace, refuse furnace 機械 環境 エネ

Mündung 女 河口 合流点,オリフィス 地学 機械 設備

Mündungskanal 男 オリフィス, 類 Messblende 女,orifice 機械 電気 物理

Mündungsstück 中 ノズル, 類 Düse 女, Stutzen 男, nozzle 機械 精錬 材料 連鋳 鋳造 製銑 操業 設備

MUF =英 melamine urea formaldehyde resin = Melanin- Harnstoff- Phenol-Formaldehyd Kunststoff メラミン・尿素・ホルムアルデヒド樹脂 化学 バイオ 材料

MUFA = 英 Monounsaturated Fatty Acids = einfach ungesättigte Fettsäuren 単不飽和脂肪酸 化学 バイオ

Muffe 女 スリーブ, ソケット, ブッシュ, カップリング, 類 Buchse 女, sleeve, socket, bush, coupling 機械

Muffenkupplung 女 スリーブ軸継ぎ手, sleeve coupling, butt coupling 機械

Mukoviszidose 女 膵嚢胞線維症, 嚢胞性線維症, 類 Zystische Fibrose 女, cystic fibrosis 化学 バイオ 医薬

Muldenband-Strahlanlage 女 タフベルトショットブラスト装置, toughed belt shot blast machine, tumble belt machine 材料 機械

Muldenkipper 男 ダンプトラック, dump truck 機械

Muldenrost 男 トラフ火格子[ひごうし], through grate エネ 機械 設備

Muldenschweißung 女 トラフ溶接 溶接 機械 建設

Multiblasen-Sonolumineszenz 女 多泡性ソノルミネッセンス, 関 SBSL (単泡性ソノルミネ センス), multibubble sonoluminescence, MBSL 光学 音響

Multifokalglas 中 多焦点眼鏡レンズ, 類 Mehrstärkenglas 中, multifocal lens 化学 バイオ 医薬 光学

Multimoment-Studie 女 ワークサンプリング, アクティビティーサンプリング, work sampling, activity sampling 統計 操業 機械 化学 バイオ

Multiple-Sklerose 女 多発性硬化症, 英 multiple sclerosis 化学 バイオ 医薬

Multitaskbetrieb 男 マルチタスク処理, 英 multitasking 電気

multivariabl 多変量の, 多変数の 数学 統計 電気

Mundstück 中 オリフィス, チップ, 筒口, orifice, snout 機械

MUNLV = Ministerium für Umwelt, und Naturschutz, Landwirtschaft und Verbraucherschutz = Ministry for the Environment, Nature Conservation, Agriculture and Consumer Protection 環境自然保護および農業消費者保護省 環境 化学 バイオ 医薬 経営 組織

MUPF =英 melamine urea phenol formaldehyde resin = Melanin-Harnstoff-Phenol-Formaldehyd Kunststoff メラミン尿素フェノールフォルムアルデヒド樹脂 化学 バイオ 材料

MURL = Ministerium für Umwelt, Raumordnung und Landeswirtschaft 環境地域開発経済省 環境 経営 組織

Muskeldystrophie 女 筋ジストロフィー, muscular dystrophy 化学 バイオ 医薬

Muster 中 ひな型, 意匠, 商品見本, サンプル, pattern, sample, specimen 製品 品質 経営

Musterautomobil 中 試作車, prototype vehicle, experimental cars 機械 製品

mustergültig 管理された, 模範的な

Musterverfahren 中 テスト方法, モデルとなる手順, モデルケースとなる処置法,

model procedures, model case proceedings 操業 機械 電気
Mutagenese 女 突然変異誘発；突然変異誘導；突然変異発生；突然変異生成；突然変異形成,mutagenesis 化学 バイオ 医薬
Mutagenität 女 変異原性, mutagenicity 化学 バイオ 医薬
Mutante 女 突然変異体, ミュータント, 変異菌, 突然変異株, mutant, variant 化学 バイオ 医薬
Mutation 女 突然変異, 英 mutation 化学 バイオ 医薬
mutieren 突然変異する, 突然変異させる, mutate 化学 バイオ 医薬
Muttergewindebohler 男 ナットタップ, nut tap 機械
MVA = Müllverbrennungsanlage = Abfallverbrennungsanlage = waste incineration plant = refuse incineration plant ゴミ焼却工場；清掃工場 環境 リサイクル 化学 バイオ 医薬
MWHC = 英 maximum water holding capacity = größtes Wasserhaltevermögen, größte Wasserspeicherfähigkeit, größtes Wasserrückhaltevermögen 最大容水量, 最大保水量 地学 環境 化学 バイオ
Mycobakterium 男 ミコバクテリア(属), 英 Mycobacterium 化学 バイオ
Mydriatika 女 散瞳薬, mydriatic eye drops, mydriatics 化学 バイオ 医薬
Myelitis 女 脊髄炎, 類 Rückmarkentzündung 女, 英 myelitis 化学 バイオ 医薬
Myelom 中 骨髄腫, myeloma 化学 バイオ 医薬
Myokardinfarkt 男 心筋梗塞, 類 Herzinfarkt 男,myocardial infarction, cardiac infarction, MI, MCI 化学 バイオ 医薬
Mykorrhiza. 女 菌根, mycorrhiza バイオ
Myxomycota 女 粘菌門 化学 バイオ
Myzelium 中 菌糸体, 類 Myzel 中, 英 mycelium 化学 バイオ 医薬
Myzet 男 菌, mycete 化学 バイオ 医薬

N

NA =英 numerical aperture = numerishe Apertur = numerische Öffnung 開口数 光学 音響 電気 航空
NaA-Membran 女 無機浸透蒸発用薄膜,（チタン酸化物, 親水性）化学 バイオ 機械
NAAMS =英 North American Automotive Metric Standard 北米自動車メートル法規格 機械 規格 法制度
Nabennut 女 キー溝, key way 機械
NABU = Naturschutzbund Deutschland e.V. ドイツ自然保護登録協会 環境 化学 バイオ 組織
NACA-Haube 女 NACA（米国国家航空宇宙諮問委員会）カウリング, NACA-cowling 機械 航空
Nachbildung 女 模造, 偽造, 複製；imitieren 模造する
Nachernte 女 二番刈り, 二番作, post-harvest バイオ
Nachfolger 男（カムの）従動節, 被動歯車, 副動輪, フォロア, 関 follower 機械
Nachformung 女 ならい削り, 類 Profilierung 女, profiling, contour turning 機械 電気
Nachfrage 女 需要, 類 Bedarf
nachführen 適合させる, 整合させる(etwas[3]に) 機械 操業
nachgehen 調査する, 探求する,(etwas[3]を) 全般
nachgeschaltet 後位置制御の, downstream switched 電気 機械 操業 設備
nachgiebige Kupplung 女 たわみ軸継ぎ手, 弾性継ぎ手, 類 bewegliche Kupplung, elastische Kupplung 機械
Nachgiebigkeit 女 弾性, 反発性, resilience 材料 化学 バイオ 鉄鋼 非鉄
nachhaltig 持続可能な, sustainable 機械 環境 リサイクル
nachlässig 不注意な,
Nachlauf 男 ポジティブキャスター, キャ

N

スター角，キャスタートレール，ハンチング，positive caster, caster angle, casater trail, hunting 機械

Nachlaufen 中 オーバートラベル，滑動体後退量，ディーゼリング，自然着火現象 機械 エネ

Nachlaufwinkel 男 ポジティブキャスター角，angle of positive caster 機械

Nachlinksschweißung 女 後進溶接，類 Rückwärtsschweißung 女，backhand welding 溶接 機械

Nachpendeln 中 ハンチング，振動，類 Nachlauf 中，hunting, to oscillate 機械 統計 電気

nachrüsten 追加装備する，後付けする，装置を改造する，規模を拡大する，install additionally, expand, retrofit, upgrade 機械 操業 設備

Nachschalten 中 外側での接続，下流でのスイッチイング，connecting at the outlet side, downstreaming switching 電気 機械

Nachschlagewerk 中 参考書，便覧，事典，類 Lexikon 中，Handbuch 中，Wörterbuch 中 全般

Nachspannen des Rades 中 車輪の増し締め，re-tensioning (retightening) of the wheel 機械

Nachtschattengewächse 複 ナス科植物 バイオ

nachstehende Statorschaufel 女 後置［こうち］静翼，back-end stator blade 機械 エネ 設備

nachstellbare Reibahle 女 調整リーマ，adjustable reamer 機械

nachstellen 再調整する，リセットする，readjust, reset 機械 電気

Nachstrom 男 後流，伴流，航跡，slip stream, wake, back wash, following wake 機械 航空 エネ

Nachverbrennung 女 二次燃焼，アフターファイヤー，排気管燃焼，post combustion；あと燃え，アフターバーニング，後期燃焼，after burning 精錬 操業 設備 機械

nach Verlassen der Öfen 中 炉を出た後 材料 機械 操業 設備

Nachwärmeabfuhr 女 残留熱除去，residual heat removal, RHR 機械 エネ

Nachwalzgerüst 中 スキンパスミルスタンド，類 Glätten 中，Dressirgerüst 中，skin pass mill stand 材料 設備

NACLO = Natriumhypochlorit = sodium hypochlorite 次亜塩素酸塩ナトリウム 化学

NACS = Natriumcellulosesulfat = cellulose sulfate sodium salt セルロース硫酸ナトリウム塩 化学 バイオ

NAD = Nicocinsäureamid-Adenin-Dinucleotid = 英 nicocinsäureamide-adenine dinucleotide ニコチンアミドアデニンジヌクレオチド，（多くの酸化還元酵素反応に関与する補酵素の一種であり，補酵素Iとも呼ばれる）化学 バイオ 医薬；= Normenausschuss Stahldraht und Stahldrahterzeugnisse im DIN 鉄鋼線材および線材製品に関する規格委員会（ドイツ規格協会内）規格 鉄鋼 材料 組織；= Netzhautarteriendruck = Hintergrundarterienddruck = retinal arterial pressure, blood pressure of the retinal vessels 網膜動脈圧，眼底血圧 化学 バイオ 医薬

Nadellager 中 ニードルころ軸受，needle roller bearing 機械

Nadelregulator 男 ニードル調整弁，類 Nadelregulierventil 中，needle regulator 機械

Nadelventil 中 ニードル弁，needle valve 機械

Nadelvliesbelag 男 ニードルフェルトフロアーカバー，needlefelt floorcovering 機械

NADP = Nicocinsäureamid-Adenin-Dinucleotid Phosphat = nicocinamide-adenine dinucleotide phosphate ニコチンアミドアデニンジヌクレオチドリン酸（補酵素IIとも呼ばれる）化学 バイオ 医薬

Näherungssensor 男 近接センサー，proximity sensor 機械 電気

Nähragar 男 培養寒天，nutrient agar 化学 バイオ

Nährlösung 女 栄養液，培養液，nutrient solution 化学 バイオ

Nährstoff 男 栄養素，栄養物，nutrient

バイオ 化学

NAG = 英 n-acecyl-β-glucosaminidase N-アセチル-β-D-グルコサミニダーゼ 化学 バイオ; =英 Numerical Algorithms Group 数値アルゴリズムグループ（数値計算用ソフト開発の非営利企業名, 登録商標）電気 組織

Nahaufnahme 女 接写, クローズアップ撮影, close-up phtograph 光学

nahkritisch 準臨界の, quasicritical 化学 原子力 物理

Nahrung 女 食物, 飼料, food バイオ 医薬

Nahrungsaufnahme 女 食物摂取, 関 Ingestition 女, Nutrition 女 バイオ 医薬

Nahrungsmittelvergiftung 女 食中毒, alimentary intoxication, food poisoning 化学 バイオ 医薬 食品

Nahtansatzstelle 女 溶接接合部・ラグ位置, 溶接開始位置・部位 溶接 機械

Nahthöhe 女 のど厚, 類 Nahtdicke 女, Kehlnahttiefe 女, throat thickness, throat depth, throat 溶接 機械

Nahtlänge 女 溶接継ぎ手（継ぎ目）長さ, seam length, weld length 溶接 機械

Nahtlängsrichtung 女 継ぎ手長手方向 溶接 機械

nahtloses Rohr 中 シームレスパイプ, seamless pipe 材料 鉄鋼 化学 機械 地学

nahtloses Stahlrohr 中 継目無し鋼管, seamless steel pipe 材料 鉄鋼 化学 機械 地学

Nahtquerschnitt 男 継ぎ手横断面 機械

Nahtraupenkante 女 継ぎ手ビード端部 溶接 機械

Nahtregelmäßigkeit 女 ビードの規則性 溶接 材料 機械

Nahtüberhöhung 女 余盛, 類 Versteifung 女, Schweißbart 男, Schweißwulst 女, excess metal, weld reinforcement 溶接 機械

Nahtvorbereitung 女 開先加工, 類 Schweißfugenvorbereitung 女, edge preparation 溶接 機械

NAMAS =英 National Measurement Accreditation Service = Britische Eichbehörde 英国度量衡検定機関 規格 機械 物理 品質 組織

Namenschild 中 名札, ネームプレート

NA-Motor = natural aspiration engine 自然吸気エンジン 機械

NAMUR = Normenarbeitsgemeinschaft für Mess- und Regelungstechnik in der chemischen Industrie 化学工業分野計測・制御規格共同研究会 化学 バイオ 規格 組織

Nanofiltration 女 ナノ濾過（1～10kD の濾過能力）化学 バイオ

Nanometer 中 ナノメートル, nm 単位 化学 バイオ 材料

nanoporös ナノ多孔性の, 英 nanoporous 化学 バイオ 材料

nanoskalig ナノスケールの 化学 バイオ 材料

NAOH = Natronlauge 水酸化ナトリウム, 苛性ソーダ 化学

Narbe 女 柱頭, 傷痕, stigma 化学 バイオ 医薬

NAREGI = National Research Grid Initiative なれぎ, 最先端・高性能汎用スーパーコンピュータの開発利用 プロジェクト,（世界標準による実運用に耐えうるグリッドシステムの構築を目指して文部科学省により進められている）電気 化学 バイオ 医薬 全般

narkotisieren 麻酔をかける, 麻酔させる, 類 anästhesieren, anesthetize 化学 バイオ 医薬

NASA = 英 National Aeronautics and Space Administration = Amerikanische Weltraumbehörde アメリカ航空宇宙局 航空 機械 組織

Nasenentzündung 女 鼻炎, 類 Rhinitis 女, nasal catarrh, rhinitis 化学 バイオ 医薬

Nasenkonus 男 ノーズコーン, nose corn 機械 航空 船舶

NASICON NASICON 型セラミック結晶構造,「$M_2(XO_4)_3$(M: 遷移金属, X:S, P, As, Mo, W など）で表される化合物, リチウムイオンやナトリウムイオンなどのカチオンのホスト材料となる」電気 エネ

Nassgussform 女 生砂型, green-sand

N

mold 鋳造 機械
Nasslackbeschichtung 女 湿式ラックコーティング 機械 材料
nasslaufende Lamellenbremse 女 湿式多板ディスクブレーキ 機械 電気
Nasslaufmotor 男 湿式モーター, wet running motor 電気 機械
Nassluftpumpe 女 湿式空気ポンプ, wet air pump 機械
Nasssumpfschmierung 女 湿式潤滑,ウエットサンプ潤滑, wet-sump lubrication 機械
Nasszugfestigkeit 女 濡れ引張り強さ, green tensile strength, wet tensile strength 鋳造 機械 非金属
NAT = N-Acetyl-Transferase N アセチル・トランスフェラーゼ, N アセチル転移酵素 化学 バイオ 医薬
Natriumcyclohexylamidosulfonat 中 シクロヘキシルアミドスルフォン酸ナトリウム 化学 バイオ
Natriumhypochlorit 中 次亜塩素酸ナトリウム, sodium hypochlorite 化学 バイオ
Natriumhydrosulfat 中 ヒドロ亜硫酸ナトリウム, sodium hydrosulfate 化学 バイオ
Natriumsulfit 中 ナトリウム亜硫酸塩, sodium sulphite 化学 バイオ
Natriumtetrahydroborat 中 テトラヒドロホウ酸ナトリウム, sodiumtetrahydroborate 化学 バイオ
Natronlauge 女 水酸化ナトリウム, 苛性ソーダ 化学
natürliche Größe 女 実際寸法, 実寸, 現尺, actual size 機械 電気
natürliche Lüftung 女 自然換気, natural ventilation, natural draft 機械 建設
naturbelassene Nahrung 女 自然食品, 類 関 Naurkost 女, natural finished foods 化学 バイオ 環境 食品
Naturkante 女 ミルエッジ, mill edge, natural edge 材料 機械
Naturkost 女 自然食品, 類 naturbelassene Nahrung 女, natural food 化学 バイオ 環境 食品
Navier-StokesGleichung 女 ナビエーストークスの運動方程式, Navier-Stokes'equation of motion 化学 物理
NBR = 英 acrylonirile-butadien rubber アクリロ・ニトリル・ブタジエン共重合ゴム 化学 バイオ
NC = 英 numeric control = numerische Steuerung 数値制御 電気 機械 材料
NCBI = 英 National Center for Biotechnology Information = Amerikanisches Zentrum für molekularbiologische Forschung 米 国立バイオ技術研究情報センター 化学 バイオ 組織
NDIR = 英 non-dispersive infrared catalyser = nichtdispersive Infrarotspektrometrie = nichtdispersiver Infrarotabsorptionsanalysator 非分散型赤外線分析計 化学 バイオ 電気 光学
NDT = 英 non-destructive testing = zerstörungsfreie Prüfung 非破壊試験 材料 化学 電気
NDUV = 英 non-dispersive ultra-violet analyser 非分散型紫外線分析計 化学 バイオ 電気 光学
Nebelscheinwerfer 男 フォグランプ, fog lamp 機械 電気
Nebelschmierung 女 噴霧給油, 噴霧潤滑, mist lubrication 機械
Nebenanlage 女 付帯設備, attached equipment 操業 設備 機械
Nebennahtriss 男 溶接ラインに沿った再加熱によるクラック, reheating crack next to welding line 溶接 材料 機械
Nebenpleuelstange 女 副連結桿, 副連結かん 機械
Nebenrad 中 従動節 (カムの), follower 機械
Nebenschlussmotor 男 分巻モーター, shunt-wound motor 機械
Nebensprechen 中 漏話, cross talk 電気
Nebenweg 男 バイパス, by-pass, byway 化学 バイオ 機械 建設
Nebenzeit 女 アイドルタイム, ダウンタイム, 休止時間, 作業中断時間, 類 Stillstandszeit 女, idle time, down time 操業 設備 機械
NEC = 英 National Emission Ceilings = Richtlinie über nationale Obergrenzen

N

luftgetragener Emissionen 国別汚染物質排出シーリング(EU) 環境 組織 規格 化学 バイオ 医薬

NEFZ = Neuer Europäischer Fahrzyklus (Standard zur Ermittlung des Kraftstoffverbrauchs und der Abgasemission)新ヨーロッパ運転サイクル標準(燃費と排ガスを算出するための) 規格 機械 環境 化学

Nehmerzylinder 男 従動シリンダー, 追従シリンダー, スレーブシリンダー, slave cylinder 機械

Neigungswinkel 男 傾斜角, angle of gradient, angle of inclination 機械

Nekrose 女 壊死, 壊疽, necrosis 化学 バイオ 医薬

die nekrotishen Läsionen 女 壊死障害 化学 バイオ 医薬

NEMA = 英 National Electrical Manufacturers Association = Amerikanischer Interessenverband der Hersteller elektrischer Anlagen und Geräte 米国電気製造者協会 電気 組織

Nennscheinleistung 女 公称皮相容量, 公称皮相出力,nominal apparent capacity,nominal apparent output 機械 規格

Nennwert 男 公称値, 呼称値, nominal value, 関 Bemessungswert 男 機械 規格 製品 設備

NEP = 英 noise equivalent power = rauschäquivalente Strahlungsleistung = äquivalente Rauschleistung = Ersatzrauschleistung 雑音等価パワー,雑音等価電力,ノイズ等価電力 電気

nephelometrisch 比濁分析法の,nephelometric 化学 バイオ

Nephrostomie 女 腎瘻術, 腎造瘻術, nephrostomy 化学 バイオ 医薬

Nerv 男 神経, 英 nerve 化学 バイオ 医薬

Nervenheilkunde 女 神経科,the department of neurology,psychiatry,psychopathy 化学 バイオ 医薬

Nervenschmerzen 複 神経痛,neuralgia 化学 バイオ 医薬

nervös 神経の, 神経質な, nervous 化学 バイオ 医薬

NETL = 英 National Energy Technology Labaratories 米国立エネルギー技術研究所(米エネルギー省所属) エネ 全般 組織

Netzentstörfilter 男 ラインコンディショナー, line conditioner 電気

Netzführung 女 ネットワーク制御, 回路網制御, network control 電気 機械

Netzhautablösung 女 網膜剥離,retinal detachment 化学 バイオ 医薬

Netzplantechnik 女 危機経路分析, 類 kritische Pfad-Analyse 女, critical path analysis, CPA 電気 経営

Netzschalter 男 パワースイッチ, main power switch 電気

Netzteil 男 パワーパック, power pack (supply unit) 電気 機械

neue Materie 女 新規事項 特許 規格

Neuerung 女 新規性, 類 Neuheit 女, innovation, novelty (patentability requirement) 特許 規格

Neurochirurugie 女 脳神経外科, neurology, the department of neurosurgery 化学 バイオ 医薬

neurotroph 神経栄養の,英 neurotrophic 化学 バイオ 医薬

Neusand 男 新砂[しんずな], new sand 鋳造 機械

neustaten 再起動する, 類 関 rebooten 電気 機械

neutrale Achse 女 中立軸,neutral axis 機械 統計

Neutrallipid 中 中性脂質, neutral lipid 化学 バイオ 医薬

Neutralisation 女 中和, neutralization 化学 バイオ 電気

Neutronenfluss 男 中性子束, neutron flux 物理

Neutrophile 男 中性親和, 好中球, 英 neutrophile, neutrophic leucocyte 化学 バイオ 医薬

Neutrotropie 女 向神経性, neutropy 化学 バイオ 医薬

Neuzustellung 女 巻替え, レンガ積み, 類 Mauerwerk 中, new lining, relining,

N

brickwork 製銑 精錬 材料 設備
Newton-Meter 中 ニュートンメートル, Nm（国際単位系（SI）における力のモーメント（トルク）の単位）, 類 Masseinheit für Drehmomente 単位 機械
NFC- Standard = 英 Near Field Communication Standard = Nahbereichs-Kommunikation-Norm 13.56MHz 帯の近距離通信規格(ISO/IEC 18092（NFC IP-1）) 電気 規格
NFPA = 英 National Fire Protection Association = Amerikanischer Brandschutz-Verband = Vereinigung für Brandschutz 全米防火協会 組織 全般 ; = 英 National Fluid Power Association = Amerikanischer Verband der Hydraulikindustrie = die nationalen Fluidtechnik-Verbände 米国流動力協会(米国流体力学協会) 組織 機械 電気 規格
N_2H_4 = Hydrazin = hydrazine ヒドラジン（強力な還元剤,ロケット燃料） 化学 航空
nichtbackende Kohle 女 非粘結炭, non-caking coal 地学 製銑
nichterweiterte Düse 女 先細ノズル, 類 konvergente Düse 女, verengte Düse, convergent nozzle 機械
nichtflüchtiger Speicher 男 不揮発性メモリ, non-volatile memory 電気
nichtgeschlossenes Steuerungssystem 中 オープンループ制御システム 電気
nichtgewerblich 非営利の 経営
Nichtigkeitserklärung 女 無効の宣言 特許
nicht-invasiv 非侵入形の 化学 バイオ 医薬 電気 光学
nichtionishe Tenside 女 非イオン系界面活性剤(Triton X-100 など) 化学 バイオ
nicht-konservativ 非保存型の, nonconservative 化学 バイオ 光学 音響 機械 物理
nichtlineare Rückstellkraft 女 非線形復元力, nonlinear retaining strength, nonlinear recoil strength 機械
Nichtlinearität 女 非線形性, nonlinearity 数学 材料 操業 設備
nicht-lokal 非局所的な 統計
nichtplanar 非平面の：nichtplanare Aromaten 女 非平面芳香族 化学 バイオ
nichtregelbare Pumpe 女 一定吐き出しポンプ, non-self-adjusting pump 機械
Nichtsinnmutation 女 ナンセンス突然変異, nonsense mutation 化学 バイオ 医薬
nichtsymmetrisch 非対称の, asymmetrical, asymmetric, non-symmetric 化学 バイオ 機械 物理 統計 光学
Nichtumkehrbarkeit 女 不可逆性, irreversibility 機械 化学 バイオ
nichtvergütbare Stähle 女 非熱処理鋼 材料 鉄鋼
nicht-zusammendrückbar 非圧縮性の, incompressible 機械 化学 材料 物理
Nickel-Platttierung 女 ニッケルめっき, nickel plating 材料 機械 化学 バイオ
nicken うなずく, nod
NICU = 英 neonatal intensive care unit, neorological intensive care unit = Sonderstation für Zufrühgeborene 新生児集中治療室 化学 バイオ 医薬
Niederhaltevorrichtung 女 ホールドダウン装置 機械
Niederlassung 女 支店, 定住, 類 Filiale 経営
Niederschlag 男 降水量, 沈殿物, 結果 バイオ 地学
niederschlagen 沈殿させる, 類 anlagern, ausfällen：再 sich niederschlagen, ausfallen, 再 sich anlagern, 沈殿する,現われる,表わされる 化学 バイオ 機械
Niederschrift 女 執筆
Niedertemperatur-Trockendestillation 女 低温乾留(700 ℃ 以下), 類 Urverkokung 女, Schwelung 女, low temperature carbonization, low temperature dry distillation 製銑 地学 化学 エネ 設備
niederviskos 低粘度の 化学 バイオ 機械
Niederwasserstand 男 低水位, low-water level 機械 化学 バイオ
Niereninsuffizienz 女 腎不全, kidney failure, RF, renal failure, renal insufficiency 化学 バイオ 医薬

Nierentransplantation 女 腎臓移植, 類 Nierenverpflanzung 女, kidney transplantation 化学 バイオ 医薬

Nietkopf 男 リベット頭, 鋲頭, button head, rivet head 機械

Nietsetzgerät 中 リベッター,リベット打ち機, 類 Nieter,rivet setter,rivet tool 機械

Nietstempel 男 リベットパンチ,リベットダイ, revetting punch,revetting die 機械 建設

Nietverbindung 女 リベット継ぎ手, rivet joint, rivetting joint 機械 建設

NIH =英 National Institutes of Health = Amerikanische Behörde für Gesundheit = US-Gesundheitsministerium 米国立衛生研究所 化学 バイオ 医薬 組織

NIR = Nahinfrarot = near infrared 近赤外(機器分析法) 化学 バイオ 電気 材料

NIST = 英 National Institute of Standards and Technology 米国標準技術研究所 規格 電気 組織

Nitrat 中 硝酸塩, 硝酸エステル, nitrate 化学 バイオ

Nitrid 中 窒化物, nitride 化学 バイオ 材料

Nitrieren 中 窒化, 類 Aufstickung 女, nitriding 材料 化学

Nitrifikation 女 硝化, 硝酸化成, 硝化作用, 硝酸化作用, 硝酸化成作用, 類 関 Nitration 女, nitrification 化学 バイオ

Nitrit 中 亜硝酸塩, nitrite 化学 バイオ

Nitrosierung 女 ニトロソ化, nitosation 化学 バイオ

Nivellierung 女 水準化,水平化,levelling 機械 統計

Nivellierventil der Hinterachse 中 後車軸水平装置 交通 機械

NKB = Nachklärbecken = second sedimentation besin 二次沈殿タンク 化学 バイオ 環境 設備

NLEVM =英 nonliner eddy viscosity model = nichtlineares Wirbelviskositätsmodell 非線形渦粘性モデル 機械 エネ 物理 数学 統計

NLQ =英 near letter quality 中品質印字, 準書簡品質 印刷 機械

NMMA =英 National Marine Manufacture Association = Amerkanische Organisation der Hersteller für die Seefahrt 米国舟艇製造者造船業協会 機械 船舶 組織

NMP = N-Methyl-2-Pyrrolidinone = N-methyl-2-pyrrolidinone Nメチル2ピロリジノン, (極性溶媒で,非常に高い溶解性を持つ) 化学 バイオ; = Normenausschuss Materialprüfung = Standardisation Committee Materials Testing ドイツ規格協会(DIN)の材料試験に関する規格委員会 規格 組織

NMR = nuclear magnetic resonance spectroscopy = magnetische Kernresonanz-Spektroskopie 核磁気共鳴スペクトロスコピー, 核磁気共鳴法, 核磁気共鳴分光学, 核磁気共鳴スペクトル法 化学 バイオ 医薬 電気 物理

NMVOC =英 non-methane volatile organic compounds = flüchtige Kohlenwasserstoffe außer Methan 非メタン揮発性有機化合物,(メタン以外の炭化水素(脂肪族飽和炭化水素, 不飽和炭化水素, 芳香族炭化水素)の総称) 化学 バイオ 医薬 環境

NNSA =英 National Nuclear Security Administration = Amerikanische Behörde zur Verhinderung der Verbreitung von Nuklearwaffen 米 核安全保障局 軍事 原子力 放射線 組織

NOAA = 英 National Oceanic and Atmospheric Administration 米 海洋大気庁 地学 海洋 環境 物理 組織

Nockenwellendrehbank 女 カム軸旋盤, camshaft lathe 機械

Nockenwellenversteller カムシャフトアジャスター 機械

NOE = 英 nuclear Overhauser effect = Kern-Overhauser-Effekt 核オーバーハウザー効果 物理 電気 化学 バイオ

Nomogramm 中 ノモグラム 統計 数学 医薬

Nonylphenol 中 ノニルフェノール(表面活性剤の製造に用いる), 英 nonylphenol 化学 バイオ

N

Normalbelastung 女 常用負荷, 類 Regelbelastung 女, normal load 機械
Normalbenzin 中 レギュラーガソリン, regular gasoline 化学 機械
die normale Bakterienflora 女 常在菌, 類 die normale Darmflora 女, die bakterielle Normalflora 女, normal bacterial flora, indigenous bacteria 化学 バイオ 医薬
Normalglühen 中 焼準, 焼きならし, normalization 材料
Normalität 女 規定度,(濃度単位の一つ. 溶液1リットル中に物質何グラム当量が含まれているかを表した濃度. 記号N, 非SI単位), normality 化学 バイオ 単位
Normalkoordination 女 正規座標, normal coordination 統計 数学
Normalkraft 女 垂直応力, normal strss 機械 建設
Normalläufer 男 中速羽根車, normal runner 機械
Normallehre 女 標準ゲージ, standard gauge 機械
Normallösung 女 規定液,(規定度の知られている溶液),normal solution 化学 バイオ
Normalmodul 男 歯直角モジュール, normal module 機械
Normalspur 女 標準軌間,standard lane 交通 機械
Normalteilung 女 歯直角ピッチ, normal pitch 機械
Normalverjüngung 女 標準テーパ, standard taper 機械
Normalverteilung 女 正規分布, normal distribution 統計
Normalvolumen 中 標準容,標準体積,正規容積,normal volume 化学 バイオ 機械
Normalzahn 男 並歯, full depth tooth 機械
Normbauteil 中 規格部品, 標準部品, standard component, standardized component 機械 建設
Normung 女 標準化, 類 Standardisierung 女, standardization 規格 特許
Nortongetriebe 中 ノートン型ギヤーボックス, スイベル式ギヤー駆動装置, Norton-type gear box, swivel gear drive 機械
Nortonschwinge 女 タンブラーレバー, タンブラーヨーク 機械
Notbehandlung 女 救急療法, emergency medical treatment, emergency care 化学 バイオ 医薬
Notbremse 女 非常ブレーキ, emergency brake 機械
Notbremshahn 男 非常ブレーキ弁, emergency brake valve 機械 設備
Notebook 中 ノート型パソコン, notebook computer 電気
Nothaltemanöver 中 緊急停止操作, emergency stop operation 機械
Notlaufeigenschaft 女 ドライ走行性能 機械
NPA = 英 para-nitrophenyl acetate パラ・ニトロフェニール アセテート, パラニトロフェニル酢酸 バイオ 化学 ; = 2-azido-4-nitrophenol 2-アジド4－ニトロフェノール 化学 バイオ
NPnEC = 英 nonylphenol polyethoxy carboxylic acid ノニフェノールポリエトキシカルボン酸 化学 バイオ
NPP = Nitrophenylphosphat = nitrophenylphosphate ニトロフェニルリン酸 化学 バイオ ; = 英 nuclear power plant = Kernkraftwerk = Atomkraftwerk 原子力発電所, 原子力発電プラント 原子力 電気 操業 設備
NPSH = 英 net positive suction head = NPSHA 有効吸い込みヘッド 機械
NPT = 英 National Standard Pipe Taper/Thread = Amerikanische Norm für selbstdichtende konische Rohrgewinde 米国管用テーパねじ規格(ANSI/ASME), セルフシールテーパパイプねじに関する米国規格 規格 機械
NQR/NMR = 英 nuclear quadrupole resonance/nuclear magnetic resonance Spectroscopy = Kern-Quadrupol-Resonanz/Kern-Magnetisches Resonanz 核四重極共鳴・核磁気共鳴 物理 化学

NRA = ㊖ nuclear reaction analysis 核反応解析法 [原子力] [物理] [化学] [バイオ]

NRC =㊖ Nuclear Regulatory Commission = US-Atomaufsichtsbehörde ㊙ 原子力規制委員会 [原子力] [放射線] [組織]

NREA = ㊖ National Renewable Energy Laboratories = Das größte amerikanische Forschungsinstitut für Erneuerbare Energien ㊙ 国立再生エネルギー研究所（米エネルギー省に所属） [エネ] [全般] [組織]

NRWG = Natürliche Rauch-und Wärmeabzugsgeräte 自然排煙排熱装置 [機械] [設備] [エネ]

NRZ-Signal =㊖ non return to zero signal = Signal ohne Rückkehr nach Null 非ゼロ復帰信号,非ゼロ復帰変化記録方式 [電気]

n.s. = nicht signifikant = not significant 有意でない, 意味のない [統計] [全般]

NTC =㊖ negative temperature coefficient = negativer Temperaturkoeffizient 負温度係数,負の温度係数 [電気] [エネ] [材料]

N-Terminal [中] N 末端, ㊖ N - terminal [化学] [バイオ] [医薬]

NTSB =㊖ National Transportation Safety Board = Amerikanische Behörde für Vehrkehrssicherheit 米国国家運輸安全委員会 [機械] [航空] [船舶] [組織]

NTU =㊖ nephelometric turbidity units = nephelometrische Trübungseinheiten 比濁計濁度単位,(精製水１リットルに1mg ホルマジンを溶かした単位をNTU の'1 度'とする) [化学] [バイオ] [単位]

nukleophil 求核の,nucleophlic, [関] elektrophil [化学] [バイオ]

Nullauftriebswinkel [男] 無揚力角, no-lift angle, Zero-lift angle [航空] [機械]

Nulldurchgang [男] ゼロクロス,ゼロ通過,ゼロ交差,zero Passage,zero crossing [電気]

Nullebene [女] 中立面, neutral surface, neutral plane [機械] [統計] [数学]

Nullgas [中] ゼロガス（最小目盛値の較正に用いる）, [関] Kalibriergas [中] [化学] [バイオ] [電気] [機械]

Nullleiter [男] 中性線, neutral conductor, neutral wire [電気] [機械]

Nulllinie [女] 中立軸, [類] neutrale Achse [女], neutral axis, zero line [機械] [数学] [統計]

Nullrad [中] 標準歯車, standard gear [機械]

Nullserienproduktion [女] パイロット生産, [関] Labormaßstab [男], halbtechnischer Maßstab [男], Technikumsmaßstab [男], großtechnischer Maßstab [男], industrieller Maßstab [男], pilot production [操業] [設備] [化学] [鉄鋼] [非鉄] [全般]

Nullstellung [女] 中央位置,neutral position [機械]

Nullteilkreis [男] 基準ピッチ円, standard pitch circle [機械]

Numerierung [女] 番号付け [電気]

numerische Öffnung [女] 開口数, [類] numerishe Apertur [女],numerical aperture, NA [光学] [機械] [電気] [航空]

Nuss [女] タンブラー, 捻心, ソケット, 停動装置, wrench socket, bolt of a lock, latch of a lock [機械] [電気]

Nusskohle [女] 小塊炭, chesnut coal, nut coal [地学] [製銑]

Nusstechnik [女] 小塊（粉体）技術 [機械] [化学]

Nutenschweißung [女] グルーブ溶接, [類] Fugenschweißung [女], groove weld [溶接] [機械]

Nutenstein [男] 滑り子, すべり枕, スライダー, 滑りブロック,（スライドする）溝案内・溝ブロック, [類] Kulissenstein [男], Gleitstein [男], sliding block, slider, guide block [機械]

Nutenstoßmaschine [女] 立て削り盤,キー溝盤, [類] Senkrechtstoßmaschine [女], slotting machine, vertical shaper [機械]

Nutrition [女] 栄養摂取, [類] [関] Nutrition [女] ,Aufnahme [女] [化学] [バイオ] [医薬]

Nutscheibe [女] みぞカム, ワッシャー, grooved cam, washer [機械]

nutzbare Energie [女] 有効エネルギー, available energy [機械] [エネ]

nutzbarer Durchfahrtsraum über einem Verkehrsweg [男] 走行使用可能範囲 [交通] [機械]

N O

Nutzbremsung 女 回生ブレーキ, regenerating brake 機械
Nutzdaten 複 ユーザーデータ,user data 電気
Nutzgefälle 中 有効落差 機械 エネ
Nutzschub des Turbienendüsentriebwerks 男 ターボジェットエンジンの正味推力 機械 航空
Nutzteil des Lichtstrahles 中 男 正味出射光線部分 光学 電気 機械
NVEB = 英 non-vacuum electron beam = non-vacuum Elektronenstrahl 非真空電子ビーム 電気 精錬 溶接 材料
NWG = Nachweisgrenze = detection limit 検出限界 電気 機械 化学 バイオ 統計
NWIP = new work item proposal 提案段階の ISO 規格
Nykturie 女 夜間多尿症, nocturia, nycturia 化学 バイオ 医薬
Nyquist-Diagramm 中 ナイキスト線図 電気

O

OA = 英 office automation = integrierte Büroautomatisierung オフィスオートメーション 電気 機械
OATP = organische Anionen transportierendes Polypeptid = organic anion transpoting polypeptide 有機アニオントランスポーター, 有機アニオントランスポートポリペプチド 化学 バイオ 医薬
OBD =英 on-board diagnosis = Überwachung der Abgaswerte im Kfz 運転中の排ガス値の監視 機械 環境 電気
obenliegend 上置きされた, 上置きの 操業 設備 機械
oberer Totpunkt 男 上死点, 類 höchster Totpunkt, top dead point 機械
obere Streckgrenze 女 上降伏点, upper yield point 材料 機械
Oberflächenbehandlung 女 表面処理, surface finishing, surface treatment 材料 鉄鋼 非鉄 化学
Oberflächenbeschaffenheit 女 表面仕上げ, surface treatment 材料 鉄鋼 非鉄 化学
Oberflächenbeschichtung 女 表面コーティング,surface coating 材料 鉄鋼 非鉄 化学
Oberflächenfehler 男 表面欠陥, surface defect 連鋳 鋳造 材料 鉄鋼 非鉄 化学
Oberflächengewässer 中 表面海洋水, ocean surface water 海洋 物理 化学 バイオ
Oberflächengüte 女 表面品質・性状, surface quality 連鋳 鋳造 材料 鉄鋼 非鉄 化学
Oberflächenprüfgerät 中 表面粗さ測定器, surface roughness measuring instrument 連鋳 材料 鉄鋼 非鉄 化学
Oberflächenreibung 女 表面摩擦, surface friction 連鋳 材料 鉄鋼 非鉄 化学
Oberflächenschädigung 女 表面損傷, surface damage 連鋳 材料 鉄鋼 非鉄 化学
Oberflächenspannung 女 表面張力, surface tension 物理 化学 バイオ 材料 精錬
oberflächenveredelt 表面処理した, surface coated 材料 鉄鋼 非鉄 化学
Oberflächenzeichen 中 仕上げ記号, finish mark 材料 鉄鋼 非鉄 化学
Oberleitungsomnibus 男 トロリバス, trolley bus 機械 交通 電気
Oberschenkel 男 サイドバー 機械
Oberschwingung 女 調波振動, 調波, 上[じょう]音, 倍音, harmonic oscillation, hamonic wave, overtone 光学 音響 電気
Ober-und Unterseite 女 上下面, upper and underside
Objekt 中 物, 物体, 対象, 英 object 光学 音響
Objektiv 中 対物レンズ, 関 Okular 中 光学 機械
Objektivtubus 男 レンズ鏡筒, レンズ鏡胴, レンズフード, lens barrel 光学 電気

objektorientiert 対象に合った，対象に合わせた，対象の方向を向いた，object-oriented [機械] [光学] [音響]

obliegen j-m~，～の義務である，

OBS = organische Bodensubstanz = soil organic matter, SOM 土壌有機物 [建設] [化学] [バイオ]

OBUs = (英) onboard-units 車載ユニット [機械] [電気]

OCA = (英) open coil annealing オープンコイル焼鈍 [材料]

OCDD = 1,2,3,4,6,7,8,9-Octachlorodibenzo-p-dioxin 1,2,3,4,6,7,8,9-オクタクロロジベンゾ-p-ジオキシン [化学] [バイオ] [医薬] [環境]

Ochromonas [中] オクロモナス属 [バイオ] [化学]

Ocker [男] 黄土，[類] Löss [男], ocher, loess [地学]

OCR = (英) optical character recognition = optische Zeichenerkennung 光学式文字認識 [電気]

OCT = (英) optical coherence tomography = optische Cohärenztomografie/-gramm 光干渉断層計（OCT 画像は，光を照射して得られたエコー情報を再構成して断層像を表示するもので，生体眼で非接触・非侵襲的に検査ができ，加齢黄斑変性症や黄斑浮腫，黄斑円孔の診断や，緑内障における視神経繊維の状態を調べる際に用いられる）[化学] [バイオ] [医薬] [光学] [電気]

OCXO = (英) oven controlled xtal oscillator = quarzofen-gesteuerter Oszillator = durch Beheizung hochstabiler Oszillator 恒温槽付き水晶発振器 [電気] [設備]

OD = (英) oral dispersing，口腔内崩壊：OD錠（口腔内崩壊錠），oral dispersing tablet [化学] [バイオ] [医薬]；= optische Dichte = optical density 光学密度，吸光度，光学的濃度，光学濃度，光電 [光学] [物理] [電気]；= ohne Deckglas = without glass cover カバーガラス（レンズ）なしの [電気] [光学]

Öffnungswinkel [男] 開先角度，開口角，groove angle, angle of bevel, angle of spread, opening angle [溶接] [電気] [機械] [光学] [音響]

Öko-Prüfzeichen [中] エコテストシンボル，エコテストラベル，エコ合格証（ラベル）（Öko-Prüfzeichen GmbH エコ合格証有限会社によって発行されている），(英) Oeko- test symbol, Oeko- test label, ÖPZ [環境] [化学] [バイオ] [組織]

Ökosystem [中] 生態系，ecosystem, ecological system [バイオ]

Ökotop [中] 生態環境，生態空間，(英) ecotop, patch [化学] [バイオ] [環境]

Ölablassschraube [女] オイルドレンプラグ，oil drain plug [機械]

Ölablasshahn [女] オイルドレンコック・弁，oil drain cock [機械]

Ölabscheider [男] 油分離器，oil trap, oil-separator, oil stripper [機械]

Ölabstreifring [男] 油掻きリング，oil control ring, oil scraper ring [機械]

Ölbeständigkeit [女] 耐油性 [機械] [化学]

Ölbüchse [女] オイルカップ，oil cup [機械]

Öldämpfer [男] オイルダンパ，oil damper [機械]

Öldruckbremse [女] 油圧ブレーキ，oil pressure brake [機械]

Öleinfüllschraube [女] オイルフィードボルト，oil feed bolt [機械]

Ölelement [中] オイルフィルター [機械]

Ölen [中] 潤滑，lubrication [機械]

ölgedichtet オイルシールした [機械]

Ölleck [中] オイル漏れ，oil leakage, oil spill [機械]

Ölleitscheibe [女] オイル供給ワッシャー [機械]

Öl-Luftdämpfer [男] 油一空気緩衝器，oleo shock absorber [機械]

Ölnut [女] 油みぞ，油溝，[類] Schmiernut [女], oil groove, lubrication groove [機械]

Ölpumpe [女] 油ポンプ，lubricating-oil pump [機械]

Ölrafinerie [女] 石油精製工場，石油精製，製油所，精油所，oil refinery [化学] [操業] [設備]

Ölsäure [女] オレイン酸，oleic acid [化学] [バイオ]

Ölsand-Lagerstätte [女] オイルサンド鉱床，oil sand deposit [地学]

O

Ölschiefer 男 オイルシェール, 英 Oil-shale 地学 化学

Ölschleuderring 男 油切りリング, oil thrower ring 機械

Ölschöpfer an der Pleuelstange 男 連結桿油すくい, 類 Pleuelschöpfnase 女, connecting rod dipper, connecting rod oil splasher 機械

Ölsumpf 男 油受け,油ダメ,oil sump 機械

Ölung 女 潤滑, lubrication 機械

Ölwanne 女 オイルパン, oil pan, oil tray, sump 機械

ÖPNV = Öffentlicher Personen-Nahverkehr = local public transport 近距離公共交通機関 交通 経営

Ösenhaken 男 アイフック, eyehook, eyelet, clevis hook 機械

Ösophagitis 女 食道炎,esophagitis 化学 バイオ 医薬

Ösophagus 男 食道, 類 Speiseröhre 女, esophagus 化学 バイオ 医薬

Ösophaguskarzinom 中 食道癌,類 Speiseröhrenkrebs 男,carcinoma of esophagus,esophageal cancer 化学 バイオ 医薬

ÖUB = Ökologische Umweltbeobachtung = ecological observation and monitoring 生態環境の観察 環境 バイオ

ÖWWT = Öl-Wasser-Wärmetauscher = oil /water heat exchanger 油水熱交換器 機械 化学 バイオ 設備

OFE =英 off site energy recovery = externe energetische Verwertung オフサイトエネルギー回収 環境 エネ リサイクル

Ofenausbruch 男 炉のライニング廃材 材料 エネ 環境 鉄鋼 非鉄 化学

Ofenauskleidung 女 炉のライニング, furnace lining 材料 鉄鋼 非鉄 化学 機械

Ofenbelegung 女 炉の負荷, 炉の配置, furnace occupancy, furnace allocation 機械 エネ 材料

Ofenfahrweise 女 炉の操業法, 炉の操業の柔軟性, 炉の操業パラメータ, the method of furnace operation, furnace parameter 材料 鉄鋼 非鉄 化学

Ofenraumtemperatur 女 炉チャンバー内温度, furnace chamber temperature 材料 鉄鋼 非鉄

Ofensau 女 サラマンダー, べこ, 炉底滞積物, salamander, furnace sow, accretion 材料 エネ 鉄鋼 非鉄 化学

offen 開いている, 屋外の：offene elektrische Ausrüstung 屋外用電気設備 電気 設備

Offenbandglühofen 男 オープンコイル焼きなまし炉, オープンコイル焼鈍炉,open-coil annealing furnace 材料 鉄鋼 非鉄

offene elektrische Ausrüstung 女 屋外用電気設備 電気 機械

offener Güterwagen 男 無蓋貨車,open waggon,uncovered freight car 交通

offener-Kreisprozess-Gasturbine 女 開放サイクルガスタービン 機械 エネ 電気

Offshore-Windkraftanlage 女 沖合風力発電装置 電気 エネ 海洋 建設

Of-Horizont 男 発酵した層位で, O-Horizont のサブ層位,類Fermentationslage 女 地学 物理 化学 バイオ

OFP =英 off site POTW (publicly owned treatment work) = anlagenexterne (außerhalb des Betriebsgeländes) Kommunale Abfallbehandlungsanlage オフサイト公立廃棄物処理場 環境 リサイクル

OHC = 英 overhead camshaft = oben liegende Nockenwelle 女 オーバーヘッドカムシャフト 機械

Oh-Horizont 男 O-Horizont の腐植化した有機物質から成るサブ層位, 類 Humifizierungslage 女 地学 物理 化学 バイオ

ohne Kuppe あら先, unpointed end, as-rolled end, plain-sheared end 機械

O-Horizont 男 主に有機物質から成る表層位, 類 Auflagehorizont, der überwiegend aus organischer Substanz 地学

Ohrenentzündung 女 耳炎[じえん], 類 Otitis 女, otitis, inflammation of the ear 化学 バイオ 医薬

OHSAS =英 Occupational Health & Safety Assesment Services = Norm zur Bewertung von Gesundheit und Sicherheit bei Arbietsprozessen 労働安

全衛生評価シリーズ(規格), OHSAS 18001(認証)とOHSAS 18002(指針)から成る [規格] [化学] [バイオ] [医薬] [環境] [安全]

OHSMS = ㊖ Occupational Health and Safety Management System = System für Gesundheit und Arbeitssicherheit nach der Norm OHSAS 18001,18002 労働安全衛生マネジメントシステム, OSHMS [規格] [化学] [バイオ] [医薬] [環境] [安全]

OH-Zahl [女] アルカリ価, total base number [化学] [バイオ] [機械]

OIE = Office International Epizootique = Internationale Tierseuchen-Geschäftsstelle 国際獣疫事務局 [化学] [バイオ] [医薬] [組織]

OIML = ㊕ Organisation Internationale de Métrologie Légale = Internationale Gesellschaft für Mass- und Gewichtskunde = International Organization of Legal Metrology 国際法定計量機関 [機械] [物理] [規格] [組織]

oktaedrisch 八面体の, octahedral [化学] [バイオ] [材料] [非金属]

Oktanzahl [女] オクタン価, octane number [化学] [機械]

Okular [中] 接眼レンズ, [関] Objektiv [中], ocular [光学] [機械]

OLE =㊖ object linking and embedding ほかのソフトで作ったデータを, 目的のソフトのデータ内に埋め込む機能 [電気]

OLED =㊖ organic light emission device 有機発光ダイオード [電気] [化学]

Olefinschnitt [男] オレフィンカット [化学] [バイオ] [操業]

oleophil 油吸収性の, 親油性の, [類] [関] lipophil, ㊖ oleophillic, lipophilic [機械] [材料] [化学] [バイオ]

OLF = ㊖ optical lighting film = reflektierende Folie für Leuchtenanwendungen 光学照明フィルム [光学] [機械] [化学]

Oligoglycerinfettsäureester [男] オリゴグリセリン脂肪酸エステル [化学] [バイオ]

Oligomer [中] オリゴマー, 低重合体, 多量体, ㊖ oligomer [化学] [バイオ]

oligopolisch 売手寡占の, oligopolistic [経営]

Oligosaccharid [中] オリゴ糖, oligosaccharide [化学] [バイオ]

Oligozän [中] 漸新世(新生代第三紀中期の), ㊖ Oligocene [地学] [物理] [化学] [バイオ]

Oligozythämie [女] 赤血球減少症, erythrocytopenia, hypoglobulia, erythropenia [化学] [バイオ] [医薬]

OMPI =㊕ Organisation mondiale de la propriete = WIPO = World Intellectual Property Organisation = UN-Weltorganisation für geistiges Eigentum 世界知的所有権機関 [特許] [組織]

Onkogen [中] 腫瘍遺伝子, 発癌遺伝子, oncogene [化学] [バイオ] [医薬]

on-line gebunden オンライン接続した, on-line connected [機械] [電気]

Oogenese [女] 卵生成, oogenesis, egg formation [化学] [バイオ] [医薬]

OPA = ㊖ optical parametric ampflifier = optisch-parametrischer Verstärker 光パラメトリック増幅器 [電気]; =㊖ one-photon absorption = ein Photon Absorption 1光子吸収 [光学] [電気]; = o-Phthalaldehyd = ㊖ o-phthalaldehyde オルトフタルアルデヒド [化学] [バイオ]

OPCW =㊖ Organisation for the Prohibition of Chemical Weapons = Organisation für das Verbot Chemischer Waffen 化学兵器禁止機関 [化学] [バイオ] [軍事] [全般] [経営] [組織]

operativ 機能的に作用している, 手術の [化学] [バイオ] [医薬] [機械] [操業] [設備]

Operon [中] オペロン, ㊖ operon [化学] [バイオ]

Opferanode [女] 犠牲陽極, 流電陽極, sacrificical anode [化学] [材料] [機械]

Opfermaterial [中] 犠牲(陽極)材料 [化学] [材料] [機械]

ophthalmisch 眼の, ophthalmic [化学] [バイオ] [医薬] [光学]

Ophthalmometer [男] オフサルモメータ, ケラトメータ(曲率半径測定) [光学] [バイオ] [医薬]

OPP = ㊖ biaxial oriented poly-propylene = biaxial gereckter Polypropylen

二軸延伸ポリプロピレン 化学 材料；= o-Phenylphenol = o-phenylphenol オルトフェニールフェノール 化学 バイオ

OPPTS = 英 Office of Polution Prevention and Toxic Substances = Amerikanische EPA-Abteilung für Pestizide, Umweltverschmutzung und Giftstoffe 米 汚染防止有害物質部(現 OPPT, EPA の一部局) 環境 化学 バイオ 医薬 組織

optisch aktive Aminosäure 女 光学活性アミノ酸 化学 バイオ

optisch aktives Material 中 光学活性材料 光学 音響 化学 バイオ

optisch angekoppelt 光結合した 光学 電気

optische Achse 女 光軸,optic axis 光学 機械

optische Bank 女 光学台,optical bench 光学 機械

die optische Dichte einschließlich Unterlage und Schleier 女 ベース込みかぶり濃度, film base plus fog density 光学 電気

optische Dickendifferenz 女 光路差, 類 optische Wegdifferenz 女, optical path difference 光学 音響

optische Länge 女 光路長, 類 optische Weglänge 女, optical length 光学 音響

optischer Sucher 男 光学ファインダー, optical viewfinder 光学 機械

optisches Pyrometer 中 光高温計, optical pyrometer 光学 機械

optisches System 中 光学系, 類 Optik 女, optischer Apparat,optical system 光学 バイオ 機械

Optokoppler 男 光結合子, optical coupler, optical coupler 光学 電気 機械

OQPSK = 英 offset quadrature phase shift keying = vierwertige Phasenumtastung mit Offset QPSK (4 相位相変調方式) のうち, 180° 位相変化が生じないようにした方式 電気

die orale Zufuhr 女 経口吸入, oral intake 化学 バイオ 医薬

Orangenhauteffekt 男 みかん肌効果, 砂利肌効果,orange peel effect 機械 全般

orbital 眼窩の, 軌道の, 英 orbital 化学 バイオ 医薬 光学 物理

Orbitopathie 女 眼窩疾患, orbitopathy 化学 バイオ 医薬 光学

ORC = 英 organic rankine cycle 有機ランキンサイクル 電気 機械 エネ 化学

Ordinatenabschnitt 男 座標切片, ordinate intercept 統計

Ordner 男 フォルダー, 英 folder 電気

Ordnungszahl 女 モード次数, 順序数, 周期番号,modal numbers, ordinal number,periodic number 電気 地学 数学 統計 化学 物理 建設

Ordnungszahl der Atome 女 原子番号, an atomic number 材料 物理

Ordovisium 中 オルドビス紀(古生代の), 英 Ordovician 地学 物理 化学 バイオ

ORF = 英 open reading frame = offene Leserahmen 転写解読枠, オープンリーディングフレーム, 開放解読枠 化学 バイオ

Organelle 女 オルガネラ, 細胞器官, 細胞小器官, 英 organelle 化学 バイオ

organische Krankheit 女 器質性疾患, organic diseace 化学 バイオ 医薬

Organtransplantation 女 臓器移植, organ transplantation 化学 バイオ 医薬

org. TS = organische Trockensubstanz = organic dry matter 乾燥有機物 化学 バイオ 地学

Orientierungs-Polarisation 女 配向分極, orientational polarization 電気 機械 物理

Ornithin 中 オルニチン(尿素回路におけるアルギニンの代謝中間体として重要である, 生体塩基性アミノ酸, Orn と略記される), 英 ornithine 化学 バイオ 医薬

ORP = 英 oxidation reduction potential = Redoxpotenzial 酸化還元電位 化学 バイオ 電気 材料；= 英 optimum recording power = optimale Aufnahmeleistung 最適記録パワー 電気

orthogonal 直交の

ortho-Position 女 オルト位, 類 ortho-Stellung 女, ortho position 化学 バイオ

Orthotropie 女 直交異方性, orthotropy

材料 電気 物理 建設

orthpädisch 整形外科の, ㊖ orthopaedic, orthopedic 化学 バイオ 医薬

ortsansässig 土地固有の, 関 autochthon バイオ

ortsfester Motor 男 定置エンジン 電気 機械

OS = organische Substanz = organic substance = organic matter 有機物, 有機物質 化学 バイオ 医薬 材料 ; = Offenlegungsschrift = patent application 特許公開 特許

OSB-Platten =㊖ oriented strand board = Platte aus ausgerichteten Spänen = Spannplatte mit Holzstruktur-Oberflächen 配向性ストランドボード 建設 化学 バイオ 材料

Oscillatoria 女 ユレモ(シアノバクテリアの一種), ㊖ Oscillatoria 化学 バイオ

OSG = Oberes Sprunggelenk = upper ankle joint 足首関節上部, 距腿関節上部 化学 バイオ 医薬 電気

OSHA-PEL =㊖ Ocupational Safety and Health Administration- permissible exposure limit 米国労働安全衛生局による許容暴露限界値 化学 バイオ 医薬 規格 法制度

Osmometer 中 浸透計, 浸透圧計, ㊖ osmometer 化学 バイオ 機械

Osteoklast-Zelle 女 破骨細胞, osteoclast 化学 バイオ 医薬

Osteoporose 女 骨粗鬆症, osteoporosis 化学 バイオ 医薬

Oszillator 男 発振器, oscillator 電気 物理

OT = over travel = über den Hub 行程超過, オーバートラベル, 滑動体後退量 機械

OTA = ㊖ over-the-air = Software-Update über Satellitenfunk 無線通信経由のアップデート 電気 機械

OTC = ㊖ over the counter 市販(薬) 化学 バイオ 医薬

OTN = ㊖ optical transport network = Lichtwellenleiternetz = optischens Transport-Netzwerk 光トランスポートネットワーク, 光ファイバー伝達網 電気 規格

OTR =㊖ (system) oxygen transfer rate = Sauerstofftransportrate (系の) 酸素移動速度 化学 バイオ

Out -of-Plane-Schwingung 女 面外振動 光学 電気 物理 化学

outlying observation/outlier ㊖ 外れ値, 異常値, ㊙ Ausreißer 男 統計 操業

Ovariektomie 女 卵巣摘出, 卵巣摘除, 卵巣摘除術, 卵巣摘出術, 卵巣除去, 類 Ovariotomie 女, ovariectomy 化学 バイオ 医薬

O/W =㊖ oil in water = Öl-in-Wasser 水分中の油分含有量 化学 バイオ 機械

OWC = ㊖ oscillating water column 振動型ウオーターカラム(波動エネルギーの利用) エネ 電気 環境

Oxalessigsäure 女 オキサロ酢酸, oxaloacetic acid = OAA バイオ 化学

Oxalsäure 女 蓚酸, oxalic acid バイオ 化学

ozonisieren オゾン化する, オゾン処理する, ozonize 環境 化学 バイオ 医薬

ozonschädigend オゾンを破壊する, ozone depleting 環境 化学 バイオ 医薬

P

PA =㊖ palmitic acid = Palmitinsäure パルミチン酸 化学 バイオ ; = Polyamido = polyamides ポリアミド 化学 バイオ ; = Patentamt = patent office 特許局, 特許庁 特許 組織

Packet 中 パケージ 機械 化学 バイオ

PAE =㊖ percent average error 百分率平均誤差 数学 統計

PAEK = Polyaryletherketon = polyaryletherketone ポリアリールエーテルケトン 化学 バイオ

PAFC = ㊖ phosphoric acid fuel cell =

Phosphorsäure Brennstoffzelle リン酸型燃料電池 機械 化学 エネ 環境

PAGE = Polyacrylamid-Gelelektrophorese = polyacrylamide gel electrophoresis ポリアクリルアミド電気泳動法 化学 バイオ 医薬

PAK = polyzyklische aromatische Kohlenwasserstoffe = polycyclic aromatic hydrocarbons (PAH) 多環芳香族炭化水素 バイオ 化学

Paläozän 中 暁新世,(新生代第三紀最古の地質時代), 英 Paleocene 地学 物理 化学 バイオ

Paläozoikum 中 古生代, 英 Paleozoic 地学 物理 化学 バイオ

Palettiermaschine 女 パレタイザー, palletizing machine 機械 物流

Pall-Ringe 複 充填リング部品(Füllkörper の商品名), filler particles, packing, filler 化学 バイオ 機械 設備

Palmitat 中 パルミチン酸エステル,パルミチン酸塩,パルミテート,palmitate 化学 バイオ

Palpation 女 触診, 英 palpation, touch 化学 バイオ 医薬

Palpitation 女 動悸, 英 palpitation (e. g. heart) ,pulsation,throbbing 化学 バイオ 医薬

PAM = Puls-Amplituden-Modulation = pulseamplitudemodulation パルス振幅変調 電気 ; = 英 peripheral adapter module 周辺機器用アダプターモジュール 電気 ; = 英 pluggable authentication module = steckbare Module für die Authentifizierung プラグイン認証モジュール 電気

PAM-RTM 樹脂含浸成形解析ソフトウエアー(日本イーエスアイ(株)の商品名) 電気 鋳造 機械

Pankreas 中 膵臓,英 pancreas 化学 バイオ 医薬

Pankreas-Zelltyp 男 膵臓に存在する細胞の一種・細胞型, pancreas cell-type, C-Zelle 化学 バイオ 医薬

Pannenfall 男 パンク発生時 機械

Panzerwagen 男 装甲車,armored car 機械

PAO = 英 phased array optics = Einrichtung zur Steuerung der Phasenlage von Licht 光波位相制御装置,光波位相配列レーダー 光学 電気 ; = Polyalphaolefine = polyalphaolefines ポリアルファオレフィン 化学 機械

Papierabfall 男 紙廃棄物 環境 リサイクル

Papierkorb 男 ゴミ箱, trash 電気

Papillitis 女 乳頭炎, papillitis, mamillitis, thelitis, mammillitis 化学 バイオ 医薬

Papillotomie 女 乳頭切開術, papillotomy 化学 バイオ 医薬

Pappel 女 ポプラ, poplar バイオ

PAR = phased array radar 位相配列レーダー 電気 航空

Parallelendmaß 中 ブロックゲージ, 類 Vorrichtungsblocklehre 女, slip block, gauge block 機械

parallelgeschaltet 並列の, connected in parallel,in parallel arrangement 電気

Parallelität 女 平行性, 類似, parallelism 統計

Parallelitätsabweichung 女 平行度, parallelism, degree of parallelization 機械

parallelogrammförmig 平行四辺形の形の 機械 数学

Parallelreibahle 女 平行リーマ, parallel reamer 機械

Parallelspur 女 二車線, two lanes 機械

paramagnetisch 常磁性の,paramagnetic 電気 機械

Parametrierung 女 パラメータ化, parameterizing, configuring 機械 統計 電気

Parkinsonkrankheit 女 パーキンソン病, 英 Parkinson's disease 化学 バイオ 医薬

Parametrisierungs-und Konfigurations-Schnittstelle 女 パラメータ表示インターフェースと構成インターフェース 電気 統計

para-Position 女 パラ位, 類 pala-Stellung 女, para position 化学 バイオ

parasitäre Reflexion 女 非励振反射, 寄生反射, parasitic reflection 光学 物理

parasitäres Element 中 無給電素子, 英 parasitic element 電気 機械

Parkierbremse 女 ハンドブレーキ 機械

Partialdruck 男 分圧, 類 partieller Druck

男, partial pressure 化学 バイオ
Partie 女 部位, 局部, バッチ, ロット 機械 バイオ 経営
partielle Differentialgleichung 女 偏微分方程式, partial differential equation 統計 物理
PAS = 英 publicly available specifications = öffentlich verfügbare Spezifikationen 公衆に利用可能とされた明細書 特許 法制度; = 英 photoelectric aerosol sensor = Lichtschranke zur Detektion der aerosolförmigen Luftverunreinigungen wie Feinstaub = photoelektrischer Aerosolsensor 光電エアロゾルセンサー, (排出ガス中の微小粒子の表面積などの測定に用いられる) 機械 化学 バイオ 電気 環境
PAS220:2008 = 英 Prerequisite program on food safty for food manufacturing, Publicity Available Specification 食品安全に関する前提条件プログラム(BSI) 規格 化学 バイオ 食品 安全
PAS-FTIR = Photo-Akustische Spektroskopie –Fourier Transformierte Infrarot Spektrometrie = photoacoustic fourier transform infrared spectroscopy フーリエー変換赤外音響分光法 バイオ 化学 光学 音響
Passbolzen 男 リーマボルト, 段付きボルト, フィットねじ, プラグゲージ, 類 Passschraube 女, shoulder bolt, fitting bolt, plug gauge 機械
Passfeder 女 調整ばね, fitting key, spring key 機械
passgenau 噛み合いの正確な 機械
Passhülse 女 フィットカバー, フィットスリーブ, dowel sleeve, fitting sleeve 機械
Passivität 女 不動態, passivity 化学 材料
Passlänge 女 嵌め合い長さ, fitted length, matching length 機械
Passqualität 女 嵌め合い等級, grade of fit 機械
Passschraube 女 段付きボルト, フィットねじ, shoulder bolt, dowel screw, tight fitting screw 機械
Passstift 男 取り付けピン, 位置合わせピン, alignment bolt, fitting pin 機械
Passung 女 嵌め合い, 類 Sitz 男, fit, matching, interface fit 機械
Password 中 パスワード, 類 Kennwort 中, Passwort 中, 英 password 電気
Pasteurisierung 女 低温殺菌法, 類 Kaltsterilisation 女, pasteurization, cold sterilization 化学 バイオ 医薬 食品
pastös 糊のような 化学 バイオ
past reference picture 英 P 画像, 過去参照画像 電気
Patentanwaltsordnung 女 特許弁理士規則, 特許弁護士規則, PAnwO 特許 法制度
Patentbeschreibung 女 特許明細書, 類 Patentschrift 女, patent specification 特許 規格
Patentblatt 中 特許公報, Patent Journal 特許 規格
Patenterteilung 女 特許付与, patent granting 特許 規格
Patentgesetz 中 特許法, patent law, Patents Act, PatG, 特許法 特許 法制度
Patentschrift 女 特許明細書, 類 Patentbeschreibung 女, patent specification, PS 特許 法制度 規格
Pathogenität 女 病原性, pathogenicity バイオ 化学 医薬
der patientenbezogene Endpunkt 男 患者側端, patient end 電気 化学 バイオ 医薬
Patrize 女 アッパーダイ, 関 Matrize 女, upper die, punch, patrix 機械
Patrone 女 カートリッジ, cartridge 機械 電気
PB = 英 particle board = Spanplatte = Holzspanplatte チップボード, パーティクルボード, 削片板, (木片または削り片を樹脂で貼り合わせ堅いシートに圧縮した壁板) 建設; = Polybutylen = polybutylene ポリブチレン 化学 バイオ 材料
PbS = Bleisulfid = lead sulphide 硫化鉛 材料 非金属 精錬; = Polybutadien-Styrol = polybutadiene-styrene ポリブタジエンスチレン 化学 材料; = PBS = 英 public broadcasting system(service) = Öffent-

liche Rundfunksender アメリカ公共放送，全米ネットの公共放送組織 電気 組織；= 英 polarized beam splitter = Polarisationsstrahlteiler = polarisierender Strahlteiler 偏光ビームスプリッタ，偏光分離素子 光学 電気

PBT = Polybutylenterephthalat = polybutylene terephthalate ポリブチレンテレフタレート 化学 バイオ 材料；= 英 Persistent, Bioaccumulative and Toxic = REACH-Klassifizierung chemischer Substanzen REACH で指定された化学物質が持つ性質，「ストックホルム条約は，残留性有機汚染物質(POPs：Persistent Organic Pollutants) から人健康および環境を保護するため，①毒性，②難分解性，③生態濃縮性および④長距離移動性の性質を持つ化学物質の製造，使用，輸出入の禁止，制限等の実施を規定した」化学 バイオ 医薬 環境 法制度

PC = Polycarbonat = polycarbonate ポリカーボネート 化学 バイオ 材料；= 英 photoconductor = Lichtempfindlicher Leiter 光導電体，光伝導体，光電導体 電気 光学；= 英 perspective-correction = perspektive Korrektur 遠近補正 光学 電気 化学 バイオ 医薬

PCA = 英 principal component analysis = Methode bei der digitalen Bildbearbeitung 主成分分析(多変量解析の一法，相関のある多変量のデータをできるだけ少数の独立な主成分で表わす手法) 電気 統計；= 英 printed circuit assembly = Baugruppe mit gedruckter Schaltung 印刷配線回路アセンブリ，プリント回路組立品，プリント板ユニット 電気

PCB = polychlorierte Biphenyle = polychlorobiphenyl ポリクロロビフェニル，ポリ塩化ビフェニール 化学 バイオ 環境；= 英 printed circuit board = Leiterplatte プリント回路基板 電気；= 英 power circuit breaker = Leistungsschalter 電力回路遮断器 電気

PCD = 英 pitch circle diameter = Teilkreisdurchmesser 男 ピッチ円直径 製銑 精錬 設備 電気 機械

PCDD = polychlorierte Dibenzo-p-Dioxine = polychlorinated dibenzo-p-dioxins ポリ塩化ジベンゾウ - p - ジオキシン 化学 バイオ 医薬 環境

PCDF = polychlorierte Dibenzofurane = polychlorinated dibenzofurans ポリ塩化ジベンゾウフラン 化学 バイオ 医薬 環境

PCG = 英 preconditioned conjugate gradient method = vorkonditioniertes Verfahren der konjugierten Gradienten 前処理付き共役勾配法 統計 数学；= 英 phonocardiogram = Phonokardiogramm 心音図 化学 バイオ 医薬 電気 音響

PCI = 英 percutaneous coronary intervention, 類 PTCA = Perkutane transluminale coronare Angioplastie = 英 percutaneous transluminal coronary angioplasty 経皮的冠動脈形成術 化学 バイオ 医薬；= 英 percutaneous catheter intervention 経皮的カテーテルインターベンション 化学 バイオ 医薬 電気；= 英 pulverized coal injection 微粉炭注入 製銑 精錬；= 英 parallel communication interface 双方向対応インターフェイス 電気

PCL = Polycaprolacton = polycaprolactone ポリカプロラクトン，(脂肪族ポリエステル，生分解性がある) 化学 バイオ

PCMI = 英 pellet cladding mechanical interaction = Wechselwirkung zwischen Pellet und Hüllrohr, und das mechanische Verhalten des Hüllrohrs 燃料ペレットと被覆管の機械的相互作用と，被覆管の機械的挙動 原子力 材料 物理 電気

PCP = Pentachlorphenol = pentachlorophenol ペンタクロロフェノール，ペンタクロルフェノール 化学 バイオ；= p-Chlorphenol = p-chlorophenol p - クロロフェノール，パラクロルフェノール 化学 バイオ

PCR = 英 polymerase chain reaction = Polymerase-Kettenreaktion (PKR) = Methode in der Gentechnik ポリメラーゼ連鎖反応 (DNA を選択的に増殖させる方法) 化学 バイオ；= 英 peak cell rate =

Maximale Übertragungsrate bei ATM-Netzen ピークセルレート,最大セルレート,最大セル伝送速度 電気；=英 principal component regression = Hauptkomponentenregression 主成分回帰 電気；=英 planetary conical rolling 遊星円錐転動（加工）（テーパローラ工具により円筒の肉厚を逐次的に減肉していく加工法） 機械；=英 process control robot = Prozesssteuerungs -roboter プロセス制御ロボット 電気 操業 設備

PCS =英 punch card system = Lochkartensystem パンチカードシステム 電気 機械

PCT =英 Patent Cooperation Treaty = Internationales Patentabkommen 特許協力条約 特許 法制度；=英 polycyclohexylenedimethylene terephthalate ポリシクロ・ヘキシレン・ジメチレン・テレフタレート バイオ 化学

PCTT =英 per capita intake times ten 1人1日当たりの推定摂取量計算法,（香料などの年間生産量を人口の10% および補正係数で割ることによる推定法, MSDI（Maximized Survey-Derived Intake）法ともいう. JECFA, 欧米, 日本で採用） 化学 バイオ 医薬 安全

PCV =英 packed cell volume = Volumen der gepackten Zellen = Hämatokritwert ヘマトクリット値, 赤血球沈殿容積, 赤血球沈層容積, パック細胞容積, 充填赤血球量 化学 バイオ 医薬；=英 pressure controlled ventilation = druckkontrollierte Beatmung 圧制御呼吸 化学 バイオ 医薬 電気

PCV-valve = 英 positive crankcase ventilation -valve, PCVバルブ,（内圧コントロールバルブ, クランクケースブリーザーの機能を発展させたもの） 機械

PDA =英 personal digital assistant = Personal Digital Assistant 携帯情報端末,パーソナルデジタルアシスタント 電気

PDADMAC = Polydiallyldimethylammoniumchlorid ポリジアリルジメチルアンモニウムクロライド（固定化マトリックスのカプセル剤として用いる） 化学 バイオ

PDC = 英 personal digital cellular = persönlicher digitaler Mobilfunk = Personal Digital Cellular パーソナルデジタルセルラ 電気

PDI =英 packet driver interface パケットドライバーインターフェース 電気

PDIP =英 plastic DIP = plastic dual inline package プラスチックでモールドされたDIP(dual inline package) 型IC, 成形プラスチックボディの2列のピンがある集積回路パッケージ 電気

PDL = 英 page description language = Seitenbeschreibungssprache ページ記述言語 電気

PDMS = Polydimethylsiloxan = polydimethylsiloxane ポリジメチルシロキサン 化学 バイオ

PDS = 英 power distribution system = Stromversorgungssystem = Energieverteilungssystem 出力分配システム,配電系統,電力供給システム 電気 設備；=英 processor direct slot = Prozessor-Steckplatz auf der Hauptplatine プロセッサ・ダイレクトスロット 電気

PE = Pentaerythritol = pentaerythritol ペンタエリスリトール,ペンタエリトリトール（狭心症の治療に使用される冠拡張薬） 化学 バイオ 医薬；= Phosphatidyl -Ethanolamin = phosphatidyl ethanolamine ホスファチジルエタノールアミン,（膜リン脂質の一種） 化学 バイオ 医薬；= Polyethylen = Polyäthylen = polyethylene ポリエチレン 化学 バイオ

PEBA = Polyether-Blockpolyamide = polyether block-polyamide ポリエーテルブロックポリアミド 化学 バイオ 材料

PECL = 英 positive-referenced emitter-coupled logic 正基準エミッタ結合論理 電気

PED =英 photo emission diode 発光素子（発光ダイオード） 電気；=英 Pressure Equipment Directive = Druckgeräte-Richtlinie = Druckausstattungsdirektive（欧州）圧力装置指令 規格 法制度 機械 化学

pedochemisch 土壌化学的な, pedoche-

mical 化学 バイオ 地学
pedogenetisch 土壌生成の，幼生生殖の，pedogenetic, pedogenic, soil forming 化学 バイオ 地学
PEEK = Polyetheretherketon = polyetheretherketone ポリエーテルエーテルケトン 化学 バイオ
Peer-Review 女 査読 全般
PEFC =英 polymer electrolyte fuel cell = Polymerelektrolytbrennstoffzelle 固体高分子型燃料電池 化学 機械 エネ 環境 電気 ：=（従前の表現）PEMFC =英 polymer exchange electrolyte membrane fuel cell = Polymer-Elektrolyt-Membran Brennstoffzelle 陽子交換膜型（高分子電解質膜）燃料電池 化学 機械 エネ 環境 電気
PEG = perkutane endoskopishe Gastrostomie = percutaneous endoscopic gastrostomy 経皮内視鏡的胃瘻造設術 化学 バイオ 医薬 ；= Polyethylenglycol ポリエチレングリコール 化学 バイオ 医薬
Pegelsensor 男 レベルセンサー 電気 機械 化学 バイオ
PEI =英 polyethylenimine ポリエチレンイミン(紙・布・OPP・PEI フィルムのラミネートアンカー剤などに用いられる) 化学 バイオ ；=英 polyether-imido ポリエーテルイミド(非晶性の高機能スーパーエンプラ) 化学 バイオ ；= Perkutane Ethanol-Injektionstherapie = percutaneous ethanol injection therapy 経皮的エタノール注入療法，エタノール注入療法(幹細胞癌治療法) 化学 バイオ 医薬
Peltierelement 中 ペルチェ素子 物理 電気 材料 エネ
PEM = 英 proton exchange membrane = Protonen leitende Elektrolytmembran プロトン交換膜 電気 物理 機械
PEM-Effekt = Photoelektromagnetischer Effekt = photoelectrromagnetic effect 光電磁効果，PEM 効果 電気 物理 光学 機械
PEN = Polyethylennaphthalat = polyethylene naphthalate ポリエチレンナフタレート 化学；= Polyethylennitril = polyethylene nitrile ポリエチレンニトリル 化学；=英 protection earth neutral = Nullleiter mit Schutzleiter-Funktion 保護（接地）導体と中性線の両方を兼ね備えた導体 電気
Pendelbewegung 女 振り子運動，ウイービング，movement of pendulum, weaving 機械 溶接
Pendeldämpfung 女 振り子式ダンパー，anti-sway damping, pendulum damping, power-system-stabilizer 機械 設備 建設
Pendelkugellager 中 自動調心玉軸受け，self-aligning ball bearing 機械
Pendellager 中 振り子支承，自動調心軸受，調心軸受，心合せ軸受，pendulum bearing, self-aligning bearing 機械
Pendelleitung 女 レシプロライン，つり合い管，バランスパイプ，吊索［つりさく］，reciprocating line, balance pipe, suspension cord, pendant cord 電気 機械 建設
Pendel-Strahlentherapie 女 振り子放射線治療，pendular radiotherapy 放射線 化学 バイオ 医薬
Pendelstütze 女 振り子式サポート，pendulum support 機械 建設
Pentan 中 ペンタン，pentane, C_5H_{12} 化学 バイオ
Pentosephosphatweg 男 ペントースリン酸回路，(グルコース代謝経路の一つ，NADPH およびリボース５－リン酸を供給する)，類 Pentosephosphatzyklus 男，pentose phosphate cycle 化学 バイオ 医薬
PEP =英 peak envelope power = Maximale Hüllkurvenleistung 包絡線尖頭電力，ピーク包絡線電力 電気 機械 操業 設備 ；= Phosphoenolpyruvat = phosphoenol pyruvate ホスホエノールピルビン酸，ホスホエノールピルビン酸塩（解糖系中間代謝物）化学 バイオ
Perchlorsäure 女 過塩素酸，perchloric acid 化学 バイオ
perfektes System 中 完全系，perfect system 光学 音響
Perforieren 中 穴あけ加工，切り取り点線入れ，perforating 機械

Periferiegerät 中 周辺機器, peripheral device 電気 機械
Periferiegeschwindigkeit 女 周速度, peripheral velocity, circumferential speed 機械
Periode 女 周期, 周波, 循環, cycle, phase, period 電気 機械
Periplasma 中 周縁細胞質, periplasm 化学 バイオ
Peristaltikpumpe 女 蠕動ポンプ, 類 Schlauchpump 女, peristaltic pump 機械
peritektische Reaktion 女 包晶反応 (Al-Cr 系合金などの), peritectic reaction 材料 鋳造 非鉄
Peritonitis 女 腹膜炎, 類 Bauchfellentzündung 女, 英 peritonitis 化学 バイオ 医薬
Perkolation 女 浸出, 浸透, 濾過, 類 Exsudation 女, Auslaugen 中, 英 percolation バイオ 化学
perkutane Absorption 女 経皮吸収, percutaneous absorption 化学 バイオ 医薬
perkutane Koronarangiographie 女 経皮的冠動脈造影法, 英 percutaneous coronary angiography 化学 バイオ 医薬 電気
Perlit 男 パーライト, pearlite 材料 鉄鋼 物理
Perm 中 二畳紀(古生代の), 英 Permian 地学 物理 化学 バイオ
Permeabilität 女 浸透性, 透過性, permeability : magnetische Permeabilität 女 磁気浸透性, magnetic inductivity 電気 化学 物理
Permease 女 透過酵素, (生体膜とりわけ細胞膜を横切って輸送するタンパク質をいい, 酵素と似た性質を持っている), 英 permease 化学 バイオ 医薬
Permeat 中 浸透物, 関 Retentat 中, 英 permeate 化学 バイオ 機械 環境
Permutation 女 順列, permutation 数学 統計
Perowskit 男 ペロブスカイト, (高チタンスラグの重要成分, チタン酸カルシウムの鉱物名), 灰チタン石, 英 perovskite 製銑 化学 地学 非鉄
Peroxisom 中 一重膜細胞小器官, peroxisome バイオ 化学
Persistenz 女 持続, 類 Konstanz 女, constancy 機械 材料 化学 物理
Personalcomputer 男 パソコン, 英 personalcomputer 電気
Personalleitung 女 人事管理 操業 経営
Personenkraftwagen 男 乗用車, PKW 機械
Personennahverkehr 男 近距離交通 交通 電気 機械
perspektivisch 遠近法の, 透視の, perspective 機械
perturbieren 掻き乱す, perturb
perturbierte Variable 摂動変数 機械 電気 統計
Pervaporation 女 浸透蒸発, パーベーパレーション, 浸透気化, (膜を通して液体を気化させる膜分離法), 英 pervaporation 化学 バイオ 物理
Perzentil 百分位数, percentile 統計
PES = Peressigsäure = peracetic acid 過酢酸, ペルオキシ酢酸 化学 バイオ
PET = 英 plasmid for expression by T7RNA-polymerase T7RNA ポリメラーゼによる発現プラスミド バイオ 化学 医薬 ; = Positronen-Emissions-Tomografie = positron emission tomography 陽電子放射断層撮影装置 電気 化学 バイオ 医薬 ; = Polyethylenterephthalat = polyethylene terephthalate テレフタル酸ポリエチレン, ポリエチレンテレフタレート 化学 バイオ ; = 英 planar epitaxial technique = Halbleiter-Herstellungsverfahren プレーナ・エピタキシアル技術 電気
Petrochemie 女 石油化学, petrochemistry 化学 設備
PFA = Polyfluoracrylat ポリフルオルアクリレート 化学 バイオ ; = 英 perfluoroalkoxy- パーフルオロアルコキシ (ポリテトラフルオロエチレン PTFE と似た性質を持つフルオロポリマーの一種) 化学 バイオ ; = 英 p-fluoroaniline p- フルオロアニリン 化学 バイオ
Pfad 男 パス, レーン(電波航法の), 経路 path, trail 機械 電気 航空 バイオ 医薬

P

P

Pfahlrost 男 杭構造, pile structure 建設 鉄鋼 材料

Pfanne 女 取鍋, フライパン, ladle : tonerdereich zugestellte Pfanne : ハイアルミナ・レードル, high alumina lined ladle 製銑 精錬 操業 設備 鉄鋼 非鉄

Pfannendrehturm 男 取鍋回転塔, ladle turn table 精錬 連鋳 操業 設備

Pfannenofen 男 取鍋精錬炉, ladle refining furnace 精錬 材料 操業 設備

Pfannenwechsel 男 レードル交換, ladle change 精錬 連鋳 操業 設備

PFBC = 英 pressurized fluidized bed combustion combined cycle = Druckwirbelschichtfeuerung 加圧流動床燃焼技術による複合発電方式 電気 エネ

PFC = Perfluorcarbon = perflurocarbon パーフルオロカーボン 化学 バイオ 医薬 環境; = 英 persistent fetal circulation = persistenter Fetalkreislauf 胎児循環遺残 化学 バイオ 医薬 ; = 英 power factor correction = Blindstromkompensation = Blindleistungskompensation 力率補正, 力率改善 電気 ; = 英 port flow control ポート流れ制御回路, (ノイズを抑制する) 電気

Pfeiler 男 橋脚, bridge pier 建設

Pfeillinie 女 (図面記号の) 引き出し線 機械

Pfeilspitze 女 (図面記号の) 矢, 矢じり 機械

Pfeilwinkel 男 後退角, angle of sweepback 機械

Pfeilzahnrad 中 やまば歯車, 類 Zahnrad mit Pfeilverzahnung 中, double-helical gear 機械

Pflegeeinrichtungs-Buchführungsverordnung 女 介護施設会計規則, 類 Verordnung über die Rechnungs- und Buchführungspflichten der Pflegeeinrichtungen, accounting regulations of nursing facility, PBV 化学 バイオ 医薬 経営 法制度

Pflichtenheft 男 スペック, 仕様書, 類 Spezifikation 女, Lastheft 中, Angabe 女, performance spec. 機械

PFOA = 英 perfluoroctanacid = Perfluoroctansäure パーフルオロオクタン酸(乳化性能に優れるが, 環境残存性有) 化学 バイオ 環境

PFOS = Perfluorooctylsulfonat = perfluorooctanesulfonate パーフルオロオクタンスルホン酸(界面活性剤として用いられる) 化学 バイオ 環境

Pfosten 男 支柱, 脇柱, 支え台, door post, pole, upright 機械 建設

Pfropfenstromprinzip 中 充填流原理, 押し出し流れ原理, plug flow procedure 化学 バイオ 機械

Pfropfpolymerisation 女 グラフト重合, graft polymerization 化学 バイオ

PG = Prostaglandin = prostaglandin プロスタグランジン, (プロスタン酸骨格をもつ一群の生理活性物質) 化学 バイオ 医薬

PGA = 英 pin grid array = Anschlussstiftmatrix ピングリッドアレイ(IC 形状の一つ) 電気 ; = 英 polyglutamic acid = Polyglutaminsäure ポリグルタミン酸, PGS 化学 バイオ 医薬

PHA = 英 pre hazard analysis = Gefährdungs-vorabanalyse = Vefahren zur Sicherheitsbetrachtung technischer Systeme 予備危険源分析 操業 設備 統計 経営

PHAE = Polyhydroxyaminoether ポリヒドロキシアミノエーテル(高いガスバリアー性と接着性を発揮する新しい熱可塑性樹脂) 化学 バイオ 材料

Phänotyp 男 表現型[ひょうげんがた], 英 phenotype 化学 バイオ

phagotroph 食栄養の, phagotrophic 化学 バイオ

phantom 英 ファントム, 生体組織近似材料・模型 化学 バイオ 医薬 電気

Pharmakologie 女 薬理学, pharmacology 化学 バイオ 医薬

Pharmazeutik 女 薬学, pharmazeutics 化学 バイオ 医薬

Phase 女 相, phase 材料

Phasenabgleich 男 位相調整, phase adjustment 機械 電気

Phasenanschnittsteuerung 女 位相角

制御, phase-angle control 機械 電気
Phasenobjekt 中 位相物体,phase object 光学 音響
Phasenübertragungsfaktor 男 位相伝達関数,phase transfer function,PTF 光学 電気
phasenverschoben 位相した 機械 電気
Phasenwinkel 男 位相角, phase angle 電気 機械
Phasenzusammensetzung 女 相組成, phase composition 材料
PHB = Polyhydrxybuttersäure = polyhydroxy butanoic acid = poly(3-hydroxy butyric acid) ポリヒドロキシ酪酸 化学 バイオ 医薬 ; = Polyhydrxybenzoesäure = p-hydroxybenzoic acid ポリヒドロキシ安息香酸 化学 バイオ 医薬 ; = 英 photochemical hole burning(experiments) = Herstellungsschritt bei CD's 光化学ホールバーニング(多重高密度記録再生が可能) 電気 ; = 英 per-hop behavior = Qualitätsmerkmal von Datenverbindungen 中継ノードの挙動 電気
Phenanthren 中 フェナントレン (コールタールから分離される芳香族炭化水素,化学式 $C_{14}H_{10}$), 英 phenanthrene バイオ 化学
Phenolat 中 フェノラト, フェノレート, フェノラート(フェノールの金属塩, フェノキシドイオン C_6H_5O- を供与する有機塩基として, 各種有機反応の研究に使われる), phenolate 化学 バイオ
PhK = Phosphorylasekinase = phosphorylase kinase ホスホリラーゼキナーゼ, (グリコーゲンホスホリラーゼ活性化酵素, E.C. 2.7.1.38) 化学 バイオ
Phloemsaft 男 師管液,phloemsap,sievetube sap 化学 バイオ
Phonokardiogramm 中 心音図, phonocardiogram 化学 バイオ 医薬 電気 音響
Phosphatase 女 ホスファターゼ(リン酸エステルの加水分解酵素), phosphatase 化学 バイオ 医薬
Phosphatidylglycerin 中 ホスファチジルグリセリン,(内側ミトコンドリア膜の構成成分), 英 phosphatidylglycerine バイオ
Phosphatieren 中 リン酸塩被覆処理法, phosphate 材料 機械 化学
Phosphoenolpyruvat 中 ホスホエノールピルビン酸, PEP バイオ
Phospholipid 中 リン脂質膜, リン脂質(生体膜の主要成分), 英 phospholipid 化学 バイオ 医薬
Phosphorbronze 女 りん青銅, phosphorbronze 材料 非鉄
Phosphorabbau aus dem Metall 男 溶銑からの燐の除去,removal of phosphorus from the metal 製銑 精錬 操業 設備
Phosphoserinphosphatase 女 ホスホセリンホスファターゼ, 英 phosphoserine phosphatase 化学 バイオ
photochrom 調光の, 類 photochromatisch, 英 photochromatic 電気 光学
Photochromie 女 フォトクロミー(周辺明度に光透視度を合わせること), photochromy, photochromism 電気 光学
Photoempfänger 男 受光素子, 類 fotoelektrischer Strahlungsempfänger 男, photodetector, light receiving element 光学 音響
Photokatalyse 女 光触媒反応, 関 Photokatalysator 男, photocatalysis 化学 バイオ 材料 医薬 環境
Photolysezeit 女 光分解時間, photolysis time 光学 物理 電気 機械
Photomultiplier 男 二次電子増倍管, 類 Sekundärelektronen-Vervielfacher 男, photomultiplier, secondary electron multiplier, PMT 電気 機械 光学 音響
Photon 中 光子, photon 光学 音響
Photosynthese 女 光合成, photosynthesis 化学 バイオ
phototroph 光栄養の, 光合成の, 英 phototrophic 化学 バイオ
Photovoltaik-Anlage 女 太陽光発電装置, photovoltaic facility, photovoltaic system 電気 エネ 環境 設備
Photozelle 女 光センサー, light sensor, photpcell 電気 光学 機械
PHV = 英 plug in hybrid vehicle = aufladbare Hybridfahrzeuge プラグインハ

イブリッド車 機械 電気

pH-Wert-abhängig ph 値に依存する 化学 バイオ

Phyllosphäre 女 葉圏, 関 Rhizo-sphäre 女, phyllosphere 化学 バイオ

physiologische Flora 女 常在微生物叢, indigeneous microbial flora 化学 バイオ 医薬

P

Physiotherapie 女 理学療法,physiotherapy 化学 バイオ 医薬

Physisorption 女 物理収着, physisorption, physical adsorption 機械 化学 バイオ 物理

Phytinsäure 女 フィチン酸, phytic acid 化学 バイオ

Phytoalexin 中 フィトアレキシン,(植物が生物ストレスおよび非生物ストレスに応答して新規に合成する, 抗菌性の二次代謝産物の総称), 英 phytoalexin 化学 バイオ

phytotoxisch 植物に害を与える, 枯死性の, 植物毒素の, 植物毒性の, phytotoxic 化学 バイオ

PIB = Polyisobutylen = polyisobutylene ポリイソブチレン 化学 バイオ

PIC =英 power integrated circuit = Leistungshalbleiter 電力用半導体集積回路 電気 ; =英 photonic integrated circuit = integrierter photonischer Schaltkreis フォトニック集積回路 光学 電気

PICS =英 production information and control system = Produktions-informationssteuerungs-system 生産情報管理システム 電気 操業 製品 ; =英 protocol implementation conformance statement = Erklärung zur Konformität der Protokollimplementierung プロトコル実装適合声明書 電気 ; =英 platform for internet content selection = Plattform zur Auswahl von Internetinhalten, Web ページにおける特定の情報を表示しないようにするための技術, www コンテンツ規制の W3C 規格 電気 規格

PID = 英 personal identification device = persönliches Identifikationsmittel = persönliches Authentifizierungsgerät 個体識別装置, 個人認証装置 電気

PID-Regler = Proportional-Integral-Differential-Regler = proportional-integral-differential controller 比例−積分−微分制御器 電気

PIES = 英 penning ionozation electron spectroscopy ペニングイオン化電子分光法 電気 化学 バイオ 材料 物理 光学

piezoelektrisch 圧電の piezoelectric 電気

Pigment 中 生体色素, 色素, 顔料, 類 Farbstoff 男 化学 バイオ 医薬 光学 印刷

PIKS = 英 programmer's imaging kernel system application program interface PIKS 画像処理プログラムインターフェース 電気

Pilgerschrittschweißung 女 バックステップ溶接, 後退溶接, backstep welding 溶接 機械

Pilling-Bedworth-Verhältnis 中 ピリング - ベドワース比,(酸化物膜が金属表面に密に形成されるか否かを判断する指標としての体積比), Pilling–Bedworth ratio, PBV 材料 物理

Pilotierung 女 パイロット化, piloting 機械 化学

Pilotkonus 男 パイロットコーン 機械

Pilozän 中 鮮新世(新生代第三紀の), 英 Pilocene 地学 物理 化学 バイオ

Pilztoxin 中 真菌毒, mycotoxin, fungal toxin 化学 バイオ

PIN =英 personal identification number = persönliche Kennzahl = persönliche Identifikations-Nummer 個体識別番号 光学 電気 機械

Pinch Point 英 ピンチポイント,(例えば, 熱複合線図の与熱複合線と受熱複合線が接する点をいう, 出典 : http://www.eccj.or.jp/qanda/term/kana_hi.html#06), 関 Quetschpunkt 男 機械 エネ

Pinole 女 スピンドルスリーブ, クイル, spindle sleeve 機械

Pinzette 女 ピンセット 化学 バイオ

PIPES =英 piperazine-1,4-bis(2-ethanesulfonic acid), ピペラジン -1,4- ビス(2- エタンスルホン酸), ピペス,(グッドの緩衝液

試薬の一つ)，関 MES 化学 バイオ
Pipettenspitze 女 ピペットチップ, pipette tip 化学 バイオ
PIRLS = 英 probe IR(infra-red)laser spectrometer プローブ赤外レーザー分光器 化学 バイオ 電気
Pistill 中 めしべ, 雌蕊[しずい], 類 Gynoeceum 中 バイオ
Pitotmanometer 中 ピトー管風速計 機械 地学
PIUS = produktionsintegrierter Umweltschutz = production-integrated environmental protection 生産を考慮した環境保護 環境 操業 設備 全般 経営
PIXE = 英 particle induced x-ray emission 粒子線励起 X 線分析法 電気 化学 バイオ 材料 物理 光学
PKI = 英 public key infrastructure 公開鍵構造基盤 電気
Placebo 中 偽薬 化学 バイオ 医薬
Plagioklas 男 斜長石, plagioclase 地学 非金属 鋳造 機械
Plandrehmaschine 女 正面旋盤, face lathe 機械
Planetengetriebe 中 遊星歯車装置, 類 Planetenantrieb 男, Planetenschnecke 女, planetary gear 機械
Planfräser 男 フェースミル, face milling cutter 機械
plangedrehnt 面取り加工した, faced, mechanically reworked, faceturned 機械
Planglas 中 平球面レンズ, plano-spherical lens 光学
Planheit 女 平坦度, flatness 材料 操業 設備
Planheitsfehler 男 平坦度欠陥, defect of flatness/shape 材料 操業 設備
Planieren 中 地ならし, 平削り, grading, levelling, planing 機械 建設
plankonkave Linse 女 平凹レンズ, plano-concave lens 光学
Plankton 中 プランクトン バイオ 化学
planmäßig 予定どうりの・に
Planrad 中 フェースギヤー, 冠歯車, 類 Kronenrad 中, Planverzahnung 女, crown gear, face gear 機械
Planscheibe 女 面板, face plate 機械
Plansenken 中 座ぐり, spot facing 機械
Planung und Bau 計画と建設, planning and construction 建設
Planverzahnung 女 フェースギヤー, 正面歯車, face gear 機械
Planvorschub 男 前後送り, 横送り, crossfeed 機械
Plasma 中 原形質, 血漿[けっしょう], protoplasm, blood plasma 化学 バイオ 医薬
plasma partitions preparations 英 血漿分画製剤 化学 バイオ 医薬
Plastifizierung 女 可塑化, 類 Plastizierung 女, plasticization, plastification 化学 バイオ 材料
die plastische Chirurgie 女 形成外科, plastic surgery 化学 バイオ 医薬
plastische Hysteresis 女 塑性ヒステリシス, plastic hysteresis 材料 機械
Plastizität 女 塑性, plasticity 化学 バイオ 材料
Plasto-elastizität 女 塑弾性, plasto-elasticity 材料 機械
platen 英 プラテン, 押し板, 印字版(Drucktiegel, 平台印刷機), (タイプライターの) プラテン, 型取り付け版, 基盤保持盤(フロッピーディスクの), パレットフォーク, 版胴(Plattenzylinder), フラシュ溶接の部位名 機械 電気 印刷 溶接
Platine 女 ボード, プリント回路基板, 類 Leiterplatte 女, board, plate, printed circuit board, PCB 電気 機械
platinieren 白金メッキする, platinize 材料 化学 鉄鋼 非鉄
Platte 女 ボード, プレート, 板, シート, スラブ, ディスク, board, plate, sheet, slab, disc 機械 材料 建設 電気
Plattenbalken 男 T ビーム, T-beam 建設 材料
Plattenbauweise 女 大パネル構造, 大パネルセット, large-panel construction, large-panel set 機械 建設
Plattentest 男 プレートアッセイ法, plate assay, plate incorporation method, cul-

P

tivation-based assays 化学 バイオ

Plattenwärmeaustauscher 男 プレートタイプ熱交換器, ろう付真鍮プレート熱交換器, plate-type heat exchanger, brazed-plate heat exchanger 機械 エネ

Plattenzylinder 男 版胴, plate cylinder 印刷 機械

Platzhalterzeichen 中 ワイルドカード, wildcard character 電気

platzierend 位置する 機械 操業 設備

platzsparend 省スペースの, space-saving 機械

Plausibilität 女 尤もらしさ, 有効性, plausibility, validity 機械 統計 物理

PLC =英 programmable logic controller = Speicherprogrammierbare Steuerung (SPS) プログラマブル論理制御装置, プログラマブルロジックコントローラ 電気 ; = 英 power line carrier = Stromversorger als Kommunikationsdienstleister 電力線搬送装置 電気

PLCA = Poly − L-Carnitinallylester ポリ L カルニチンアリルエステル 化学 バイオ

Pleistozän 中 更新世 (続), (新生代第四紀), 英 Pleistocene 地学 物理 化学 バイオ

PLENUM = Projekt des Landes zur Erhaltung und Entwicklung von Natur und Umwelt = federal state project for the preservation and development of nature and environment 自然と環境の保全と開発に関する州プロジェクト 環境 化学 バイオ 医薬 組織

plesioradiotherapy 英 近距離(映像)治療, 近距離 X 線照射 化学 バイオ 電気 医薬

Pleuel 男 連接棒, ピストンロッド, 類 Druckstange 女, pit man, connecting rod 機械

Pleuelauge 中 コネクティング・ロッド・アイ, コンロッド・アイ, 連結桿アイ, connecting rod eye 機械

Pleuelfusslager 中 クランクピン軸受, 大端部軸受, big (bottom) end bearing 機械

Pleuellager 中 コネクティングロッドベアリング, クランクピン軸受, ビッグエンドベアリング, connecting rod bearing, big (bottom) end bearing 機械

Pleuelstange 女 連結桿, コンロッド, connecting rod 機械

PLEXIGLAS® 中 プレクシガラス®, アルカリガラス樹脂, plexiglas, acrylic glass 化学 バイオ

plissieren ひだを付ける, pleat 機械

PLL = 英 phase- locked loop = Phasenregelkreis 位相同期ループ 電気

PLP = Pyridoxalphosphat = pyridoxalphosphate = Bestandteil von Vitamin B6 ピリドキサールリン酸, リン酸ピリドキサール 化学 バイオ 医薬

PLT = 英 Patent Law Treaty = Internationales Patentabkommen der WIPO 特許法条約 特許 法制度

Plug & Earn Prinzip 中 追加の設備を必要とせずに, 従来廃棄されていたエネルギーを活用する考え方 エネ 電気 機械 環境

Plungerpumpe 女 プランジャーポンプ, plunger pump 機械

PLZT =英 lead lanthanum zirconium titanate = Blei-Lanthan-Zirkonium-Titanat チタン酸ジルコン酸ランタン鉛 非金属 電気

PM = Phasen Modulation = phase modulation 位相変調 電気 ; =英 permanent magnet = Dauermagnet 永久磁石 電気 ; =英 particulate matter = Feinstaub = Partikelmasse 粒子状物質 化学 バイオ 医薬 環境

PMD = 英 photomic mixer device 光電デバイス(反射時間を計測して, 物体までの距離を求める) 電気 光学 機械 ; = 英 polarization mode dispersion 偏波モード分散(光ファイバー) 電気 光学 機械

PMDI = polymers Diphenylmethandiisocyanat ポリマーヂフェニュールメタンジイソシアネート, (ポリウレタンエラストマーの製造に用いられる) 化学

PMMA = Polymethylmethacrylat = polymethyl methacrylate ポリメチルメタクリレート, ポリメタクリル酸メチル(LEXIGLAS®, PLEXIGLAS® などの原材料) 化学 バイオ

PMN = 英 Pre-Manufacturing Notice 製造前届出, (米国内の製造業者, 輸入業者,

流通業者および事業者は，新規化学物質の製造または輸入開始の 少なくとも 90 日前に「製造前届出(Pre-Manufacturing Notice：PMN)」を EPA(環境保護庁) に提出する必要がある) 化学 バイオ 医薬 環境 規格 組織

PMT = 英 photomultiplier tube = Sekundärelektronen-Vervielfacher 二次電子増倍管 光学 電気

Pneumatikzylinder 男 圧空シリンダー，pneumatic cylinder 機械

Pneumonie 女 肺炎，類 Lungenentzündung 女，pneumonia 化学 バイオ 医薬

Pneumokokken 男 肺炎球菌，pneumococcus 化学 バイオ 医薬

PNOC = 英 particulates not otherwise classified = nicht näher klassifizierte Partikel 他に分類されない不溶性粒子(粉塵などの) 環境 化学 バイオ 機械

PO =英 polyolefin oil ポリオレフィン油 化学 バイオ；=英 polyolefine ポリオレフィン 化学 バイオ；= Propylenoxid = propylene oxide プロピレンオキサイド 化学 バイオ

POC =英 particulate organic carbon = dispergierter organischer Kohlenstoff 懸濁態有機炭素 化学 バイオ 環境 エネ；= Proof Of Concept 概念実証，実証実験 化学 バイオ エネ 原子力 全般

POD =英 probability of detection = Nachweiswahrscheinlichkeit = Erfassungswahrscheinlichkeit 検出確率 統計 電気 化学 バイオ 全般；=英 program operation description = Programmbedienungs beschreibung プログラム動作記述 電気；=英 printing on demand = Druck on-demand オンデマンド印刷 印刷

Podiumsdiskussion 女 パネルディスカッション 全般

Podsol 男 ポドゾル，英 podsol 地学 化学 バイオ

point sphere optical fiber 英 先球光ファイバー 光学 音響

poissonsche Zahl 女 ポアソン数，ポアソン比，類 Querzahl 女 機械

Polarisator 男 偏光子，polarizer 光学 電気 機械

polarisiertes Licht 中 偏光，polarized light 光学 電気 機械

Polarträgheitsmoment 中 慣性極モーメント，polar moment of inertia 電気 機械 物理

Polarwinkel 男 インボリュート角，polar angle (involute) 機械

Polieren 中 つやだし，バフ研磨，研磨，polishing 材料 機械

Poliklinik 女 外来患者診療所（大学病院などの)，総合診療所，polyclinic 化学 バイオ 医薬

Poliomyelitis 女 ポリオ，脊髄性小児麻痺，英 Polio, poliomyelitis anterior acuta, spinal infantile paralysis 化学 バイオ 医薬

Pollenschlauch 男 花粉管,pollen tubes 化学 バイオ

Polradregelung 女 回転子偏位角制御，位相角制御，rotor displacement angle control, phase angle control 電気 機械

Polstern 中 内張り，celling, lining 機械

Polsterung 女 車室内艤装，類 Ausstattung 女，upholstery 機械

Polwechselmotor 男 極数切替(変換)モータ，pol change motor 電気 機械

Polyacrylnitril 中 ポリアクリロニトリル，polyacrylonitrile, PAN 化学 材料

Polybutadien-Styrol 中 ポリブタジェンスチレン，polybutadiene –styrene, PBS 化学 材料

Polychaet 女 多毛類,polychaete worms バイオ

Polygon 中 多角形 機械 統計

Polygonierung 女 トラバース測量,(測点間の測定方法は三角測量と同一．基準点から測点 A，測点 A から測点 B，測点 B から測点 C という具合に測点を結んで測量区域を多角形で 示し，多角形の各辺の長さ・角度で位置関係を求める方法)，関 Messtraverse 女,traverse survey, measurement traverse 機械 地学 建設 数学

Polyglutaminsäure 女 ポリグルタミン酸，polyglutamic acid,PGS,PGA 化学 バイオ

P

[医薬]

Polykondensation [女] 重縮合, polycondensation [化学] [バイオ]

Polymerbeton-Verbundwerkstoff [男] 樹脂強化コンクリート, concrete-polymer composite, CPC [建設] [材料] [化学]

Polymer-Dickschicht [女] ポリマ厚膜, 高分子厚膜 (回路盤技術), polymer thick film, PTF [電気]

Polymerisation [女] 重合, ㊥ polymerization [化学] [バイオ]

polymerisationsfähig 重合性のある, 重合可能な, polymerizable [化学] [バイオ]

Polymerisationsgrad [男] 重合度, degree of polymerization, DP [化学] [バイオ]

Polynom [中] 多項式, polynomial [数学] [統計]

Polyol [中] ポリアルコール, 多価アルコール, [類] Polyalkohol, ㊥ polyalcohol [化学] [バイオ]

Polypeptide [女] ポリペプチド, polypeptide [化学] [バイオ]

Polyphenylsiloxan [中] ポリフェニルシロキサン, polyphenylsiloxane, PPS [化学] [バイオ]

Polysomnogramm [中] 睡眠ポリグラフ検査, ㊥ polysomnogram [化学] [バイオ] [医薬]

polytropischer Wirkungsgrad [男] ポリトロープ効率, polytropic(gas)efficiency [機械] [エネ] [物理]

Polyurethanschaum [男] ポリウレタン発泡材, ポリウレタン発砲体, ポリウレタンフォーム, polyurethane foam, PUF [化学] [バイオ] [材料]

polyvalent 幅広い : die polyvalente Korrosionsbeständigkeit 幅広い耐腐食性 [材料] [製品]

Polyvinyl- polypyrolidon-Jod Komplex [男] ポリビニルポリピロリドンヨー素錯体 (代表的な高分子膜) [バイオ] [化学]

POM = Polyoxymethylen = Polyacetal = polyoxymethylene = polyacetal ポリオキシメチレン, ポリアセタール [化学] [バイオ]

POMS = ㊥ polymethyloctyl-vinylmethyl-dimethylsiloxane ポリメチルオクチル・ビニルメチル・ジメチルシロキサン [化学] [バイオ] ; = ㊥ profile of mood states 気分状態特性尺度(環境汚染物質影響調査などで用いる) [環境] [化学] [バイオ] [医薬]

poolen 共同計算にする [統計]

Population [女] 集団, 母集団, 個体群㊥, population [バイオ] [統計]

Populationsinversion [女] 反転分布, [類] Besetzungsinversion [女], Besetzungsumkehr [女], population inversion [物理] [光学] [音響] [統計] [数学]

Porenmundregion [女] 細孔・気孔開口部域, pore opening region [化学] [バイオ] [材料]

Porenwasser [中] 細孔水, narrow pores water [化学] [バイオ]

Porosität [女] 気孔率, porosity [材料] [物理] [化学]

Porphyrien [中] ポルフィリン症, ㊥ porphyria [化学] [バイオ] [医薬]

Portalkran [男] 門形クレーン, ガントリークレーン, portal crane [機械] [操業] [設備]

Portallader [男] ガントリーローダー, 門形ローダー, gantry loader, portal loder [機械] [操業] [設備]

Positionieraufgabe [女] 位置決め問題 [機械]

Positionierer [男] ポジショナー, positioner [機械] [電気] [溶接]

Positionsgeber [男] 位置表示器, 位置検出器, 位置変換器, 位置エンコーダ, シンクロナイザー, position generator, position transducer, position encoder, synchronizer [機械] [電気]

positionsgenau 位置の正確な, 位置を正確に, in correct position [機械]

positiv 強制の, [類] desmodromisch [機械] [電気]

Positivnocken [男] 確動カム, [類] zwangsläufigbewegender Nocken [男], positiv motion cam [機械]

Posterausstellung [女] ポスターセッション

Postindustrialisierung [女] 脱工業化, post- industrialization [経営] [全般]

postindutriell 脱工業化の, postindustrial [経営] [全般]

Post-Mortem-Versuchsplanung [女] 検死ルーティンニューロモデル, 事後分析

ルーティンニュウロモデル 電気 統計 数学 機械

postspinale Kopfschmerzen 複 腰椎穿刺性頭痛, postspinal headache 医薬

Potentialausgleich 男 電位補償, compensation of potential, potential equalization 電気 機械

potentialträchtig 高ポテンシャルの, 高電位の, 高い評価の, high potential 電気 全般

potentielle Energie 女 位置エネルギー, potential eergy 機械 エネ

Potentiometrie 女 電位差測定法, potentiometry 化学 バイオ 電気

PP = Phenolphthalein = phenolphthalein フェノールフタレイン, (pH 指示薬) 化学 バイオ ; = Polyphosphorsäure = polyphosphoric acid ポリリン酸 化学 バイオ ; = Polypropylen = polypropylene ポリプロピレン (汎用プラスチックの１種) 化学 バイオ ; = Pyrophosphat = pyrophosphate ピロリン酸塩, ピロリン酸 化学 バイオ

PPCC = 英 pressurized powder coal combustion 加圧微粉炭燃焼 エネ 機械 電気 製銑 地学

PPM = 英 pulse position modulation = Pulslagenmodulation パルス位置変調 電気 ; = 英 parts per million = Teile pro Million 百万分の一 単位 化学 物理 材料

PPS = 英 power producer and supplier 特定規模電気事業者 エネ 電気 経営 ; = Polyphenylsulfid = polyphenylene sulfide resin ポリフェニレンサルファイド樹脂 化学 バイオ ; = Polyphenylsiloxan = polyphenylsiloxane ポリフェニルシロキサン 化学 バイオ ; = Produktionsplanungs- und Steuerungssystem = production planning and control system 生産計画制御システム 電気 操業 製品

ppt = 英 parts per trillion = Teile pro Billion 一兆分の一 単位 化学 物理 材料

Prägekraft 女 スタンプ力, stamping force 機械

Prävention 女 予防, 類 関 Vorbeugung 女, Vorsorge 女, Prohylaxe 女, 英 prevention 化学 バイオ 医薬

Präzipitation 女 沈殿, 降水量, precipitation 化学 バイオ 地学

Präzisionsfiltration 女 精密濾過 (≦ 10 μ m) 化学 バイオ 機械 物理

Präzisionsguss 男 精密鋳造法, 精密鋳造鋳物, precision casting 鋳造 機械 材料

Präzisionsstahlrohr 中 精密スチールチューブ, precision steel tube 材料

praktikabel 使用可能な, 実行可能な, practicable, practical 機械 電気 化学 設備

Prallblech 中 バッフル, 類 Ablenker 男, Umlenkblech 中, baffle 機械

Pralldämpfer 男 衝撃吸収材, 衝撃ダンパ, impact absorber, impact damper 機械

Prallelspur 女 二車線 機械

Prallfläche 女 偏向板, 阻流壁, 整流壁, deflector plate, baffle wall 機械 光学

Praxiseinsatz 男 実使用 全般

praxiserprobt 実務に精通した

praxisgerecht 実際の使用・適用に合った, 実際の使用・適用に合わせた, suitable for practical application 機械 電気 化学 設備

praxisnah 実際の使用・適用に近い・即した, practical 機械 電気 化学 設備

Praxisrelevanz 女 実用面で重要性があること, 実用性があること 全般

Preisentwicklung 女 価格変動, 価格の推移 経営 操業

Pressling 男 プレス加工品, pressed article 機械

Pressluftmotor 男 圧縮空気エンジン, compressed air motor 機械

Presspassung 女 圧力ばめ, 類 Presssitz 男, force fit, interference fit 機械

Pressschmierung 女 強制潤滑, 類 Druckschmierung 女, forced feed oiling, forced feed lubrication 機械

Pressschweißung 女 圧接, pressure welding 溶接 機械 材料

Pressungswinkel 男 圧力角, pressure angle, angle of obliquity 機械

Presswasserentzunderung 女 加圧水デスケーリング, compressud water de-

P

scaling 材料 機械
Primärausscheidung 女 一次析出, primary precipitation 材料 鉄鋼 非鉄
Primärfeld 中 一次場, primary field 機械 電気
Primärbrennkammer 女 一次燃焼室, primary combustion chamber 機械 エネ
Primer 男 (核酸生合成または, 脂肪酸合成の) プライマー, 英 primer 化学 バイオ
Priming Effekt 男 プライミング効果, プライミング作用, 英 priming effect 電気 化学 バイオ 医薬
Primzahl 女 素数, prime number 統計
Prisma 中 プリズム 光学 機械
Pritsche 女 (側板の開くトラックの) 荷台, loading bed, platform 機械
private Kraftanlage 女 自家発電設備, non-utility generation facility 電気 エネ 環境 機械
Probe 女 テスト, 検査, テストピース, 試料, 検算 材料 機械 化学 バイオ 統計
Probenahmetermin 男 サンプリング期日, sampling dates 材料 鉄鋼 非鉄 化学
Probenahmeverfahren 中 テストピース採取法, a way of sampling；採取する：abnehmen, entnehmen 材料 鉄鋼 非鉄 化学
Probenteilung 女 サンプル分取, sample splitting 化学 バイオ
Produktankündigung 女 製品発表 経営 製品
Produktanschlussöffnung 女 製品受入用開口部, サンプル受入採取用開口部 機械 化学 バイオ 操業 設備
produktberührt 製品に接触する・した 操業 設備 電気
Produktbildung 女 製品の生産, creating the product 操業 設備
Produktfolge 女 製品シリーズ 製品 経営
Produktgas 中 生成ガス, 製品ガス, 発生炉ガス, product gas, producer gas 化学 バイオ 製品 精錬
Produkthaftung 女 製造物責任, 類 Produktverantwortung 女, products liability, PL 経営 操業 製品 法制度
Produktionsausbeute 女 生産量, 生産高, output 操業 設備 経営
Produktionsplanung 女 生産計画 操業 設備 経営
Produktionsreife 女 完全に工業生産された段階 (パイロット生産をクリヤーして), フル生産 (の状態・ステージ) 操業 設備 経営
Produktivität 女 生産性, 生産効率, 関 類 Wirkungsgrad 男, productivity, production efficiency 操業 設備 経営
Produktivitätvorsprung 男 生産性での優越性, advantage in productivity 操業 設備 機械 化学 鉄鋼 経営
Produktlebensdauer 女 製品寿命 経営 操業 製品
Produktpallete 女 製品の範囲, product range 操業 製品 経営
Produkttiter 男 生成物滴定量, 生成物力価, 生成物タイター, (薬物または抗体・抗原の活性の単位, 滴定に用いられる標準液の濃度), 英 product titer 化学 バイオ 医薬
Produkt-Umwelt-Betrachtung 女 製品と環境との関係の観察・考慮 (環境マネジメントなどにおける), PUB 環境 製品 経営
Profil 中 歯形, ならい, 形状, 形鋼, タイヤトレッド溝, 輪郭, 側面 機械 建設 鉄鋼 非鉄
Profilbezugslinie 女 データム線, 基準線, 基本水準線, datum line, profile reference line 機械
Profildreieck 中 (ねじ) とがり三角形 fundamental triangle 機械
Profilieranlage 女 形鋼設備 材料 操業 設備
profilieren 形削りする, ならい削りする, トレッド溝入れする, 輪郭を描く, 側面を描く 機械
Profilkorrektur 女 歯形修正, 類 Flankenformkorrektur 女, profile modification 機械
Profilrippe 女 リブ型, tread rib 機械
Profilstahl 男 形鋼, section steel, shape steel 材料 建設 鉄鋼
Profilverschiebungsfaktor 男 転位係数, addendum modification coefficient 機械
Profilwalze 女 型鋼ロール, profile roll

[材料] [操業] [設備]
Programmiersprache [女] プログラミング言語, programming language [電気]
Programmspezifikationsbaustein [男] プログラム仕様ブロック program specificationblock [電気]
Projektierungsphase [女] 計画段階, [類] [関] Konzeptphase [女], design phase, concept phase [経営] [操業] [設備] [全般]
Projektilinjektion [女] 射出インジェクション [機械] [材料] [化学]
Projektionsebene [女] 投影面, plane of projection [機械]
Projektionzeichnung [女] 投影図, projection drawing, projection plan [機械] [建設]
Projektträgerschaft [女] プロジェクト管理組織, project management organization [全般] [経営]
pro Körpergewicht und Tag 体重・一日当たり [化学] [バイオ] [環境] [放射線]
Propanol [中] プロパノル, propanol [化学] [バイオ]
Propellerläufer [男] プロペラ羽根車, propeller runner, propeller impeller, propeller vane wheel [機械] [エネ]
Propellerturbine mit Axialverdichter [女] 軸流式ターボロップ, axial turboprop, axial propeller type turbine [機械] [エネ]
prophylaktisch 予防の, 防疫の, [英] prophylactic, prophylactically [化学] [バイオ] [医薬]
Proportinal-Differential-Regler [男] 比例微分制御器, proportional-differential controller [電気]
Proportionaldosierventil [中] 比例バイパスバルブ, proportioning and bypass valve, PBV [機械] [化学] [操業] [設備]
Proportionalregelventil [中] 比例制御弁, proportional control valve, PCV [機械] [化学] [操業] [設備]
Proportionspumpe [女] 比例ポンプ, 定比ポンプ, proportional pump [機械]
Prostata [女] 前立腺, [類] Vorsteherdrüse [女], prostate [化学] [バイオ] [医薬]
Prostatakarzinom [中] 前立腺癌, [類] Vorsteherdrüsenkrebs [男], prostatic carcinoma, prostatic cancer [化学] [バイオ] [医薬]
prosthetische Gruppe [女] 接合団, 補欠分子族, prosthetic group [化学] [バイオ]
Proteinfingerprinting [中] たん白質フィンガープリント法 [化学] [バイオ]
proteinogen たん白質を構成する, たん白新生の [化学] [バイオ]
Proteom [中] プロテオーム, (生物が遺伝情報に基づいてつくる全タンパク質の総称), [英] proteome [化学] [バイオ]
proteomics [英] プロテオミクス, (タンパク質の構造・機能の網羅的な解析・研究) [化学] [バイオ]
Protokollierung [女] 記録作成
Proto-Onkogen [中] 原がん遺伝子, がん原遺伝子, proto-oncogene [化学] [バイオ] [医薬]
Prototyp [男] 原型, 初刷り, prototype [化学] [バイオ] [印刷]
provozieren 誘発する, [類] hervorrufen, [英] provoke [材料] [建設] [化学] [バイオ] [医薬]
Prozessdaten [複] プロセスデータ [機械] [化学] [バイオ] [操業] [電気]
Prozessgröße [女] プロセス変数, プロセス変量, プロセス因子, process variable, process parameter [機械]
Prozesssteuerungsroboter [男] プロセス制御ロボット process control robot, PCR [電気] [操業] [設備]
PRP = [英] Prerequisite Program 前提条件プログラム [規格]; = [英] prion protein プリオンタンパク質, プリオン蛋白質 (プリオン病感染病原体の主要成分) [化学] [バイオ] [医薬]; = Penicillin-resistente Pneumokokken = penicillinase-resistant pneumococci ペニシリン耐性肺炎球菌 [化学] [バイオ] [医薬]
PRTR = Pollutant Release and Transfer Register = Schadstoffregister 化学物質排出移動量届出制度, 環境汚染物質排出移動登録制度 [化学] [バイオ] [環境] [法制度] [規格] [組織] [経営]
Prüfer [男] 審査官, 検査官, patent examiner, inspecter, tester [特許] [規格] [全般]
Prüfkopf [男] プローブ, 探針, probe, scanning head [電気] [機械]
Prüfkriterium [中] テスト基準, testing cri-

terion, monitoring criterion 機械 電気

Prüfung auf Widerstandsfähihfkeit gegen Feuer 女 耐火試験, fire resistance test 機械 化学 材料 建設

Prüfungsantrag 男 出願審査請求, request for examination 特許 規格

Prüfvorrichtung für die Radstellung 女 ホイールアラインメント・インジケータ, testing device (indicator) of wheel alignment 機械 電気

Prymnesium 中 ハプト藻類, プリムネシウム属,(植物プランクトン, 独立栄養生物) 化学 バイオ

PS = Polystrol = polystyrene ポリスチレン 化学 バイオ

PSA = Prostata-spezifisches Antigen = prostate-specific antigen 前立腺特異抗原 化学 バイオ 医薬 ; =英 probability safety analysis = Analyse von Wahrscheinlichkeiten zu Sicherheit 確率論的安全評価分析 統計 操業 設備 電気 全般 ; =英 pressure swing adsorption = Druckwechseladsorption 圧力スイング吸着法(混合気体の分離・濃縮操作) 化学 操業 設備 ; =英 pressure sensitive adhesives = Druckempfindliche Kleber 感圧接着性剤 ; = Persönliche Schutzausrüstung = personal protection equipment 保護具, 個人保護具, 保護衣, PPE 安全 全般

PSBs = 英 persistent slip bands = persistente Gleitbänder 永久滑り帯, 固執すべり帯, 永久すべり帯, 残存すべり帯 材料 鉄鋼 非鉄 電気 物理

PSe = effektive Pferdestärke 実メートル馬力 機械 エネ 単位 ; = PSE = Periodensystem der chemischen Elemente = periodic system of chemical elements 化学元素周期系 化学 物理 ; =英 programming support environment = Programmier- und Supportumgebung プログラミングサポート環境, プログラミング支援環境 電気 ; = PSE-mark 電気用品安全法マーク 電気 法制度 安全

pseudo-first- order reaction 英 擬一次反応, 独 Reaktion pseudo-erster Ordnung 化学 バイオ

Pseudomonas aeruginosa -Infektion 女 緑膿菌感染症, 英 Pseudomonas aeruginosa infection 化学 バイオ 医薬

pseudostochastisch 仮推計の 統計 機械

PSG = Parallelschaltungsgetriebe 並列接続トランスミッション 機械

PS-TEPC = 英 position sensitive tissue equivalent proportional counter 位置有感生体組織等価物質比例係数箱 放射線 化学 バイオ 医薬 物理 航空 電気

PSU = Polysulfon = polysulfone ポリスルフォン 化学 バイオ ; =英 power supply unit = Netzteil = Netzgerät 電源部, 供給源ユニット, 電源装置, 電源ユニット 電気 ; =英 primary sampling unit = primäre Stichprobeneinheit 一次サンプリング単位, 一次抽出単位 統計 ; =英 processor storage unit 磁気コア記憶装置部 電気

Psychiatrie 女 精神科, the psychiatry department, psychiatry 化学 バイオ 医薬

Psychotherapie 女 精神(心理)療法, psychotherapy 化学 バイオ 医薬

Psychrometer 中 乾湿球湿度計, psychrometer 機械 環境 物理 化学 バイオ

PSZ = 英 patially stabilized zirconia = teilstabilisiertes Zirkonoxid 部分安定化ジルコニア,「安定化剤量を調整することで, 安定化部分と不安定な部分を混在させた部分安定化ジルコニアは, 亀裂ができた際にその周辺の結晶が単斜晶に変わり(応力誘起変態), 応力が緩和される結果, 亀裂の進展が抑えられる」 非金属 材料 機械 電気

PTA = Phenyltrimethylammonium = phenyltrimethylammonium フェニルトリメチルアンモニウム 化学 バイオ ; = Phosphotransacetylase = phosphotransacetylase ホスホトランスアセチラーゼ 化学 バイオ ; =英 plasma thromboplastin antecedent = Blutgerinnungsfaktor X1, 血漿トロンボプラスチン前駆物質, 血漿トロンボプラスチン前駆因子, 血液凝固 XI 因子 化学 バイオ 医薬

PTB = Physikalisch-Techinische Bundesanstalt 連邦物理技術試験所 材料 物理 電気 規格 組織

PTC-Thermistor = 英 positive temperature coefficient thermistor = Kaltleiter 正温度特性サーミスタ 電気

PTCA = Perkutane transluminale coronare Angioplastie =英 percutaneous transluminal coronary angioplasty 経皮的冠動脈形成術 化学 バイオ 医薬

PTE =英 pulmonary thromboembolism = Lungenthromboembolism 肺血栓塞栓症 化学 バイオ 医薬

PTF =英 polymer thick film = Polymer-Dickschicht ポリマ厚膜, 高分子厚膜(回路盤技術) 電気 ; =英 phase transfer function = Phasenübertragungsfaktor 位相伝達関数 光学 電気 ; =英 program temporary fix = Provisorische Korrektur eines Programms プログラム一時修正, プログラム暫定制定 電気

PTFE = Polytetrafluorethylen = polytetrafluoroethylene ポリテトラフルオロエチレン,(通称) テフロン 化学 繊維

PTS = Phosphotransferasesystem = phosphotransferase system ホスホトランスフェラーゼ系 化学 バイオ ; = P-Toluol- sulfonat = poly [bis(p-toluene sulfonate)p -トルエンスルホン酸塩 化学 バイオ ; =英 presentation time stamp 再生出力時刻管理情報, 再現時刻スタンプ 電気

PTSA = p-toluene sulphonic acid = p-Toluolsulfonsäure p-トルエン・スルホン酸(示性式 $CH_3C_6H_4SO_3H$,分子量 172.20 の芳香族スルホン酸,トシル酸 (tosic acid) と通称される) 化学 バイオ ; =英 post-thymic T-lymphocyte specific antigen 成熟 T 細胞特異抗原 化学 バイオ 医薬 ; =英 pressure and temperature swing adsorption 圧力温度スイング吸着法 化学 操業 設備

PTSD =英 posttraumatic stress disorder = posttraumatische Belastungsreaktion 心的外傷後［ご］ストレス障害 化学 バイオ 医薬

PTWC = 英 Pacific Tsunami Warning Center 米国太平洋津波警報センター 地学 海洋 環境

PUFA = 英 polyunsaturated fatty acid = mehrfach-ungesättigte Fett-säure ポリ不飽和脂肪酸 化学 バイオ 医薬

Puffer 男 緩衝器,緩衝装置,buffer device 機械

Pufferlösung 女 緩衝液, buffer, buffer solution 化学 バイオ

Puffervermögen 中 緩衝能, buffering capacity 化学 バイオ

Pulsator 男 パルセータ(洗濯機底の羽根) 機械

Pulsdauer 女 パルス幅, pulse duration 電気 機械

pulsierender Strom 男 脈動電流 電気

pulsierendes Düsentriebwerk 中 間歇ジェット, パルスジェット, intermittent jet, pulse jet 航空 機械

pulsierte Extraktionskolonne 女 脈動抽出塔,pulsed extraction column 化学 バイオ

Pulslagenmodulation 女 パルス位置変調, pulse position modulation,PPM 電気

Pulswiederholfrequenz 女 パルス繰り返し周波数,pulse repetitation frequency 電気 機械

Pulvermetallurgie 女 粉末冶金, powder metallurgy 材料 機械 鉄鋼 非鉄

pulverisierende Kohle 女 微粉炭, pulverrized coal 製銑 精錬 地学 電気

Pumpengehäuse 中 ポンプケーシング, pump casing 機械

Pumpenkörper 男 ポンプブロック, ポンプ本体, ポンプケーシング, 類 関 Pumpengehäuse 中, pump block, pump body, pump casing, pump unit 機械

Pumpenüberwachungsbaustein 男 ポンプ監視モジュール, PÜB 機械 電気

Pumplichtquelle 女 ポンプ光源, pump-light source 光学 音響

Pumpspeicherkraftwerk n 揚水発電所, pump-fed (pumping-up) power station, pumped-storage station 電気 エネ 機械 設備

Punktion 女 穿刺法, puncture method,

pricking [化学] [バイオ] [医薬]
Punktmutation [女] 点突然変異, point mutation [化学] [バイオ]
Punktschweißmaschine [女] スポット溶接機, 点溶接機, spot welding machine [溶接] [機械]
punktsymmetrisch 点対称の, point-symmetric [数学] [統計]

P

PUR = Polyurethan = polyurethanes ポリウレタン [化学] [バイオ] ; = purine プリン, プリン体 [化学] [バイオ]
Purin-Biosynthese [女] プリン生合成, (核酸を構成するアデニンおよびグアニンの生合成をいう, プリンヌクレオチド生合成ともいう), purine biosynthesis [化学] [バイオ] [医薬]
Purin-Degeneration [女] プリン分解, (プリン塩基の代謝で, キサンチンオキシダーゼによるキサンチンの尿酸への酸化を中心として行なわれる), ㊥ purine degeneration [化学] [バイオ] [医薬]
Puruvat [中] ピルビン酸, pyruvate [バイオ]
Pustel [女] 膿胞 [化学] [バイオ] [医薬]
Putzen [中] 鋳肌掃除, cleaning, dressing, fettling [鋳造]
PVC = Polyvinyl Chloride = polyvinyl chloride ポリ塩化ビニル [化学] [バイオ]
PVD = ㊥ physical vapour deposition = physikalische Beschichtung aus der Dampfphase 物理蒸着 [化学] [バイオ] [物理] [電気] [材料] ; = ㊥ primary volume descriptor 一次ボリューム記述子 [電気]
PVDC = Polyvinylidenchlorid = polyvinylidene chloride ポリ塩化ビニリデン [化学] [バイオ]
PVDF = ㊥ polyvinylidene difluoride = Polyvinylidenfluorid ポリフッ化ビニリデン, (高耐性, 高純度な熱可塑性フッ素重合体の一つ) [化学] [バイオ]
PVOH = Polyvinylalkohol = polyvinyl alcohol ポリビニルアルコール, [類] PVA [化学] [バイオ]
PVP = Polyvinylpyrrolidon = Polyvinyl Pyrrolidone ポリビニールピロリドン [バイオ] [化学]
PVPA = ㊥ Plant Variety Protection Act of 1970 = Sortenschutzgesetz 米国植物新品種保護法(1970年), [関] UPOV [化学] [バイオ] [環境] [特許] [法制度] [組織]
PVÜ = Pariser Verbandsübereinkunft zum Schutz des gewerblichen Eigentums = the Paris Convention for the Protection of Industrial Property 工業所有権の保護に関するパリ条約 [特許] [法制度]
PWAB = Projektträger Wasser, Abfall, Boden = project management organisation for water, waste and soil 水資源・廃棄物・土地に関するプロジェクトマネジメント組織 [環境] [化学] [バイオ] [医薬] [組織]
PWB = ㊥ printed wired board プリント配線基板 [電気] ; = ㊥ programmer's workbench プログラマーズワークベンチ [電気]
PWI = ㊥ priliminary work item 予備審査段階項目(ISO の) [規格]
PWM = Pulsweitenmodulation = pulse width modulation = Verfahren der elektrischen Leistungssteuerung パルス幅変調, 「棒状のマークの端 (前端および後端) が2値信号の1および0の信号遷移を表す変調方式, JIS X 6330による」 [電気]
Py-FIMS = Pyrolyse-Feld-Ionisations-Massenspektrometrie = pyrolysis-field ionization mass spectrometry 熱分解電界イオン化質量分析法 [化学] [バイオ] [電気] [物理]
Pyridoxin [中] ピリドキシン, ビタミン B6, ㊥ pyridoxin, vitamine B6 [化学] [バイオ]
Pyridoxalphosphat [中] ピリドキサールリン酸, pyridoxal phosphate [化学] [バイオ]
Pyro-elektro-Sensor [男] 焦電センサー, pyro-electric sensor [電気] [機械]
pyrogen 発熱性の, ㊥ pyrogenic [化学] [バイオ] [機械] [エネ]
Pyrolyse [女] 熱分解, pyrolysis [機械] [エネ] [化学]
Pyrophosphat [中] ピロリン酸塩, ピロリン酸, PP, pyrophosphate [化学] [バイオ]
Pyruvat [中] ピルビン酸, ピルビン酸塩, ㊥ pyruvate [化学] [バイオ]
P-Zacke [女] P 波(心房の興奮によって生じる波) [化学] [バイオ] [医薬]

PZEV = ㊖ partial zero emission vehicle = Schadstoffreies Auto mit Dieselhybridmotor ゼロ排出ガス車として部分換算される先進技術搭載車 [機械] [電気] [法制度] [環境]

PZT = ㊖ plumb-zirconate-titanate = lead zirconate titanate = Blei-Zirkonat-Titana = Bleizirkonattitanat = piezokeramisches Material チタン酸ジルコン酸鉛（圧電セラミックス材料の一つ）[非金属] [材料] [電気]

Q

QFT = ㊖ quantum fourier transformation 量子フーリエー変換 [電気] [数学]

QFT-TEST = Quantiferon-Test クオンティフェロン TB-2G 検査 [化学] [バイオ] [医薬]

QMS = ㊖ Quality Management System = Qualität Management System 品質マネジメントシステム, ISO9001 [品質] [規格] [材料] [操業]

QRS-Komplex 男 QRS 波(心室の興奮によって生じる波) [化学] [バイオ] [医薬]

QS = Qualitätssicherung = quality assurance 品質保証, 品質保証条項, QA [製品] [品質] [操業] [規格] [法制度]

QT = Querträer = cross member = cross girder クロスメンバ [機械] [建設]

Quaddelsucht 女 蕁麻疹[じんましん], 類 Urtikaria, ㊖ urticaria [化学] [バイオ] [医薬]

Quader 男 直方体, 直六面体, rectangular parallelepiped [数学] [非金属]

Quadrat 中 正方形, 二乗, square [数学] [統計]

quadrieren 二乗する, square [数学] [統計]

Qualifizierung 女 資格を与えること, 能力をつけること, qualification [経営] [操業] [材料]

Qualitätsanforderung 女 品質要求, quality demand [品質] [操業] [設備] [材料]

Qualitätskontrolle 女 品質管理, 類 Qualiätslenkung 女, quality control [品質] [製品] [操業] [設備] [材料] [規格] [全般] [経営]

Qualitätslenkung 女 品質管理, 類 Qualitätskontrolle 女, quality control [品質] [操業] [設備] [材料] [規格] [全般] [経営]

Qualitätsmaßstab 男 品質指標 quality-benchmark, quality yardstick, quality standard [品質] [操業] [設備] [材料] [規格] [全般] [経営]

Qualitätsniveau 中 品質水準, quality level [品質] [操業] [設備] [材料] [規格] [全般]

qualitätssichernd 品質保証された・の, quality assured [品質] [操業] [設備] [材料] [全般]

qualitative Analyse 女 定性分析, qualitative analysis [化学] [バイオ] [電気]

Quantenausbeute 女 量子収量, 量子収率, quantum yield, quantum efficiency [物理] [原子力] [放射線] [化学] [バイオ] [光学] [電気]

Quantenchemie 女 量子化学, quantum chemistry [化学] [バイオ] [物理]

Quantensprung 男 突然の大きな増加・飛躍・進歩, 量子飛躍, quantum leap, quantum jump [物理] [化学] [バイオ] [全般]

quantisieren 量子化する, quantize [電気]

quantitative Analyse 女 定量分析, quantitative analysis [化学] [バイオ] [電気]

quartär 第四紀の, quarternary [地学] [物理]

Quarto-Gerüst 中 フォーハイスタンド, four-high stand [操業] [設備] [材料] [機械]

Quarz 男 石英, 水晶, ㊖ quartz [地学] [材料] [電気] [機械]

quasiharmonisch 準調和の, quasi-harmonic [化学] [バイオ] [機械] [物理] [精錬] [材料]

quasistationär 準定常の, 擬定常の, quasistationary [化学] [バイオ] [機械] [物理] [精錬] [材料]

quasi-zenitaler Satellit 男 準天頂衛星（準天頂軌道をとる衛星）, quasi-zenith satellite, quasi-zenithal satellite, QZS [航空] [物理]

quaternär 四元の, 第四紀の, 類 関 quartär, binär, ternär, ㊖ quaternary [製銑] [精錬] [化学] [材料] [鋳造] [物理] [地学]

Quecksilberdruckmesser 男 水銀圧

力計, mercury pressure gauge, mercury manometer 物理

Quellendaten 複 元データ, source data 統計 電気

quellenfreies Vektorfeld 中 管状ベクトル場, solenoidal vector field, source free vector field 数学 統計 電気

Quellengabe 女 出典の明示・呈示

Quellenprogramm 中 ソースプログラム, source program 統計 電気

Quellterm 男 ソースターム, source term 統計 電気

Q

Quellung 女 膨潤（性）, 膨化, 類 Schwellung 女, expansion, swelling 化学 バイオ 機械

Quencher 男 失活剤, 消光剤, クエンチャー, 類 関 Löscher 男, 英 quencher, extinguisher, deactivating agent 機械 化学 バイオ 光学 電気

Queranker 男 横控え, cross-stay, cross joist, transverse tie rod 機械 建設

Querdraht 男 チェーンワイヤー, chain wire 機械

Querfaltung 女 横じわ, 交差褶曲, 折り畳み, 折り曲げ, cross fold, cross folding 機械 材料 電気

Quergetriebe 中 トランスバースギヤー, transverse-mounted gear, transverse gear 機械

Querhaupt 中 アッパービーム, トップビーム, upper beam, top beam 機械 建設

Querkeil 男 コッター, クロスキー, cotter, cross-key, cross-wedge 機械

Querlenker 男 クロスコントロールアーム, ウイッシュボーン, transverse control arm, wishbone 機械

Querneigungswinkel 男 バンク角, angle of bank 機械 航空

Querriegel 男 クロスロックバー, cross bar 機械

Querriss 男 横ワレ, 横割れ, transverse crack 材料 連鋳

Querschnitt 男 横断面, cross section 連鋳 材料 操業 設備

Querschnittsschwächung 女 断面劣化 材料 建設 機械

Querschotte 女 横隔壁, transverse bulkhead 建設 機械

Querstange 女 ラテラルロッド, 横向き支え棒, lateral bar, cross-bar, transverse rod 機械 建設

Querstrebe 女 横ばり, cross stud, cross brace, cross member, cross rod 機械 建設

Querströmventilator 男 クロスストリームベンチレータ 機械

Querträger 男 クロスメンバ, クロスバー, クロスビーム, 橋桁, cross member, cross bar 機械 建設

Quertransportwagen 男 横断搬送車, cross-transfer-car 機械 操業 設備

Quertraverse 女 エコライザーバー, 関 Ausgleichshebel 男, equalizer bar 機械

Querverband 男 横断接合部, transverse connection 機械 建設

Quervernetzung 女 架橋(1. 高分子鎖が末端以外の任意の位置で結合する橋かけ結合, cross-linkage；2. 環状有機物の環中の離れた2か所をつなぐ反応, または, 金属錯体の中心金属をつなぎ, 多核錯体をつくる反応, bridge formation), 類 関 Kreuzvernetzung 女, 英 cross-linkage, cross-link, bridge formation(出典：標準化学用語辞典, 縮刷版, 第四刷, 日本化学会, 丸善, 2008) 化学 バイオ

Querversatz 男 横方向オフセット, transverse offset 機械

Quervorschub 男 横送り, 縦送り, cross-feed 機械

Querwöllung 女 横断方向たわみ, cross bow 材料 機械

Querzahl 女 ポアソン比, ポアソン数, 類 poissonsche Zahl 女, poisson ratio, Poisson's ratio 機械 建設

quetschen 押しつぶす, 圧搾する, 絞る, crush, squash, squeeze, wring 機械

Quetschhahn 男 ピンチコック, pinchcock 機械

Quetschkante 女 隙間が小さくなる端部, 消炎端部, squeezed edge, quench edge (area) 機械

Quetschventil 中 潰し弁，ピンチ弁，絞り弁，squeezing valve, pinch valve, lockable valve 機械
quill 英 クイル，管，羽軸根，独 Hohlwelle 女，Hülse 女，Pinole 女 機械
Quotient 男 商，qotient 数学 統計
QVGA = 英 quarter VGA = quarter video graphics array = Bildschirmstandard mit 320 x 240 Pixel VGAの4分の1（320ドット×240ドット）サイズの画面 電気

R

R=Arginin 中 アルギニン 化学 バイオ 医薬
Racemat 中 ラセマート，ラセミ化合物，英 racemate 化学 バイオ
racemic modification 英 ラセミ体 化学 バイオ
Racemisierung 女 ラセミ化，racemization 化学 バイオ
Rachenentzündung 女 咽頭炎，類 Pharyngitis 女，英 pharyngitis 化学 バイオ 医薬
Radanordnung 女 車軸配置，wheel layout，wheel alignment，wheel arrangement 機械
Radaufhängung 女 サスペンションシステム，suspention 機械
Radfelge 女 リム，類 Radkranz 男，rim 機械
Radformmesser 中 ピニオンカッター 機械
Radgestell 中 輪軸，ボギー，関 Drehgestell 中，wheel set，wheel and axle，bogie，wheel frame 交通 機械
Radhaus 中 操舵室，ホイールハウス，wheel house 船舶 機械
radialausschwenktes Zahnrad 中 タンブラーギアー，tumbler gear 機械
radialer Flügel 男 放射羽根，radial vane エネ 機械
Radialkompressor 男 半径流圧縮機，radial compressor エネ 機械
Radiallager 中 ラジアル軸受，radial bearing 機械
radial nach außen durchströmte Turbine 女 外向き半径流タービン，radial outward flow turbine エネ 機械 設備
radial nach innen durchströmte Turbine 女 内向き半径流タービン，類 Zentripetalturbine 女，radial inward flow turbine エネ 機械 設備
Radialreifen 男 ラジアルタイヤ 機械
Radialschaufelrad 中 固定羽根外車 エネ 機械
Radialspannung 女 半径応力，radial tension 機械
Radialturbine 女 半径流タービン，軸流タービン，ラジアルタービン，radial turbine エネ 機械
Radialverschiebung 女 半径方向変位，radial movement, radial displacement 機械 物理
Radikal 中 基，遊離基（無機または有機化合物分子から，プロトン一個が脱離して，残基に不対電子一個を持つものをいう），ラジカル，英 free radical，radical 化学 バイオ
Radikalfänger 男 ラジカル捕捉剤，フリーラジカルスカベンジャー，フリーラジカル消去剤，radical catcher，radical interceptor，free radical scavenger 化学 バイオ
radioaktiver Zerfall 男 放射性崩壊，radioactive decay 原子力 物理
radioactive Substanz 女 放射性物質，radioactive substance, radioactive material 原子力 物理
Radioaktivität 女 放射能，radioactivity 原子力 物理
Radiocarbontest 男 ラジオカーボンテスト，（放射性同位体である炭素14（14C）を用いた放射性炭素年代測定），類 radioaktives Kohlenstoffisotop 14C-Test 男，radiocarbon test，14C-Test 放射線 物理 地学

Radiologie 女 放射線科, radiology, department of radiology 化学 医薬
Radionuklid 中 放射線核種, radionuclide 化学 医薬 放射線
Radionuklidventrikulographie 女 ラジオアイソトープ心室造影, 英 radionuclide ventriculography 化学 医薬 放射線
Radiotherapie 女 放射線療法, 類 Strahlentherapie 女, Strahlenbehandlung 女, radiation therapy, RT, radiation treatment, radiotherapy, radio therapeutics 化学 医薬 放射線
Radkasten 男 歯車箱, ギヤーケース, gear housing, wheel housing 機械
Radkörper 男 輪心, ハブ, Radkörper 男, wheel center, hub 機械
Radkranz 男 リム, 類 Radfelge 女, rim 機械
Radmitte 女 ホイール中心, wheel center 機械
Radmutter 女 ホイールナット, wheel nut 機械
Radnabe 女 ホイールハブ, wheel hub 機械
Radreibungsverlust 中 回転円板損失 機械
Radscheibe 女 ホイールディスク, wheel disk 機械
Radspreizungswinkel 男 キングピン傾角, kingpin inclination 機械
Radstand 男 ホイールベース, wheel base 機械
Radstern 男 輪心, wheel center 機械
Radsturz 男 ホイールキャンバー, ホイールリーン, wheel cambering, wheel lean 機械
Radträger 男 ホイールトランク, wheel trunk, wheel carrier 機械
Räderkette 女 歯車列, 類 Rädersatz 男 機械
Rädersatz 男 ホイールギヤー, 歯車列, 類 Räderkette 女 機械
Rändelrad 中 ローレットホイール, サムホイール, knurled wheel, thumb wheel 機械
räumliche Kurve 女 立体カーブ, spatial curve 機械
räumlicher Spannungszustand 男 三軸応力状態, state of spatial tention 機械 建設
Räummaschine 女 ブローチ盤, broaching machine 機械
Raffinat 中 ラフィネート, 抽残液, 抽残物, raffinate 化学 バイオ
Rahmen 男 フレーム, 架構 機械 建設
Rahmenbedingungen 複 基本条件, 基礎条件, 汎用フレームワーク, 普通約款, basic conditions, general conditions, general frame work 経営 操業 設備 電気 全般
Rahmentragwerk 中 立体網目荷重支持構造, 立体網目構造, フレームワーク, 橋脚 bent, frame load-bearing structure, framework structure 建設 機械 操業
Rakel(-stärke-)maschine 女 裏のり付機, backsizing machine, backfilling machine, backfilling starched (texties) 機械 繊維
RAL = Deutsches Institut für Gütesicherung und Kennzeichnung e. V. = (旧) Reichsausschuss für Lieferbedingungen und Gütesicherung = German Institute for Quality Assurance and Certification e. V. ドイツ品質保証認証登録協会(連邦環境局と共同で, 品質認証ラベリング事業を行なっている) 環境 品質 安全 組織
RAM = 英 random access memory ラム(書き込み, 読み出し共に可能な記憶素子) 電気
Raman-Effekt 男 ラマン効果 光学 電気 物理
Rammekran 男 杭打ちクレーン 機械 建設
Rammrohr 中 杭打ち管, pilling pipe, ramming pipe 材料 鉄鋼 建設
Rampe 女 傾斜路, (立体交差路などの)ランプ, タラップ, ramp, platform, slope 建設 航空 交通
Randbedingung 女 境界条件, 周辺条件, boundary condition 化学 バイオ 物理 数学
Randbedingungen 複 女 端末条件, terminal conditions, end conditions 電気 機械
Randbemerkung 女 欄外の傍注, marginal note 規格 特許 全般
randgängiges Begichten 中 周縁部への装入(周縁部に行き届くような装入法)

製銑 精錬 機械
randnahe 縁部の近くの
Randspannung 女 周辺応力, 縁応力, edge stress, extreme fiber stress 機械 材料 建設
Randtemperatur 女 端部の温度, edge temperature 連鋳 材料
Randwelligkeit des Bandes 女 ストリップの端が波を打つこと 材料 機械
Randwertaufgabe 女 境界値問題, boundary value problem, BVP, 関 Anfangswertproblem 中, 初期値問題 物理 数学
Randwinkel 男 接触角, 類 kontaktwinkel 男, Greifwinkel 男, contact angle
rangieren 転轍する, スイッチする, shunt 交通 機械
rasant fortgeschritten 速く進んだ 機械
Rast 女 休憩, ボッシュ, 朝顔, ノッチ, 溝, bosh, notch 機械 製銑
Rastbolzen 男 割り出しボルト, 止めボルルト indexing bolt, stop bolt 機械
Raste 女 止め,ラッチ,キャッチ,ノッチ,足掛け台（高炉などの朝顔,ボッシュには,Rast 女 を用いる）,latch,catch,notch 機械
Rastenausleger 男 レストアーム 機械
Rastenscheibe 女 ノッチディスク, 星形車, notched disc, slotted disc 機械
Raster 男（テレビの）走査パターン, 網目スクリーン, グリッド 電気 光学
Raster-Kraft-Mikroskop 中 走査フォース顕微鏡, scanning force microscope, RKM 電気 光学 材料
Rastermaß 中 格子間隔,モジュール寸法, grid spacing,modular dimension 電気 光学
Raster-Tunnel-Mikroskop 中 走査トンネル効果顕微鏡,（トンネル効果によって流れる 電流を測定することにより, 試料表面の形状を原子スケールの精度で観測する顕微鏡）, scanning tunneling microscope,STM 電気 材料 光学
Rasterverschiebungsmutation 女 フレームシフト突然変異, frameshift mutation 化学 バイオ 医薬
Rastflügel 男 キャッチャーウイング 機械
Rastzähne 複 男 止め歯, ラッチ歯 機械
rationalisieren 合理化する, rationalize 操業 設備 経営
Ratsche 女 ラチェット, つめ車, 類 Zahngesperre 中, ratchet 機械
Rattermarke 女 波形マーク,corrugations 材料 機械
Rauchgas 中 煙道ガス,排ガス,chimney gas,flue gas 機械 エネ
Rauchgaspfad 男 煙道 機械 エネ
Rauchrohrkessel 男 煙管ボイラー,smoke tube boiler 機械 エネ
rauere Oberfläche 女 より粗い表面, 類 gröbere ~ 連鋳 材料 化学
Rauheit 女 粗さ, 類 Rauhigkeit 女,roughness 材料 機械
Rauhigkeit 女 粗さ, 類 Rauheit 女,roughness 材料 機械
Raumausdehnungskoeffizient 男 体積膨張係数,coefficient of cubical expansion 機械 エネ 化学
Raumgruppe 女 空間群（結晶構造の対称性を記述するのに用いられる群, 230種の空間群がある）, space group 化学 バイオ 材料 物理
Rauminhalt 男 容積, volume, capacity 機械 統計
Raumlufthygiene 女 室内空気衛生 機械
Raumstation 女 宇宙ステーション, space station 航空
Raumtemperatur 女 室温, room temperature 機械 エネ
Raupe 女 溶接ビード, パス, キャタピラ, welding bead,caterpillar 溶接 機械 建設
Raupenfahrzeug 中 キャタピラー, クローラー, caterpillar, crawler 機械
Rauschleistung 女 ノイズパワー, noise power 電気
Rayleigh-Auflösungskriterium 男 レーリーの解像度, Rayleigh's criterion for resolution 光学 音響
RBS =英 Rutherford back scattering ラザフォード後方散乱法 化学 バイオ 電気 材料
RC = 英 raster coordinate = Rasterkoordinate für Grafikgeräte 座標ラスター 電気 ; =英 remote control = Funkfernsteuerung

リモートコントロール,リモコン 電気 ; = reduzierte Coenzyme = reduced coenzymes 還元型補酵素 化学 バイオ 医薬

RCA = 英 root cause analysis 根本原因解析法 統計 操業 設備 製品 品質 全般

RCP = 英 raised cosine pulse = Wurzel-Cosinus-Impuls レイズド・コサイン・パルス（法） 数学 物理 電気 ; = 英 read clock pulse = Read-Clock Impuls 読み出しクロックパルス 電気

RCS = 英 reaction control system = Auf Rückstoss beruhendes Steuerungssystem bei Weltraumflugkörpern ガスジェット系（姿勢制御）,リアクション制御システム 航空 機械 電気 ; = 英 relative contrast sensitivity = relative Kontrastempfindlichkeit 相対対比感度, 相対コントラスト感度 化学 バイオ 医薬 光学 電気

RDF = 英 refuse derived fuel = Brennstoff aus Restmüll 廃棄物・ごみ固形化燃料 環境 リサイクル エネ 機械 ; = 英 radial distribution function = die radiale Verteilungsfunktion 動径分布関数 物理 電気 統計

RDS = radio data system = Datenübertragung parallel zum Hörfunk 無線データシステム；ラジオデータシステム 電気

REACH = 英 Registration, Evaluation and Authorisation of Chemicals = Europäische Verordnung für Chemikalien = EU-Chemikalienverordnung (Registrierung, Bewertung und Zulassung von Chemikalien) EUの化学物質の登録, 評価, 認可および制限(REACH)に関する規則 化学 バイオ 医薬 環境 法制度

Reagens 中 試薬, 反応力, reagent 化学 バイオ

Reagenz 女 反応力, reagency 化学 バイオ

Reagenzpapier 中 試験紙, test paper 化学 バイオ

Reaktant 男 反応原系, 反応物, 類 Reaktand 男, reactant 化学 バイオ

Reaktionsansatz 男 反応混合物, reaction mixture 化学 バイオ

reaktionsbereit 反応的な, 反応性のある, reactive 化学 バイオ

reaktionsfördernd 反応促進性の, 類 関 rege, reaktionsträge, reaction promoting 化学 バイオ 操業 設備 物理

Reaktionskessel 男 反応釜 機械 エネ 化学 バイオ

reaktionsträge 溶解しにくい, 不応の, 類 refraktär, 関 rege, 英 refractory 化学 バイオ

Reaktionsturbine 女 反動タービン, 類 Überdruckturbine 女, reaction turbine 機械 エネ

Reaktivdestillation 女 反応蒸留, reactive distillation 化学 バイオ 操業 設備

Reaktivitätsstörfall 男 反応度事故,（原子炉に何らかの原因により計画外の正の反応度が加えられ, 核分裂出力が急上昇すること）, reactivity initiated accident, RIA 操業 設備 原子力 放射線 電気

Reaktor-Behälter 男 原子炉格納容器, containment shell, containment vessel 原子力 電気 エネ 環境 設備

Reaktorbetriebsweise 女 反応器オペレーションモード, mode of reactor operation 化学 バイオ 操業

Reaktorkernschmelzen 中 炉心溶融, nuclear reactor core meltdown 原子力 物理 操業 設備

Reaktorvorlage 女 リアクター受け器 化学 バイオ

Rechenkopflung 女 インターフェイス, interface 電気

Rechenkühlbett 中 くま手型冷却床, rake type cooling bed 材料 操業 設備

Rechenleiste 女 数式バー 電気

Rechenmodell 中 計算モデル, calculation model 電気 操業 設備

rechenzeitintensiv 計算時間を短くした 電気

Rechercheprogramm 中 検索プログラム, search engine, recerch programme 電気

Rechneranschlusseinheit 女 コンピュータインターフェースユニット, computer interface unit, CIU 電気

Rechnereinheit 女 コンピュータユニット, computer unit, processor unit 電気

rechnerische Lebensdauer 女（転がり軸受などの）定格寿命,rating life 機械 電気

rechnerunterstützt コンピュータ支援の, computer aided 電気 操業 設備

Rechteck 中 長方形, rectangle 数学

Rechteckimpuls 男 方形パルス, 矩形波, 矩形パルス, rectangular pulse = Rechteckimpuls, RAP 電気

rechtsbündig 右寄せの, 右揃えの, right justified 電気 印刷

rechtsgängige Schraube 女 右ねじ, right-hand thread, right-hand screw 機械

Rechtslauf 男 右回り, 時計方向回転, clockwise rotation 機械

Rechtsschreibhilfe 女 スペルチェッカー, spell checker 電気 印刷

rechtssteigend 右ねじれの, right-hand helix, dextrotorsion 材料 機械

Rechtsstreit 男 訴訟, 類 Klage 女 特許

Rechtwinkligkeitsabweichung 女 直角度, perpendicularity, squareness 機械 統計 材料

Recken von unplanen Band 中 非平面ストリップの矯正, levelling of non-flat strip 材料

Recyclate 複 中 リサイクル品, 類 Rezyklate 複 中, 英 recyclate, recycled materials リサイクル 環境

recyclieren リサイクルする, 類 rezyklieren, 英 recycle 環境 リサイクル

Recycling 中 リサイクリング, 資源再生利用 環境 リサイクル

Recyclinghof 男 リサイクル品集積設備 環境 リサイクル

Redoxpotential 中 酸化還元電位値, 酸化還元ポテンシャル, 酸化還元電位, redox potential 化学 バイオ 材料 物理

Reduktionsteilung 女 減数分裂,（有性生殖生物での生殖細胞を作り出す細胞分裂, 真核生物の細胞分裂の様式の一つ）, meiosis, reduction devision 化学 バイオ

reduzierter Druck 男 換算圧力, 対応圧力,減圧圧力,reduced pressure 機械 エネ 化学

reduzierter Elastizitätmodul 男 相当弾性係数 機械 材料 化学 物理

Reduzierung 女 レデューサー, 径違い継ぎ手, reducer 機械 化学

reelles Bild 中 実像,real image 光学 音響

Referat 中 研究報告, 課 全般

Referenzmaterial 中 標準物質 reference material 化学 バイオ 規格

Reflektorvorrichtung 女 反射装置, 反射装体, RV, reflector 光学 機械

Reflexionsfläche 女 反射面, reflecting surface, reflecting interface 光学 機械

Reflexionswinkel 男 反射角, 類 Reflexwinkel 男,angle of reflection 機械 光学 音響

Refluxösophagitis 女 逆流性食道炎, reflux esophagitis 化学 バイオ 医薬

Reformer 男 リフォーマー, 改質炉, 改質装置, reformer 化学 バイオ 設備

refraktär 溶解しにくい, 不応の, 類 reaktionsträge, 関 rege, 英 refractory 化学 バイオ

Refraktion 女 屈折, 類 Brechung 女, 英 refraction 機械 光学

Refraktometer 中 レフラクトメータ(球面屈折率の測定に用いる), 英 refractometer 光学 バイオ

Regalmagazin 中 ラック式倉庫, rack-type magazine 機械 設備

rege 活発な 化学 バイオ

regelbare Pumpe 女 可変吐出しポンプ 機械

Regeldauer 女 整定時間, 類 Dauer des Regelvorganges 女, Ausregelzeit 女, setting time, recovery time 機械 光学 物理

Regeleinheit 女 制御ユニット, コントロールユニット, controll unit 機械 電気

Regelgewinde 中 並目ねじ,coarse screw thread 機械

Regelgröße 女 制御量, controlled variable 電気 機械

Regelkontur 女 輪郭制御, contour of regulation 機械

Regelkreis 男 制御ループ, 制御回路, control loop, control circuit 電気 機械

R

Regelscheibe 女 調整プーリー, 調整滑車 機械
Regelstab 男 制御棒, contrl rod 機械 電気 原子力 放射線
Regelstrecke 女 制御ループ, 制御系, 制御ライン 電気 機械
Regelung mit Rückführung 女 フィードバック制御, feedback control 電気 機械
Regelventil 中 調整弁, 制御弁, 類 関 Steuerventil 中, regulating valve, control valve 機械 化学 バイオ
Regelwerk 中 ルールブック, コード, 規則の公布, rulebook, code, publication of rules 特許 規格 経営
Regeneration 女 再生 化学 バイオ 環境
Regenerationsgen 中 再生遺伝子, 英 regeneration gene 化学 バイオ 医薬
regenerativer Kreisprozess 男 再生サイクル 化学 バイオ 環境 エネ
Regenerator 男 再生装置, 蓄熱室, regenerator 機械 エネ 化学 バイオ
Regeneriersäure 女 再生酸, regenerating acid 化学 バイオ 環境
regioselektiv レギオ選択性の, regioselective 化学 バイオ
Registrierung 女 記録, 登録, recording, registering 機械
Regler 男 調整器, 制御器, 調節剤, 変性剤, regulator, controller, modifier 機械 電気 化学 バイオ
Regosol 中 レゴソル, 非固結岩屑(新たに沈積された沖積層の層をなしていない物質または砂から構成される土壌), 英 regosol 地学 物理
Regression 女 回帰, regression 統計 電気
Regulation 女 調節 バイオ
Regulationsgen 中 調節遺伝子, controlling gene 化学 バイオ
Regulierungsscheibe 女 調整車(心なし研削盤などの), regulating wheel 機械
Regulon 中 レギュロン, 英 regulon 化学 バイオ
Rehabilitation 女 リハビリテーション, 社会復帰訓練, 英 rehabilitation 化学 バイオ 医薬
Reibahle 女 リーマ, reamer 機械
Reibrad 中 摩擦車, friction wheel 機械
reibschlüssig 摩擦連結の 機械
Reibungskoeffizient 男 摩擦係数, coefficient of friction 機械 材料 化学
Reibungskupplung 女 摩擦クラッチ, フリクションクラッチ, friction clutch 機械
Reibungswiderstand 男 摩擦抵抗, frictional resistance 機械 材料 化学
reiches Gemisch für Höchstleistung 中 濃厚最大出力混合気 機械 エネ
Reichwert 男 到達距離, 到達値 機械 光学 音響
Reifenauffläche 女 トレッド, tread 機械
Reifenaufstandsfläche 女 踏み面, 接地面, tyre contact area, tread contact 機械
Reifenflanke 女 タイヤサイドウオール, tire side wall 機械
Reifenpanne 女 タイヤのパンク, puncture 機械
Reifenquerschnitt 男 タイヤ断面 機械
Reifenventil 中 タイヤ空気弁, tyre valve 機械
Reifenwulst 男 タイヤビード, bead of tire 機械
Reihenbetrieb 男 タンデム駆動, 類 Tandembetrib 男, operation in series 機械 材料 操業 設備
reihengeschaltet 直列の 電気
Reihenmotor 男 インラインエンジン, in-line engine 機械
Reindarstellung 女 (純)分離, preparation in a pure state, isolation in a pure state, raffination, purification 化学 バイオ
reiner Schub 男 単純剪断, pure shere, simple-shear 機械 材料 建設
reine Schwellbeanspruchung 女 片振り応力, pulsating stress 機械 材料 建設
Reinheitsgrad 男 清浄度, cleanlines 材料
Reinigungsdraht 男 洗浄用スタイレット, cleaning stylet 化学 バイオ 医薬
Reinigungsflotte 女 洗浄染液, cleaning dye liquor 繊維 機械
Reinigungsöffnung 女 掃除口, cleaning

hole, access hole 機械
Reinigungsventil 中 洗浄弁, 類 Spülventil 中, cleaning valve, rinsing valve, flushing valve 機械
Reiseleistung 女 巡航出力, cruising power 機械 船舶 航空
Reisreinigungsmaschine 女 精米機, rice sweep mill バイオ 機械
Reißbrett 中 製図板, drawing board, drafting board 機械
Reißschiene 女 T－定規 機械
Reißfestigkeit 女 破断強さ, fracture strength 材料
Reißverschluss 男 ジッパー, ファスナー 機械 繊維
Reißwolle 女 再生羊毛, 再生毛糸, 再生毛織地(物), shoddy, regenerated wool 繊維
Reitstock 男 心押し台, headstock of lathe 機械
Reitstockpinole 女 心押し軸, tail spindle 機械
Reizungsstadium 中 刺激の程度, degree of stimulation 化学 バイオ 医薬
Rekombinante 女 遺伝子操作微生物, recombinant organism 化学 バイオ
Rekristallisation 女 再結晶, recrystallization 材料
Rektifizierkolonne 女 精留塔, rectifying column 化学 バイオ
Rektum 中 直腸, 類 Mastdarm 男, 英 rectum 化学 バイオ 医薬
Rektumkarzinom 中 直腸癌, 類 Mastdarmkrebs 男, cancer of the rectum, rectal cancer 化学 バイオ 医薬
Rekuperator 男 復熱装置, 蓄熱装置, レキュペレータ, 伝熱式熱交換器, recuperator 機械 エネ
relative Feuchtigkeit 女 相対湿度, relative humidity 機械 環境 物理
relative Verschiebung 女 相対変位, relative offset, relative displacement 機械 物理 統計
Relaxatinsstromkreis 男 弛緩回路 電気 機械
Relaxationsspektroskopie 女 緩和分光法, relaxational spectroscopy : die breitbandige dielektrische Relaxionsspektoroskopie 広帯域誘電緩和分光法 化学 バイオ 電気
Reliefumgestaltung 女 土地の起伏形状の変形・変化, relief transformation 地学 物理
Reluktanz 女 磁気抵抗, reluctance 電気
REM = 英 rare earth matal = seltenes Erdmatall 希土類金属 地学 鉄鋼 非鉄 電気 化学 光学 材料 ; = Rasterelektronenmikroskop = scanning electron microscope 走査型電子顕微鏡, SEM, 走査電子顕微鏡 光学 電気 化学 バイオ 材料
remediation 英 改善, 修復, 環境修復 化学 バイオ 医薬 環境 機械
REN-Programm = Programm "Rationelle Energirverwendung und Nutzung unerschöpflicher Energiequelle" 無尽蔵にあるエネルギー源を使った, エネルギーの合理的な使用と, そこからの受益に関するプログラム エネ 環境 機械 経営
Reparatur 女 修復(遺伝子の), 修理, repair 化学 バイオ 医薬 機械
Reparaturprotein 中 修復タンパク質, repair protein 化学 バイオ 医薬
repetitives Zulaufverfahren 中 繰り返しバッチ供給法, repeated fed-batch-Verfahren 化学 バイオ 精錬
Repression 女 阻止, 抑制, 類 Unterdrückung 女, 英 repression 化学 バイオ 機械 物理
Repressorgen 中 抑制遺伝子, repressor gene 化学 バイオ 医薬
reproduzierbar 再生産可能な, 再現性のある, 関 類 rückführbar, rückverfolgbar, reproducible 機械 化学 エネ 環境 リサイクル
Reserve 女 在庫, 予備, バッファー, magin, 英 reserve, spare 機械 操業 経営
Reserverad 中 スペアータイヤ 機械
Reservoir 中 リソース, 供給源, 資源, resource 機械 エネ 電気 リサイクル 地学
RESH = Reststoffe aus Shredderanlagen = residual material from the shredder シュレッダー残材 環境 リサイクル

R

Resilienz 女 弾性, 類 Elastizität 女, elasticity, resilience, springiness 材料 機械 化学

Resistenzzucht 女 耐性培養, 耐性栽培, resistance culture 化学 バイオ

Resol-CO_2-Verfahren 中 レゾル CO_2 法 鋳造 機械

Resonanzfrequenz 女 共振振動数, resonant frequency 電気 光学 音響

Resonanzschaltung 女 共振回路, resonant circuit 電気

Resonator 男 共鳴子, 共振子, resonator 電気 光学 音響 機械

Resorption 女 再吸収, 関 Absorption 女, 英 resorption 化学 バイオ 機械

Respiration 女 呼吸, 類 Atmung 女 化学 バイオ 医薬

Respirationsrate 女 吸入速度 化学 バイオ 環境 医薬

Respirationstrakterkrankung 女 呼吸器疾患, respiratory tract disease 化学 バイオ 医薬

Ressource 女 資源, 財源, 方策, 蓄積,(蓄積された)データ, resources, stock 機械 地学 電気 経営

Restdehnung 女 残留ひずみ, residual strain, 関 Restspannung 女 機械 材料 建設

Restriktionskarte 女 制限(酵素)地図, restriction map 化学 バイオ

Restspannung 女 残留応力, residual stress, 関 Restdehnung 女 機械 材料 建設

resultierende Spannung 女 合応力, resultant stress 機械 材料 建設

Retarder 男 リターダ, 類 Dauerbremsanlage 女, Verzögerer 男 機械

Retention 女 滞留, 残留, 保水, 保持, 英 retention 化学 バイオ 医薬 機械 建設 原子力

Retentat 中 残余物, 残余分, 濃縮水, 関 Permeat 中, 英 retentate 化学 バイオ 機械

Retinol 中 ビタミン A, retinol, vitamin A 化学 バイオ

Retortenkohle 女 レトルトカーボン, ガスカーボン, retort carbon 化学 材料

Rettich 男 大根, radish 化学 バイオ

Rettungsboot 中 救命艇 船舶

reverse Mizelle 女 逆ミセル, reversed micelle 化学 バイオ

reversibel 可逆の, 英 reversible 化学 バイオ 物理

Reversiergerüst 中 リバーシングミル, reversing mill 材料 操業 設備 鉄鋼 非鉄

Revier 中 区域, 配達区域 経営

Revitalisierung 女 再活性化, revitalization 化学 バイオ

Revolverkopf 男 タレット, タレット刃物台, turret 機械

Re-Zahl 女 レイノルズ数, 類 Reynoldssche Zahl 女, Reynolds number 物理 化学 バイオ 機械

Rezipientenstamm 男 受容者株, recipient strain 化学 バイオ

Reziprokwert 男 逆数値, 類 Kehrwert 男, reciprocal value 統計

Reziprozitätssatz 男 相反定理, reciprocity theorem 機械 化学 エネ 物理

Rezyklate 複 中 リサイクル品, 類 Recyclate 複 中, recycled materials, recycled goods, recyclate 環境 リサイクル 化学 機械

rezyklierbar リサイクルの出来る, リサイクル可能な 環境 リサイクル

rezyklieren リサイクルする, 類 recyclieren, 英 rycycle 環境 リサイクル

RfD = Referenzdosis = reference dose 基準用量, 参照用量, (放射線)基準線量, 基準放射線量, リファレンス線量 化学 バイオ 医薬 放射線 ; = 英 reduced function device = Komponente mit eingeschränkter Funktionalität 機能低減化デバイス 電気 機械

RFI = 英 radio frequency interference = Hochfrequenzstörung 女 無線周波数妨害 電気 ; = relative Fluoreszenzintensität = relative fluorescence intensity 相対蛍光強度 電気 化学 バイオ 光学

RFID Nahfeld Transformer = radio frequency identification near field transfomer 電波方式認識・個体識別近接場変成器 電気

RFP = 英 resin filled PTH = harz gefüllte Leiterplattenbohrung レジン含浸メッキス

ルーホール 電気

RFU =英 reserved for future use = für zukünftige Versionen vorgesehen = zur zukünftigen Verwendung reserviert = für zukünftige Anwendungen reserviert 将来利用出来るように保留・保存した 化学 バイオ 医薬 環境 地学

RH =英 relative humidity = relative Luftfeuchtigkeit 相対湿度 化学 バイオ 物理 物理

RHEED =英 reflection high energy electron diffraction 反射高速電子線回折 化学 バイオ 電気

Rheologie 女 流体力学, 流動力学, レオロジー 機械 エネ 化学 バイオ

Rheumatismus 男 リューマチ, 英 rheumatism 化学 バイオ 医薬

Rhizobium 中 根粒菌, 類 関 Wurzelknöllchenbakterien 複 中, 英 Rhizobium, root nodule bacteria, leguminous bacteria 化学 バイオ

Rhizoctonia 中 コイル型内性菌根, 英 Rhizoctonia 化学 バイオ

Rhizopus 中 クモノスカビ(クモノスカビ属の様々な腐敗菌の総称) 化学 バイオ

Rhizosphäre 女 根圏, 関 Phyllosphäre 女, rhizosphere 化学 バイオ

rhizosphärenspezifisch 根圏に特有の バイオ

Rhodamin 中 ローダミン(アミノフェノール類と無水フタル酸を縮合して得られる鮮紅色の塩基性染料), 英 Rhodamine 化学 バイオ

RI = Risikoindizes = risk indices = risk index 危険指標,累積リスク表,リスク累積表,リスク指標 統計 操業 設備 全般 経営

RIA =英 radioimmunassay ラジオイムノアッセイ, 放射免疫測定法, 放射性免疫測定法(多くがELISA法に代替された) 放射線 化学 バイオ 医薬 ; =英 reactivity initiated accident = Reaktivitätsstörfall 反応度事故(原子炉に何らかの 原因により計画外の正の反応度が加えられ, 核分裂出力が急上昇すること) 操業 設備 原子力 放射線 電気

Riboflavin 中 ビタミン B_2, riboflavin, vitamin B_2 化学 バイオ

Richtbacke 女 位置決めジョー, alignment jaw 機械

Richtdurchmesser 男 基準直径, datum diameter 機械

richten 矯正する, levelling, straighten 連鋳 材料 操業 設備

Richtmaschine 女 矯正機, レベラー, straightening machine 連鋳 材料 操業 設備

Richtpaarung 女 すべり対偶, sliding pair 機械

Richtung 女 方向, direction 機械 全般

Richtwaage 女 水準器, level, track level 機械 地学 建設

Riefe 女 溝, 筋, groove, flute 材料 機械

Riegel 男 掛け金, 錠, 横桁, lock, tie bar 機械

Riegelbolzen 男 締め付けボルト, locking bolt 機械

Riegelstopfen 男 インターロックプラグ, interlock plug 機械

Riemenscheibe 女 ベルトプーリー, belt pulley 機械

Riementrieb 男 ベルト駆動, belt drive 機械

Riementrumm 中 ベルト端部, end of the belt 機械

Rieselfeld 中 下水灌漑利用耕地, sewage irrigation cultivated plowed land, irrigation cultivated 化学 バイオ

Riffelblech 中 縞鋼板, 類 karriertes Blech 中 材料 鉄鋼 建設

Rillenkugellager 中 深溝形玉軸受, deep groove ball bearing 機械

Rillenprofil 中 リブ溝, rib tread 機械

RIM = 英 reaction injection molding = Reaktionsspritzguss-System = Niederdruckspritzgießen 反応射出成形 鋳造 化学 バイオ 機械

Rinde 女 樹皮, 皮質, bark, cortex 化学 バイオ

Rindenmulch 男 樹皮, 根などを保護するために根元の地面に広げる木の葉・泥

などの混合物, bark mulch 化学 バイオ
ringig 員環の,membered 化学 バイオ 医薬
Ringschluss 男 環化, 閉環(鎖式化合物から環式化合物を生成する反応), ring closure, cyclization 化学 バイオ
Ringschmierlager 中 オイルリング軸受, リング潤滑ベアリング, ring-lubricated bearing 機械
Ring-Spalt 男 アニュラス,環状路 annulus 機械
Ringspannung 女 フープ応力, 円周応力, 周方向応力, 類 Umfangsspannung 女, hoop stress, ring tension, circumferential stress 機械
Ringspeicher 男 トロイドコアメモリー, toroidal core store 電気
Ringspinnmaschine 女 リング精紡機, ring spinning frame, ring frame, ring spinning machine 繊維 機械
Ringventil 中 きのこ弁,蛇の目弁,リング弁, 類 Rohrventil 中, Tellerventil 中, mushroom-type valve, annular valve, ring valve, poppet valve 機械
Ringverschiebung 女 円周方向変位,circumferential displacement 機械 光学 統計
Ring-Versuch 男 リングテスト 統計 化学 バイオ
Ringwulst 男 リングの膨らみ部, リングの突出部 機械
Ringzwirnmaschine 女 リング撚糸機, ring twister,ring twisting frame 繊維 機械
Rinnensegment 中 トラフセグメント, trough segment 機械
Rinnenseitenwände 女 タンディッシュ側壁, tundish side walls 連鋳 設備 非金属
Rinennstahl 男 溝形鋼, channel shaped steel,U-steel,trough sections 材料 鉄鋼 建設
RIP = Radioimmunpräzipitation = radioimmunoprecipitation 放射性免疫沈降法 化学 バイオ 医薬 放射線 ; =英 raster image processor = Rastergrafikprozessor = Controler in Laserdruckern ラスタイメージプロセッサ,ラスタプリンタに内蔵されたインタプリンタボード,(ポストスクリプトのままでは平面上に具現化できないので,ラスター化する処理装置) 電気 ; =英 remote image protocol = Grafikformat リモートイメージプロトコル 電気
Rippe 女 リブ, rib 機械
Rippenrohr-Wärmetausher 男 ヒレ付きパイプ熱交換器 機械 エネ 材料 化学 操業 設備
Risikomanagement 中 リスクマネジメント 操業 設備 品質 経営
Riss 男 クラック, crack 連鋳 材料
Rissempfindlichkeit 女 割れ感受性, ~ gegen etwas, 類 Rissanfälligkeit für etwas 連鋳 材料 鋳造
Riss im Schweißgut 男 ビード下割れ, under-bead crack 溶接 材料 機械
Rittersches Verfahren 中 リッター法(トラス部材応力の計算法) 建設 材料
Ritzel 中 ピニオン, スプロケット, スプロケットホイール, Zahnstange 女, pinion, sprocket wheel, sprocket, 関 機械
RLC-Stromkreis = simple series circuit = resistance-inductance-capacitance series circuit RLC 回路 電気 機械
RMP =英 reference mesurement procedure 基準測定操作法 化学 バイオ 規格
RNT = 英 radio network termination = Funk-Netzabschluss 無線ネットワーク終端 電気
Rockwellhärte 女 ロックウェル硬さ, Rockwell hardness 材料 鉄鋼 非鉄 機械
röntgenkontrastfähig X 線不透過性の, 放射線不透過性の, ラジオパク, radiopaque 放射線 電気 化学 バイオ 医薬
Röntgenkontrastmittel 中 X 線造影薬(剤), X-ray contrast medium, RKM 放射線 材料 化学 バイオ 医薬
Röntgenrasterbild 中 X 線走査画像, X-ray scan picture 化学 バイオ 電気 光学 材料 放射線
Röstofen 男 煆焼炉, 焙焼炉,calcining furnace,roasting furnace エネ 地学 製銑 精錬 化学 環境 リサイクル
Rohbaukarosserie 女 ボデーシェル,ホワイトボデー, body shell, body-in-white 機械
Roheisen 中 銑鉄, 溶銑, 類 flüssiges

Roheisen 中, pig iron, hot metal 製銑 精錬 操業 設備

Roheisenbehandlung 女 溶銑処理, hot metal treatment 製銑 精錬 操業 設備

Roheisenentschwefelungsanlage 女 溶銑脱硫設備, hot metal desulphurisation equipment 製銑 精錬 操業 設備

Roheisenerzeugungskosten 複 溶銑・銑鉄製造コスト 製銑 精錬 操業 設備

Roheisenmischer 男 混銑機, mixer 製銑 精錬 操業 設備

Rohling 男 素材, ブランク材, 未加工材 材料 電気 鉄鋼 非鉄

Rohöl 中 原油, crude oil 化学 エネ 地学

Rohrbündelverdampfer 男 円筒多管式蒸発器, 類 Röhrenkesselverdampfer 男, tube(pipe)bundle evaporator 機械 エネ 材料 操業 設備 化学

Rohrbündel-Wärmetausher 男 チューブバンドル型熱交換器, 管束式熱交換器, 管巣［かんそう］式熱交換器, 類 Rohrbündel-Wärmeübertrager 男 複, tube bundle heat exchanger, tube bank-type heat exchanger 機械 エネ 材料 操業 設備 化学

Rohrgewinde 中 管用ねじ, pipe thread 機械 材料

Rohrgewindebohler 男 管用タップ, パイプタップ, 類 Rohrgewindeschneider 男, pipe tap, gas tap 機械 材料

Rohrknoten 男 パイプの結合点 材料 設備

Rohrkrümmer 男 パイプエルボー, pipe bend, pipe elbow 機械 材料 設備

Rohrleitung 女 配管, 配管系, 類 Rohranordnung 女, piping, pipework 機械 材料 操業 設備 化学

Rohrniet 男 チューブラーリベット, 管リベット, tubular rivet 機械

Rohrpost 女 気送管, pneumatic dispatch tube, pneumatic carrier 化学 材料 設備 鉄鋼 非鉄

Rohrrahmen 男 パイプフレーム 機械 設備 建設

Rohrschlangekühler 男 コイル冷却器, coil cooler, tube bandle cooler 機械 エネ 材料

Rohrstutzen 男 管台, パイプソケット, pipe socket, pipe stub 機械 設備

Rohrträger 男 管ささえ, tubler member 機械 設備 材料

Rohrverbindung 女 管継手, pipe connection, tube joint 機械 材料 設備

Rohrverlauf 男 配管方向, 輸送管路, pipe route, pipe runs, course of the pipe 材料 設備 化学

Rohrverschraubung 女 ユニオン継ぎ手, ねじ込み管継手, screwed connection, threaded pipe union 機械 材料

Rohrzubehör 中 フランジ等のパイプの付属品, tubular accessories 機械 材料

RoHS = 英 Restriction of Hazardous Substances = 英 Directive on the Restriction of the Use of Certain Hazardous Substances in Electrical and Electronic Equipment = EU-Direktive zur Erleichterung der Verschrottung durch Vermeidung gefährlicher Stoffe = Die Richtlinie 2002/95/EG zur Beschränkung der Verwendung bestimmter gefährlicher Stoffe in elektrischen und elektronischen Geräten 電気・電子機器における特定有害物質の使用制限に関する EU 指令 化学 バイオ 医薬 電気 法制度

Roketenvortrieb m ロケット推進, rocket propulsion 航空 機械

Rollbahn 女 滑走路, 類 Landebahn, runway, landing strip 航空 建設 機械

Rollbalg 男 U ベロー, rolling bellow, rolling lobe 機械 設備

Rollbewegung 女 ローリング, rolling movement, rolling motion 機械

Rollenbahn 女 ローラーレール, ホイールコンベヤー, roller conveyor 機械

Rollenblock m プーリー, roller block, pulley 機械

Rollendruck 男 巻取り紙印刷, web-fed printing 印刷

Rollendruckmaschine 女 輪転機, 類 Rotationsdruckmaschine 女, Rotationsdruckpresse 女, Zylinderpresse 女, ro-

R

tary printing press 印刷 機械
Rollendurchbiegung 女 ロール変形,ロールたわみ,roll deflection 材料 操業 設備
Rollenführung 女 ローラーガイド, roller guide 機械
Rollenhebel 男 ロールレバー,roller lever 機械
Rollenherddurchlaufofen 男 連続ローラー焼鈍炉, continuous roller-hearth annealing furnace 材料 操業 設備
Rollenlager 中 ころ軸受,roller-bearing 機械
Rollenmeißel 男 ロールオーガードリル, roller bit, drill bit 機械
Rollenspannung 女 ロール膨張, roll tension 材料 操業 設備
Rollgabelschlüssel 男 モンキーレンチ,自在スパナ,adjustable spanner,adjustable wrench 機械
Rollgang 男 ローラーテーブル,roller table 連鋳 材料 操業 設備
rolling machine 英 転造盤 機械
Rollkontakt 男 ころがり接触, roller contact 機械
Rollsperre 女 ヒルホルダー, ローリング防止器, hill holder 機械
ROM =英 read-only memory ロム(読み出し専用の記憶素子), ROM 電気
Rootsches Gebläse 中 ルーツ送風機, 類 Roots Bläser 男, Root's blower 機械
Rost 男 錆,火格子〔ひごうし〕,rust,grate：Rost ansetzen 錆が出る 材料 設備
Rostnarbe 女 錆の傷痕, rust scars 材料 建設 設備
Rostschüttelapparat 男 火格子揺り装置, 関 Schürrost 男, Schüttelrost 男 機械 エネ 材料
Rotation 女 回転運動, 類 rotatorische Bewegung, revolution, rotation 機械
Rotationsdruckpresse 女 輪転機, 類 Zylinderpresse 女,Rotationsdruckmaschine 女,rotary printing press 印刷 機械
Rotavieren 複 ロタウイルス バイオ 医薬
Rotor 男 回転子,回転翼,ローター 機械 航空
Rotorblatt 中 ロータブレード,rotor blade 航空 機械
Router 男 ルーター, 英 router 電気
RP =英 rapid prototyping 高速プロトタイピング 電気 光学 化学 材料
RPC =英 reversed phase chromatography = Reversed-Phase-Chromatographie 逆相クロマトグラフィー 化学 バイオ 医薬
RPF-System=英 repetitive programmed controller feedforward/feedback computer system 繰り返し機構付きフィードバックフィードフォアワッド制御系 電気 機械 設備
RRMD =英 real-time radiation monitoring device リアルタイム放射線モニタリングデバイス 放射線 電気 物理 化学 バイオ 医薬
RTA =英 rapid thermal annealing = Verfahrensschritt bei integrierten Halbleitern 急速加熱アニーリング,急速熱焼鈍(半導体熱処理などの) 電気
RTM =英 resin transfer moulding 樹脂含浸浸漬法 鋳造 機械 ; =英 receiver transmitter modulator = Empfänger-Sender-Modulator 送受信変調装置 電気 ; = 英 reference test method = Referenzprüfverfahren 基準測定方法 機械 化学 バイオ 物理
rt-PA =英 recombinant tissue-type plasminogen activator = rekombinanter Gewebeplasminogenaktivator 遺伝子組替え型組織プラスミノゲン活性化因子 化学 バイオ 医薬
RT-PCR =英 reverse transcription PCR 逆転写ポリメラーゼ連鎖反応 化学 バイオ
RTR = 英 roll-to roll finishing = Rolle-zu Rolle-Fertigung ロールツーロール型仕上げ加工 材料
RTV = 英 real time video = Kompressionsverfahren für Videos リアルタイムビデオ 電気
rucken ぐらっと動く,
Rückenfugenriss 男 アーチ後背接合部(アーチと前壁間)クラック 建設
Rückenkegellänge 女 背円錐距離, 類

Ergänzungskegellänge 女, back cone distance 機械
Rückenkegelwinkel 男 背円錐角, back cone angle 機械
Rückenlehne 女 背もたれ,back rest 機械
Rückenmarklämung 女 脊髄麻痺, 類 Spinalparalyse 女 myeloplegia, spinal paralysis, rachioplegia, rachioparalysis, myeloparalysis 化学 バイオ 医薬
Rückenmarksnarkose 女 脊椎麻酔, 類 Spinalanästhesie 女, spinal anesthesia, rachianesthesia 化学 バイオ
Rückfallebene 女 バックアップ水準, back up level, fall-back level 電気 機械
Rückfederung 女 はね反り, はね返り, spring back 機械
Rückfließen 中 逆流, 類 Gegenstrom 男, contraflow, regurgitation, reflux, reverse flow 機械 エネ 化学
Rückflusskühler 男 還流コンデンサー, closed-circuit cooler, reflux condenser 機械 エネ 設備
Rückführbarkeit 女 トレーサビリティ, 追跡可能度, 生産履歴の追跡可能なこと, 復元可能なこと, 類 Rückverfolgbarkeit 女, traceability, restorablity 機械 材料
Rückführleitung 女 掃気ライン, 除去ライン, 類 Rückspülleitung 女, scavenge line 機械 エネ リサイクル
Rückgewinnung 女 回収, recovery エネ リサイクル 環境
Rückgewinnungsfaktor 男 回復係数, recovery factor 機械
rückhaltbar 保存可能な, 貯蔵可能な, 制止可能な, 保持可能な, reservable, restrainable, retaining 機械 化学 バイオ
Rückhaltegriff 男 支え用グリップ 機械
Rückhalterate 女 保持率, retention rate 機械 電気 化学 バイオ
Rückhaltevorrichtung 女 引き締め装置 機械
Rückhub 男 バックストローク, リターンストローク, もどり行程, back stroke, return stroke 機械
Rückkopplung 女 フィードバック, feed back 機械 電気 光学
Rückkühler 男 閉回路式冷却装置, 水冷式冷却器, closed-circuit cooler, cooling tower 機械 エネ
Rücklauftaste 女 リターンキー, return key 電気
Rückleuchte 女 テールランプ, 後尾灯, 類 Heckleuchte 女, rear-light, tail light 電気 機械
Rückmeldung 女 応答, 類 Abfrage 女, Ansprechverhalten 中 電気 機械
Rückprall 男 バックラッシュ, リバウンド, 跳ね返り現象, back lash, rebound bounce 機械
Rückrechnung 女 再計算, back calculation, recalculation 電気 機械
Rückschaltung 女 シフトイン, バックスペースイング, shift-inn, back spacing 電気
Rückschlagen der Zündung 中 (着火の際の) 逆火, back fire 機械
Rückschlagventil 男 逆止弁, 類 Klappe 女, Klappenventil 中, Sperrventil 中, check valve, non-return valve, RV, CV 機械
rückseitige Wurzellage 女 裏溶接, 類 Gegennaht 女, back run 溶接 材料 機械 建設
rücksetzen リセットする, バックスペースする, 後退する, reset, back-space 電気 機械
Rückspülfilter 男 逆洗フィルター, back flush filter 化学 バイオ 機械
Rückspülventil 中 バックフラッシュ弁, 復水器逆洗弁, backflushing valve, backwash valve 機械
Rückspulen 中 巻き戻し, リワインド, rewind 材料 機械 繊維
Rückstand 男 残渣, residue 化学 バイオ 機械
Rückstau 男 (流れなどの) 停滞, backlog 機械 エネ
Rückstellfeder 女 戻しばね, ゆるめばね, return spring, restoring spring 機械
Rückstellkraft 女 復元力, restoring force 機械
Rückstellprobe 女 予備保管サンプル, retained sample, reserve sample 機械

化学 バイオ
Rückstellvorrichtung 女 (連結器の) 復心装置, centering device 交通 機械
Rücktaste 女 バックスペースキー, back-space key 電気
Rückverfolgbarkeit 女 トレーサビリティ, 類 Rückführbarkeit 女 操業 化学 バイオ
Rückwärtsgang 男 バックギヤー 機械
Rückwärtsschweißung 女 後進溶接, back-hand welding 溶接 材料 建設
Rückwirkung 女 リアクション, フィードバック, バックカップリング 電気
Rührbewegung 女 撹拌の動き, stirring motion
Rührbedingung 女 撹拌条件, bubling condition 精錬 操業 設備
Rühren 中 撹拌, bubling, stirrin, flushing 精錬 操業 設備
Rührgasmenge 女 撹拌ガス量, amount of bubling gas 精錬 操業 設備
Rührgasstrom 男 撹拌ガス流, bubling gas stream 精錬 化学 バイオ 操業 設備
Rührmittel 中 撹拌装置 機械
Rührpaddel 中 撹拌用短かい幅広のかい stirrer 機械
Rührreibschweißen 中 摩擦撹拌接合, friction stir welding, FSW 材料 溶接
Rührspule 女 撹拌コイル, stirrer coil
Rührwerk 中 撹拌装置, 類 Rührmittel 中, stiring device 機械
Rüstung 女 足場, scaffolding, scaffold 建設 設備
Rüstzeit 女 準備時間, preparation time 材料 操業 設備
Rüttelsieb 中 振動ふるい, vibrating sieve 機械 化学 バイオ
ruhende Beanspruchung 女 固定荷重, fixed load 機械 設備 建設
Ruhestellung 女 フリーポジション, オフポジション, スタートポジション, 類 Leerlaufstellung 女 電気 機械
Ruhestrom 男 保持電流, 零入力電流, closed-circuit current, zero-signal current 電気 機械
Rumpf 男 胴体, 本体, 船体, body, fuselage, trunk, carcass 化学 バイオ 機械 航空 船舶
Runderneuerung 女 リトレッド 機械
Rundfilter 男 (中) ろ紙ディスク, 濾紙ディスク, filter-paper disk, circle of filter paper 化学 バイオ
Rundfilterchromatographie 女 円形濾紙クロマトグラフィー, 円形クロマトグラフィー, radial-paper chromatography, circular paper chromatography 化学 バイオ
Runflat-Reifen 男 ランフラットタイヤ (80km/hr 以下でのドライ走行性能を持つタイヤ) 機械
Rundfräsmaschine 女 サーキュラーミル, ロータリーテーブル形フライス盤, circular mill, rotary table type milling machine 機械
Rundheitsabweichung 女 真円度, roundness, circularity 統計
rundläufig 同心回転の, concentric running 機械
Rundlaufabweichung 女 同心度のずれ, 歯溝の振れ, deviation of the cyclic running, radial run-out deviation 機械
Rundlauf und Planlauf 男 心ぶれと軸ぶれ, radial run-out and axial run-out 機械
Rundmutter 女 丸ナット, round nut 機械
Rundnaht 女 円周溶接, circumferential weld 溶接 機械
Rundschalttisch 男 ロータリー割り出しスイッチデスク, rotary indexing table 電気 機械
Rundschleifen 中 円筒研削, cylindrical grinding 機械
rundsenden マルチ方向へ送信する 電気 機械
Rundtisch 男 旋回円テーブル, 旋回型工作物搬送装置, rotating workpeace carrier, rotary table 機械
Rundtischflächenschleifmaschine 女 回転平面研削盤, rotary surface grinder 機械
Rundung 女 カーブ, 丸み付け, 丸め, 切り上げ機能, curve, rounding 機械 統計
Runge 女 仕切り棒, 仕切り柱, 止め棒, stanchion 交通 機械
Ruß 男 すす, soot, carbon black 機械 化学

エネ 環境

Ruthenium (Ⅱ) - tris- bipyridin / TiO_2-codotierte Photokatalysator トリスビピリジンルテニウム (Ⅱ) 錯体 TiO_2 担持光触媒 化学 バイオ

Rutschen 中 スリップ, スライディング, グライディング 機械

Rutschführungsheber 男 スライドガイドレバー 機械 設備

RV = Reflektorvorrichtung 反射装置, 反射装体, reflector 光学 機械 ; =英 risk value = Risikowert リスク値 統計 化学 バイオ 医薬 品質 全般 ; = Rückschlagventil = check valve = non-return valve 逆止弁 機械

RVA = Rückstandsverbrennungsanlage = industrial waste incineration facility 産業廃棄物燃焼装置 機械 環境 エネ

RWA-Beschläge = Rauch-Wärmeabzugsanlage-Beschläge 排煙排熱装置の本体構造部 機械 設備 エネ

RWI = 英 radar warning installation = Radarwarnungssystem レーダー警報装置 航空 設備 電気

RX =英 receiver 受信機, 独 Empfänger 男, 関 RX = receiver cross = Empfänger-Anschluss 電気 ; =英 registor and indexed storage レジスタとインデックス記憶(コンピュータでレジスタとインデックスを含むアドレスで示される記憶域との間の演算形式) 電気

RZA = Raum-Zeit-Ausbeute = space-time-yield 空時収率, 空時収量 化学 バイオ 操業 設備

S

Saatgut 中 種, seed 化学 バイオ

Saccharifizierung 女 糖化, saccarification 化学 バイオ

Saccharin 中 サッカリン, 英 saccharin 化学 バイオ

Sacchromyces 男 サッカロミセス(酵母の代表的な属, 有胞子酵母菌属(Saccharomyces)の総称) 化学 バイオ

Sachgebiet 中 サブジェクト, 専門分野

Sachlage 女 事情, 類 Sachverhalt 男

Sachverhalt 男 事情, 類 Sachlage 女

Sacklochgewinde 男 めくらねじ穴, 男 tapped blind hole 機械

SAD = Sonderabfalldeponie = hazardous waste landfill = special waste dump 有害廃棄物の埋立処理 (場), 有害廃棄物廃棄 (場) 環境 化学 バイオ 医薬 ;=英 selected area diffraction = Beugung im ausgewählten Bereich 制限視野回析 (特定の場所の格子定数, 格子型, 結晶方位を知ることが可能) 光学 材料

SADT = 英 structured analysis and design technique = strukturierte Systemanalyse-und Entwurfstechnik 構造化分析設計技法, (ソフトウエア工学方法論の一つ) 電気 機械

SAE =英 Society (Standard)of Automotive Engineers = Amerikanische Standardisierungs-Organisation für Kfz-Fragen 米国自動車技術者協会(米国自動車規格) 機械 規格 組織

Sägeblatt 中 のこ刃, saw blade 機械

Sägen 中 鋸による切断, saw cutting 機械

Säge-Zahn-Diagramm 中 ギヤー進行線図, gear progression diagram 機械

Säkularschwankung 女 経年変化, secular trend of fluctuation 材料 化学 建設

Sämling 男 苗木 バイオ

Sättiger 男 サチュレータ, 飽和器, 飽和槽, saturator 化学 バイオ 機械

Sättigungstemperatur 女 飽和温度, saturation temperatur 機械 化学 物理

Säuger 男 哺乳動物, mammal バイオ

Säule 女 支柱, コラム, ポスト, ピラー, ハンドル軸, support, column, post, pillar 機械 建設

Säulenbohrmaschine 女 縦型ボール盤, column drilling machine 機械

Säulenführungsgestell 男 ダイセット die set 機械
säure Aufbereitung 女 酸洗, pickling 材料 機械 化学
Säuregrad 男 酸性度, アルカリ消費量, acidity 化学 バイオ 医薬
Säurehärtung 女 酸硬化, acid curing 化学 鋳造 機械
Säurerest 男 酸残基, acid residue 化学 バイオ
Säurezahl 女 酸価(油脂や石油製品中の酸性成分の量, 試料1gの酸性成分を中和するのに要する水酸化カリウムの量をmg単位で表わした数), acid number, acid value, AV 化学 バイオ 単位
SAL =英 sterility assurance level = Sterilitätssicherungsgrad 無菌性保証レベル 化学 バイオ 医薬
Salbe 女 軟膏, 塗油, ointment 機械 化学 バイオ
Salinität 女 塩類濃度, 塩分濃度, salinity 化学 バイオ
SALM =英 single anchor leg mooring = einzige verankerte Boje 一点係留ブイ方式, 一脚式一点係留 船舶 設備 化学
Salpeter-Flusssäure 女 硝酸フッ化水素酸 化学 バイオ
Salpetersäure 女 硝酸, nitric acid 化学 バイオ
Salzgrus 男 粉塩 化学 バイオ
Salzkern 男 塩中子, salt core 鋳造 化学 機械
SAM = 英 scanning auger microscopy, 走査型オージェ電子顕微鏡法 電気 化学 バイオ 材料; =英 secure access module セキュリティーアクセスモジュール 電気; = 英 self -assembled monolayer = selbst-anordnende Monolage = selbst organisierte Monolage 自己組織化単分子膜 化学 バイオ 電気 材料
Samenübertragung 女 人工授精, artificial insemination, artificial fertilization 化学 バイオ 医薬
Sammelgefäß 中 集水タンク, ストレージタンク, collecting vessel 機械
Sammelrohr 中 コレクティングパイプ, マニフォールド, collecting pipe, manifold 機械
SAN = 英 storage area network = Speichernetzwerk ストレージエリアネットワーク
Sandform 女 砂型, sand mould 鋳造 機械
Sandformmaschine 女 砂型造型機, sand moulding machine 鋳造 機械
Sandsiebmaschine 女 砂ふるい機, sand sieving machine 鋳造 機械
Sandtrichter 男 サンドホッパー, sand hopper 鋳造 機械
sanft なだらかな(勾配など), 穏やかな: der sanfte Übergang なだらかな移行・変化(部位) 機械
Sanierungsverfahren 中 修復法 化学 バイオ 環境
SAP =英 super absorbent-polymer = Superabsorber 高吸水性樹脂 化学 バイオ
SAPS = Sulfatasche, Phosphor und Schwefel 硫酸塩灰・リン・硫黄(エンジンオイル) 機械 化学 規格
SAR = Spezifische Absorbations-Rate = specific absorption ratio 比吸収率(人体が電波にさらされることによって単位質量の組織に単位時間に吸収されるエネルギー量を指す) 化学 バイオ 医薬 電気
SAS = Schlafapnoe-Syndrom = sleep apnea syndrome 睡眠時無呼吸症候群 化学 バイオ 医薬
Satellitenortnung 女 衛星ナビゲーション, satellite navigation 航空 機械
Sattel 男 サドル, キャリパー, saddle, caliper 機械
Sattelanhänger 男 セミトレーラー, 関 Sattelauflieger 男 ロードセミトレーラー, semi-trailer 機械
Sattelauflieger 男 ロードセミトレーラー, 関 Sattelanhänger 男, road semi-trailer 機械
Satz 男 セット, バッチ, ギヤー, ユニット, アセンブリー 機械
Satzbetrieb 男 バッチ操業, バッチ運転, batch operation 機械 操業 設備
Satzfräser 男 寄せフライス, gang cutter 機械
Satzgewindebohrer 男 組タップ, set tap

S

[機械]

Sauerklee [男] みやまかたばみ, wood-sorrel [バイオ]

Sauerstoff [男] 酸素, oxygen : Gesamtsauerstoffmenge [女], 全酸素量, total amount of oxygen [精錬] [操業] [設備] [化学]

Sauerstoffangebot [中] 酸素供給, oxygen supply [精錬] [操業] [設備]

Sauerstoffaufblasverfahren [中] 酸素上吹き法, oxgen top blowing process [精錬] [操業] [設備]

Sauerstoff-Lichtbogen-Schneid-verfahren [中] 酸素アーク切断, oxygen-arc cutting [材料] [機械] [溶接]

Sauerstoffmangelbedingung [女] 酸素欠乏条件, 低酸素濃度条件 : unter Sauerstoffmangelbedingung 酸素の欠乏した条件下で [化学] [バイオ]

Sauerstoffausschluss [男] 酸素の遮断 : unter Sauerstoffausschluss 酸素を遮断した条件下で [化学] [バイオ] [精錬] [連鋳]

Sauerstoffinhalation [女] 酸素吸入, oxygen inhalation [化学] [バイオ] [医薬]

Sauerstoffspezies [女] 酸素種, oxygen species [化学] [バイオ]

Sauerstofftransfermembran [女] 酸素透過膜, 酸素移送膜, oxygen transfer membrane [化学] [バイオ] [医薬]

Sauerstoffzehrung [女] 酸素消費, 酸素消費量, 酸素消耗, 酸素ロス, 酸素減少, 酸素枯渇, consuming oxygen, oxygen consumption, oxygen loss, oxygen depletion [化学] [バイオ] [医薬] [操業] [設備]

sauer Ziegel [男] 酸性煉瓦, acid brick [製銑] [精錬] [連鋳] [鋳造] [非鉄] [鉄鋼] [材料] [非金属] [化学] [地学]

Saugbagger [男] 吸い上げ浚渫船, hopper suction dredger [建設] [船舶] [機械]

Saugdruckregelung [女] ブースト制御, 吸気圧力制御, suction pressure regulation [機械]

Saugheber [男] サイホン, siphon [機械]

Saughub [男] 吸気行程, suction stroke, suction cycle, intake stroke [機械]

Saugpumpe [女] 吸上げポンプ, suction pump [機械] [エネ]

Saugrohr [中] インテークパイプ (エンジン用), インテークマニフォールド, サクションパイプ (オイルポンプ用), intake pipe, intake manifold, suction pipe [機械]

Saugrohreinspritzung [女] 吸気管噴射装置, 多点式燃料噴射装置, intake manifold fuel injection, manifold injection, multi point injection (MPI) [機械]

Saugstrahlpumpe [女] エゼクターポンプ, サクションジェットポンプ, ジェットストリームポンプ, ejector pump, suction jet pump, jet stream pump [機械] [化学]

Saugstutzen [男] ポンプ入口, 吸引コネクション, pump inlet side, suction-connection, [関] Druckstuzen [男] [機械]

Saugventil [中] 吸気弁, suction valve [機械]

Saugzug [男] 誘引通風, induced draft [機械]

Saum [男] フリンジ, 縁部, へり, 外辺, fringe [材料] [地学]

SAV = Sonderabfallverbrennungsanlage [女] 危険廃棄物焼却設備, 公害廃棄物焼却設備, 認定危険廃棄物焼却設備, harzardous waste incineration plant, authorized special waste incineration plant [環境] [化学] [バイオ] [エネ] [機械] [設備]

SAW = (英) submerged arc welding = Unterpulverschweißen サブマージアーク溶接 [溶接] [材料]; =(英) surface acoustic wave = akustische Oberflächenwelle 表面弾性波 [電気] [光学] [音響] [機械]

SAW-Filter = (英) surface acoustic wave filter = Filter für Zwischenfrequenzen in Multimedia-Anwendungen 表面弾性波フィルター [電気] [光学] [音響] [機械]

SBSL = (英) single-bubble sonoluminescence = einzigen Blase Sonolumineszenz 単一気泡ソノルミネッセンス, 「液体 (通常は水) を入れた容器を超音波振動子を用いて共振させ, 定在波の圧力の腹に一つの気泡をトラップした際に, その気泡が安定に膨張, 収縮を繰り返して, 収縮のたびに発光する現象を指す, 排水処理などへの応用が考えられている」 [光学]

S

物理 環境 化学 バイオ

SBV = SalzsäureBindungsVermögen 塩酸結合能 バイオ 化学

SCC = 英 stress corrosion cracking = Spannungsrisskorrosion 女 応力腐食割れ 材料 連鋳 化学 建設

Schaben 中 きさげ加工, scraping 材料 機械

Schabenut 女 切り刃先, scrape point, drill point, scraper groove, self-cleaning groove 機械

Schaberad 中 ロータリーシェービングカッター, rotary shaving cutter 機械

Schablohne 女 治具,ひな型,ならい,模型,型板,寸法板, 類 Führungslehre 女 治具, jig, contour gauge, templete 機械 鋳造

Schablonendatei 女 パターンデータファイル, テンプレートデータファイル 電気 機械

Schablohnenfräsmaschine 女 ならいフライス盤 機械

Schabloniereinguss 男 掻き型[かきがた], (木型の外型に分類される, 断面が一定で細長い形の柱状の鋳物用の造型法, 断面の半分を切り抜いた板で砂を掻いて造型する方法), sweeping mould 鋳造 機械 「出典：標準学術用語辞典, 金属学編, 誠文堂新光社」

Schachtwinkel 男 炉胸角, 類 Hochofenschachtwinkel 男, angle of shaft, angle of stack shaft 製銑 設備

Schadstoffaufnahme 女 危険物質吸収, 有害物質摂取量, intake of harmful substances, intake of pollutants 環境 化学 バイオ 医薬

Schädigung 女 損傷, damage, breakage 機械 材料 化学 建設

Schädigungswahnsinn 男 被害妄想, reference delusion, injury, persecution, persecutory delusion, delusion of persecution 化学 バイオ 医薬

Schädlingsbekämpfungsmittel 中 害虫駆除剤, 殺虫剤, 類 Insektizid 中, pesticide, insecticide 化学 バイオ

Schäkel 男 クランプ,シャックル,掛け金, 類 Ansatz 男, Handschelle 女, Lasche 女, Riegel 男 機械

Schälmaschine 女 ピーリングマシーン, peeling machine 機械

Schätzer 男 推定量,査定人, 類 Schätzfunktion 女, estimator 統計

Schälfunierschicht 女 ピーリング加工化粧板層 機械

Schälmaschine 女 ピーリングマシーン 材料 機械

Schärmaschine 女 整経機（製織・経編機の準備工程の一つ）, warping machine 繊維 機械

Schaffplatte 女 前板, fore plate 製銑 精錬 鉄鋼 非鉄

Schaft 女 シャフト, シャンク, 柄, 取っ手, 類 Ansatz 男, Besatz 男, Henkel 男, Lasche 女, Vorsprung zum Halten 男, Haltevorrichtung 女, Zapfen 男, shaft, shank 機械

Schaftfräser エンドミル, 底フライス, end mill 機械

Schaftmaschine 女 ドビー, dobby machine 機械

Schaftschraube 女 スタッドボルト, 植込みボルト, stud bolt 機械

Schale 女 表皮, 皮,（原子の）殻, scabs, cuticle, epidermis, atomic shell 材料 化学 バイオ 原子力 物理

Schalenbildung 女 表皮形成 材料 化学 建設

Schalenhartguss 男 チルド鋳物, chilled casting 鋳造 材料 機械

Schalenkupplung 女 スリーブ継手,抱き締め軸継ぎ手, sleeve coupling, box coupling, clamp coupling, keyed coupling 機械

Schalenriss 男 表皮クラック, skin crack 材料 建設

schallabsorbierend 消音の,吸音の 機械 音響

Schalldämpfer 男 消音器, マフラー, silencer 機械 音響 環境

Schallemission 女 アコースティック・エミッション, acoustic emission, AE 音響 物理

schallnahe Strömung 女 遷音速流, transonic flow 電気 光学 音響 物理

S

Schallstärke 女 音の強さ,sound strength, intensity of sound 光学 音響 電気
Schaltarm-Winkelmesser 男 レバー分度器, lever protractor 化学 バイオ 電気
Schaltebene 女 ギヤースイッチレベル, ギヤーシフトレベル, switching level, gearshift plane 機械
Schalter 男 スイッチ, 窓口, 出札口 電気
Schaltfläche 女 ボタン, box, button 電気
Schaltgabel 女 シフトフォーク,shift fork 機械
Schaltgerätekombination 女 スイッチギア・アセンブリ, switchgear assembly, switchgear combination 機械 電気
Schaltgetriebe 中 送り装置, ギヤーボックス,トランスミッション, gear box, transmission 機械
Schalthäufigkeit 女 スイッチング頻度, スタート頻度,switching frequency, starting frequency 電気 機械
Schalthebel 男 クラッチレバー,ギヤーシフトレバー,clutch lever, gearshift lever 機械
Schaltleiste 女 接続ブロック, connecting block 電気
Schaltleistung 女 交換処理能力(スイッチの),スイッチング能力(スイッチの),遮断容量(スイッチの),動作過電圧(スイッチの), breaking capacity, switching capacity 電気
Schaltneuron 中 介在ニューロン, 類 Zwischenneuron 中, intercalated connector neuron, interneuron 化学 バイオ 医薬
Schaltplan 男 配線図, circuit layout, circuit diagram 電気 機械 建設 設備
Schaltschema 中 シフトパターン, 類 Gangart, 女, connection diagram 機械 電気
Schaltschrank 男 配電盤格納庫, スイッチキャビネット, switch cabinet 電気 機械
Schalttafeleinbau 男 コントロールパネル組み込み, control panel installation, switch panel mounting 電気 操業 設備
Schaltungsanordnung 女 開閉器投入順序, 回路系統, 回路の詳細設計 circuit arrangement, circuit system, circuitry, sequence of switches 電気 機械
Schaltzeit 女 スイッチ(に要する)時間,切替(に要する)時間,circuit time, switching time 電気 機械
Schalung 女 仮枠(コンクリート) 建設
Schalzwinge 女 内側クランプ 機械
Schamotteziegel 男 耐火煉瓦,シャモット煉瓦, 類 feuerfester Ziegel 男, Schamottenstein 男, fire brick 非金属 製銑 精錬 連鋳 材料 鋳造 鉄鋼 非鉄 エネ 設備
scharfkantig 端のとがった, 薄刃の sharp-edged 機械
Scharnier 中 ヒンジ, 蝶番, 類 Gelenk 中, hinge 機械
Schaufelanordnung 女 翼配列, 類 Beschaufelung 女, blade arrangement, blading エネ 機械
Schaufelaustrittswinkel 男 羽根出口角, blade outlet angle エネ 機械
Schaufelblatt-Hinterkante 女 ブレード後縁, blade trailing edge, blade following edge, blade posterior margin エネ 機械
Schaufelblatt-Vorderkante 女 ブレード前縁, blade front edge エネ 機械
Schaufeleintrittswinkel 男 羽根入口角, 類 Laufradeintrittswinkel 男, inlet blade angle, inlet angle of impeller エネ 機械
Schaufelfuß 男 ブレードフット, blade root, blade foot 機械 エネ 操業 設備
Schaufelkopf 男 ブレードエンド, blade end, blade tip エネ 機械
Schaufelkranz 男 ブレードリング,羽根輪, blade ring 機械 エネ
Schaufelrad 中 ブレードホイール, インペラー, 羽根車, 翼車, バケットホイール, 外車, 関 Laufrad 中, Schöpfrad 中, Zellenrad 中, bladed wheel, impeller, bucket wheel 機械 エネ
Schaufelsehne 女 翼弦(翼の前縁と後縁を結んだ直線), balde chord, wing chord 機械 エネ 航空
Schaufel-Trockner 男 ブレードドライヤー, blade drier 機械
Schaufelwinkel 男 羽根取り付け角, ブレード角, blade angle 機械 エネ 航空
Schauglasrohre 女 可視ガラス管 機械

S

光学

Schaukasten 男 レントゲンフィルム透視観察装置, 類 Röntgen-Filmbetrachtungsgerät 中,Leuchtfläche zur Durchsichtbetrachtung von Filmbildern 女 化学 バイオ 医薬 放射線 電気

Schaumbildung 女 発泡, 泡生成, foaming, formation of foam 化学 バイオ 精錬

Schaummittel 中 泡立て剤, 発泡剤, 起泡剤, foaming agent 化学 バイオ 材料

Schaumstoff 男 発泡体, 発泡材料, 気泡, foam, foamed material 化学 バイオ 材料

Schaumstoffkissen 中 発泡材入りクッション 機械

Scheibenbremse 女 ディスクブレーキ, disc brake 機械

Scheibenfeder 女 半月キー, disc spring, woodruff key 機械

Scheibenfräser 男 側フライス, side milling cutter 機械

Scheibengewölbe 女 ディスクアーチ 建設

Scheibenkupplung 女 ディスククラッチ, 円板クラッチ, プレートカップリング, disc clutch, plate coupling 機械

Scheibenschieber 男 スライディングディスク 電気 機械

Scheibenschmierung 女 つば潤滑, つば注油, collar oiling 機械

Scheibenventil 中 円板弁, disk valve, butterfly valve 機械

Scheibenwascher 男 ウインドウワッシャー, window washer 機械

Scheibenwischer 男 ワイパー, windshield wiper 機械

scheinbare Viskosität 女 見掛け粘度, apparent viscosity 機械 化学 物理

scheinbarer Widerstand 男 皮相抵抗, impedance 電気

Scheinwerferlicht 中 スポットライト, ヘッドライト, spot light, headlights 機械

Scheitelpunkt 男 頂点, peak, verteex 機械

Schelle 女 クランプ, 類 Einspannung 女, Klemme 女, Schäkel 男, Bügel 男, Zwinge 女 機械

Schenkelbreite 女 ブランチ幅(溝形鋼, U 形鋼), branch width 材料 鉄鋼 非鉄

Schenkelhöhe 女 脚長, 関 Schweißnahthöhe 女, flank height, leg height 溶接 機械 設備

Scherbeanspruchung 女 剪断ひずみ, shearing strain 機械 材料 化学 建設

Schere 女 シャーリング, re-shering, 類 Zuschneiden 中, Gleitlinie 女 機械 材料 操業 設備

Schicht 女 シフト, 層, 床, shift, layer, bed 操業 経営 機械 エネ 化学 地学 バイオ

Schichtbetrieb 男 シフト操業, シフト運転, shift operation 操業 設備

Schichtenspeicher 男 成層ストレージ stratified storage 機械

schichtförmig 積層形の, layered 機械

Schichtgitter 中 層状格子, layer lattice 材料 物理

Schichtladevorrichtung 女 層状給気装置, stratified charge equipment 機械

Schichtstoffplatte verpresste 女 積層板, ラミネート, 類 Laminat 中 電気

Schiebehülse 女 スライディングスリーブ, スライディングブッシュ, スライディングカラー 機械

Schieberad 中 すべり歯車, すべり装置, sliding gear 機械

Schiebergehäuse 中 弁箱, slide housing 機械

Schieberstange 女 プランジャーロッド, 弁棒, 類 Ventilschaft 男, Ventilspindel 女, Ventilstange 女, plunger rod, slide rod valve rod, valve spindle, valve stem 機械

Schieberventil 中 滑り弁, slide valve 機械

Schiebesitz 男 滑りばめ, 押し込みばめ, スライディングシート, 類 関 Gleitsitz 男, sliding fit, push fit, sliding seat 機械

Schiebestange 女 プッシュバー, push bar 機械

Schiebeverschluss 男 スライディングゲート, スライディングロック, sliding gate, sliding lock 精錬 連鋳 機械 設備

Schiebung 女 剪断ひずみ, displacement

[機械] [材料] [建設] [設備]
Schiefergas [中] シェールガス, shale gas [地学] [化学] [エネ]
Schieferstein [男] 頁岩, シェール, shale [地学] [化学] [エネ]
Schieferton [男] シェール粘土 [地学] [化学]
Schiefliegend 斜交の, [類] schiefwinkelig [機械]
Schiefscheibe [女] 回転斜板カム, [類] Treibplatte [女] [機械]
schiefwinkelig 斜交の, [類] schiefliegend, askew [機械]
Schikane [女] そらせ板, ディフレクター, baffle [機械]
Schienenfahrzeug [中] 軌道車両, (複で)鉄道車両, track vehicle, (複で) rolling stock [交通] [機械]
Schienenfuß [男] レール底部, rail base [交通] [機械] [設備]
Schienenstrang [男] 軌条, 鉄道線路区間, 敷設されたレール [交通] [機械]
Schienenüberhöhung [女] レールカント(カーブで, 外側のレールが高くなっていること), 片勾配, cant [交通] [機械]
Schienenverbinder [男] レールボンド, rail joiner [交通] [機械]
Schienenwalzwerk [中] レール用圧延機, レール圧延工場, rail rolling mill [交通] [材料] [機械]
Schiff'sche Base [女] シッフ塩基, (英) Schiff base [バイオ] [化学]
Schiffskessel [男] 船用ボイラー [船舶] [エネ] [機械]
Schiffsrumpf [男] 船体, ship's hull [船舶]
Schikane [女] そらせ板, ディフレクター, baffle [機械]
Schilddrüse [女] 甲状腺, thyroid, thyroid gland [化学] [バイオ] [医薬]
Schilddrüseüberfunktion [女] 甲状腺機能亢進[こうしん]症, hyperthyroidism, over-active thyroid [化学] [バイオ] [医薬]
Schilddurchmesser [男] シールド直径, shield diameter [地学] [機械] [建設]
Schildvortriebsmethode [女] シールド推進工法, shield propulsion method [地学] [機械] [建設]
Schimmelpilz [男] 糸状菌, カビ mould, mould fungus [化学] [バイオ] [医薬]
Schirmkabel [中] シールドケーブル, shield cable [機械] [電気]
Schizophrenie [女] 統合失調症, schizophrenia [化学] [バイオ] [医薬]
Schkimisäurezyklus [男] シキミ酸経路 [化学] [バイオ] [医薬]
Schlacke [女] スラグ, slag : Schlackenoxidation スラグ酸化, slag oxydation : schlackenarmes Frischen [中] スラグミニマム吹錬・精錬, slagminimum blowing [製銑] [精錬] [操業] [設備] [環境] [エネ]
Schlackenabstichloch [中] 出滓口, slag hole, slag notch [製銑] [精錬] [鉄鋼] [非鉄]
Schlackenabwärmenutzung [女] スラグ熱回収・利用, slag heat recovery intersection [製銑] [精錬] [操業] [設備] [環境] [エネ]
schlackenarm スラグの少ない [製銑] [精錬] [鉄鋼] [非鉄]
Schlackenhalle [女] スラグ棟, slag-bay [製銑] [精錬] [操業] [設備] [環境] [エネ]
Schlackenkippe [女] スラグピット, slag pit [製銑] [精錬] [操業] [設備] [環境] [エネ]
Schlackeneigenschaft [女] スラグの性質 [製銑] [精錬] [鉄鋼] [非鉄]
Schlackenträger [男] スラグフォーマー, slag foamer [製銑] [精錬] [連鋳] [鋳造] [鉄鋼] [非鉄]
Schlackenüberlauf [男] スキマー, 鉱滓堰, skimmer, slag overflow [製銑] [精錬] [製銑] [鉄鋼] [非鉄]
Schlackenvolumen [中] スラグボリューム quantity of slags [製銑] [精錬] [操業] [設備] [環境] [エネ]
Schlackenzusammensetzung [女] スラグ組成, slag composition [製銑] [精錬] [操業] [設備] [環境] [エネ]
Schlägerrad [中] ビーターミル, ハンマミル, beater mill [機械] [材料]
schlaff ゆるんだ, たるんだ, [類] durchhängend [機械]
Schlaflosigkeit [女] 不眠症, agrypnia, vigilance, insomnia, sleeplessness [化学] [バイオ] [医薬]

S

Schlagader 女 動脈, 類 Arterie 女, 関 Vene 女, Blutader 女 化学 バイオ 医薬
Schlagbeanspruchung 女 衝撃応力, 類 Schlagbelastung 女, stoßartige Belastung 女, Stoßbelastung 女, impact stress 材料 機械 建設
Schlagfräsen 中 舞いフライス加工, fly-cutting 材料 機械
Schlaghammer 男 打診ハンマー, percussion hammer 材料 機械
Schlagmatrize 女 鍛造打型, 類 Stanzmatrize, stamping die 材料 機械
Schlagrichtung 女 衝撃方向, impact direction 材料 建設 機械
Schlammpumpe 女 スラジポンプ, スラリーポンプ, slurry pump, sludge pump 機械
Schlankheitsgrad 男 細長比, slenderness ratio, degree of slenderness 機械
Schlauchfilter 男 バッグフィルター, bag filter 機械 環境
schlauchloser Reifen 男 チューブレスタイヤ, tubeless tyre 機械
Schlauchpumpe 女 ホースポンプ, 蠕動ポンプ, 類 Peristaltikpumpe 女, hose pump, peristaltic pump 機械
Schleier 男 ベール, veil 機械
Schleifkontakt 男 すり接触, すべり接触, sliding contact 機械
Schleifmaschine 女 研削盤, grinder 機械
Schleifmittel 中 研磨剤, abrasive 機械
Schleifscheibenabrichten 中 砥石車目直し 機械
Schleifspäne 複 研削屑, griding chips, riding dust 機械 材料
Schleifspindelstock 男 砥石台, griding wheelhead 機械
Schleifteller 男 研磨ディスク, griding disc 機械
Schleim 男 粘液, slime, mucilage 化学 バイオ 医薬
Schlempe 女 醸造の残りかす（飼料), 蒸留残渣, アルコール蒸留廃液, slop, stillage 化学 バイオ
schleppen 引っ張る, draw, tow 機械
Schlepphebel 男 ドラッグレバー, ロッカーアーム, rocker arm, drag lever 機械
Schleppkabel 中 牽引ケーブル, trailing cable 機械
Schleppmittel 中 共沸剤, entrainer 化学
Schleudergießverfahren 中 遠心鋳造法, centrifugal casting process 鋳造 材料 機械
schleudern 射出する, 遠心分離機にかける centrifuge, sling 機械
Schleuderpumpe 女 渦巻きポンプ, 遠心ポンプ, 類 Kreiselpumpe 女, Zentrifugalpumpe 女, centrifugal pump 機械
Schleusensystem 中 ロックシステム, lock system 機械
Schleusenventil 中 仕切弁, 類 Absperrschieber 男, gate balve 機械
Schlichteauftrag 男 塗型塗装 鋳造 機械
Schlichten 中 仕上げ削り, 塗型塗装, 繊維への光沢の付与 機械 鋳造 繊維
Schlichteschicht 女 塗型層, coating layer 鋳造 機械
Schlichtzugabe 女 仕上げ代, 関 Zuschlag 男, finishing allowance, stock allowance 機械
Schlicker 男 スラリー, 沈泥, 類 関 Schlamm 男, slurry, silt 機械 材料 精錬 環境 リサイクル
Schließdämpfer beim Vergaser 男 キャブレター開閉ダンパー, スロットルダッシュポット throttle dush pot 機械
Schließelement 中 閉鎖固定部位, closing element 機械
Schließkopf 男 リベット先, closing head, head made during process of riveting 機械 建設
Schließkopfdöpfer 男 リベット先丸め型 機械 材料 建設
Schliff 男 研磨面, cut 機械
Schlinge 女 ループ, 類 Schlaufe 女, Schleife 女 機械
Schlingengrube 女 ルーピングピット, looping pit 材料 機械
Schlitten 男 スキッド 機械
Schlitzspülung 女 ポート掃気, port scavenging 機械

Schloss 中 ロック, 錠 機械
Schlosskasten 男 エプロン, apron 機械
Schlossöffnungskraft 女 ロック解除力 機械
Schlossscheibe 女 止め座金,外向係止板, lock washer,outside locking plate 機械
Schluckbeschwerden 複 嚥下困難, disturbance of swallowing, dysphagia, difficulty in swallowing 化学 バイオ 医薬
Schluckpneumonie 女 誤嚥性肺炎, 類 Aspirationspneumonie 化学 バイオ 医薬
schlüpfen 滑る, 抜け出る,
Schlüpfungsreibung 女 滑り摩擦, sliding friction 機械 材料
schlüsselfertig すぐ運転できる, 出来合いの, すぐ入居できる, turn-key ready, ready to use 操業 設備 機械
Schlüsselreagens 中 キー試薬, key reagent 化学 バイオ
Schlüsselweite 女 二面幅 width across flat 機械
schluffig 粉状粘土の, 流砂の, silty 地学
Schlupfverhältnis 中 スリップ比 機械
Schluss 男 閉まり具合, テール, 終了, 結論, ショート 機械 電気
Schlusslicht 中 尾燈, テールランプ, 類 Heckleuchte 女, Rückleuchte 女, Schlussleuchte 女, tail lamp 機械
Schlussstein 男 (アーチの頂上の) かなめ石, くさび石, キーストーン, 閉鎖・密閉用石, 根本原理, keystone, closing stone 機械 建設
Schmalband 中 狭帯域, 類 enge Bandbreite 電気 光学 音響
Schmalspur 女 狭軌 narrow gauge 交通
Schmelze 女 溶湯, ヒート, heat, melt 精錬 連鋳 鋳造 操業 設備
schmelzen, 溶解(熔解) する, melt 精錬 製銑 操業 設備 化学 物理
Schmelzengewicht 中 溶解重量, melting weight 精錬 操業 設備
Schmelzgeschwindigkeit 女 溶融速度, melting rate 製銑 精錬 非鉄 鉄鋼
Schmelzpunkt 男 融点, melting point 製銑 精錬 材料 鋳造 連鋳 非鉄 鉄鋼 化学 物理
Schmelzschweißung 女 融接, fusion welding,non-pressure welding 材料 溶接 機械
Schmetterlingsblütler 男 マメ科植物, 類 Leguminose 女 化学 バイオ
Schmiedehammer 男 鍛造ハンマー, forging hammer 材料 機械
Schmiedepresse 女 鍛造プレス,forging press 材料 機械
Schmierbüchse 女 グリースカップ,oil cup, grease cup 機械
Schmierfett 中 グリース,grease 機械 化学
Schmierfilm 男 潤滑フィルム, lubrication film 機械 化学
Schmiermittel 中 潤滑剤,lubricant 機械 化学
Schmiernute 女 潤滑溝, 油溝[あぶらみぞ], 油みぞ, 類 Ölnut 女, lubrication groove, oil groove 機械
Schmieröl 中 潤滑油, lubricating oil, lubricant 機械 化学
Schmierstoffgeber 男 潤滑剤供給機, lubricant feeder 機械
Schmiertasche 女 油窪み, 油ポケット, lubrication indentation, lubrication pocket 機械
Schmutzabstreifer 男 ゴミ拭い取り機, dirt stripper, dirt scraper 機械
Schmutzfänger 男 ストレーナー,strainer, dirt trap 機械 化学 バイオ
Schnalle 女 バックル, 類 Spange 女, Vorreiber 女, Gurtschloss 中, buckle 機械
Schnappverschluss 男 スプリングロック, spring lock,snap closure,latch buckle 機械
Schneckenaufgeber 男 スクリューフィーダ, スクリュー給炭機, スクリュー給鉱機, 類 Schneckenförderer 男, screw feeder 機械 地学
Schneckengetriebe 中 ウオームギヤー 材料 機械
Schneckenlinienpumpe 女 ボリュートポンプ 機械
Schneckenpresse 女 スクリュープレス, ねじプレス, screw press 機械

S

Schneekette 女 スノーチェーン, snow chain 機械
Schneeschleuder 男 ロータリー排雪車, rotary snowplow 機械
Schneidbohrung 女 切断ボア, cutting bore 機械
Schneidbrenner 男 切断トーチ, cutting torch, cutting pipe 溶接 機械 設備
Schneide 女 切れ刃, 類 Schnittkante 女, Schneidkante 女, cutting edge 機械
Schneideisen mit eingesetzten Messern 中 植歯ダイス, 植刃ダイス, inserted chaser die 機械
Schneideisenhalter 男 ダイスホルダー, ダイホルダー, 関 Kluppe 女, die holder, die stock 機械
Schneidenwinkel 男 切れ刃角,切り込み角, 類 関 Schnittwinkel 男, Schneidwinkel 男, cutting edge angle 機械
Schneidkante 女 切れ刃, 刃口,cutting edge, 類 Schnittkante 女, Schneide 女 機械
Schneidöl 中 切削油,cutting oil,cutting fluid 機械
Schneidwinkel 男 削り角, 切削角, 類 関 Schnittwinkel 男, Schneidenwinkel 男, cutting angle 機械
Schnellarbeitsstahl 男 高速度鋼, high speed steel 材料 鉄鋼 機械
der schnelle Brutreaktor 男 高速増殖炉, fast breeder reactor, FBR 原子力 設備
schnelles Neutron 中 高速中性子, fast neutron 物理 原子力
Schnellläufer-Frässpindel 女 高速フライス軸, high-speed milling spindle 機械
Schnelllaufzahl 女 速度比, speed ratio 機械
Schnitt 男 切れ目, 断面図, 交差, カット(留分), cut, section, cut(distillation), fraction 機械 機械 化学 数学
Schnitt durch A 男 Aの断面図 機械
Schnittentbindung 女 帝王切開(術), 類 Kaiserschnitt 男,Cesarean operation, cesarian section,Caesarean section 化学 バイオ 医薬
Schnittgeschwindigkeit 女 切削速度, cutting speed 機械
Schnittpunkt 男 インターセクション 電気
Schnittstelle 女 インターフェイス,interface 電気 機械
Schnittweite 女 交点距離, distance to cross point 光学 音響 統計
Schnittwinkel 男 切削角, 類 関 Schneidwinkel 男, Schneidenwinkel 男 機械
Schnürung 女 コーディング,畝織〔うねおり〕, しばり付け,cording,tying-up,reduction of area 繊維 船舶 材料 機械
Schöpfrad 中 バケットホイール, 関 Schaufelrad 中,Zellenrad 中,bucket wheel 機械 操業 建設
Schopfschere 女 クロップシャー, cropping shear 材料 機械
Schornstein 男 煙突, chimney, smokestack エネ 機械
Schotter 男 砕石, 類 Grus 男 建設 地学
Schottky-Barrieredioden 複 女 ショットキーバリヤダイオード, ショットキー障壁ダイオードド, schottky barrier diode, SBD 電気
Schottung 女 隔壁を設けること, 類 Abschottung 女,Kompartment,partitioning, compartmentalization 船舶 航空 機械
Schräge 女 斜面,勾配,ベベル,slope 機械
Schrägkugellager 中 アンギュラーコンタクト玉軸受,angular contact ball bearing 機械
Schräglagenfreiheit 女 傾斜寛容度 機械
Schrägseilbrücke 女 斜張橋, cable-stayed bridge 建設
Schrägstirnrad 中 はすば平歯車, 類 Schrägzahnrad 中, Schraubenzahnrad 中, helical gear 機械
Schrägstrich 男 スラッシュ, slash 機械 統計
Schrägungswinkel 男 ねじれ角, 類 Torsionswinkel 男, Verdrehungswinkel 男, angle of torsion, warp angle, helix angle(ねじ, 歯車, 切削工具, 他) 材料 機械
schrägverzahntes Zahnrad 中 はすば

歯車, helical gearings, helical toothed gears 機械

Schrägzahnkegelrad 中, はすばかさ歯車, 類 Spiralzahnkegelrad 中, helical bevel gear, skew bevel gear, spiral bevel gear, screw bevel gear 機械

Schraffur 女 けば, 陰影線, hatching, diagonal stripe, shading 機械 光学

Schrammbord 男 ガードボード, guard board 建設

Schraubbandmischwerk 中 スクリュー型ミキサー 機械

Schraubbolzen 男 ねじボルト, screw bolt, SB 機械

Schraubdeckel 男 まわし蓋, スクリューキャップ, ねじ込み口金, screw-down cover, screw cap, screw-type closure 機械

Schraubeneinfädelmittel 中 ねじ挿入装置 機械

Schraubenfeder 女 コイルばね, coil spring, torsion spring 機械

Schraubenkopf 男 ねじ頭, screw head 機械

Schraubenloch 中 ねじ穴, bolt hole, screw hole 機械

Schraubenpaar 中 ねじ対偶,screw pair 機械

Schraubenpumpe 女 ねじポンプ, スクリューポンプ, screw pump 機械

Schraubenschlitz 男 ヘリカルポート(螺旋状給気ポート), helical port 機械

Schraubenschlitzfräsmaschine 女 すり割りフライス盤, screw slotting cutting machine 機械

Schraubenschlüssel 男 スパナー, spanner, wrench 機械

Schraubensicherung 女 ねじ固定装置, ナット止め装置, screw locking, screw retention, securing screw, nut locking device 機械

Schraubenverbindung 女 ボルト継手, 類 Bolzenverbindung 女, bolted joint 機械 建設

Schraubenwinkel 男 つる巻角, screw angle, helical angle 機械

Schraubenzahnrad 中 はすば平歯車, 類 Schrägstirnrad 中, Schrägzahnrad 中, helical gear 機械

Schraubenzieher 男 ドライバー, ねじ回し, screw driver 機械

Schraubgetriebe 中 ウオーム歯車装置, ウオームギヤー, worm gear 機械

Schraubklemme 女 スクリューアンカー, ねじクランプ, ねじ込み端子, screw terminal, screw clamp 電気 機械

Schraubrad 中 ねじ歯車, wheel with gear 機械

Schraubstock 男 ジョーバイス, 万力, jaw vice 機械

Schraubzwinge 女 スクリュークランプ, screw clamp 機械

Schreibtisch 男 デスクトップ, 類 Desktop 男, 英 desktop 電気

Schreibwalze 女 プラテン 機械

Schreibweise 女 書き方, スペリング 印刷 電気

Schriftfeld 中 (図面の) タイトルブロック 機械

Schriftgröße 女 文字級数, フォント級数, font size 印刷 機械

Schritt 男 歩調, increment, pace, step 機械

Schrittweite 女 歩幅, 幅, step size 機械

schroffer Querschnittsübergang 男 著しい断面の変化・移行部位 機械 設備 建設 材料

Schrott 男 スクラップ, scrap 精錬 機械

Schrottaufschmelzen 中 スクラップ溶解, scrap melting 精錬

Schrotthalle 女 スクラップ棟,scrap bay 精錬 操業 設備

Schrottsatz 男 スクラップ投入(量, 率), scrap ratio 精錬 製銑 操業 設備

Schrottvorwärmen 中 スクラップ予熱(法),scrap pre-heating 精錬 エネ リサイクル 操業 設備

schrumpfen 収縮する,萎縮する shrink 連鋳 鋳造 機械 医薬

Schrumpfsitz 男 焼きばめ, 締りばめ, 類

S

Festsitz 男, shrinkage fit, interference fit, stationary fit 機械

Schruppen 中 荒仕上げ, 荒削り, rough finishing, rough machining 機械

Schruppschleifmaschine 女 ラフグラインダー, roughing grinding machine 機械

Schruppstahl 男 荒削りバイト, 類 Formwerkzeug 中, Formstahl 男, Schruppwerkzeug 中, roughing tool, bull nose tool 機械

Schubbetrieb 男 惰行運転モード, coasting mode 機械

Schubbeize 女 プッシュプル型酸洗い機, push-pull pickler 材料 機械 化学

Schubbremse 女 ブロックブレーキ, 類 Blockbockbremse 女 機械

Schubelastizitätsmodul 男 剪断弾性係数, 横弾性係数, 類 Schubmodul 男, elastic shear modulus, modulus of transverse elasticity 機械 材料 設備 建設

Schubkraft 女 背分力, thrust force 機械

Schubkraftdiagramm 中 剪断力図, shearing force diagram 機械

Schublager 中 スラストベアリング, 類 Drucklager 中, thrust bearing 機械

Schubmodul 男 剪断弾性係数, 横弾性係数, 類 Schubelastizitätsmodul m, elastic shear modulus, modulus of transverse elasticity 材料 機械

Schubmotor 男 (モーターボートなどの)スラストエンジン 機械 船舶

Schubrichtung 女 推力方向, 剪断方向, shear direction, thrust direction, SR 機械 材料 建設

Schubrohr 中 トルクチューブ, 類 Hohlwelle 女, Drehwiderstandsröhre 女 機械

Schubspannung 女 剪断応力, shear stress 機械

Schubstange 女 プッシュロッド, トルクロッド, push rod 機械

schubweich 剪断可撓[かとう]性の, shearing flexible 材料 鉄鋼 非鉄

Schülpe 女 あばた, 類 Ansatz 男, scab crater, pockmark 材料 鋳造 機械

Schürfung 女 試掘, 擦過傷, 類 Aushub 男, trench, abrasion, scratch 地学 建設 化学 バイオ 医薬

Schürrost 男 搖動火格子[ひごうし], 揺り火格子, 類 Schüttelrost 男, 関 Rostschüttelapparat 男, rocking grate, shaking grate エネ 機械

Schüttbetrieb 男 散荷装入運転, bulk feeding operation 製銑 操業 設備 船舶 交通 物流

Schüttelsieb 中 振動ふるい, 類 Schwingsieb 中, vibrating screen, oscillating screen 機械

schütten 注ぐ, 鋳込む, 流し込む 製銑 精錬 連鋳 鋳造 地学

Schütterung 女 衝撃, 強い揺り動かし, vibration, succession 機械 地学 建設 船舶

Schüttgut 中 (鉱石, 石炭などの) 散荷[ばらに], bulk material 製銑 操業 設備 船舶 交通 物流

Schüttgutfrachter 男 ばら積貨物船, bulk carrier 船舶 地学 製銑

Schüttung 女 堆積物, 充填層, 充填床, packed bed 地学 製銑 化学 バイオ

Schüttwinkel 男 安息角, angle of repose 機械

Schulterkugellager 中 マグネット型玉軸受, magneto ball bearing 機械 電気

Schulterschmerzen 複 肩痛[けんつう], omalgia 化学 バイオ 医薬

schuppen 片々と散る, スケールを形成する, スケールがとれる, 鱗を形成する, 鱗がとれる, flake, scale 溶接 材料 機械

Schuss 男 横糸, 若芽, 射出, 関 Kette 女 機械 バイオ 繊維

Schutzgasschweißung 女 イナートガスアーク溶接, シールドアーク溶接, inert gas shielded welding 溶接 材料 機械 電気

Schutzgüter 複 中 守るべき物, (生命, 生活, 健康, 水質などの), objects of protection, the most important protected assets, the things in need of protection 環境 化学 バイオ 医薬

Schutzklappe 女 保護キャップ 機械

Schutzlippe 女 (リップを有する) 成形防護パッキン(リップ), protective lip 操業

設備 機械
Schutzrecht 中 著作権・特許権・商標権保護法, property right, protective right 特許 法制度 経営
Schutzschaltung 女 保護回路, protective circuit 電気
Schwabbel-maschine 女 バフ盤, buffer unit, buffering unit 材料 機械 光学 電気
Schwächung 女 減衰, 減光, 微弱化, attenuation, extinction, weakening, 類 Dämpfung 女 機械 電気 光学 音響
Schwärze 女 黒みかけ, black wash, blacking, slip 鋳造 材料 機械
Schwalbenschwanznut 女 あり溝, dovetail groove 機械
Schwalltopf 男 サージタンク, 調圧タンク, 灰処理貯水槽, 類 Druckausgleichsbehälter 男, surge tank 機械
schwanken 振動する, 変動する, fluctuate 機械 電気 光学 音響
schwarzer Temperguss 男 黒心可鍛鋳鉄, black heart malleable cast iron 鋳造 材料 機械
Schwarzlangenkessel 男 (パルプの製造工程で, 木材チップから繊維を取り出す時に出る) 黒液燃焼ボイラー, black liquor fired boiler エネ 機械 設備
schwebend 浮遊の, 類 flottierend, floating 化学 バイオ 機械 精錬
Schwebestoffe 複 男 浮遊・懸濁物質, suspended matter 化学 機械 精錬 環境
Schwefel-Abdruck 男 サルファープリント, sulphur print 精錬 連鋳 材料
schwefelige Säure 女 亜硫酸, sulfurous acid, H_2SO_3 化学 バイオ
Schwefelkohlenstoff 男 二硫化炭素, carbon bisulfide, carbon disulfide, CS_2 化学 バイオ
Schwefelsäure 女 硫酸, sulfuric acid, sulphuric acid, H_2SO_4 化学 バイオ
Schwefeltrioxid 中 無水硫酸, 三酸化硫黄 sulphur trioxide, SO_3 化学 バイオ
Schwefelwasserstoff 男 硫化水素, hydrogen sulfide, H_2S 化学 バイオ
Schweißbad 中 溶接プール, 溶接溶融池, weld pool 溶接 機械 材料
Schweißbadsicherung 女 溶接プール裏当て金, 関 Schweißunterlage 女, weld pool backing 溶接 材料 機械
Schweißbarkeit 女 溶接性, weldability 溶接 材料 機械 建設
Schweißdraht 男 溶接棒, 類 Schweißelektrode 女, welding rod, welding wire 溶接 材料 機械
Schweißdüse 女 溶接火口, welding tip 溶接 機械
Schweißen von oben 中 下向き溶接, flat welding, downhand welding 溶接 材料 機械
Schweißfolge 女 溶接順序, welding sequence 溶接 材料 機械
Schweißfuge 女 溶接継ぎ手, 溶接接合, 溶接開先, welding joint, welding groove 溶接 材料 機械
Schweißfugenbearbeitung 女 開先加工, 類 Fugenvorbereitung 女, edge preparation 溶接 材料 機械
Schweißglut 女 溶接熱, 類 Schweißwärme 女, welding heat 溶接 材料 機械
Schweißgutüberlauf 男 溶接金属のオーバーフロー, over flow of welding metals 溶接 材料
Schweißkantwinkel 男 開先角度, 類 Öffnungswinkel 男, Fasenwinkel 男, groove angle, angle of bevel 溶接 機械
Schweißmittel 中 溶接用フラックス, Schweißpulver 中, 類 Schweißpaste 女, welding flux, welding powder, filler material 溶接 材料 機械
Schweißnaht 女 溶接継ぎ手, 溶接継ぎ目, welded joint, welding seam 溶接 機械 設備 材料
Schweißnahtübergangsbereich 男 溶接止端, weld toe, toe of weld 溶接 材料
Schweißpistole 女 ピン溶接ガン, welding gun 溶接 材料 機械
Schweißraupe 女 溶接ビード, welding bead 溶接 機械 設備 材料
Schweißspritzer 男 溶接スパッタ (はね), 溶接スプラッター (はね), 溶滴スパッタリング, welding splash, weld spatter, welding

S

sparks, welding splatter 精錬 溶接 材料
Schweißspur 女 溶接経路, 溶接痕, ウエルドマーク, welding path, welding mark, traces of perspiration 溶接 機械 材料
Schweißstelle 女 溶接姿勢, 類 Schweißposition 女, welding position 溶接 機械
Schweißstromquelle 女 溶接電源, welding power source 電気 溶接 機械
Schweißteil 中 (超音波接合などの) 被溶接材, welded part 溶接 材料 機械
Schweißumformer 男 溶接変圧器, 類 Schweißumspanner 男, Schweiß-Stromerzeuger 男, welding transformer 溶接 電気 機械 設備 材料
Schweißverzug 男 溶接によるゆがみ, ねじれ, welding distortion 溶接 材料
Schweißzusatzwerkstoff 男 溶加材, welding filler material 溶接 材料 機械
Schwelgas 中 低温乾留ガス, low temperature carbonization gas 化学 バイオ 製銑
Schwelle 女 敷居, 枕木, 最小限界値, 閾値 [しきいち, いきち], 膨れ, 膨らみ, 類 関 Schwellung 女, Quellung 女, threshold, sill, sleeper, blister, bulging, swollen part 機械 交通 統計 化学 バイオ 電気 建設
Schwellenbereich 男 最小限界範囲, 閾値 [しきいち, いきち] 範囲, threshold range 機械 化学 バイオ 電気 数学 統計 材料
Schwellung 女 腫れ, 膨潤, 膨張, 膨らみ, 類 関 Quellung 女, Schwelle 女, swelling, bulge 化学 バイオ 材料
Schwelung 女 低温乾留, 類 Urverkokung 女, Niedertemperatur-Trockendestillation 女, low temperature carbonization, low temperature coking 化学 地学 製銑
Schwenkhebel 男 ピボットレバー, pivot lever 機械
Schwenklager 中 ヒンジベアリング, ピボットベアリング, スピンドル, 類 関 Gelenklager 中, Kipplager 中, Zapfenlager 中, hinji bearing, pivot bearing, swivel bearing 機械
Schwenkrundtisch 男 ロータリーテーブル, 回転工作物キャリアー 機械
Schwenkschlauchnippel 中 スイングホースステム 機械
Schwenktraverse 女 旋回横桁, swivel-joist 建設
Schwenkung 女 旋回, 回転, 方向転換, 類 関 Drehen 中, Drall 男, Gyration 女, turn, turning, revolution, gyrating 機械
Schwenkwinkel 男 首振り角度, 類 関 Schwingwinkel 男, Pendelwinkel 男, swing angle, oscillating angle 化学 バイオ 医薬 機械
Schwerfass 中 タンブラー, 送り変換レバー, tumbler 機械
Schwerhörigkeit 女 難聴, hearing disorder, deafness, hypacusis, auditory disorder 化学 バイオ 医薬
Schwerkraftfilter 男 重力濾紙, gravitational paper filter 化学 バイオ
Schwermut 女 抑鬱症, 類 Depression 女, Melancholie 女, depression 化学 バイオ 医薬
Schweröl 中 重油, heavy oil 化学 機械
Schwerpunkt 男 重心 機械 物理
Schwersieder 男 高沸成分, high-boiling component, 関 Leichtsieder 男, 低沸成分 化学 バイオ
Schwertrübesortierung 女 (母岩から, 石炭を分離する) シンクフロート分離法, method to separate coal from the host rock using heavy media concentration with the turbinated fraction 地学 機械
Schwerttrommelwäsche 女 へら形ミル回転スクラバー, paddle mill type revolving scrubber 機械
Schwerwasser 中 重水, heavy water 原子力 化学
schwimmend gelagerte Bremsscheibe 女 フローティングブレーキディスク, floating brake disk 機械
Schwimmer 男 キャブレターフロート, float, floater 機械
Schwimmerventil 中 フロート弁, floate valve, floating switch 機械
Schwimmsattel 男 フローティングキャリパー, floating caliper 機械

Schwimmstoffe 複 男 浮遊物質, suspended & floating matter or particles 化学 機械 精錬 環境

Schwindel 男 めまい, 目眩い, vertigo, dizziness 化学 バイオ 医薬

Schwindmaß 中 縮み代, 縮みしろ, 類 Schwindungszulässigkeit 女, shrincage value, shrincage allowance, contraction allowance, degree of shirincage 材料 鋳造 連鋳 化学 機械

Schwindungsriss 男 縮み割れ, shrinkage crack, contraction breach, contraction crack 材料 鋳造 連鋳 化学 機械

Schwingachse 女 スイングアクスル, swing axle 機械

Schwingdurchmesser 男 (旋盤の)振り, 最大加工可能径, 類 größter Drehdurchmesser 男, turning diameter, swing, swing diameter 機械 材料

Schwinge 女 フローティングレバー,スイングアーム,floatng lever,swing arm 機械

Schwingenwelle 女 タンブラーシャフト 機械

Schwinger 男 発振器, 振動子, オシレータ, トランスデューサ, oscillator, transducer 電気 物理 光学 音響 機械

Schwingfestigkeit 女 疲労強度, fatigue sstrength, 類 Dauerfestigkeit 女, Ermündungsfestigkeit 女 材料 機械

Schwingförderer 女 振動コンベヤー, oscillating conveyor 機械

Schwinghebel 男 (オートバイなどの)スイングアーム, ロッカーアーム swing arm, rocker arm 機械

Schwingsieb 中 振動ふるい, 類 Schütttelsieb 中, oscillating screen, vibrating screen 機械

Schwingung 女 振動, オシレーション, 振幅, oscillation 機械 電気 光学 音響

Schwingungsdämpfer 男 制振器,damper,vibration compensator 機械 音響 交通

Schwingungsrelaxationszeit 女 振動緩和時間, vibrational relaxation time 機械 音響

Schwingungssystem 中 振動系,vibration system,oscillatory system 機械 音響 交通

Schwingwelle 女 搖動軸,揺れ軸,swinging shaft 機械

Schwunghebel für Nortongetriebe 男 ノートンクイックチェンジギヤー用ロッカー 機械

Schwungmasse 女 回転質量, rotating mass, centrifugal mass 機械 物理

Schwungmassenspeicher 男 はずみ車大容量蓄電装置, SMS, 類 Rotierender Energiespeicher 男, flywheel mass power storage 機械 電気

Schwungrad 中 はずみ車,fly wheel 機械

SCM =英 supply chain management サプライ・チェーン・マネージメント, 供給連鎖管理 製品 経営;=英 scanning capacitance microscopy 走査型静電容量顕微鏡法 化学 バイオ 電気 材料 物理 ;=英 super conducting magnet = supraleitender Magnet 超電導磁石 電気 機械

SCR = 英 selective catalytic reduction = selective katalytische Reduktion 選択式触媒還元脱硝法, 関 KNR 化学 バイオ 機械 環境 ; = 英 surge protection chip resistor = Überspannungsschutz-Chip-Widerstand サージ対応チップ抵抗器 電気

SCS = 英 sequence control system = Ablaufsteuerung シーケンス制御システム, シーケンス制御系 電気 ; =英 single-coking-reactor-system = Einzelkammersystem 単一チャンバーコーキングシステム 製銑 設備

SCSI =英 small computer system interface = Standardisierte PC-Schnittstelle 小型コンピュータシステムインタフェース, スカジー(いくつかのコンピュータで使用されるコンピュータとその周辺機器の間の標準的なポートからなるインターフェース, ANSI が 1986 年に定めたインターフェース規格) 電気 規格

SCW = Spitzen-Cluster-Wettbewerb トップグループ・クラスター・競争 全般 経営 ; = 英 super critical water = superkritisches Wasser = überkritisches Wasser

S

超臨界水 [原子力] [放射線] [物理] [化学]
SD =㊩ standard deviation = Standardabweichung [女], 標準偏差 [統計]
SDK = Spannungs-Dehnungs-Kurve = stress-strain-curve 応力―歪―曲線, [材料] [電気] [数学]
SDMH = symmetrisches Dimethylhydrazin = symmetrical dimethylhydrazine 対称型ジメチルヒドラジン [化学] [バイオ]
SDS =㊩ sodium dodecyl sulphate ドデシル硫酸ナトリウム, 硫酸ドデシルナトリウム,(脂質や難溶性タンパク質の可溶化やSDSタンパク質電気泳動法などに用いる, $C_{12}H_{25}NaO_4S$, ラウリル硫酸ナトリウム とも呼ばれる) [化学] [バイオ] ; = ㊩ sodium 1-dodecanesulfonate, 1ドデカンスルホン酸ナトリウム, イオン対試薬,(アニオン性界面活性剤の一つ, $C_{12}H_{25}SO_3Na$, $C_{12}H_{25}NaO_3S$) [化学] [バイオ]
SDS-PAGE =㊩ sodium dodecyl sulfate-polyacrylamide gel electrophoresis = SDS-Polyacrylamid-Gelelektrophorese SDS(ドデシル硫酸ナトリウム, 硫酸ドデシルナトリウム)-ポリアクリルアミドゲル電気泳動 [化学] [バイオ] [電気]
SE =㊩ standard error of mean = Standardfehler [男] 標準誤差 [統計] ; = Spanneinheit [女] クランプユニット, スプリングユニット [機械] [設備]
SEAJ =㊩ Semiconductor Equipment Association of Japan 日本半導体製造装置協会 [組織] [電気] [機械] [設備]
Sebasinsäure [女] セバシン酸, sebasin acid [化学] [バイオ]
Sechsgang [男] 六速, six-gear, six-speed [機械]
Sechskantmutter [女] 六角ナット, hexagon-nut, hex-nut [機械]
Sechskantschlüssel [男] 六角スパナ, hexagonal wrench, hexagonal spanner, hexagon key [機械]
Sechskolbenzangen [男] 六段ピストンキャリパー, 六段ピストントング, six-piston caliper, six-piston tong [機械]
sechsringig 六員環の : sechsringige Verbindung 六員環化合物 [化学] [バイオ]
sechswertig 六価の, ㊩ sexivalent, hexavalent [化学] [バイオ]
SECS = ㊩ SEMI Equipment Communications Standard, SEMI (㊨ 半導体製造装置材料協会) 半導体製造装置通信規格 [電気] [規格] [組織]
Sedimentation [女] 沈降,堆積,sedimentation,deposition,accumulation [地学] [化学] [バイオ] [環境]
Sedimentgestein [中] 堆積岩,水成岩,沈積 岩,sedimentary rock,aqueous rock [地学] [化学] [バイオ] [物理]
Seegerring [男] ゼーガーリング, Seeger ring, spring ring [機械]
Segment [中] セグメント, segment [機械]
Segmentkäfig [男] かご型回転子,(転がり軸受の) 保持器,retainer,cage [機械] [電気]
Sehfeld [中] 視界, [類] Gesichtfeld [中], field of view, visibility [光学] [化学] [バイオ] [医薬]
Sehkraftbestimmung [女] 検眼, [類] Optometrie [女], eye examination, optometry [化学] [バイオ] [医薬] [光学]
Sehschärfe [女] 視力, visual acuity [化学] [バイオ] [医薬] [光学]
Sehstörung [女] 視力障害,paropsis,visual disturbance [化学] [バイオ] [医薬] [電気] [光学]
Sehwinkel [男] 視角, visual angle, angle of sight [化学] [バイオ] [医薬] [電気] [光学]
Seidenzwirnerei [女] 絹撚糸機, silk throwing plant [繊維] [機械]
Seigerung [女] 偏析,segregation [精錬] [連鋳] [材料]
Seilkausche [女] シンブル, [類] Zwinge [女], thimble [機械]
Seilwinde [女] ワイヤーウインチ,ケーブルウインチ,wire rope winch,cable winch [機械]
seismisch 地震の(多い) [地学] [設備]
Seismologie [女] 地震学, [類] Erdbebenkunde [女] [地学] [設備]
Seitenabzug [男] サイドカット(蒸留塔の塔頂以外の途中の段から, 液または, 蒸気を取り出すこと, 取り出されたもの) [化学] [操業] [設備]

S

Seitenansicht 女 側面図,side view 機械
Seitendeckel 男 サイドカバー,side cover 機械
Seitenführungskraft 女 横すべり抵抗, lateral guided force, cornering force 機械
Seitenholm 男 サイドクロスビーム, サイドポスト, side post, side cross beam 機械 建設
Seitenkette 女 側鎖,sidechain 化学 バイオ 機械
Seitenleuchtenanordnung 女 車幅灯装置, 車幅灯配置, サイドマーカランプ装置, サイドマーカランプシステム, side marker lights, SA 機械 電気
Seitenmakierungsleucht 女 車幅燈, SML, 類 Spurhalteleuchte 女, width indicator, side marker lamp, sidelight 機械
Seitenspanwinkel 男 横すくい角, side rake angle 機械
Seitenverhältnis 中 (ばねなどの)縦横比, 類 Bildkantenverhältnis 中, aspect ratio, slenderness ratio 機械
Seitenwand 女 (タイヤなどの)サイドウォール, 類 Reifenflanke 女,side wall 機械
Sekretion 女 分泌,英 secretion 化学 バイオ 医薬
sekündlich 秒毎の 機械
Sekundäreinspritzung 女 二次噴射, secondary injection 機械
Sekundärelektronen-Vervielfacher 男 二次電子増倍管, 類 Photomultiplier 男, secondary electron multiplier, photomultiplier, PMT 電気 光学 音響 機械
Sekundärerstarrung 女 二次凝固, secondary solidification 精錬 連鋳 材料
Sekundärinfektion 女 二次感染,secondary infection 化学 バイオ 医薬
Sekundärionen-Massenspektroskopie 女 二次イオン質量分析法, secondary ion mass spectroscopy, SIMS 化学 バイオ 材料 電気 材料 物理
Sekundärlufteinblasung 女 二次空気噴射装置,secondary air injection system 機械 エネ
Sekundärmetallurgie 女 二次精錬, 炉外精錬, secondary refining 精錬 材料
Sekundärübersetzung 女 二速, セカンド, secondary transmission,secondary ratio 機械
Sekundärzementit 男 二次セメンタイト, secondary cementite 材料 鋳造 鉄鋼 非鉄
selbst adjustierendes Lager 中 自動調心軸受, 類 automatisch selbsteinstellendes Lager 中, Pendellager 中, self-aligning bearing 機械
selbstansaugend 自己吸引の, self-priming, self-suctioning 機械
selbstarretierend セルフロックの, self-locking 操業 設備 機械
Selbstauslöser 男 自動シャッターリリース, セルフタイマー, self-timer 電気 光学
selbstausrichtend セルフアライニングの
Selbstbefruchtung 女 自家受精, 自家生殖, 類 Autogamie 女, self-fertilization, autogamy 化学 バイオ
Selbstbestäubung 女 自家受粉, self-pollination, autophily 化学 バイオ
Selbstdiffusionskoeffizient 男 自己拡散係数, self-diffusion coefficient 化学 バイオ 精錬 材料 物理
Selbsteinigung 女 自己補正, self-proving, self-compensation 電気 機械
selbsteinstellend 自己調心の：automatish selbsteinstellendes Kugellager 中 自動調心玉軸受け, self-aligning ball bearing 操業 設備 機械
selbstentwickelt 自社開発の 全般
Selbstentzündung 女 自己着火,自己点火, 関 Selbstzündung 女,self-ignition, spontaneous combustion 機械 化学
selbsterregende Schwingung 女 自励振動, 類 selbsterregte Schwingung 女, self-induced vibration, self-excited oscillation 音響 機械
Selbstheilungsprozess 男 自己回復過程, 自然治癒過程, self-healing process 化学 バイオ 医薬
Selbsthemmung 女 セルフロック, (ウォームギヤーの) 自己固着作用, self-locking (-gear-unit), automotive interlock 機械 電気

S

selbstinduziert 自己誘導の, self-induced 機械 電気 物理
Selbstkostenrechnung 女 原価計算, 類 Kostenverfolgung 女, cost accounting, costing, cost recording 経営
Selbstregelungsventil 中 自動調整弁, automatic regulating valve 機械
selbstschneidender Gewindeeinsatz 男 セルフタッピング差し込みねじ 操業 設備 機械
Selbstständiglaufrad 中 片側吸込羽根車, single-side type impeller エネ 機械
selbsttätige Drehmaschine 女 自動旋盤, automatic lathe 機械
selbsttätige Feuerregelung 女 自動燃焼制御, automatic combustion control, AC エネ 機械 環境
selbsttragend 自己支持型の,(構体全体で重量を支える, 外皮が強度部材を兼ねる) 張殻の, モノコックの, self-supporting, 仏 monocoque 機械 交通 建設
selbstzentrierend 自己復元性の, セルフセンタリングの, self-aligning, self-centering 機械 船舶
Selektionsmedium 中 選択培地(微生物や培養細胞の集団の中から, ある特定の性質を示す細胞を選択的に増殖させる培地をいう), selective medium, selection medium 化学 バイオ
Sellergewinde 中 セラーねじ, アメリカ管用ねじ, Seller's screw thread, American standard pipe thread 機械 規格
Sellersche Kupplung 女 セラー継手, 類 Seller-Kupplung 女, Seller's coupling 機械
Seltenerdelement 中 希土類元素(レアメタル 47 種中 17 種をいう), レアアース元素, rare earth element, REM 物理 地学 鉄鋼 非鉄 材料 光学 電気
seltenes Metall 中 希少金属(47 種あり), レアメタル, rare metal 物理 地学 鉄鋼 非鉄 材料 光学 電気
SEM = 英 scanning electron microscopy = Rasterelektronenmikroskopie 走査型電子顕微鏡法 化学 バイオ 電気 材料
SEMI = 英 Semiconductor Equipment and Materials Institut 米 半導体製造装置材料協会 電気 機械 設備 組織
Sendeport 男 送信ポート, send port 電気
Senilität 女 老化(現象), 類 Alterserscheinung 女, aging process, senile change, symptom of old age, senescence 化学 バイオ 医薬
Senkkopfniet 男 皿頭リベット, 類 Senkniet 男, countersunk head rivet 機械
Senknase 女 ドロップノーズ(沈下鼻端, 下降鼻端), drop nose 航空 機械 建設
Senkniet 男 沈頭[とう]リベット, 皿頭リベット, 類 Senkkopfniet 男, countersunk head rivet, flush rivet 機械
senkrecht 垂直の, vertical
Senkrechtfräsmaschine 女 縦フライス盤, 立てフライス盤, vertical milling machine 機械
Senkschraube 女 皿頭ねじ, 類 Flachkopfschraube 女, flat countersunk head screw 機械
Senktiefe 女 (六角穴などの) 深さ, 皿頭の深さ, sinking depth, countersinking depth 機械
Sensorstrahlungsfeld 中 センサー照射野, sensor radiation field 電気
SEP = 英 sound engineering practice = Bewährte, ingenieurmässige Bearbeitung 健全なエンジニアリングの実践, 良好なエンジエアリング慣習による設計製作,(欧州圧力指令で用いられている言葉) 規格 機械 全般
Separator 男 分離器, セパレータ, 類 Trenner 男, 英 separator 機械 化学 バイオ
SEQ-ID No. 英 配列識別番号, sequence numeric identifier バイオ 化学
Sequenz 女 配列, sequence 化学 バイオ 医薬
Sequenzguss 男 連々鋳, sequence casting 連鋳 操業 設備
Sequenzierung 女 配列決定, sequencing 化学 バイオ 医薬
Sequestiermittel 中 金属イオン封鎖剤, sequestering agent 化学 バイオ
Serienbrief 男 差し込み印刷, mail merge,

print with insertion 印刷 電気 機械
seriengefertigt 大量ライン生産の 操業 製品
Serienmotor 男 生産エンジン 機械
Serinprotease f セリンプロテアーゼ, serine protease 化学 バイオ
Serizit 男 絹雲母, sericite 地学 非金属 鋳造 機械
Serodiagnose 女 血清学的診断,serological diagnosis 化学 バイオ 医薬
SERS= 英 surface enhanced raman spectroscopy 表面励起ラマン分光法 化学 バイオ 電気 材料 物理
Serum n 漿液, 血清, 類 Blutserum 中, 英 serum 化学 バイオ 医薬
Serumhepatitis 女 血清肝炎, SH, homologous serum hepatitis, serum hepatitis 化学 バイオ 医薬
Server 男 サーバー, 英 server 電気
Servomechanismus 男 サーボ機構, survo-machanism 機械
Sesquioxid 中 三二酸化物(Al_2O_3, Fe_2O_3 などの酸化物, セスキ酸化物ともいう), 英 sesquioxide 化学 材料 鉄鋼 非鉄 地学 製銑 精錬
Setzkopf 男 リベット頭, リベット止め, die head, setting head, 関 Schließkopf 男 機械 建設
Setzschraube 女 止めねじ, 類 Kontermutter 男, Madenschraube 女, check nut 機械
Setzstempel 男 止めダイ, セットハンマー, set hammer 機械
Seuche 女 流行病, 類 Epidemie 女, an outbreak of certain diseases, epidemic 化学 バイオ 医薬
SEV = Sekundärelektronenvervielfacher = secondary electron multiplier (SEM) 二次電子増倍管 電気 光学
SEXAFS = 英 surface extended x-ray absorption fine structure 表面イグザフス 化学 バイオ 電気 材料 物理
Sextogerüst 中 シックスハイスタンド, six-high stand 材料 操業 設備 機械
SFBs = Sonderforschungsbereich 特別研究領域 全般
SFV = Solarenergie-Förderverein Deutschland e.V. = German Association for the Promotion of Solar Power 太陽光発電開発促進登録協会 エネ 環境 電気 組織
Shareware 女 シェアウエアー, 英 share ware 電気
Shatter-Index 男 シャッター強度, 落下強度 鋳造 機械 材料 製銑 非金属
SHED =英 sealed housing for evaporative emission determination 全蒸発ガス採取法 機械 化学 環境
Shikimisäure-Stoffwechselweg 男 シキミ酸経路(ホスホエノールピルビン酸→コリスミ酸→チロシン, トリプトファン), 類 Shikimisäure-Weg 男, shikimic acid pathway 化学 バイオ
Shuntwiderstand 男 分流器, 類 Abzweigungswiderstand 男,Neben schlusswiderstand 男,shunt resistance,RS 電気 機械
Sialinsäure 女 シアル酸,sialic acid 化学 バイオ
SIBIE =英 stack imaging of spectral amplitudes based on impact echo インパクトエコー法に基づいたイメージングによる画像処理,(コンクリート内部欠陥などの評価手法として用いられる) 電気 音響 材料 建設
Sicherheitsdatenblatt 中 安全性データシート, safety data sheet, SDS 化学 バイオ 法制度
Sicherhetselement 中 セキュリティー要素, security element 電気 光学 音響 機械
Sicherheitsfaktor 男 安全率,safety factor 機械 化学 操業 設備
Sicherheitskäfig 男 立体結構フレーム, safty cage 機械
Sicherheitsleistung 女 保証金納付, 担保の提供 経営
Sicherheitslösung 女 セキュリティーソルーション, セキュリティー解決策 機械 電気 操業 設備
Sicherheitsprüfung 女 安全検査 safety

S

test, safety check 機械 化学 バイオ 操業 設備

Sicherheitsrad 中 補助輪, 安全ホイール, safety wheel, safety caster 機械

Sicherheitsumfeld 中 セキュリティー環境, security environment, SE 電気

Sicherheitsventil mit Federbelastung 中 バネ式安全弁, safty valve with spring loading 機械

Sichtbetonfläche 女 打放しコンクリート表面, fare-faced concrete surface, exposed concrete surface 建設

sichten 篩にかける, sift, separate, classify 機械 化学 鋳造 製銑

Sichter 男 篩, sifter, separator, classifier 機械 化学 鋳造 製銑

Sichtprüfung 女 目視検査, visual inspection, Nacked-Eye Inspection (液晶技術用語), visual examination(プリント基板技術用語) 材料 電気 機械

Sichtweite 女 視界, 視程, view sight, visual range, visibility 化学 バイオ 医薬 光学

Sicke 女 溝, くぼみ, groove 機械

Siebdruckverfahren 中 絹紗 [けんしゃ] スクリーン捺染 [なつせん] 法, silk screen printing process 印刷 機械

Siebkorb 男 スクリーンバスケット, screen basket, sieve basket 機械

Sieböffnung 女 スクリーンサイズ, screen size 機械 化学 バイオ

Siedepunkt 男 沸点, boiling point, SP 化学 バイオ 物理

Siedewasserreaktor 男 沸騰水型原子炉, boiling-water reactor, BWR 原子力 放射線 操業 設備

Siegelkleber 男 シーリング接着剤, sealing adhesive 機械 化学 バイオ

SI-Einheit 女 SI 単位, SI-Unit 規格 特許

Sigma -Faktor 男 シグマ因子(必須蛋白質因子) 化学 バイオ 医薬

Signalaufbereitung 女 信号処理, signal processing, signal conditioning 電気 機械

Signalausfall 男 ドロップアウト, drop-out 電気

Signalleitung 女 信号リード線, signal line, signal lead 電気 機械

Signal-Stör-Abstand 男 信号対雑音比, SN 比, 類 Signal/Rausch- Verhälnis 中, Signal/Stör-Verhältnis 中, signal-to-noise-ratio 電気

Signalstruktur 女 シグナル構造 化学 バイオ

Signifikanzniveau 中 有意水準, significant level 統計

Signifikanzniveau der Differenzen 中 有意差水準, significant difference level 統計 数学

Silan 中 シラン, 水素化珪素, silane 化学 バイオ

Silanisierung 女 シラン化, silanization 化学 バイオ

Silbentrennung 女 ハイフネーション, hyphenation 電気 印刷

Silberlötung 女 銀ろう付け, silber soldering 材料 機械 電気

Silberfärbung 女 銀染色, 銀染色法, 銀着色 (ポリアクリルアミドゲル電気泳動などで分離したタンパク質を高感度に検出する染色法), silver staining 電気 化学 バイオ

silieren サイロに入れて貯蔵する, ensile 機械 化学

Silikat 中 シリケート, 珪酸塩, silicate 化学 バイオ 精錬 材料 製銑 非金属

Silikaziegel 男 珪石煉瓦, silica brick 地学 製銑 精錬 材料 鉄鋼 非鉄 非金属 鋳造

Siliziumscheibe 女 シリコンウエハー silicon disk, silicon wafer, silicon plate 電気

Siliziumstahl 男 珪素鋼, silicon steel 材料 電気 鉄鋼 物理

Siltstein 男 沈泥石, silt stone バイオ 地学

Silur 中 シルル紀(シルリア紀) (古生代の), 英 Silurian 地学 物理 化学 バイオ

Silylierung 女 シリル化, silylation 化学 バイオ

SIM = 英 subscriber identification modele = Teilnehmer-Informationsmodul 携帯電話機利用ユーザーの加入者情報を保存する IC が内蔵されたモジュール, SIM カードなど 機械 電気

Simmerring 男 オイルシール, ガスケットリング 機械
Simultanfällung 女 同時沈殿, simultaneous precipitation 化学 バイオ
der singuläre Punkt 男 単一点, 特異点 統計
Sinnmutante 女 センス変異体株, sense mutant 化学 バイオ 医薬
Sinnstrang センス鎖, コード鎖(DNAの相補的二本鎖のうち, タンパク質をコードしているmRNAと同一の配列を持つ鎖をいう), sense strand 化学 バイオ 医薬
Sinteranlage 女 焼結設備, sintering plant 製銑 設備
Sinterpfanne 女 焼結パレット, sintering pallet, sintering pan 製銑 設備
Sinusphasengitter 中 正弦位相格子, sinusoidal phase grating 光学 音響 電気
Sinuslineal 中 サインバー 統計
SIP =英 serial interface port = serielle Schnittstelle シリアルインターフェースポート 電気 ; =英 single inline package = Single-inline-Gehäuse シングルインラインパッケージ 電気 ; =英 sterilization in place = Sterilisation einer stationären Anlage 入院設備の適切な滅菌 化学 バイオ 医薬
SIP-fähig =英 single inline package -capable シングル・イン・ライン・パッケージ対応の(ICの片方にのみリードピンの出ているタイプ対応の) 電気
SIR = 英 substrate induced respiration activity = 英 substrate induced respiratory property = substratinduzierte Atmungsaktivität 基質誘導呼吸微生物活性,(土壌微生物のバイオマスあるいは活性を評価する際に用いられる) 化学 バイオ 医薬 地学
siRNA =英 small interfering RNA 低分子2本鎖RNA 化学 バイオ 医薬
Sitz 男 席, はめあい, 本社, seat, fit, head office 機械 経営
Sitzauflage 女 座面, 類 Lagerschale 女, Anlagefläche 女, Auflagefläche 女 機械
Sitzbelegung 女 席(または, その部位・場所が)が塞がっていること, occupation of seat 機械
Sitzbankbezug 男 ベンチカバー, bench cover 機械
Sitzlage 女 座位姿勢
Sitzquerträger 男 シートクロスメンバ, seat cross member 機械 建設
Sitzschale 女 シートパン, シートシェル, seat pan, seating shell 機械
Sitzungsschlüssel 男 セッションキー, shared session key 電気
Skala 女 目盛, 序列 電気 機械
SKE = Steinkohleneinheit = coal unit コールユニット(1t SKE = 29.3GJ) エネ 地学 化学 機械 単位
Skelettezeichnung 女 構造線図, skeleton diagram, skeleton drawing 機械
Skepsis 女 疑い, 嫌疑
SKF = Svenska Kullagerfabriken = Schwedischer Hersteller von Kugellagern スウェーデンの鉄鋼会社名(ボールベアリングなどを生産) 鉄鋼 機械 経営
SKVOL = das spezifische Katalysator Volumen 比触媒容量 機械 化学 バイオ
SLEEM = 英 scanning laser enhanced electrochemical microscope 走査型レーザー電解顕微鏡 化学 バイオ 光学 材料 ; =英 scanning low energy electron microscope 走査型低速電子顕微鏡 化学 バイオ 光学 材料
SLF = Schredderleichtfraktion = shredder light fraction シュレッダー軽量フラクション(片, 割合) 環境 リサイクル
SLG = 英 S-Locus-Glycoprotein S遺伝子座特異糖蛋白 化学 バイオ
SLM = Standard-Liter pro Minute = standard litres per minute 標準L/分(ガス流量計測単位) 単位 化学 機械 ; = 英 susceptibility to liquid metal embrittlement 溶融金属脆化特性,(あるレベル以上の引っ張り応力下で固体金属が特定の液体金属に接すると脆化を受ける現象, 溶融亜鉛メッキなどで) 物理 材料 鉄鋼 非鉄
SLT = solid logic technology 固体論理

技術 電気

SMB =英 simulated moving bed 模擬移動床, 疑似移動床, 仮想移動層・移動床 化学 バイオ 設備

SMC =英 sheet moulding compound シート鋳造複合材, シート鋳造物混合物 材料 化学 バイオ 鋳造 ; = Succinyl-Monocholin = succinyl-monocholine サクシニルモノコリン（コハク酸とコリンのエステル） 化学 バイオ

SMCS = 英 S-metyl cysteine sulfoxide S メチルシステインスルフォキシド（含硫アミノ酸, コレステロール低下剤） 化学 バイオ

Smektit 男 スメクタイト, smectite 地学 鋳造 機械 非金属

SML = Seitenmakierungsleucht 車幅燈, 類 関 Spurhalteleuchte 女, width indicator, side marker lamp, sidelight 機械 電気

SMO = 英 site management organization 治験施設支援機関 化学 バイオ 医薬

SMS =英 systems management server 分散システムの集中管理機能を提供するサーバソフト（マイクロソフト社） 電気 ; = Schloemann-Siemag AG 独 シュレーマンジーマーク社 機械 設備 連鋳 材料

S/N =英 signal-to-noise ratios = Signalstörabstand = Signal/Rausch-Verhältnis 信号対雑音比, SN 比 電気

SNCR-DeNOx = 英 selective non-catalytic reduction = selektive nicht-katalytische Reduktion 選択式無触媒還元脱硝法 化学 バイオ 機械 環境

SNOM =英 scanning near field optical microscopy = optische Rasternahfeldmikroskopie 走査型近接場光学顕微鏡（局所的な光学特性の高分解能測定が可能） 化学 バイオ 光学 材料

snRNA =英 small nuclear RNA = kleine nukleare RNAs 核内低分子 RNA 化学 バイオ 医薬

SOBP =英 spread-out bragg peak 拡幅ブラッグピーク, 拡大ブラッグピーク 化学 バイオ 医薬 放射線

SOF =英 soluble organic fraction = lösliche organische Fraktion = lösliche organische Anteile 可溶性有機成分,（自動車排ガス中などの） 環境 化学 バイオ 医薬 機械

SOFC =英 solid oxide fuel cell = Oxidkeramische Brennstoffzelle = Festoxidbrennstoffzelle 固体電解質型燃料電池 電気 機械 化学

SoHo = 英 small office/home office = Büro-Kategorien = kleine und Heimbüros スモールオフィス・ホームオフィス 経営 電気

SOIC =英 small outline integrated circuit = SO-Gehäuseform für Integrierte Schaltungen スモールアウトライン集積回路, SOP の別称 電気

Solarmodul 中 ソーラーモジュール solar module, SM エネ 電気 設備

Sole 女 塩水 化学 バイオ

Solldicke 女 設定厚さ, target thickness 操業 設備 機械 電気

Sollvorgabe 女 設定目標値, target setting, setting point 機械 電気 操業

Sollwertformer 男 セットポイントフォーマー 電気 機械

Sollwertfunktion 女 セットポイント機能 電気 機械

Solubilisierung 女 可溶化（コロイド界面化学の）, 英 solubilization 化学 バイオ

Solvens 中 溶媒, 溶剤, 類 関 Lösungsmittel 中, solvent 化学 バイオ

SOM = 英 self-organizing map 自己組織化写像 化学 バイオ 電気 統計 ; =英 soil organic matter = feste organische Substanz = organische Bodensubstanz, OBS 土壌有機物 化学 バイオ 地学

Sondennahrung über den Katheter 女 カテーテルによる経腸栄養補給, enteral feeding via the catheter 化学 バイオ 医薬

Sonderanfertigung 女 特別仕立て, 特別な意匠, 特定製造, special production, special design 機械 製品

Sonderzeichen 中 特殊記号, 特殊文字, special character 電気 印刷

Sonnenblende 女 サンバイザー, sun screen, sun visor, sun shield 機械 光学

Sonnenkollektor 男 太陽光コレクター,

ソーラーコレクター [エネ] [環境] [機械]

Sonochemie [女] 音化学, 音響化学, 超音波化学（超音波の化学作用の利用に関する研究分野）, sono-chemistry [化学] [音響] [物理]

Sonographie [女] 超音波検査法, 厚層断層撮影法, sonography [化学] [バイオ] [医薬] [電気] [光学] [音響]

Sonotrode [女] ソノトロード, 英 sonotrode [溶接] [音響] [材料] [機械]

Sonstigeabfall [男] その他の廃棄物 [環境]

SOP = 英 standard operation procedure = Standard-Arbeitsausweisung = Standard-Verfahrensanleitung 標準作業手順書 [機械] [操業] [設備] [全般]

sorgen : für etwas ～を取り計らう, 世話をする, 調達する, 司さどる, 引き起こす

Sorption [女] 収着,（活性炭などの多孔性物質に対する気体分子や溶質の吸着現象をいう）, 英 sorption [化学] [バイオ] [物理]

Sorptionsdatenbank [女] 収着データベース, sorption database, SDB [電気] [放射線] [地学] [非鉄] [非金属]

Sorptions-Kältemaschine [女] 吸収式冷凍機, absorption-refrigerator [機械] [電気] [化学]

Sorte [女] 品種, cultivar, cv. [化学] [バイオ]

Sortenschutzgesetz [中] ドイツ連邦植物品種保護法, Plant Variety Protection Law, SortSchG [バイオ] [法制度]

sortieren ソートする, 英 sort [電気] [印刷]

Sortiment [中] 品揃え, range of products or goods, 英 assortment, line [操業] [製品]

SOT = 英 small outline transistor スモールアウトライントランジスタ(表面実装に適したパケッジ寸法になっているトランジスタ型式) [電気]

Soxhletextraktionsverfahren [中] ソクスレー抽出法,（固体中の不揮発性物質を一定量の揮発性溶媒を用いて抽出する方法, 食品・飼料の分析でしばしば使われる）, 英 the Soxhlet extraction procedure [化学] [バイオ]

Sozius [男] オートバイ同乗者, 組合員 [機械] [経営]

SP = 英 saturated polyester = Gesättigter Polyester 飽和ポリエステル [化学] [材料]

Spalt [男] 間隔, ギャップ, クリアランス, 割れ目, 裂け目, clearance, gap, split, slot, crevice [機械] [設備] [地学]

Spaltanordnung [女] 軸封装置, shaft seal [機械]

Spaltbuchse [女] 割りブッシュ, split bushing [機械]

Spalter [男] スプリッター, 類 Spaltkeil [男] [機械]

Spaltklappe [女] 隙間フラップ, split flap [機械]

Spaltlinie [女] スリットライン, slitting line, 類 Längsteilung [女], Zerteillinie [女] [連鋳] [材料] [設備]

Spaltprodukt [中] 分解生成物, 核分裂生成物, cleavage product, fission product [化学] [バイオ] [原子力]

Spaltproduktausbeute [女] 核分裂収率, 核分裂収量, fission yield [原子力] [物理]

Spaltrohr [中] 割りチューブ, split tube [機械]

Spaltrohrmotor [男] キャンドモーター [機械]

Spaltung [女]（共有結合の）開裂反応, 類 Abspalten [中], cleavage, cracking [化学] [バイオ]

Spaltweite [女] 間隔, gap width, clearance, jaw setting [機械] [化学] [バイオ]

Span [男] チップ, 切り粉, 削りくず, chip [機械]

spanabhebend 切削の, cutting, machining [材料] [機械]

Spanabtragung [女] チップ排出, chipping removal [材料] [機械]

span gas 英 スパンガス, スパン調整用ガス, 所定の測定レンジの最大目盛値の較正に用いる標準ガス, 独 Kalibliergas [中], Referenzüberprüfunggas [中], Gas für Spanneneinstellung [中] [化学] [バイオ]

Spange [女] バックル, 類 Schnalle [女], Vorreiber [女], Gurtschloss [中] [機械]

Spannbetonbrücke [女] プリストレストコンクリート橋, pre-stressed concrete bridge [建設]

Spannbock [男] クランプ台, ポペット, 枕木, poppet, stretching block [機械]

Spannbreite [女] 間隔の幅, 拡がり,

S

range,divergence,span width [電気] [機械]

Spanne [女] 期間, マージン [経営] [機械]

Spanneinheit [女] クランプユニット, スプリングユニット, SE [機械] [設備]

spannen ピンと張る [機械]

Spannfeder [女] 引張りばね, 予圧スプリング, 糸調子ばね, pre-load spring, tension spring [機械] [繊維]

Spannfutterarbeit [女] チャック作業, chucking [機械]

Spanngliedführung [女] テンドンガイド, tendon guide [建設]

Spannhülse [女] クランプスリーブ,clamping sleeve [機械]

Spannkörper [男] クランプ台, ポペット, 枕木, poppet, stretching block [機械]

Spannmutter [女] クランプナット,clamping nut [機械]

Spannpatrone [女] コレット, [類] Spannzange [女], Klemmhülse [女], Klemmbuchse [女], collet [機械]

Spannpatronenfutter [中] コレットチャック, collet chuck [機械]

Spanplatte [女] チップボード, パーティクルボード, 削片板(木片または削り片を樹脂で貼り合わせ堅いシートに圧縮した壁板), [類] Holzspanplatte [女], particle board, PB [建設]

Spannring [男] スプリングリング [機械]

Spannscheibe [女] クランプディスク, スプリングワッシャー, clamping disc, spring washer [機械]

Spannschloss [中] ねじ締め金具, ターンバックル, tension lock, tightener, turnbuckle [機械]

Spannschraube [女] ターンバックル,クランプボルト,[類] Vorreiber [女],Spannschloss [中] ,turnbuckle,clamping bolt [機械]

Spannstange [男] テンションロッド, tension rod [機械]

Spannstift [男] ロールピン, ダウエルピン, スプリングピン, spring pin, dowel pin, rollpin [機械]

Spanntiefe [女] クランプ深さ(幅), チャック深さ(幅), clamping depth, chucking depth [機械]

Spannung [女] 張力, 応力, 電圧, スパン, tension, voltage [機械] [電気] [建設] [材料]

Spannungs-Dehnungs-Schaubild [中] 応力一歪一図, stress-strain diagram [材料] [機械]

Spannungsdurchschlagsicherung [女] 絶縁破壊安全性, dielectric breakdown safety [電気]

Spannungsfestigkeit [女] 絶縁耐力, dielectric strength(rigidity), voltage sustaining capability [電気]

Spannungskomponenten [複] 応力成分, stress component [機械] [建設]

Spannungskonzentrationskoeffizient [男] 応力集中係数, [類] Formfaktor [男], Spannungsanhäufungsbeiwert [男], stress concentration factor [材料] [機械] [化学] [物理] [建設]

Spannungsquerschnitt [男] (ねじ) 有効断面積, [関] wirksame Querschnittsfläche [女],stress cross-section,effective cross-sectional area [機械]

Spannungsrisskorrosion [女] 応力腐食割れ, stress corrosion cracking, SCC [材料] [建設] [化学]

Spannungs-Verzögerungsregler [男] 電圧遅延制御装置, voltage delay controller, VDC [電気]

Spannweite [女] スパン, ウイングスパン, 範囲, レンジ, [関] Stützweite [女], span, wing span [機械] [航空] [統計]

Spannzange [女] コレット, [類] Spannpatrone [女], Klemmhülse [女], Klemmbuchse [女] [機械]

Spantiefe [女] 切り込み(深さ), [類] Frästiefe [女], [関] Einschnitt [男], Hinterschneidung [女], cutting depth, depth of cut, cut rate [機械]

Spanwinkel [男] すくい角,rake angle [機械]

SPC =[英] supplementary protection certificate = Ergänzendes Schutzzertifikat 補充的保護証明書(特許法第70a条に従う補充的保護証明書に該当) [特許] [法制度]

SPE =[英] sensitive protective equipment = berührungslos wirkende Schutzein-

richtung 検知防止設備 電気 機械
specific 英 (規格などで) 規定した 材料
specified 英 (製造者などが) 指定した 材料
Speerholz 中 合板, ベニヤ合板, plywood 建設
Speichenrad 中 スポーク車輪, spoke wheel 機械
Speicher 男 貯蔵庫, メモリー, バッテリー, storage, accumulator, memory, battery, SP 機械 電気 化学 バイオ
Speicherbank 女 メモリースロット, memory slot 電気
Speichergrundbaustein 男 基本保存モジュール, basic storage module, BSM 電気
Speicherfeder 女 予負荷スプリング, 予荷重スプリング, pre-loaded spring, accumulator spring 機械
Speicherkapazität 女 記憶容量, memory capacity 電気 機械
Speicherkatalysator 男 触媒ストレージコンバータ, storage catalytic converter 機械 化学 環境
Speicherkrankheit 女 蓄積症, storage disease 化学 バイオ 医薬
Speicherspur 女 トラック(磁気ストラップの長手方向帯状部分), track 電気
Speise 女 砒鈹[ひかわ], スパイス, ベルメタル, 給電, speiss, speise, power supply 精錬 非鉄 製銑 電気
Speisehohlleiter 男 給電導波管, feeding wave guide 電気 光学
Speisepumpe 女 フィードポンプ, 給水ポンプ, 類 Speisewasserpumpe 女, feeding pump, feed water pump 機械
Speisespannung 女 供給電圧, 電源電圧, supply voltage, feed voltage 電気 機械
Speiseventil 中 供給弁, 給気弁, supply valve, charging valve 機械 化学
Speisewasser 中 供給水, feed water 機械 エネ
Speisewasseraufbereitungsanlage 女 給水浄化設備, feed water treatment plant 機械 化学 バイオ 環境 エネ 設備
Speisewasserpumpe 女 給水ポンプ, feed water pump 機械
Speisung 女 供給, 給電, 給水 エネ 電気 機械 環境
Spektrometer 中 分光計, spectrometer 光学 電気 化学 バイオ 機械
Spektroskop 中 分光器, spectroscope 光学 電気 化学 バイオ 機械
Sperrfilter 男 帯域除去フィルタ, 帯域阻止フィルタ, 類 Bandsperre 女, band elimination filter, BEF 電気
sperrig 嵩高の, 類 voluminös, gröbst 機械 設備
Sperrklinke 女 ラチェット刃, 止め金, detent, detent pawl 機械
Sperrnocken 男 ロックカム, lockking cam 機械
Sperrsystem 中 シールシステム, ロックシステム, 類 Schleusensystem 中, sealing system, closure system, locks system 設備 操業 化学 精錬 機械 電気
Sperrventil 中 逆止弁, チェック弁, 遮断弁, 類 Rückschlagventil 中, check valve, non-reture valve, shut-off valve 機械 化学
Sperrwassermenge 女 封水量, quantity of sealing water 設備 操業 化学 精錬 機械
Spezies 女 種, 則(計算の) 化学 バイオ 数学
spezifische Gleitung 女 すべり率, slip ratio 機械
die spezifische Oberfläche 女 比表面積 材料 物理 化学 バイオ
spezifischer Brennstoffverbrauch 男 比燃費, specific fuel consumption 機械
spezifischer Motorhubraum 男 比エンジン容積 機械
der spezifische Schmelzstrom 男 溶解電力原単位, molting electric power consumption rate 精錬 鋳造 電気
spezifisches Gewicht 中 比重, specific gravity 化学 物理 機械
spezifisches Volumen 中 比容積, specific volume 機械 エネ 物理
spezifische Wärme 女 比熱, specific heat 化学 物理 機械
spezifische Wagenzahl bezogen auf

10 Tonnen Einzelgewicht 女 10トン車に換算した場合の換算車両数 機械
sphärische Aberration 女 球面収差, 類 Kugelgestaltsfehler 男, Öffnungsfehler 男, spherical aberration 光学 機械 物理
Sphinkter 男 括約筋, 類 Schließmuskel 男, sphincter muscle 化学 バイオ 医薬
Spiegelschlifffläche 女 鏡面仕上げ面, mirror finished surface 材料 機械
Spiel 中 遊び, 緩み, 横隙間, バックラッシ, backlash, side play, play 機械
Spielausgleich 男 バックラッシュ補正, backlash compensationesgleich 機械
Spielpassung 女 すきまばめ, 類 Spielsitz 男, Laufsitz 男, clearnace fit, movable fit, loose fit, running fit 機械
Spielraum 男 視界, 刃先すきま, scope, clearance 機械
Spindelkasten 男 主軸台, 類 Spindelstock 男, fast head stock, spindle stock 機械
Spindeltrieb 男 スピンドルドライブ, spindle drive 機械
Spinnerei 女 紡績工場, spinning mill 繊維 機械
Spinnmaschine 女 紡績機械, 紡機, spinning machine 繊維 機械
Spinnstuhl 男 精紡機, 関 Ringspinnmaschine 女, spinning frame 繊維 機械
die spinodale Entmischung 女 スピノーダル分解,(均一相からスピノーダル曲線を超えて不安定領域に入ると濃度ゆらぎが増幅し相分離を生じることをいう, 高分子混合系などの構造制御に用いられる), spinodal decomposition 化学 バイオ
Spiralbohren 中 ツイストドリル, ねじれ刃ドリル, twist drilling 機械
Spiralbohrerfräsmaschine 女 ツイストドリルフライス盤, twist drill milling machine 機械
Spiralbohrer mit Ölkanälen 男 油穴付きツイストドリル 機械
Spiralfeder 女 渦巻きばね, ぜんまい, coil spring, spiral spring 機械
spiralförmig 螺旋状の, spiral 機械
Spiralsenker mit vier Schneiden 男 四つみぞ座ぐりフライス 機械
Spiralzahnkegelrad 中 はすば傘歯車, 類 Schrägzahnkegelrad 中, screw bevel gear, helical bevel gear, skew bevel gear, spiral bevel gear 機械
Spitze 女 歯の頂部, 頭部, ピーク, 工具チップ, 先端, crest, head, peak, tip, point 機械
spitzenlose Schleifmaschine 女 心なし研削盤, centerless griding machine 機械
Spitzenspanwinkel 男 前すくい角, front top rake angle 機械
Spitzfeile 女 先細やすり, tapered file, pointed file 機械
spitzkämmig とがったカムのような 機械
Spitzsenken 中 さらもみ, countersinking 材料 機械
Spritzwassser 中 スプレー水, 類 Sprühwasser 中, spray water 材料 連鋳 機械
Splint 男 コッター, 割ピン, cotter 機械
Splitt 男 砕石, split, stone chippings 地学 機械 建設
Splitter 男 分波器, 裂片, 油圧式破砕機, 渦流防止壁, スプリッター, chip, splinter, splitter 電気 機械 地学 建設
SPM = 英 scanning probe microscope Rastersondenmikroskop 走査型プローブ顕微鏡 電気 化学 バイオ 光学 材料 ; = 英 suspended paticulate matter = Schwebstaubpartikel 浮遊粒子状物質 環境 化学 バイオ 機械 物理
Spoiler 男 スポイラー, spoiler 機械
sporadisch 散発性の, sporadic バイオ
Spore 女 胞子, spore 化学 バイオ
sporophytische Selbstinkompatibilität 女 胞子体不和合性 バイオ
Sprechstunde 女 診察時間, consultation hour 化学 バイオ 医薬
Spreizbügelplatte 女 エキスパンディングブラケットプレート 機械
Spreizhebel für Schwenklager 男 スピンドル キャリアー レバー, spindle carrier lever 機械
Spreizung der Vorderräder 女 ステア

リングナックルピボットの傾き, inclination of stearing knuckle pivot 機械
sprengen 爆破する：den Rahmen des Berichtes sprengen この報告の埒を越える
Sprengladung 女 炸薬, 装薬, 一度に点火される爆発物の量, explosive charge, quantity of explosive to be set off at one time 化学 機械 地学
Sprengstoff 男 爆発物, 爆薬, 類 Explosionsstoff 男, explosive 化学 機械 地学
Spreu 女 籾殻,わらくず,chaff バイオ 化学
Spritstand 男 ガソリンスタンド 機械 化学
Spritzdüse 女 スプレーノズル, spray nozzle 連鋳 材料 操業 設備
spritzen スプレーする, 類 sprühen, aufspritzen, spray 連鋳 材料 化学 精錬 操業 設備
Spritzguss 男 射出成形, injection molding 化学 機械
Spritzgut 中 射出材, injected material 鋳造 化学 機械
Spritzkhülung 女 スプレークーリング, spray cooling 連鋳 材料 操業 設備
Spritzwassermenge 女 スプレー冷却水量, the amount of spray cooling water, spray cooling water ratio 連鋳 材料 操業 設備
Spritzzeitpunktverstellung 女 噴射時期制御, injection timing control 機械 電気
Sprödbruch- Übergangstemperatur 女 脆性破壊遷移温度, brittle fracture transition temperature 材料 連鋳 船舶 化学 建設
Sprödigkeit 女 脆性, 関 Zähigkeit 女, Viskosität 女, Konsistenz 女, brittleness 材料 連鋳 船舶 化学 建設
Sprossachse 女 花梗［かこう］, 類 Blütenstandsstiel 男, peduncle, flower stalk, axis of the shoot 化学 バイオ
sprühen スプレーする, 類 spritzen, aufspritzen, aufsprühen 精錬 材料 連鋳 化学 機械
Sprühdüse 女 スプレーノズル, spray nozzle 連鋳 材料 操業 設備
Sprühkühlung 女 スプレークーリング, spray cooling 連鋳 材料 操業 設備
Sprungantwort 女 飛躍解, 変動解, ステップ応答, step response, step function response 数学 統計 電気
SPS = Speicher-programmierbare Steuerung = memory programmable control = programmable logic control system プログラマブルロジックコントロール, PLC 電気 ; = 英 standard positioning service = GPS-Ortung mit SA GPS による位置情報サービス 電気 航空
spülen 洗浄する 精錬 化学 機械
Spülen 中 撹拌, 洗浄, 関 Rühren 中, bubbling, flushing, rinsing 精錬 化学 機械
Spülgas 中 洗浄ガス, cleansing gas
Spülleitung 女 パージライン, 洗浄導管 機械
Spülpumpe 女 マッドポンプ, mud pump 機械 化学 バイオ 建設
Spülventil 中 掃気弁, 洗浄弁, 類 Reinigungsventil 中, rinsing valve, flushing valve, cleaning valve 機械
spürbar 感知可能な, capable of sensing 電気 化学 機械
Spule 女 コイル, 糸巻, ボビン, リール, coil, winding, bobbin, spool, reel 材料 操業 設備 繊維
Spulenkasten 男 コイルボックス, coil box 材料 機械
Spundwandprofil 中 シートパイル, sheet piling section 材料 建設
Spur 女 手掛り, 車線, trace 機械
Spurenelement 中 微量元素, 痕跡元素（動植物に不可欠とされる元素), トレースエレメント, trace element 電気 化学 バイオ 製銑 精錬 材料 機械
Spurhalteleuchte 女 車幅燈, 車線標示灯, 類 関 Seitenmakierungsleucht 女, SML, lane keeping light, tracking light, side lamp 機械
Spurlehre 女 軌間ゲージ, track gauge 機械
Spurstange 女 トラックロッド, 前輪連接棒, track rod, steering linkage 機械
Spurweite 女 輪距, 軌間, トレッド, track

S

width, tread, 関 Reifenauffläche 女 機械 交通

SQL =英 structured query language 構造化照会言語, 標準データベース処理言語 電気

SRA =英 spreading resistance analysis 拡がり抵抗測定法(Si および Ge 基板中の深さ方向の抵抗率およびキャリアー濃度の情報入手法) 化学 バイオ 電気 材料 物理

SRK = Selbstinkompatibilität-Rezeptor-Kinase = self-incompatibility-receptor-kinase 自家不和合性受容体キナーゼ 化学 バイオ 医薬

SRS =英 stereotactic radiosurgery = stereotaktische Radiochirurgie 1 回照射による定位手術的照射 化学 バイオ 医薬 放射線

SRSV =英 small round structured virus 小型円形構造ウイルス 化学 バイオ 医薬

SRT =英 stereotactic radiotherapy = die stereotaktische Strahlentherapie 分割照射による定位放射線治療 化学 バイオ 医薬 放射線

SRU = Rat von Sachverständigen für Umweltfragen 環境問題専門家協議会 環境 化学 バイオ 医薬 組織

SSC- buffer solution =英 sodium chloride-sodium citrate buffer solution = Natriumchlorid/Natriumcitrat-Pufferlösung 塩化ナトリウム・クエン酸ナトリウム緩衝液, 食塩クエン酸ナトリウム緩衝液 バイオ 化学

SSD =英 solid state disk/drive = Silicon-Disk 固体ディスク(ハードディスクと互換性のある半導体メモリ, 半導体ディスク) 電気

SSI =英 synchronous serial interface = die synchron-serielle Schnittstelle = Drehgeber zur Drehzahlregelung 同期式シリアルインタフェース 電気 ; = solid state interlocking = Elektronisches Verriegelungssystem ソリッドステートインターロックシステム 電気 設備

SSMA =英 spread spectrum multiple access スペクトル拡散多重アクセス, スペクトル拡散多元接続(衛星通信方式の一つ) 電気

SSO = sonnensynchroner Orbit = sun-synchronous earth orbit 太陽同期軌道, (地球を周回する人工衛星の軌道のうち, 太陽光線と衛星の軌道面とのなす角が常に一定となる軌道) 電気 物理 航空

SSP =英 service switching point = Servicesschaltpunkt サービス切り換えポイント 電気

SSRT =英 slow strain rate technique = niedrige Dehnungsgeschwindigkeits-Prüfung 低歪速度法 材料

Stabbogenbrücke 女 タイドアーチ橋, tied arch bridge, suspended deck arch bridge, bowstring bridge 建設

Stabilisator 男 スタビライザー, 安定化装置, stabiliser 機械

Stabilität in Kurven 女 カーブでの安定性 機械

Stabstahl 男 棒鋼, steel bars 鉄鋼 連鋳 材料 建設 操業 設備

Ständer 男 固定子, スタンド, ピラー, 関 Säule 女, Pfeiler 男, Stütze 女, Stator 男, stator, stand, pillar, post, column 電気 機械 設備

Stärke 女 強度, 長所, 厚さ, 糊, でんぷん, strength, starch 機械 材料 化学 バイオ

Staffelschutzschaltung 女 ステップ距離時間保護回路, stepped-curve distance-time protection circuit 電気

Staphylococcus Aureus 英 黄色ブドウ球菌 化学 バイオ 医薬

Stahlbadhöhe 女 鋼浴深さ(タンディシュ等の), depth of steel bath 連鋳 精錬 材料 操業 設備

Stahlband 中 帯鋼, 鋼帯, steel strip 材料 鉄鋼

Stahlbetonbalken 男 鋼強化コンクリート枠 建設 材料 鉄鋼

Stahlbetonbrücke 女 鉄筋コンクリート橋, 補強コンクリート橋, reinforce concrete bridge, steel-concrete bridge, concrete girder bridge 建設 材料 鉄鋼

Stahlblech 中 薄鋼板, 薄板, 厚鋼板, 厚板,

steel sheet, steel plate 材料 鉄鋼
Stahlblechpaneele 女 鋼板パネル, steel plate panel 材料 鉄鋼 建設
Stahleisen 中 ダイス, dies, 類 Gesenk 中 機械
Stahlerzeugung 女 製鋼, steelmaking 精錬 材料 鉄鋼 操業 設備
Stahlhalter 男 バイトホルダー, tool holder 機械
Stahlmandrin 男 鋼製スタイレット, 鋼製マンドリン, steel stylet, steel mandrin 化学 バイオ 医薬 電気
Stahlqualität 女 鋼質, steel quality 材料 鉄鋼
Stahlrohr 中 スチールパイプ・チューブ, 鋼管, steel pipe, steel tube 材料 鉄鋼 化学 バイオ
Stahlsorte 女 鋼種, 鋼質, steel grade 材料 鉄鋼
Stahlwerk 中 製鋼工場, steelmaking plant, steel melting shop 精錬 連鋳 材料 鉄鋼 操業 設備
stahlwerksseitig 製鋼工場サイドの, steelmaking shop-side 精錬 連鋳 材料 鉄鋼 操業 設備
stampable sheet 英 プレス成形のできるシート, (射出成形品と金属プレスの間を埋める材料) 独 stanzbare Platte 女 材料 機械 化学
Stampfbeton 男 押し込みコンクリート, 突き固めコンクリート, rammed concrete, compressed concrete 材料 建設
Stampfelrevolverdrehbank 女 ラム型タレット旋盤, ram type turret lathe 機械
stampfen 突き固める, stamp, compress 機械 精錬 鋳造 化学 建設
Standardabweichung 女 標準偏差, standard deviation, SD 統計 数学
Standardeinstellung 女 初期設定, default setting 電気 機械
Standardfehler 男 標準誤差, standard error of mean, SE 統計 数学
Standard Gibbs'sche freie Energie 女 標準ギブズ自由エネルギー, standard Gibbs free energy 材料 電気 化学 バイオ 物理
standardisierte Zufallsvariable 女 標準化変量, standardized variate 統計 数学
Standardisierung 女 標準化, 類 Normung 女, Vereinheitlichung 女, standardization 規格 特許 全般 経営
Standardlösung 女 標準溶液, standard solution 化学 バイオ 全般
Standardsausführung 女 標準装備, standard equipment 操業 設備 機械
Standardwerk 中 基準となる一流の作品・著作, standard work 経営 製品 品質
Standgas 中 アイドリング混合気 機械 環境 エネ
Standortdienst 男 サイトサービス 経営
Standschub des Turbinen-düsentriebwerks 男 ターボジェットの静止推力, static thrust of turbojet 機械 航空
Standsicherheit 女 静的安定度, 定態安定度, stability, static stability 建設 設備 操業
Standzeit 女 保持安定時間, 寿命(装置などの) service life, stability time, holding time 材料 機械 操業 設備
Stanzbutzen 男 パンチングボス, punching boss 機械
stanzen 打ち抜く, プレスする 機械
Stanzniet 男 パンチングリベット, スタンピングリベット, プレスリベット 機械
Stanzschnitt 男 打ち抜き部位・品, 打ち抜きカット, punching cut 機械
Stapel 男 積み重ね, スタック 機械
Stapelbrennschneiden 中 重ね溶断, stack melting fusion cutting 材料 溶接 機械
Stapeler 男 スタッカー, 積み重ね機, stacker 機械 電気 印刷 操業 設備
Stapelkran 男 スタッカークレーン, stacking crane, stacker crane 機械 操業 設備
STAR = 英 satellite telecommunication with automatic routing 自動ルート衛星通信方式 電気
starre Kupplung 女 密着式自動連結器, riged coupling, fixed coupler 機械 交通
starrer Achsstand 男 固定軸距, 類 fester Achsstand 男, fixed wheelbase 機械 交通

S

starrer Rotor 男 剛性ロータ, rigid rotor 機械 エネ
statische Aufladung 女 静電荷, static charge 電気 化学 機械
statische Belastung 女 静荷重, static-load, dead weight 機械 物理 建設
statische Fügekraft 女 (超音波接合の)静加圧力,static joining force 機械 音響 電気
statischer Druck 男 静圧, static pressure 機械 化学
statisch unbestimmter Aufbau 男 不静定構造, statically indeterminate construction 建設 設備
Statorblechpaket 中 固定子シートスタック, stator lamination package 電気 機械
Stau 男 よどみ, stagnation, dead water 機械 化学
staubdicht 塵灰除けの,dust tight,dust-proof 機械 環境
Stauchgerüst 中 エッジングスタンド, edging stand 材料 操業 設備
Stauchung 女 据え込み, 類 Gesenkdrücken 中, upsetting 材料 機械 操業 設備
Staudruckdüse 女 ピトー管, 類 Pitotrohr 中, pitot tube 機械
Staudruck-Luftverdichtung 女 ラム圧縮, ram compression 機械 エネ
Staurand 男 フロー分配端部 機械
Staustrahltriebwerk 中 ラムジェット, ramjet 機械 航空
Stauwerk 中 頭首工,堰,ダム,headworks 建設
STC =英 sensitivity time control 海面反射除去装置,高感度時間調整 電気 航空 船舶
STD =英 system target decoder 同期多重仮想復号器 電気
Steckerhülse 女 プラグスリーブ, コネクタースリーブ,plug sleeve,connector sleeve 電気
STEC = Shiga-Toxin produzierende E.coli (Escherichia coli) = Shiga toxin producing E.coli 志賀毒素産生大腸菌 化学 バイオ 医薬
Steckdosensockel 男 コンセントベース, ソケットプラグ, socket outlet base 電気
Steckdosentopf 男 ソケットコンセント 電気
Steckernetzteil 中 差し込み式パワーパック,connector power pack,plug power pack 電気 機械
Steckkarte 女 拡張カード, 拡張ボード, 類 Erweiterungssteckkarte 女, expansion board, expansion card 電気
Steckschlüssel 男 ソケットレンチ,socket wrench 機械
Steck-/Drehverbindungseinrichtung 女 差し込み回転継ぎ手装置 機械
Steckstift 男 ガイドピン, 押し込みピン, push-in pin 機械
Steckverbinder 男 コネクター, connector 電気 機械
Steckzunge 女 (車用安全ベルトの差し込み用) プレート 機械
Stefan-Bolzmannsches Gesetz 中 ステファンボルツマンの法則, Stefan-Bolzmann law 電気 物理 光学
Steg 男 ウエブ, フットブリッジ, ランナー, サポート, バンド, web, foot-bridge, runner, support 機械 鋳造 建設
Stegdicke 女 ウエブ厚み,web thickness 機械 材料
Steghöhe 女 ウエブ高さ, スパン高さ, ルート面の幅, web height, span height, width of root face 機械 溶接
Stegleiter 男 バンドケーブル, conductor strip, strap conductor, falt-welded cable 電気
Stehbildkamera 女 スチルカメラ, 類 Fotokamera 中, still camera 光学 電気
Stehbolzen 男 控えボルト, stay bolt, stud bolt 機械
Steifigkeit und Schwingungsdämpfung 女 剛性と振動減衰 機械
Steigendgießen 中 下注ぎ鋳造, 類 aufsteigendes Gießverfahren 中, Unterguss 男, bottom casting, bottom pouring 鋳造 精錬 材料
Steigrohr 中 立ち上りパイプ, 上昇管, 昇水管, 立ち管, rising pipe 機械

S

Steigungswiderstand 男 勾配抵抗, gradient resistance 機械
Steigungswinkel 男 リード角, 食付き角, 取り付け角, ピッチ角, lead angle, inclination angle, pitch angle 材料 機械
Steilflanke 女 直角へり, steep flank 機械
Steilheit 女 急傾斜 機械
Steilrohrkessel 男 曲管式ボイラー, 立て水管ボイラー, steeping-tube boiler, vertical-tube boiler エネ 機械
Stein 男 煉瓦, 岩石, 結石 類 Ziegel 男, brick : poröse Steine ポーラス煉瓦, porous bricks 製銑 精錬 連鋳 材料 非金属 操業 設備 医薬 地学
Steinhaltenut 女 保持キー溝 機械
Steinkohlenflotationsverfahren 中 石炭浮遊選鉱法, coal flotation process 地学 製銑
Steinkohlengas 中 石炭ガス, coal gas 化学 エネ 地学 機械
Steinschlagschutz 男 防石そらせ装置, stone guard deflector 地学 建設
Stellantrieb 男 アクチュエータ, actuator 機械 電気
Stellausgang 男 制御出力部位, control output 電気
Stelle 女 サイト, site 化学 バイオ
Stellenwert 男 位の値, 立ち場による価値 統計 操業 設備 品質
Stellfeder 女 設定調整ばね, set point spring, adjusting spring 機械
Stellglied 中 最終制御要素, 最終制御部位, actuator, final control device 機械 電気
Stellgröße 女 操作量, 操作変数, controlling variable 機械 電気
Stellschraube 女 調整ねじ, adjusting screw 機械
Stellungsregler 男 位置決め装置, ポジショナー, positioner 機械 電気
Stellungsrückmelder 男 位置指示計, 位置フィードバック信号, position indicator, position feedback signal 機械 電気
Stellventil 中 制御調整弁, control valve 機械
Stellweg 男 設定動程, setting travel, setting life performance 機械 電気 光学
stemmen (リベットを) かしめる, (リベットを) 金鎚の頭でたたく, 彫る, stemmen, einformen, abdichten, chisel, peen 機械
Stemmsetze 女 かしめ工具, 類 Stemmwerkzeug 中, calking tool 機械
Stempel 男 ダイ, ラム, スタンプ, パンチ, パンチングツール, ストラット 機械
Stenose des Wirbelkanals 女 脊柱管狭窄症, spinal canal stenosis 化学 バイオ 医薬
STEP = 英 Standard for Exchange of Product Model Data = Standard für den Austausch von Produkt-Modell-Daten (ISO-Norm 10303) 設計データの表現と交換に関する国際標準(コンピュータが解読可能な工業製品データの表現および交換の規格である) 規格 電気 機械
Stereoisomer 中 立体異性体, stereoisomer, space isomer 化学 バイオ
Stereoselektivität 女 立体選択性, stereoselectivity 化学 バイオ
stereotaxisch 定位固定の, 定位的な, stereotaxic 機械 電気 化学 バイオ 放射線 医薬
stereotaxischer Apparat 男 定位固定装置, stereotaxic apparatus 化学 バイオ 医薬 放射線
sterilisieren 滅菌する, sterilize 化学 バイオ 医薬
Stetigventil 中 連続調整弁, continuously adjustable valve, proportional valve 機械
Steuerbord 男 右舷, 関 Backbord 男, starboard 船舶
Steuerdiagramm 中 弁開閉時期線図, valve timing diagram 機械
Steuerfähigkeit 女 操縦性, maneuverability, controllability 航空 電気 機械
Steuergröße 女 制御変数 機械 電気
Steuerhöhe 女 定格高度, 税率, rated altitude, tax rate 航空 電気 経営
Steuerkanal 男 制御チャネル, 制御通信路, control channel 機械 電気
Steurkurve 女 制御カム, control cam 機械
Steuerleistung 女 制御電源, 駆動力, 定

S

格馬力, cotrol power, driving power, rated horsepower 機械 電気

Steuerpult 中 操作盤, operating panel 操業 設備 電気

Steuerriemen 男 タイミングベルト, timing belt 機械

Steuerrolle 女 ステアリングロール, steering roll 機械

Steuerschrank 男 制御盤, 制御キャビネット, control cabinet 電気 機械

Steuerspeicher 男 制御記憶装置, 制御メモリー, control memory 電気 機械

Steuertaste 女 コントロールキー, Ctrl (= control) key 電気

Steuerung 女 制御(装置), 運転 (装置), control or steering mechanism 電気 操業 設備 機械

Steuerungseinschub 男 プラグインユニット, plug- in unit 電気 操業 設備 機械

Steuerventil 中 制御弁, 調整弁, 類 関 Regelventil 中, control valve, regulating valve 機械

Steuerzeit 女 弁開閉時期, バルブタイミング, valve timing 機械 電気

STI = 英 stereotactic irradiation = stereotaktische Bestrahlung 定位放射線治療, 「1回照射による定位手術的照射 (stereotactic radiosurgery, SRS)と, 分割照射による定位放射線治療 (stereotactic radiotherapy, SRT)の二つに分かれる」 化学 バイオ 医薬 放射線

Stich 男 刺し, 縫い(ステッチ), 穴型(圧延の), パス, stab, stitch, pass 機械 繊維 材料

Stichabnahme 女 パス当たりの通過・引き抜き量, draught, draught per path 連鋳 材料 操業 設備

Stichelhalter 男 刃物台, cutter holder 機械

Stichfolge 女 パスの順序, pass sequence, reduction sequence 材料 溶接 機械

Stichleitungslänge 女 多極接続回線長さ, spur line length 電気

Stichloch 中 湯出し口 (出銑口, 出鋼口, 他), tap hole 製銑 精錬 鋳造 連鋳 設備

Stichlochstopfmaschine 女 マッドガン, mud gun, blast furnace gun 製銑 精錬 地学 機械

Stichprobe 女 ランダムサンプル 材料 化学 バイオ

Stichwort 中 見出し語 電気

Stickmaschine 女 刺繍[ししゅう]機, embroidering machine 繊維 機械

Stick-Slip-Effekt 男 スティックスリップ現象, (摩擦振動現象) 機械

Stickstoff 男 窒素, nitrogen 化学

Stickstoffaufnahme 女 窒素吸収量 材料 精錬 化学

Stickstoffbegasung 女 N_2 ガスによるパージ, N_2 ガス処理, nitrogen flushing, nitrogen gassing 精錬 材料 機械 化学

Stickstoffgehalt 男 窒素含有量, nitrogen content 化学 精錬 材料

Stickstoffmonooxid 中 一酸化窒素, NO, nitrogen monoxide 化学 バイオ

Stickstoffoxydul 中 亜酸化窒素, 一酸化二窒素, 笑気, 類 Distickstoffmonoxid 中, N_2O, dinitrogen monoxide, nitrous oxide 化学 バイオ 医薬

Stiftschraube 女 頭付き植え込みボルト, stud bolt 機械

Stiftung 女 財団, 基金 経営

Stigma 中 柱頭, 紅斑, 傷痕, 眼点, 類 Narbe 女, 英 stigma, erythema, scar 化学 バイオ 医薬 建設 光学

Stillstandzeit 女 ダウンタイム, アイドルタム, 休止時間, 類 Nebenzeit 女, down time, idle time 操業 設備 機械

Stimmgabeloszillator 男 音叉型小型発振器, tuning fork oscillator 音響 機械

stimulierte Emission 女 誘導放出, stimulated emission 光学 音響

Stipendium 中 研究助成金 全般

Stirlingprozess 男 スターリングプロセス 機械 エネ

Stirnfläche 女 軸直角平面, 正面面積 操業 設備 機械

Stirnmodul 男 正面モジュール, transverse module 機械

Stirnrad 中 平歯車, cylindrical gear,

spur wheel 機械
Stirnseite 女 軸直角端面, 前方端部 操業 設備 機械
Stirnwand 女 車体端面の壁, 隔壁, ダッシュボード, カウル, bulkhead, cowl, end wall, front wall 機械
Stirnwandriss 男 (アーチ橋などの) 前壁クラック 建設
STM =英 scanning tunneling microscopy 走査型トンネル顕微鏡法 物理 化学 バイオ 材料 光学 電気 ; =英 synchronous transfer module 同期転送モジュール 電気 ; =英 stepping motor = Schrittmotor ステップモータ, ステッピングモータ 電気 機械
stochastisch 推計による, 推計学的な, 確率論的な, stohastic 統計 物理 化学
Stockwerkwaagerechtbohrmaschine 女 床上げ形横中ぐり盤, floor type horizontal boring machine 機械
Stöchiometrie 女 化学量論, stoichiometry 化学 バイオ
Störaussendung 女 スプリアウス発信, spurious transmission 電気
Störgröße 女 外乱変数, disturbance variable 電気 機械
Störmeldesystem 中 トラブル報知システム, disturbance report system, fault message system, fault notification system 機械 化学 電気 操業 設備
Störsignal 中 ドロップイン, drop-in 電気
Störstelle 女 欠陥部位, point of disturbance 材料 電気 機械
Störstellendichte 女 不純物密度, 欠陥密度, impurity content 電気 材料
Störungssignal 中 障害信号, 障害音, fault-detection signal, interference signal, disturbance signal, trable-back signal 電気 操業 設備
Stößel 男 ラム, タペット, リフター, プランジャー, 類 Mitnehmer 男, ram, tappet, lifter, plunger 機械
Stofffluss 男 材料フロー, material flow 材料 操業 設備
stoffschlüssig 材料接合連結の, 材料接合連結的に, 金属結合の, 融接の, metallurgically bonding, bonding together, firmly bonded 機械
Stofftransportwiderstand 男 物質移動抵抗, mass transfer resistance, mass transport resistance 化学 バイオ 物理 建設
Stoffwechselverhältniss 中 エネルギー代謝率, metabolic condition 化学 バイオ
Stoffwechselweg 男 代謝経路, metabolic pathway バイオ 化学
Stollen 男 抗道, 類 関 Mine 女 地学
Stopfbüchse 女 パッキン箱, パッキン押さえ, シャフトシール, stuffing box, gland seal, shaft seal 機械
Stopfer 男 ストッパー, stopper 機械
Stoßart 女 継手形式, 突合せ形式, 衝撃モード, type of joint, shock mode 溶接 機械
Stoßdämpfer 男 緩衝器, ショックアブソーバ, ダンパー, shock absorber 機械
Stoßfänger 男 バンパー, bumper 機械
Stoßofen 男 プッシャータイプ炉, pusher type oven 材料
Stoßstromtragfähigkeit 女 サージ電流搬送(吸収) 能, 衝撃電流搬送(吸収) 能, peak short circuit carring capacity, impulse current carring capacity 電気
Stoßverbindung 女 突合せ継手, butt joint, butt jointing 機械 溶接 建設
straff ピンと張った, 関 schlaff 機械
Strahl 男 ジェット流, 噴流, ビーム, 光線, jet, stream, flow, beam, ray 機械 光学 音響 材料 エネ 航空
Strahlantrieb 男 ジェット推進, jet propulsion 航空 エネ 機械
Strahldüse 女 噴流ノズル, jet nozzle 航空 エネ 機械
Strahlenbündel 中 光束(太い), bundle of rays 光学 音響
strahlender Glanz 男 放射輝度, radiance 電気 光学
Strahlentherapieplanung 女 放射線治療計画, radiotherapy (radiation) treatment plannning, RTP 化学 バイオ 医薬 放射線 電気
Strahlung 女 放射, (粒子の) 放出, 類

S

Emission 女, emission, radiation 原子力 物理 化学 バイオ 材料 環境

Strahlungsschaden 男 放射線損傷, radiation damage 原子力 放射線 物理 化学 バイオ 医薬 材料

Strahlungsschirm 男 放射シールド, radiation shield 光学 放射線 物理

Strahlentzundern 中 ショットブラスト, shot blasting 材料 機械

Strahlkorn 中 ショットブラスト粒, blasting grain 材料 機械 化学

Strahlplatte 女 ジェットプレート, jet plate 機械

Strahlungsanteil 男 放射伝熱量 機械 エネ 物理 エネ

Strahlungseintrittsfenster 中 入射窓, radiation entry window 光学 音響 電気 機械

Strahlungswärme der Schlacke 女 スラグの放射熱・輻射熱, slag radiation heat エネ 精錬 環境 リサイクル

Straight-Run-Benzin 中 直留ガソリン, 類 Roh-benzin 中, Destillatbenzin 中, straight-run-gasoline 化学 機械

Strang 男 ストランド, バー, strand, bar 連鋳 材料 操業 設備

Strangbreite 女 ストランド幅, strand width 連鋳 材料 操業 設備

Strangführung 女 ローラーエプロン, roller apron 連鋳 材料 操業 設備

Stranggießanlage 女 連続鋳造設備, continuous casting equipment/plant 連鋳 材料 操業 設備

Stranggusserzeugung 女 連続鋳造による製造 連鋳 材料 操業 設備

Strangpresse 女 押し出しプレス, extrusion press 機械 材料 化学 鋳造

Strangprofil 中 ストランドプロフィール 連鋳 材料 操業 設備

Strangschale 女 ストランドのシェル, strand shell 連鋳 材料 操業 設備

Straßenaufbruch 男 (道路工事による)道路の破砕された状態, 道路材料の割れ目, 破砕された道路表面, road scarification, excavated road-building material, broken road surface 建設

Straßenbahn 女 市街路面鉄道, 路面電車, streetcar 交通 機械

straßenbauliche Unpässlichkeit 女 道路工事中で通行できないこと 機械 建設

Straßenbrücke 女 道路橋, road bridge 建設

Straßenfahrzeug 中 路上走行車, road vehicle 交通 機械

Straßenschild 中 街路名標識 機械 建設

Stratigraphie 女 層序学, 層位学, 層序, stratigraphy 地学 化学 バイオ

Strebe 女 タイロッド, 腹起し, ストラット, 支柱, tie rod, strut, post 機械 建設

Streckblasen 中 延伸吹込成形, strech blow molding 機械 化学 鋳造

Strecke 女 領域, 範囲, ライン, 対象 機械 電気 操業 設備

Streckenenergie 女 単位長さ熱量, 関 eingesetzte Streckenenergie 女, 単位長さ当たり投入熱量 溶接 材料 エネ 機械

Streckgrenze 女 降伏点, 類 Fließgrenze 女, yield point 材料 機械 鉄鋼 非鉄

Streckkaliber 中 ブレイクダウンパス, breaking-down pass 機械 電気

Streckrichtanlage 女 レベラー, stretch levelling machine 材料 機械

Streckzieh 男 引張り成形, stretch forming 機械

Streichwolle 女 紡毛, carded wool 繊維

Streifen 男 光干渉縞, リボン, ストラップ, テープ, 条片(金属) 機械 材料 光学 : Fahrstreifen 男 車線 : Blisterstreifen 男 ブリスター条片

Streifenmuster 男 縞模様, fringe pattern, stripe pattern 光学 機械 繊維

Streptokokken Gruppe A Pyogenes/ Gruppe B Agalactiae 複 連鎖球菌A群・B群, (英) streptococcus group A/group B 化学 バイオ 医薬

Streubereich 男 分散範囲, 類 Varianzbereich 男, variance range, scatter range 統計 数学 機械 化学

Streubetrag 男 分散への影響度・寄与 統計 数学

Streufeldmessung 女 漂遊磁場測定, stray field 電気 機械
Streulicht 中 分散光,scattered light 光学 音響 機械
Streustoff 男 グリット, 砕粒, まき砂, grit agent 機械 化学 環境 建設
Streuung 女 分散,バラつき,類 Varianz 女, Dispersion 女,variance 統計
Strichcode-Lesegerät 中 バーコードリーダー 電気 機械
Strichpunkt 男 セミコロン, 関 Kolon 中, コロン 印刷
Strichpunktlinie 女 一点鎖線, chain-dotted line 統計
Strichstärke 女 線の太さ 機械 統計
Strippkolonne 女 ストリップ塔, 回収塔, 英 stripping column 化学 操業 設備
Strippung 女 ストリッピング,(液体中に溶解している気体または揮発成分を気相中へ追い出す操作, 放散ともいう, 出典：化学工学辞典, 改訂3版, 化学工学会, 丸善, 1986), 剥土, フレーム除去, 静脈抜去術 英 stripping 化学 操業 設備 建設 環境 電気 医薬
Strömung 女 流れ(水, ガス, EMSなど), flow：erzwungene Strömung 強制流, forced stream 機械 エネ 電気
Strömungsarbeit 女 フローエネルギー, flow energy 機械 エネ 化学 バイオ
Strömungsgeschwindigkeit 女 流量率, 流速, flow rate 精錬 連鋳 材料 操業 設備
Strömungskörper 男 ストリーム調整フォーマー, 分流部材 機械 エネ
Strömungspumpe 女 フローポンプ (非容積式ポンプ),flow pump,stream pump 機械 化学 バイオ
strömungstechnisch 流動工学(力学)的に, fluidacally, fluidic 機械 エネ 物理
strömungsverbundene Abgasleitung 女 ストリーム連結排ガス配管 機械 エネ 設備
Strohschicht 女 麦ワラの層 バイオ
Stromaufnahme 女 充電容量, 充電率 電気
stromaufwärts des Strukturgens 構造遺伝子の上流に, upstream of structural gene 化学 バイオ 機械
Strombegrenzungsdiode 女 定電流ダイオード, current regulative diode, CRD 電気
Strombelastbarkeit 女 送電容量 電気
Stromdichte 女 電流密度, current density, CD 電気
Stromeinspeisegesetz 中 旧電力供給法 (EEGによって, 代替された法律), StrEG, electricity feed low 電気 経営
stromführend 活きである(電圧が印加されている), 電流が通過している, 通電している, current-carrying, live 電気 機械
Strominjektionslogik 女 電流注入論理, current injection logic, CIL 電気
Stromkabel 中 電源ケーブル, power cable 電気
Stromlaufplan 男 模式回路図,schematic circuit diagram 電気 機械
Stromlinienaufbau 男 流線形, stream-line shape 機械 航空 交通
Strompfad 男 電流経路, 電流路, current path 電気
Stromrichter 男 電流変換器, コンバータ, 周波数変換器, データ形式変換器, 整流器, converter, rectifier 電気 機械
Stromschiene 女 導電レール, 導体レール, 通電レール, 第三軌条, conductor rail, power rail, third rail 交通 機械 電気
Stromschleife 女 直流インターフェースの電流ループ, 直流インターフェースの電流波腹点(波腹点：入射波と反射波が合成されて最大となる点), current loop of a serial interface 電気
Stromunterbrechung 女 停電,類 Stromausfall 男,power electric supply failure, current interruption 電気 機械
Stromversorgung 女 給電, power (current) supply, power feeing 電気 機械
Stromversorgung mit konstanter Spannung und konstanter Frequenz 女 定電圧定周波数電源装置, constant voltage and constant frequency power supply 電気
Stromverstärkung 女 電流増幅, 電流ゲ

S

イン,current amplification,current gain 電気

Stromwandler 男 変流器, 類 Stromtransformator 男, current transformer, CT 電気

Strudel 男 渦, 渦巻き, eddy, vortex 機械 電気 物理

Strukturbiologie 女 構造生物学, structural biology 化学 バイオ

Struktureinflüsse 複 男 構造上の影響

strukturviskos 減粘性の, ずり減粘の, ずれ流動化の, ずり流動化の, 揺変の, shear thinning 化学 物理

Strukturviskosität 女 構造粘度, structurall viscosity 化学 バイオ 物理 機械

Stückerz 中 塊鉱, lump ore 地学 製銑

Stückgewicht 中 単重, single weight 機械 製品 材料

Stückkohle 女 塊炭,lump coal 製銑 地学

Stückschlacke 女 塊スラグ, lump slag 製銑 精錬 環境 リサイクル 建設

stürzen スリップする, 類 rutschen 機械

Stütze 女 支柱, 台, コラム,support, pillar 建設 機械

Stützrolle 女 バックアップロール, back up roll 材料 操業 設備

Stützwalze 女 バックアップロール, back up roll 材料 操業 設備

Stützweite 女 スパン, 関 Spannweite 女, span, span length 建設

Stufenbohrung 女 段付きボア,段付き穴, 段付きドリル, 類 abgesetzte Bohrung 女, step drilling, stepped hole, stepped bore 機械

Stufenbolzen 男 段付きピン, step pin, step-mounting pin 機械

Stufendruckaufsteigung 女 段圧力上昇, rising of stage pressure エネ 化学 機械

Stufenkolben 男 ガイドピストン, 差動ピストン, 類 Differenzialkolben 男, stepped piston, differential piston 機械

stufenlos einstellbare Übersetzung 女 無段変速トランスミッション, stepless regulation transmision, variable speed transmission, continuously variable transmission 機械

Stummel 男 切り株, stump, stub バイオ

Stumpf 男 短い端部, 突き合わせ, 台形 stub 機械 溶接 統計

stumpfer Winkel 男 鈍角, an obtuse angle 機械 数学

Stumpfnaht 女 突合せ継手, 突合せ溶接, butt-joint, butt weld 機械 溶接 材料

Stumpfzahn 男 低歯, stub tooth 機械

Sturz 男 キャンバー, camber 機械

Sturzgüter 複 中 ばら荷, ばら積貨物, bulk goods, bulk products, bulk materials 機械 物流

Sturzwinkel 男 キャンバー角, camber angle 機械

Stutzen 男 ノズル, コネクション, nozzle, connection 機械

STV = Streptavidin ストレプトアビジン, (ビオチンを非常に強く結合する特性があり, 特定分子の検出, 固定化, 単離などに広く用いられる) 化学 バイオ 医薬 電気

STY = 英 space time yield = Raum-Zeit-Ausbeute 女, 空間時間収率 化学 バイオ

Styrol-Acrylnitril 中 スチレン・アクリロニトリル, styrene acrylonitrile 化学 材料

Subarachnoidalblutung 女 くも膜下出血, subarachnoid hemorrhage, subarachnoidal hemorrhage, subarachnoidal bleeding, SAH 化学 バイオ 医薬

Sublimation 女 昇華, 英 sublimation 化学 バイオ

Substituent 男 置換基, substituent 化学 バイオ

Substrat 中 土台,底土,チップ,培養基,基質, 英 substrate, base 地学 化学 バイオ 電気

Substratspektrum 中 培養基・基質の選択の幅・多様性 化学 バイオ

Substratspezifität 女 基質特異性, substrate specificity 化学 バイオ 医薬

Substratstrom 男 基板電流, substrate current 電気

Subtilisin 中 サブチリシン(キモトリプシン, トロンビンと並んでセリンプロテアーゼの一つ, E.C.3.4.21.14), 英 subtilisin 化学 バイオ 医薬

Subtrahierimpuls 男 減算パルス, 類 Sub-

traktionsimpuls 男,subtract pulse 電気
Subtraktivätzung 女 サブトラクティブエッジング 材料 化学
Suchbegriff 男 サーチワード 電気
Sucher 男 ファインダー,位置入力装置,ロケーター,locator,finder 光学 音響 機械 電気
Suchmaschine 女 検索エンジン, 英 search engine 電気
Sulfatassimilation 女 硫酸同化, sulfate assimilation 化学 バイオ
Sulfatierung 女 硫酸化, 硫酸塩処理, sulphation, sulphatizing 化学 バイオ
Summenteilungsfehler 男 累積ピッチ誤差, comulative pitch error, accumulated pitch error 統計 機械 数学
Sumpf 男 クレーター,crater : der flüssige Sumpf 溶融クレーター, molten crater 連鋳 材料 操業 設備 溶接
Sumpfprodukt 中 塔底缶出液, bottom product 化学 バイオ
superplastische Umformung 女 超塑性加工・変形 材料
das suplaleitfähige Kabel 中 超伝導ケーブル, superconducting cable 電気 機械
Supplement 中 補角,supplementary angles 数学 機械
Suppressor-T-Zelle 女 サプレッサーT細胞, 抑制T細胞, 英 suppressor T cell 化学 バイオ 医薬
Supraleitung 女 超伝導性,極低温伝導, cryogenic conduction,superconductivity 電気 物理
supramolekular 超分子の, 分子よりもさらに複雑な, 英 supramolecular 化学 バイオ 物理
Suspendieren 中 浮遊, 類 Aufschwimmen 中, suspension 材料 化学 精錬
Suszeptibilität 女 磁化率, 感受率, susceptibility 電気 材料 物理
SVHC =英 substances of very high concern = Als besonders gefährlich eingestufte Stoffe 高懸念物質（欧州 REACH 規則などの） 化学 バイオ 医薬 環境 規格 法制度
SWU =英 separate work unit 分離作業単位, （分離プロセスの処理能力を示す尺度. 特にウラン濃縮プラントの処理能力を表すときに多く用いられる） 単位 原子力 放射線 操業 設備 全般 化学 バイオ
SXCT = 英 soft x-ray computer tomography 軟X線コンピュータトモグラフィー 物理 航空
Symbiose 女 共生, 英 symbiosis 化学 バイオ
Symbol 中 アイコン（ボタン）, 類 Icon 中, 英 icon 電気
Symbolleiste 女 アイコンバー 電気
symmetrisches Schaufelgitter 中 対称式翼配列, 類 symmetrische Beschaufelung 女,symmetrical blading エネ 機械
Synchroneinheit 女 シンクロナイザー, synchronizer 機械
Synchronisation 女 ダビング, コピー, 吹き替え, 同期化, dubbing,copy 電気 機械
Synchron-Reluktanzmaschine 女 シンクロリラクタンス電動機, synchronous reluctance machine 電気
Synergieeffekt 男 相乗効果, 共働効果, 類 Multiplikatoreffekt 男, synergitic effect, multiplier effect 電気 機械 物理
systemimmanent システムに内在する, システムで経験できる範囲内の 電気 機械
Systemsteuerung 女 コントロールパネル, 類 Control Panel 中, 英 control panel 電気 機械
Szintigraphie 女 シンチグラフィー（放射線核種の分布測定によるガン転移などの診断などに用いる,骨シンチグラフィーなど）,英 scintigraphy 化学 バイオ 医薬 放射線
Szintillationszähler 男 シンチレーション計数管 電気 機械 化学 バイオ 原子力 放射線

T

TA = Technische Anleitung 技術指針 [全般] [特許] [規格]
Tabellenkalkulationsprogramm [中] 表計算ソフト, spread-sheet program [電気]
Tabulator [男] タブ, [類] Karteikarte [女], tab [電気]
Tabulatortaste [女] タブキー, tab key [電気]
Tachometer [中], ([男]) タコメータ, 回転速度計, tachometer [機械]
TAGG = [英] transformation assist grain growth = umwandlungsinduziertes Kornwachstum 変態誘起粒成長 [材料] [物理] [鉄鋼] [非鉄]
Tagesgeschäft [中] 直取引き, 現金取引き [経営]
Takt [男] サイクル, ストローク, クロック, clock, cycle [機械] [光学] [音響]
Taktfolgezeit [女] サイクルシーケンス時間, clock sequence time, cycle sequence time [電気] [光学] [音響] [機械] [化学] [バイオ]
Taktfrequenz [女] クロック周波数, clock frequency, clock speed [電気]
Taktgeber [男] クロック発生器, クロックジェネレータ, clock generator [電気] [光学] [音響]
Taktperiode [女] クロックパルス期間, clock pulse period [電気] [光学] [音響]
Taktschleuse [女] サイクリック弁, フラップ弁, シーケンスロック, flap valve, sequenced lock [機械]
Taktzeit [女] サイクル時間, cycle time [電気] [機械]
Talgdrüse [女] 皮脂腺, sebaceous gland [化学] [バイオ] [医薬]
Talkum [中] 滑石, talcum, steatite, talc [地学] [化学]
Tallölfettsäure [女] トール油脂肪酸, tall oil fatty acid [化学] [バイオ]
TA-Luft = Technische Anleitung zur Reinhaltung der Luft = The Technical Instructions on Air Quality Control=Technical Guideline for Air Pollution Control 大気汚染防止に関する技術指針 [環境] [法制度] [特許] [規格]
Tambour [男] リール, ドラム, reel [操業] [設備] [機械] [材料]
Tambourmagazin [中] リール倉庫・貯蔵庫, [類] Tambourlager [中], Tambourspeicher [男] [機械] [操業] [設備]
Tambourein-und-ausrollvorrichtung [女] リール着脱装置 [操業] [設備] [機械]
Tambourmagazin [中] リールストーリッジ [操業] [設備] [機械]
Tandemachse [女] タンデム軸, tandem axle [機械]
Tandembetrieb [男] タンデム駆動, [類] Reihenbetrieb [男], operation in series [機械] [材料] [操業] [設備]
tangential 接する, 接線の, 正接の, [英] tangential [統計] [機械] [物理] [建設]
Tangentialspannung [女] 接線応力, tangential stress [機械] [建設]
Tangentialvorschub [男] (心なし研削などの) 接線送り, tangential feed [機械]
Tangentkoordinate [女] 接線座標, tangent coordinate [統計] [機械]
Tangentpunkt [男] 矯正点, [類] Biegepunkt [男], straightening point, bending point [連鋳] [材料] [機械]
Tankkraftwagen [男] ガソリンタンクローリー車, fuel tank truck, TKW [機械] [化学]
Tartrat [中] 酒石酸, 酒石酸塩, 酒石酸エステル, tartrate [化学] [バイオ]
TASi = Technische Anleitung Siedlungsabfall = the Technical guidelines for the treatment and disposal of municipal waste 一般廃棄物, 都市廃棄物の処理および埋立廃棄に関する技術指針 [環境] [化学] [バイオ] [医薬] [法制度]
Tassenstößel [男] カップタペット, バケットタペット, cup tappet, bucket tappet [機械]
Tastatur [女] キーボード, keyboard [電気]
Tastaturkürzel [中] キーコンビネーション, key combination [電気]
Tastenblock [男] キーパッド, keypad [電気]

Tastpunkt 男 感知測定点，タッチ点，probe point, tactile dot 電気

Tastschalter 男 プッシュスイッチ，プレスボタン 電気

Tastsinn der Elektronik 男 電子機器の触感, sense of touch on electronics 電気 機械

TAT = Triaminotoluol = triaminotoluen トリアミノトルエン, C7H11N3 化学 バイオ 医薬 環境

Tauchen 中 浸漬，類 Imprägnierung 女, Infiltrierung 女 化学 バイオ 機械

Tauchausguss 男 浸漬ノズル, submerged nozzle 材料 連鋳 操業 設備

Tauchbadschmierung 女 はねかけ潤滑，飛沫潤滑，浸漬給油, immersion lubrication, splash lubrication 機械

Tauchlanzenverfahlen 中 浸漬ランス法，submerged lance process 製銑 精錬 連鋳

Tauchschmierung 女 飛沫給油, splash lubrication 機械

Tauchspulenmotor 男 ボイスコイルモータ，voice coil motor, plunger coil motor 電気 機械

Tauchwägung 女 浸漬計量，浸漬測定，immersion weighing, immersion measuring 化学 バイオ 物理

Taumelkolbenpumpe 女 タンブラープランジャーポンプ 機械

taumeln よろめく, 関 wanken, tumble 機械

Taupunkt 男 露点, 曇点（非イオン界面活性剤の水溶液の温度を上げていくとき, 透明な水溶液が濁り始める温度をいう）, dew point, DP, cloudy point 機械 化学 物理

Tausalz 中 道路用不凍防止塩，road salt, di-icing salt 建設 化学

Tautomer 中 互変異性体, tautomer 化学 バイオ

Taxonomie 女 分類学，taxonomy 化学 バイオ 全般

TBA = Tierkörperbeseitigungsanstalt = rendering plant 化製場,（死亡した家畜の死体などを処理する施設の総称） 化学 バイオ 環境 設備

TBC =英 thermal barrer coating = Wärmedämmschicht 断熱コーティング；=英 Time Base Correcter 画面ゆれ，ジッタ防止補正装置 機械 電気

TBP = Tributylphosphat = tributyl phosphate リン酸トリブチル バイオ 化学 原子力

TCA-Kreislauf = TCA-cycle = tricarboxylic acid cycle = Tricarbonsäurezyklus = citric acid cycle = Zitronensäurezyklus クエン酸回路, トリカルボン酸回路, クレプス回路 化学 バイオ 医薬

TCDD = 2,3,7,8-Tetrachlordibenzo-p-dioxin =英 2,3,7,8-tetrachlordibenzo-p-dioxin 2,3,7,8-テトラクロロジベンゾ-p-ジオキシン,（慣用名）2,3,7,8-テトラクロロジベンゾ-p-ダイオキシン, 2,3,7,8-四塩化ジベンゾパラジオキシン, $C_{12}H_4C_{14}O_2$ 化学 バイオ 医薬 環境

TCL = 英 two compornent turbulence limit 二成分乱流極限,（レイノズル応力方程式モデル関連） 物理 機械

TCP = Tricresylphosphat = tricresyl phosphate リン酸トリクレジル, りん酸トリクレジル,（農業用ビニルフィルム，電線コンパウンド, 建材関係の塩化ビニル樹脂の可塑剤，合成ゴムコンパウンドの軟化剤・可塑剤，その他の難燃剤，不燃性作動液，ガソリン添加剤，潤滑油添加剤などに用いられる） 化学 バイオ 機械；= Trichlorphenol = trichlorophenol 2,4,6-トリクロロフェノール，（殺菌剤や木材防腐剤, 染料の中間体などとして使われている） 化学 バイオ 医薬 環境

TCP/IP = 英 transmission control protocol/internet protocol UNIXによるネットワークプロトコルセット，TCP/IP 電気

TCR = T cell receptor = T-Zell-Rezeptor T細胞レセプター, T細胞受容体 化学 バイオ 医薬

TCXO =英 temperature controlled xtal oscillator = 英 temperature compensated crystal oscillator = temperaturgesteuerter Quarz-Standardoszillator 温度補償回路付き水晶発振器 電気

TD = 英 transmit data = Steuerzeichen für den Datentransfer 送信データ 電気；

= die toxikologischen tolerablen Körperdosen = toxicologically tolerable body doses 毒物学的に許容される体内吸収量 化学 バイオ 医薬 環境

TDC = 英 time- to –digital-converter 時間デジタル変換機 電気

TDDB = 英 time dependent dielectric breakdown = zeitabhängiger dielektrischer Durchschlag 経時絶縁破壊 電気 材料

TDI = 英 tolerable daily intake = die annehmbare tägliche Aufnahme = die tolerierbare tägliche Aufnahmemenge 耐用一日摂取量 環境 化学 バイオ 法制度；= Toluol-Diisocyanat = toluene diisocyanate トルエンジイソシアネート,（トルエンジイソシアネートには技術的に関連性のある2つの異性体 2,4-TDI, 2,6-TDI があり, 一般的には 2,4-TDI（80 %）と 2,6-TDI（20 %）の混合物として製造され, 軟質ポリウレタンフォームの製造に用いられている） 環境 化学 バイオ 材料

TDMA = 英 time division multiple access = Zeitmultiplexzugriff 時分割多元接続,（マイクロ波通信や衛星通信などで, 送受信可能な時間をそれぞれの受信局に割り当てる方式） 電気

TDR = Thymindesoxyribosid = Thymidine = thymine deoxyriboside チミンデオキシリボシド（慣用名）, チミン（IUPAC 名）, 5- メチル -2'- デオキシウリジン（体系名）, $C_{10}H_{14}N_2O_5$（ピリミジンデオキシヌクレオシドに属し, チミジンは DNA ヌクレオシドである） 化学 バイオ；= time-domain reflectometer = Zeitbereichs reflektometer 時間領域反射率計（測定対象の誘電率の違いによるマイクロパルスの反射により各種レベルを計測するもの） 電気 機械 化学 設備

TDS = 英 thermal desorption spectroscopy 昇温脱離ガス分析法 化学 物理；= 英 total dissolved solids = Filtrattrockenrückstand = Mass für die Salzbelastung von Gewässern 全溶存物質, 完全溶解固体物質,（濾過後の溶解成分を煮詰めたもの） 化学 バイオ 環境

Technik der gleichzeitigen Strom-und Wärmeerzeugung 女 熱電併給コージェネ技術, cogeneration technologie 電気 エネ 機械 環境

Technikumsmaßstab 男 パイロットプラント規模, 類 関 Labormaßstab 男, halbtechnischer Maßstab 男, Nullserienproduktion 女, großtechnischer Maßstab 男, industrieller Maßstab 男, pilot-plant scale 設備 化学 鉄鋼 非鉄 全般

der technische Sauerstoff 男 工業用酸素, industrial oxygen 機械 化学 バイオ

die technische Weiterentwicklung 女 技術的進歩性, inventive step, unobviousness 特許 規格 全般

Teerabscheider 男 タール分離器, tar-separator 化学 設備

TEF= 英 toxic equivalency factors(TEFs) = Toxizitätsäquivalentfaktoren 毒性等価係数,（世界保健機構（WHO）が, 最も毒性が強い 2,3,7,8-TCDD の毒性を1として他のダイオキシン類の仲間の毒性の強さを 1998 年, 2006 年に換算して定めたもの） 化学 バイオ 医薬 環境 規格

TEG = Triethylenglykol = 英 triethylenglykol トリエチレングリコール 化学 バイオ

Teilabschattung 女 部分シェーディング 機械 光学

Teilchenbeschleuniger 男 粒子加速器, particle accelerator 物理 原子力

Teildrehtisch 男 割り出し円テーブル, circular-dividing table 機械

1.5Teile Kaliumpersulfat 1.5 ポーションの過硫酸カリウム 化学 バイオ

Teilflächenelement 中 ピッチ母線, pitch surface element 機械

Teilkegelspitze 女 ピッチ円錐頂点, カサ歯車頂点, apex of pitch cone 機械 統計

teilkontinuirliche Straße 女 半連続ライン, semi-continuous line/train 材料 化学 設備 数学 統計

Teilkreisdurchmesser 男 ピッチ円直径, pitch circle diameter, PCD 製銑 設備 電気 機械

Teilmenge 女 ポーション, 部分容量, 関 Massenteil 中 (男) マスポーション, portion, partial quantity, partial amount 化学 バイオ 電気

Teilnahmeberechtigung 女 参加資格の付与

Teilnehmeradresse 女 加入者アドレス 電気

Teilnehmeridentifikationseinheit 女 加入者個体識別・認証ユニット, subscriber identity unit 電気

Teilscheibe 女 割り出し板, 類 関 Indexplatte 女, dividing plate, index plate 機械

Teilsequenz 女 部分配列, partial sequence 化学 バイオ

Teilsystem 中 サブシステム 機械 電気

Teilungssprung 男 隣ピッチ誤差, 単一ピッチ誤差, ピッチ誤差, 類 Teilungsfehler 男, Einzelteilungsfehler 男, pitch error 機械

Teilzeichnung 女 部品図, part drawing 機械

Telefonieschall 男 電話音 電気 音響

Telegabel 女 フロントフォーク, テレスコピックフォーク, front fork, telescopic fork 機械

Telekommunikation 女 テレコミュニケーション, 遠距離通信, telecommunications, TK 電気

teleskopisch 望遠鏡の, 伸縮自在の, telescopical, slidably 機械 光学

Teleskopstoßfänger 男 筒形ショックアブソーバ, telescopic shock-absorber 機械

Teletherapie 女 遠隔(放射線)治療, teletherapy 化学 バイオ 放射線

Tellerfeder 女 皿ばね, ディスクスプリング, cap spring, disc spring 機械

Tellerschleifmaschine 女 ディスク型研削・研磨機, disc griding machine 機械

Tellerventil 中 板弁, きのこ弁, ポペット弁, 類 関 Ringventil 中, Rohrventil 中, disc valve, poppet valve 機械

TEM = Transmissionselektronen-Mikroskopie = 英 transmission electron microscopy 透過型電子顕微鏡法 化学 バイオ 電気 材料

Temperatureinstellung 女 温度設定・調整, temperature adjustment エネ 機械 化学 製銑 精錬 材料 連鋳

Temperaturkoeffizient 男 温度係数, temperature coefficient, TK 化学 バイオ 物理 連鋳 鋳造 材料

Temperaturmess-und-registriergeräte 複 中 温度測定および記録機器, temperature measurement and registration equipment エネ 機械 化学 製銑 精錬 材料 連鋳 操業 設備

Temperaturprofil 中 温度経過, 類 関 Temperaturverlauf 女, temperature profile エネ 機械 化学 製銑 精錬 材料 連鋳 操業 設備

Temperaturrampe 女 温度勾配, temperature ramp, temperature gradient エネ 機械 化学 製銑 精錬 材料 連鋳 操業 設備

Temperaturschalter 男 温度スイッチ, temperature switch エネ 機械

Temperatursollwert 男 温度目標値・設定値, temperature set point エネ 機械 化学 製銑 精錬 材料 連鋳 操業 設備

Temperaturverlauf 男 温度経過, 類 関 Temperaturprofil 中, temperature gradient, temperature transition エネ 機械 化学 製銑 精錬 材料 操業 設備

Temperaturverlauf über die Gießzeit 男 鋳込時間中の温度経過, temperature-transition through the casting time 製銑 精錬 連鋳 鋳造 材料 操業 設備

Tempergussstück 中 可鍛鋳鉄鋳物, malleable casting 鋳造 機械 設備

Tennenplatz 男 ハードコート, 突き固めた場所, hard court, tamped area 地学 建設

Tensid 中 界面活性剤, 類 der oberflächenaktive Wirkstoff, surfactant, surface-active agent 化学 バイオ

Terminal 中 端子, 端末, ターミナル 電気 ; Terminal 男 ターミナル (空港などの) 航空 交通

Termintreue 女 納入日・引渡・支払日の正確さ・信頼性, adherence to delivery dates, delivery reliability 経営 操業 品質

Terminvereinbarung f 予約, appointment

化学 バイオ 医薬

ternär 三元の, 第三次の, 第三期の, 第三紀の, 類 tertiär, ternary, tertiary : ternäres Gleichgewichtsschaubild 中 三元系平衡状態図, 関 binär, quaternär 製銑 精錬 材料 化学 バイオ 地学

Terpolymer 中 ターポリマー, 三元重合体 化学 バイオ

Tertiär 中 第三紀(新生代の), 英 Tertiary 地学 物理 化学 バイオ

tertiär-Butanol 中 第三級ブタノール, tertiary butanol 化学 バイオ

Teslastrom 男 テスラ電流, tesla current 電気

Testumgebung 女 テスト環境, テストリグ, テストベッド 機械

Tetanus 男 破傷風, 類 Wundstarrkrampf 男, 英 lockjaw, tetanus 化学 バイオ 医薬

Tethering 中 テザリング, (通信端末などを内臓したモバイルコンピュータを, 外付けモデムのように用いて, 他のコンピュータをインターネットに接続すること), 関 Anbindung 女, tethering 電気

Tetrachloroäthylen 中 テトラクロロエチレン, tetrachloroethylene 化学 バイオ

Tetracyclin 中 テトラサイクリン, (放線菌の産生する抗生物質の一種), 英 tetracyclin 化学 バイオ 医薬

Tetraeder 中 四面体, tetrahedron 数学

Tetrahydrothiophen 中 テトラヒドロチオフェン, C_4H_8S, (慣用名) チオラン, 硫化テトラメチレン, tetrahydrothiophene, thiophane, tetramethylenesulfide 化学 バイオ

Tetrahydrofuran 中 テトラヒドロフラン, (フランの水素化で得られる環状エーテル, 示差屈折率検出計の移動相溶媒として用いられる), THF, 英 tetrahydrofuran 化学 バイオ 光学

Tetrahymena 中 テトラヒメナ, (分子生物学の研究に多用されている) 化学 バイオ

tetraploid 四倍体の, 英 tetraploid 化学 バイオ

Texterkennungsprogramm 中 OCR (自動文字認識)ソフト, OCR (= optical character recognition) program 電気

Textur 女 織物, 織り方, 組織, 構造, 関 Gewebe 中, texture, fiber, structure 繊維 化学 バイオ

Texturierung 女 組織化, テクスチャライジング, 「質を整える, 質感を加える(CGで)」, texturizing, texturing 繊維 電気 化学 バイオ

Textverarbeitung 女 テキスト編集, ワードプロセッシング, ワープロ, word processing 電気

TF = Transfer-Faktor = transfer factor 伝達因子 化学 バイオ 医薬

TFM = 英 target failure measure = Ausfallgrenzwert 目標機能失敗尺度, (低頻度作動要求モード運用と高頻度作動要求又は連続モード運用に対して, 1～4の安全度水準について, 規定されている) 機械 規格 操業 安全

TG = Thermogravimetrie = thermogravimetry 熱重量分析, 熱重量分析法, 熱重量法, 熱重量測定, 熱てんびん法 物理 化学 エネ 材料

TGO = 英 thermal grown oxide layer 熱間成長酸化皮膜, (セラミック層と合金層の間で成長する界面酸化層) 材料 設備 電気

Theisen-Wäscher 男 独タイゼン社製洗浄機(炉頂ガス洗浄などの) 製銑 精錬 環境 操業 設備

theoretischer thermischer Wirkungsgrad 男 理論熱効率, theoretical thermal efficiency エネ 設備 環境 機械

Theorie unter Berücksichtigung der endlichen Formänderungen 女 有限変形理論, theory of finite deformation 機械 材料 物理

thermische Differentialanalyse 女 示差熱分析, diffferential thermal analysis 機械 エネ 物理 化学 材料

thermischer Reaktor 男 サーマルリアクター, 熱中性子炉, thermal reactor 物理 原子力 放射線 設備

thermischer Stoß 男 熱衝撃, thermal shock 材料 溶接 エネ 化学 原子力 機械

T

Thermistor 男 サーミスタ, 英 thermistor 電気 機械
Thermitschweißung 女 テルミット溶接, thermite welding 溶接 材料 設備
thermodynamische Beziehung 女 熱力学的な関係, thermodynamic relation 製銑 精錬 材料 化学 物理 操業 設備
thermoelektrische Kraft 女 熱起電力, thermo-electromotive force 電気 機械
thermoelektrisches Thermometer 中 熱電温度計, thermoelectric thermometer, pyrometer エネ 機械
Thermoelement 中 サーモカップル, 熱電対, 類 Thermosäule 女, thermocouple エネ 化学 物理 電気 操業 設備
thermogravimetrisch 熱重量の, 英 thermogravimetric エネ 化学 物理
thermoplastisch 熱可塑性の, 英 thermoplastic 化学 バイオ 材料 鋳造
Thermosäule 女 サーモカップル, 熱電すい, 熱電対, 熱電対列, thermocouple, thrmopile エネ 機械
Thermotransferdrucker 男 熱転写プリンタ, thermal transfer printer 電気 印刷
Thiamin 中 ビタミンB_1, チアミン, thiamine, vitamine B_1 化学 バイオ
Thixotropie 女 チクソトロピー, チクソトロピー性, 揺変[ようへん]性,(外力による等温可逆的ゲルーゾル変化をいう), thixotropy, thixotropic property 化学 バイオ 物理 電気
THM = Trihalogenmethan = trihalogenomethane トリハロメタン 化学 バイオ 医薬 環境
Thymus 男 胸腺, 英 thymus 化学 バイオ 医薬
Thyroxin 中 チロキシン,(甲状腺ホルモンの一種, 甲状腺疾患の治療に用いられている), 英 thyroxine 化学 バイオ 医薬
TIB = 英 bone thermal index = thermischer Index des Knochens 骨のサーマルインデックス 化学 バイオ 医薬 音響
Tidenhub 男 潮の干満の差・ストローク, 関 Gezeiten 複 電気
TIE =英 toxicity identification evaluation = Toxizitäts-Identifizierungsbewertung 毒性識別評価 化学 バイオ 医薬
Tiefbau 男 地下工事 建設
Tiefbettfelge 女 ドロップセンターリム,深底リム,drop center rim,DC-Rim 機械
Tiefdruck 男 グラビア印刷, gravure printing 印刷 機械
Tiefenfiltration 女 深層濾過, deep bed filtration 機械 化学 バイオ
Tieflochbohler 男 ガンドリル, gun drill 機械
Tiefofenhalle 女 (分塊) 均熱炉棟, soaking-pit bay 精錬 材料 操業 設備
Tiefziehbarkeit 女 深絞り性, deep drawing property 材料
Tiefziehblech 中 深絞り用板, deep drawing sheet 材料
Tiegel 男 坩堝,crucible,melting pot 化学 精錬
Tiermehl 中 動物用穀粉 バイオ 化学
TII = Totalionenintensität = total ionic strength 全イオン強度 化学 バイオ 電気
TIMP =英 tissue inhibitor of metalloproteases = Gewebeinhibitor der Metalloproteinasen メタロプロテアーゼ組織インヒビター, 類 関 Inhibitors der MMPs 化学 バイオ 医薬
Tintenmodul 中 インクジェットモジュール, ink-jet module 機械 印刷
Tintenpatrone 女 インクカートリッジ, ink cartridge 電気 印刷
Tintenstrahldrucker 男 インクジェットプリンター, ink-jet printer 印刷 機械
Ti-Plasmid 中 Tiプラスミド,(植物腫瘍誘発プラスミド), 英 Ti plasmid, tumor-inducing plasmid 化学 バイオ
Tippen 中 インチング, 寸動操作, typing 機械
TIR =英 total indicator reading = Der gesamte Messwert, wenn der Messbereich auf dem Referenz-Achsmittelpunkt zentriert um eine Umdrhung gedreht wird 基準軸心を中心にして, 測定部を1回転させた場合の ダイヤルゲージの読みの全量の意味 機械

TIS = ㊥ train integrated management system 車両制御情報管理システム 電気 交通；=㊥ soft tissue thermal index = thermischer Index des Weichgewebes 軟部組織のサーマルインデックス深さ 化学 バイオ 医薬 音響

Tischbohrmaschine 女 卓上ボール盤, bench drilling machine 機械

Tischstütze 女 テーブル前支え,テーブルサポート,table support 機械

tissue equivalent material ㊥ 組織等価物質, gewebeäquivalentes Material 中 化学 バイオ

Titer 男 滴定量, ㊥ titer バイオ 化学

Titerlösung 女 標準液, standard solution 化学 バイオ 医薬

TLC =㊥ total life cycle costs = Gesamtkosten über die gesamte Lebendauer 全ライフサイクルコスト 操業 設備 製品 経営 化学 バイオ 医薬；=㊥ thin layer chromatography = Dünnschichtchromatographie 薄層クロマトグラフィー 化学 バイオ 電気；=㊥ total lung capacity = die gesamteLungenkapazität 全肺気量 化学 バイオ 医薬

TLO = ㊥ technology licensing office = Technologie-Lizenz-Büro ㊟ 技術移転事務局 特許 経営 組織

TLV =㊥ tag, length, value, ID, 長さ, コンテンツ 電気；=㊥ threshold limit value = Höchstzulässige Konzentration (MAK) 作業空間における化学物質などの最大許容濃度 化学 バイオ 医薬 環境 法制度

TMC = ㊥ traffic management center = Verkehrsleitstelle 交通管理センター 交通 機械 電気；= ㊥ traffic message channel = Digitaler Verkehrsfunk ヨーロッパの交通情報システム 交通 機械 電気；= ㊥ traffic monitoring center = Verkehrsüberwachungszentrale 交通監視センター 交通 機械 電気

TMR = ㊥ tunnel magneto resistance effect トンネル磁気抵抗効果 電気 物理

TMT = Tocopherol-0-Methyl-transferase = ㊥ tocopherol-o-methyl-transferase トコフェロール -O- メチルトランスフェラーゼ, EC 2.1.1.95（転移酵素で, 特に1炭素基を転移させるメチルトランスフェラーゼのファミリーに属する. 系統名は, S-アデノシル -L- メチオニン：γ-トコフェロール 5-O- メチルトランスフェラーゼ）化学 バイオ 医薬；= 2-(3,4,5-Trimethoxyphenyl) cyclopropanamine 2-(3,4,5- トリメトキシフェニル) シクロプロパンアミン, $C_{12}H_{17}N_{O3}$,（体系名）2-(3,4,5- トリメトキシフェニル) シクロプロパンアミン 化学 バイオ

TNT = Trinitrotoluol = trinitrotoluene TNT 火薬, トリニトロトルエン 化学 地学

TOC = ㊥ total organic carbon = total organically bound carbon = gesamter organisch gebundener Kohlenstoff 全有機性炭素, 全有機炭素成分, 全有機炭素 化学 バイオ 環境

α-Tocopherol 中 ビタミン E, α-tocopherol, vitamin E 化学 バイオ

toe ㊥ 内端部(傘歯車の), つま先, ㊦ Zehe 女 機械 医薬

Töpfertonmasse 女 陶土, potter's clay 化学 バイオ 精錬 製銑 地学 非金属

TOFD =㊥ time of flight diffraction = Beugungslaufzeittechnik 飛行時間回折,（超音波回折に用いられる）材料 物理 音響

TOF-SIMS = ㊥ time of flight secondary ion mass spectrometry 飛行時間型二次イオン質量分析法 物理 化学 バイオ 材料 光学 電気

Toleranz 女 公差, allowable variation, tolerance 機械

Toleranzgrad 男 許容度 機械

Tolerierung 女 許容誤差, 公差, tolerance, toleration 機械

Toluol 中 トルエン, $C_6H_5CH_3$（トルオールとも呼ばれる. 溶剤用の他, 安息香酸, トリニトロトルエン, ベンズアルデヒドそのほか多様な芳香族化合物の重要原料である）, ㊥ toluene 化学 バイオ

tomographische Zweiwellenlängenphtometrie 女 断層撮影型二波長光度法, dual wavelength photometry 化学 バイオ 電気 光学

Ton 男 粘土,色調, 音, clay, shade 化学 製銑 精錬 電気 光学 音響

Tonerde 女 アルミナ, 類 Aluminiumoxid 中 製銑 精錬 材料 地学 化学 非金属

Tonerkasette 女 トナーカートリッジ,toner catridge 電気 印刷

tongebunden 粘土粘結の 鋳造 機械

Tonmineral 中 粘土鉱物, clay mineral 地学 鋳造 機械 化学 非金属

tonneau 英 ノー(後部座席の後方にある手荷物収納部) 機械

Tonnenlager 中 球面ころ軸受け, spherical roller bearing 機械

Tonometer 男 眼圧計, tonometer 化学 バイオ 医薬

Topologie 女 位相幾何学, topology 統計

Torfteer 男 ピートタール, peat tar 化学 建設

Torpedopfanne 女 トーピードレードル, torpedo ladle 製銑 精錬 操業 設備 交通

Torsionssteifigkeit 女 ねじり剛性, 類 Verwindungssteifigkeit 女, Verdrehungssteifigkeit 女, torsional rigidity, torsion-resistant stiffness, torque stiffness 材料 建設

Torsionswinkel 男ねじれ角, 類 Verdrehungswinkel 男,Schrägungswinkel 男 ,angle of torsion,warp angle,helix angle (ねじ,歯車,切削工具,他) 材料 機械

torusförmig 円環面(体)の, トーラス, tourus 統計

Tosylation 女 トシル化(p −トルエンスルホン酸 $CH_3C_6H_4SO_3H$ の誘導体を作る反応, 正式にはp-トルエンスルホニル化という), 類 Tosylierung 女, 英 tosylation 化学 バイオ

Totalreflexion 女 全反射,total reflection 光学 電気 機械

Totmanneinrichtung 女 デッドマン装置, デッドマンズハンドル,dead man's handle 機械 電気

Totraum 男 空所, すきま容積, 死にスペース, 死空間, 死腔(肺の)dead space, void space 機械 船舶

tourensportliche Motorräder 複 中 ツーリング族 機械 経営

Toxizitätsäquivalent 中 毒性等量, 毒素当量, 等量毒素 toxic equivalent, TEQ 化学 バイオ 医薬 環境

t-PA = 英 tissue(type)plasminogen activator = Gewebeplasminogenaktivator 組織プラスミノーゲンアクチベータ,(血栓溶解薬) 化学 バイオ 医薬

TPA =英 two-photon absorption = Zwei-Photonen Absorption 二光子吸収 電気 光学 化学 ; = 英 terephthalic acid = Terephthalsäure テレフタル酸 ($C_6H_4(COOH)_2$,ポリエステル系の合成繊維の製造原料) 化学 バイオ 繊維

TPC = 英 time projection chamber = Zeitprojektionskammer 時間射影チェンバー, 時間射影チェンバ, タイムプロジェクションチェンバ 放射線 電気 物理 化学 バイオ 医薬

TPD = die temperaturprogrammierte Desorption = temperature programmed desorption 昇温制御脱離 物理 化学

TPE =英 thermoplastic elastmere = Thermoplastischer Kunststoff 熱可塑性樹脂 化学 材料

TPLA = 英 treponema pallidum latex agglutination 梅毒反応検査法,「トリポネーマ・パリダムに対する特異抗体(TP抗体)を検出」 化学 バイオ 医薬

TPP = 英 trance-pacific-strategic economic partnership agreement 環太平洋戦略的経済連携協定 経営 法制度

TPR = Temperatur-Programmierte Reduktion = temperature programmed reduction 昇温還元法 化学 物理 材料

TPU = thermoplastisches Polyurethan 熱可塑性ポリウレタン 化学 バイオ

Tracheobronhitis 女 気管気管支炎, 英 tracheobronchitis 化学 バイオ 医薬

Tracheotomie 女 気管切開術, tracheotomy (永続的な開口を指すこともある), tracheotomy (一時的な開口を指すこともある) 化学 バイオ 医薬

träge 不活発な, inertial, inactive 化学 バイオ

Träger 男 ビーム, 桁, 梁, サポート, 形鋼, 担体, キャリヤー, 保菌者, beam, girder, carrier, supporter 建設 材料 電気 化学 バイオ 医薬

Trägerbreite 女 ガーダー幅, ビーム幅, girder width, beam width 材料 建設

Trägerelement 中 サポート部材,キャリアー, 担体,はり,support membre 操業 設備

Trägerflüssigkeit 女 キャリアー流体,キャリアー溶液,carrier fluid,carrier solution 機械 化学 物理

Trägerkatalysator 男 担体触媒, 担持触媒, supported catalyst 機械 化学 バイオ

Trägerorganisation 女 ホスト組織, host organization 組織 全般

Trägerstrom 男 搬送電流,carrier current, CC 電気

Trägersubstrat 中 サポート基板, サポートチップ 電気

Trägervorprofil 中 ビームブランク, beam blank 材料 連鋳 建設

Trägerwelle 女 搬送波, carrier wave, CW 電気

Trägheitsmoment 中 慣性モーメント, moment of inertia 機械

Träne 女 はじけた水ぶくれ, burst blister 機械

Tränenbildung 女 膨れ形成, 滴形成, burst blister, formation of tears 材料 物理 化学

Tränkungsmethode 女 含浸法,impregnation method 化学 バイオ 機械

Trafoleistung 女 変圧器容量,transformer power,transformer output,transformer capacity,transformer voltage 電気 精錬 機械

tragbare Schweißmaschine 女 ポータブル溶接機, 類 transportable Schweißmaschine 女,portable welding machine 溶接 材料 機械

Tragbild 中 歯当り,gear contact pattern, tooth contact 機械

Tragfeder 女 にないバネ,bearing spring, suspention spring 機械

Tragfläche 女 支承面積, 支持面積, 翼面, 空中翼, エーロフォイル, bearing area, aerofoil 機械 航空 建設

Traglager des Dorns 中 アーバーサポート 機械

Tragplatte 女 サポートプレート, キャリアープレート,support plate,carrier plate 機械

Tragrahmen 男 サポートフレーム, support frame, supporting frame, carrying frame 機械 電気

Tragriemen 男 ストラップ,carrying strap 機械

Tragwerk 中 トラス,ウイングユニット,ホイストギヤー, 関 Unterzug 男,Gebinde 中 機械 建設

Trajektorie 女 定角軌道, trajectory, isochronous trajectory (物理)

Transaminierung 女 アミノ基転移反応, (アミノ酸のアミノ基がオキソ酸に移行して, 遊離のアンモニアを生成することなく, アミノ酸とオキソ酸を生じる反応), transamination 化学 バイオ 医薬

transdisziplinär 学科にまたがる, 専門にまたがる, transdisciplinary 全般

Transduktion 女 形質導入,英 transduction 化学 バイオ

Transekt 男 トランセクト,(植物群落の帯状断面図), 英 transect 化学 バイオ 地学

Transformante 女 形質転換細胞, 英 transformant 化学 バイオ 医薬

Transfer-Faktor 男 伝達因子, 転写因子, 転移因子,transfer factor 化学 バイオ 医薬

Transferpapier 中 トランスファー用紙, 転写紙 印刷 機械

Transformator 男 変圧器, transformer 電気 機械

Transformieren 中 形質転換, 座標変換, 変圧 バイオ 数学 電気

Transition 女 (塩基の) 転移 バイオ

Transketolase 女 トランスケトラーゼ (グリコールアルデヒドトランスフェラーゼともいい, ペントースリン酸回路が最も重要な反応), 英 transketolase 化学 バイオ 医薬

transkribieren 転写する, transcribe バイオ

transkriptioneller Aktivator 男 転写アクチベータ, transcription activator 化学

バイオ
Translation 女 翻訳, 英 translation バイオ 経営 全般
translatorische Bewegung 女 並進運動, translation motion 機械
Translokator 男 輸送体, carrier molecule 化学 バイオ 医薬
transluzent 半透明の, 類 halbsichtig, translucent 機械 光学
der transmembranöse Transport 男 膜貫通輸送, 英 transmembrane transport 化学 バイオ 医薬
Transmissions-elektromikroskopie 女 透過型電子顕微鏡, TEM, 英 transmission electron microscope 化学 バイオ 電気
Transmissions-Sichtbarkeit 女 透過視認性, transmission visibility 光学 機械
Transparentpapier 中 トレーシングペーパー 機械
Transpiration 女 発散, 発汗 英 transpiration 化学 バイオ 医薬
Transplantat 男 移植片, 英 transplant, graft 化学 バイオ 医薬
Transportprotein 中 輸送タンパク質(難溶性物質を運搬する役割をしている血漿タンパク質などをいい, アルブミンが代表的なものである), transporter protein (of plasma), transport protein (of plasma) 化学 バイオ 医薬
Transportrichtung 女 運搬方向, 搬送方向 操業 設備 機械
Transportschnecke 女 搬送ウオーム 機械
Trans-Uran 中 超ウラン元素 trans-uranium, TRU 化学 バイオ 医薬 放射線 原子力 電気
Transversion 女 (塩基の) 転換 バイオ
Trapezgewinde 中 台形ねじ, trapezoidal screw thread 機械
Trauma 中 精神的外傷, 外傷, トラウマ, 英 trauma 化学 バイオ 医薬
Traverse 女 横桁, 関 Querträger 男, cross beam, horizontal beam, traverse 建設
traversierende Senkrechtstoßmaschine 女 トラバース縦削り盤, traverse slotter 機械
TRD = Technische Regel für Dampfkessel = The Technical Rule for Steam Boilers 蒸気ボイラー規制技術規則 機械 化学 バイオ 材料 エネ 法制度 = Tolerierbare resorbierte Dosis = tolerable resorbed dose 許容放射線吸収量 化学 バイオ 医薬 放射線 法制度
TRE = 英 toxicity reduction evaluation = Beurteilung der Toxizitäts-reduzierung 毒性減少評価 化学 バイオ 医薬
tread 英 トレッド, Spurweite, Reifenauffläche 機械
Treiber 男 ドライバ, device driver 電気
Treiberplattform 女 パソコン動作環境 電気
Treibhaus 中 促成栽培室, 温室, 類 関 Gewächshaus 中 化学 バイオ
Treibmittel 中 発泡剤, 膨張剤, 推進薬, blowing agent, propellant 化学 バイオ 機械 エネ
Treibmittelstrahlpumpe 女 発泡剤用 (膨張剤用・推進薬用) ジェットポンプ 機械 化学
Treibniete 女 (または 複 男 の場合もある) 打ち込みリベット, drive rivet 機械
Treibplatte 女 回転斜板カム, 類 Schiefscheibe 女, swash plate, swash plate cam 機械
Treibplattemotor 男 斜板機関, swash plate engine 機械
Treibriemen 男 駆動ベルト, 伝達ベルト, driving belt 機械
Trennbalken 男 区割りバー, separation bar, divider bar 電気
Trennfunkenstrecke 女 分離型スパークギャップ, isolating spark gap 電気 機械
Trennsäule 女 分離塔, 分離カラム separation column 化学 バイオ 機械 操業 設備
Trennscheibe 女 切断砥石, cutting -off wheel 機械
Trennschleifen 中 突っ切り, 研削切断, cutting-off grinding 機械
Treppenrost 男 階段火格子〔ひごうし〕燃焼機, step grate, stair grating エネ 機械

T

[設備]

Trester [複] 絞りかす（特に,果実酒醸造の）[化学][バイオ]

TRGS = Techinische Regel für Gefahrstoffe = The Technical Rules for Steam Boilers 危険物質規制技術規則 [環境][化学][バイオ][法制度]

TRI =(英) toxic releace inventry 有害化学物質排出・放出目録 [化学][バイオ][環境][法制度]

Triac =(英) bidirectional triode thyristor = Zweirichtungs-Thyristortriode 二方向性三端子サイリスタ, トライアック [電気][機械]

Trias [女] 三畳紀（中生代の）, 三の数, 三和音,(英) Triassic, triad [地学][物理][化学][バイオ][統計][音響]

Triangulation [女]（三角測量の）三角網作成, (英) triangulation [機械][建設]

triboelektrisch 摩擦電気の, triboelectric [電気][機械][物理]

Tributylzinn [中] トリブチルスズ,（環境ホルモン作用が認められている）,【類】【関】Hormonähnliches Gift [中], tributiltin, tributyltin, TBT [化学][バイオ][医薬][環境]

Trichter [男] ホッパー, 漏斗［じょうご］, ロート, 押湯, hopper, funnel, feeder, riser [化学][製銑][鋳造][精錬]

Trichterschräge [女] コーン傾斜面, ホッパー角, cone inclination, hopper angle [機械][化学][バイオ][設備]

Trichloroäthylen [中] トリクロロエチレン,（CHCL = CCL_2, 水道水暫定基準 0.03mg/L 以下）, (英) trichloroethylene [化学][バイオ][医薬][環境]

Triebrad [中] 駆動歯車 [機械]

Trimer [中] 三量体, (英) trimer [化学][バイオ]

Trinatriumphosphat [中] トリナトリウム燐酸塩, Na_3PO_4,(英) trisodium [化学][バイオ]

Trinitroglyzerin [中] トリニトログリセリン, ニトログリセリン（$C_3H_5N_3O_9$, 狭心症発作の特効薬）,(英) trinitroglycerin [化学][バイオ][医薬]

Triostraße [女] 三段圧延機ライン,【類】【関】Triowalzwerk [中], three-high train [材料][機械][設備]

TRIP = (英) transformation induced plasticity = umwandlungsinduzierte Plastizität 変態誘起塑性 [材料][物理][鉄鋼][非鉄]; = (英) telephone routing over internet protocol = Telefonrouting über das Internet ネットワーク向け経路制御プロトコル [電気]; TRIPS =(英) trade related aspects of intelleatual property rights = handelsbezogene Aspekte der Rechte an geistigem Eigentum 知的所有権の貿易関連側面（に関する交渉） [特許][法制度][経営]

Triphenylzinn [中] トリフェニルスズ, triphenyltin, TPT [化学][バイオ][医薬][環境]

Triplett [中] トリプレット, 三塩基組 [化学][バイオ]

TRIPs = (英) trade related aspects of intelleatual property rights = handelsbezogene Aspekte der Rechte an geistigem Eigentum 知的所有権の貿易関連側面（に関する交渉） [特許][法制度][経営]

TRIS = (独)（Tris-hydroxymethyl）aminomethan = Puffersubstanz für biochemische Untersuchungen =(英) Tris（hydroxymethyl）aminomethane トリス緩衝液, トリスヒドロキシメチルアミノメタン, トリスアミノメタン,（代表的な中性領域の緩衝剤用塩基化合物） [化学][バイオ][医薬]

Trisomie [女] 三染色体, trisome [化学][バイオ][医薬]

Triton X-100（商品名）, オクチルフェノールポリエトキシレート,（ポリオキシエチレンアルキルフェニルエーテルの一種, 非イオン系界面活性剤の一つ） [化学][バイオ]

Trittbrett [中]（バスなどの）昇降口のステップ, running foot board [機械][交通]

trivalent 三価の,【類】dreiwertig, (英) trivalent [化学][バイオ]

TRMM =(英) tropical rainfall measuring mission 熱帯降雨観測衛星 [化学][バイオ][電気][航空][物理][環境]

Trochoide [女] トロコイド, 余擺［はい］線, trochoid [数学][機械]

Trockendestillationsgas [中] 乾留ガス, dry distillation gas, carbonization gas

化学 製鉄 設備 地学

Trockendock 中 乾ドック, dry dock, raving dock 船舶 機械 設備

Trockenform 女 乾燥型, 乾燥砂型, dry sandmold 鋳造 化学 設備

tockenlaufende Pumpe 女 乾式作動ポンプ 機械

Trockenofen 男 乾燥炉, drying furnace, drying oven 材料 設備

Trockenrohdichte 女 乾燥密度, dry bulk density 化学 バイオ

Trockensorptionsverfahren 中 (排煙脱硫の) ダップ法, dry adsorption process, DAP 環境 化学 バイオ 設備

Trockenthermometer 中 乾球温度計, dry-bulb thermometer 物理

tröpfelnd あとだれする, dribbling, after dripping 機械

Trogförderband 中 トラフコンベアー, trough conveyor 機械 設備

Trogkettenförderer 男 ドラッグリンクコンベアー, drag link conveyor 機械

Thrombose 女 血栓症, thronbosis 化学 バイオ 医薬

Trokar 男 套管[とうかん]針, トロカール, 英 trocar 化学 バイオ 医薬

Trommel 女 リール,ドラム,reel,drum 機械

Tropfen 男 溶滴, drop 製銑 精錬 材料 操業 設備

Tropfinjektion 女 点滴, 関 Tropfinfusion 女, drip infusion 化学 バイオ 医薬

Tropfkörperreaktor 男 液滴分散リアクター, tricking film reactor, trickle-flow fermenter 化学 バイオ 電気 機械

Tropfölschmierung 女 滴下注油, drip oil lubrication 機械

TRS =英 transactional reporting service 個別期間限定許諾(著作権関係) 特許 法制度

Trumm 中 端部, 断片, end, end of rope or belt, fragment 機械

Trummsäge 女 横びきのこ(横挽き鋸), cross cut saw 機械

TRUS = transrektale Ultraschalluntersuchung = transrectal ultrasonography 経直腸的超音波検査(法) 化学 バイオ 電気 光学 音響 医薬

Tryptophan 中 トリプトファン(タンパク質を構成するアミノ酸の一種,残基の略記号はTrp, W),英 tryptophan 化学 バイオ 医薬

TS = Trockensubstanz = dry residue (substance) = dry matter 乾燥残留物, 蒸発残留物乾物, 乾燥物質, 乾燥物, 乾物量 化学 バイオ ; = 英 total solid = Gesamtfeststoffgehalt 全固形物 化学 バイオ ; = 英 total solution = Gesamtlösung 全溶液 化学 バイオ ; =英 time sharing タイムシェアリング,時分割 電気

TSA = 英 thermal swing adsorption 熱スイング吸着法,温度スイング吸着法 化学 設備 ; = 英 time slot assignment = Zeitschlitzzuordnung bei seriellen Datenübertragungsverfahren タイムスロット割当 電気

TSCA = 英 Toxic Substances Control Act = amerikanisches Gesetz zur Kontrolle giftiger Stoffe 米 毒性有害物質規制法 化学 バイオ 医薬 環境 法制度

Tschernosem 男 チェルノゼム, 黒土, 類 Chernozem 男, Schwarzerde 女, Tschnernosem 男, 英 chernozem, tschernosem, black earth 地学

TSH-Rezeptor = Rezeptor des Thyroid stimmlierenden Hormons = thyroid-stimulating hormone receptor = thyrotropin receptor = TSH receptor 甲状腺刺激ホルモンレセプター 化学 バイオ 医薬

TS/l = Trockensubstanz -Biomassenkonzentration = dry substance (dry matter) biomass concentration = bio mass per unit volume リットル当たりのバイオマス固形物量 化学 バイオ 単位

T-Stück 中 T 型継手, T-joint piece 機械

TTL =英 transistor-transistor-logic = Transistor Transistor-Logik トランジスタトランジスタ論理回路 電気

Tuberkulose 女 結核, tuberculosis 化学 バイオ 医薬

Tuch 中 ブランケット, 毛布, blanket

Türgriff 男 ドアハンドル, door handle 機械

Türraste 女 ドアストライカー, door striker 機械

T

Türschweller 男 サイドシル, 側ばり, side sill 機械 交通
TUIS = Transport-Unfall-Informations-Hilfeleistungssystem der deutschen chemischen Industrie = the German Transport Accident Information and Emergency Response System of the chemical industry ドイツ化学工業運搬事故救出対応システム 化学 バイオ 医薬 物流
Tukey-Test 男 テューキーテスト,(正規分布の有意差検定に用いる) 統計 数学
Tumor des Kehlkopfes 男 喉頭ガン, cancer of larynx,laryngeal cancer 化学 バイオ 医薬
Tumorzelle 女 腫瘍細胞, tumour cell 化学 バイオ 医薬
Tunnelbohrmaschine 女 トンネル掘削機, TBM, tunnelling machine, tunnel excavator 機械 地学 建設
Tunnelofen 男 環状炉,トンネルがま,tube furnace,tunnel kiln 材料 機械 化学 地学
Turbienendüsentriebwerk 中 ターボジェットエンジン, turbo jet engine 航空 機械
Turbienendüsentriebwerk mit Axialverdichter 中 軸流式ターボジェットエンジン, axial turbo jet engine 航空 機械
Turbineneintrittstemperatur 女 タービン入口温度, turbine inlet temperature, TIT 機械 エネ 操業
Turbolader 男 ターボチャージャー, turbo-charger 機械
turbulenter Diffusionskoeffizient 男 乱流拡散係数, turbulent diffusion coefficient 機械 精錬 エネ 化学
turbulente Verbrennung 女 乱流拡散燃焼 機械 エネ
Turbulenzeinsatz 男 乱流生成装置, turbulence generator, turbulence tube block 機械 エネ
Turbulenz-Flamme 女 乱流炎,turbulent flame エネ 機械
turnusmäßig 輪番の,循環する 機械 経営
tuschieren 食刻する, 補修する, 修整する, 仕上げする spotting, finishing, touching up 材料 機械
Tuschierplatte 女 定盤, surface plate, 類 Anreißplatte 女, Richtplatte 女 精錬 材料 機械
TVO = Trinkwasserverordnung = TrinkwV = drinking water ordinance = the drinking water regulation 飲料水条例 化学 バイオ 医薬 環境 法制度
TW = Totwasser = dead water よどみ,死水, デッドウォーター 環境 化学 バイオ 医薬
TWB = 英 tailor welded blank テーラード・ブランク 材料 溶接 機械
twinning induced plasticity 英 双晶誘起塑性,誘起双晶変形,TWIP 材料
TX = 英 transmitter 送信機, 関 RX 電気
das Tymidin-Analoge 中 チミジン構造類似体,(BrdUrd など), tymidin analogue 化学 バイオ
Typenprüfung 女 型式検査,type inspection 機械 設備 規格 組織
Typenschild 中 型式表示プレート, type plate, name plate 機械 設備
Typenvielfalt 女 タイプの多様性, 多様なタイプ 製品 経営
Typschlüsselnummer 女 (自動車などの) モデルコード番号,(自動車などの) 型式記号, TSN, model code number 機械
Tyrosin 中 チロシン,(タンパク質を構成するアミノ酸の一種, 残基の略記号は Tyr, Y), 英 tyrosine 化学 バイオ 医薬
TZP = 英 tetragonal zirconia polycrystal = tetragonaler Zirkonoxidpolykristall 正方晶系ジルコニア多結晶体 非金属 材料 地学 電気

U

UAD-System = 英 unitized annealing department system 定置式コイル焼鈍方式 材料
U.A.w.g. = Um Antwort wird gebeten

中 返信願います

UBA = Umweltbundesamt 連邦環境局 環境 組織 ; = Unterbetankungsanlage 地下式貯蔵装置 機械

UBV = Verband der Umweltbetriebsprüfer und -gutachter e.V. 操業に伴なう環境鑑定者協会(登記社団) 環境 組織

UCC =英 ultra clean coal = hoch-saubere Kohle 超洗浄炭, ウルトラクリーンコール 電気 地学

UE = Umwelterklärung = environmental statement 環境評価書 環境 法制度 組織

Überalterung der γ -Phase 女 γ 相の過時効, overageing of the γ -phase 材料 溶接

Überarbeitung 女 改訂, revision 規格 印刷

Überbelastung 女 過負荷, over load, OL 機械 エネ

Überbrückungskupplung 女 ロックアップクラッチ, 直結クラッチ, lock up clutch 機械

Überdeckungsgrad 男 (歯車の) 嚙み合い率, contact ratio 機械

Überdruckturbine 女 反動タービン, reaction turbine 機械 エネ

überdurchschnittlich 平均を超えた, 平均以上の 統計

Übereinanderschweißung 女 重ね溶接, 類 Überlappschweißung 女, lap welding 溶接 材料 機械

übereutektisch 過共晶の(> 4.3 C%), hyper-eutectic 材料 製銑 精錬 鋳造

übereutektoidisch 過共析の(> 0.85C%), hypereutectoid 材料 製銑 精錬 鋳造

Überexpression 女 過発現, overexpression 化学 バイオ

überfahren クロスオーバーする, ランオーバーする 機械 統計

Überflussventil 中 あふれ弁, 関 Überströmventil 中, over flow valve 機械 化学

überführen 移動させる, 移す 機械

Übergabestelle 女 引渡し部位, point of transfer 機械 物流

Übergang 男 遷移, 移行, 変化, 踏切, 陸橋, transition, transfer 材料 鉄鋼 非鉄 物理 化学 バイオ 機械 建設

Übergangsbogen 男 緩和曲線, transition curve, easement curve 交通

Übergangsmetall 中 遷移金属, transition metal 材料

Übergangszone 女 溶接ボンド, 溶接境界, 遷移帯, 移行帯, weld bond, transition zone 溶接 材料 化学 機械

übergehen 移動する,

Übergreifung 女 嚙み合い, オーバーラップ, 関 Überschneidung 女, Überlappung 女, overlapping 機械

überhängendes Ende 中 付着末端, cohesives end, 類 kohäsives Ende 化学 バイオ

Überhangwinkel 男 突き出し角, overhang angle 機械

Überhitzungstemperatur 女 過熱度 super heat temperature 材料 精錬 鋳造 物理

überhöhte Kurve 女 カントを付けた曲線, 外高曲線走路, superelevated curve 交通 建設

Überhöhung 女 カント, キャンバー, 片勾配, 土手造り, 横傾, 関 Wölbung 女, Quergefälle 中, Balligkeit 女, Sturz 男, camber, cant, superelevation, banking 交通 建設 機械 材料 航空

Überhöhungsrampe 女 取り付け勾配, superelevation connecting ramp 機械 建設

Überholspur 女 追い越し車線, 類 Überholfahrbahn 女, fast lane, fast track, overtaking lane 機械

Überkritischerdruckturbine 女 超臨界圧タービン, supercritical pressure turbine エネ 機械 電気

überkritisches Wasser 中 超臨界水, supercritical water 化学 バイオ 物理 エネ 環境

Überlagerung 女 スーパーヘテロダイン, 重ね合わせ, 上盤, superimposition, superheterodyning, overlapping, hanging wall 電気 光学 音響 地学

Überlagerungsempfang 男 スーパーヘテロダイン受信(スーパーヘテロダイン受信器によって受信波を中間周波数に変換し，それから，これを検波するような受信過程．選択度・感度の向上が容易である)，superheterodyne reception 電気
Überlappfeder 女 重ね板ばね，類 Lamellenfeder，Blattfeder，Flachfeder，lamellar spring 機械
Überlastventil 中 過負荷弁，overload valve 機械
Überlebensraum 男（生存を可能とする）残存空間，residual space 機械
Übermaß 中 締め代，interference，oversize，plus allowance 機械
übermitteln 伝達する，送信する，transmit 電気
überpotential 過度に比率を大きくした 機械 電気
überprüfbar 再検査可能な 材料 機械
überragen 上に突き出ている，よりも高くなっている，
Überrest 男 残留物，remains 機械 化学 バイオ
Überrollbügel 男 ロールバー，roll bar 機械
Übersättigung 女 過飽和，supersaturation 化学 機械
Überschallgeschwindigkeitstransporter 男 超音速旅客機，類 Überschallverkehrsflugzeug 中，supersonic transport，SST 航空 音響
überschlägig 要するに，ruogh
Überschneidung 女 交差，重なり，(弁の)オーバーラップ，類 Überlappung，overlapping 機械
Überschneidungswinkel 男 交差角，交叉角，関 Verschränkungswinkel 男，crossing angle 機械
überschreibbar 上書き可能な，overwritten 電気
Überschuss an Buthanol 男 過剰ブタノール 化学 バイオ 機械
Überschussgas 中 余剰ガス，surplusgas，overplus gas，excess gas 化学 バイオ 操業 設備 製銑 精錬 材料 エネ
Überschwappen 中 オーバーフロー，スロッピングオーバー，over flow，sloppinng over 精錬 操業 設備
überschweißt オーバーレイドした，over laid，over welded 溶接 材料
Übersetzungsgetriebe 中 ギヤートランスミッション，減速ギヤー，増速ギヤー，gear transmission，reducing gear，speed-increasing gear 機械
Übersetzungsverhältnis 中 ギヤートランスミッション比，gear transmission ratio 機械
Übersichtskarte 女 インデックスマップ，標定図，索引図，index map 地学 全般
Überspannungsableiter 男 過電圧抑止装置，類 関 Überspannungsschutzmodul 中，VPM，high rupture fuse，lightning arrester 電気 機械
Überstand 男 余長，上澄み液，突出物，excess length，supernatant，protrusion 機械 化学
überstrapazieren 過度に酷使する
Überströmrohr 中 バイパスパイプ 機械
Überströmventil 中 過流防止弁，オーバーフロー弁，バイパス弁，overflow valve，relief valve 操業 設備 機械
Überstrom 男 過電流，過負荷電流，overcurrent，forward overload current 電気 機械
Überstundenzuschrag 男 超過時間割り増し手当て 経営
übertragen 送信する，転送する，carry，transmit 電気
Übertragungsdaumen 男 直動カム，伝動カム 機械
Übertragungselement 中 伝達部位，伝達部品 機械
Übertragungsvorrichtung 女 動力伝達装置，transmission mechanism 機械
Übertragungswelle 女 伝動軸，変速機軸，transmission shaft 機械
Übertragungszylinder 男 トランスファーシリンダー，送り胴，transfer cylinder 機械
Überwachung 女 監視，モニタリング，monitoring 機械

U

Überwurfmutter 女 小ねじ, キャップドナット, union nut, cap nut 機械
Überziehen 中 失速, stall 航空 機械
Überzug 男 被覆,塗型,coating 鋳造 機械
UEG = Untere Explosionsgrenze = Mass für die Sättigung der Luft mit explosiven Stoffen = lower explosion limit 爆発下限, LEL 化学 物理 精錬 地学
u-förmig u 形の 機械
UGB = Umweltgesetzbuch = Environmental Code 環境法典 環境 法制度
UGS = Untergrundspeicher- und Geotechnologie-Systeme GmbH 地下貯蔵システム + 地下・地質技術システム有限会社(ドイツの会社名, Bernburg 在) 地学 化学 バイオ 経営 組織
UH25 = 75 % UDMH+25 % Hydrazin 75 % 非対称型ジメチルヒドラチン +25 % ヒドラチン(ロケット用の混合燃料) 航空 化学 バイオ 医薬 エネ
UHB = 英 ultra high-bypass (of engine fan)(エンジンファンの)超高バイパス比 機械 航空 エネ ; =英 ultra high brightness = sehr hohe Lichtleistung = sehr hohe Intensität 高輝度 光学 電気
UHP-Reifen =英 ultra high performance tyre,UHP(ウルトラハイパフォーマンス)タイヤ 機械
UICC = 英 universal integrated circuit card = Chipkarte für UMTS-Geräte GSM や W-CDMA などの端末で使われているスマートカード 機械 電気
Ulme 女 ニレ バイオ 化学
ULPA =英 ultra low penetration air ウルパフィルタ(エアフィルタの一種である.空気清浄機やクリーンルームのメインフィルタとして用いられる. 日本工業規格 JIS Z 8122『コンタミネーションコントロール用語』によって, 規定されている) 機械 環境 化学 バイオ 医薬 設備
Ultrafitration 女 限外濾過, UF(15~300 kD の濾過能力) 化学 バイオ
ultrareiner Stahl 男 超清浄鋼, ultra clean steel 材料 鉄鋼 非鉄 精錬
Ultraschallmotor 男 超音波モーター, ultrasonic motor, USM 機械 音響
Ultraschallschwingung 女 超音波振動, 超音波振盪[しんとう]処理, ultrasonic vibration, ultrasonic oscillation 音響 機械
Ultraschallverbinden 中 超音波接合, ultrasonic junction, ultrasonic joining, ultrasonic bonding 音響 機械
Ultrasound ophthalmic measuring system for the axial length 英 超音波眼軸測定装置 光学 音響 化学 バイオ
UL-Vorschrift 女 米国保険業者試験所(Underwriters Laboratories Inc.) 規則 機械 規格 経営 組織
Umbenennen 中 名前の変更, rename 電気
Umdrehungszäher 男 積算回転計,revolution counter 機械 電気
Umesterung 女 エステル交換反応,(エステル間でアルコキシル基などが, 交換されて,新しいエステルが生成する反応をいう), interesterification, transesterification 化学 バイオ
Umfang 男 周囲, 容積, 範囲, contour, range, scope 機械 化学 バイオ 設備
Umfangsgeschwindigkeit 女 周速度, 類 Peripheriegeschwindigkeit 女, peripheral velocity, circumferential speed 機械
Umfangskurvenscheibe 女 周辺カム, priphery cam, peripherical cam 機械
Umfangsspannung 女 周縁方向応力, circumferential direction stress 機械
Umfeld 中 状況, 類 Umstand 男
Umformgeschwindigkeit 女 歪速度, strain rate 材料 機械 建設
Umformgrad 男 変形度, degree of deformation 機械 材料
Umformung 女 成形,加工,forming 機械 材料
Umformverhalten 中 成形挙動,deformability behavior 機械 材料
Umfüllpumpe 女 詰め替えポンプ,transfer pump 機械
Umgang 男 付き合い, 巻き, 回転, handling 機械
Umgebung 女 周囲, 環境, enviroment,

milieu
Umgebungstemperatur 女 (電気などで) 周囲温度 電気 機械 環境
Umgehung 女 回避, 迂回, バイパス, bypass 機械
Umgehungsventil 中 バイパス弁, 類 Umangsventil 中, bypas valve 機械
umgekehrt 逆の, 反対の, 類 entgegengesetzt
umgreifen (取り囲むように) グリップする 機械
umgrenzen 限界･境界を設定する,限定する, define, frame, border 電気 操業 機械 統計
umhüllte Elektrode 女 被覆アーク溶接棒, covered electrode, coated ekectrode 溶接 材料 機械
Umhüllung 女 被覆, 被覆材, covering, coating, covering material, coating material 溶接 材料 機械
umkehrbarer Kreisprozess 男 可逆サイクル, reversible cycle 化学 機械
Umkehrgerüst 中 リバーシングミル, 可逆圧延機, 類 Umkehr-Walzwerk 中, reversing mill 材料 機械 設備
Umkehrlinse 女 正立レンズ, electing lens 光学

Umkehrosmose 女 逆浸透圧, 逆浸透, 逆浸透圧法, reverse osmosis, RO, reverse penetration 化学 バイオ 医薬 物理
umlaufende Scheibe 女 回転円板, amature, rotating disc, revolving circular plate 電気 機械
Umlaufschmierung 女 循環注油, circulating oiling, circulatory lubrication 機械
Umlaufzeit 女 周期, period, cycle 電気 機械
Umlegebügel 男 折り返しクランプ, fold down clamp, turn down clamp 機械
Umleitventil 中 遮断弁 機械
Umlenken 中 転向, そらせ, 案内, リバース, ステアリング, deflection, steering, reversing 光学 音響 エネ 機械
Umlenkblech 中 バッフル, 類 Ablenker 男, Prallblech 中, Kanal 男, baffle 機械
Umlenkhebel 男 ステアリングアーム, steering arm 機械
Umlenkklappe 女 リバースフラップ, reversing flap 機械
Umlenkungswinkel 男 転向角, deflection angle, turning angle 光学 音響 エネ 機械
Umlenkverlust 男 フロー変更ロス, flow deflection loss 機械
Umlenkwalzen 複 女 偏向ローラー, ガイドロール, deflecting rollers, guide rolls 材料 機械 設備
Umluft 女 空気循環, air circulation 機械 エネ 建設
Ummantelung 女 クラッド部, cladding 光学 音響
Ummantelungsring 男 シュラウドリング, shrouding ring 機械 化学
umrahmen 縁取る, frame 機械)
umrechnen 換算する : etwas auf etwas umrechnen, ある事をある事に換算する
umreifen ストラップする, (帯金で) 結びつける, 関 umschlingen, umgreifen 機械
umrüsten (装備・設備を) 変更する, convert, replace 機械 化学
UMS = Umweltmanagementsystem = Environmental Management System 環境管理システム, 環境マネジメントシステム, EMS (ISO14001) 環境 規格 経営
Umschalttaste 女 シフトキー, shift key 電気
Umschaltventil 中 切替弁 機械
Umschlagkosten 複 貨物の積み替えコスト, handling charge, transhipment cost, extra expence of port unloading operations 船舶 交通 物流 経営
Umschlagseite 女 カバーページ : die erste Umschlagseite, 表 1, 外側フロントカバー, 関 vordere Umschlagseite, outside front cover : die zweite Umschlagseite, 表 2, 内側フロントカバー, second cover page, indide front cover : die dritte Umschlagseite, 表 3, 内側バックカバー, 関 hintere Umschlagseite, inside back cover : die vierte Umschlagseite, 表 4, 外側バックカバー, outside back cover 印刷

umschlingen 巻きつける(自身の体に), sich(3) etwas umschlingen；巻きつく etwas umschlingen, 関 umreifen, umgreifen 機械

Umschlingungstrieb 男 グリップドライブ, grip drive 機械

Umsetzung 女 転換, 反応, 変換, 換算, 変更, 適用, 実施, conversion, reaction 化学 バイオ 機械 統計 物理

umspannen 変圧する, transform 電気 機械 エネ

Umstand 男 状況, 類 Umfeld

umstülpen ひっくり返す, turn upside down, turn inside out 機械

umu-Test 男 umu テスト, (バクテリアによるテスト方法で, 化学物質などの遺伝毒性の解明に用いられる, 変異原性試験の一つ, DIN-Norm 38415-3 (1996) として制定されている) 化学 バイオ 医薬 環境 規格

Umverteilung 女 再分配(調整), 再配分(調整), redistribution 機械 電気 統計

Umwälzpumpe 女 循環ポンプ, circulation pump 機械

Umwandlung 女 転移, 変態, 変換, 代謝, 核変換, 類 関 Transition 女, transformation, conversion, trasition, transmutation 材料 鉄鋼 非鉄 統計 化学 バイオ 医薬 電気 物理 原子力

Umwandlungsenthalpie 女 変態エンタルピー, transformation enthalpy 材料 統計 化学 バイオ 電気 物理

Umwandlungspunkt 男 変態点, 転移点, transformation point, trasition point, change point 材料 物理 鉄鋼 非鉄

Umweltbeauftragte 男 環境委託人 環境

Umweltmedien 複 環境媒体(土壌・水資源・空気などの), environmental media 環境 化学 バイオ 医薬

Umweltpakt 男 環境協定, the environmental agreement 環境 化学 バイオ 医薬 法制度

Umweltschutzstandard 男 環境保護標準・規格, environmental protection standard 規格 環境 リサイクル 化学 操業 設備

umweltverträglich 環境と調和している, 環境と両立している, environmentally compatible 環境 リサイクル 化学

unabdingbar 絶対必要な, 類 unumgänglich, unweigerlich

UNAIDS = Joint United Nations Programme on HIV and AIDS 国連合同エイズ計画 組織 化学 バイオ 医薬

unauffällig 目立たない

unbedingbar 絶対必要な, 類 unweigerlich, unumgänglich

unbemanntes Flugzeug 中 無人航空機, unmanned aircraft, pilotless aircraft 航空 機械 電気

UNC = 英 Unify National Coarse(Thread) ユニファイ汎用並目インチねじ(規格) 規格 機械

Undurchsichtigkeit 女 不透過率, opacity 光学 機械

Unebenheit 女 起伏, 非平坦, バンプ(突起部), 類 Bondhügel 男, Beule 女, Stoß 男, unevenness, bump, lack of flatness 地学 材料 機械 電気

unelastischer Bereich 男 非弾性域, inelastic region 材料 機械 化学

unendliche Gitterschaufel 女 無限翼列, infinite cascade エネ 機械 航空

unentbehrlich 欠くことのできない, 類 unerläßlich

unentgeltlich 無料の, 無償の

UNEP = 英 United Nations Environment Program = Umweltprogramm der Vereinten Nationen 国際環境計画 環境 組織

unerläßlich 欠くことのできない, 類 unentbehrlich

unerschwinglich 法外な, 類 enorm

UNF = 英 Unified National Fine Thread = Amerikanische Norm für Feingewinde 米国ユニファイ汎用細目インチねじ規格 機械 規格

Unfallverhütungsvorschrift 女 事故防止規則, UVV 全般 経営 規格

ungedämpfte Eigenfrequenz 女 非減衰固有振動数, undamped natural frequency, undamped specific frequncy 機械 音響 物理

ungenügende Durchschweißung 女 不十分な溶け込み, 溶け込み不足, incomplete penetration, lack of penetration 溶接 材料
ungerade Zahl 女 奇数, an odd number 数学 統計
ungerichtete Strukutur 女 無方向性組織, non-oriented structure 材料 物理
ungesättigt 不飽和の, unsaturated 化学 バイオ 物理
Ungleichförmigkeitsgrad des Motors 男 回転不整率, coefficient of speed fluctuation, cyclic irregularity 電気 機械
ungleichschenkliger Winkelstahl 男 鋼製不等辺アングル, unequal leg steel angle 材料 鉄鋼 建設
(nahezu) unheilbare Krankheit 女 難病, incurable disease 化学 バイオ
Universalschraubenschlüssel 男 自在スパナ, モンキーレンチ, 類 Universalschlüssel 男, adjustable spanner, monkey wrench 機械
Unkraut 中 雑草, weed 化学 バイオ
Unschärfe 女 手ぶれ, camera shake, hans movement 光学 機械
Unsicherheitsabschätzung 女 不確かさの推定, estimation of uncertainty 統計
unter Ausschluss von Luftsauerstoff 空気中の酸素を遮断した状態で, 類 unter Sauerstoffausschluss, 関 anaerob, under exclusion of oxygen, in an oxygen-free environment, under anaerobic conditions 化学 バイオ 精錬 材料 物理
Unteneinbau 男 下への組み込み, 下への取り付け・差し込み, 関 Obeneinbau 男 機械
Unterbodenschutz 男 塗装による車の下回りの保護, underseal 機械
unterbrechungsfreies Schaltgetriebe 連続切替ギヤー, 連続切替ギヤー装置, USG, uninterrruptible change-over gear or gear-box 機械
unterbrochene Kehlnaht 女 断続隅肉溶接, discontinous fillet welding, intermittent fillet welding 溶接 材料 機械
Unterchlorige 女 次亜塩素酸塩, 類 Hypochlorit 中, 英 hypochlorite 化学
Unterdämpfung 女 不足減衰, under damping 音響 機械
Unterdrückung eines parasitären Teils 女 寄生反射光線の抑制 光学 機械
Unterdrückungstaste 女 エスケープキー, ESC (= escape) key 電気
untereinander お互いの間で, 入り混じって, 重なり合って,
untere Kriechdehnungsgeschwindigkeit 女 最小クリープひずみ速度, minimum creep strain rate 材料 物理
Unterentwicklung 女 発育不全, aplasia, hypoplasia, dysgenesis 化学 バイオ 医薬
unterer Pleuelkopf 男 連接棒大端, connecting rod big end 機械
unterer Totpunkt 男 下死点, 関 innerer Totpunkt 男, bottom dead point 機械
untereutektisch 亜共晶の(< 4.3C%), hypo-eutectic 材料 製銑 精錬 鋳造
untereutektoidisch 亜共析の(< 0.85C%), hypo-eutectoid 材料 製銑 精錬 鋳造
Unterflurmotor 男 床下式機関, underfloor motor, underfloor engine 機械 交通
Unterfunktion 女 機能不全, 機能低下, 類 Funktionsuntüchtigkeit 女, hypofunction, under-function 化学 バイオ 医薬 機械
Untergang 男 沈没
Untergestell 中 台枠, 車体台枠, underframe 機械 交通
Untergrundentwässerung 女 地下排水, subsurface drainage 環境 機械 化学
Untergurt 低位置ガーダー, lower girder 建設
Unterhaltskosten 複 維持コスト, ランニングコスト, maintenance cost, running cost 機械 操業 設備 経営
Unterhang 男 低スロープ, 下への張り出し, lower slope 統計 建設 地学 バイオ
unterhamonische Resonanz 女 分数調和共振, subharmonic resonance 機械 音響
unterkritisch 未臨界の, subcritical 化学 原子力 物理
Unterkühlbarkeit 女 過冷却能, subcool-

ability 材料 鋳造 化学 物理
Unterkunft 女 宿泊
Unterlageplatte 女 台板, ベッドプレート, bed plate, sole plate 機械機械
Unterlasssung 女 義務の不履行, 不作為, failure, discontinuance 特許 経営
Unterlegscheibe 女 スプリングロックワッシャー, spring lock washer 機械
unterliegen: etwas[3]〜, 〜に定められている, 〜を免れない, 〜の基礎になっている, 〜の影響下にある 機械 全般 経営 特許 規格
unterpropotional 過少な比率の, at a dispropotionately low rate 統計
Unterpulverschweißen 中 サブマージアーク溶接, submerged arc welding, SAW 溶接 材料
Unterputz-Steckdose 女 フラッシュ埋め込み型ソケット, flush-mounted socket 電気
Unterrostung 女 内部からの錆の進行, under-lying rusting, rust penetration 材料 鉄鋼 建設
untersagen 禁止する：j-n etwas untersagen ある人に〜を禁止する
unter Sauerstoffmangelbedingungen 酸素の欠乏した状態で, 低酸素濃度の状態で, 類 bei niedriger Sauerstoffkonzentration, 英 under conditions of oxygen deficiency (i.e. low oxygen concentration) 化学 バイオ 精錬 材料 物理
unterscheiden 再 sich von[+3] in etwas[(3)] ある点で〜と区別される, 異なっている
Unterschnitt 男 切り下げ, undercut 機械
Unterseil 中 つり合いロープ, balancerope, underrope 機械
Untersetzungsgetriebe 中 減速ギヤー, reduction gear 機械
Untersuchung 女 研究, 調査, テスト, テスト方法, 検査, 検査法, 検査値, 診察, investigation, research 全般 化学 バイオ 医薬 物理
Unterteilung 女 細分, 小分け, sectionalization, subdivision 機械 統計 化学 バイオ
Unterwasser-Luft Raketengeschoss 中 水中対空ミサイル, underwater-to-air missile, UAM 航空 船舶
Unterzug 男 ボルト締めトラス, ビーム, 関 Tragwerk 中, Gebinde 中 機械 建設
unumgänglich 避けられない, 絶対必要な, 類 関 unweigerlich, unbedingbar
unweigerlich 拒めない, 絶対必要な, 類 関 unumgänglich, unbedingbar
unwesendlich 無視できる, 類 vernachlässigbar
Unwucht 女 不釣り合い, アンバランス 機械 物理
Unwuchtpaar 中 偶不釣り合い, couple unbalance 機械
UO-Anlage = Umkehrosmoseanlage = the reverse osmosis system 逆浸透圧装置 化学 バイオ 機械 物理
UP = Ungesättigtes Polyester = the unsaturated polyester 不飽和ポリエステル 材料 化学
UPC = 英 usage parameter control = Nutzungsparametersteurung ユーザーパラメータ制御, 使用量パラメータ制御 電気 ; = 英 ultra physical contact = LWL-Steckverbinder mit sehr geringer Rückflussdämpfung リターンロス(反射減衰量)の非常にわずかな光導波路端子コネクター 電気 光学
Upm = Umdrehungen pro Minute = revolutions per minute 回転数/分, rpm 機械 単位
UPOV = 仏 Union international pour la protection des obtentions végétales = Internationaler Verein zum Schutz von Pflanzenzüchtungen = International Union for the Protection of New Varieties of Plants 植物新品種保護国際同盟, 関 PVPA 化学 バイオ 環境 特許 組織
UPS = 英 ultraviolet photoelectron spectroscopy 紫外光電子分光法 物理 化学 バイオ 材料 光学 電気 ; = 英 uninterruptible power supply = unterbrechungsfreie Stromversorgung 無停電電源装置(停電時のための非常用電源装置) 電気
URAS = 英 ultrared absorption spectrometry = Infrarot Absorption Spektrometrie 赤外吸収分光計測法 化学 バイオ

U

光学 電気 物理

Uretdion 中 ウレトジオン, uretdione 化学 バイオ

ureteral dilator 英 尿道ダイレータ 化学 バイオ 医薬

Urethralkatheterismus 男 導尿, 膀胱留置き用カテーテル, urethral catheterization 化学 バイオ 医薬

Urheberrecht 中 著作権, literary property, copyright 特許 法制度

UROD = Uroporphyrinogen decarboxylase =英 uroporphyrinogen decarboxylase ウロポルフィリノーゲンデカルボキシラーゼ, ウロポルフィリノーゲン脱炭酸酵素（ヘム生合成経路の酵素） 化学 バイオ 医薬

Urologie 女 泌尿器科, urology, urology department 化学 バイオ 医薬

URSI = 仏 Union Radio Scientifique Internationale = Union der Radio-Wissenschaften 国際電波科学連合 電気 組織

USAT = 英 ultra small aperture terminal = Endeinrichtungen mit sehr kleinen Öffnungswinkeln 衛星通信用超小型地球局(Ku バンドで双方向データ通信が可能) 電気 航空

USB-Anschluss 男 USB ポート, USB (= universal serial bus)-port 電気

USC =英 ultra super critical = ultra-super-kritisch 超々臨界（圧） エネ 電気 操業 設備

USDA-H1-Norm = 英 United States Department of Agriculture-H1-Standard = Amerikanische Landwirtschaftsministerium-H1-Norm 米国農務省潤滑剤規制規格（今日 NSF ガイドライン規格） 規格 環境 機械

USDOE =英 United States Department of Energy = amerikanisches Energieministerium 米国エネルギー省 エネ 原子力 放射線 組織

USG = unterbrechungsfreie Schaltgetriebe = uninterrruptible change-over gear or gear-box 連続切替ギヤ, 連続切替ギヤ装置 機械

USGS =英 United States Geological Survey 米国地質・地勢調査所 地学 環境 組織

USNRC =英 United States Nuclear Regulatory Commission 米国原子力規制委員会 原子力 組織

USP =英 United States Patent 米国特許局 特許 組織 ; =英 United States Pharmacopeia 米国医薬品局 化学 バイオ 医薬 組織

USPTO = 英 United States Patent and Trademark Office = Amerikanische Behörde für Patente und Warenzeichen 米 特許商標局 組織 特許

UST = 英 ultra sonic test = ultra sonic inspection = Ultraschallprüfung 超音波テスト 材料 電気 音響 ; =英 underground storage tank system = ein unterirdischer Lagerbehälter 産業廃棄物処理場の地下にタンクを埋めて容量を増やす工法 環境 化学 バイオ 医薬

Utensilien 複 必需品, 道具類, 用具, 付属品, utensils, useful equipment, small utilities 機械 操業 設備

Uteruskrebs 男 子宮癌, 類 Uteruskarzinom 中, uterine cancer, carcinoma of uterus 化学 バイオ 医薬

Uterusmyom 中 子宮筋腫, myoma of the uterus 化学 バイオ 医薬

U-Träger 男 溝形鋼, 類 Rinennstahal 男, channel, channel shaped-steel, U-steel 材料 鉄鋼 建設

UTS =英 ultimate tensile strength 極限引張り強さ 材料 機械 非鉄 建設

u.v.a.mehr = und viele andere mehr およびその他多くの人(物)

UVM = Baden-Württembergisches Ministerium für Umwelt und Verkehr バーデンヴュッテンブルク州環境交通省 組織 環境 交通

UVV = Unfallverhütungsvorschrift 女 事故防止規則 全般 経営 規格

UV-VIS =英 ultraviolet - visible spectroscopy = Ultraviolet-Spektroskopie im sichtbaren Strahlungsbereich 紫外可視分光法 化学 光学 電気

UWG = Gesetz gegen den unlauteren Wettbewerb 不当・不正競争防止法 法制度 経営

V

Vakuole 女 空胞, 液胞, vacuole, cavity in cytoplasm 化学 バイオ
Vakuumanlage 女 真空処理設備, vacuum equipment 精錬 操業 設備
Vakuum-Druckwechsel-Adsorption 女 真空圧力変動式吸着, vacuum pressure swing adsorption, VPSA 化学 バイオ 操業 設備
Vakuumpanel 中 真空パネル, vacuum panel 電気 機械
Vakuumwechseladsorption 女 真空スイング吸着, vacuum swing adsorption, VSA 化学 バイオ 操業 設備
Valeriansäure 女 吉草酸, valeric acid 化学 バイオ 医薬
Validierung 女 有効確認, バリデーション, 英 validation 化学 バイオ 医薬 機械 全般
Van der Waalssche Zustandsgleichung 女 ファンデルワールスの式, ファンデルワールスの状態方程式, Van der Waals' equation of state 物理 エネ 機械 化学
Vanos = die Variable Nockenwellensteuerung von BMW, BMW 社可変カムシャフト制御(装置) 機械
Variabilität 女 変動性, variability 統計 物理
Variable 女 変数, variable 数学 統計
variable Geometrie 女 可変形状, variable geometry 機械
valiable Kosten 複 変動費 経営 操業 設備
variable valve timing 英 可変バルブタイミング, 独 variable Ventilsteuerzeiten, VVT 機械
Variante 女 変体, 変形, オータナティブ, バリエーション, variant, alternative, variation 統計 化学 バイオ
Varianz 女 変異(量), 分散 統計
Variationskoeffizient 男 変動係数, coefficient of variance, coefficient of variation 操業 統計 物理
Varietät f 変種, 多様性, variety 化学 バイオ 統計
Variogramm 中 変速線図, variogram 機械
Variometer 中 昇降計, バリオメータ, rate of climb indicator, statoscope 機械 航空
Varistor 男 バリスター, 英 varistor 電気
VBOB = Verband der Beschäftigten der obersten und oberen Bundesbehörden 連邦上級官庁公務員連盟 組織 経営
VBR = 英 variable bit rate = variable Bitrate 可変ビットレート, (動画圧縮で, 動きの激しいときほどビットレートを上げることで画質の劣化を抑える方式) 電気
VBU = Verband der Betriebsbeauftragten für Umweltschutz e.V. = Association of the Operational Commissioner for Environmental Protection 環境保護事業受託者登録協会 環境 化学 バイオ 医薬 組織 ; = Vereinigung deutscher Biotechnologie-Unternehmen = Association of German Biotechnology Companies ドイツバイオテクノロジー事業会社協会 化学 バイオ 医薬 経営 組織
VBV = 英 video buffering verifier = Videopufferungs—Prüfer 動画バッファー検出器 電気
VCCI = Voluntary Control Council for Information Technology Equipment = Voluntary Control Council for Interference = Japanisches Prüfzeichen für elektro-magnetische Verträglichkeit 日本事務機器工業会(JBMA), (通信機械工業会(CIAJ)により設立された旧情報処理装置等電波障害自主規制協議会で, 現在はVCCI協会に改称) 電気 法制度 組織
VCD = Verkehrsclub Deutschland e.V. = the German Traffic Club ドイツ交通クラブ

（登録協会）交通 組織；＝英 vertical climb and descent＝Aufstieg und Sinkflug in der Luftfahrt 垂直上昇と降下 航空

VCI = Verband der Chemischen Industrie e.V. = the German Chemical Industries Association ドイツ化学工業協会（登録協会）化学 バイオ 医薬 組織；＝英 virtual channel identifier 仮想チャネル識別子（ATMヘッダ情報の一つ）電気；＝ 英 volatile corrosion inhibitor = flüchtige Korrosionsschutzwirkstoffe 揮発性腐食抑制剤，気化性さび止め剤，揮発性防腐剤 化学 材料

VCO = 英 voltage controlled oscillator = spannungsgesteuerter Oszillator 電圧制御発振器 電気 機械

VC-Walze 女 VCロール，VC-roll 材料 機械 設備

VCXO = 英 voltage controlled xtal oscillator = kristallspannungsgesteuerter Oszillator 電圧制御水晶発振器 電気 機械

VDA = Verband der Automobilindustrie e.V = The German Association of the Automotive Industry ドイツ自動車工業連盟（登録協会）機械 組織 経営

VDAFS = Vereinung Deutsche Automobilindustrie Flächen Schnittstelle = german neutral file format for exchange of surface geometry ドイツ自動車工業会CAD交換フォーマット 電気 機械

VDC = 英 voltage-dependent calcium channel 電位依存性カルシウムチャンネル 医薬 電気

VDE = Verband Deutscher Elektrotechniker = Heutige Bezeichnung：Verband der Elektrotechnik, Elektronik und Informationstechnik e.V. ドイツ電気技術者協会（現在の名称：ドイツ電気電子情報技術登録協会）電気 規格 組織

VDI = Verein Deutscher Ingenieure = German Association of Engineers ドイツ技術者協会 全般 組織

VDF = Verband der Deutschen Führungskräfte ドイツ経営者連盟 経営 組織

VdL = Verband der deutschen Lackindustrie e.V. ドイツ塗装工業登録協会 機械 化学 組織；＝VDL＝英 virtual database level = Datenbankebene 仮想データベースレベル 電気

VDLUFA = Verband Deutscher landwirtschaftlicher Untersuchungs- und Forschungsanstalten = The Association of German Agricultural Investigation and Research Institutions ドイツ農業試験研究施設協会 化学 バイオ 全般 組織

VDZ = Verein Deutscher Zementwerke e.V. = the German Cement Works Association ドイツセメント業協会（登録協会）非金属 化学 建設 組織 経営

VEGAS = Versuchseinrichtung zur Grundwasser- und Altlastensanierung = Research Facility for Subsurface Remediation = test installations for the decontamination of groundwater and abandoned polluted sites 地下水および汚染土壌修復研究試験設備（機構）環境 化学 バイオ 医薬 設備 組織

Vegetationsperiode 女 成長期（植物の），growing season, vegetation period 化学 バイオ

vegetativ 無性の，英 vegetative 化学 バイオ

vegetative Vermehrung 女 栄養繁殖，栄養体生殖，vegetative propagation 化学 バイオ

Vene 女 静脈，類 Blutader 女，関 Arterie 女，Schlagader 女 化学 バイオ

Ventilationsanlage 女 通風装置，ventilating device 機械 エネ 建設

Ventilaufsatz 男 弁帽，弁おおい，valve bonnet, valve top 機械

Ventilauslass 男 弁排水口，弁排気口，弁排出口，valve outlet, VA 機械

Ventileinlass 男 弁給水口，弁吸気口，弁取り入れ口，valve inlet, VE 機械

Ventileinsatz 男 バルブユニット，バルブ差し込み部位 機械

Ventilfederteller 男 弁ばね押え，valve spring retainer 機械

Ventilgehäuse 中 バルブハウジング, 弁胴, 器具栓本体, valve body, valve housing 機械
Ventilinsel 女 バルブターミナル, valve terminal, valve battery 機械 電気
Ventilkeil 男 バルブキー, valve key 機械
Ventilkörpersitz 男 弁体座, valve body seat, valve body unit 機械
Ventilkolben 男 弁ピストン, valve piston 機械
Ventilnadel 男 ニードル弁, needle valve 機械
Ventilnadelführung 女 ニードル弁案内, needle valve guide 機械
Ventilschaft 男 弁棒, 関 Ventilstange 男, Ventilspindel 女 機械
Ventilschließkörper 男 弁閉じ体, valve closing body 機械
Ventilsitzfläche 女 弁フェース, valve face 機械
Ventilsitzkörper 男 弁座体, valve seat body 機械
Ventilspindel 女 弁棒, 関 Ventilstange 女, Ventilschaft 男 機械
Ventilstange 男 バルブステム, 弁軸, 弁棒, 関 Ventilspindel 女, Ventilschaft 男 機械
Ventilsteuerräder 複 中 タイミングギヤー 機械
Ventilsteuerzeit 女 バルブタイミング, valve timing 機械
Ventilteller 男 バルブヘッド, 弁がさ, valve head 機械
Ventilträger 男 弁サポート, 弁支持, valve support 機械
Ventiltrieb 男 バルブトレーン, 動弁系, valve train, valve control 機械
Ventilüberschneidung 女 弁重なり, valve overlap 機械
Venturidüse 女 ベンチュリー管, venturi tube 機械
verabreichen 投薬する, 投与する 化学 バイオ 医薬
veränderliches Expansionsventil 中 加減膨張弁, variable expansion valve 機械
Alzheimersche neurofibrilläre Veränderung 女 アルツハイマー神経原線維変化 (老人脳やアルツハイマー型痴呆脳にみられる重要な組織学的変化), Alzheimer's neurofibrillary tangle 化学 バイオ 医薬
Veranlagung 女 税額査定
veranlassen (ある事の) 誘因となる : j-n zu etwas [3] veranlassen ある人にある事をさせる, 関 anregen
das verantwortliche Gen dafür (～に対する) 責任遺伝子, 関 疾患遺伝子, 疾患原因遺伝子, responsible gene, gene responsible for ~, disease gene 化学 バイオ 医薬
Verantwortlichkeit 女 責任
Verarbeitungsrechner 男 ホストコンピュータ 電気
Verbindung 女 化合, 化合物, 接続, 結線, 継ぎ手, composition, compound, connection 化学 電気 機械 材料
Verbindungskabel 中 接続ケーブル, KV, connecting cable 機械 電気
Verbindungsleitung 女 出トランク(出線) 電気
verbleiter Kraftstoff 男 加鉛ガソリン, ハイオク, leaded gasoline 機械 化学
Verblödung 女 認知症, 痴呆(化), 類 Demenz 女, dementia, deterioratio 化学 バイオ 医薬
Verbraucherverband 男 消費者連盟 経営 組織
Verbrauchsmaterialien 複 中 消耗品, consumable stores, consumables 材料 機械 経営
Verbreitung 女 配布
Verbrennungsleistung 女 燃焼効率, combustion efficiency 機械 エネ 操業 設備
Verbundbremse 女 複合ブレーキ, composite brake 機械
Verbundplatte 女 サンドイッチパネル, コンポジットパネル, コンポジットボード, composite board, composite panel, sandwitch panel 機械 建設
Verbund-Spritzgießen 中 コンポジット射出成形 化学 鋳造 材料 機械
Verbundstoff 男 複合材料 機械 化学 材料

V

Verbundturbine 女 複式タービン, compound turbine, duplex turbine エネ 機械
Verchromung 女 クロムメッキ処理, chrome-plating 材料 機械
Verdacht 男 嫌疑, 疑い
Verdampfer 男 蒸発缶, evaporator 化学 バイオ 操業 設備
Verdampfungswärme 女 蒸発熱, heat of vaporization, heat of evaporation 機械 物理 化学
Verdauung 女 消化, digestion 化学 バイオ 医薬
Verdauungskanal 男 消化管, intestinal tract 化学 バイオ 医薬
Verdauungskrankheit 女 消化器疾患, digestive system disease, gastrointestinal disorder 化学 バイオ 医薬
Verdauungsorgan 中 消化器官, digestive organ 化学 バイオ 医薬
Verdeckkastendeckel 男 ソフトトップケースカバー 機械
Verdichtbarkeit 女 圧縮性, 圧縮率, 類 関 Kompressibilität 女, compatibility 鋳造 機械 化学 バイオ 材料 非金属
Verdichter 男 圧縮機, コンプレッサー, compressor 機械
Verdichtungsverhältnis 中 圧縮比, compression ratio, C.R. 材料 鋳造 機械
Verdrängerkörper 男 応力逃し体・穴 機械 建設
Verdrängerpumpe 女 容積型圧縮機, 容積式ポンプ, positive displacement pump 機械
Verdrängungstonne 女 排水トン数, displacement tonnage 船舶 機械
verdrahten 配線する, wire 電気 機械
Verdrehungssteifigkeit 女 ねじり剛性, 類 Torsionssteifigkeit 女, Verwindungssteifigkeit 女, torsion-resistant stiffness, torque stiffness 材料 機械 建設
Verdrehungswinkel 男 ねじれ角, 類 Schrägungswinkel 男, 類 Torsionswinkel 男, angle of torsion, warp angle, helix angle(ねじ, 歯車, 切削工具ほか) 機械 建設
verdübeln ほぞ継ぎする, dowel 建設 機械
Verdünnung 女 希釈, dilution 化学 バイオ 医薬
Verdünnungsmittel 中 希釈剤, 賦形剤, 希釈液, 類 Verdünner 男, diluent, diluting agent 化学 バイオ 医薬
Verdunstung 女 蒸発, 揮発, evaporation, vaporization 化学 バイオ
Verdunstungsverlust 男 蒸発ロス, evaporation loss 化学 バイオ
vereidigter Buchprüfer 男 公認会計士 経営
vereinen 兼ね備える
vereinfacht 簡略化した, simplified 機械 電気 操業 設備
Vereinheitlichung 女 標準化, 規格化, 類 Standardisierung 女, standardisation 規格 特許 全般 組織 経営
Vereinzelungseinrichtung 女 セパレーター, ソーター, separating unit, sorting unit, singling station 機械 操業 設備
Vereisung 女 氷結, icing, freezing 化学 バイオ
Vereiterung 女 化膿, suppuration 化学 バイオ 医薬
Vererbung 女 遺伝 heredity 化学 バイオ
Veresterung 女 エステル化, esterification 化学 バイオ
Verfahren 中 方法, process : bei diesen Verfahren これらの方法において, in these processes 全般
Verfahren zur Herstellung 中 合成法, 製造法 操業 設備 化学 バイオ
Verfahrweg 男 作動範囲, 移動経路, 走行距離, movement range, travel path, travel distance 機械
Verfestigung 女 加工硬化(性), work hardning 材料
verflechten 織り交ぜる, weave, interweave 繊維
Verflechtungen des Bodenlebens 複 女 土壌生物の関わり合い 化学 バイオ 環境 地学
Verflüssigung 女 液化, liquefaction エネ 化学 地学
Verfolgungssystem 中 トラッキングシステ

ム, tracking system 電気 機械 操業 設備 物流

Verformung 女 変形, 関 Durchbiegung 女, deformation 材料

Verfüllbodenstampfer 男 裏込め突き固め機, back filling tamper 建設 機械

Vergärung 女 発酵, 類 Fermentation 女, fermentation バイオ

vergangene Viertelstunde 女 過ぎ去った15分間 電気 機械 物理 操業 全般

Vergaser 男 気化器, キャブレター, caburetor 機械

Vergenzwinkel 男 集散角, vergence angle 光学 音響

vergießbares feuerfestes Material 中 キャスタブル耐火材料, castable refractory material 製銑 精錬 非金属 材料 化学 操業 設備 鉄鋼 非鉄

Vergrößerung 女 倍率, magrification 機械 光学 物理

Vergüten 中 焼入れ焼戻し, quenching and tempering 材料

Vergütungsstahl 男 熱処理鋼, heat-treatable steel 材料 鉄鋼

verhalten sich 振舞う

Verhalten 中 挙動, 特性, アクション 精錬 材料 電気 化学 物理

Verhältnis 中 関係, (複で) 状態

Verhältnis-Kosten-Nutz 費用対効果の関係, 関 VerhältnisGewinn-Verlust 操業 経営

verhältnismäßig 比較的に, 相対的に, relatively, relative 化学 バイオ 機械 物理 全般

Verhüttung 女 冶金処理, 冶金プロセス, metallurgical treatment, metallurgical process 材料 操業 設備 鉄鋼 非鉄

verifizieren 検証する, verify 機械 材料 規格

verjüngen : 再 sich verjüngen 先が細る 機械 化学

Verkalkung 女 硬化, 石灰化, calcification 化学 バイオ 医薬

verkanten 傾ける, かしがせる, tilt, tip 機械

Verkehrslast 女 移動荷重, moving load, travelling load 機械 交通

Verkehrs-Management-Zentrale 女 交通管理センター, traffic management center, VMZ 電気 交通

Verkeimung 女 微生物混入, 微生物汚染, 発芽期, 発芽性, 萌芽, microbial contamination, germination 化学 バイオ 医薬

Verkettungsplatte 女 連結板, clip, flatbar switch-clip 機械

Verklebeeigenschaft 女 付着性, stiking property 材料 化学

Verklebung 女 付着 材料 化学

Verklumpung 女 クラスター化, 集塊化, 凝集, 類 Agglomeration 女, 関 gemolcht 塊形成を防止した, clumping, agglutination 化学 バイオ 精錬 物理

Verknoten 中 結合, knot 機械

Verknüpfung 女 リンク, 結合 linkage, connection 機械 電気

Verkrustung 女 (泥などが) こびりつくこと, かさぶたができること, (付着して) 詰まること, 類 Fouling 男, encrustation 化学 バイオ 医薬 機械 設備

Verlängerung 女 伸長, 延長, 伸び : Verlängerung am 5'-Ende 核酸の5'末端での伸長 バイオ 材料

verlagern 移動させる, 転位させる 材料 物理 機械

Verlauf 男 経過, 進行, 工程, 流れ, course, process, run, flow 操業 設備

Verlauf der Rohrleitung 男 配管の流れ, 配管プロセス 操業 設備 化学 バイオ 機械

verlaufend 延びている, 経過した 機械 化学 バイオ

verlegen 敷設[ふせつ]する, 移す, lay 交通 機械

Verlegungslücke 女 敷設間隙 交通 機械 建設

Verlichtung 女 間伐, thinning, liberation cutting 化学 バイオ 環境 地学

verlustbehaftet ロスのある, 不可逆の, lossy 化学 バイオ

verlustfrei ロスのない, 可逆の, lossless 化学 バイオ

vermascht, 相互に噛み合った, 被噛合の,

intermeshed, meshed 機械

Vermehrungsfaktor 男 増倍係数, 倍率, 増倍率 機械 物理 原子力 放射線

Vermerk 男 備考, 記載, comment, 類 Notiz 女, Anmerkung 女 全般

vermitteln 仲介する バイオ : vermittelnde Proteine, 仲介たんぱく質 バイオ ; 電話交換する, exchange 電気

vernachlässigbar 無視できる, 類 unwesentlich

vernachlässigen 無視する, 類 außer Acht lassen, außer Betracht lassen

Vernietung mit zwei Laschen 女 両面当て金継手付リベット締め, 類 関 Doppellaschennietung 女, double strapped reveting joint 機械 材料 建設

Verordnung 女 規定, 条例, 行政命令 経営 法制度

verpresste Schichtstoffplatte 女 積層板, laminate, laminated plate, laminated sheet 材料 化学 鉄鋼 非鉄 電気

Verrenkung 女 脱臼, 類 Luxation 女, dislocation, luxation, LX 化学 バイオ 医薬

Verriegelung 女 止め, ロック, 関 Arretierung 女, Ausschlag 男, Zusetzen 中, locking device, locking system 機械

verrutschen 位置がずれる, ずり落ちる move, slip out 機械

Versäulung des Wissenschaftssystem 女 科学研究システムにおいてその方向が統一されてしまう問題, pillarization of the scientific system, problem of polarisation of the scientific system, becoming segmentedof science and research system 全般

versagen うまく機能しない, 対応しきれない, 欠陥がある, 役に立たない

Versand 男 発送, shipment 経営

Versatz 男 ずれ, オフセット, 相対変位, 心のずれ, 非整列, ミスアラインメント, offset, displacement, misalignment 機械 物理 電気

Versauerung 女 酸化(土壌の), acidification, agric souring of soils 化学 バイオ 環境 物理

Verschachtelung 女 割り込ませての分散記録, 周波数の絞り込み, 入れ子, 割り込ませての多重処理, interleaving 電気 光学 音響

Verschandelung 女 不細工[ぶさいく]さ, clumsiness 機械

verschieben ずらす, shift, displace

Verschiebung 女 ずれ, 変位, 偏位, 類 関 Abweichung 女, Schwankung 女, Versatz 男, Streuung 女, displacement 機械 物理 光学 電気 統計

Verschiebungswinkel 男 変位角, ずれ角, 遅れ角, displacement angle, rotation angle 機械 電気 物理 光学 統計

Verschlackung 女 滓化, スラグ化, スラグ生成, to slag 製銑 精錬 環境 鉄鋼 非鉄 建設

Verschlammung 女 (スラジ・泥による)詰まり, silting-up, accumulation of mud or sludge 化学 バイオ 精錬 機械

Verschlechterung 女 劣化, 悪化, deterioration 材料 物理 化学

Verschleißfestigkeit 女 耐摩耗性, wear resistance, 関 Tribologie 女 摩擦学, Abrieb 男 摩耗 材料 化学 機械

verschleppen 持ち去る, 持ち込む(病気などを), carry off 化学 バイオ 医薬

verschloss ロックされた, クローズした 機械

Verschlüsselung 女 コード化 電気

Verschluss 男 クロージング装置, シャッター, ファスナー, シーリング, closing device, shutter, fasner, sealing 機械

Verschlussdeckel 男 留め蓋, lid, sealing cap 機械

Verschlussklinke 女 ロックポール, lock pawl 機械

Verschlusslager 中 ロックベアリング, lock bearing 機械

Verschlussstopfen 男 ロックプラグ, ストッパー, locking plug, stopper 機械

Verschlussvorrichtung 女 ロック装置 機械

Verschlusszeit 女 シャッタースピード 光学 電気

Verschmelzen 中 溶解, 溶融, 融合, melting,

fusing, conjugation, blend [製鉄] [精錬] [材料] [化学] [バイオ] [物理]

verschneiden 引き裂く, 稀釈する, ブレンドする, 交差する, cut, dilute, blend, intersect [機械] [化学] [バイオ]

Verschnitt [男] 切屑, ブレンド, [類] Span [男], cuttings, wastage, blend [機械] [化学] [バイオ]

Verschränkungswinkel [男] 交差角, 交叉角, [類] [関] Überschneidungswinkel [男], cross angle [機械]

Verschraubung [女] ねじ連結器, screw connection [機械]

verschwenden 浪費する

Verschwinden [中] 消滅, to disappear: nach dem Verschwinden des Kohlenstoffs 炭素の消滅の后, after disappearance of carbon [化学] [バイオ] [製鉄] [物理]

versehen [再] sich mit etwas [(3)] versehen, 備え付ける, 装備する, to install [操業] [設備]

Verseifung [女] 鹸化, saponification [化学] [バイオ]

verseilen 撚る, [類] verdrillen, strand, twist [繊維] [機械]

versetzen ずらす, 取り替える, 混ぜる, [関] verschieben, vermischen, displace, mix [機械]

versetztes Indikatordiagramm [中] 変位インジケータ線図 (位相を90°ずらした圧力ーピストンなどの), shifted indicator diagram [機械] [エネ]

Versorgungsaggregat [中] 供給ユニット, supply unit [機械]

verspätet 遅れた

versprechen sich [(3)] etwas von [+3] versprechen 期待する

Verstärkung [女] 強化, 細胞内酵素活性の高まり, 増幅, 利得, reinforcing, amplification, gain [材料] [バイオ] [電気] [光学] [音響]

Versteifung [女] 余盛, 補強材, [類] Nahtüberhöhung, Schweißbart [男], Schweißwulst [女], excess metal, weld reinforcement, reinforcement, hardening, stiffening [溶接] [機械] [材料]

Verstellarm [男] 調整アーム, adjusting arm [機械]

verstellbare Eintrittsleitschaufel [女] 可変入口案内翼, variable inlet guide vane [エネ] [機械] [設備]

verstellbarer Schraubenschlüssel [男] レンチ, wrench [機械]

verstellbarer Sitz [男] 可変シート, adjustable seat [機械]

Verstemmung [女] コーキング, かしめ作業, caulking [機械]

verstreichen (時間が) 経過する, 塗りつぶす

verstromen 電気変換する, convert into electricity [電気] [機械]

Versuch der Steuerleistung [男] 定格試験, rating test [機械] [電気] [規格] [組織]

Versuchsanlage [女] パイロットプラント, pilot plant [操業] [設備] [全般]

Versuchsgießanlage [女] 連続鋳造パイロットプラント, pilot casting plant [連鋳] [鋳造] [操業] [設備]

Verteilerkegel [男] 分配コーン [機械] [化学]

Verteilerrinne [女] タンデイシュ, tundish [連鋳] [材料] [操業] [設備]

Verteilerrinnenwagen [男] タンデイシュカー, tundish car [連鋳] [材料] [操業] [設備]

Verteilerschlange [女] 分配チェーン, 分配ライン, distrubution line [機械] [化学]

Verteilung [女] 分布, 分配, distribution: Sauerstoffverteilung zwischen Metall und Schlacke 金属とスラグ間の酸素分配, oxygen distribution between metal and slag [精錬] [化学] [鉄鋼] [非鉄]

Verteilungsventil [中] 分配弁, 配圧弁, [類] Verteilerventil [中], distribution valve [機械] [化学]

Vertiefung [女] 窪み, 凹部, 抑うつ症, 低気圧, [関] Aussparung [女], recess, sinking, depression [機械] [地学] [物理] [医薬]

Vertikalpumpe [女] バーチカルポンプ, vertical pump [機械]

vertical Start und Landung Flugzeug [中] 垂直離着陸機, [類] Senkrecht-Start und –Landung Flugzeug [中], vertical take-off and landing aircraft, VTOL [航空] [機械]

V

Vertikalstauchgerüst 中 縦エッジングスタンド, vertical edging stand 材料 操業 設備
Verträglichkeit 女 調和, 適合, compatibility 機械 化学 バイオ 環境
Verträglichkeitbedingungen 複 女 適合条件, compatibility condition 機械 化学 バイオ 環境
vertrauen 親しい：sich mit j-m/etwas [3] vertraut machen ある人と懇意になる, ある事に習熟する
Vertrauensbereich 男 信頼区間, 類 Konfidenzintervall 中, confidence interval, CI 統計
Vertrauensniveau 中 信頼度, 類 Sicherheitsschwelle, confidence level 統計
vertretbar 代替の, alternative
Vervielfältigung 女 コピー, プリント
vervollständige Fahrzeuge 複 中 完成車, completed car 機械
vervollständigen（補って）完全なものにする
Verwaltungsprogramm 中 ハウスキーピングプログラム, マネージメントプログラム 電気 機械
verwandt 同属の, 同系の, 親和性の, 関 kongenetisch, 英 consanguineous, affine 化学 バイオ
Verwechselung 女 取り違え, 混同 機械 材料 製品 品質
Verweilzeit 女 滞留時間, dwell time 精錬 化学 バイオ 操業 設備
Verwendbarkeit 女 使用性, 有用性, 操作性, 使い勝手, 関 Brauchbarkeit 女, Bedienungskomfort 男, usability 機械 電気 環境 リサイクル
Verwerfung 女 反り, 歪み, distortion：Verwerfung des Bandes 女 薄板片・条片(strip)の反り 材料
Verwertungswirkfläche 女 利用(熱変換)作用面 機械 エネ 光学
Verwindungssteifigkeit 女 ねじり剛性, 類 Torsionssteifigkeit 女, Verdrehungssteifigkeit 女, torsional rigidity, torsion-resistant stiffness, torque stiffness 材料 建設
Verwitterung 女 風化, weathering 化学 材料 地学 物理
Verzackung 女（図形の）ギザギザ, alias, stairlike irregularity 電気
Verzahnungsbreite 女 歯切り幅, width of the gearing, toothed width 機械
verzehnfacht 10 倍にした 機械 統計
Verzeichniseintrag 男（単語に関する情報の辞書への）収録,（解説のある）見出し, the entry in a dictionary of information about a word 印刷
Verzerrung 女 歪, ゆがみ, distortion 材料 光学
verzerrungsfreie Modulation 女 無ひずみ変調, distortionless modulation 電気 機械
Verziehrung 女 装飾 機械 交通 建設
verzinktes Band 中 亜鉛めっき帯鋼, galvanized strip 材料 鉄鋼 非鉄
Verzinnung 女 錫めっき, tinning 材料 鉄鋼 非鉄
Verzögerungsverlauf 男 慣性現象：am Verzögerungsverlauf der Karosserie teilnehmen 車体の慣性現象の影響を受ける 機械
Verzögerungszeit 女 遅れ時間, delay time 化学 バイオ 物理 電気
verzugsfrei ゆがみのない, ねじれのない, 変形のない, distortion-free, without deformation 材料
Verzunderung 女 高温酸化, スケール付着, スケール生成, high temperature oxidation, scale built-up, scaling 材料 エネ 物理
Verzweigung 女 枝分かれ, branch, branching 化学 バイオ 光学 電気
Veterinär 男 獣医, 類 Tierarzt 男 化学 バイオ 医薬
VE-Wasser = vollentsalztes Wasser = fully desalinated water 完全脱塩水 化学 バイオ 医薬
V-förmier Motor 男 V 形機関, V-type engine 機械
VGB = Vereinigung der Grosskraftwerksbetreiber = The Association of

V

Major Power Utilities 大規模発電業協会 [電気] [組織] [経営]

VI =㊩ viscosity index 粘度係数 [機械] [化学] [物理]

Vibrometrie [女] 振動指示法 [物理] [材料] [電気] [光学]

Vickers-Härte [女] ビッカース硬さ, Vickers hardness [材料]

VICS =㊩ vehicle information communication system 道路交通情報通信システム [電気] [交通]; =㊩ Voluntary Interindustry Commerce Standards Association = Industrie-Initiative für die Standardisierung von Lieferprozessen CPFR（需要予測と在庫補充のための共同事業）の標準化を推進している流通業界団体 [規格] [組織] [経営]

Viehbestand [男] 家畜, 家畜保有数, livestock [化学] [バイオ]

Vieheinheit [女] 家畜単位, livestock unit [単位] [化学] [バイオ] [医薬]

Vielstahldrehbank [女] 多刃[たじん]旋盤, [類] Vielschnittdrehbank [女], Vielmeißeldrehbank [女], multicut lathe, multitool lathe [機械]

vielstufiger Verdichter [男] 多段圧縮機, multi-stage compressor [機械]

Viereckgewinde [女] 角ねじ, square thread [機械]

Vierrerleitung [女] 重心回路, phantom-circuit [電気]

Viererseil [中] カッド(電話回線を扱う際の単位, ケーブルの芯を4本寄り合わせた束, 2本の対が2組の回路を構成している), quad [電気]

viererseiltes Kabel [中] カッドケーブル [電気]

Vierersimultantelegraphie mit Erdrückleitung 地球帰還ダブルファントム回路, earth return double phantom circuit [電気]

vierflügelig 4枚羽の, four-wing [機械] [エネ]

Vierkantmutter [女] 四角ナット, square nut [機械]

Vierstofflegierung [女] 四元合金, quarternary alloy [材料] [物理]

Viertakt [男] 四サイクル(ストローク) [機械]

Viertaktmotor [男] 四サイクルエンジン, four-stroke engine [機械]

Vierteiljahresdurchschnitt [男] 四半期平均 [統計] [経営]

Viertelwellenplatte [女] 四分の一波長板, quarter wavelength plate [光学] [機械] [電気] [物理]

Vierzigfache [中] 40倍

Vierzylinder [男] 4気筒, 4-cylinder [機械]

VIM =㊫ Vocabulaire International des termes fondamentaux et généraux de Métrologie (französisch) = Internationales Wörterbuch der Metrologie = inaternational vocabulary of basic and general terms in metrology 国際計量基本用語集 [規格] [物理] [機械] [全般]

VIN = ㊩ vehicle identification number = Fahrzeugnummer 車輛識別番号 [機械] [法制度]

Vinylacetat [中] 酢酸ビニル, ビニルアセテート, vinyl acetate, VA [化学] [バイオ]

Virial-Koeffizient [男] ビリアル係数, ㊩ virial coefficient [物理] [化学] [機械]

virtuelle Realität [女] バーチャル・リアリティ, 仮想現実, virtual reality [電気]

virtueller Teilkreis [男] 相当平歯車ピッチ円, 仮想ピッチ円, virtual pitch circle [機械]

virtuelles Bild [中] 虚像, virtual image [光学] [機械] [電気]

virulent 感染力のある, 毒性のある, ㊩ virulent [化学] [バイオ] [医薬]

Virushepatitis [女] ウイルス性肝炎, viral hepatitis, virus hepatitis [化学] [バイオ] [医薬]

Virusoberflächenprotein [中] ウイルス細胞表面タンパク質, virus cell surface protein [化学] [バイオ] [医薬]

VIS = ㊩ visible absorption spectroscopy = Absorptionsspektroskopie im sichtbaren Strahlungsbereich 可視部吸収分光法 [化学] [バイオ] [電気] [光学]

Visko-elastizität [女] 粘弾性, viscoelasticity [機械] [化学] [物理]

Viskosität [女] 粘性, [類] Konsistenz [女], Zähigkeit [女] [連鋳] [材料] [化学]

VKB = Vorklärbecken = priliminary sedimentation tank 一次沈殿タンク 化学 バイオ 環境 操業 設備

VLC =㊇ variable length coding 可変長符号化 電気

Vlies 中 一塊の羊毛，毛皮(羊などの)，フリース，fleece 繊維

VME bus = VERSA module european bus VME バス(1979.11 ㊍ モトローラ社が発表) 電気

VOC =㊇ volatile organic compound = flüchtige organische Verbindung 揮発性有機化合物，揮発性有機物質(溶剤，溶媒など) 化学 バイオ 環境

Void-Koeffizient 男 ボイド係数 電気 原子力

Volatilität 女 揮発性，(市場などの)落ち着きのない性質，volatility 化学 バイオ 経営

Volleinschlag 男 フルロック，ステアリングロック，フルラップ，full lock，full wraps 機械

volle Leistung 女 全出力，full power 機械 電気

voller Kolben 男 一体ピストン，solid piston 機械

Vollformgießverfahren 中 ロストワックス鋳造プロセス，類 Wachsausschmelzverfahren 中，lost wax casting process 鋳造 機械

Vollhub-Ventil 中 一体ストロークシリンダー，solid stroke cylinder 機械

Vollkamm 男 立体カム，solid cam 機械

vollkommene Verbrennung 女 完全燃焼，perfect combustion 機械 エネ

Vollmedium 中 完全培地，complete medium 化学 バイオ

Vollrad 中 一体圧延車輪，solid rolled wheel 交通 機械 材料

Vollspur 女 標準軌間，標準ゲージ，standard gauge，full lock 交通 機械

Volltambour 女 フルリール，親リール，full real，parent real 機械 材料

Vollwandträger 男 ソリッドウエブガーダー，プレートガーダー，充腹桁，solid web girder，plate girder 建設

Volt -Gleichstrom 男 直流電圧，volts direct current，VDC 電気

Volumen 中 体積，関 Rauminhalt 男，volume 機械

Volumenstrom 男 体積流量比，関 Volumendurchfluss 男，volumetric flow rate 機械 エネ 化学

Voraufweitung 女 予備発泡，予膨張，pre-expansion 機械 化学 物理

Vorband 中 プリストリップ，near-net strip，pre-strip 材料

Vorbandgießanlage 女 薄スラブ連続鋳造機，thin-slab caster 連鋳 材料 操業 設備

Vorbau 男 ノーズ，車両先端部，nose，forepart，forebuilding 機械

vorbehaltlich ～[+2] ～を条件として，～を保留して

Vorbereitung 女 準備，用意，下加工，段取り替え，premachining，set-up change，tooling change：stehen in Vorbereitung 準備中である 操業 設備 機械

vorbeugende Instandhaltung 女 予防保全，preventive maintenance 機械 操業 設備 品質

Vorblock 男 ブルーム，bloom：Vorblockquerschnitt 男 ブルーム断面，bloom cross-section 連鋳 材料 操業 設備

Vorbramme 女 粗圧スラブ，roughed slab 連鋳 材料 操業 設備

Vorderachse 女 フロントアクスル，前車軸，front axle 機械

vordere Augenkammer 女 前房，anterior eye chamber 化学 バイオ 医薬 光学

vorderer Überhangwinkel 男 前オーバーハング角，アプローチ角，類 Vorüberhangwinkel 男，front overhang angle，approach angle 機械

Vorderfeder 女 前ばね，front spring 機械

Vorderflanke eines Impulses 女 パルス前フランク 電気

Vorderkante 女 前縁[ぜんえん]，類 Flügeleintrittskante 女，entering edge，leading edge，first transition エネ 機械

Vorderrad 中 前輪，front wheel 機械

Vordrehmaß 中 荒削り寸法，pre-machining diameter，lathe roughing cut di-

V

mension 機械
voreinanderstoßende Bleche 女 突き合わせ板 機械 溶接
Voreindicker 男 プリシックナー 機械 環境
Voreinstellung 女 プリセット, pre-setting 機械 材料 電気 化学 操業 設備
Vorfall 男 突発事故 操業 設備 製品 品質
Vorfluter 男 排水路, discharge, drainage ditch 設備 化学 バイオ 環境
Vorfüllventil 中 プレフィル弁,pre-fill valve 機械 エネ 化学
Vorgabezeit 女 設定時間, 目標時間, 標準時間, taget time, specified time, standard time 機械 電気
Vorgänger 男 前任者, one's predecessor 経営
Vorgang 男 過程,process 機械 化学 操業 設備
vorgefertigt プリセットした
vorgegeben 所定の 全般
Vorgelege 中 中間歯車, カウンターシャフト, 副軸, 第一段減速装置, intermediate gear, countershaft laid shaft, primary reduction gear 機械
vorgeschaltet etwas[3] vorgeschaltet, ～の前に置かれた
vorgesteuertes Sicherheitsventil 中 パイロット操作安全弁,pilot-operated safty valve 機械 化学 電気
Vorhangbeschichten 中 カーテンコーター 操業 設備 機械
Vorhof 男 心房,(耳の) 前庭, 類 Vorkammer 女, 関 Kammer 女, atrium, vestibule of ear 化学 バイオ 医薬
Vorhofflimmern 中 心房細動, atrial fibrillation 化学 バイオ 医薬
Vorläufer 男 先駆者, 前駆症状, 前駆物質 化学 バイオ
vorläufig 一次的な, さしあたり
Vorlage 女 テンプレート, 型板, 版下, 参照パターン, 呈示, 復水器, 鋳型 (バイオ), template, copy, condensate tank 電気 機械 バイオ
Vorlaufwinkel 男 ネガティブキャスター角, negative caster angle, offset angle 機械
Vorleitschaufel 女 前置[ぜんち]静翼, initial guide blade, initial stationary blade エネ 機械
vorletzt 最後から二番目の
vorliegend (ある人の) 前にある, 提出されている
Vormaß 中 端空き, 端あき, はしあき, 旋盤荒切削寸法, end distance (of fillet weld), lathe roughing cut dimension 溶接 機械 建設
vornehmen 始める, 行なう, 実施する
vornehmlich 特に, 類 besonders, im besonderen, insbesondere
vor Ort 現地で, 現場で 操業 設備 建設
Vorpolymer 中 プレポリマー, プリポリマー(熱硬化性樹脂では, 成形加工を容易にするため, 重合または重縮合反応を適当な段階で中止して, 比較的低分子量の取り扱い易い中間生成物として使用することが多く, このような予備重合物をいう), 英 prepolymer 化学 バイオ 操業
Vorratsdatenspeicherung 女 データ蓄積保存, data retention in the field of telecommunications 電気
Vorratsraum 男 貯蔵室,store room 機械 エネ 化学
Vorratsrolle 女 供給ロール, 供給リール, supply roll, supply reel, feed roller 材料 機械
Vorreiber 男 ターンバックル, 類 Schnalle 女, Spange 女, Gurtschloss 中, turnbuckle 機械
Vorrichtung 女 装置, 器具, 設備, apparatus, (Anlage, Einrichtung と比べると, スケールが小さいというニュアンスを含む場合がある) 操業 設備 機械
Vorrichtungsblocklehre 女 ブロックゲージ, 類 Parallelendmaß n, block gauge 機械
Vorsatzgerät 中 アダプター, 類 Ansatzstück 中, adapter 電気 機械
Vorsatzläufer 男 吸気ファン,吸い込みファン,intake fan,inlet fan 機械 エネ 化学
Vorsatzlinse 女 補助レンズ, ancillary lens, front lens 光学 機械 電気
Vorsatzteil 男 アタッチメント, attach-

ment 電気 機械
Vorschaltfunkenstrecke 女 直列スパークギャップ, series spark gap 電気 機械
Vorschaltturbine 女 前置[ぜんち]タービン, topping turbine エネ 電気 機械
Vorschmelzanlage 女 一次溶解設備, 予備処理溶解設備, pre-melting furnace 製銑 精錬 環境 リサイクル 操業 設備
Vorschrift 女 規定, 規則 規格 法制度 経営
Vorschruppen 中 プリラッフィング, pre-roughing 機械
Vorschub 男 送り, 類 Zug 男 機械
Vorschubräderkasten 男 送り変速装置, feed change gear box 機械
Vorschweißbund 男 溶接ネック, 溶接用カラー, ショートスタブエンド, スタブフランジ, welding neck, welding collar, short stub end, stub flange 機械 溶接
Vorschweißflansch 男 重ね継ぎ手形フランジ, 突合せ溶接式フランジ, welding neck (WN) flange 機械 溶接 化学
Vorschweißverbinder 男 ツールジョイント, tool joint 機械 溶接
Vorsorgeforschung 女 予防研究, preventive research 全般 化学 バイオ 医薬
Vorspannung 女 予圧, 予張力, バイアス, プリテンショナー, prestressing, pretention, bias generator, pre-tensioner 機械 電気

Vorsprung 男 突起, 突出, 張り出し部, 利点, 関 Ansatz 男, Besatz 男, Henkel 男, Lasche 女, Vorsprung zum Halten 男, Haltevorrichtung 女, lug, nose, overhang, advantage 機械
Vorspur 女 トーイン, toe- in 機械
Vorsteherdrüse 女 前立腺, 類 Prostata 女, prostate 化学 バイオ 医薬
Vorsteuersignal 中 予備制御信号, パイロット信号, pre-control signal, pilot signal 機械 電気
Vorstraße 女 分塊・粗圧延ライン, blooming train, breakdown train, roughing-line 連鋳 材料 操業 設備
Vortrieb 男 ヘッディング, 導抗, 水平抗, 推進, heading, advance 地学 機械 建設
Vortriebswirkungsgrad 男 推進係数, propulsion efficiency, propulsive efficiency 地学 機械 建設
vorverlagert (あらかじめ) 前方へずらした
Vorwärtsturbine 女 前進タービン, ahead turbine (AHD.TURB) エネ 機械
Vorwalzwerk 中 分塊圧延機・工場, roughing mill, blooming mill 材料 機械 操業 設備
vorwiegend 主に, 優勢な, 類 hauptsächlich
Vorzündungskammer 女 予燃焼室, precombustion chamber 機械 エネ
vorzugsweise 好ましくは, 関 üblicherweise, bevorzugt, besonderes, insbesondere 特許
VPC = 英 virtual path connection = virtuelle Pfadverbindung 仮想パス接続 (ATM の VCI とその値が変換・解放される終端点間の VPL を連結したもの) 電気
VPM = 英 vertical package module 垂直型パケージモジュール, 垂直にして薄型化を図った LSI 電気 ; = 英 voltage protection module = Überspannungsschutz 過電圧防御モジュール 電気
VPN = 英 virtual private network 仮想閉域網, 仮想プライベートネットワーク (ユーザー密着型サービスの名称) 電気
VPO = 英 vapor pressure osmometer = Dampfdruck-Osmometer 蒸気圧オスモメータ 化学 バイオ 物理
VPS = 英 vacuum plasma spray = Vakuumplasmaspritzen 真空プラズマ溶射法 操業 設備 機械 電気
VRE = 英 vancomycin resistant enterococcus バンコマイシン耐性腸球菌 化学 バイオ 医薬
VSBB = der backbordbezogene Vorsteuerwert 左舷の予備制御値 船舶
VSSB = der steuerbordbezogene Vorsteuerwert 右舷の予備制御値 船舶
VST = 英 Vicat softening temperature = Vicat-Erweichungstemperatur ビカット軟化温度 化学 バイオ 物理 材料
VSWR = 英 voltage standing wave ratio = Spannungsstehwellenverhältnis 電圧定在波比 電気

VTG-Lader = Turbolader mit variable Turbinegeometrie = 英 variable geometry turbocharger (VGT), 流路可変過給機 機械 エネ

Vulkan 男 火山 地学 物理 気象

Vulkanisierung 女 加硫処理(タイヤなどの), 加硫(硫化染料合成法), vulcanization, cure, thionation 機械 化学

vvm = Volumen Gaszufuhr pro Volumen Kulturlösung und Minute 培養液容量1分当たりの注入ガス容量 化学 バイオ

VwVwS = Verwaltungsvorschrift über die Einstuftung wassergefährdender Stoffe = the Administrative Regulation on the Classification of Substances Hazardous to Waters into Water Hazard Classes 水質汚染・危険物質の区分に関するドイツ環境局規則 化学 バイオ 医薬 環境 法制度

W

WA = Wellenachse = shaft axis 軸中心線, 軸芯 機械

waagerechte Schweißung 女 横向き溶接, 水平溶接, horizontal welding, horizontal position of welding 溶接 機械 建設

Waagerechtfräsmaschine 女 横フライス盤, plain milling machine, horizontal milling machine 機械

waagrecht 水平の, 類 horizontal, 関 senkrecht 機械

Wabenkörper 男 ハニカム担体, honeycomb carrier 機械 エネ 環境

Wachsausschmelzverfahren 中 ロストワックス法, 類 Vollformgießverfahren 中, waste wax process 鋳造 機械 設備

Wachsmodell 中 ろう型, wax pattern 鋳造 化学 機械

Wägebereich 男 秤量範囲 化学 バイオ 精錬

Wähler 男 セレクター, selecter 機械

Wählhebel 男 ギヤーセレクターレバー, 類 Gangwahlhebel 男, gear selector lever 機械

Wälzfräser 男 ホブ, hob 機械

Wälzfräsmaschine 女 ホブ盤, 類 Abwälzfräsmaschine 女, gear hobbing machine 機械

wälzgelagert 潤滑ベアリングがついている, 潤滑ベアリングになっている, ロールベアリングがついている, ロールベアリングになっている 機械

Wälzkörper 男 (ころがり軸受の)転動体, rolling element 機械

Wälzkreis 男 ピッチ円, ころがり円, pitch circle, rolling circle 機械

Wälzlager 中 潤滑ベアリング, ローラーベアリング, すべりベアリング, ころがりベアリング, antifriction bearing 機械

Wälzstoßmaschine 女 歯車型削り盤, gear shaper 機械

Wärmeäquivalent 中 熱当量, thermal equivalent, heat equivalent エネ 物理 化学 機械

Wärmeakkumulator 男 蓄熱器, 関 Regenerator 男, heat accumulator, thermal accumulator,regenerator エネ 機械

Wärmeauftrieb 男 熱揚力, heat aerodynamic lift 航空 エネ 機械

Wärmeauskopplung 女 抽熱, 熱放出, 熱出力, heat extraction, heat decoupling エネ 機械

Wärmeaustauscher 男 熱交換器, WAT, heat exchanger エネ 機械 化学 操業 設備

Wärmebehandlung 女 熱処理, heat treatment 材料

Wärmedämmstoff 男 耐熱材, thermal insulation material エネ 材料 化学 機械

Wärmedehnung 女 熱膨張, heat expansion, thermal expansion エネ 材料 化学 機械

Wärmedurchgangszahl 女 熱貫流率,

coefficient of overall heat transmission エネ 材料 化学 機械

Wärmeeinbringen 中 入熱, 類 eingebrachte Wärme 女, heat input 溶接 材料 電気 機械 エネ

Wärmeeinflusszone 女 熱影響部, WEZ, heat affected zone (HAZ) 溶接 材料 機械

Wärmeeinnahme und -ausgabe 女 熱の受け入れと放出 エネ 材料 化学 機械

Wärmeeintragszone 女 入熱ゾーン 溶接 材料 機械

Wärmeführung 女 熱制御, 熱伝達, 熱供給, heat control, heat conduction heat supply 機械 エネ 化学

Wärmeinhalt 男 熱容量, heat content: Wärmeinhalt der Schlacke スラグの熱容量, heat content of slag エネ 環境 操業 設備 材料

Wärmeleitzahl 女 熱伝導率, 類 Wärmeleitfähigkeit 女, thermal conductivity エネ 材料 化学 機械 連鋳 鋳造

Wärmenachbehandlung 女 後熱[あとねつ]処理, stress relief heat treatment, post heating 材料 溶接 機械

Wärmerückgewinnung 女 熱回収, recovery of the heat エネ 製銑 精錬

Wärmespannung 女 熱応力, 熱歪み, thermal stress, thermal strain 機械 材料 溶接 エネ

Wärmespeicherkörper 男 蓄熱体, エンジン加熱用蓄熱タンク, heat accumulator, engine heat storage tank 機械 エネ

Wärmestabilisator 男 熱安定剤, heat stabilizer 化学 バイオ 材料 操業

Wärmestrahlung 女 熱放射, heat radiation, heat radiation 機械 材料 エネ 物理

Wärmeübergangszahl 女 熱伝達率, 類 Wärmeübergangskoeffizient 男, heat transfer coefficient 機械 材料 化学 エネ 物理

Wärmeübertragungsleistung 女 熱伝達能, heat transmission capacity 機械 材料 化学 エネ 物理

wärmeverbrauchend 熱消費の, 吸熱の, 関 endotherm, heat consuming, endothermal, endothermic 機械 材料 化学 エネ 物理

Wäschetrockner 男 洗濯物乾燥機, tumble drier, laundry drier 機械 電気

wässerig 水分を含む, 水性の, 漿性[しょうせい]の, 水様の, watery 化学 バイオ 医薬

wässrige Beschichtung 女 水性塗料, 類 関 Dispersionslackierung 女, Wasseranstrichfarbe 女, aqueous coating, water-based paint 機械 材料 化学

Wagenkasten 男 車体, vehicle body 機械

wahre Bruchspannung 女 真破断応力, true stress of fracture 材料 機械 建設

Waldbestand 男 森林面積, 森林立木数, 林分[りんぶん](樹木の種類・樹齢・生育状態などがほぼ一様で, 隣接する森林とは明らかに区別がつく, ひとまとまりの森林をいう), forest stand 化学 バイオ 環境

Waldsaumbereich 男 森の境界領域, the edgepart of the wood 化学 バイオ 地学 環境

Walke 女 縮充, 縮充機, fulling machine, milling machine 繊維 機械

Walzauftraggerät 中 ローラーコーター 操業 設備 機械

Walzenausbalancierkraft 女 圧延平衡力 材料 機械

Walzenballen 男 ロール胴のふくらみ, ロール胴, roll barrel, roll body 材料 機械

Walzendrehbank 女 ロール旋盤, roll lathe 材料 機械

Walzendurchbiegung 女 ロールのたわみ・変形, roll deflection 連鋳 材料 操業 設備

Walzendurchmesser 男 ロール径, roll diameter 連鋳 材料 操業 設備

Walzenkippstuhl 男 ロールアップエンダー, roll tilting device, roll up-ender 材料 機械

Walzensätze 複 男 ロール組み立て品, ロールセット, roll assemblies, set of roll 連鋳 材料 操業 設備

Walzenstirnfräser 男 シェルエンドミル, shell end mill 機械

Walzguttoleranz 女 圧延製品公差, roll products tolerance 材料 操業 設備

Walzhaut 女 ローリングスキン, rolling skin, roll scale (材料, 機械)

Walzkraft 女 圧延力, rolling force 材料

操業 設備
Walzmenge 女 圧延量, the amount of rolling 材料 操業 設備
Walzprogramm 中 圧延計画, roll plan 材料 操業 設備
Walzrichtung 女 圧延方向, direction of rolling 材料 操業 設備
Walzscheibe 女 ディスク・ロール, disk roll 機械 電気
Walzspalt 男 ロールギャップ, roll gap: Walzspaltkenngröße 女 ロールギャップパラメーター, roll gap parameter 連鋳 材料 操業 設備
Walztoleranz 女 圧延誤差, rolling tolerance 連鋳 材料 操業 設備
Walzunterbrechung 女 圧延の中断・トラブル, roll interruption 材料 操業 設備
Walzverfahren 中 圧延法, rolling process 材料 操業 設備
Walzversuch 男 圧延テスト, rolling test 材料 操業 設備
walzwerksseitig 圧延工場サイドの, millworks-side 材料 操業 設備
Wandbekleidung 女 内張り板, inside panel, lining panel 機械
Wanddicke 女 壁厚, wall thickness 材料 機械 操業 設備 規格
Wandeinbau 男 壁組み込み
Wandler-Schaltkupplung 女 トルクコンバータクラッチ, torque converter clutch 機械
Wandung 女 囲壁, 外面, wall 機械
Wange 女 工具の側面, (頬に似た機械などの) 側面, cheeks, jaw 機械
Wangenspreizung 女 クランク腕開閉量, crank arm angle/inclination 機械
wanken よろめく, 類 taumeln
Wannenlage 女 下向き溶接位置・姿勢, 類 waagerechte Schweißlage 女, downhand welding position, flat position 溶接 機械
Ward-Leonard System 中 ワードレオナードシステム 電気 エネ 機械
Warenkorb 男 マーケットバスケット(方式), ショッピングカート, market basket, shopping cart/basket 経営
Warmarbeitsstahl 男 熱間加工工具鋼, hot forming tool steel, hot working steel 材料 機械 鉄鋼
Warmhalteofen 男 保持炉, 保熱炉, holding furnace, heat retention furnace 材料 機械
Warmwalzen 中 熱間圧延, hot rolling 材料 操業 設備
Warren-Motor 男 ワーレンモータ(隈取線輪形誘導電動機), Warren-type synchronous motor 電気 機械
Wartung 女 メンテナンス, 類 Instandhaltung 女, maintenance 操業 設備
Waschkorblochung 女 洗濯バスケット中のパンチホール(サイズ), clohes basket punched hole 機械 電気
Wasseraustrag 男 排水 化学 バイオ 機械
Wasserbeaufschlagungsdichte 女 スプレー流束密度 製銑 精錬 連鋳 材料 鉄鋼 非鉄 設備
Wasserdichtigkeit 女 水密, waterright, water proofing 機械 設備
Wasserdurchsatz 男 水流量, water flow rate 機械 化学
Wasserfangleiste 女 水受け用板 機械 エネ
Wasserhahn 女 水栓, water faucet, water tap 機械
Wasserhaushalt 男 水分代謝, balance of water, water metabolism, biological water balance 化学 バイオ 医薬
Wasserhebeeinrichtung 女 水揚装置, water raising equipment, water supply equipment 電気 機械 エネ
Wasserinhaltsstoffe 複 溶解物質(水への), 水溶解不純物質, substances in water, water impurities, water-borne substances, water constituents 化学 バイオ 医薬 環境
wasserlöslich 水溶性の, water-soluble 化学 バイオ
Wassermantel 男 水冷ジャケット, water jacket 製銑 精錬 機械 エネ 操業 設備
Wassermengenmessung mittels Schirm 女 移動板水量測定法, screen

method 機械 エネ 電気

Wasserpumpenzunge mit Gleitgelenk 女 マルチプル・スリップ・ジョイント・グリップ・プライヤー, multiple slip joint gripping plier 機械

Wasserretention 女 保水, 保水量, 水分保持, 水分貯留, 水貯留, 水分保持力, 類 Wasserrückhaltung 女, 英 water retention 化学 バイオ 地学 環境

Wasserrille zum Abfluss vom Wasser 女 排水溝, drain ditch, waste channel 機械 化学 環境 リサイクル

Wasserschlichte 女 水ベース塗型, water-based coating 鋳造 機械

Wasserschreier 男 噴霧カーテン 連鋳 材料 設備

Wasserschutzgebiet 中 水質保全管理保護区域, water protection area 化学 バイオ 環境 法制度

Wasserstand 男 水位, 関 Wasserspiegel 男, water level エネ 機械 電気

Wassersteinsatz 男 水あか, lime deposit, water scale 機械 化学

Wasserstoffbrückenbindung 女 水素結合(一つの水素原子が, F, N, O などの電気陰性度の高い原子二つと弱く結びつく X-H---Y 型の結合をいう), hydrogen bridge bond 化学 バイオ

wasserstoffinduzierte Rissbildung 女 水素誘起割れ, hydrogen induced cracking, HIC 材料 化学 原子力

Wasserstoffperoxid 中 過酸化水素, hydrogen peroxide 化学 バイオ

Wasserverbrauch 男 水使用量 エネ 操業 設備

Wasserverlust 男 脱水(症), dehydration 化学 バイオ 医薬

Wasserversorgung 女 水処理, water treatment エネ 操業 設備

WAT = Wärmeaustauscher = heat exchanger 熱交換器 エネ 機械 化学 操業 設備

WAZA = 英 World Association of Zoos and Aquariums = Weltverband der Zoos und Aquarien 世界動物園水族館協会 化学 バイオ 環境 組織

WBM = 英 water based mud = water based drilling fluid = wasserbasierte Bohrspülung 水性掘削流体, 水性掘削液 機械 地学

WC = Wolframcarbid = tungsten carbide = wolfram carbide タングステンカーバイド 材料 機械 電気

WCOT-GC = 英 wall-coated open-tubular glass column gas chromatographie ガラス中空カラムガスクロマトグラフィー 化学 バイオ

WDM = 英 wavelength division multiplexing = Übertragungsverfahren für LWL = Wellenlängenmultiplex 波長分割多重方式 電気

WDR = Wellendichtring 軸封リング, shaft seal ring 機械

WDS = 英 wavelength dispersive X-ray spectroscopy = wellenlängendispersive Spektroskopie 波長分散型 x 線分光法 化学 バイオ 電気 光学 ; = 英 wireless distribution system 有線 LAN 同士を無線で接続する機能 電気

WE = Welle 軸, axis, spindle, shaft 機械

Webmaster 男 ウエブマスター, 英 web master 電気

Webseite 女 ウエブサイト, 類 Website 女, 英 web site 電気

Wechselbelastungsdauerversuch 男 交番荷重テスト, altenating load test, endurance test of variation in stress 材料 機械

Wechseldruck 男 変動圧, 脈動圧, 交番圧力, alternating pressure, pulsating load pressure, fluctuating pressure 機械 化学 操業 設備

Wechselfeld 中 交番磁界, 交流磁界, alternating field, AC magnetic field 機械 電気

Wechselgetriebe 中 変速歯車装置, change speed gearbox 機械

Wechselrichter 男 インバータ, inverter 電気

Wechselspeicherkarte 女 記録媒体,

memory card 電気 機械
Wechselspiel 中 相互作用, 交錯, 代謝活動, 類 Wechselwirkung 女, interplay, interaction 化学 バイオ 医薬 光学
Wechselstrom 男 交流, alternating current 電気 機械
Wechselstrom-Gleichstrom Doppellokomotive 女 交直流電気機関車, AC-DC dual current electric locomotive, AC-DC dual system electric locomo tive 電気 交通 機械
Wechselstrom-Gleichstrom-Umschalter 男 交直転換器, AC-DC change-over switch 電気 交通 機械
Wechselstrom-Lichtbogenschweißung 女 交流アーク溶接, A.C.arc welding 溶接 電気 材料
Wechselwirkung 女 相互作用, interaction 化学 バイオ
WEEE-Richtlinie = the Directives on waste from electric and electronical equipment = Europäische Direktive zur Entsorgung von Elektro- und Elektronikschrott = Richtlinie über Elektro-und Elektronik-Altgeräte 欧州電気電子機器廃棄指令・指針 環境 リサイクル 電気 法制度
Weg 男 手段, 方法, 行程, 工程, 移動量, 距離, manner, method, way, path, travel, distance 機械 全般
Wegaufnehmer 男 測距器, 変圧器, distance recorder, voltage converter 電気
Wegebene 女 移動平面, movement plane 機械
Wege-Ventil 中 方向制御弁, directional control valve 機械
Wegfahrsperre 女 盗難防止システム(電子的な照合システムによる), イモビライザー, immobilizer 機械 電気
Wegfall 男 中止, 廃止 操業 設備 機械
Weg für den Blutfluss 男 血流流路, 類 Gefäß für den Blutfluss 中, blood flow path 化学 バイオ
Wegrollen 中 不意の進行, 動き出すこと, 類 Losrollen 中 機械
Weiche auf Ablenkung 女 反位にある転轍機[てんてつき], 反位にあるポイント, point in reverse position 交通 材料 機械
Weichensperrkreis 男 ポイントブロックサーキット, point-blocking circuit 電気 交通
Weichenzunge 女 転轍軌条の先端, スイッチブレード, switch blade, tongue 交通 機械
Weichlöten 中 軟質はんだ, 軟質はんだ付け, 軟ろう付け(軟質ということをはっきりさせる場合には, Löten 中 ではなく, この語を用いる), soft solder, soft soldering 材料 電気
Weichmacher 男 可塑剤, plasticizer 化学 バイオ 機械 材料
Weide 女 ヤナギ, 牧場 化学 バイオ
weiden 放牧する, 放牧されている バイオ
weißes Roheisen 中 白銑, forge pigs, white pig iron 製銑 鋳造 材料
Weißabgleich 男 ホワイトバランス, white balance 光学 機械
Weißkernguss 男 白心可鍛鋳鉄, white heart malleable cast iron 鋳造 材料 製銑
Weißlagermetall 中 バビットメタル (Snベース Sb-Cu 系合金), 類 Babittmetall 中, 英 Babitt metal 非鉄 材料 機械
Weißmetall 中 ホワイトメタル(主に軸受合金用), white metal 材料 非鉄 機械
Weizenkleie 女 ふすま, 小麦ふすま, wheat bran 化学 バイオ
wellen 軸に巻き付ける, 波形にする 機械
Wellenbrechungsplatte 女 波よけ板, wash board, dash plate 機械 建設
Wellenbund 男 シャフトカラー, shaft collar 機械
Wellendichtring 男 軸封リング, WDR, shaft seal ring 機械
Wellendurchgang 男 軸路, 軸開口部 shaft passage, shaft opening 機械
Wellenende 中 軸延長部, 軸端部, shaft extension, shaft end 機械
Wellenfeld 中 波動場, wave field 物理 光学 化学 材料
Wellengelenk 中 ナックル継ぎ手, ユニバーサルジョイント, knuckle joint, uni-

versal joint 機械
Wellenknoten 男 波節点,(入射波と反射波が合成されて最小となる点), wave node 電気
Wellenleiter 男 導波路,wave guide 電気 光学 音響
Wellenleiterstruktur 女 導波機構, waveguiding structure 光学 音響
Wellenscheibe女 内輪(スラスト軸受の), shaft locating washer 機械
Wellenwiderstand 男 造波抵抗, wave-resistance, wave drag 船舶 航空 機械
Weltmaßstab 男 世界的規模,世界基準, world scale,world level 経営
Wendel 女 渦巻き, 螺旋 機械
wendelartig スパイラル状の, spirally 機械 電気
Wendelrührer 男 らせん軸翼攪拌機, spiral agitator, spiral stirrer 機械
Wendemaschine 女 ターニングセンター, turning center 機械
Wenderadius 男 回転半径, 類 Wendekreis 男, turning radius 機械 操業 設備
Wendeschneidplatte 女 スローアウェイチップ, ターニングカッティングチップ, 割り出し可動ダイ, indexable insert, throw away chip 機械
WENRA =英 Western European Nuclear Regulators Association = Zusammenschluss europäischer Atomaufsichts-Behörden 西欧原子力規制機関協会 原子力 組織

werksintern 工場内の・に, in-plant 操業 設備 機械 化学
Werkstattmitarbeiter 男 修理工場従業員 機械
Werkstoffeigenschaft 女 材料の性質, material property 材料
Werkstoffpalette 女 材料シリーズ, 材料の選択の幅, range of materials, choice of materials, palette of materials 材料 製品 経営
werkstoffspezifisch 材料に特有の, material specified : werkstoffspezifische Anforderung 材料に特有の要求・仕様 材料
Werkstoff-Wöhlerlinie 女 材料 SN カーブ, 材料ヴェーラーカーブ,material S-N curve 材料 機械 建設
Werkstück 中 工作物, 被削材, 仕掛り品, working part, work piece 機械
Werkstückanlagering 男 工作物との接触リング, 工作物への取り付けリング 機械
Werkstückträger 男 工作物搬送台, 工作物キャリアー, workpiece carrier 機械
Werkzeugbau 男 工具設計, 工具製作, 工具メーカー, tool making, tool manufacturing, tool manufacture 機械
Werkzeugbereitstellung 女 ツーリング, tooling 機械
Werkzeugeingriffwinkel 男 工具圧力角(歯車創成などの), 工具係合(嵌合)角, angle of tool engagement 機械
Werkzeugeinrichter 男 ダイセッター, tool (die) setter 機械
Werkzeughalter 男 ツールホルダー, 関 Werkzeugträger 男, tool holder 機械
Werkzeugleiste 女 ツールバー 電気
Werkzeugmacherdrehbank 女 工具旋盤, tool room lathe 機械
Werkzeugmaschine 女 工作機械, machine tool 機械
Werkzeugschlitten 男 刃物送り台, 刃物往復台, tool slide, tool carrier, tool carriage 機械
Werkzeugstahl 男 工具鋼, tool steel 材料 機械 鉄鋼
Werkzeugträger 男 ツールキャリアー, ツールホルダー, ダイキャリアー, ヘッド, レールヘッド, プラテン, tool carrier, tool holder, dies carrier, head, rail head of planer, platen 機械
Werkzeugwechselvorrichtung 女 工具交換装置, モールド交換装置, tool changer, mould changing device 機械 鋳造 化学 電気
Wert des basalen reflexes 男 格子面間隔距離値,(X 線回折における Bragg 回折条件式の d) 化学 バイオ 電気
Wertdokument 中 有価文書 経営

Wertigkeit 女 原子価, 類 Valenz 女, valence, valency 化学 バイオ 物理 材料
Wertminderung 女 価値の低落, 下落, 劣化, depreciation 経営
Wertschöpfungskettte 女 付加価値連鎖, バリューチェーン, 価値創造鎖, value added chain 環境 化学 バイオ 医薬
Wertstoff 男 再生利用可能な原料・資源ゴミ, recyclable material, recyclable waste リサイクル 環境 製銑 精錬 化学
wet-FGD = 英 wet type flue gas desulfurizing = nasse Rauchgasentschwefelung 湿式排煙脱硫 環境 化学 バイオ 医薬 操業 設備
WEZ = Wärmeeinflusszone = heat affected zone (HAZ) 熱影響部 溶接 材料 機械
WFM = Wurzelfrischmasse = root fresh mass フレッシュルートマス, 生根塊, 生根質量 化学 バイオ
WGK = Wassergefährdungsklasse = water hazard class = Water hazard classification ドイツ水質汚染等級, ドイツ水質汚染分類(強 3→弱 0) 化学 バイオ 医薬 環境 規格 法制度
WHG = Wasserhaushaltsgesetz = the Water Resources Act 水資源対策法 環境 リサイクル 化学 バイオ 医薬 法制度
Whitworth-Gewinde 中 ウイットねじ, Whitworth-screw thread 機械
WHO = 英 World Health Organisation = Welt-Gesundheits-Organisation der Vereinten Nationen 世界保健機関 化学 バイオ 医薬 組織
Wickelbock 男 巻き取り架台 機械 操業 設備
Wickeldorn 男 巻き取りスピンドル, winding mandrel, winding spindle 機械 繊維
Wickelkern 男 巻き取り芯, winding core 機械 印刷
Wickelkopf 男 オーバーハング, winding head, overhang 電気 機械
Wickelspalt 男 巻き取りロールギャップ 機械 印刷
Wickelvorrichtung 女 巻き取り装置, スプーラー, 類 Aufrolleinrichtung 女, Wickelmaschine 女, winding equipment, winding device, roll-up device, spooler 材料 機械 繊維 印刷
Wicklung 女 巻線, 巻き上げ, winding 機械 電気 材料
Wicklungsschutzkontakt 男 コイル保護接触, 耐熱保護モータスイッチ, coil earthing contact, protective winding contact, thermal motor protection switch 材料 電気
Widerlager 中 接合部, カウンターフランジ, 橋台, せり元石(アーチの端を受ける斜面のある元石), counter flange, abutment, skewback 機械 建設
Widerstandsdraht-Dehnungsmesser 男 抵抗線ひずみ計, 類 Widerstandsdehnunungsmessstreifen 男, resistance strain gauge, electric resistance wire strain gauge 機械 電気
Widerstandsmoment 中 断面係数(cm^3), 抵抗モーメント, section modulus, moment of resistance 機械
Wiederanlaufsperre 女 再始動ロック装置 機械
Wiederaufschmelzbereich 男 再融解域, 再溶融域 材料 溶接
Wiedergabemodus 男 再生モード, playback mode 光学 音響 電気
Wiederholfrequenz 女 繰返し数, 繰返し周波数, repetition frequency 電気
Wiederholungsprüfung 女 繰り返しテスト, repeat inspection, repeat testing, repeat test, repetition test 材料 統計

Wiederkäuer 男 反芻動物, ruminant 化学 バイオ
Wiedernutzbarmachung 女 再利用可能化処理, 再生処理, rehabilitation 化学 バイオ 環境 リサイクル
Wiederverschluss 男 再封, reclosure 機械
wiederverwendbar 再生利用可能な, recyclable リサイクル 環境 機械 エネ
Wiederwärmeofen 男 再加熱炉, reheating furnace 材料 操業 設備
WIG-Schweißen 中 ティグ溶接, Wolfram-Inertgas-Schweißen, TIG-welding

溶接 電気 材料

Willot-Verschiebungsplan 男 ウイリオーの変位図（静定トラスの変形の図式解法）, 類 Willotsches Verschiebungsdiagramm 中, Willot's displacement diagram 建設 機械

Windkanal 男 風洞, wind tunnel, air duct 機械 物理 航空

Windkessel 男 サージタンク, 関 Druckausgleichsbehälter 男, Schwalltopf 男, compression surge drum, air vessel, blast tank 機械 操業 設備

Windkraftanlage 女 風力発電設備, wind power plant, aerogenerator, wind power station エネ 環境 電気 機械 設備

Windungsleger 男 ループレーヤー, レーイングヘッド, loop layer, loop laying head 材料 操業 設備

Windungszahl 女 巻き数, コイル数, number of turns, number of windings, number of coils 材料 電気 機械

Winkelbeschleunigung 女 角加速度, angular acceleration 機械

Winkel des Diffusorkegels 男 ディフューザーコーンの角度, diffuser angle 機械

Winkelhahn 男 アングルコック, angle cock 機械

Winkelhebel 男 きょう角調節レバー, ベルクランク, gang control lever, angled lever, toggle lever, bell crank 機械

Winkelhebelachse 女 クランクピン 機械

Winkelstahl 男 山形鋼, angles, angle steel 材料 建設 機械

Winkelstück 中 エルボー, アングルプレート, 関 Krümmer 男, elbow, angle plate 材料 設備 機械 化学 建設

Winkel zwischen Arbetsfläche und Mittellinie des Schaftes 男 取り付け角, 類 Steigungswinkel 男 材料 機械

WIPO = 英 World Intellectual Property Organisation = UN-Weltorganisation für geistiges Eigentum = Organisation mondiale de la propriete 世界知的所有権機関 特許 組織

Wirbel 男 渦巻き, 渦動, 脊椎骨, vortices, vertebra 機械 化学 バイオ 医薬

Wirbelbildner 男 渦動フォーマー, 渦形成装置, vortex former 機械

Wirbelbrenner mit Verstellbrennstoffdüse 男 可変流ノズル渦巻き（旋回）バーナー エネ 機械

Wirbelfeld 中 回転場, rotational field, solenoidal field 電気 統計

Wirbelfortsatz 男 棘［とげ, きょく］状突起, spinous process 医薬 機械

Wirbelkammer 女 渦流燃焼室, swirl chamber, turbulence chamber 機械 エネ

wirbellose Tiere 複 中 無脊椎動物, 類 Evertebraten 複 男, invertebrates 化学 バイオ

Wirbelschicht 女 流動床, 流動層, fluidised bed エネ 機械 化学 設備

Wirbelströmung 女 乱流, 渦流, turbulent flow, eddy flow 機械 エネ 電気

Wirbelstrombremse 女 渦［うず］電流ブレーキ, eddy-current brake 電気 機械

Wirbelstromsensor 男 渦電流センサー, eddy-current sensor 電気

Wirbler 男 攪拌機, スワラー, サイクロン式集塵機, agitator, swirler, cyclone dust catcher 機械 環境

wire harness 英 ワイヤーハーネス, 独 Kabelbaum 男, 類 Kabelstrang 男, Leitungssatz 男 機械

Wirkfuge 女 有効継手, 作用継手 機械 溶接 材料

Wirkmedium 中 能動媒質, 活性媒体, 作動媒体, 関 Arbeitsmedium 中, active medium, operating medium, effective medium, working medium 機械 化学 バイオ

wirksame Querschnittsfläche 女 有効断面積, 関 Spannungsquerschnitt 男, effective cross-sectional area, stress cross-section 機械 化学 バイオ エネ 物理

Wirkspannung 女 有効電圧, active voltage 電気 機械

Wirkstoff 男 活性物質, 活性成分, 有効成分, 作用物質, active substance, active ingredient 機械 化学 バイオ 医薬

Wirkungsgrad der Arbeitsstufen 男 段

効率, 類 Stufenleistung 女, stage efficiency エネ 機械 電気
Wirkungspfad 男 作用経路, 影響経路, influencing pathways, impact pathways, path of effect, paths of action 化学 バイオ 医薬
wirkverbunden 作用連結の 機械
wirtseigen 宿主特有の 化学 バイオ
Wirtzelle 女 宿主細胞, host cell 化学 バイオ 医薬
Wismutsiliziumoxid 中 ビスマス・シリコン・オキサイド(光機能素子などに使われている), bismuth silicon oxide, BSO 電気 非金属 光学
WiSta = Wirtschaft und Statistik 経済と統計 統計 数学 経営
Witterungsextreme 複 中 極端な天候 化学 バイオ 物理
WL = Wurzellänge = root length 根元長, ルート長さ 化学 バイオ 医薬 溶接
WLD = Wärmeleitfähigkeitsdetektor = thermal conductivity detector, TCD 熱伝導度検出器 化学 バイオ 電気 エネ
WMI=英 World Manufacturer Identifier = Welt- Herstellerkennung 世界製造業者識別コード 製品 規格 経営
Wöhlerkurve 女 ヴェーラー曲線,S-N 曲線, Wöhler curve,S-N curve 材料 機械 建設
Wölbung 女 湾曲, 反り, camber, crown 材料
Wohnbevölkerung 女 現住人口
Wolframstahl 男 タングステン鋼, tungsten steel 材料 鉄鋼 機械 非鉄
Workstation 女 ワークステーション, 英 workstation 電気
WP = Wolfram-Plasmaschweißen タングステンプラズマ溶接 溶接 材料
WTO = 英 World Trade Organization = Welthandelsorganisation der Vereinten Nationen 世界貿易機関 経営 組織
würfelförmig 立方体の, cubic, cubical-shaped 数学 機械
Würze 女 麦芽汁, malt wort, mash 化学 バイオ
Wulst 女 (タイヤの)ビード, 膨らみ, bead 機械
Wulstbereich 男 (タイヤ)ビード部 機械
Wulstheber 男 ビードブレーカー(タイヤビード部をウエル部へ落とし込むためのもの) bead breaker 機械
Wulstkern ビードコアー, ヒードワイヤー, bead core, bead wire 機械
Wulstsitz 男 ビードシート,bead seat 機械
Wulstumlage 女 チェーファー,chafer 機械
W-UMS = wahrscheinlichkeitsorientierte, umweltmedizinische Beurteilung der Exposition des Menschens durch altlastenbedingte Schadstoffe 過去の環境負荷危険物質に曝された人間の環境医学的な確率による評価 環境 化学 バイオ 医薬 統計
Wunschliste 女 要望リスト
Wurfschaufel 女 分散翼 機械 化学 バイオ エネ 航空
Wurmfortsatz 男 虫垂, 虫様突起 化学 バイオ 医薬
Wurtz-Synthehse 女 ウルツ合成(ハロゲン化アルキルに金属ナトリウムを作用させて, 炭素数の多い炭化水素を合成する反応をいう), 英 Wurtz synthesis 化学 バイオ 医薬
Wurzel 女 ルート, 根, (数) 根[こん], root 溶接 材料 バイオ 数学
Wurzelbindefehler 男 付け根接着不良 溶接 材料
Wurzeleinbrand 男 ルート部への溶け込み, weld penetration of root, penetration into the root 溶接 材料
Wurzelkerbe 女 付け根の凹部, 付け根陥没部位, root concavity, incomplete joint penetration 溶接 材料
Wurzelknöllchenbakterien 複 中 根粒菌, りゅう腫菌, 根小節バクテリア, root nodule bacteria, rhizobium, leguminous bacteria 化学 バイオ
Wurzellagenbereich 男 初層溶接部, 類 erste Schweißraupe 女, root running area, root pass portion 材料 機械 溶接
Wurzelrückfall 男 窪んだルート融合部, ルート融合不足部, ルート凹部, hollow

root fusion, lack of root fusion, root concavity [材料] [機械] [溶接]

Wurzelschutzgas [中] ビードシールドイナートガス, root shielding gas [溶接] [材料]

Wurzelüberhöhung [女] ルート部余盛高さ [溶接] [材料]

WV = Wiedervorstellung = inspection, reexamination 再診 [化学] [バイオ] [医薬]

WzG = Warenzeichengesetz = Trademark Act 登録商標法 [特許] [法制度] [製品]

WZM = Werkzeugmaschine = machine tool 工作機械 [機械] [電気]

X

XAFS = ㊥ x-ray absorption fine structure X線吸収微細構造解析法（XANESとEXAFSから成る）[物理] [化学] [バイオ] [材料] [光学] [電気]

XANES = ㊥ x-ray absorption near edge structure X線吸収端近傍微細構造解析法 [物理] [化学] [バイオ] [材料] [光学] [電気]

Xe = Xenon キセノン [化学]

Xenobiotikum [中] 生体異物, xenobiotic substance, xenobiotic [化学] [バイオ] [医薬]

Xenotransplantat [中] 異種間移植臓器, xenograft [化学] [バイオ] [医薬]

XFEL = ㊥ x-ray-free-electron laser X線自由電子レーザー [電気] [光学] [材料] [化学] [バイオ] [物理]

XLPE = ㊥ cross linked polyethylen = vernetztes Polyäthylen 架橋ポリエチレン [化学] [バイオ] [材料]

X-Naht [女] X形グルーブ,X形突き合わせ継手,[類] DV-Naht [女],double V seam [溶接] [材料]

XPS = ㊥ x-ray-induced photoelectron spectroscopy = Röntgenphotoelektronenspektroskopie 軟X線誘起光電子分光法 [電気] [光学] [材料] [化学] [バイオ] [物理]

XRD = x-ray diffractometry = Röntgendiffraktometrie X線回折法 [化学] [バイオ] [医薬] [電気] [材料] [物理] [光学]

Xylemsaftfluss [男] 導管液流, 道管液流, 木部汁液流, xylem sap flow [化学] [バイオ]

Xylemwasser [中] 木部水[もくぶすい], xylem water [化学] [バイオ]

Xylol [中] キシレン（ベンゼンのジメチル置換体, $C_6H_4(CH_3)_2$, 三種の異性体がある, 各種の合成樹脂などの製造原料として用いられる）, ㊥ xylene [化学] [バイオ]

Y

Y = Tyrosin [中] チロシン [化学] [バイオ] [医薬]

YAG = ㊥ Yttrium-Aluminium-Garnet イットリウム - アルミニウム - ガーネット, ヤグ（主に固体レーザの発振用媒質として用いられる）[電気] [光学] [化学]

Z

zähfließend 高粘度の, slow-moving, high viscously [化学] [バイオ] [材料] [機械]

zähflüssig 粘着性の, viscous, viscously [化学] [バイオ] [材料] [機械]

Zähigkeit [女] 靭性, 粘性, [類] Viskosität [女], Konsistenz [女], toughness, viscosity [物理] [連鋳] [鋳造] [材料] [化学]

Zähigkeitskoeffizient [男] 粘性係数, coefficient of viscosity [物理] [化学] [材料] [連鋳] [鋳造]

Zähler [男] カウンター, 計数器, counter, meter [機械] [電気] [化学] [バイオ] [設備]

W X Y Z

Zähnezahlverhältnis 中 歯数比, 直行ピッチ関係, teeth ratio 機械
Zahlenformaterkennung 女 数の数式認識 電気
Zahnbehandlung 女 歯科治療, odontotherapy, dental care, dental treatment 化学 バイオ 医薬
Zahnbreite 女 歯幅, tooth width, face width 機械
Zahndicke im Bogenmaß 女 円弧歯厚, circular thickness 機械
Zahndicke im Sehnennmaß 女 弦歯厚, chordal tooth thickness 機械
Zahnflanke 女 歯面, tooth surface, tooth flank 機械
Zahngesperre 中 ラチェット, 類 Knarre 女, Ratsche 中, ratchet 機械
Zahnhöhe 女 全歯[ぜんは]たけ, whole depth 機械
Zahnkantenfräsmaschine 女 面取り盤, 類 Formmaschine, Kehlmaschine 女, chamfering machine 機械
Zahnkopfkante 女 歯先面, 関 Zahnlückenfläche, top land 機械
Zahnkopfkreis 男 歯先円, 類 Kopfkreis 男, addendum circle 機械
Zahnkranz 男 ギヤーリム, gear rim,
Zahnlücke 女 歯溝, tooth space 機械
Zahnlückenfläche 女 歯底面, 関 Zahnkopfkante 女, bottom land 機械
Zahnlückenweite 女 歯溝の幅, tooth space width 機械
Zahnmittellinie 女 ラック中心線 機械
Zahnprofil 中 歯形, tooth profile 機械
Zahnradfräsmaschine 女 歯切盤, gear hobbing machine 機械
Zahnradpumpe 女 歯車伝動ポンプ, gear pump 機械
Zahnriemenachse 女 歯付きVベルト軸, toothed belt axis 機械
Zahnscheibe 女 歯付き座金, 外部歯止め座金, toothed lock washer, external teeth lock washer 機械
Zahnstange 女 ラック, 関 Ritzel 男, toothed rack 機械
Zahnstange als Bezugsprofil 女 基準ラック, basic rack 機械
Zahnwellenverbindung 女 セレーション軸継ぎ手, serrated shaft connection, tooth shaft connection 機械
ZAL = Zentrum für Angewandte Luftfahrtforschung GmbH in Hamburg = Hamburg's center for Applied Aeronautical Reserch 民間航空応用技術開発センター(有限会社) (クラスター"Hamburg Aviation"と協働関係にある) 航空 全般 組織
ZAMAK ㊥ 亜鉛基ダイキャスト合金の商品名 鋳造 機械 非鉄
Zange 女 トング, プライヤー, tongs, pliers 機械
Zangengeburt 女 鉗子[かんし]分娩術, forceps extension, forceps delivery, forceps operation 化学 バイオ 医薬
Zapfen 男 トラニオン, ネック, シャフト, ピン trunnion, neck, shaft, pin 機械
Zapfenlager 中 ピボット軸受け, ジャーナル軸受(滑り軸受のときの慣例の呼称), 類 Gelenklager 中, Kipplager 中, Schwenklager 中, pivot bearing, journal bearing, trunnion bearing 機械
Zapfenloch 中 ほぞ穴, mortise 機械 建設
Zarge 女 縁部, グルーブ, フレーム 機械
Zechensiedlung 女 鉱山集落 地学
Zehe 女 足指, toe 化学 バイオ 医薬
Zehnerpotenz 女 十乗 decimal power 数学
Zeichenprozess 男 製図作業工程, drawing process 機械
Zeichenstift 男 ペンプロッター, pen-plotter 電気 機械
Zeichnungsschicht 女 図面レイヤー, drawing layer 電気 機械 建設
Zeilenfrequenz 女 線周波数, 水平同期周波数, 電源周波数, ライン周波数, line frequency, horizontal frequency 電気
zeitgedehnte Abtastwerte 複 男 時間伸長サンプル値, time-expanded sampling value 機械 電気
Zeitschlitzverfahren 中 タイムスロット

法, time slot method 電気 機械
Zeitstandfestigkeit 女 クリープ破断強度, creep rupture strength, 類 Dauerstandfestigkeit 女 材料 化学 建設
Zeitvorgabe 女 目標時間設定, setting of time standard 機械 電気
ZEK = Zentrum für Entsorgungstechnik und Kreislaufwirtschaft in Hattingen 廃棄物処理技術およびリサイクル効率化センター(ハッティンゲン市) 環境 リサイクル 化学 バイオ 医薬 組織
Zellenrad 中 バケットホイール, 関 Schöpfrad 中, Schaufelrad 中, bucket wheel 機械
Zellentherapie 女 細胞治療, cellular therapy, CT 化学 バイオ 医薬
Zellgewinnung 女 細胞採取, 細胞分離, 細胞回収, harvesting cells, cell isolation 化学 バイオ 医薬
Zellgift 中 細胞毒素, 細胞傷害抗体(細胞が細菌の場合には溶菌素, 赤血球の場合には溶血素という), cytotoxin, cellular toxin 化学 バイオ 医薬
Zelllinie 女 細胞系, cell linage, cell line 化学 バイオ 医薬
Zellmasse 女 細胞量,細胞総重量,細胞現存量,細胞集団,cell mass 化学 バイオ 医薬
Zellradschleuse 女 ロータリーフィーダー, ロータリーロックバルブ, ロータリーゲートバルブ, rotary lock valve, rotary gate valve, rotary feeder, cell-wheel lock 機械 化学
Zellstoffpapier 中 紙パルプ, pulp and paper 印刷 化学 機械
Zellteilungszentrum 中 細胞分裂中心, cell division center,CDC 化学 バイオ 医薬
Zellzyklus 男 細胞周期 ($G_1 \rightarrow S \rightarrow G_2 \rightarrow M$ の4期に分けられる), cell cycle 化学 バイオ
ZEMA = zentrale Melde- und Auswertestelle = reporting and evaluation centre 告知評価センター 電気 化学 バイオ 原子力
Zementleim 男 セメントペースト, cement paste 建設
Zentner 男 ツエントナー,(重さの単位, 100Pfund = 50kg, 記号 Ztr.) 全般 単位
Zentraleinheit 女 CPU,シーピーユー 電気
Zentralnervensystem 中 中枢神経系, central nervous system,CNS 化学 バイオ 医薬
zentralnervös 中枢神経の, central nervous 化学 バイオ 医薬
Zentralsteurbühne 女 中央操作室, central controlling plat form 製銑 精錬 操業 設備 材料
Zentralvenöse 女 中心静脈, central venous 化学 バイオ 医薬
Zentrierhülse 女 センタリングスリーブ, centering sleeve 機械
Zentrierstift 男 センタリングピン, centering pin 機械
Zentrierung 女 心出し, 中央揃え(テキストレイアウトの), centering 機械 電気
Zentrifugalkraft 女 遠心力, 類 Fliehkraft 女, centrifugal force 機械
Zentrifugalscheider 男 遠心分離機, 類 Zentrifuge 女, centrifugal separator, centrifuge 機械 化学 バイオ 原子力 物理
Zentrifugalturbine 女 外向き流れタービン, 類 außendurchströmte Turbine 女, outward-flow turbine エネ 機械 設備
zerebralspinal 脳脊髄の cerebral spinal, CS 化学 バイオ 医薬
zerebrovaskulär 脳血管系の, cerebrovascular, CV 化学 バイオ 医薬
Zerfall 男 粉化, 崩壊, 分解, destruction, decomposition 機械 鋳造 化学 物理
Zerfallskonstante 女 崩壊定数, decay constant 物理 原子力
zerfließen 溶けて流れる, 潮解する, melt away, deliquesce 化学 バイオ
Zerkleinerungsmaschine 女 粉砕機, シュレッダー, グライディング装置, crushing machine, shredder, griding machine 機械 材料 設備
Zerlegung 女 分析, 分解, 取り外し, 解体, 解剖, 分離, 関 Auflösung 女, Zersetzung 女, Demontage 女, Trennung 女, resolution, decomposition, dismounting, separation 化学 バイオ 機械 設備 建設

医薬

zerol bevel gear 英 ゼロールベベルギヤー，(ねじれ角がゼロの曲がり歯傘歯車) 機械

zersetzen 分解する，電解する 化学 バイオ

der zresetzte Granit 男 まさ土［まさど］，風化花崗岩，decomposed granite 地学 物理

Zersetzungsreaktion 女 分解反応，崩壊過程，decomposition reaction，disintegration process 化学 バイオ 物理

Zerspanbarkeit 女 被削性，類 zerspanende Bearbeitbarkeit 女，machinability 材料 機械

zerspanende Bearbeitbarkeit 女 被削性，類 Zerspanbarkeit 女，machinability 材料 機械

der zerspanhebende Prozess 男 切削工程 材料 機械

Zerspanung 女 切削加工 機械

Zerstäuber 男 ディフューザー，アトマイザー，diffuser，atomizer 機械

zerstörungsfreie Prüfung 女 非破壊試験，non-destructive testing 材料

Zerstreuungslinse 女 発散レンズ，divergent lens 光学

Zerteillinie 女 スリットライン，類 Spallinie 女，Längsteilung 女，slitting line 連鋳 材料 設備

zertifiziertes Referenzmaterial 中 認証標準物質，ZRM，CRM 化学 バイオ 医薬 材料 電気

Zertifizierung 女 認証，certification 化学 バイオ 規格

Zervixkarzinom 中 子宮頸がん，cancer of the uterine cervix 化学 バイオ 医薬

ZF-Träger = Zwischenfrequnz-Träger = intermediate frequency carrier 中間周波数搬送波 電気

Ziegel 男 煉瓦，類 Stein 男，brick，block 製銑 精錬 連鋳 材料 非鉄 操業 設備

Ziehbank 女 引き抜き台，drawing bench 材料 機械

ziehen：etwas nach sich ziehen あることを引き起こす；ドラッグする，drug 電気

Ziehfalte 女 引き抜きじわ，drawing wrinkle 機械

Ziehschablone 女 掻き板，引き板，類 関 Schablonierbrett 中，Abziehschablone 女，strickling board，sweeping board 鋳造 機械

Ziehspalt 男 絞り型隙間（金型などの），drawing gap，drawing clearance 材料 機械

Ziehtrichter 男 高炉のベル 製銑 操業 設備

Ziel 中 目標；sich(3) etwas zum Ziel setzen ある事を目標にする；sich(3) ein Ziel stecken 目標を立てる

Zielgruppe 女 対象グループ，標的グループ，target group 化学 バイオ

Zimmerung 女 支保工，timberng，sheathing 建設

Zink 中 亜鉛，zinc 非鉄 材料 機械 地学

Zirkulardichroismus 男 円偏光二色性，circular dichroism，CD 光学 電気

Zirkulationsstörung 女 循環障害，circulatory disturbance，circulatory failure，circulatory disorder 化学 バイオ 医薬

Zitronensäure 女 クエン酸，citric acid，Cit 化学 バイオ 医薬

Zitronensäurezyklus 男 クエン酸回路，クレーブス回路，TCA 回路 化学 バイオ 医薬

ZKU = zentrale Koordinationsstelle für Umweltforschung = center for coordination concerning environmental research 環境研究コーディネーションセンター 環境 組織

ZnDTP =英 zinc.dialkyl.dithio.phosphate ジアルキルジチオリン酸亜鉛，(多機能添加剤：耐酸化，耐磨耗，耐荷重，耐腐食能などを持つ) 機械 化学 環境

Zollgewinde 中 インチねじ，thread measured in inches，inch thread 機械

20-Zoll-Monitor 男 20 インチモニタ，20 inch monitor 電気

Zollstock m 折り尺，類 Gliedermaßstab 男，folding rule 機械 建設

Zonenschmelzen 中 ゾーン溶融，帯域融解，ゾーン融解，帯域精製，帯域溶融法，ゾーンメルティング，zone melting，zone

refining 精錬 材料 化学 物理
Zonographie 女 ゾーングラフィー，(狭角断層撮影法)，zonography 医薬 電気 放射線
Zoom 男 ズーム，㊇ zoom 光学 電気
Zubehör 中 付属品，付属装置，アクセサリー(コンピュータなどの) 機械 電気
Zubringer 男 フィーダー，類 Zuführsystem 中，Aufgeber 男，Förderer 男，feeder 操業 設備 機械 印刷
Zucht 女 栽培 バイオ
Zuchtvieh 中 種畜，繁殖用家畜，breeding livestock 化学 バイオ 医薬
Zuckertransportprotein 中 糖輸送膜タンパク質，sugar transport protein 化学 バイオ 医薬
zügig 停滞しない，どんどん進む，smooth，uninterrupted 機械 操業 物流
Zündabstand 男 点火間隔 機械
Zündanlage 女 点火装置，ignition system 電気 機械
Zündflämmchen 中 口火，pilot burner，pilot flame 機械 化学 エネ
Zündfunke 男 点火火花，ignition spark 電気 機械
Zündkerzdichtung 女 プラグガスケット，plug gasket 機械
Zündkerze 女 点火プラグ，spark plug 機械
Zündverzug 男 点火遅れ，ignition delay 機械
zufällig 無作為に，ランダムに 統計
Zufallauswahl 女 無作為抽出法，random sampling：einfache Zufallauswahl 女 単純無作為抽出法 統計
Zufallsereignis 中 ランダム事象 機械 電気
Zufallsgenerator 男 ランダムシーケンス発生器，ランダムシーケンスジェネレータ 電気
Zufallzahl 女 乱数，rundom number 数学
Zufallzugriff 男 ランダムアクセス 電気 機械
Zuführen 中 (荷物，カートンなどの)入庫，装入，関 Abführen 中 出庫，引き出し 材料 機械 物流
Zuführleitung 女 供給ライン，類 Zuleitung 女，feed line，supply line 機械
Zuführsystem 中 フィードシステム，フィーダー，供給システム，類 Aufgeber 男，Förderer 男，Zubringer 男，feeding system 操業 設備 機械
Zuführung 女 フィードライン，供給，供給部，feed line，feed，supply，類 Einströmen 中，Einlass 男，Zulauf 男，Zuleitung 女 操業 設備 機械 化学
Zuführung durch Gefälle 女 重力送り，類 Fallspeisung 女，gravity feed 機械 化学 エネ 設備
Zufuhrgleis 中 (鉄道)入口線，(鉄道)引き込み線，entry line，siding service line (railway) 交通 電気 機械
Zufuhrrate 女 供給レート 操業 設備 機械 精錬 化学 溶接
Zufutter-Satzbetrieb 男 流加培養，半回分培養，(培養基中に基質を添加していく培養法)，類 関 Fedbatch-Verfahren 中，fed-batch culture process 化学 バイオ
Zug 男 送り，引っ張り，列車 機械 交通
Zugänglichkeit 女 アクセスのし易さ，利便性，accessibility 電気
Zug-Druck-Wechselfestigkeit 女 引張り圧縮疲れ限度，fatigue limit under reversed tension-compression stresses 材料 機械 設備 建設
zugeordnet 付属・付随している，取り付けられている，含まれている，～になっている，起因する，割り当てられている，位置している，～の，関係づけられている(過去分詞，形容詞，副詞として) 機械 材料 操業 設備
Zugfahrzeug 中 牽引車，towing vehicle，drawing vehicle 機械
Zugfestigkeit 女 引張強さ，引張り強さ，tensile strength，TS 材料 機械 設備 建設
Zughaspel 女 テンションリール，tension reel 機械
Zugkraftdiagramm 中 牽引力線図，pull-force diagram 材料 機械 設備 建設
Zugprüfmaschine 女 引張試験機，tension testing mashine 材料
Zugriffsrecht 中 アクセス権，right to access 電気
Zugriffssteuerung 女 アクセス制御，アクセス管理，アクセスコントロール，類 Zu-

Z

trittskontrolle 女, Access Control, AC 機械 電気

Zugriffszeit 女 アクセスタイム(メモリー上のデータの読み見出しに要する時間など), access time 電気

Zugspannung 女 引張応力, tensile stress, tensile strain 材料 機械 設備 建設

Zugspindel 女 送り軸, 送り棒, feed rod, feed shaft 機械

Zugstange 女 プルロッド, リリースロッド, 引き棒, ドローバー, 引張り棒, pull rod, drawbar 機械 建設

Zugstrebe 女 タイロッド, tie rod 機械

Zugträger 男 テンショニングユニット, tensioning unit 建設 機械

Zugversuch 男 引張テスト：～an Stahl 鋼の引張りテスト 材料

Zuhaltung 女 ガードロック, タンブラー, 元締め装置(錠の), guard locking, tumbler 機械

Zukaufschrott 男 購入スクラップ 製銑 精錬

Zuladung 女 追加積荷 機械 航空

zulässige Abweichungen für Maße ohne Toleranzangabe 複 普通寸法許容差, permissible deviation in dimension without indication, general dimension tolerance 機械

zulässige Beanspruchung 女 許容応力, allowable stress, permissible stress 機械 材料 設備 建設

zulässige Betriebsbeanspruchung 女 安全使用荷重, safe working load 機械 材料 設備 建設

zulässige Kriechdehnung 女 許容クリープ歪み, permissible creep strain 機械 材料 設備 建設

Zulassung zum Schweißen 女 溶接許可 溶接 建設 機械 材料

Zulauf 男 取り入れ口, フィード, 類 Einströmen 中, Einlass 男, Zuführung 女, feed inlet, feed 操業 設備 機械

Zulaufhahn 男 取水栓, 取水コック 操業 設備 機械

Zuleitung 女 供給ライン, 供給パイプ, 類 Zuführleitung 女, feed line, feed pipe, supply line 機械 電気

zum Einsatz kommen 備え付ける, to install 設備

zumessen；jm etwas zumessen ある人にある物を与える, 帰する

Zunder 男 スケール, scale 材料 化学 操業 設備

Zunderbrechgerüst 中 スケールブレーカー設備, 関 Entzunderung 女, scale-breaker stand 材料 化学 操業 設備

Zunderwäscher 男 デスケールスプレー装置, デスケーラー, descaler 材料 化学 設備

Zunge 女 タン, つまみ, 凸部, 舌片, 類 Mitnehmer 男, Lippe 女, tongue 機械

Zungenbelag 男 舌苔[ぜったい], coating of tongue, fur coating of the tongue, fur 化学 バイオ 医薬

Zungenkrebs 男 舌癌, cancer of the tongue, carcinoma linguae 化学 バイオ 医薬

zupumpen ポンプを使用する, pump 機械

zurechtkommen：mit etwas(3) zurechtkommen(ある事をする)勝手がわかる, 類 in etwas(3) sich zurechtfinden

Zurrpunkt 男 結束ポイント, lock point 機械

zurückblättern ページを戻す

zurückhalten 保留する, 保持する, 阻止する, 残留させる 機械 電気 設備 化学 バイオ

zurückgehaltene Partikeln 複 付着・残留した粒子 機械 電気 設備 化学 バイオ

zurückgezogene Position 女 引き込み点, 関 ausgefahrene Position 女 機械

zurückkehrendes Licht 中 戻り光量, amount of returning light 光学 音響

Zurückschalten 中 シフトダウン, shift down 機械

Zurückschieben 中 戻り, 戻りによるズレ 機械

zurücksetzen リセットする, 後ろへ置く, バックさせる 機械 電気

Zusammenbruch 男 崩落 地学 建設

zusammenfallen：mit etwas(3) ～1～ と重なる

zusammengesetzte Beanspruchung 女 組み合わせ応力, combined stress 機械 設備 建設

zusammengesetztes Rad 中 組み立て車輪, built-up wheel 交通 機械

Zusammenhang 男 関係

zusammenklappbare Lenksäule 女 コラプシブルステアリングコラム, 関 Sicherheitslenksäule 女, collapsible steering column 機械

Zusammensetzung 女 組成, composition : chemische Zusammensetzung 化学組成, chemical composition 製銑 精錬 材料 化学

Zusammenstellungszeichnung 女 組立図, assembly drawing, overall drawing 機械

Zusammenwirken 中 協力, 協同 : Zusammenwirken der Fachrichtungen Chemie, Biologie und Verfahrenstechnik 化学, バイオおよびプロセス工学という専門分野の協力 全般

zusammenwirkender Hahn 男 分水栓, corporation cock 機械 化学

Zusatzbrenner 男 補助バーナー, additional burner, auxiliary burner 材料 エネ 精錬

Zusatzdraht 男 副ワイヤー 溶接 機械

Zusatzfach 中 補助ポケット, 取り付け取り外し可能な仕切り, 補助仕切り面, 補助仕切りパネル枠, aditional removable compartment, extra pocket 繊維 機械 建設

Zuschlag 男 溶加材, フラックス, 特別手当, 割増, 落札, 取り代, 仕上げ代, 関 Flussmittel 中, Schweißzusatzwerkstoff 男, Schlichtzugabe 女, flux, filler mateial, surcharge, machining allowance 製銑 精錬 連鋳 鋳造 機械 経営

Zuschneiden 中 シャーリング, 類 Schere 女, Gleitlinie 女, re-shering 機械 材料 操業 設備

Zuschuss 男 補助金, 増し刷り 経営 印刷

zusetzen 添加する, 追加する, 止める, 栓をする ; sich zusetzen 詰まる, blind, clog, plug 機械 化学 バイオ 精錬 操業

Zuständigkeit 女 権限

Zustand 男 状態, 類 Lage 女, Verhältnisse 中 複 エネ 化学 物理 精錬 材料

Zustandsgleichung 女 状態方程式, state equation, equation of state, EOS エネ 化学 物理 精錬 材料

zustandsorientiert 状態に合った, 状態に合わせた 操業 設備 機械

Zustellung 女 ライニング, 巻き替え, 関 Ofenkleidung 女, new lining 製銑 精錬 材料 操業 設備 環境 エネ 非金属

Zutrittskontrolle 女 アクセス制御, 類 Zugriffsteuerung 女, access control, AC 電気

Zu-und Abführen von Werkzeugen in ein /aus einem Werkzeugmagazin 工具倉庫における工具の入出庫 機械 物流 電気

Zuverlässigkeit 女 信頼性, 信頼度, reliability 統計

Zwangsdurchlaufkessel 男 貫流ボイラー, one-through steam generator, forced flow boiler エネ 機械 操業 設備

zwangsläufigbewegender Nocken 男 確動カム, 類 Positivnocken 男, positive motion cam 機械

Zwangslage 女 拘束状態 機械 材料 建設

zweiachsiger Drehgestellwagen 男 二軸ボギー車, double-axle bogie car 交通 機械

zweigängig 二段の, 二条の, 二本山の, double thread 機械

zweigestriches A 中 A ツーダッシュ, A“ 数学

Zweigleitung 女 枝管, 分岐管, branch arm piping (BAP), branch pipe 機械 化学 設備

Zweihäusigkeit 女 雌雄異性, 類 Diözie 女, dioecy バイオ

Zweipunktauflage 女 二点サポート, 二点接触面 機械

Zweipunktverhalten 中 オンオフ操作・アクション 電気

Zweispindelfräsmaschine 女 両頭フライス盤, double head milling machine,

Z

duplex head milling machine 機械

Zweistoff-Kältemaschine 女 二元冷凍機，(二台の冷凍機と二種類の冷媒を用いて急冷する),dual refrigerating machine 電気 機械 設備

zweisträngig 2ストランドの, 類 2- gerüstig, two strand~ 連鋳 材料 操業 設備

zweistufige Luftpumpe 女 二段空気圧縮機, two stage air pump, two stage air compressor エネ 機械

Zweitaktmotor 男 二サイクルエンジン, two-stroke engine 機械

Zweiwellenlängenphotometrie 女 二波長測光法, dual-wavelength method 化学 バイオ 光学

zweiwertig 二価の, 類 divalent, 英 divalent 化学 バイオ

zweizeilig 二行の, two-line, double-spaced 電気 印刷

Zwinge 女 クランプ, シンブル, 口金, 類 Klemme 女, Seilkausche 女, clamp, thimble, mouthpiece 機械

Zwischenablage 女 クリップボード, clipboard 電気

Zwischenbauklappe 女 ウエファータイプ バタフライバルブ, 中間排気フラップ, wafer type butterfly valve, interflange damper, intermediate exhaust flap 機械 化学 設備

Zwischenbehälter 男 中間・小取鍋, pony ladle 精錬 操業 設備

Zwischenfall 男 突発事故, 偶発事故, incident 操業 設備 環境

Zwischenglied 中 複式リンク, 中間リンク, 連結部材, intermediate link, connecting member 機械 建設

Zwischenhalter 男 中間ホルダー, intermediate keeper, intermediate bracket, intermediate holder 機械

Zwischenkühlstrecke 女 中間冷却ライン, intermediate cooling line 連鋳 材料 操業 設備

Zwischenlagentemperatur 女 溶接 パス間温度 溶接 材料 機械

Zwischennervenzelle 女 間質細胞, interstitial cell, stromal cell 化学 バイオ 医薬

Zwischenprodukt 中 中間体, 中間生成物, 中間車, intermediate, intermediate product 化学 バイオ 機械 物理

Zwischenstück 中 ディスタンスピース, アダプター, スペーサーブッシュ, distance piece, adapter, spacer bush 機械

Zwischenstufengefüge 中 ベイナイト, 中間構造, 類 関 Bainit 中, bainite, intermediate stage structure 材料 物理 化学

Zwischenträger 男 副搬送波, 基質, チップ, 中間キャリヤー, 中間サポート, 中間メンバ, 類 Hilfsträger 男, sub-carrier, substrate, intermediary carrier, intermediary support 電気 建設 機械

Zwischenwalze 女 中間ロール, intermediate roll 連鋳 材料 操業 設備

Zwitter 男 雌雄同体, hermaphrodite, 類 Hermaphrodit 男 バイオ

Zygotenbildung 女 受精卵細胞生成期, 接合糸期 : auf der Ebene der Zygotenbildung 受精卵細胞生成期に, 接合糸期に 化学 バイオ 医薬

Zykloidenrad 中 サイクロイド歯車, cycloidal gear 機械

Zykluszeit 女 サイクルタイム, 繰り返し時間, cycle time 機械 エネ 化学 バイオ

Zylinder 男 シリンダー, cylinder 機械

Zylinder-Abschaltung 女 シリンダーシャットオフ 機械

Zylinderblock 男 シリンダーブロック, cylinder block 機械

Zylinderbohrung 女 シリンダー内径, cylinder bore 機械

Zylinderbüchse 女 シリンダーライナー, cylinder liner 機械

Zylinderdeckel 男 シリンダーヘッド, 類 Zylinderkopf 男, cylinder head 機械

Zylinderdruckversuch 男 シリンダー圧縮試験 材料 機械

Zylinderfußdichtung 女 シリンダー底ガスケット, cylinder base gasket, cylinder foot gasket 機械

Zylinderkopfdichtung 女 シリンダーヘッ

ドガスケット,cylinder head gasket 機械

Zylinderkurbelgehäuse 中 シリンダークランクケース, シリンダーブロック, エンジンブロック, engine block, cylinder crankcase 機械

Zylinderraum 男 チャンバー, chamber 機械

Zylinderreihe 女 シリンダー列, row of cylinders, cylinder bank 機械

Zylinderschnecke 女 円筒ウォーム, cylindrical worm 機械

Zylinderschraube 女 平小ねじ, cylinder head screw 機械

Zylinderstift 男 だぼピン, dowel pin, parallel pin, straight pin, cylindrical pin 機械

Zymomonas Mobilis ザイモモナス モビリス, (アルコールエタノール発酵用バクテリア) バイオ

Zystische Fibrose 女 嚢胞性線維症, 膵嚢胞性繊維症, 類 Mukoviszidose 女, cystic fibrosis 化学 バイオ 医薬

Zystostomie 女 膀胱造瘻術, 膀胱瘻造設術, cystostomy 化学 バイオ 医薬

Zytokeratin 中 サイトケラチン(上皮細胞にある中間径フィラメントの一種で, ケラチンとも呼ばれる), cytokeratin 化学 バイオ 医薬

Zytokine 複 サイトカイン,(炎症反応の制御作用などの細胞間相互作用を媒介するたん白性因子の総称), cytokines 化学 バイオ 医薬

Zytoplasma 中 細胞質, cytoplasm 化学 バイオ

Zytoskopie 女 細胞検査, cytoscopy, CYS 化学 バイオ 医薬

Zytosom 中 細胞体,cytosome 化学 バイオ

Zytostatikum 中 抗腫瘍薬, 細胞静止作用, 細胞増殖抑制性, 細胞増殖抑制剤, cytostatic 化学 バイオ 医薬

zytotoxisch 細胞毒性の, 細胞傷害性の, cytotoxic, CT 化学 バイオ 医薬

ZZ = Zellzahl = cell number = cell count 細胞数 化学 バイオ 医薬 ; = zur Zeit 目下のところ

Z

主 要 参 考 文 献

Ⅰ　技術用語

1）Peter-k. Bundig: Langenscheidts Fachwörterbuch Elektrotechnik und Elektro nik, Langenscheidt, 1998
2）Theodor C. H. Cole: Wörterbuch der Biologie, Spektrum Akademischer Verlag, Hei-delberg, 1998
3）Technische Universität dresden: Langenscheidts Fachwörterbuch Chemie und chemische Technik, Langenscheidt, 2000
4）M. Eichhorn: Langenscheidts Fachwörterbuch Biologie, Langenscheidt, 1999
5）V. Ferretti: Wörterbuch der Datentechnik, Springer-Verlag, Heidelberg, 1996
6）E. Richter: Technisches Wörterbuch, 1998, Cornelsen verlag, Berlin
7）VdEh: Stahleisen-Wörterbuch, 6 Auflage, Verlag stahleisen GmbH
8）Louis De Vries: German-English Technical And Engineering Dictionary, Iowa, 1950
9）Bertelsmann: Lexikon der Abkürzungen, Bertelsmann Lexikon Verlag, 1994
10）医学大辞典（第18版），南山堂，1998
11）機械術語大辞典，オーム社，1984
12）機械用語辞典，コロナ社，1972
13）生化学辞典（第3版），東京化学同人，1998
14）標準学術用語辞典 金属編，大和久重雄，聖文堂新光社，1969
15）理化学辞典（第5版），岩波書店，1998
16）標準化学用語辞典 縮刷版，日本化学会，丸善，2008
17）化学工学辞典（第3版），化学工学会，丸善，2007
18）新版 電気電子用語辞典，オーム社，2001
19）K-H. Brinkmann: Wörterbuch der Daten-und Kommunikationarechnik, Brand stetter, 1997
20）略語大辞典，丸善，2005

Ⅱ　一般用語

1）Harold T. Betteridge : Cassell's Dictionary , Macmillan Publishing Company, New York 1978
2）新英和辞典（第5版），研究社
3）新現代独和辞典，三修社，1994
4）大独和辞典，相良守峰，博友社，1958
5）独和中辞典，相良守峰，研究社，1996
6）新アポロン独和辞典（第2版），同学社，2001
7）現代英和辞典 第1刷，研究社1973,

Ⅲ　参考ホームページ

1）http://www.linguee.de/deutsch-englisch/search?source=auto&query=shale
2）http://ejje.weblio.jp/content/%E5%85%85%E5%A1%AB
3）http://dbr.nii.ac.jp/infolib/meta_pub/G0000120Sciterm
4）http://abkuerzungen.de
5）http://www.chemie.fu-berlin.de/cgi-bin/abbscomp
6）http://ja.wikipedia.org/wiki
7）http://pr.jst.go.jp/ JST科学技術用語日英対訳辞書
8）http://www.medizinische-abkuerzungen.de/?first=1

あとがき

本書の制作にあたって御協力をいただいた技報堂出版株式会社取締役石井洋平様に心より感謝申し上げますとともに，編集して下さった伊藤大樹氏をはじめとする関係の方々に謝意を表します．本書がドイツ語を通して日本の科学技術の発展に少しでも寄与できましたら，著者の望外の喜びであります．また，科学技術和独英辞書，科学技術ドイツ語表現法，科学技術独和英略語辞書につきましても，シリーズとして，近く刊行の予定でありますので，本書と併せて活用頂けましたら幸いです．最後に，本書の作成にあたって，心より，応援してくれた妻の明子と，両親・家族に感謝の意を表します．

2016年9月　　町村 直義

《著者略歴》

町村直義（まちむら・なおよし）

昭和 42 年 3 月　早稲田大学高等学院卒，昭和 46 年 3 月　早稲田大学理工学部金属工学科卒，昭和 48 年 3 月　早稲田大学理工学研究科金属工学専攻修士課程修了，在学中に IAESTE（国際学生技術研修協会）により，西独鉄鋼メーカー Peine-Salzgitter AG にて，技術研修，昭和 48 年 4 月　住友金属工業（株）（現新日鉄住金（株））入社，製鋼所製鋼工場，鹿島製鉄所製鋼工場の現場技術スタッフ，本社勤務を経て，デュセルドルフ事務所勤務，ISO（国際標準化機構）事務局長などを歴任．その間，製鋼技術開発，連続鋳造技術開発，技術調査，技術交流，技術販売，海外展示会への出展，海外広告の作成／出稿，海外向カタログの作成，等々に携わる．ドイツ語については，高校 3 年間，週 4 時間の授業にて，基礎を学ぶ．その後，西独での研修，駐在により，技術との連携を図りながら，研鑽を積み，社内外の翻訳などを行ない，今日に至る．IAESTE 正会員，VDEh（ドイツ鉄鋼協会）正会員，日本特許情報機構（JAPIO）独和抄録作成者（10 年以上，3 000 件作成），日本科学技術情報機構（JST）独和翻訳者，（株）特許デイタセンター（PDC）独和翻訳者．最近の訳書に『モビリティ革命（共訳）』（森北出版）がある．

科学技術独和英大辞典　　定価はカバーに表示してあります．

2016 年 9 月 20 日　1 版 1 刷発行　　ISBN 978-4-7655-3018-7 C3550

編　者　町　村　直　義
発行者　長　滋　彦
発行所　技報堂出版株式会社

〒101-0051　東京都千代田区神田神保町 1-2-5
電　話　営　業　（03）（5217）0885
編　集　（03）（5217）0881
FAX　（03）（5217）0886
振替口座　00140-4-10
URL　http://gihodobooks.jp/

日本書籍出版協会会員
自然科学書協会会員
土木・建築書協会会員
Printed in Japan

装丁　ジンキッズ　　印刷・製本　昭和情報プロセス